MANUAL DE ACAROLOGIA

Acarologia Básica e Ácaros de Plantas Cultivadas no Brasil

Catalogação na Publicação
DIVISÃO DE BIBLIOTECA - DIBD/ESALQ/USP

Moraes, Gilberto José de

Manual de acarologia: acarologia básica e ácaros de plantas cultivadas no Brasil / Gilberto José de Moraes, Raphael de Campos Castilho e Carlos Holger Wenzel Flechtmann. - - 2. ed. - - Piracicaba : FEALQ, 2024.

485 p. : il.

ISBN: 978-65-89722-58-8

1. Acarologia 2. Ácaros 3. Plantas cultivadas - Brasil I. Castilho, R, de C. II. Flechtmann, C. H. W. III. Título

CDD 595.42

Elaborada por Maria Angela de Toledo Leme - CRB-8/3359

MANUAL DE ACAROLOGIA

Acarologia Básica e Ácaros de Plantas Cultivadas no Brasil

Gilberto José de Moraes

Raphael de Campos Castilho

Carlos Holger Wenzel Flechtmann

Departamento de Entomologia e Acarologia, Escola Superior de Agricultura "Luiz de Queiroz", Universidade de São Paulo

Fealq

Piracicaba – 2024

MANUAL DE ACAROLOGIA ▪ Acarologia Básica e Ácaros de Plantas Cultivadas no Brasil

Gilberto José de Moraes, Raphael de Campos Castilho, Carlos Holger Wenzel Flechtmann

ISBN: 978-65-89722-58-8

Copidesque: Fundação de Estudos Agrários Luiz de Queiroz
Revisão: Heloisa Brown
Capa: 3Pontos Apoio Editorial Ltda
Projeto Gráfico e Diagramação: 3Pontos Apoio Editorial Ltda.

Fealq

FUNDAÇÃO DE ESTUDOS AGRÁRIOS LUIZ DE QUEIROZ

CNPJ: 48.659.502/0001-55
Avenida Centenário, 1080 – Bairro São Dimas
Piracicaba/SP
CEP: 13416-000
Telefone: + 55 19 3417-6600
fealq@fealq.org.br

A Acarologia agrícola tem despontado como importante área do conhecimento em diversas regiões do planeta. No Brasil, não tem sido diferente, e o estudo dos ácaros de importância agrícola tem-se tornado cada vez mais essencial para a produção sustentável de alimentos. Os desafios impostos pela agricultura moderna têm demandado maior capacitação dos profissionais que atuam nesse segmento. Portanto, o reconhecimento dos ácaros associados às culturas agrícolas, bem como a compreensão de como esses pequenos organismos interagem com as plantas são de suma importância dentro dos Programas de Manejo Integrado de Pragas.

Nesse contexto, destaca-se o livro "Manual de Acarologia: Acarologia Básica e Ácaros de Plantas Cultivadas no Brasil", bibliografia fundamental nas disciplinas de Acarologia no Brasil afora e até mesmo em outros países. A experiência e a formação sólida dos autores no tema resultaram nesta maravilhosa obra que proporciona aos leitores um conteúdo riquíssimo sobre o formidável mundo dos ácaros. Ao examinar as páginas deste livro, evidencia-se a capacidade dos autores em abordar os temas mais relevantes da Acarologia agrícola, de forma contextualizada e dinâmica, que facilita a leitura e a compreensão dos diversos assuntos abordados.

A habilidade e o esforço dos autores em produzir um material de alta qualidade são admiráveis. Nesta obra, os leitores encontrarão aspectos gerais e específicos dos principais grupos de importância agrícola, assim como um detalhamento das espécies de ácaros-praga associadas às culturas agrícolas no Brasil, sendo também apresentadas e discutidas as principais medidas de controle dessas espécies. Em suas últimas páginas, foram disponibilizadas chaves taxonômicas para a identificação de grupos de ácaros, comumente encontrados em plantas cultivadas no Brasil. Essas chaves são muito úteis para o reconhecimento dos ácaros-praga e dos ácaros predadores.

Esta obra, sem dúvida, é imprescindível para a formação de novos Acarologistas e um material indispensável para os profissionais que se deparam com os ácaros em seus ambientes de trabalho. O Brasil é um país privilegiado por possuir Acarologistas de renome internacional, como os autores deste livro que dedicaram tempo na elaboração de um material em língua portuguesa que tanto facilita a vida de seus inúmeros leitores.

PROF. DR. DANIEL JÚNIOR DE ANDRADE
Departamento de Fitossanidade
Laboratório de Acarologia, Unesp FCAV

Este livro é uma atualização do Manual de Acarologia (Acarologia Básica e Ácaros de Plantas Cultivadas no Brasil), contendo as principais informações sobre os ácaros de plantas de interesse para a agricultura. O Manual de Acarologia publicado em 2008 (primeira edição) já era considerado uma das principais referências bibliografias na área de acarologia no Brasil. A nova versão deste livro está ainda mais completa, trazendo um grande volume de informações atualizadas sobre os aspectos morfológicos e bioecológicos dos principais grupos de ácaros (fitófagos, predadores, fungívoros, edáficos decompositores) de importância agrícola, com informações básicas sobre os ácaros encontrados nas diferentes espécies vegetais cultivadas no Brasil. Considerando-se os aspectos morfológicos, o livro traz chaves para a separação dos principais grupos de ácaros encontrados em plantas cultivadas, incluindo aquelas para separação de gêneros de Phytoseiidae, Eriophyoidea, Tetranychoidea e Astigmatina.

Além disso, o livro traz informações atualizadas sobre as principais estratégias de manejo de ácaros de importância agrícola, incluindo medidas quarentenárias, resistência de plantas, controle químico, controle biológico, controle cultural e mecânico.

Esta obra, de autoria dos Professores Gilberto José de Moraes, Raphael de Campos Castilho e Carlos Holger Wenzel Flechtmann, da Escola Superior de Agricultura "Luiz de Queiroz", da Universidade de São Paulo (ESALQ/USP), apresenta uma revisão bastante abrangente e muito bem organizada sobre os principais ácaros de importância para a agricultura no Brasil, e pode ser muito útil para estudantes e profissionais que tenham interesse em conhecer melhor este importante grupo de organismos (Acari) presentes em abundância nos ecossistemas naturais, agrícolas e urbanos.

PROF. DR. MÁRIO EIDI SATO
Diretor do Centro de Programação de Pesquisa Instituto Biológico

DR. ANDRÉ LUIZ MATIOLI
Laboratório de Acarologia Instituto Biológico

Esta publicação corresponde à segunda edição do livro que atualizou a obra publicada cerca de 50 anos atrás como "Ácaros de importância agrícola", por C.H.W. Flechtmann. A necessidade deste novo livro é decorrente de novas informações obtidas neste período e das novas espécies de ácaros plantícolas que aqui chegaram.

Considera-se que as informações aqui apresentadas sejam de importância às pessoas interessadas no conhecimento dos ácaros que ocorrem em plantas cultivadas no Brasil, particularmente daqueles que causam danos a essas plantas ou que atuam como agentes de controle de ácaros e/ou insetos-praga. Seu conteúdo foi baseado nos temas apresentados na disciplina Acarologia, oferecida regularmente aos alunos de graduação de Engenharia Agronômica e de Ciências Biológicas da Escola Superior de Agricultura Luiz de Queiroz, Universidade de São Paulo.

A realização deste trabalho só foi possível pela colaboração inestimável que recebemos de diversas pessoas. Nossos sinceros agradecimentos às funcionárias do Comut da Biblioteca Central da ESALQ, por sua dedicação às várias importunações para conseguir muitas peças da bibliografia. Devemos ainda expressar nossos sinceros agradecimentos às seguintes pessoas, pelo fornecimento de informações ou ilustrações contidas nesta publicação: Anibal R. Oliveira (UESC, Ilhéus-BA), Bruce Halliday (CSIRO, Austrália), Denise Návia (INRAE, Montpellier-França), Edmilson S. Silva (UFRB, Cruz das Almas-BA), Fernando R. da Silva (TopBio, Tibau-RN), Flávia R. Barbosa (Embrapa Semiárido, Petrolina-PE), Grazielle F. Moreira (FG Consultoria Agrícola), Heraldo N. de Oliveira (Vivus, Piracicaba-SP), Imeuda P. Furtado (URCA, Crato-CE), Luis F.A. Alves (UNIOESTE, Cascavel-PR), Luiz G. Chiavegato (Universidade Estadual Paulista, Botucatu-SP), Manoel G.C. Gondim Jr. (Universidade Federal Rural de Pernambuco, Recife-PE), Marcos Botton (Embrapa Uva e Vinho, Bento Gonçalves-RS), Mércia E. Duarte (UFPI, Floriano-PI), Noeli J. Ferla (UNIVATES, Lajeado-RS), Paulo R. Reis (Empresa de Pesquisa Agropecuária de Minas Gerais, Lavras-MG), Reinaldo J.F. Feres (Universidade Estadual Paulista, São José do Rio

Preto-SP), Ronald Ochoa (USDA-ARS-NL, Estados Unidos da América), Valmir Zuffo (Engenheiro Agrônomo, Espirito Santo). Da mesma maneira, valiosa foi a colaboração das seguintes pessoas, em determinados períodos ligadas ao Departamento de Entomologia e Acarologia da ESALQ/USP, na preparação de ilustrações desta publicação: Alberto D.G. Alvarado, Elliot W. Kitajima, Ignace D. Zannou, José E. Sória, Lásaro V.F. da Silva, Luciana O. da Silva, Maxime Ferrero, Paula C. Lopes e Renata A.P. Freire. De maneira especial, agradecemos a Paulo R. Reis (Empresa de Pesquisa Agropecuária de Minas Gerais, Lavras-MG) e Reinaldo J.F. Feres (Universidade Estadual Paulista, São José do Rio Preto-SP) pela revisão de uma versão anterior deste trabalho, e Daniel J. de Andrade (Universidade Estadual Paulista, Jaboticabal-SP) e Mário E. Sato e André L. Matioli (Instituto Biológico, Campinas-SP) pela revisão da atual versão deste trabalho, oferecendo-nos valiosíssimas sugestões.

Gilberto José de Moraes
Raphael de Campos Castilho
Carlos Holger Wenzel Flechtmann

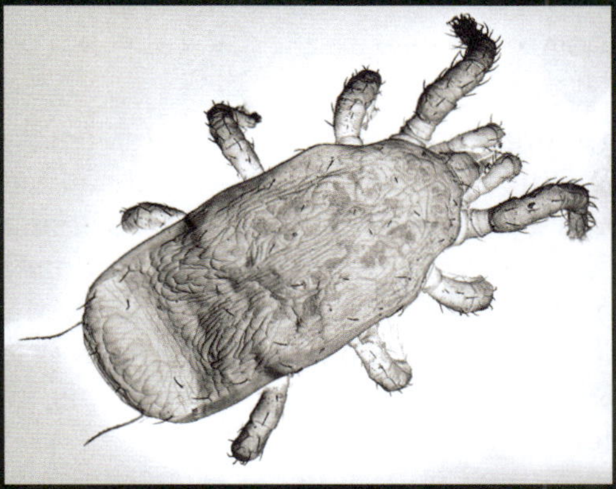

capítulo 1

Introdução

Ácaros são organismos usualmente pequenos, entre 0,1 (microácaro) e 30 mm (carrapato ingurgitado), que habitam os mais diferentes ambientes. Em geral, apresentam maior diversidade e abundância no solo, onde são encontrados em maior quantidade na fração orgânica superficial e nos primeiros centímetros da fração predominantemente inorgânica subjacente. São também comuns sobre plantas e animais, em depósitos de alimentos e abrigos de animais, incluindo aí nossas residências, além do meio aquático.

A origem dos ácaros tem sido frequentemente discutida na literatura. Há dúvidas se o grupo de organismos hoje conhecido como ácaros é resultante de um único ancestral recente comum (grupo monofilético) ou de dois ancestrais com relação de parentesco dentro de Arachnida (difilético). Esse assunto é brevemente discutido por Evans (1992), com base em observações de diferentes autores.

É possível que os ácaros mais primitivos fossem predadores e vivessem no solo. A partir de mutações sucessivas, teria havido o aparecimento de novas formas, com a fixação de novas adaptações e a extinção natural de várias formas iniciais menos adaptadas. Com isso, os ácaros adotaram comportamentos alimentares variados, além da predação, como a fungivoria ou a fitofagia, por um lado, ou o comportamento parasitário, por outro lado, alimentando-se de outros animais.

Os ácaros compreendem um grande número de espécies conhecidas, correspondendo ao segundo maior grupo de artrópodes, atrás apenas dos insetos. Krantz (1978) estimou em mais de 30.000 as espécies descritas até aquela época. Em 2019, calculava-se que houvesse em torno de 60.000 espécies descritas (Zhang *et al.*, 2019). Considerando-se que os ácaros sejam relativamente pouco conhecidos nas áreas tropicais, onde se assume ocorrer sua maior diversidade, é de se esperar que o número real de espécies seja muito maior. Walter & Proctor (2013) relataram que as estimativas de espécies de ácaros existentes indicavam um número de aproximadamente um milhão.

Apesar de serem muitas as espécies de ácaros que ocorrem sobre plantas, são relativamente poucas aquelas consideradas pragas agrícolas, como será observado nas seções subsequentes dessa publicação. No entanto, várias dessas espécies apresentam importância fundamental, por atacarem espécies cultivadas de plantas, assim como por ocorrerem em diversas regiões do globo terrestre.

No Brasil, algumas dezenas de espécies de ácaros causam sérios danos a plantas cultivadas, justificando-se o interesse e a necessidade de conhecer esses organismos, para se procurar reduzir os danos por eles causados. Esse conhecimento se estende aos ácaros predadores, importantes agentes de controle biológico dos ácaros pragas, assim como de pequenos insetos e nematoides. O objetivo dessa publicação é servir como base para aqueles interessados em iniciar seus conhecimentos sobre os ácaros de importância agrícola. Na organização e na preparação do conteúdo desse livro, levou-se especialmente em conta o mais provável interesse de estudantes de cursos da área agrícola nas instituições brasileiras de ensino superior.

capítulo 2

Informações Históricas

Os ácaros de maior tamanho geralmente correspondem ao grupo vulgarmente conhecido como carrapatos, que são parasitos de animais. Talvez por atingirem tamanhos relativamente grandes (fêmeas ingurgitadas com até 30 mm) e por serem frequentemente vetores de patógenos aos seus hospedeiros, muitos dos quais animais domesticados ou o próprio ser humano, os carrapatos foram os primeiros ácaros relatados pelo ser humano, já na Antiguidade.

ACAROLOGIA NO MUNDO

Cerca de 1.500 anos antes de Cristo, organismos mais tarde denominados carrapatos foram relatados nos papiros de Ebers como causadores de uma enfermidade humana. É aproximadamente da mesma época uma escultura em que o artista parece representar os ácaros. Trata-se de um fragmento de uma tumba egípcia mostrando a cabeça de um animal semelhante a uma hiena, em cuja orelha se observam três estruturas arredondadas interpretadas por Arthur (1965) como aparentemente representando carrapatos.

Bem mais tarde, cerca de 850 anos antes de Cristo, Homero referiu-se a esse grupo de organismos. Relatando o retorno de Ulisses à sua terra natal, no livro "Odisséia", o autor descreve (Canto XVII, 300) o encontro do herói com seu cão Argos, que se encontrava coberto de carrapatos. Também no livro "Ilíadas", o mesmo autor se referiu aos carrapatos.

Passaram-se cerca de 500 anos para que outro grego, Aristóteles, mencionasse os ácaros novamente na literatura. Foi ele quem pela primeira vez referiu-se aos ácaros como "akari", ao mencionar organismos encontrados sobre favos velhos de abelhas. A palavra "akari" (originalmente ακαρί), possivelmente deriva etimologicamente do grego "α" (impossível) e "κείρω" (encurtar, cisalhar, cortar) e significa "impossível de ser cortado", em um conceito de animais minúsculos e indivisíveis, utilizado na época (Zaborowski & Daszkiewicz, 2016). O termo Acari foi oficialmente estabelecido por De Geer em 1778 para representar todos os organismos hoje conhecidos como ácaros e carrapatos. Aristóteles relatou também a ocorrência de organismos por ele designados "kroton" e "kynoraistes", correspondendo aos organismos hoje conhecidos como carrapatos, e "scolekes", que significa "vermes", para se referir a parasitos de gafanhotos, hoje interpretados como uma espécie de ácaro da família Trombidiidae. Citou ainda os "phtheires", causando a sarna em seres humanos, provavelmente referindo-se ao ácaro hoje conhecido como *Sarcoptes scabiei* (De Geer).

Referências a vários outros relatos na literatura antiga foram apresentadas por diferentes autores em um livro organizado por Prasad (1982). Em relação às artes, Gorirossi-Bourdeau (1995) relatou as esculturas mais antigas até hoje conhecidas (cerca de 150 anos depois de Cristo) em que os ácaros são mostrados de forma bem reconhecível. Trata-se da ornamentação do templo de Bacchus, no Líbano, que inclui uma série de quatro esculturas representando os ácaros.

Outro marco de extrema relevância na história da acarologia corresponde às referências de Lineu aos ácaros em sua publicação "Systema Naturae". De acordo com Krantz (1978), na primeira edição daquela obra, publicada em 1735, Lineu usou o termo genérico *Acarus*. Na décima edição, publicada em 1758, o autor definiu resumidamente o gênero *Acarus* e nesse incluiu 31 espécies. Na época, o autor considerou aqueles organismos como pertencentes à "Ordem Aptera" da Classe Insecta. É a partir dessa edição de "Systema Naturae" que o sistema binomial de nomenclatura zoológica é considerado válido, como determinado no "Código Internacional de Nomenclatura Zoológica" (International Commission on Zoological Nomenclature, 1999).

Logo em seguida, o número de espécies de ácaros descritas aumentou significativamente, por meio das contribuições de diferentes pesquisadores. Nos séculos XVIII e XIX, o desenvolvimento da acarologia se deu principalmente pelos trabalhos conduzidos por europeus. A partir de meados do século XX, os norte-americanos passaram a desempenhar papel significativo no desenvolvimento dessa disciplina. A contribuição daqueles autores foi citada no livro organizado por Prasad (1982).

Contribuições mais significativas para o estabelecimento dos fundamentos da acarologia foram realizadas a partir do século XVIII por C. De Geer, A.L.D. Dugès, J.C. Fabricius, K.C.L. Koch e P.A. Latreille; a partir do século XIX por N. Banks, A. Berlese, J.L.R. Claparède, G. Canestrini, A.L. Donnadieu, A.A.D. Dugès, F. Dujardin, F.L.P. Gervais, F. Grandjean, G. Haller, A.P. Jacot, P.M. Kraemer, H.T. Lohmann, C.O. Lundblat, R. Marshall, J.P. Mégnin, E.A. McGregor, A.D. Michael, A. Nalepa, M.H. Nicolet, A.C. Oudemans, M. Sellnick, S. Thor, I.O.H. Tragardh, E.L. Trouessart, H.G. Tullgren, K.H. Viets, H.L.W. E a partir do início do século XX por M. André, E.W. Baker, D. De Leon, H.E. Ewing, W.B. Dubinin, G.O. Evans, A. Fain, F. Fonseca, H. Hoogstraal, A.M. Hughes, H.H. Keifer, M.K.P.S. Meyer, M.H. Muma, K.O. Viets, G.W. Wharton, H. Womersley, A.A. Zakhvatkin, H.L.W. Vitzthum e H.C.C. Willmann.

No estudo dos ácaros neotropicais, nos últimos 50 anos destacam-se as contribuições de D. Chant, H.A. Denmark, E.E. Lindquist, J.A. McMurtry e R. Ochoa, além de pesquisadores brasileiros, como discutido na parte final desta seção. Muitos outros pesquisadores também prestaram contribuições significativas no que se refere ao conhecimento da biologia, ecologia e controle biológico dos ácaros. Dentre esses devem ser destacados W. Helle, M.W. Sabelis e D.E. Walter.

ACAROLOGIA AGRÍCOLA NO BRASIL

Um resumo sobre o desenvolvimento da acarologia no Brasil foi apresentado por Flechtmann *et al.* (2006), incluindo todos os grupos de ácaros estudados. Pelo relato dos autores, observa-se que o padrão de conhecimento sobre os ácaros foi iniciado no país pelos relatos referentes à ocorrência dos carrapatos, desde o início da colonização pelos portugueses. Aparentemente, apenas no final do século XIX foram iniciados os estudos sobre os outros grupos de ácaros, com a descrição de espécies brasileiras pelo italiano Antonio Berlese.

A partir do início do século XX, brasileiros começaram a estudar os ácaros do país, destacando-se nesta época os pesquisadores H.B. Aragão, protozoologista do Instituto Oswaldo Cruz, e A.M.C. Lima, entomologista da Escola Superior de Agricultura e Medicina Veterinária (atualmente Universidade Federal Rural do Rio de Janeiro), ambos do Estado do Rio de Janeiro e envolvidos em pesquisas sobre os carrapatos. Nessa mesma época e no início da segunda metade do século XX, iniciou-se a sólida contribuição ao conhecimento dos ácaros brasileiros por F.O.R. Fonseca, do Instituto Butantan, em São Paulo, também interessado principalmente no reconhecimento dos ácaros parasitos de animais, incluindo o próprio ser humano, e principalmente os carrapatos, assim como os Mesostigmata.

Foi só a partir da década iniciada em 1920 que informações sobre os ácaros encontrados em plantas passaram a ser publicadas no Brasil. O russo G. Bondar, radicado no Brasil, relatou nos anos 1920 e 1930 a ocorrência de ácaros em diferentes cultivos no Estado da Bahia. A partir dos anos 1930, A.A. Bittancourt iniciou suas diversas publicações sobre os ácaros de plantas cultivadas.

O conhecimento dos ácaros de interesse agrícola aumentou muito a partir da segunda metade do século XX. Logo no início deste período, Braga (1957) fez o primeiro esforço para sintetizar as informações até então publicadas sobre os ácaros relatados em plantas cultivadas e em alimentos armazenados no Brasil. As primeiras contribuições significativas neste período foram publicadas por C. Robbs, V. Rossetti e A.S. Costa. Outro autor, C.H.W. Flechtmann, realizou um grande número de publicações sobre a taxonomia dos ácaros plantícolas no Brasil, debutando nessa especialidade com seu trabalho de tese de doutorado (Flechtmann, 1967a). É de sua autoria o primeiro livro publicado no país, em 1972 (Flechtmann, 1972a), tratando especificamente dos ácaros de importância agrícola. A última edição daquele livro foi publicada em 1979 (Flechtmann, 1979a). Também de grande importância para a acarologia agrícola foi a publicação de um livro voltado à identificação dos grandes grupos de ácaros (Flechtmann, 1975). Outros pesquisadores brasileiros que contribuíram ou têm contribuído para o conhecimento da taxonomia dos ácaros de plantas incluem A.D. Paschoal, G.J. de Moraes, R.J.F. Feres, D. Navia, M.G.C. Gondim Jr., M.S. Zacarias e N.J. Ferla.

No que concerne à biologia, à ecologia e ao controle de ácaros plantícolas, têm grande expressão os trabalhos conduzidos por L.G. Chiavegato, C.A.L. de Oliveira e P.R. Reis, a partir da década iniciada em 1960. Mais recentemente, têm contribuído ou contribuíram em relação a essas áreas de trabalho os pesquisadores J.V. de Oliveira, D. Lorenzato, S. Gravena, E.W. Kitajima, R.J.F. Feres, A. Pallini, I. Delalibera Jr., A.C.S. Noronha, M.R. Vieira, J.C.V. Rodrigues, M.E. Sato, A.L. Matioli, L.B. Monteiro, M.G.C. Gondim Jr., A.C. Lofego, A.R. Oliveira, D. Navia, F.A. Hernandes, P.R. Demite, E.S. Silva, D.J. de Andrade, R.C. Castilho, J.W.S. Melo, além de A. Janssen, S.L. Elliot, E.J. Hambleton e W.O. Heinrich os quais, ainda que nascidos em outros países, atuam ou atuaram profissionalmente no Brasil.

capítulo 3

Morfologia Geral dos Ácaros e Sua Relação com Outros Animais

Em 1758, na décima edição de "Systema Naturae", Lineu havia reconhecido seis grandes grupos de animais, por ele designados como "classes": Vermes, Insecta, Pisces, Amphibia, Aves e Mammalia. Lineu dividiu a "classe" por ele designada "Insecta" nas "ordens" Coleoptera, Hemiptera, Lepidoptera, Neuroptera, Hymenoptera, Diptera e Aptera. Os ácaros foram incluídos na última "ordem", junto de alguns grupos de insetos ápteros, além de aranhas, opiliões, crustáceos, quilópodos e diplópodos. No início do século XIX, Lamarck reconheceu quatro grupos de Arthropoda (Cirripedia, Crustacea, Arachnida e Insecta), incluindo os ácaros em Arachnida, separando-os dos insetos.

Nos sistemas de classificação mais recentes, os Arachnida têm sido considerados como uma classe, dentro do subfilo Chelicerata do filo Arthropoda (Hickman *et al.*, 2016), ou como uma subclasse, dentro da classe Euchelicerata do subfilo Chelicerata do filo Arthropoda (Brusca *et al.*, 2018). No primeiro caso, o subfilo Chelicerata inclui as classes Pycnogonida, Merostomata e Arachnida. No último caso, o subfilo Chelicerata inclui as classes Pycnogonida e Euchelicerata, essa última incluindo Merostomata e Arachnida como subclasses.

Nesta publicação, será adotada a classificação utilizada por Hickman *et al.* (2016). Os ácaros serão então considerados uma subclasse (Acari) pertencente à classe Arachnida, juntamente das subclasses Amblypygi, Araneae, Opiliones, Palpigradi, Pseudoscorpionida, Ricinulei, Schizomida, Scorpiones, Solpugida e Uropygi.

O reconhecimento dos diferentes grupos de ácaros, um dos principais objetivos dessa publicação, requer o conhecimento dos nomes de suas estruturas. As estruturas básicas são consideradas neste capítulo; para explicações mais detalhadas, pode-se recorrer aos glossários de van der Hammen (1980) ou Walter (2005), esse último disponível pela internet.

A classe Arachnida é caracterizada por apresentar corpo dividido em duas regiões (tagmas), prossoma (anterior) e opistossoma (posterior) **(Figura 3.1)**; prossoma composto por um acron (projeção pré-oral) seguido por seis segmentos, sendo coberto por um escudo; opistossoma composto por até 12 segmentos e um telson (projeção que se segue ao último segmento verdadeiro). O prossoma apresenta seis pares de apêndices, correspondendo a um par de quelíceras, um par de pedipalpos e quatro pares de pernas nos diferentes estágios móveis de desenvolvimento (não nas larvas dos ácaros e dos Ricinulei, que apresentam apenas três pares de pernas); cada apêndice é segmentado e composto por um único ramo; antenas ausentes. O opistossoma não tem apêndices ou estes são em forma de fiandeiras (aranhas) ou pectinas (escorpiões). A troca gasosa se dá por traqueias, pulmões foliáceos (filotraqueias) ou pela difusão por meio da parede do corpo. Quase todos são terrestres (Brusca *et al.*, 2018). Em

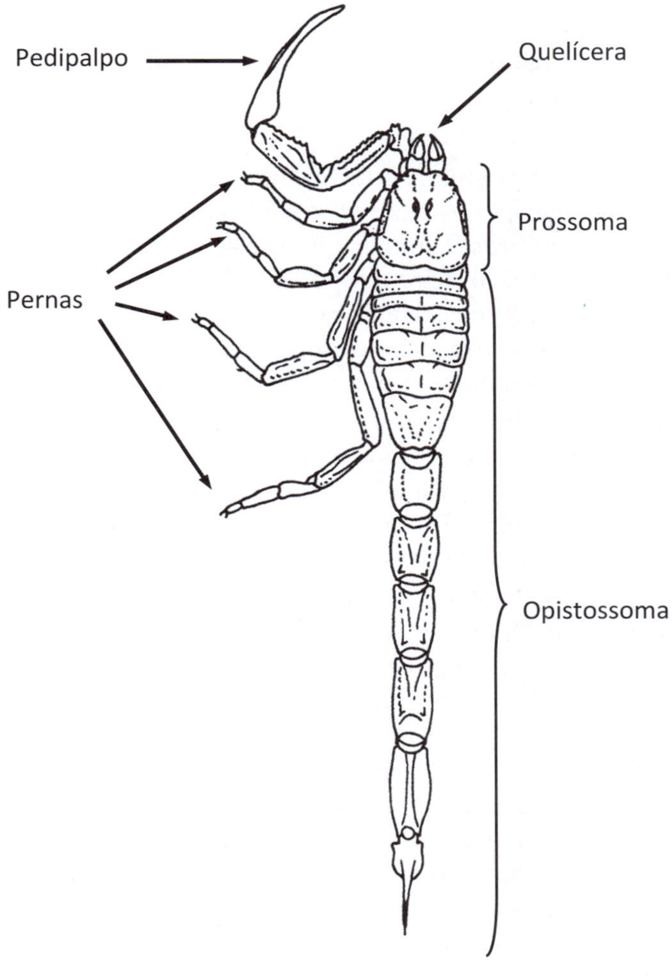

Figura 3.1 Vista dorsal de um escorpião (Scorpiones), representante da classe Arachnida, com os nomes de diferentes regiões e estruturas do corpo.

sua forma "primitiva", a quelícera é uma estrutura segmentada, permitindo a preensão ou a dilaceração do alimento, que usualmente é ingerido na forma líquida, exceto em certos grupos de ácaros (da superordem Acariformes) e opiliões (subclasse Opiliones).

Detalhes sobre a morfologia básica dos ácaros foram sumariados por Evans (1992) e Krantz & Walter (2009); detalhes sobre o gnatossoma dos Mesostigmata podem ser vistos em Kazemi (2020). A maioria dos ácaros difere dos demais aracnídeos pela ausência de segmentação do corpo (o que também é verdade para a maioria das aranhas), ausência de subdivisão do corpo em tagmas separados, presença de um gnatossoma (estrutura na extremidade anterior do corpo, também presente na subclasse Ricinulei) e, como nos Ricinulei, presença de apenas três pares de pernas na fase larval (primeiro estágio móvel de desenvolvimento ontogenético).

A perda da segmentação levou diferentes autores a considerar os ácaros como artrópodes altamente especializados, alguns dos quais os consideram membros de um grupo que se afastou muito cedo da linha principal de evolução dos artrópodes. Fósseis de ácaros têm sido encontrados em diversos estratos geológicos. As idades dos fósseis mais antigos têm sido estimadas em torno de 380 e 410 milhões de anos (respectivamente Labandeira *et al.*, 1997 e Sidorchuk, 2018).

Dentre os ácaros, observa-se uma considerável variação nas estruturas internas e externas. O formato do corpo desses organismos varia de aproximadamente ovoide a achatada ou vermiforme. As diferentes regiões do corpo dos ácaros recebem designações específicas, como mostrado na **Figura 3.2** para um representante desse grupo.

O gnatossoma corresponde à região mais anterior do corpo, resultante da fusão dos dois primeiros segmentos e seus respectivos apêndices, que se articula com o restante do corpo por um anel de cutícula não esclerotizada (sulco circuncapitular). Também conhecido como capítulo (especialmente em Ixodida) ou rostro, infracapítulo ou hipostoma (em seu sentido mais amplo), especialmente na superordem Acariformes. Considera-se que as quelíceras correspondam aos apêndices do primeiro segmento, e os palpos, aos apêndices do segundo segmento. Considera-se também que os segmentos mais basais dos palpos (coxas) sejam sempre fundidos (diferentemente de outras subclasses da classe Arachnida, exceto os Ricinulei), formando uma estrutura tubular conhecida como gnatossoma, por onde se movimentam as quelíceras em seus movimentos de protração e retração; a região distal e ventral dessa base (também conhecido como subcapítulo) contém a abertura oral, e sua superfície constitui o que se chama de hipostômio; sua superfície mais superior é mais facilmente distinguida em certos grupos (mais nitidamente nos Mesostigmata) como o epistoma (também conhecido como tecto ou gnatotecto), geralmente membranoso e distalmente de forma variável. No gnatossoma podem também ser distinguidas as estruturas conhecidas em certos grupos, como: em Parasitiformes, apotele, cornículo, deutosterno, espermatodactilo, espermatotrema, estilete salivar, labro, processo supralabral (ou placa subqueliceral), setas hipostomais; em Acariformes, cápsula gnatossomática, estilete, estilóforo, processo unha-dedão e rutelo.

Dentre as formas de quelíceras hoje existentes, as consideradas menos evoluídas são formadas por dois ou três segmentos e são em

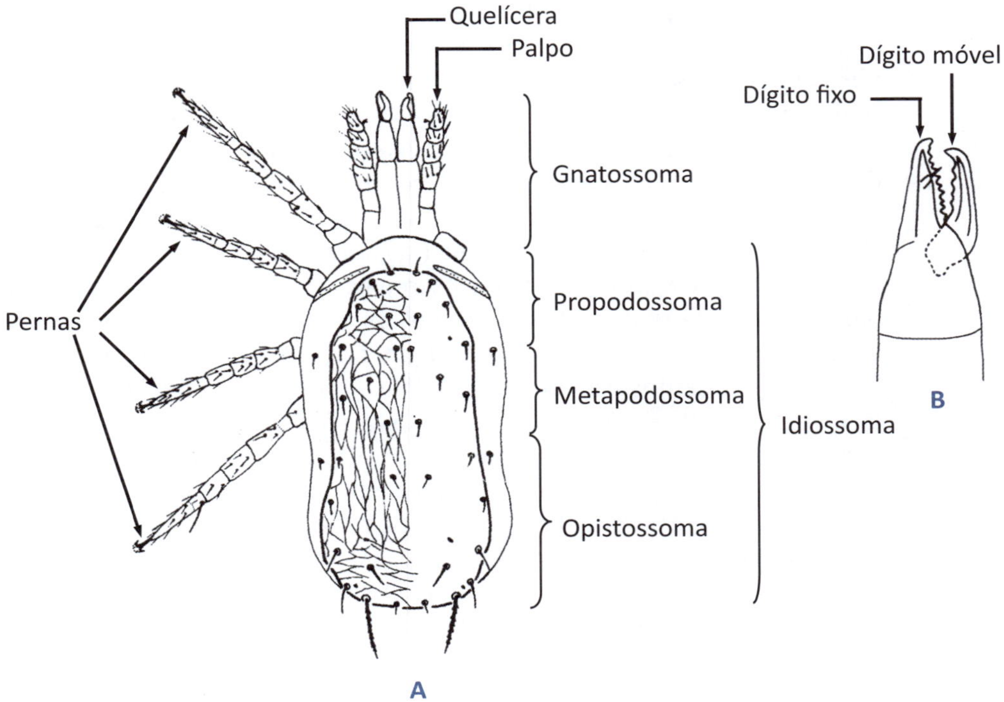

Figura 3.2 Mesostigmata, fêmea: (A) diferentes regiões do corpo; (B) quelícera.

forma de quela, contendo uma extremidade fixa (dígito fixo) e outra móvel (dígito móvel). Entretanto, a quelícera de vários ácaros sofreu modificações e adquiriu formatos diferentes. Em muitos casos, o dígito fixo da quelícera tornou-se rudimentar, enquanto o dígito móvel se transformou em estrutura em forma de lâmina ou de estilete de comprimento variável. Em outro grupo de ácaros, as quelíceras foram gradativamente sofrendo fusão de seus segmentos basais, acompanhadas da redução até a perda do dígito fixo e alongamento do dígito móvel, que se transformou em um longo estilete. Resultou, finalmente, uma estrutura formada por um estilóforo (= portador de estiletes, resultante da fusão dos segmentos basais das duas quelíceras) com dois estiletes, como observado na maioria dos ácaros fitófagos. Em relação aos palpos, em sua forma menos evoluída apresentam cinco segmentos livres, designados como (da base para o ápice) trocânter, fêmur, gênu, tíbia e tarso; em sua forma mais evoluída, os palpos apresentam um número menor de segmentos.

O corpo como um todo (menos o gnatossoma) é chamado idiossoma. As pernas dos ácaros estão implantadas na região lateroventral do idiossoma. A região em que se implantam as pernas é conhecida como podossoma (os dois pares anteriores ficam no propodossoma e os dois pares posteriores no metapodossoma); a região posterior ao último par de pernas é conhecida como opistossoma. O idiossoma também pode ser dividido pelo chamado sulco sejugal (sulco dorsal entre as pernas II e III) em duas regiões, propodossoma (região onde estão inseridos os pares anteriores de pernas) e histerossoma (região posterior ao segundo par de pernas). As pernas são compostas pelos segmentos designados como (da base para o ápice) coxa, trocânter, fêmur, gênu, tíbia e tarso; fusões de segmentos vizinhos ou subdivisões de segmentos ocorrem em alguns grupos. Na extremidade distal do tarso de cada perna observa-se geralmente uma estrutura conhecida na literatura como pré-tarso ou ambulacro, estes dois últimos mantidos pelo uso consagrado; poderiam alternativamente serem chamados de pós-tarso. O pré-tarso é formado por 1–3 unhas e/ou uma estrutura ímpar membranosa, chamada pulvilo; considera-se que esse último funcione como ventosa (Evans, 1992). Alguns ácaros não apresentam pré-tarsos no primeiro ou em nenhum par de pernas ou esses são reduzidos.

Tanto o idiossoma como os apêndices apresentam um número variável de estruturas conhecidas como setas. Essas estruturas são consideradas órgãos sensoriais importantes para os ácaros.

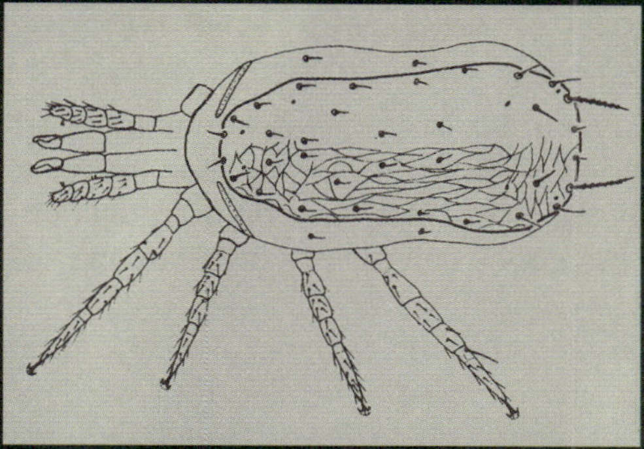

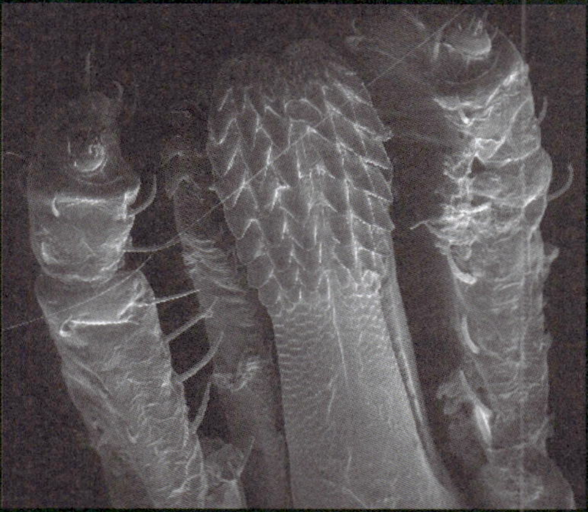

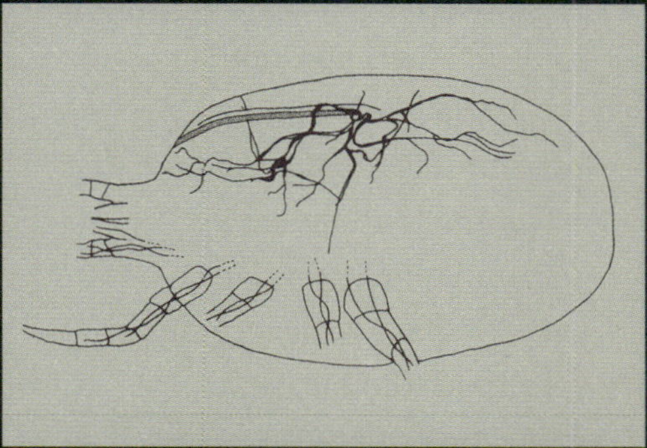

capítulo 4

Classificação e Características Morfológicas Gerais dos Grupos de Ácaros

A nomenclatura dos grandes grupos de ácaros, até a categoria de subordem, adotada neste livro, é aquela empregada por Lindquist *et al.* (2009), indicada a seguir. Abaixo da categoria de ordem, são aqui citados apenas os grupos conhecidos como de importância agrícola para o Brasil.

Classe ARACHNIDA
Subclasse ACARI
- Superordem PARASITIFORMES
  - **Ordem Opilioacarida**
  - **Ordem Holothyrida**
  - **Ordem Ixodida**
  - **Ordem Mesostigmata**
    - Subordem Monogynaspida
      - Superfamília Ascoidea
        - Família Ascidae
        - Família Melicharidae
      - Superfamília Dermanyssoidea
        - Família Laelapidae
      - Superfamília Eviphidoidea
        - Família Macrochelidae
      - Superfamília Phytoseioidea
        - Família Blattisociidae
        - Família Phytoseiidae
      - Superfamília Rhodacaroidea
        - Família Rhodacaridae
- Superordem ACARIFORMES
  - **Ordem Trombidiformes**
    - Subordem Prostigmata
      - Superfamília Bdelloidea
        - Família Bdellidae
        - Família Cunaxidae
      - Superfamília Cheyletoidea
        - Família Cheyletidae
      - Superfamília Eriophyoidea
        - Família Diptilomiopidae

Família Eriophyidae
Família Phytoptidae
Superfamília Erythraeoidea
Família Erythraeidae
Superfamília Eupodoidea
Família Penthaleidae
Superfamília Pyemotoidea
Família Pyemotidae
Superfamília Pygmephoroidea
Família Pygmephoridae
Superfamília Raphignathoidea
Família Stigmaeidae
Superfamília Tarsonemoidea
Família Tarsonemidae
Superfamília Tetranychoidea
Família Tenuipalpidae
Família Tetranychidae
Família Tuckerellidae
Superfamília Tydeoidea
Família Iolinidae
Família Tydeidae

Ordem Sarcoptiformes

Subordem Oribatida-supercoorte Desmonomatides-coorte Astigmatina
Superfamília Acaroidea
Família Acaridae
Família Suidasiidae
Superfamília Glycyphagoidea
Família Chortoglyphidae
Família Glycyphagidae
Família Echimyopidae
Superfamília Hemisarcoptoidea
Família Carpoglyphidae
Família Winterschmidtiidae (= Saproglyphidae)
Subordem Oribatida-Grupo "não Astigmatina"

MORFOLOGIA EXTERNA

O estudo da natureza da quitina encontrada nas setas de um grupo de ácaros revelou que algumas dessas são opticamente ativas (birrefringentes; sob luz polarizada aparecem como tubos de lâmpadas de neon acesas) e se colorem facilmente com iodo. Grandjean (1935), que primeiro observou esse fenômeno, designou a quitina opticamente ativa de actinoquitina (mais tarde designada actinopilina, de acordo com Evans, 1992). Os ácaros desse grupo foram reunidos na superordem designada como Actinotrichida, atualmente conhecida como Acariformes. Os demais grupos de ácaros, em que as setas são opticamente inativas e não se colorem com iodo, foram reunidos na superordem que já foi designada de Anactinotrichida, atualmente conhecida como Parasitiformes.

Os representantes de cada uma das superordens podem ser reconhecidos, além da natureza da quitina, pelas características citadas a seguir.

Superordem Parasitiformes

Sem sulco sejugal no idiossoma e sem papilas genitais (= acetábulas; estruturas arredondadas nas proximidades da abertura genital). Com um a quatro pares de estigmas lateralmente, posteriores à coxa II. Pernas com todos os segmentos distintos, sem subdivisões (exceto em Opilioacarida) ou fusões; coxas livres, articuladas e móveis. Tritosterno presente (exceto em Ixodida, assim como em alguns Mesostigmata e Holothyrida). Quelícera geralmente trissegmentada (exceto em Ixodida, bissegmentada), em forma de quela denteada. Palpo normalmente com apotele (estrutura que corresponde às unhas das pernas, com 1–4 ramos.

Ordem Opilioacarida **(Figura 4.1)**: pequeno grupo de ácaros (em 2023, com cerca de 63 espécies conhecidas), com 1,5 a 2,5 mm de comprimento na fase adulta, com as pernas longas, e com aspecto geral de opiliões, donde advém o nome "Opilioacarida". O idiossoma é desprovido de escudos e apresenta uma leve constrição após o podossoma, seguida por vestígios de segmentação. A região prodorsal pode apresentar dois ou três pares de ocelos laterais. Tritoninfas e adultos com quatro pares de estigmas simples dorsolaterais posteriores às coxas IV, sem peritremas; protoninfa e deutoninfa com dois e três pares de estigmas, respectivamente. Tritosterno presente, subdividido. Quelícera distintamente trissegmentada, em forma de quela denteada. Apotele distal.

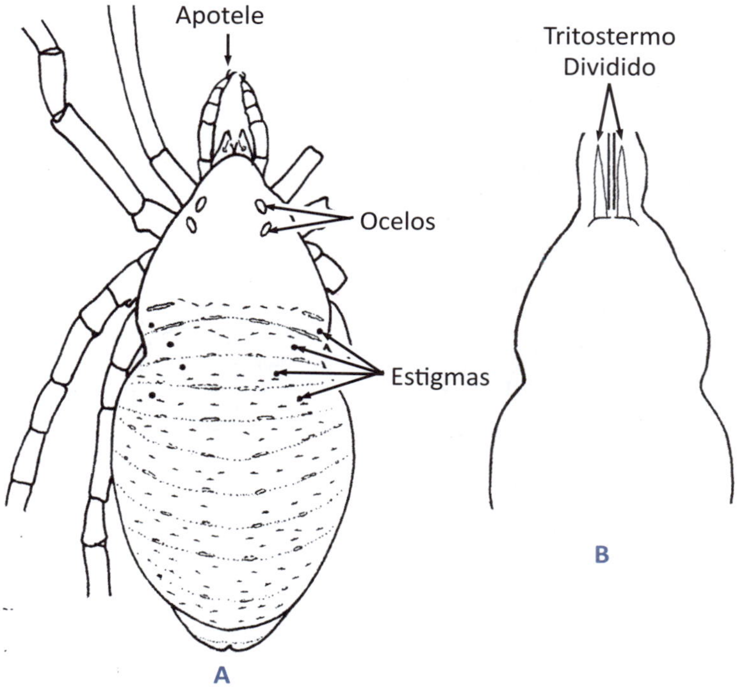

Figura 4.1 Opilioacarida, fêmea. (A) Dorso do idiossoma (adaptado de Krantz, 1978). (B) Ventre do idiossoma, com detalhe do tritosterno.

O idiossoma desses ácaros é de cor geral marrom-amarelada com bandas azuladas, ou esverdeados, devido a pigmentos subcuticulares. A maioria das espécies desse grupo tem sido relatada no solo, sob pedras e na serrapilheira (camada orgânica na superfície do solo), em condições secas. Entretanto, uma espécie desse grupo foi encontrada sob a casca da base de árvores da Mata Atlântica do Estado de São Paulo, local bastante úmido. Do trato digestivo de Opilioacarida já foram recuperados remanescentes quitinosos de outros artrópodes e grãos de pólen, sugerindo serem predadores e, até certo ponto, onívoros. Porém, há carência de informações sobre a biologia e ecologia do grupo.

Ordem Holothyrida **(Figura 4.2)**: pequeno grupo de ácaros (em 2023, com cerca de 30 espécies conhecidas), com até 7 mm de comprimento na fase adulta, aproximadamente convexos dorsalmente e planos ventralmente. São esclerotizados; dorsalmente têm o corpo coberto por um escudo holodorsal; ventralmente são cobertos por um escudo holoventral. Semelhantemente aos Mesostigmata, apresentam latero-ventralmente, à altura das coxas III, um par de estigmas em conexão

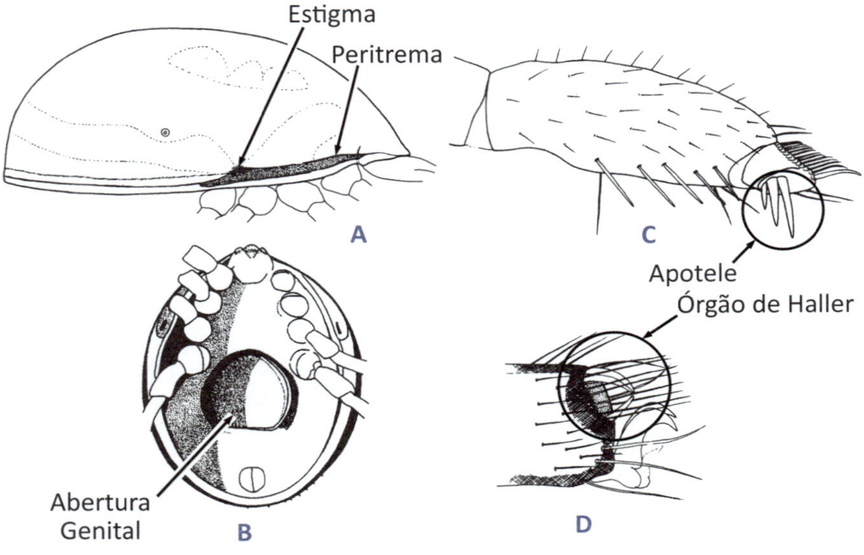

Figura 4.2 Holothyrida, fêmea (adaptado de Lehtinen, 1981). (A) Vista lateral do idiossoma. (B) Vista ventral do idiossoma. (C) Parte distal do palpo, com detalhe do apotele. (D) Parte distal da perna I, com detalhe do órgão de Haller.

com peritremas alongados. Posteriormente às coxas IV, apresentam um segundo par de aberturas, conhecidas como "órgão de Thon", de função ainda não definida; Travé (1983) considerou como abertura da glândula responsável pela toxicidade desses ácaros. No passado, essas aberturas foram consideradas por alguns autores como estigmas, donde advém o termo Tetrastigmata, usado durante muito tempo para esse grupo. Tritosterno pequeno (subdividido) ou ausente. Quelícera distintamente trissegmentada, em forma de quela denteada. Tarso do palpo com apotele subterminal. Região dorsoterminal do tarso do primeiro par de pernas com uma concentração de estruturas sensoriais, a que se designa Órgão de Haller.

São ácaros venenosos e seriam responsáveis pela morte de aves que os ingerem. Na região do Oceano Índico e Austrália, foram relatados casos de envenenamento em humanos, com grave inflamação das mucosas da boca e faringe decorrentes de sua ingestão acidental. Com poucos relatos no Brasil.

Ordem Ixodida **(Figura 4.3)**: grupo dos ácaros conhecidos como carrapatos (em 2023, com cerca de 900 espécies conhecidas), com 2 a 13 mm de comprimento na fase adulta, mas quando ingurgitados alcançam até 30 mm de comprimento. A face dorsal do idiossoma pode ser coriácea,

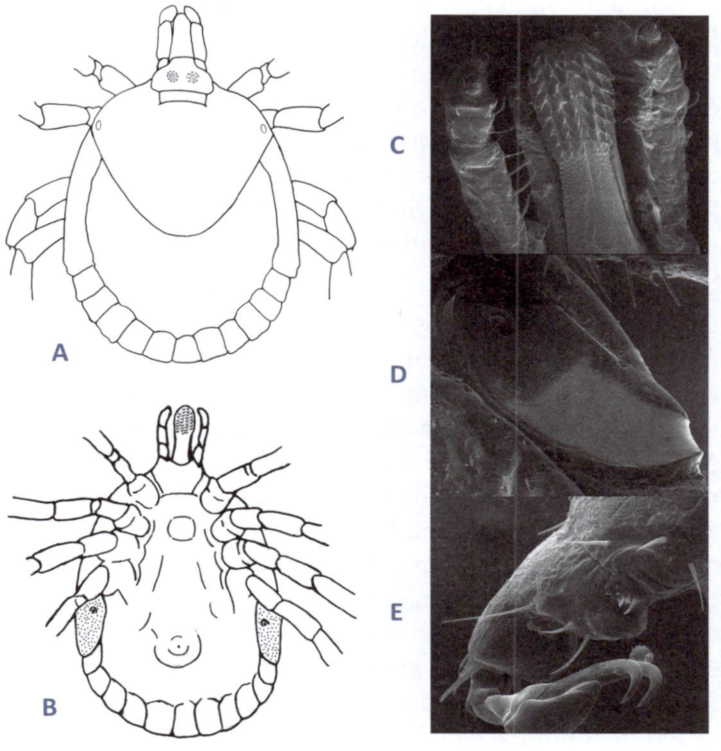

Figura 4.3 Ixodida, fêmea. (A) Dorso do idiossoma. (B) Ventre do idiossoma. (C) Detalhe do ventre do hipostoma. (D) Peritrema. (E) Dorso da extremidade da perna I, com detalhe do órgão de Haller (fotos, gentileza de E.W. Kitajma).

mamilada, enrugada ou coberta por um escudo na região anterior mediana das fêmeas e imaturos, e em quase todo o dorso dos machos. Ninfas e adultos apresentam um par de estigmas localizados ventrolateralmente entre as coxas III e IV ou atrás das coxas IV; o peritrema é uma estrutura geralmente arredondada ou em forma de vírgula, provida de grande número de orifícios, que circunda o estigma. A larvas são desprovidas de estigmas e de peritrema. Os carrapatos são conhecidos principalmente pela presença de filas de dentículos triangulares recurvos na região anterior do hipostômio, assim como pela presença da estrutura conhecida como órgão de Haller, que corresponde a uma concentração de setas em uma cápsula e em uma depressão rasa, ambas no dorso do tarso do primeiro par de pernas. Tritosterno ausente. Quelícera bissegmentada. Palpo usualmente com quatro segmentos (três em Nuttalliellidae, conhecida apenas da África). Apotele ausente. Em todas as pernas, pré-tarsos constituídos por um par de unhas laterais e o pulvilo.

Em uma ou mais fases do ciclo biológico, esses ácaros são hematófagos obrigatórios, sendo parasitas de vertebrados terrestres. Algumas espécies de carrapatos podem ser vetores de patógenos que causam doenças em animais e em humanos. Destaque no Brasil para a febre maculosa brasileira, transmitida pelo carrapato-estrela (principalmente *Amblyomma sculptum* Berlese e *Amblyomma aureolatum* (Pallas)) infectado com a bactéria *Rickettsia rickettsii*, que em casos não tratados com antibióticos pode atingir uma letalidade de até 80% em humanos (Labruna, 2013).

Ordem Mesostigmata (Figuras 5.1 a 5.3): trata-se do maior grupo de ácaros Parasitiformes (em 2023, com cerca de 12.500 espécies conhecidas), com 0,2 a 2,5 mm de comprimento na fase adulta. O idiossoma desses ácaros é geralmente parcial ou totalmente coberto por escudos resistentes, de cor castanha a marrom-escura, que se destacam da cutícula clara, estriada e flácida. Basicamente o dorso do idiossoma apresenta um escudo podonotal e um escudo opistonotal; é frequente a fusão desses escudos em um único escudo "holodorsal". Em certos grupos de Mesostigmata, outros escudos menores podem estar presentes. Ventralmente, a esclerotização básica nas fêmeas compreende os escudos esternal (na região intercoxal), genital (que cobre o oóporo), ventral e anal (contendo o ânus). Tal como na esclerotização dorsal, ocorrem combinações diversas desses escudos; a fusão mais comum é entre os escudos ventral e anal, formando um escudo ventrianal. Os machos geralmente apresentam no ventre um escudo esternogenital (na região intercoxal) e um escudo ventrianal, posteriormente.

Ninfas e adultos de Mesostigmata apresentam um par de estigmas localizados ventrolateralmente entre as coxas II e IV; um sulco dirigido anteriormente a partir de cada estigma (peritrema) está geralmente presente. A larva é desprovida de estigmas e peritremas.

Tritosterno geralmente presente, distalmente subdividido (formando um par de lacínias); frequentemente ausente nos Mesostigmata parasitos internos (Rhinonyssidae) ou externos (Spinturnycidae). Quelíceras trissegmentadas, geralmente formando quela denteada. Palpos normalmente constituídos por cinco segmentos. Apotele distinto, na região basal e interna do tarso, usualmente dividido em 2 a 3 ramos (raramente ausente ou não dividido, como alguns Laelapidae, ou dividido em quatro ramos, como em alguns Veigaiidae). Usualmente, todas as pernas apresentam pré-tarsos, constituídos por um par de unhas laterais e o pulvilo (Evans, 1992). Alguns Mesostigmata não apresentam pré-tarsos no primeiro par de pernas (como em Macrochelidae) ou são indistintos em todas as pernas (alguns Laelapidae).

Superordem Acariformes

Geralmente com sulco sejugal bem visível no idiossoma e com papilas genitais. Os estigmas, quando presentes, localizam-se junto à base das quelíceras, na base do gnatossoma ou na margem lateroanterior do propodossoma. Pernas frequentemente com subdivisões ou fusões de segmentos; coxas sempre fundidas à face ventral do podossoma, frequentemente formando apódemas (invaginações esclerotizadas na cutícula). Tritosterno ausente. Quelícera bissegmentada e muito variável; podendo ser em forma de quela, denteada ou edentada, mas frequentemente com dígito móvel modificado em estrutura alongada, em forma de lâmina ou de estilete. Apotele ausente. As duas ordens que compõem essa superordem são bastante numerosas.

Ordem Trombidiformes **(Figuras 5.4 a 5.17)**: ordem mais heterogênea de ácaros, com 0,1 a 16 mm de comprimento na fase adulta. De cor muito variável. O idiossoma é quase sempre fracamente esclerotizado e geralmente dividido em duas regiões pelo sulco sejugal, propodossoma e histerossoma. O prodorso apresenta 3 a 6 pares de setas simples e 0 a 2 pares de setas especiais, chamadas tricobótrias ou órgãos sensoriais, implantadas em uma cavidade distinta chamada botrídio. Em Heterostigmatina, os tricobótrias são geralmente capitados (clavados) e, quando presentes, ocorrem apenas nas fêmeas. Apresentam 0-2 pares de ocelos. O número de setas dorsais é extremamente variado.

O gnatossoma é geralmente bem evidente. As quelíceras podem ser quelado-denteadas, mas, frequentemente o dígito fixo é reduzido e sem dentes e o dígito móvel, estiletiforme. O palpo é de forma extremamente variável, apresentando 1-5 segmentos. Os estigmas, quando presentes, localizam-se junto à base das quelíceras, na base do gnatossoma ou na margem lateroanterior do propodossoma. As pernas podem apresentar fusão de segmentos; podem também apresentar tricobótrias. O ambulacro (totalmente ausente na perna I de alguns grupos, como em Pronematinae, ou na perna IV de Tarsonemidae) é formado por um par de unhas laterais (ausentes em Eriophyoidea) e um empódio mediano, esse último às vezes ausente (como na perna I de alguns Tarsonemidae ou em todas as pernas de alguns Tetranychidae). Unhas e empódio podem ser unciformes ou almofadados.

Ordem Sarcoptiformes

Subordem Oribatida-supercoorte Desmonomatides-coorte Astigmatina (Acaridida) **(Figuras 5.18 a 5.21)**: com 0,3 a 0,5 mm de comprimento na fase adulta. De cor branco-pérola a amarelo acastanhada, com cutícula lisa ou estriada. Em geral não apresentam escudo ou esse é reduzido, fracamente esclerotizado e localizado no dorso do propodosoma. No entanto, a deutoninfa, facultativa, apresenta a cutícula bastante esclerotizada. O sulco sejugal é comumente bem evidente. Com no máximo quatro pares de setas no dorso do propodossoma e 18 pares de setas no dorso do histerossoma.

O gnatossoma é unido ao idiossoma por uma articulação móvel, e a quelícera é quase sempre em forma de quela e denteada. O palpo é reduzido, geralmente com apenas dois segmentos. Em geral, com três pares de pernas na fase larval e quatro pares nas fases subsequentes. Em adultos de Psoroptidae e Rhyncoptidae, ambos parasitos, um ou os dois pares de pernas posteriores podem ser distintamente menores que outros; em adultos de Apionacaridae, Epidermoptidae e Sarcoptidae, também parasitos, o quarto par de pernas podem estar ausentes. Em outros grupos, algumas das pernas dos machos são consideravelmente maiores que outras, sendo usadas para distintas finalidades, inclusive para atacar outros machos competidores por ocasião da cópula. Vários dos segmentos das pernas podem se fundir (especialmente entre os parasitos), de forma que com frequência apresentam menos de cinco segmentos livres; o ambulacro é geralmente representado por um empódio unciforme e uma estrutura membranosa, chamada carúncula. As unhas laterais são ausentes. Apódemas geralmente presentes na região de fusão das coxas com o ventre do podossoma. A abertura genital apresenta-se em forma de U, V ou Y invertido, e é ladeada por dois pares de papilas na fase adulta (exceto em Histiostomatoidea, em que as papilas existem, mas não estão próximas à abertura genital).

Subordem Oribatida (Cryptostigmata) – Grupo "não Astigmatina" **(Figura 4.4)**: com 0,2 a 1,4 mm de comprimento; frequentemente bastante esclerotizados, especialmente na fase adulta. Em alguns ocorre uma articulação completa entre a região anterior (proterossoma) e posterior (histerossoma) do idiossoma; a zona sejugal é então formada inteiramente por cutícula mole, permitindo ao ácaro retrair o prodorso sob a parte anterior do ventre do histerossoma. Alguns grupos de Oribatida apresentam um par de estruturas em forma de asas na região anterolateral do idiossoma, conhecidas como pteromorfas.

Quelícera geralmente em forma de quela e denteada. O palpo apresenta 3 a 5 segmentos. O prodorso pode apresentar até seis pares de setas, sendo as mais caraterísticas um par de tricobótrias, também conhecidas como órgãos pseudoestigmáticos. Essas últimas apresentam forma bastante variável (setiforme, pectinado, clavado, achatado etc.). As aberturas genital e anal são providas, cada uma, de um par de escudos; frequentemente são ainda ladeadas por escudos chamados agge-

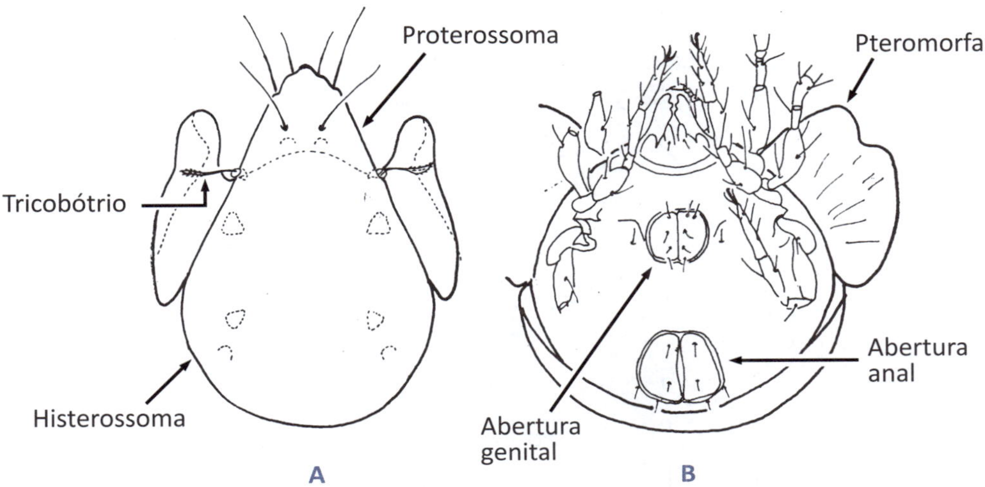

Figura 4.4 Oribatida, fêmea. (A) Dorso. (B) Ventre (adaptadas de Baker *et al.*, 1958 e Krantz, 1970).

nitais e adanais; em conjunto, essas aberturas podem ocupar a maior parte da região medioventral do ventre do opistossoma. Um, dois e três pares de papilas genitais estão presentes respectivamente na protoninfa, deutoninfa e tritoninfa; o adulto também tem três pares de papilas genitais. Usualmente com glândulas laterais no opistossoma.

Os segmentos das pernas geralmente não são fundidos; o pré-tarso é formado por uma (empódio), duas (unhas laterais) ou três (empódio e unhas laterais) estruturas unciformes.

Macho com complexo órgão genital, sem edeago e sem ventosas para-anais.

ANATOMIA

Pelo tamanho reduzido dos ácaros, o conhecimento de sua anatomia é bastante dificultado. Um sumário do que se sabe sobre esse tema foi apresentado por Evans (1992). Aspectos relevantes são apresentados a seguir, com maior ênfase aos ácaros de importância agrícola **(Figura 4.5)**.

ÓRGÃOS SENSORIAIS E SISTEMA NERVOSO

Os ácaros são providos de distintos órgãos sensoriais. A maioria deles corresponde a setas de diferentes tipos e funções, de origem epidérmica. A maioria das setas do idiossoma e dos apêndices de um ácaro

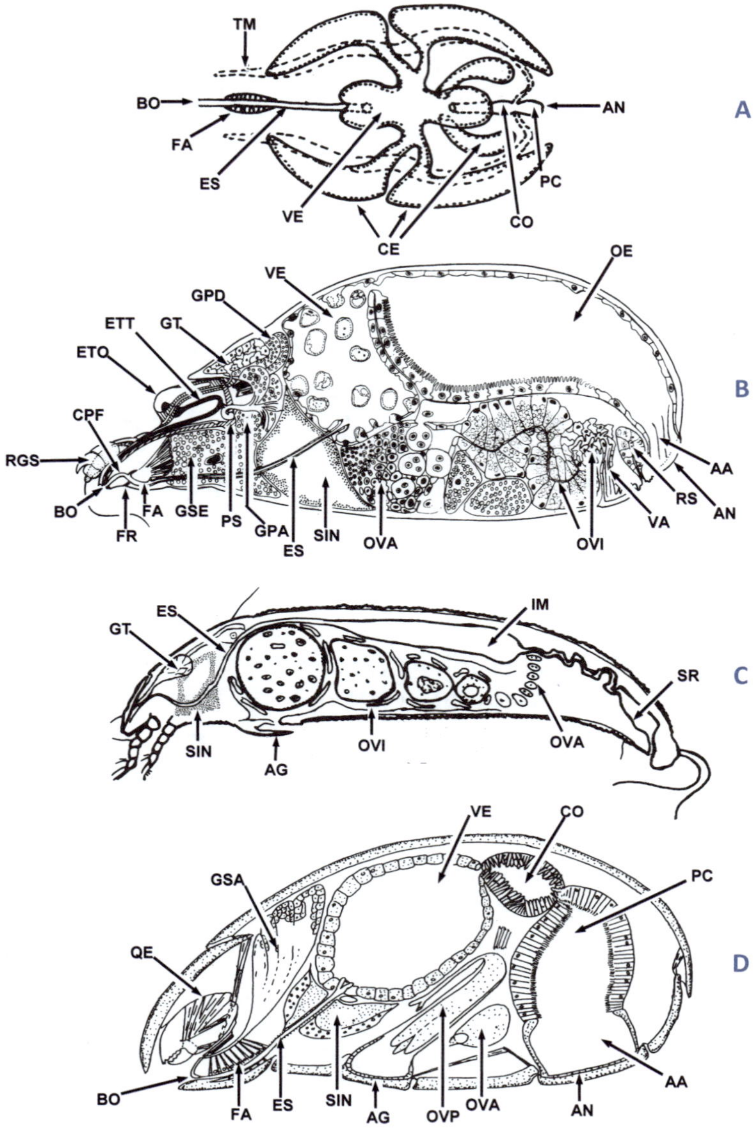

Figura 4.5 (A) Corte frontal, fêmea de Mesostigmata. (B-D) Corte médio-sagital, fêmea (B) Tetranychidae. (C) Eriophyidae. (D) Oribatida. (adaptadas de Evans, 1992; Alberti & Crooker, 1985 e Whitmoyer *et al.*, 1972). AA: átrio anal; AG: abertura genital; AN: ânus; BO: boca; CE: ceco; CO: colo; CPF: canal pré-faringeano; ES: esôfago; ETO: estilóforo; ETT: estilete; FA: faringe; FR: fosseta rostral; GPA: glândula podocefálica anterior; GPD: glândula podocefálica dorsal; GSA: glândula salivar; GSE: glândula sericígena; GT: glândula traqueal; IM: intestino médio; OE: órgão excretor; OV: ovo; OVA: ovário; OVI: oviduto; OVP: ovipositor; PC: pós-colo; OS: peça sigmoide; QE: quelícera; RGS: reservatório da glândula sericígena; RS: receptáculo seminal; SIN: singânglio; SR: saco retal; TM: túbulo de Malpighi; VA: vagina; VE: ventrículo.

tem função mecanorreceptora. Essas são sólidas e articuladas na base com a região em que estão implantadas. Sua movimentação estimula um sensor na base da seta, que envia o estímulo ao sistema nervoso central. Esse sensor conecta-se à membrana na base da seta por uma estrutura chamada corpo tubular. Entre as setas mecanorreceptoras, predominam as chamadas setas tácteis; outras, correspondem aos tricobótrias, que supostamente captam o movimento do ar.

Algumas setas presentes nos apêndices parecem ter função quimiorreceptora. Essas apresentam a parte central oca, onde se encontra o processo dendrítico de neurônios. A percepção do ambiente exterior se dá pelo contato de moléculas com as terminações dos dendritos, o que ocorre por meio de orifícios na parede das setas. Dois tipos distintos de setas estão aqui envolvidos. O primeiro corresponde às setas conhecidas como eupatídios, que apresentam um orifício terminal, e que estão supostamente ligadas à percepção de moléculas não voláteis presentes no substrato. São encontradas principalmente no tarso dos palpos e do primeiro par de pernas. Corresponderiam à percepção do gosto. Algumas delas podem também atuar na percepção do tato, por dispor, concomitantemente, do sensor descrito no parágrafo anterior. O segundo tipo de setas com função quimiorreceptora corresponde àquelas conhecidas como solenídios, que apresentam um grande número de orifícios distribuídos por toda sua superfície, e que estão supostamente ligados à percepção de moléculas dispersas no ar. Essas setas são encontradas principalmente na superfície dorsal do tarso e, em alguns grupos, também no gênu e tíbia do primeiro par de pernas. Corresponderiam ao sentido do olfato.

Sensores mecanorreceptores e quimiorreceptores têm sido relatados também na quelícera de diferentes grupos de ácaros, principalmente na forma de orifícios nos dígitos, ou de setas, incluindo o *pilus dentilis* dos Mesostigmata. Essa última estrutura é usualmente setiforme e implantada na face antiaxial do dígito fixo.

Estruturas fotossensitivas ocorrem em vários grupos de ácaros; essas são representadas por ocelos que consistem basicamente em uma lente cuticular, geralmente convexa, com uma unidade fotorreceptora subjacente, que se liga à terminação do nervo óptico. Alguns grupos não têm ocelos diferenciados, mas respondem à luz por estímulos captados por células sensoriais da epiderme, presentes em diferentes partes do corpo, ou mesmo na carúncula do primeiro par de pernas.

Estruturas conhecidas como lirifissuras são sensores de pressão exercida na superfície de diferentes estruturas do ácaro, pela atividade muscular, vibração do substrato ou pressão da hemolinfa. Podem ser encontradas nas quelíceras, no idiossoma ou nas pernas. Tem sido sugerido que essas estruturas estejam relacionadas à coordenação dos movimentos ambulatórios, pela pressão diferencial nos tarsos em contato ou não com o substrato, percepção da gravidade e detecção de vibração do substrato ou do ar. Em vista dorsal, essa estrutura tem contorno elipsoidal a arredondado, com uma região circular no centro. Quando vista ao microscópio óptico, a estrutura se confunde com um poro; no entanto, é coberta por uma membrana fina, provavelmente a epicutícula.

O sistema nervoso dos ácaros corresponde basicamente a uma massa nervosa central (singânglio), de onde partem nervos para várias partes do corpo. O singânglio está localizado logo atrás do gnatossoma, sendo atravessado pelo esôfago, que o divide em um gânglio dorsal (supraesofageano) e outro ventral (subesofageano). Esses correspondem à fusão de gânglios segmentares, em consonância com a fusão dos segmentos do corpo dos ácaros.

Nos tetraniquídeos, do gânglio supraesofageano partem um par de nervos ópticos, um par de nervos quelicerais, um nervo rostral (para a parte ventral do gnatossoma) e um nervo estomatogástrico (para o intestino anterior) (Blauvelt, 1945). Nesses mesmos ácaros, segundo os mesmos autores, do gânglio subesofageano partem um par de nervos pedipalpais, um par de nervos para cada um dos pares de pernas e um nervo abdominal (para a parte ventral do idiossoma).

Estruturas semelhantes do sistema nervoso central foram citadas por van Wijk *et al.* (2006) para os fitoseídeos. Como nos tetraniquídeos, os autores citaram para *Phytoseiulus persimilis* Athias-Henriot as massas supraesofageana e subesofageana. A primeira consiste em um par de gânglios quelicerais e um par de gânglios (aqui designados como) palpais, além do grande gânglio supraesofageano (mais posterior). A segunda consiste dos quatro pares de gânglios podais, um par de lóbulos olfatórios ligados ao primeiro par de gânglios podais e um pequeno gânglio opistossomal (mais posterior).

SISTEMA DIGESTIVO

O alimento da maioria dos ácaros Mesostigmata, Ixodida, Trombidiformes e Astigmatina parasitos é ingerido no estado líquido ou semilíquido. Já a maioria dos Astigmatina de vida livre e os Oribatida podem ingerir alimentos sólidos. O sistema digestivo dos ácaros ocupa a maior parte da cavidade do idiossoma, sendo dividido em intestino anterior, médio e posterior.

O intestino anterior tem origem ectodérmica, sendo forrado por cutícula quitinosa. Inicia-se na cavidade oral, localizada na região distal do subcapítulo, que é seguida pelo canal pré-faringeano, faringe e esôfago. O canal pré-faringeano é bastante esclerotizado e de fácil visualização em diversos Trombidiformes montados em lâminas de microscopia, como em Stigmaeidae, Tenuipalpidae, Tetranychidae e Tydeidae. Nos Tetranychidae, um canal conecta o canal pré-faringeano ao ventre do subcapítulo, a partir do orifício chamado fosseta rostral. A faringe é também uma estrutura bem visível nos ácaros em geral, quando montados em lâmina.

O intestino médio tem origem endodérmica, apresentando sempre um ventrículo, ao qual se liga um número variável de cecos, seguindo-se então o colo e o pós-colo. Nos Tetranychidae, o ventrículo é uma estrutura saculiforme. Observando-se um tetraniquídeo dorsalmente, o ventrículo parece ocupar quase todo o idiossoma, exceto a parte tomada pelo órgão excretor. Esse último estende-se de trás para diante por cerca de três quartos do comprimento do ventrículo. Na porção anterior, o órgão excretor é contínuo em toda a sua face lateral com o ventrículo, que parece dividido em duas porções laterais pelo órgão excretor.

As paredes laterais do ventrículo são indentadas a intervalos regulares por grupos de músculos dorsoventrais. A compressão exercida pelos músculos movimenta o alimento contido no ventrículo, que consiste principalmente de massas esféricas a ovoides, de cor esverdeada, pardacenta ou preta. Essas cores são devidas à presença de clorofila em várias concentrações e diferentes estágios de digestão.

Holothyrida não apresentam cecos; Opilioacarida apresentam um par de cecos muito reduzidos; Mesostigmata apresentam dois a três pares; Ixodida, cinco ou mais pares; Trombidiformes, dois pares; Sarcoptiformes, um par de cecos reduzidos.

Supõe-se que em muitos ácaros, as secreções das glândulas salivares, liberadas na região bucal ou pré-bucal, estejam envolvidas em um processo de digestão pré-oral. Entretanto, apenas para os Ixodida esse processo tem sido detalhadamente estudado; embora as secreções das glândulas salivares desses ácaros contenham uma série de elementos importantes em sua alimentação, nenhuma enzima que participe da digestão do sangue tem sido constatada na saliva dos Ixodida. A digestão e a absorção de nutrientes no ventrículo, cecos e colo têm sido devidamente estabelecidas. As paredes das duas primeiras regiões são constituídas por células secretoras, digestivas, e de reserva; nessas regiões, a digestão é intracelular, como observado em Ixodida, Mesostigmata parasitos e Bdellidae. No colo, a digestão é extracelular, com verificado em Astigmatina.

Em certos Trombidiformes (como Trombiculidae e Trombidiidae), a região pós-ventricular perdeu a conexão com o ventrículo. A região pós-ventricular ainda mantém a função excretora, embora não exerça mais a função de transportar os resíduos alimentares. Nesse caso, as fezes são eliminadas por meio de uma fenda que se abre temporariamente no dorso do idiossoma; a esse processo dá-se o nome de esquizocenose.

Várias enzimas capazes de hidrolisar carboidratos têm sido encontradas em Tetranychidae, mas celulase e pectinase parecem estar ausentes. Uma revisão sobre as condições fisiológicas no trato digestivo assim como sobre as enzimas digestivas de Astigmatina foi apresentada por Hubert *et al.* (2004). Amilase, glucosidase, protease, trealase e lisozimas foram determinadas no processo digestivo de Astigmatina; no entanto a habilidade desses em decompor a celulose parece ser devida às enzimas produzidas pela microflora intestinal associada (Hubert *et al.*, 2004). A presença de celulase, lípase, pectinase e protease foi determinada no processo digestivo de outros Oribatida. Essas enzimas são importantes na degradação do alimento sólido desses ácaros. Entretanto, não se sabe se essas são produzidas pelos ácaros, por microrganismos, ou se disponíveis sobre o alimento ingerido. Nos Astigmatina e outros Oribatida, uma bolota fecal única ou composta é formada no intestino médio, podendo ser coberta por uma membrana peritrófica. Em alguns poucos Ixodida, uma membrana peritrófica também é formada.

Assim como o intestino anterior, o intestino posterior tem origem ectodérmica, sendo forrado por cutícula quitinosa. Corresponde ao átrio anal, que conecta o pós-colo ao ânus. As paredes do átrio são usualmente plissadas. Nos Mesostigmata e Ixodida, a abertura anal é circundada por um anel esclerotizado, no centro do qual estão as valvas anais. Nos Tetranychidae, as dobras dessa região são interdigitadas, fechando o ânus. Os ácaros que se alimentam de partículas sólidas, como os Oribatida, e alguns Mesostigmata, apresentam abertura anal distintamente maior que a de outros ácaros.

SISTEMA RESPIRATÓRIO

A respiração dos ácaros pode se dar principalmente pela superfície da parede externa do corpo ou por meio de um sistema de traqueias (Figura 4.6). Essas últimas são de origem ectodérmica, forradas por cutícula e mantidas permanentemente abertas graças ao reforço provido pela estrutura helicoidal conhecida como tenídia. Nos ácaros terrestres, as traqueias geralmente se abrem ao exterior pelos estigmas, mas em alguns casos se abrem no átrio genital, como em alguns Bdellidae e em

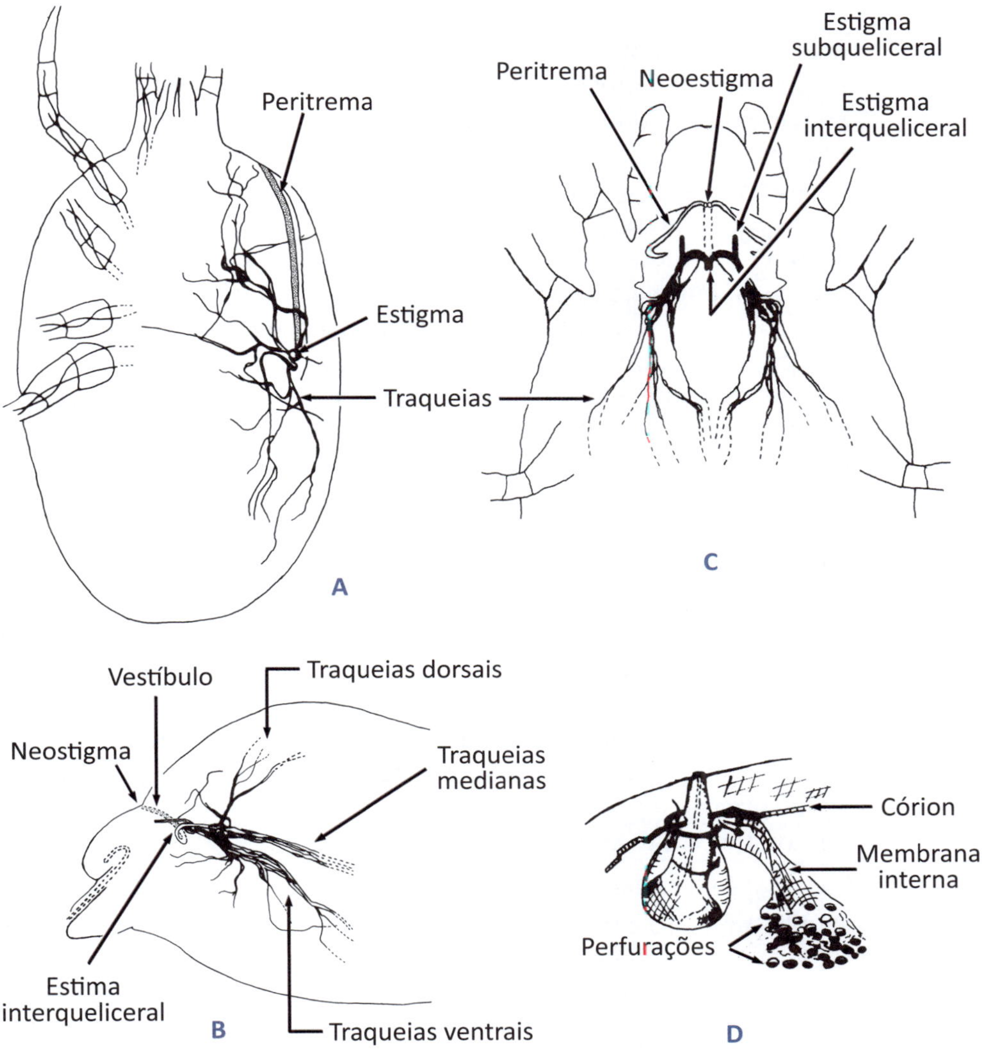

Figura 4.6 Sistema respiratório. (A) Mesostigmata, Phytoseiidae [*Neoseiulus californicus* (McGregor)] adulto. (B-D) Prostigmata, Tetranychidae (*Tetranychus urticae* Koch), (B) Vista lateral, adulto. (C) Vista dorsal, adulto. (D) Ovo (o último, adaptada de Dittrich & Streibert, 1969).

Gohieria fusca (Oudemans) (Astigmatina: Glycyphagidae). Nos adultos de Parasitengonina aquáticos (Trombidiformes: grupo Hydrachnidia), as trocas gasosas se dão em pontos da parede do corpo constituídos por cavidades cobertas por uma camada muito fina de cutícula, no interior de cada uma das quais se encontra um enovelado de traqueias.

Os estigmas estão ausentes em larvas de Parasitiformes (exceto em alguns Argasidae), no estágio larval da maioria dos Trombidiformes, em larvas e ninfas de Oribatida Superiores (Brachypylina), em todos os estágios de Oribatida Inferiores (Macropylina), de machos de Tarsonemina e de todos os estágios de alguns Trombidiformes. Grandjean (1938) postulou que o sistema traqueal ancestral dos Trombidiformes é caracterizado por apresentar dois pares de estigmas, um abaixo das quelíceras (subquelicerais) e outro, entre as quelíceras (interquelicerais). Embora essa condição seja ainda verificada em muitos Trombidiformes, por exemplo, nos Tetranychidae e nos Tydeidae, em outros, apenas um par de estigmas (interquelicerais) ou nenhum está presente. Em diversos Trombidiformes, por exemplo, em Tetranychidae e Tydeidae, os estigmas interquelicerais podem não se abrir diretamente na superfície do corpo, fazendo-o por meio de um par de estruturas chamadas neostigmas. Nesses grupos, os estigmas interquelicerais estão deslocados para uma posição posterior ao estilóforo e a conexão entre os estigmas interquelicerais e os neostigmas dá-se por um par de canais chamados vestíbulos. Nos Tetranychidae, os vestíbulos estão contidos em uma estrutura quitinosa, localizada imediatamente atrás do gnatossoma, chamada peça sigmoide. Os troncos traqueais ligados aos estigmas subquelicerais são muito menos evidentes que aqueles ligados aos estigmas interquelicerais em Tetranychidae. Numa vista lateral, os troncos interquelicerais inicialmente se dividem em um grupo de traqueias dorsais, um grupo mediano e um grupo ventral. Cada grupo vai se separando progressivamente em grupos menores de traqueias e, finalmente, em traqueias individuais.

Estruturas respiratórias nos Oribatida "não Astigmatina" correspondem a áreas porosas e sáculos (presentes nas pernas), braquitraqueias (encontradas em diversas partes do idiossoma e das pernas), assim como traqueias (que se abrem nos pontos de inserção das pernas I e III ao idiossoma, no sulco sejugal e no átrio genital). As traqueias desses ácaros diferem daquelas de outros ácaros por não terem tenídia.

O mecanismo de respiração da fase de ovo foi descrito por Dittrich & Streibert (1969) para *Tetranychus urticae* Koch (Trombidiformes: Tetranychidae). Nos ovos dessa espécie, dois estigmas embriônicos, de estrutura complexa, perfuram o córion durante o desenvolvimento embrionário. Os estigmas comunicam-se com uma área da membrana interna do ovo, que recobre o embrião. A porção perfurada da membrana interna permite a presença de uma camada de ar entre o córion e o embrião; aí ocorrem as trocas gasosas **(Figura 4.6)**. Ovos hibernantes inicialmente não mostram essa estrutura e são totalmente resistentes a acaricidas, mesmo àqueles de ação ovicida; quando as condições se tornam favoráveis, inicia-se o desenvolvimento embrionário, acompanhado da formação dos estigmas. A perfuração do córion desses ovos pelos estigmas coincide com a fase a partir da qual os ovos passam a ser sensíveis aos acaricidas. Sistemas de respiração em ovos já foram também estudados em outros ácaros (Evans, 1992).

SISTEMA CIRCULATÓRIO

O sistema circulatório dos ácaros é lacunar, em que a hemolinfa banha os órgãos internos. Essa desempenha não apenas função de transporte de nutrientes, mensageiros químicos (como hormônios) e produtos de excreção, mas também provê firmeza ao corpo do ácaro, permitindo a movimentação de distintas estruturas pela variação da pressão hidrostática nas diversas regiões do corpo.

Na maioria dos ácaros menores, a circulação é totalmente dependente da ação da musculatura corporal e do movimento de órgãos internos. Nos ácaros de maior porte, especialmente em certos Ixodida, Mesostigmata e Holothyrida, um coração dorsal e artérias também estão envolvidos na circulação. Ao sair do coração, a hemolinfa passa da aorta anterior para vasos próximos dos nervos podais e pelos sínus próximos dos nervos dos apêndices do gnatossoma, faringe e esôfago, retornando depois ao hemocele.

SISTEMA EXCRETOR

A excreção dos restos nitrogenados resultantes do metabolismo celular de proteínas e ácidos nucleicos parece ser realizada nos ácaros principalmente na forma de guanina, composto não solúvel. Em algumas poucas espécies de Trombidiformes, pode ser feita na forma de ácido úrico. Devido à ausência aparente de guanina na região pós-ventricular de Oribatida, alguns autores acreditam que nesses ácaros a excreção de metabólitos nitrogenados possa ser feita em uma forma solúvel, provavelmente ureia ou amônia.

Nos Parasitiformes e em alguns Astigmatina, a excreção é realizada por meio de túbulos de Malpighi. Os Opilioacarida, Mesostigmata e Ixodida apresentam um par de túbulos de Malpighi; os Holothyrida apresentam dois pares. Os túbulos são pouco desenvolvidos em Acaridae (Astigmatina). Em todos os casos, esses túbulos são de origem endodérmica (diferindo dos insetos, em que são de origem ectodérmica). Os produtos a serem excretados são absorvidos da hemolinfa pelos túbulos e levados até a região entre o colo e o pós-colo, onde o tubo se fixa. Nos ácaros que não apresentam túbulos de Malpighi, ou seja, a maioria dos Acariformes, a absorção dos produtos a serem excretados é feita diretamente pela região do colo e pós-colo, que nesse caso são frequentemente referidos conjuntamente como órgão de excreção. Devido à cor dos produtos de excreção, especialmente a guanina, a região pós-ventricular do intestino médio é usualmente bastante distinta nos Trombidiformes pouco esclerotizados.

Nos Parasitengonina (Trombidiformes), cujo tubo digestivo é dividido em duas partes logo após o ventrículo, o ânus é frequentemente designado de uróporo, para distinguir sua função daquela dos ácaros em que o tubo digestivo é contínuo. Nesses últimos, tanto as fezes quanto os produtos a serem excretados são eliminados por meio do ânus. Nos Mesostigmata parasitos, nos Ixodida e nos Trombidiformes, as massas brancas expelidas correspondem à excreção, enquanto as massas escuras correspondem às fezes. Nos Mesostigmata de vida livre, as massas excretadas são pastosas, e sempre esbranquiçadas. Nos Oribatida "não Astigmatina", apenas massas de cor escura são expelidas, enquanto nos Astigmatina as massas expelidas são geralmente claras.

SISTEMA GLANDULAR

As glândulas presentes na região propodossomal dos ácaros são bastante variáveis; pouco se sabe sobre sua função. A maioria libera seus produtos nas proximidades da cavidade oral ou na região do primeiro par de coxas.

Nos Parasitiformes, um par de glândulas salivares está sempre presente, desempenhando papel importante na alimentação. Nos Ixodida, essas glândulas são grandes e os dutos salivares são providos de tenídias, fazendo com que possam ser frequentemente confundidos com traqueias. Os dutos se abrem na região posterior da cavidade oral. As substâncias produzidas pelas glândulas desses ácaros incluem moduladores do fluxo sanguíneo, anticoagulantes e um produto que fixa os Ixodidae aos hospedeiros. Essas glândulas desempenham também papel importante na excreção, na osmorregulação e no processo de acasalamento (Sonenshine, 1991). As glândulas salivares são menores nos Mesostigmata, sendo seu produto liberado na região dos cornículos, mediante um par de estiletes salivares.

Um complexo de glândulas é encontrado nos Acariformes. A glândula traqueal, única, presente em alguns Trombidiformes, supostamente secreta um produto que facilita a movimentação dos estiletes quelicerais; entretanto, é encontrada mesmo naqueles grupos em que as quelíceras não são estiletiformes, como nos Bdellidae. Glândulas localizadas nas proximidades da massa nervosa central, que liberam seus produtos na região dorsal do subcapítulo, são conhecidas em diversos Acariformes; essas glândulas são comumente conhecidas como subcapitulares. Várias glândulas localizadas no gnatossoma foram observadas em Parasitengonina.

Glândulas sericígenas são encontradas nos Tetranychidae da subfamília Tetranychinae (também em raros Bryobiinae, como *Petrobia apicalis* (Banks), de acordo com Bell *et al.*, 2005), localizando-se nas proximidades da base dos palpos. Essas secretam os produtos utilizados na confecção de teia por esses ácaros, sendo esses produtos exteriorizados por meio de um eupatídio localizado na extremidade do tarso do palpo. A produção de teia também é conhecida em algumas espécies de Anystidae, Bdellidae, Cheyletidae, Cunaxidae, Eriophyidae e Tydeidae, enquanto a produção de uma substância parecida com cera tem sido relatada para espécies das três famílias de Eriophyoidea. No caso da cera, as glândulas responsáveis por sua produção estão localizadas no opistossoma (Manson & Gerson, 1996).

Um complexo glandular cujos componentes são conhecidos como glândulas podocefálicas é encontrado em todos os Acariformes (Figura 4.7). Essas se caracterizam por liberarem seus produtos em um duto ou canal podocefálico, que pode ser confundido com uma traqueia. Esse duto ou canal se localiza na região lateral do propodossoma. Esse

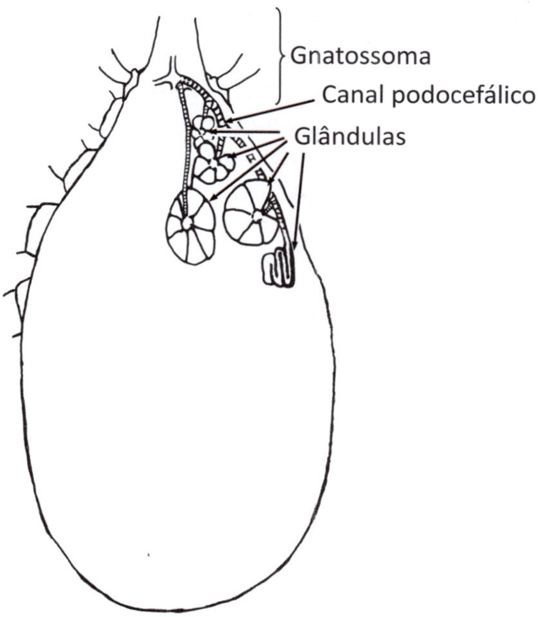

Figura 4.7 Glândulas podocefálicas dos Acariformes (adaptado de Krantz, 1978).

complexo é constituído por um a quatro pares de glândulas, sendo designadas, da frente para trás, como glândulas podocefálicas 1, 2, 3 e 4. As glândulas podocefálicas 4 correspondem a um par de glândulas de formato geralmente tubular, especificamente designada de glândulas coxais. Bdellidae, Trombidiidae e Trombiculidae apresentam quatro pares de glândulas podocefálicas; Tetranychidae, três pares; Oribatida "não Astigmatina", um a três pares, e Astigmatina, apenas um par. Nos Bdellidae, considera-se que a teia seja produzida pelas glândulas podocefálicas 3.

A injeção de toxinas em plantas tem sido presumida para diversos grupos de ácaros; essas seriam produzidas por glândulas. Esse processo é particularmente mais provável em relação aos ácaros que causam alterações no crescimento de órgãos vegetais, como é o caso de alguns Eriophyidae (espécies de diversos gêneros) e Tenuipalpidae (*Brevipalpus galliprodiens* Ochoa & Salas, *Larvacarus transitans* (Ewing) e *Obdulia tamaricis* Pritchard & Baker), que causam a formação de galhas ou o crescimento anormal de tricomas (eríneo) em folhas por eles atacadas, assim como em pelo menos uma espécie de Tarsonemidae (*Polyphagotarsonemus latus* (Banks)), que causa a reversão do crescimento celular de folhas já formadas. Também certas espécies de Tenuipalpidae e Tetranychidae têm sido citadas na literatura como responsáveis por danos severos a seus hospedeiros, supostamente determinados pela injeção de toxinas.

As chamadas glândulas dermais, formadas por células da epiderme que liberam seus produtos na superfície de todo o idiossoma e das pernas, têm sido bem estudadas em Ixodida. São também bastante comuns em Mesostigmata. Nesse último grupo, as aberturas das glândulas dermais são frequentemente confundidas com as lirifissuras; a separação precisa dessas estruturas frequentemente requer o uso de técnicas especiais, como descritas por Krantz & Redmond (1987). Um tipo especial de glândula dermal é encontrado nos Astigmatina e na maioria dos outros Oribatida. Trata-se das glândulas latero-opistossomais, ou glândulas de óleo, que produzem um líquido incolor, amarelado, marrom ou vermelho, que em alguns Astigmatina parece agir como feromônio de alarme, de agregação e sexual. Glândulas dermais aparecem também em grupos no notogaster (área dorsolateral do histerossoma) de adultos de muitos Oribatida (Euoribatida), constituindo as chamadas áreas porosas daqueles ácaros. Heethoff & Raspotnig (2012) demonstraram pela primeira vez que as secreções das glândulas de óleo provêm aos oribatídeos juvenis a proteção química contra artrópodes predadores.

Relacionadas ao sistema reprodutor, as chamadas glândulas acessórias estão presentes nos machos de muitos ácaros; essas produzem o líquido seminal e os espermatóforos, estruturas que contém os espermatozoides, no processo de inseminação das fêmeas. Nos Mesostigmata e nos Ixodida, existe uma única glândula, que é multilobada e mediana. Nos Trombidiformes, existem um, dois ou mais pares, exceto em Eriophyoidea que não apresentam essas glândulas (Nuzzaci & Alberti, 1996). Os Oribatida "não Astigmatina" são desprovidos de glândulas acessórias. Glândulas acessórias são menos comuns nas fêmeas, o que parece estar ligado ao fato de as células do oviduto serem secretoras, responsáveis pela produção da gema e do córion.

REGULAÇÃO OSMÓTICA

Os ácaros cujo alimento é ingerido em concentrações relativamente baixas em um meio líquido apresentam mecanismos eficazes para eliminar o excesso de água. Íons em excesso presentes no alimento também são eficientemente eliminados. Por outro lado, ácaros expostos a perdas consideráveis de água apresentam mecanismos eficazes para absorver a umidade do ambiente. Glândulas coxais, glândulas salivares, papilas genitais e órgãos de Claparède (urstigmata) são os principais órgãos envolvidos no balanço iônico e hídrico dos ácaros.

As glândulas coxais ocorrem em todas as ordens de ácaros, verificando-se um par dessas na região propodossomal. Entretanto, sua função só tem sido estudada em detalhe nos carrapatos Argasidae, e nos Astigmatina. Abrem-se nas coxas nos Parasitiformes e no canal ou duto podocefálico nos Acariformes. Um número variável de aberturas glandulares tem sido citado na literatura para os Mesostigmata. De acordo com Athias-Henriot (1969), esse número varia entre dois e dez. Aponte & McMurtry (1997) mencionaram a ocorrência de uma glândula na coxa I da fase de larva e duas glândulas nas fases subsequentes de uma espécie de Phytoseiidae, além de um número variável de aberturas glandulares correspondentes a essas glândulas (total de um a oito aberturas). Nos Argasidae, uma pequena glândula acessória descarrega seu produto por meio do mesmo orifício da glândula coxal. Nesses ácaros, as glândulas coxais são importantes na eliminação do excesso de íons, de hemolinfa, de metabólitos presentes na hemolinfa e na dispersão de feromônios sexuais, produzidos pelas glândulas acessórias.

Nos Astigmatina, as glândulas coxais recebem o nome de glândulas supracoxais. Nesse caso, abrem-se no canal podocefálico, liberando uma secreção higroscópica que retira água do ambiente em seu trânsito até a cavidade oral, sendo, então, ingerida pelo ácaro.

O balanço hídrico e iônico nos carrapatos Ixodidae é feito principalmente a partir das glândulas salivares. Essas são importantes tanto na eliminação do excesso de água e íons como na absorção de água presente no ambiente na forma de vapor. A absorção dá-se pela secreção de substância higroscópica liberada por essas glândulas. Esse mesmo mecanismo de absorção de água ocorre nos Argasidae.

Papilas genitais e órgãos de Claparède (urstigmata) ocorrem em alguns grupos de Acariformes; dentre os Parasitiformes, papilas genitais têm sido relatadas apenas nos Opilioacarida. Essas estruturas aparecem em um a três pares, abaixo dos escudos genitais; são encontradas apenas nos estágios pós-larvais. Os órgãos de Claparède, em número de dois, localizam-se entre as coxas I e II dos estágios de pré-larva e larva; só aparecem naquelas espécies em que ninfas e adultos apresentam papilas genitais.

SISTEMA REPRODUTOR

Esse sistema ocupa o segundo maior volume nos ácaros. Considera-se que o sistema reprodutor típico do ancestral seja composto por estruturas pares, em ambos os sexos. As aberturas genitais masculina e feminina são ventrais, exceto em certos Cheyletoidea (Demodicidae, Myobiidae e Psorergatidae) e em Podapolipidae, todos pertencentes à ordem Trombidiformes, em que os machos apresentam a abertura genital dorsal.

Machos

Um par de testículos ocorre na maioria dos grupos, mas a maioria dos Trombidiformes apresenta um único testículo. Nos Ixodida, ocorre um par de testículos, que são parcialmente fundidos. Na maioria dos Mesostigmata (Dermanyssiae, Parasitiae e Sejida), os testículos são totalmente fundidos. Em alguns Oribatida "não Astigmatina", observa-se apenas um testículo; em outros, o testículo é bilobado.

Dos testículos, o esperma produzido passa aos dutos deferentes, geralmente em número de dois, mesmo quando os testículos são fundidos. Os dutos deferentes terminam em um duto ejaculatório ou em uma vesícula seminal. Quando presentes, as glândulas acessórias liberam seus produtos no duto ejaculatório ou na vesícula seminal. O final do duto ejaculatório é usualmente eversível.

Os machos dos Mesostigmata dos grupos Dermanyssiae e Heterozerconina apresentam uma estrutura digitiforme, conhecida como espermatodáctilo, ligada por sua base ao dígito móvel ou fixo, respectivamente, da quelícera **(Figura 4.8)**. Já os machos dos Mesostigmata do grupo Parasitiae apresentam uma estrutura semelhante, chamada espermatotrema, que se liga tanto por sua base quanto por seu ápice ao dígito móvel da quelícera **(Figura 4.8)**. Ambas as estruturas estão envolvidas no processo de transferência de esperma. A abertura genital desses machos localiza-se próxima à margem anterior do escudo esternogenital.

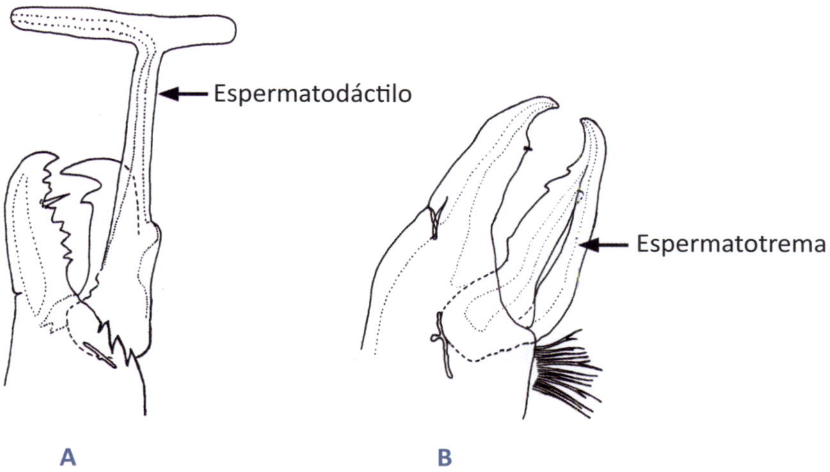

Figura 4.8 Estruturas masculinas de transferência de esperma dos Mesostigmata. (A) Espermatodáctilo. (B) Espermatotrema.

Os machos de alguns grupos de Trombidiformes (Tetranychidae e Tarsonemina) e Astigmatina (Acaridae, Glycyphagidae e Lardoglyphidae) apresentam no final do duto ejaculatório a estrutura conhecida como edeago, que transfere o esperma para as fêmeas.

Fêmeas

O ovário é uma estrutura ímpar em Mesostigmata, Ixodida, Trombidiformes e Oribatida "não Astigmatina", mas dupla em Astigmatina. O ovário continua-se pelo oviduto. Assim como ocorre com o duto deferente (nos machos), o oviduto usualmente é uma estrutura par, exceto em alguns Mesostigmata e em alguns Trombidiformes. Em muitos ácaros (Ixodida, alguns Mesostigmata, a maioria dos Trombidiformes e os Astigmatina), o oviduto termina em um útero, que por sua vez liga-se à vagina. Em outros ácaros, o oviduto liga-se diretamente à vagina. A vagina, de origem ectodérmica, apresenta um ovipositor em Opilioacarida, diversos Trombidiformes (Bdellidae, Eupodoidea e Tetranychidae), Acaroidea e Oribatida "não Astigmatina". É relativamente longo nos Oribatida "não Astigmatina", mas curto nos outros grupos. Glândulas acessórias têm sido verificadas em Ixodida, ligadas à vagina. Em Erythraeidae (Trombidiformes), glândulas acessórias bem desenvolvidas ligam-se ao útero.

Estruturas para o armazenamento de esperma (receptáculo seminal ou espermateca) têm sido observadas nos ácaros. Nas espécies tocospérmicas (em que a inseminação da fêmea pelo macho se dá pelo oopo-ro), essas se abrem na vagina, enquanto nas espécies porospérmicas (em que a inseminação da fêmea se dá por poros especificamente emprega-dos para essa finalidade), ligam-se ao exterior por meio de dutos que se abrem na parede do idiossoma constituindo os poros de inseminação. Nos Mesostigmata, o reservatório pode ser único ou par, conhecido como "tipo Laelapidae" ou "tipo Phytoseiidae", respectivamente (Figura 4.9); em ambos os casos, existe um par de poros de inseminação e um par de dutos condutores de esperma.

Nos Tetranychoidea, o receptáculo seminal corresponde a uma pe-quena estrutura sacular que se liga ao exterior por meio de um curto duto que se abre na região entre o oóporo e o ânus. Nos Astigmatina, o receptáculo seminal liga-se ao exterior a partir de um duto, que termina em uma estrutura circular conhecida como *bursa copulatrix*, localizada na margem posterior do idiossoma.

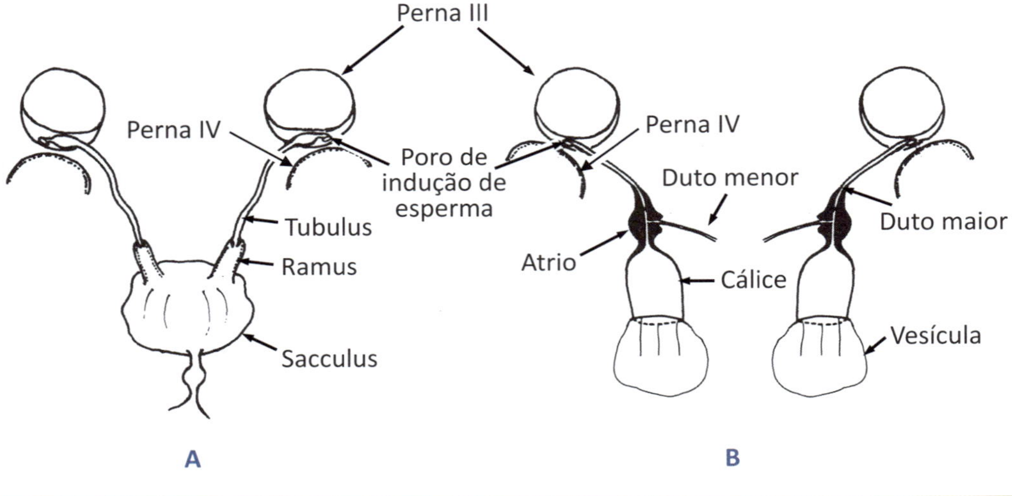

Figura 4.9 Estruturas femininas para o armazenamento de esperma dos Mesostigmata. (A) "Tipo Laelapidae". (B) "Tipo Phytoseiidae" (adaptados de Evans & Till, 1979).

SISTEMA MUSCULAR

Os ácaros apresentam sistema muscular muito desenvolvido, que pode ser dividido em quatro grupos básicos: gnatossomáticos, podais, idiossomáticos e viscerais. Todos os músculos são estriados.

O gnatossoma como um todo dos Parasitiformes e Sarcoptiformes é protraído pela elevação da pressão hidrostática devido à contração dos músculos dorsoventrais do idiossoma, mas é retraído pela ação de músculos que se originam na superfície dorsal do idiossoma. Em alguns Trombidiformes (Erythraeidae e Trombidiidae), a protração se dá pela ação de músculos.

A musculatura das quelíceras é extremamente variável em função da grande variação dessa estrutura nos diferentes grupos de ácaros. Exceto em Trombidiformes, assim como o gnatossoma como um todo, as quelíceras são protraídas pela elevação da pressão hidrostática devido à contração dos músculos dorsoventrais do idiossoma. Na forma menos especializada de quelíceras, composta por três segmentos e encontrada nos Parasitiformes de vida livre, os músculos retratores dessa estrutura originam-se no dorso do idiossoma e fixam-se no segmento basal. Um músculo que se origina no segmento basal e se fixa no segmento mediano flexiona esse último segmento; em alguns casos, um músculo antagonista está presente, originando-se e fixando-se nos mesmos segmentos que o músculo flexor. O segmento distal (dígito móvel) é movimentado pela ação de músculos antagônicos que se conectam a esse por fortes tendões. Os músculos que elevam o dígito móvel (movendo-o em direção ao dígito fixo) são mais fortes, originando-se nos segmentos basal e mediano; os músculos que promovem a movimentação contrária originam-se no segmento mediano. Esses músculos são muito bem visíveis em Mesostigmata e Sarcoptiformes (mas nesse último grupo, os músculos que elevam o dígito móvel se originam apenas no que corresponde ao segmento mediano dos Mesostigmata, pela inexistência do segmento basal).

Variações do padrão apresentado são observadas em diferentes grupos de Trombidiformes, em função de fusões das quelíceras entre si ou de partes dessas com o subcapítulo. Em muitos Acariformes, os músculos retratores das quelíceras originam-se no dorso do idiossoma e se fixam na região posterior do corpo da quelícera. Nos Acariformes em que a parte basal da quelícera encontra-se fundida ao subcapítulo, os músculos retratores dos estiletes originam-se no próprio subcapítulo.

Nos Trombidiformes estudados em detalhes, as quelíceras são protraídas pela ação de músculos que se ligam a escleritos internos que estão em contato com elas. O mecanismo de protração e retratação dos estiletes quelicerais dos Tetranychoidea ainda não está devidamente esclarecido. Alguns autores consideram que a retração dos estiletes desses ácaros seja passiva. O estilóforo, entretanto, é provido de músculos retratores e protratores. Nos tetraniquídeos, os músculos que conectam a peça sigmoide a uma placa quitinosa longitudinal e vertical no centro do estilóforo, chamada septo mediano, parece facilitar a protração das quelíceras (André & Remacle, 1984).

Em relação aos palpos, observa-se grande variação em função do número variável de segmentos livres nos diferentes grupos de ácaros. Menciona-se a seguir a musculatura básica quando o palpo é composto por cinco segmentos livres. Nos Parasitiformes, músculos antagonistas originam-se na superfície ventrolateral do subcapítulo e inserem-se no trocânter, permitindo sua movimentação. Músculos antagonistas também movimentam o fêmur, originando-se na superfície ventrolateral do subcapítulo e no trocânter. Músculos com função de contração para baixo partem do fêmur, gênu e tíbia, cada um em direção ao respectivo segmento imediatamente distal. A extensão dos palpos dá-se por pressão hidrostática resultante da contração de músculos do idiossoma. O apotele é movimentado por músculos antagônicos que se originam no gênu e na tíbia. A musculatura dos palpos dos Acariformes é parecida com o que foi citado para os Parasitiformes, exceto que neste caso o apotele nunca está presente.

Em relação às pernas dos Parasitiformes, músculos antagonistas que partem da superfície interna de placas cuticulares ou do endosternito (placa esquelética interna, horizontal, provavelmente formada por tecido conectivo) ligam-se às coxas ou trocânteres, permitindo sua movimentação. Músculos antagonistas partindo desses segmentos fixam-se ao fêmur, realizando sua movimentação. Músculos com função de contração para baixo partem do fêmur, gênu, tíbia e tarso, em direção ao segmento imediatamente distal ou ao que se segue a esse. A extensão das pernas dá-se por pressão hidrostática resultante da contração de músculos do idiossoma. No caso do pré-tarso, tanto a contração quanto a extensão dão-se pela ação de músculos que partem da tíbia e/ou tarso. A musculatura das pernas dos Acariformes é semelhante ao que foi citado para os Parasitiformes, exceto que, nesse caso, a coxa é fundida à face ventral do idiossoma; por isso, os músculos antagonistas que se fixam nos trocânteres partem da região de fusão entre a coxa e o idiossoma ou do endosternito.

Os principais grupos de músculos no idiossoma são conhecidos como dorsoventrais, suspensores do endosternito, intertergais e longitudinais. Os dorsoventrais são os mais fortes e numerosos. Os suspensores do endosternito aparecem em pequeno número, partindo do escudo dorsal em direção àquela estrutura, que é bastante desenvolvida em Mesostigmata, alguns Trombidiformes e Oribatida "não Astigmatina", mas pouco desenvolvida em Ixodida e Astigmatina. Os intertergais são encontrados em ácaros Mesostigmata que apresentam dois escudos dorsais e em Cheyletidae (Trombidiformes); são responsáveis pelo movimento dos escudos e pela flexão do corpo na junção daqueles escudos. Os músculos longitudinais são bastante desenvolvidos em Trombidiformes e Astigmatina, encurtando o corpo quando se contraem.

Nos ácaros maiores, especialmente em certos Ixodida, Mesostigmata e Holothyrida, a contração da musculatura que suporta o sínus pericardial dá-se na diástole, fazendo com que a hemolinfa penetre no coração. A musculatura do coração bombeia a hemolinfa para um vaso (aorta) anterior. Diferentes partes do sistema digestivo também são movimentadas pela ação direta de músculos. A faringe é provida de músculos dilatadores e, frequentemente, de músculos constritores, que se alternam ao longo desse órgão nos Parasitiformes e nos Acariformes. No caso específico de espécies de *Tetranychus* Dufour, a parede dorsal da faringe é provida de uma espessa estrutura cuticular à qual músculos dilatadores que se originam na peça sigmoide e nas paredes do subcapítulo se fixam. Acredita-se que a elasticidade dessa estrutura cuticular funcione antagonisticamente à ação dos músculos. Musculatura circular cobre o esôfago; um anel de músculos constritores é encontrado em sua extremidade posterior, ou seja, onde os intestinos anterior e médio se encontram. Musculaturas circular e longitudinal têm sido constatadas cobrindo todo o intestino médio de espécies das quatro maiores ordens de ácaros. Por outro lado, musculaturas circular e longitudinal foram determinadas no átrio anal de Oribatida "não Astigmatina" e de alguns Trombidiformes, mas não de Mesostigmata ou Ixodida. Músculos que se originam no escudo dorsal e que se fixam na parede do átrio anal e nas valvas anais estão presentes em Mesostigmata. Já músculos que se originam na parede do átrio anal e se fixam na valva anal foram encontrados em Ixodida. Os túbulos de Malpighi também são cobertos por musculatura, para a movimentação dos produtos a serem excretados.

Em relação ao sistema reprodutor, músculos circulares são verificados na região distal do duto ejaculatório. Músculos retratores ligam-se a um complexo de estruturas ligadas ao edeago, mas a protração parece ser realizada mediante o aumento da pressão hidrostática no idiossoma. Nas fêmeas, o oviduto também é provido de musculaturas circular e longitudinal, e a vagina pode ser provida de musculatura circular. O ovipositor e as papilas genitais, presentes em alguns grupos de ácaros, assim como as valvas genitais, são retraídas pela ação de músculos.

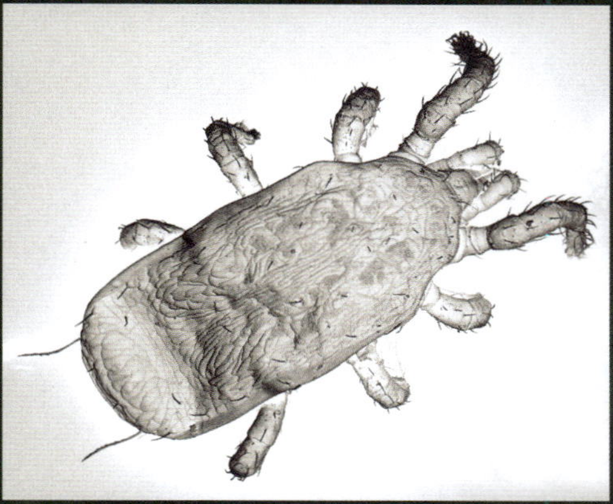

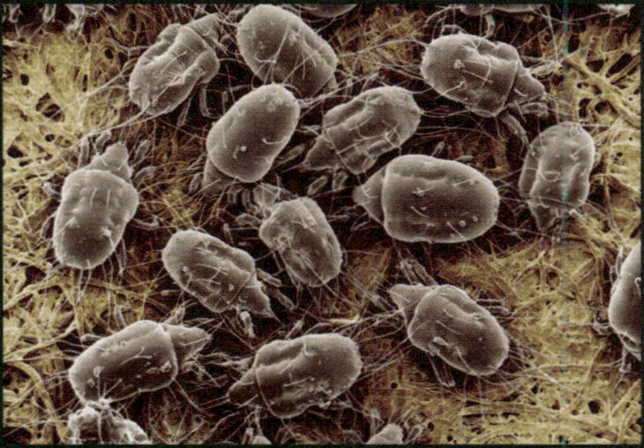

capítulo 5

Aspectos Morfológicos Específicos dos Principais Grupos de Ácaros de Importância Agrícola

MESOSTIGMATA

Phytoseiidae

(Figura 5.1)

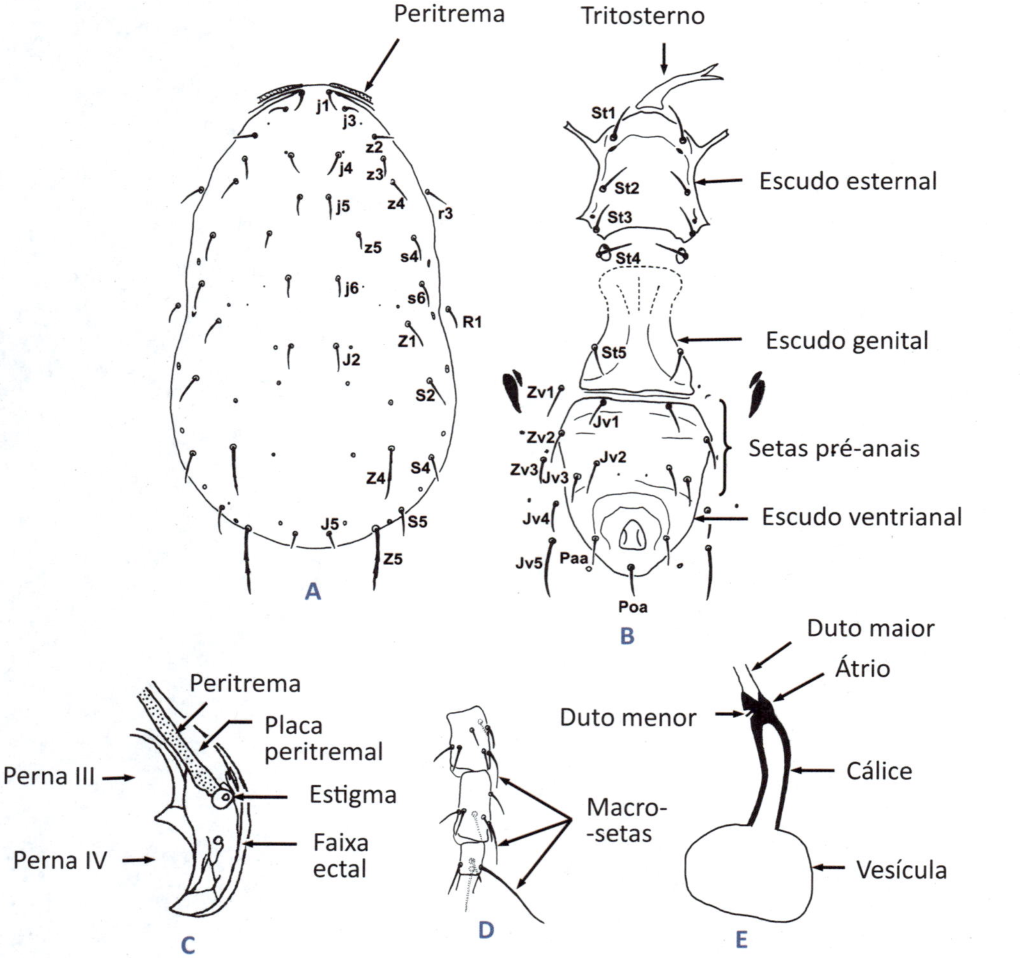

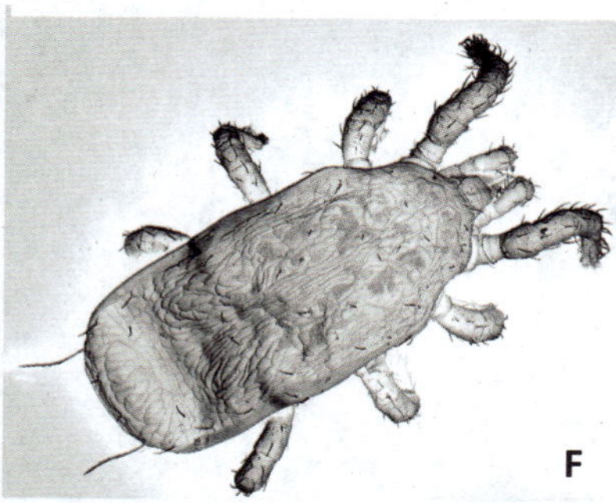

Figura 5.1 Phytoseiidae, fêmea. (A) Dorso do idiossoma. (B) Ventre do idiossoma. (C). Extremidade posterior do peritrema e placas associadas. (D) Extremidade distal da perna IV. (E) Espermateca. (F) Exemplar de *Neoseiulus paspalivorus* (De Leon). Setas dorsais: *j*1, *j*3–*j*6, *J*2, *J*5, *z*2–*z*5, *Z*1, *Z*4, *Z*5, *s*4, *s*6, *S*2, *S*4, *s*5, *r*3, *R*1; setas esternais: *st*1–*st*5; setas pré-anais: *Jv*1–*Jv*3, *Zv*2; setas lateroventrais do opistosoma: *Jv*4, *Jv*5, *Zv*1, *Zv*3; setas para-anais: Paa; seta pós-anal: Poa.

Ovo alongado, inicialmente translúcido e posteriormente leitoso. Larva com um par de setas longas na margem posterior do opistossoma; com escudos no dorso e no ventre do idiossoma, porém pouco esclerotizados e frequentemente de difícil visualização. Ninfas com escudos idiossomais mais facilmente visíveis; protoninfa com dois escudos distintos no dorso (escudos podonotal e opistonotal); esses fundidos na deutoninfa e no adulto (com nítida constrição na região de fusão), exceto por uma espécie (*Macroseius biscutatus* Chant, Denmark & Baker), até agora conhecida somente nos Estados Unidos da América do Norte.

Estágios pós-embrionários geralmente de coloração castanho-claros a marrons, lisos ou com diferentes tipos de ornamentação. Quelícera terminando em dígitos distintos, em forma de quela, usualmente de tamanhos similares (em *Chelaseius* Muma & Denmark, o digito fixo é bem maior que o móvel), geralmente com dentes na margem interna, sendo o número maior no dígito fixo. Macho com abertura genital na região anterior do escudo esternal. Escudos ventral e anal geralmente fundidos, formando o escudo ventrianal; de formas variadas na fêmea, e triangular no macho. Fêmea com menos de 21 pares de setas dorsais no idiossoma, além de um a dois (raramente três) pares de setas na cutícula que margeia o escudo dorsal.

Trabalhos de síntese de informações sobre esta família têm sido publicados. Um catálogo sobre a taxonomia, distribuição e hospedeiros de cada espécie de Phytoseiidae foi publicado por Moraes *et al.* (2004). Uma base de dados permanentemente atualizada, sobre esses mesmos temas, tem sido mantida por Demite *et al.* (2024).

Não Phytoseiidae

(Figuras 5.2 e 5.3)

Nesta publicação, esse termo se refere a outras famílias de Mesostigmata (que não Phytoseiidae) de importância agrícola, porém menos comuns que os fitoseídeos, destacando os Ameroseiidae, Ascidae, Blattisociidae, Laelapidae, Macrochelidae, Melicharidae e Rhodacaridae. Em função da frequência com que membros dessas famílias têm sido encontrados no meio agrícola e em condições naturais, grande ênfase tem sido dada a seu estudo em muitos países.

Trabalhos de síntese de informações sobre esses ácaros têm sido elaborados; trabalhos relevantes foram elaborados por Castilho *et al.* (2012) para Rhodacaridae, Moraes *et al.* (2016) para Ascidae, Blattisociidae e Melicharidae, Mašán (2017) para Ameroseiidae, assim como por Moraes *et al.* (2022) para Laelapidae. Outros trabalhos sobre aspectos biológicos e ecológicos sobre esses, elaborados por distintos au-

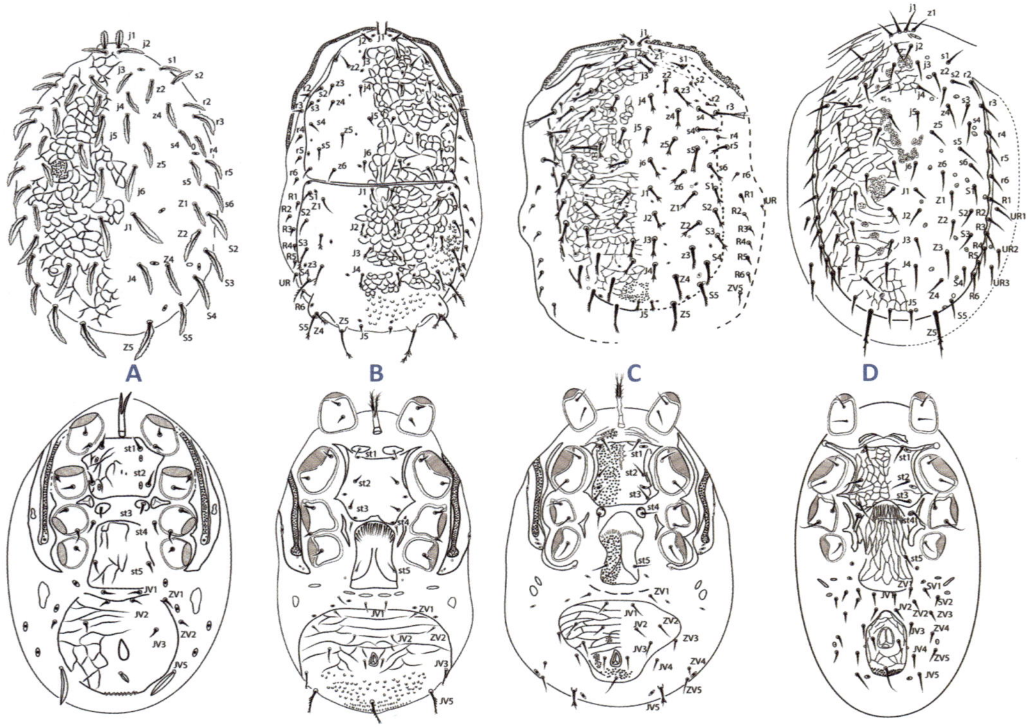

Figura 5.2 Dorso (acima) e ventre (abaixo) do idiossoma, fêmea. (A) Ameroseiidae. (B) Ascidae. (C) Blattisociidae. (D) Laelapidae.

tores, foram consolidados na forma de capítulos do livro editado por Carrillo *et al.* (2015).

Em 2009, os ácaros até então considerados como membros da família Ascidae foram separados em três famílias (Lindquist *et al.*, 2009); muitas delas permaneceram na família de mesmo nome, enquanto outras passaram a constituir as famílias Blattisociidae e Melicharidae, conforme discutido por Moraes *et al.* (2016). As principais características compartilhadas por essas famílias eram: apotele bifurcado; cornículo usualmente não dividido; quelícera sem processo artrodial; idiossoma usualmente com mais de 23 pares de setas dorsais, incluindo *J1* usualmente presente e *J5* sempre presente; setas esternais *st1*–*st3* usualmente inseridas na placa esternal e *st*4 usualmente inserida fora dessa; região posterior do escudo genital usualmente pouco convexa; e ausência de escudo anal subtriangular. Por outro lado, distinguem-se entre si por diferentes razões, incluindo a presença de espermatecas pares e independentes nos Blattisociidae (como em Phytoseiidae); pela fusão relativamente ampla das placas peritremática e exopodal nos Ascidae

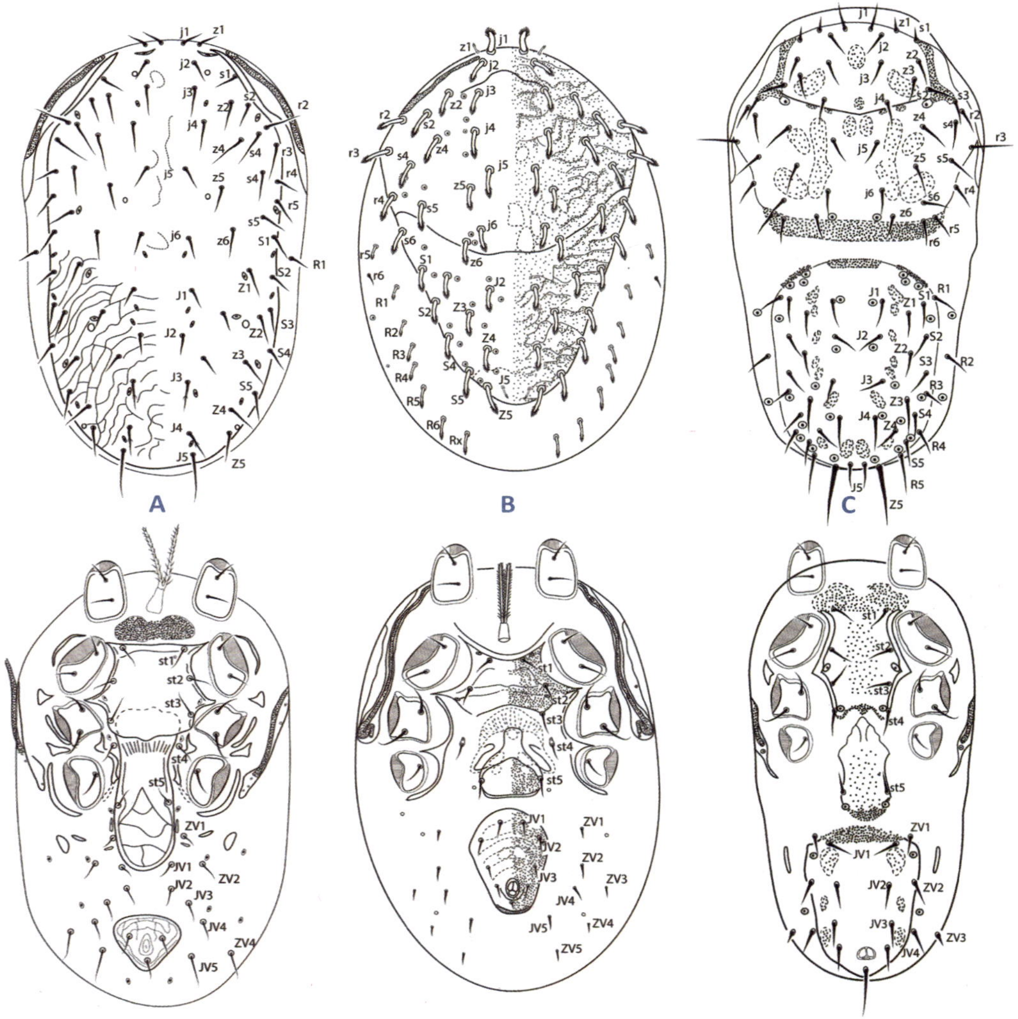

Figura 5.3 Dorso (acima) e ventre (abaixo) do idiossoma, fêmea. (A) Macrochelidae. (B) Melicharidae. (C) Rhodacaridae.

e Blattisociidae (como em Phytoseiidae); pela localização da lirifissura *iv3* na margem posterior do escudo esternal nos Ascidae.

Os Ameroseiidae podem ser distinguidos das demais famílias principalmente por terem escudo dorsal usualmente não dividido; seta *J1* presente e por usualmente não terem seta *J5*; além disso, o apotele de muitos ameroseídeos é trifurcado (Abo-Shnaf *et al.*, 2023). Os Laelapidae podem ser distinguidos principalmente por terem a placa dorsal usualmente não dividida; por usualmente não terem as placas peritremática e exopodal distintamente fundidas; e por terem a extremidade posterior da placa genital usualmente distintamente arredondada. Os Macrochelidae são facilmente distinguidos pela curvatura em forma de cabo de guarda-chuva (ou saxofone) de seu peritrema; pela presença de processo artrodial em forma de "escova cilíndrica" na quelícera; pelo escudo dorsal não dividido; e pela ausência do pré-tarso na perna I. Já os Rhodacaridae se distinguem das demais famílias principalmente por terem a placa dorsal dividida (podonotal e opistonotal); pela inserção da seta *st4* na placa esternal; por ter o apotele trifurcado; e apresentar, usualmente, projeções internas alongadas (escleronódulos) na região posteromediana do escudo podonotal.

Passam pelos mesmos estágios evolutivos citados para os fitoseídeos, sendo sua coloração semelhante ao que foi citado para aqueles. Suas estruturas básicas também são aproximadamente as mesmas, sendo as principais diferenças citadas anteriormente para cada família.

TROMBIDIFORMES

Bdellidae

(Figura 5.4)

Ovos de formato bastante variável. Wallace & Mahon (1972) observaram ovos quase esféricos para espécies de *Bdella* Latreille, *Cyta* von Heyden e *Spinibdella* Thor; os ovos eram cobertos com material membranoso no caso do primeiro desses gêneros, com projeções finas, longas e onduladas no caso do segundo, e lisa no terceiro. Verificaram também ovos ovais, achatados e cobertos com projeções circulares em espécies de *Biscirus* Thor. Estágios pós-embrionários geralmente esverdeados, avermelhados ou pardos. Gnatossoma alongado e afilado anteriormente. Quelíceras separadas entre si, longas, dilatadas na base e distalmente afiladas, terminando por uma pequena quela desprovida de dentes. Palpo geniculado, terminando por longas setas; em vida, estendido anteriormente e para cima. Dorso do propodossoma com dois pares de tricobótrias. Abertura genital em forma de fenda longitudinal, guarnecida por dois escudos delicados; com três pares de papilas genitais.

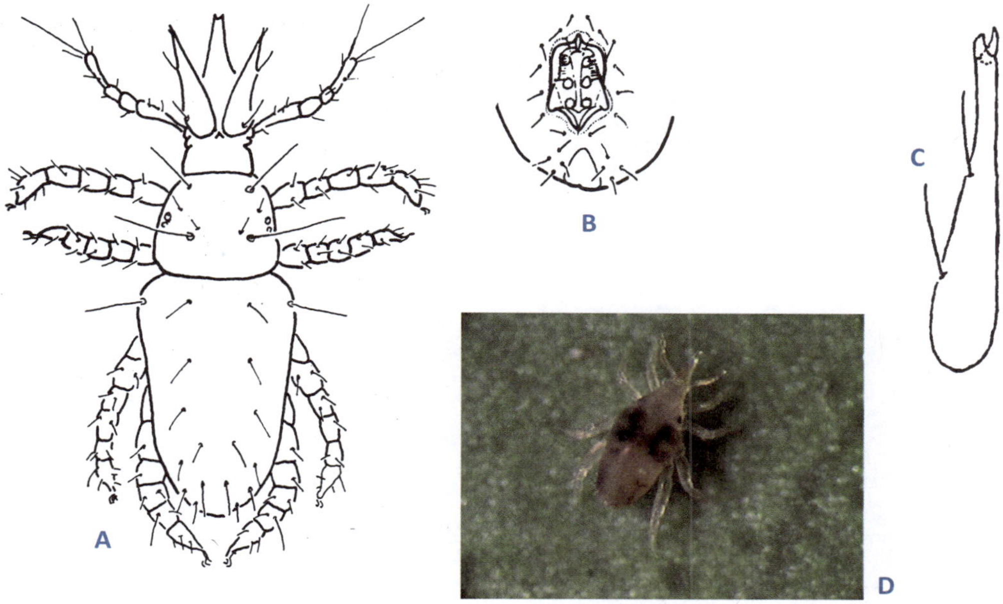

Figura 5.4 Bdellidae. (A) Dorso. (B) Parte posterior do ventre do idiossoma. (C) Quelícera. (D) Detalhe de uma fêmea (A–C adaptadas de Baker *et al.*, 1958 e Atyeo, 1963).

Cheyletidae

(Figura 5.5)

Ovo de formato oval. Estágios pós-embrionários geralmente amarelados, alaranjados, avermelhados ou marrons. Palpo de aspecto robusto; tíbia do palpo com uma seta robusta, unciforme, disto-dorsal, formando junto ao tarso uma estrutura conhecida como "processo unha-dedão"; tarso do palpo com cinco setas, das quais duas grandes e pectinadas, uma menor em forma de bastonete (solenídio), e outras duas lisas e em forma de foice. Gnatossoma cônico; dígitos móveis das quelíceras estiletiformes, implantados em um estilóforo que aparentemente se localiza dentro do rostro. Peritremas distintos, em forma de "U" invertido ou de "M", na superfície dorsal do gnatossoma. Idiossoma geralmente romboidal, com setas setiformes, em forma de leque, em forma de árvore etc.

Com distinto dimorfismo sexual. As diferenças estão principalmente no tamanho do gnatossoma, consideravelmente maiores nos machos, e no desenvolvimento e estrutura das setas dorsocentrais.

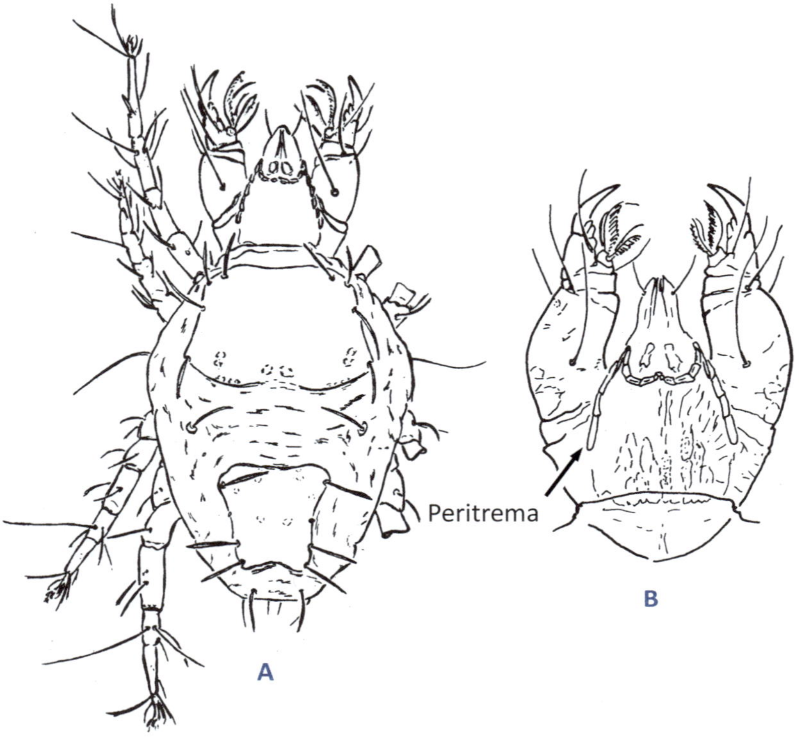

Figura 5.5 Cheyletidae. (A) Dorso. (B) Detalhe do gnatossoma.

Cunaxidae

(Figura 5.6)

Estágios pós-embrionários geralmente amarelados, avermelhados ou marrons. Como os Bdellidae, também apresentam gnatossoma alongado. Quelíceras separadas entre si, geralmente cada uma sem dígito fixo distinto, mas com dígito móvel transformado em pequena lâmina recurvada, distal; às vezes, com dígito móvel pequeno, mas distinto. Palpo simples, distalmente acuminado, quase sempre terminando por uma unha distal, frequentemente com apófises, conferindo-lhes aspecto raptorial. Dorso do propodossoma com dois pares de longas tricobótrias. Abertura genital em forma de fenda longitudinal, com dois ou três pares de papilas genitais.

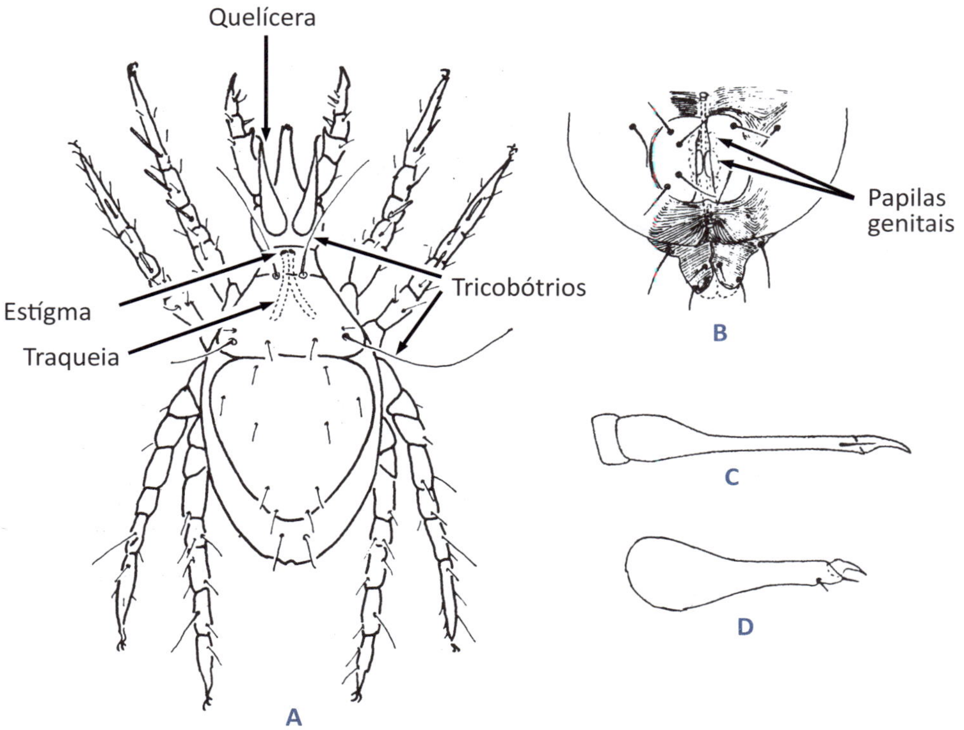

Figura 5.6 Cunaxidae. (A) Dorso. (B) Parte posterior do ventre do idiossoma. (C e D) Quelíceras (adaptadas de Baker & Wharton, 1952 e Smiley, 1992).

Eriophyoidea

(Figura 5.7)

Genericamente chamados de microácaros. Ovo geralmente esférico, elítico ou lentiforme, e difícil de ser visualizado, por ser translúcido; com 20 a 60 micrômetros de diâmetro, grande quando comparado ao tamanho da fêmea (100 a 330 micrômetros), ou com a largura da abertura genital feminina (transversal, com não mais que 15 a 20 micrômetros).

Larva e estágios subsequentes com apenas dois pares de pernas, situadas anteriormente. Usualmente larva e protoninfa são morfologicamente indistintas, exceto pelo tamanho maior da protoninfa. Talvez as únicas exceções correspondam a *Rhombacus eucalypti* Ghosh & Chakrabarti e *Epitrimerus angustisternalis* Flechtmann; enquanto a ninfa da primeira espécie apresenta uma distinta estrutura em forma de espinho de cada lado do escudo prodorsal, a ninfa da segunda espécie apresenta anéis ventrais muito mais numerosos que os dorsais, o que

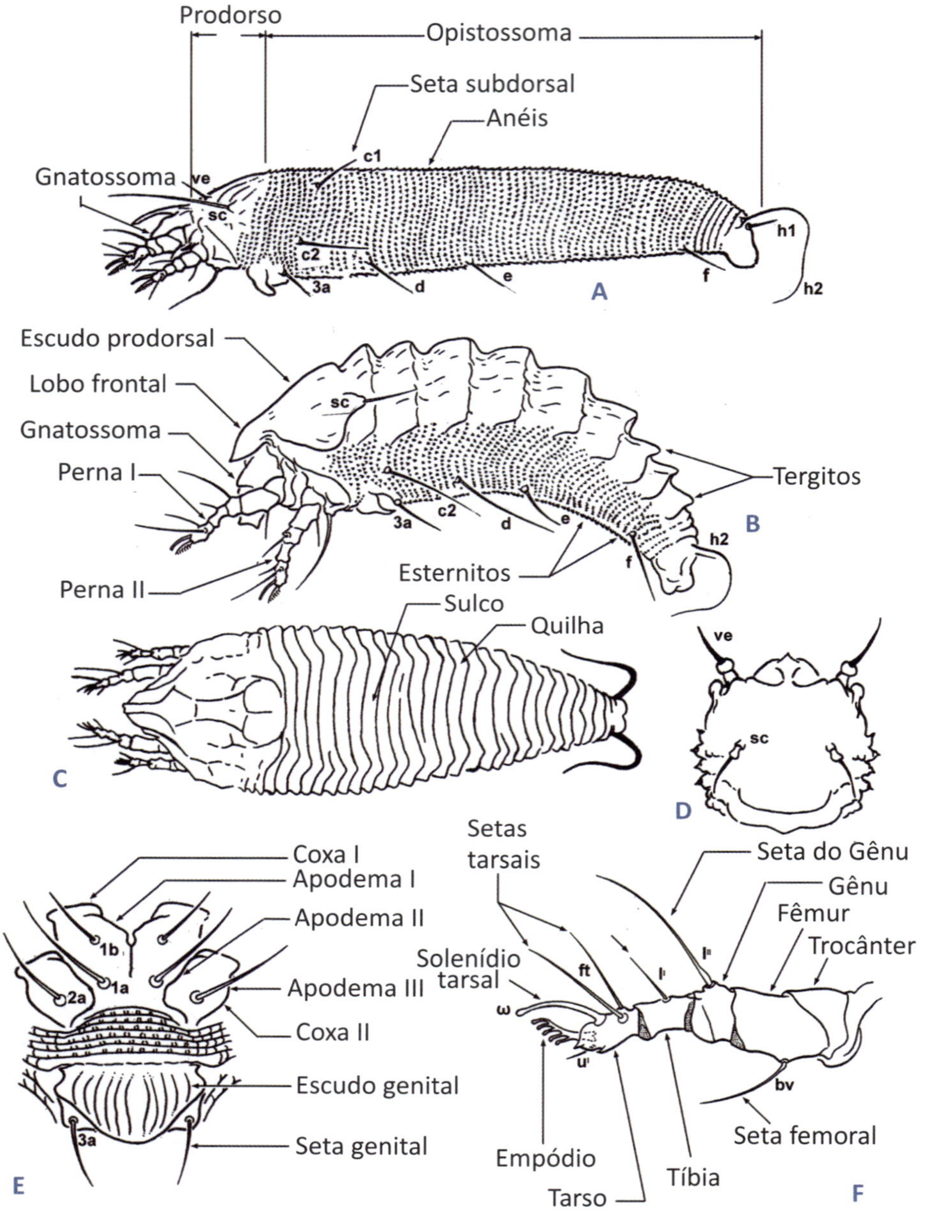

Figura 5.7 Eriophyoidea. (A) Vista lateral de um eriofioideo vermiforme. (B) Vista lateral de um eriofioideo fusiforme. (C) Dorso de um eriofioideo fusiforme. (D) Escudo prodorsal. (E) Regiões coxisternal e genital de uma fêmea. (F) Perna I. (A, B, E, F, adaptadas de Jeppson *et al.*, 1975; C, adaptada de Keifer, 1952; D, adaptada de Keifer, 1965b).

não é verificado nas respectivas larvas (Flechtmann & Santana, 2001; Flechtmann, 2010).

Os estágios pós-embrionários desses ácaros são alongados, vermiformes ou fusiformes, e com tegumento anelado transversalmente; as anelações podem ser providas de microtubérculos. Estágios pós-embrionários geralmente amarelados ou marrom-claros. Espécies vermiformes geralmente com anéis cuticulares contínuos dorsoventralmente. Espécies fusiformes com números diferentes de semianéis dorsais e ventrais, dando ao corpo um aspecto arqueado; os dorsais são menos numerosos e mais largos que os ventrais. Tarsos sem unhas. Empódio constituído por um ramo central e raios laterais; ramo central às vezes bifurcado. Abertura genital transversal e situada imediatamente atrás das coxas das pernas do segundo par.

Peças bucais adaptadas para a perfuração de tecidos vegetais, compreendendo um complexo de sete ou nove estiletes. Palpos curtos, funcionando como suportes de cada lado das peças bucais, ancorando o gnatossoma ao substrato por apresentarem a extremidade em forma de ventosa. A inserção dos estiletes no tecido vegetal também é facilitada pela fixação da parte posterior do corpo ao substrato, com a ação de uma ventosa anal; o movimento dos estiletes é limitado a pequenos deslocamentos alternados de ida e de volta. Na maioria dos microácaros os estiletes são curtos (15 a 40 micrômetros) e capazes de perfurar apenas as células da epiderme. Entretanto, os microácaros da família Diptilomiopidae têm estiletes bem mais longos (50 a 70 micrômetros), capazes de atingir a primeira camada de células sob a epiderme.

O propodossoma é recoberto por um escudo, liso ou ornamentado. Sem ocelos, mas às vezes com projeções subglobulares nas margens posterolaterais do escudo propodossomal, que podem ser confundidas com ocelos. Dimorfismo sexual reduzido; machos com escudo genital triangular e fêmeas com escudo genital posteriormente arredondado.

Erythraeidae

(Figura 5.8)

Estágios pós-embrionários geralmente avermelhados. Enquanto na grande maioria dos ácaros, as formas larval, ninfal e adulta têm algo em comum no seu aspecto externo, de maneira a frequentemente permitir reconhecer larvas e ninfas pela semelhança com os adultos (homeomorfia), entre os Erythraeidae as larvas são bem dissimilares de ninfas e adultos (heteromorfia). A pré-larva é saculiforme, desprovida de pernas, boca ou ânus. A larva é saculiforme, desprovida de ânus; os estágios subsequentes apresentam ânus. Dígito móvel da quelícera estiletifor-

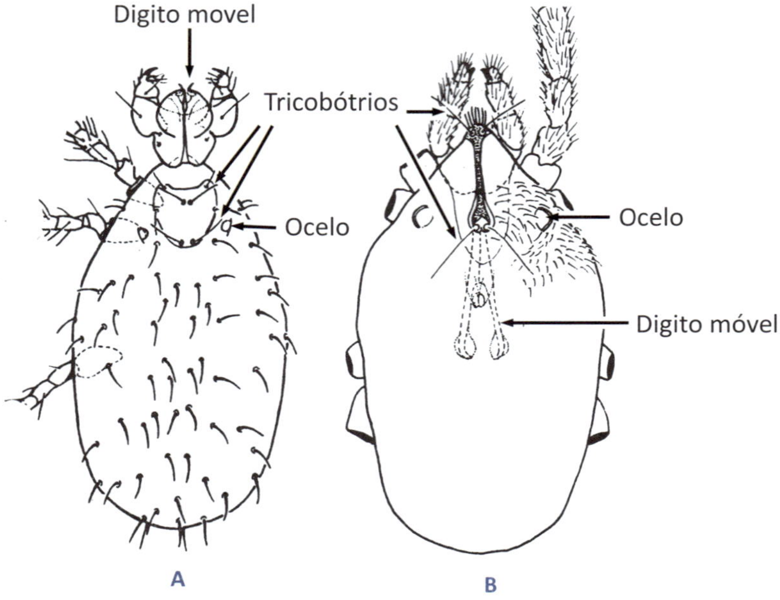

Figura 5.8 Erythraeidae. (A) Dorso de uma larva. (B) Dorso de um adulto (adaptados de Krantz, 1978).

me, curto nas larvas, mas bastante alongado nos estágios subsequentes. Idiossoma com poucas ou com muitas setas. Dorso do propodossoma com escudo, largo nas larvas, e estreito e alongado nos estágios pós-larvais (mesmo que crista metópica), com dois pares de tricobótrias em todos os estágios evolutivos. Geralmente com um par de ocelos laterais no propodossoma. Sem órgãos de Claparède nem papilas genitais.

Penthaleidae

(Figura 5.9)

Ácaros não esclerotizados, com corpo usualmente escuro, de tom azulado, avermelhado ou esverdeado, e pernas avermelhadas. Com abertura anal na face dorsal ou dorsomarginal. Prodorso com projeção anterior (naso) contendo um par de setas dorsais. Com hipertriquia no idiossoma e nas pernas e um par de tricobótrias prodorsais. Quelíceras separadas e com movimentos independentes; digito fixo da quelícera pouco diferenciado, robusto, quase reto; dígito móvel em forma de foice ou de gancho, liso (adaptado à fitofagia); estigmas localizados na base das quelíceras. Tarso I com pelo menos um solenídio recumbente (recurvado, encaixando-se a uma depressão na superfície). Sem processo unha-dedão, sem tricobótrias nas pernas e sem peritrema.

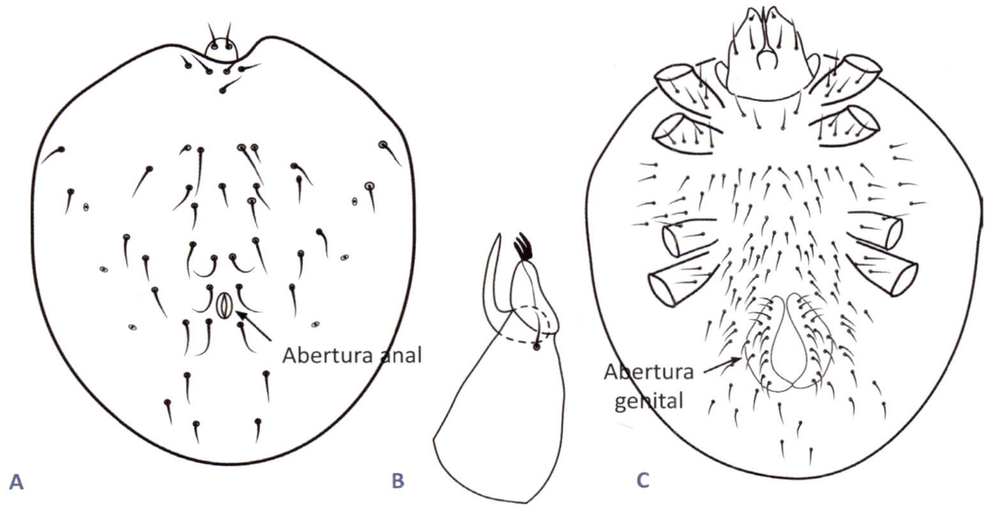

Figura 5.9 Penthaleidae, fêmea. (A) Dorso. (B) Quelícera. (C) Ventre.

Pyemotidae
(Figura 5.10)

Detalhes sobre a morfologia dos Pyemotidae foram apresentados por Barbosa *et al.* (2021). Estágios pós-embrionários geralmente amarelados. Adultos ovais ou alongados, esbranquiçados a amarelados, e brilhantes. Fêmeas reproduzindo-se pelo processo de fisogastria, envolvendo o aumento do volume do opistossoma, pela retenção de ovos e estágios imaturos pós-embrionários. Segmentos basais das quelíceras fundidos entre si e com o hipostômio (parte inferior do gnatossoma), formando uma estrutura geralmente de contorno oval ou arredondado em vista dorsal. Os estiletes quelicerais podem ser evertidos e retraídos. Palpos diminutos, formados por um ou dois segmentos. Fêmeas com um par de tricobótrias clavadas localizadas dorsolateralmente no propodossoma. Machos sem tricobótrias. Em contraste com a maioria dos ácaros, e de forma semelhante aos Pygmephoridae e Tarsonemidae, apresentam idiossoma com vestígios de segmentação, visíveis já a partir da fase larval, mas tornando-se mais notórios nos adultos. Trocânter da perna IV triangular.

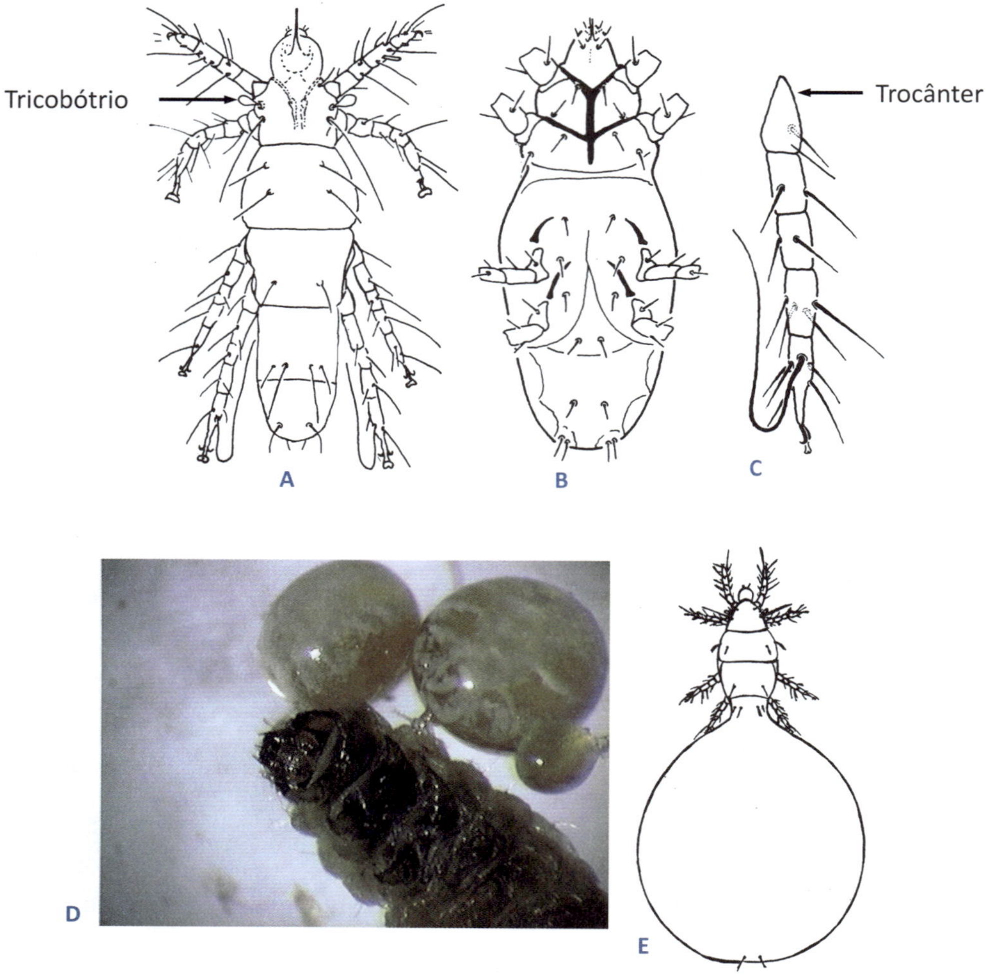

Figura 5.10 Pyemotidae, fêmea. (A) Dorso. (B) Ventre. (C) Perna IV. (D) Fêmeas fisogástricas atacando um inseto. (E) Detalhes de uma fêmea fisogástrica (B e C: adaptadas de Krantz, 1978; D: gentileza de E.S. Silva).

Pygmephoridae

(Figura 5.11)

As características morfológicas desses ácaros são muito parecidas com aquelas citadas para a família Pyemotidae. Entretanto, nesse caso o trocânter da perna IV é quadrangular, distintamente mais longo que largo.

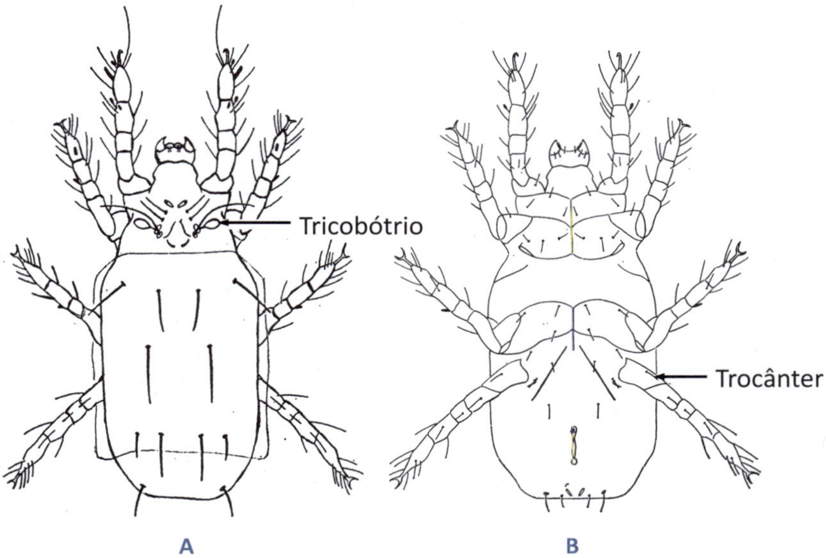

Figura 5.11 Pygmephoridae, fêmea. (A) Dorso. (B) Ventre (adaptadas de Wicht Jr., 1970).

Stigmaeidae

(Figura 5.12)

Estágios pós-embrionários geralmente amarelados, esverdeados, alaranjados ou avermelhados. Idiossoma com forma de losango em

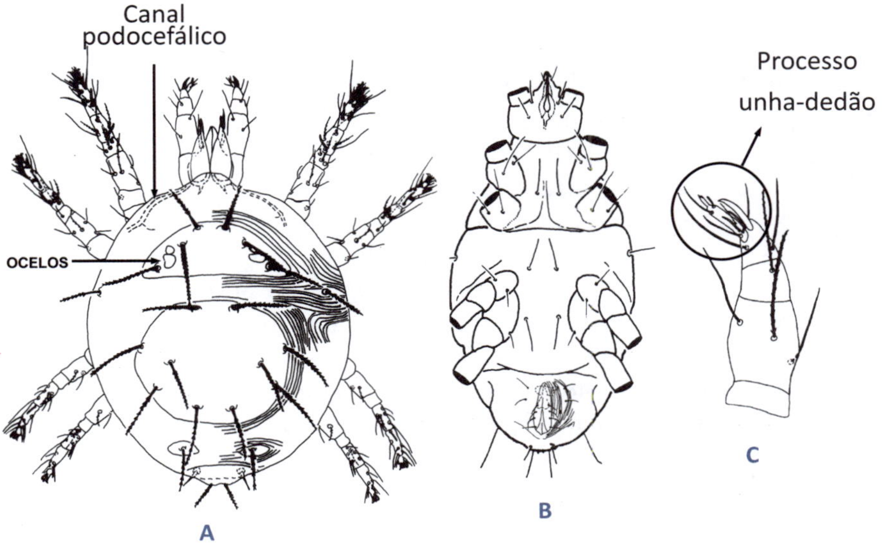

Figura 5.12 Stigmaeidae, fêmea. (A) Dorso. (B) Ventre. (C) Palpo.

vista dorsal. Pouco esclerotizados, frequentemente com alguns escudos dorsais, embora esses possam estar ausentes. Em vida, facilmente confundidos com Tetranychidae. Palpo com "processo unha-dedão". Bases das quelíceras fundidas parcial ou totalmente ao longo de sua linha mediana; dígitos móveis estiletiformes. Sistema traqueal ausente; em algumas publicações em que esse sistema é citado como presente, é possível que o duto das glândulas podocefálicas tenham sido confundidos com traqueias. Coxas das pernas I contíguas às das pernas II; coxas das pernas III contíguas às das pernas IV; coxas das pernas II e III bem separadas. Abertura genital em forma de fenda longitudinal, contígua ao ânus.

Tarsonemidae

(Figura 5.13)

Ovo relativamente grande, cada um correspondendo a pelo menos metade do volume do idiossoma da fêmea; com córion liso, estriado ou com tubérculos esbranquiçados. Estágios pós-embrionários geralmente amarelados. Diferindo da maioria dos ácaros, mas de forma semelhante aos Pyemotidae e Pygmephoridae, apresentam idiossoma com vestígios de segmentação, visíveis já a partir da fase larval, mas tornando-se mais evidentes nos adultos. Segmentos basais das quelíceras fundidos entre si e com o hipostômio, formando uma estrutura geralmente de contorno oval ou arredondado em vista dorsal. Os estiletes quelicerais podem ser evertidos e retraídos. Palpo diminuto.

Ao final da fase larval, esses ácaros se tornam inativos e túrgidos. Esse estágio recebe o nome de "pupa"; sob a cutícula larval forma-se uma ninfa vestigial, que dá origem ao adulto.

Adulto pequeno, com 0,1 a 0,3 mm de comprimento; tegumento rígido e brilhante. Os dois pares de pernas anteriores estão bem separados dos dois pares posteriores. Idiossoma com nítido sulco sejugal. Nessa fase, o dimorfismo sexual é pronunciado. Fêmea com idiossoma de contorno geral ovoide, com o dorso convexo, um par de órgãos sensoriais especializados, clavados, localizados dorsolateralmente no propodossoma; perna IV diferente das demais por apresentar duas setas longas, uma apical e a outra subapical. O nome da família refere-se a essas setas. Macho bem menor, com edeago estiletiforme; pernas IV geralmente terminando por uma unha tarsal (Lindquist, 1986).

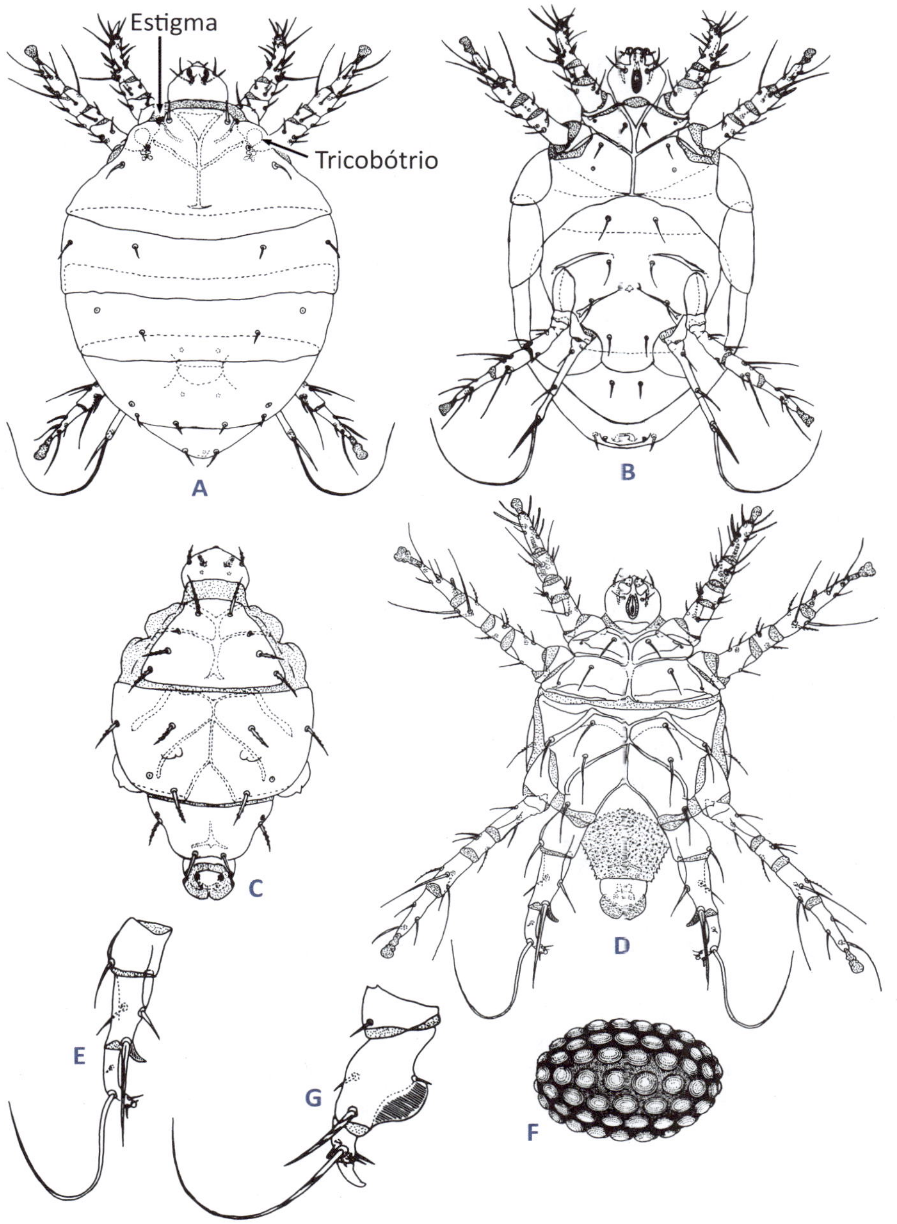

Figura 5.13 Tarsonemidae. *Polyphagotarsonemus latus* (Banks) (A-F). (A) Dorso da fêmea. (B) Ventre da fêmea. (C) Dorso do macho. (D) Ventre do macho. (E) Perna IV do macho. (F) Ovo. (G) Perna de um macho de *Phytonemus* sp. (A-E, G, adaptadas de Lindquist, 1986; F, adaptada de Hambleton, 1938).

Tenuipalpidae

(Figura 5.14)

Ovo elíptico-alongado, de cor alaranjada intensa. Todos os estágios pós-embrionários com idiossoma achatado, tegumento de aparência coriácea, padrão comumente areolado ou enrugado e com dois pares de ocelos laterais no propodossoma. A cor dos estágios pós-embrionários imaturos desses ácaros varia em parte de acordo com o estágio de digestão do alimento em seu sistema digestivo, o que se deve à transparência da cutícula. A cor dos adultos é característica da espécie, variando usualmente de verde a vermelha, embora o conteúdo de seu sistema digestivo também possa causar certa variação na cor.

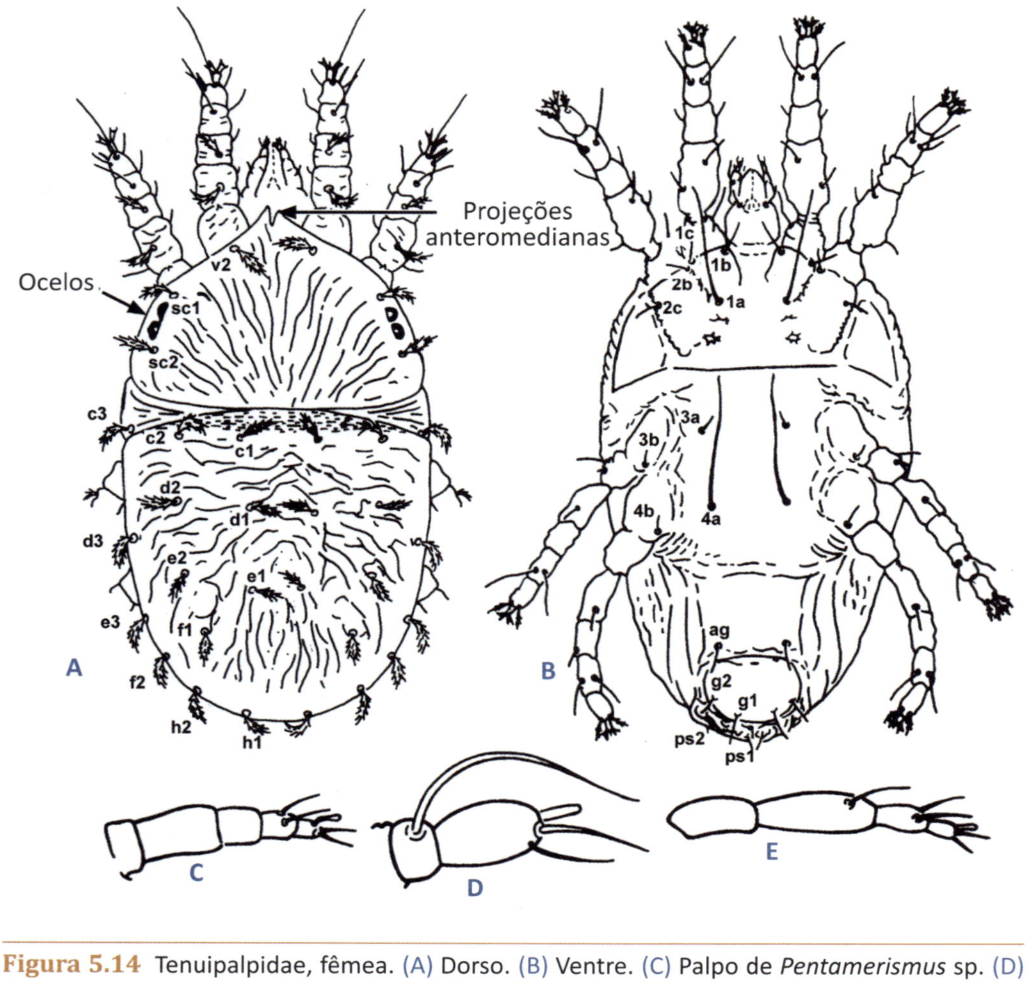

Figura 5.14 Tenuipalpidae, fêmea. (A) Dorso. (B) Ventre. (C) Palpo de *Pentamerismus* sp. (D) Palpo de *Raoiella* sp. (E) Palpo de *Brevipalpus* sp. (adaptadas de Pritchard & Baker, 1951, 1958).

Gnatossoma ligado ao idiossoma por uma membrana artrodial, permitindo movimentos de protração e retração. Segmentos basais das quelíceras fundidos entre si, formando uma estrutura móvel denominada estilóforo; dígito móvel transformado em estilete longo, recurvado na base e implantado no estilóforo; alojado em um sulco na face dorsal da base do gnatossoma, conhecida como rostro. Palpo relativamente pequeno, com dois a cinco segmentos semelhantes entre si.

Usualmente com quatro pares de pernas nos estágios de protoninfa, deutoninfa e adulto, exceto nas espécies de *Larvacarus* Baker & Pritchard e *Raoiellana* Baker & Pritchard, assim como em algumas espécies de *Phytoptipalpus* Trägårdh, com apenas três pares de pernas. As pernas apresentam distintas constrições ao longo dos segmentos.

Fêmea usualmente com sulco sejugal nítido; macho tanto com sulco sejugal como com sulco disjugal nítidos. Macho com opistossoma afilado e com edeago em forma de estilete alongado, sem muita variação entre distintas espécies.

Nessa família, de especial importância são as espécies conhecidas como ácaros-da-leprose-do-citros. Essas foram incluídas no conjunto de espécies referido por Beard *et al.* (2015) pelos termos "grupo *phoenicis*" e "complexo *phoenicis*", em função da semelhança entre as espécies (esse grupo é referido nessa publicação como "*Brevipalpus phoenicis sensu lato*"). A separação das espécies desse grupo só é possível ao microscópio óptico, pela observação de suas características morfológicas externas e internas.

As espécies desse grupo criado por Beard *et al.* (2015) apresentam cinco pares de setas laterais no histerossoma, sem incluir a seta *c3* (nas proximidades do limite entre o propodossoma e o histerossoma). Fêmeas e machos adultos do grupo apresentam dois solenídios na extremidade do tarso II. O padrão da cutícula dorsal do histerossoma dessas espécies tem sido frequentemente utilizado para separar espécies do gênero *Brevipalpus* Donnadieu. Gonzalez (1975) e Welbourn *et al.* (2003) alertaram para o cuidado que deve ser tomado em relação a essa tentativa, tendo em vista a grande variação dessa característica dentro da mesma espécie.

Beard *et al.* (2015) incluíram no grupo ou complexo "*phoenicis*" as seguintes espécies: *Brevipalpus azores* Beard & Ochoa (descrita de Portugal, em Beard *et al.*, 2015; também relatada em poucos outros países da América do Norte, América Central, África e Ásia), *B. feresi* Ochoa & Beard (conhecida somente da descrição original, do Estado de São Paulo, em Beard *et al.*, 2015), *B. ferraguti* Ochoa & Beard (descrita da Espanha, em Beard *et al.*, 2015; não conhecida de outros países), *B. hon-*

durani Evans (descrita de Honduras, por Evans, 1993; também relatada nas Ilhas Bermudas e Itália), *B. papayensis* (descrita do Havaí, por Baker, 1949; de ampla distribuição mundial), *B. phoenicis* sensu stricto (descrita da Holanda, por Geijskes, 1939; de ocorrência confirmada no Brasil e questionável em outros países), *B. tucuman* Beard & Ochoa (descrita da Argentina, em Beard *et al.*, 2015; não conhecida de outros países) e *B. yothersi* (descrita da Flórida, Estados Unidos da América do Norte por Baker, 1949; de ampla distribuição mundial).

Os termos propostos por Beard *et al.* (2015) não devem ser confundidos com o termo "grupo *phoenicis*" citado por Gonzalez (1975) para ácaros de vários países, Meyer (1979) para ácaros da África ou Baker & Tuttle (1987) para ácaros do México.

Também de grande relevância dentre os *Brevipalpus* estão as espécies *Brevipalpus obovatus* Donnadieu e *Brevipalpus californicus* (Banks). Assim como as espécies do grupo *phoenicis* (*sensu* Beard *et al.*, 2015), fêmeas adultas *de B. obovatus* apresentam cinco pares de setas laterais no histerossoma, mas as de *B. californicus* apresentam seis pares, em ambos os casos, sem incluir a seta *c3*. Também de maneira semelhante às espécies do grupo *phoenicis*, as fêmeas adultas de *B. californicus* apresentam dois solenídios na extremidade do tarso II, enquanto as de *B. obovatus* apresentam apenas um. Nos machos de ambas as espécies, dois solenídios são encontrados naquela região.

Tetranychidae

(Figura 5.15)

Ovo geralmente esférico, como nas espécies de *Tetranychus* Dufour, *Mononychellus* Wainstein e alguns *Oligonychus* Berlese; ovoide, como em *Schizotetranychus* Trägárdh; ou semelhante a uma moeda, como em *Eutetranychus* Oudemans. Pode ainda ser globoso, com a base achatada e provido de uma arista no polo oposto, como em *Panonychus* Yokoyama e alguns *Oligonychus*. Nesse caso, a arista serve de ponto de fixação a fios de teia, tecidos radialmente para fixação do outro extremo ao substrato. A cor do ovo pode ser esverdeada (muitos *Tetranychus*, *Schizotetranychus*, *Mononychellus*), verde intensa (*Eutetranychus*), alaranjada (alguns *Tetranychus*, *Oligonychus*) ou vermelha (*Panonychus*). A superfície pode ser lisa, ou mais ou menos profundamente estriada como em *Eutetranychus* e *Panonychus*, respectivamente.

Ao eclodir, a larva tem três pares de pernas, é subesférica, de tamanho semelhante ao do ovo, incolor, translúcida e com duas manchas oceelares vermelhas. Após o início da alimentação, mudam gradativamente de cor, primeiramente para verde-claro e depois para verde-escuro.

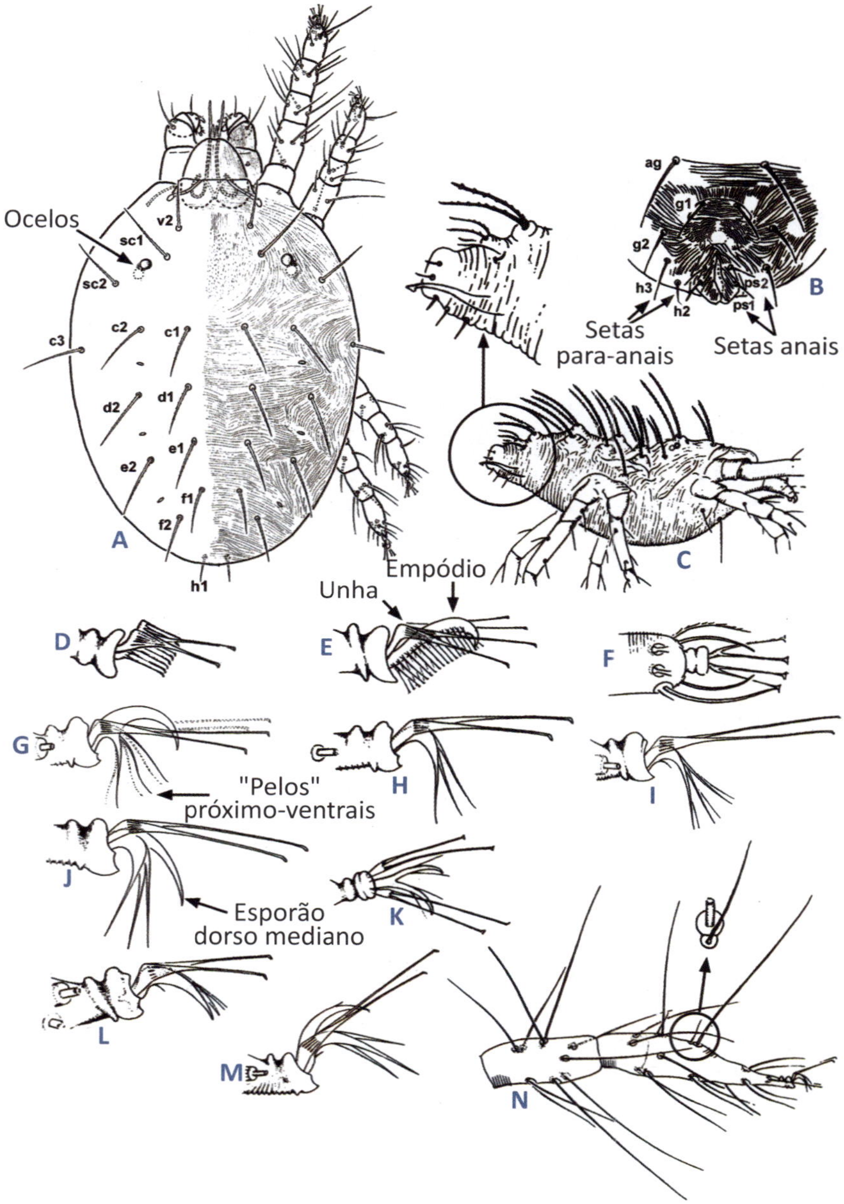

Figura 5.15 Tetranychidae. (A) Dorso de uma fêmea. (B) Região genitoanal de uma fêmea. (C) Vista lateral de um macho, com detalhe da região final do opistossoma, evidenciando o edeago. (D-M) Ambulacro, fêmea. (D) *Monoceronychus*. (E) *Petrobia*. (F) *Eutetranychus*. (G) *Panonychus*. (H) *Mononychellus*. (I) *Eotetranychus*. (J) *Tetranychus mexicanus* (McGregor). (K) *Schizotetranychus*. (L) *Tetranychus urticae Koch*. (M) *Allonychus*. (N) Extremidade da perna I de *Tetranychus* sp. com detalhe da seta dúplice distal (A: adaptada de Lindquist, 1985; B-N: adaptadas de Pritchard & Baker, 1955).

A protoninfa tem quatro pares de pernas (assim como os estágios subsequentes), é maior e mais oval que a larva; inicialmente é verde-clara, escurecendo à medida que se alimenta. A deutoninfa é pouco maior que a protoninfa; sua cor é basicamente verde nas espécies cujas fêmeas também são verdes; nas espécies cujas fêmeas são vermelhas, a deutoninfa já apresenta cor rósea. Nesse estágio, pode-se diferenciar as formas que darão origem às fêmeas e aos machos. As primeiras são maiores e podem apresentar as manchas ocelares mais pronunciadas; as que darão origem aos machos são menores e apresentam o opistossoma posteriormente afilado.

A cor desses ácaros é em grande parte devida à cor do conteúdo do ventrículo, visível por transparência do tegumento. A cor vermelha, característica de muitas espécies, se deve a pigmentos do próprio ácaro. O aspecto pontuado e rajado da cor geral do ácaro é devido ao enchimento parcial do ventrículo. Frequentemente as massas alimentares estão presentes apenas nos dois primeiros pares de cecos, dando a impressão de duas faixas negras, donde a denominação de ácaro-rajado de uma das principais espécies desta família, *Tetranychus urticae* Koch. Fêmea adulta com idiossoma sacular, com 0,4 a 0,5 mm de comprimento. Macho menor e com opistossoma afilado.

Gnatossoma semelhante ao que foi mencionado para Tenuipalpidae (característica importante que os coloca na mesma superfamília, Tetranychoidea). Entretanto, nos Tetranychidae o palpo é relativamente maior, com 4 a 5 segmentos, e com o "processo unha-dedão" (estrutura composta pela presença de uma unha curva proeminente subdistal na tíbia, ao lado do último segmento distal do palpo: respectivamente, a unha e o dedão).

Um par de ocelos próximos entre si ocorre em cada lado do propodossoma. O ocelo anterior é liso e mais convexo que o posterior. O ocelo posterior é estriado, mas as estrias são mais delicadas e mais próximas entre si que as estrias do corpo.

Fêmea e macho geralmente com dois pares de setas (um solenídio, nunca em forma de bastonete, e uma seta simples) conhecidas como setas dúplices no tarso I e com um par no tarso II; os componentes de cada par têm suas bases coalescentes. Área genital externa da fêmea com ondulações radiais ao redor da vulva. Macho com edeago que, por ser esclerotizado e de forma variável entre distintas espécies, é de extrema importância para o taxonomista na identificação das espécies de vários gêneros, incluindo *Tetranychus* e *Oligonychus*.

Nessa família, a espécie de maior importância como praga (*T. urticae*) tem sido considerada em diversas publicações como sinônimo sênior de *Tetranychus cinnabarinus* (Boisduval), em função da grande semelhança morfológica entre essas, dos resultados de estudos de cruzamento interpopulacionais e análises moleculares (Auger *et al.*, 2013). Entretanto, algumas diferenças podem ser usualmente observadas entre exemplares identificados como uma ou outra dessas espécies. Primeiramente, as populações identificadas como *T. cinnabarius* são usualmente provenientes de locais em que a temperatura ao longo de todo o ano é suficientemente alta para permitir o contínuo desenvolvimento do ácaro (sem a necessidade de entrar em diapausa). Em segundo lugar, ácaros dessas populações são de coloração carmim.

Dentre as publicações de síntese de informações, Vacante (2015) (em parte) e Migeon & Dorkeld (2024) estão entre as que juntam as informações sobre essas espécies, assim como as informações dos muitos outros sinônimos já consagrados. Por outro lado, Jeppson *et al.* (1975) e Flechtmann & Moraes (2024) estão entre as que mantém as informações de *T. cinnabarinus* e *T. urticae* separadamente. Com o objetivo de ser mais informativo, também na presente publicação as informações sobre essas espécies são mantidas separadamente.

Tuckerellidae

(Figura 5.16)

A maioria das espécies desta família tem cor vermelha a alaranjada. Ovos de formato ovalado, comumente avermelhado. Fêmea adulta com idiossoma oval a alongado, com 0,3 a 0,4 mm de comprimento. Macho menor e com opistossoma um pouco mais afilado.

Gnatossoma semelhante ao que foi mencionado para Tetranychidae e os Tenuipalpidae, também pertencendo à superfamília Tetranychoidea. A forma das setas e a disposição dessas são características da família, com a maioria das setas do idiossoma em forma de folhas, brancas, exceto a série transversal na margem posterior do corpo, afiladas, alongadas e serreadas.

Geralmente com dois pares de ocelos dorsolateralmente no propodossoma. Sem setas-dúplices ou setas-associadas nos tarsos das pernas I e II; cada um desses, entretanto, com um ou dois solenídios em forma de bastonetes. Abertura genital feminina subtriangular. Macho com edeago ladeado por um par de estiletes genitais.

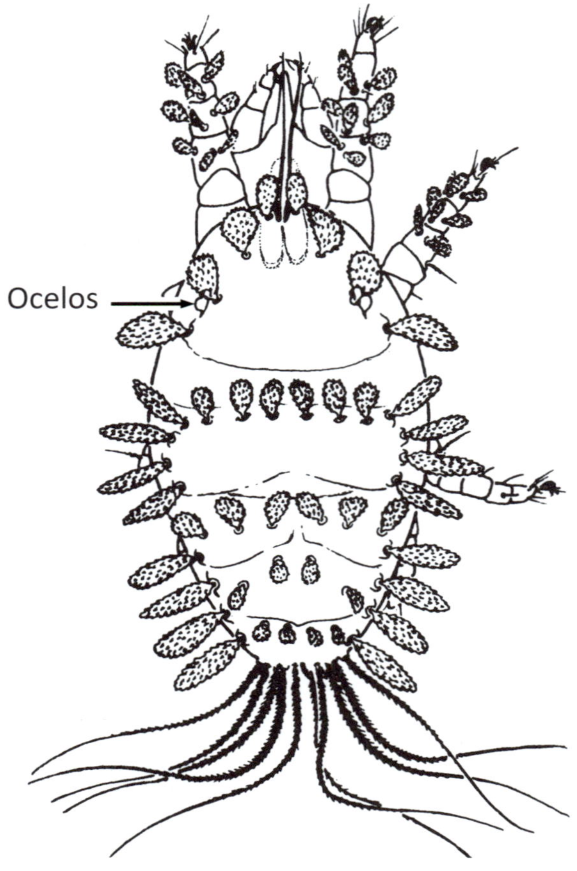

Figura 5.16 Tuckerellidae. Dorso de uma fêmea.

Tydeidae, Iolinidae

(Figura 5.17)

Estágios pós-embrionários geralmente verde-amarelados a róseos. Com 0,1 a 0,5 mm de comprimento. Com aparência delicada, cutícula estriada ou reticulada, e sem escudos idiossomais. Setas dorsais pouco numerosas; com um par de tricobótrias no propodossoma. Base das quelíceras fundidas; dígito móvel em forma de agulha. Palpos simples, com quatro segmentos. Peritrema geralmente não distinto. Pequeno dimorfismo sexual; machos menores e com fenda genital menor. De acordo com o conceito de André & Fain (2000) aqui adotado, os Iolinidae são distinguidos dos Tydeidae, principalmente pela ausência do pré-tarso no primeiro par de pernas.

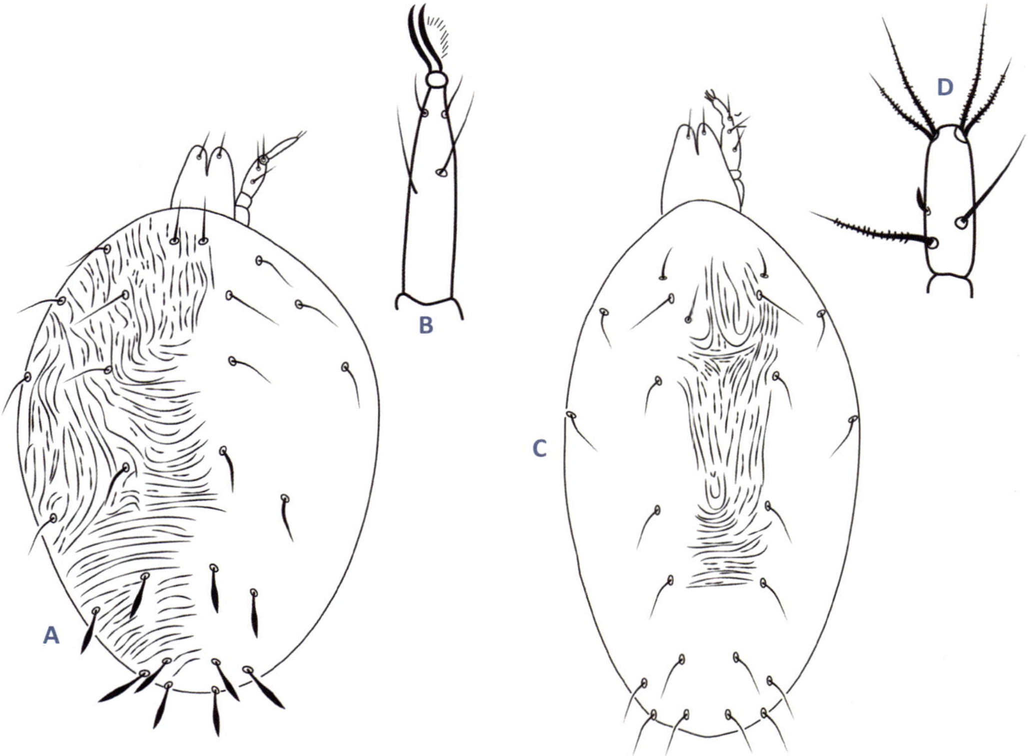

Figura 5.17 (A-B) Tydeidae. (A) Dorso. (B) Extremidade do tarso I. (C-D) Iolinidae. (C) Dorso. (D) Extremidade do tarso I (adaptados de Jeppson *et al.*, 1975).

SARCOPTIFORMES - ORIBATIDA - ASTIGMATINA

Acaroidea

(Figura 5.18)

Todos os estágios de desenvolvimento esbranquiçados; em alguns casos, a cutícula pode apresentar tonalidade marrom-claro, especialmente nos apêndices. Ovo relativamente grande e com córion liso ou ornamentado. Todos os estágios móveis, exceto a deutoninfa, com quelícera em forma de quela e com dígitos denteados. Larva frequentemente com um par de estruturas ventrais em forma de bastonete na região entre as coxas I e II, estrutura designada órgão de Claparède ou urstigma.

Protoninfa caracterizada pela posse de uma abertura genital rudimentar ladeada por um par de papilas genitais. Deutoninfa, também chamada incorretamente de hipópus, quando presente, heteromórfica, marrom, com cutícula esclerotizada, usualmente móvel, e adaptada a se

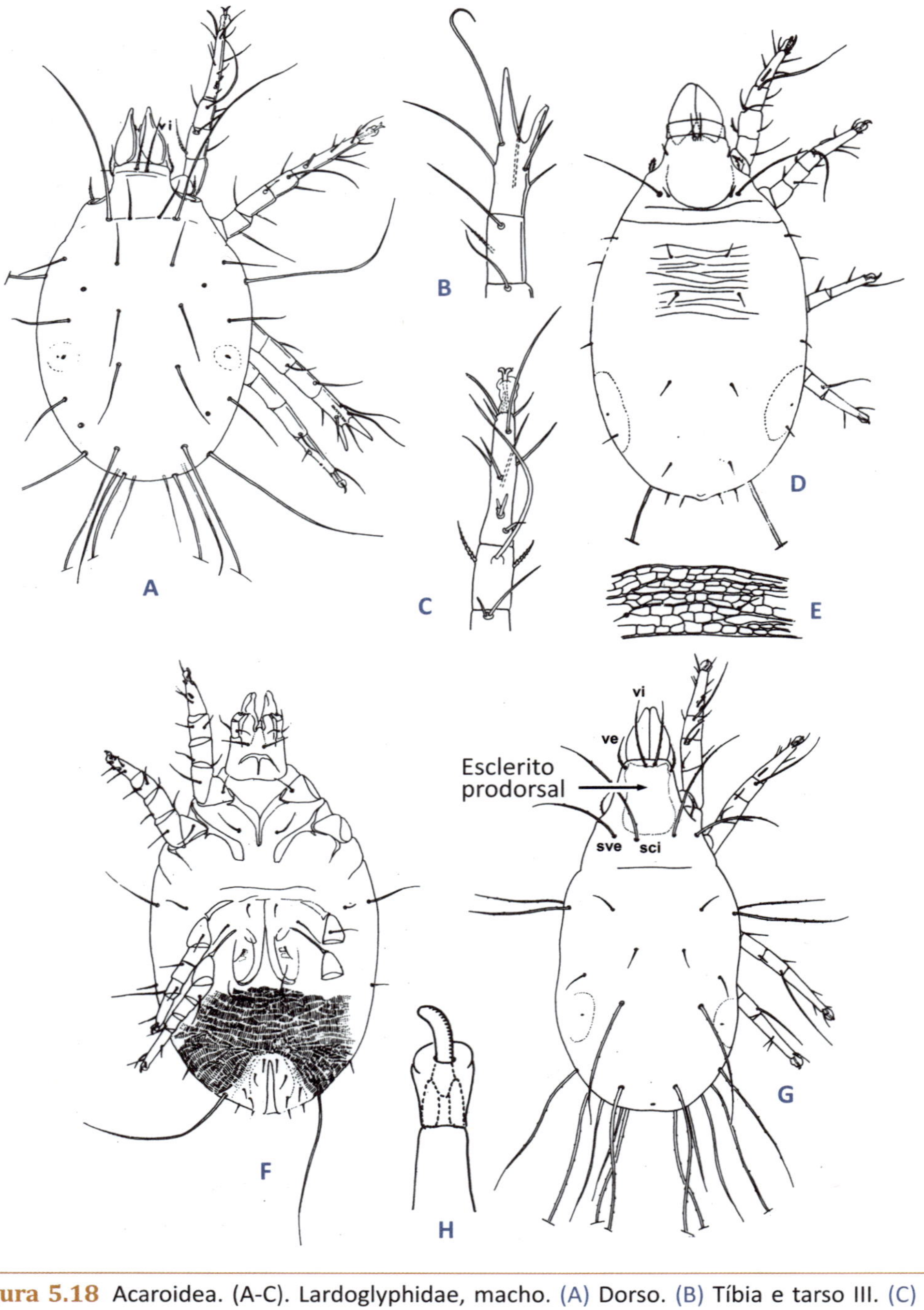

Figura 5.18 Acaroidea. (A-C). Lardoglyphidae, macho. (A) Dorso. (B) Tíbia e tarso III. (C) Tíbia e tarso I. (D-F) *Suidasia* (Suidasiidae), fêmea. (D) Dorso. (E) Detalhe da cutícula da região dorsomediana do opistossoma. (F) Ventre. (G-H). *Tyrophagus* (Acaridae), fêmea. (G) Dorso. (H) Pré-tarso (adaptadas de Hughes, 1976).

fixar em outros artrópodes e/ou vertebrados. De acordo com OConnor (2009), deutoninfas foram relatadas para cinco das oito famílias por ele citadas nessa superfamília, incluindo Acaridae, Lardoglyphidae e Suidasiidae. O idiossoma das deutoninfas de Acaroidea é circular a oval, com superfície dorsal convexa e superfície ventral côncava, permitindo à deutoninfa juntar-se intimamente ao corpo de artrópodes; superfície dorsal inteiramente coberta pelos escudos propodossomal e histerossomal. Em sua superfície ventral, os escudos coxais são bem definidos; na região terminal do ventre do opistossoma há um escudo dotado de estruturas para a fixação da deutoninfa ao organismo que a transporta. Na deutoninfa de espécies que se utilizam de artrópodes para transporte, aquelas estruturas são arredondadas e funcionam como ventosas; em alguns daqueles que se utilizam de mamíferos como meio de transporte, as estruturas incluem setas hipertrofiadas e transversamente estriadas, assim como de projeções em forma de abas posteriores, permitindo a fixação eficiente em pêlos. O gnatossoma é reduzido a um escudo ímpar, cujo bordo anterior é bilobado; de cada lobo origina-se uma seta flagelada. Não há boca.

Tritoninfa com abertura genital rudimentar, com dois pares de papilas genitais. Nos adultos, em certas regiões do corpo, notadamente no dorso do propodossoma, a cutícula pode apresentar-se espessada, em forma de escudo. O gnatossoma é bastante móvel e pode ser apenas parcialmente retraído para dentro do corpo. Palpo reduzido.

Dimorfismo sexual pouco evidente. Idiossoma dos adultos geralmente ovalado, com ou sem sulco sejugal; provido de um número relativamente reduzido de setas, de comprimento variável; com um par de aberturas de glândulas na região dorsolateral do histerossoma, atrás da região em que se implanta o quarto par de pernas. Essas glândulas estão presentes em todos os estágios móveis desses ácaros e contêm um líquido incolor, às vezes amarelo a castanho ou mesmo vermelho. Todas as pernas utilizadas na locomoção. A linha anterior resultante da fusão de cada coxa ao ventre do idiossoma projeta-se internamente como um apódema, servindo para a fixação dos músculos das pernas e/ou do gnatossoma; essas estruturas são vistas como faixas de cor mais escura no ventre do idiossoma. Pré-tarso terminando por uma estrutura unciforme (o empódio), cuja base é envolta por uma carúncula, que pode pivotar entre dois escleritos alongados localizados na extremidade distal do tarso (condilóforos), ou que pode estar ligada ao tarso por um tendão. Espécies de *Lardoglyphus* Oudemans apresentam o empódio unciforme bifurcado.

Oopóro e abertura genital masculina localizados na face ventral do idiossoma, entre as bases das pernas; esta é frequentemente coberta por um par de dobras genitais divergentes, cada uma com um par de papilas genitais. Oopóro grande; às vezes com a extremidade anterior reforçada por um epigínio em forma crescente ou circundada por um anel, conhecido como anel circungenital; ladeado por dois pares de acetábulas. Fêmea com *bursa copulatrix*, na extremidade posterior do opistossoma, geralmente terminando por um poro circular. Macho com edeago sinuoso, uma estrutura em forma de ventosa de cada lado da abertura anal e duas estruturas do mesmo tipo no dorso do tarso IV. Machos de algumas espécies, como em *Rhizoglyphus* Claparède, podem apresentar polimorfismo; neste caso, além do macho normal, que se parece com a fêmea, ocorre outro tipo de macho em que as pernas do terceiro par são mais robustas, cada uma com o tarso substituído por uma estrutura unciforme.

Seguem-se as famílias dessa superfamília já relatadas no Brasil:

Acaridae: sulco sejugal presente; tegumento esbranquiçado, liso, brilhante; pernas com empódio unciforme robusto, ligado à extremidade do tarso por dois bastões esclerotizados; oóporo em forma de V invertido, entre as coxas III e IV.

Lardoglyphidae: sulco sejugal ausente; tegumento liso, amarelado; pernas mais escuras; pernas da fêmea com empódio unciforme bífido.

Suidasiidae: sulco sejugal presente; tegumento finamente enrugado ou com padrão escamoso.

Glycyphagoidea

(Figura 5.19)

Todos os estágios de desenvolvimento esbranquiçados. Todos os estágios móveis, exceto a deutoninfa, com quelícera em forma de quela. Geralmente sem sulco sejugal. Cutícula ricamente provida de microtríquias (processos diminutos dentiformes) conferindo-lhe aspecto áspero; em alguns, cutícula totalmente esclerotizada (*Gohieria* Oudemans). Estágios imaturos e adultos com as pernas alongadas, especialmente o tarso.

Deutoninfa de alguns grupos podendo ser das formas citadas para os Acaroidea; em outros grupos, deutoninfa imóvel, permanecendo dentro da cutícula da protoninfa, à espera de condições mais favoráveis, podendo ser arrastada pelo vento. Em relação às demais características, assemelham-se aos Acaroidea.

Seguem-se algumas características das famílias encontradas no Brasil:

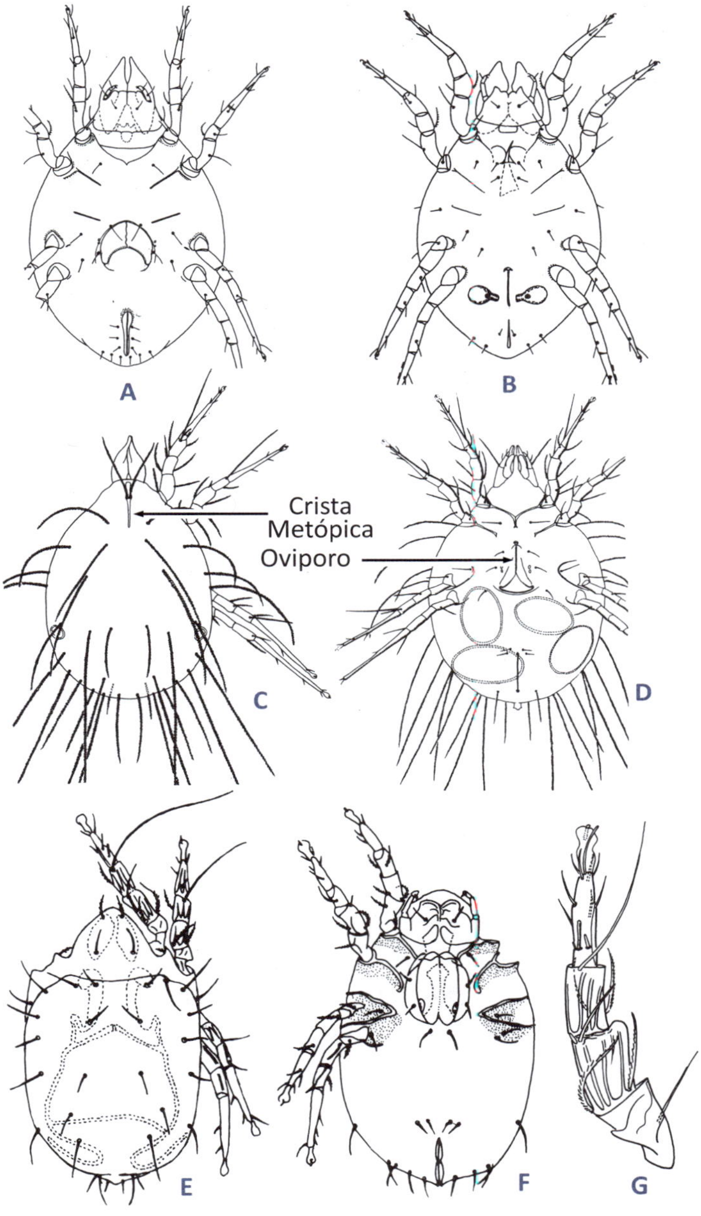

Figura 5.19 Glycyphagoidea. (A-B) Chortoglyphidae. (A) Ventre de uma fêmea. (B) Ventre de um macho. (C-D) *Glycyphagus* (Glycyphagidae). (C) Dorso de um macho. (D) Ventre de uma fêmea. (E-G). *Gohieria* (Glycyphagidae), fêmea. (E) Dorso. (F) Ventre. (G) Perna I (adaptadas de Hughes, 1976).

Glycyphagidae: adultos relativamente grandes, sem sulco sejugal; tegumento liso ou áspero devido à presença de microtríquias. Podem apresentar um escudo prodorsal reduzido. Base do hipostômio com um par de carenas proeminentes transversais, em zigue-zague. Algumas setas dorsais longas e distintamente serreadas. Oóporo entre coxas II e III, coberto por duas dobras que se tocam medianamente por uma longa extensão. Fêmea frequentemente com tubo copulatório externo, na margem posterior do histerossoma. Tarsos das pernas bem longos, mais que duas vezes o comprimento da tíbia adjacente; empódio unciforme pequeno ou ausente; condilóforos muito finos ou ausentes. Deutoninfa com setas coxais *3a* e *4a* ausentes; escudo opistogástrico com estruturas de fixação bem desenvolvidas (incluindo setas hipertrofiadas e transversalmente estriadas) ou vestigiais. Machos sem ventosas para-anais e sem setas em forma de ventosas no tarso IV.

Chortoglyphidae: escudo prodorsal e apódema III (às vezes também apódema IV) ausentes. Adultos com tegumento um tanto esclerotizado, liso e brilhante. Hipostômio sem carenas paralelas em zigue-zague. Oóporo entre coxas III e IV, guarnecido com um par de escudos laterais formando um crescente. Macho com ventosas para-anais e frequentemente com setas em forma de ventosas no tarso IV. Deutoninfa com setas coxais *3a* e *4a* presentes; escudo opistogástrico com estruturas de fixação vestigiais ou ausentes. Outras características, semelhantes a Glycyphagidae.

Echimyopodidae: escudo prodorsal e apódema III (às vezes também apódema IV) ausentes. Adultos com tegumento de aspecto áspero, pela presença de microtríquias. Hipostômio sem carenas paralelas em zigue-zague. Oóforo entre coxas III e IV, coberto por duas dobras que se tocam medianamente por uma longa extensão. Macho sem ventosas para-anais, podendo apresentar uma seta modificada em ventosas na articulação tíbia-tarso da perna IV. Deutoninfa com setas coxais *3a* e *4a* presentes; escudo opistogástrico com estruturas de fixação vestigiais ou ausentes. Outras características, semelhantes a Glycyphagidae.

Hemisarcoptoidea
(Figura 5.20)

Todos os estágios de desenvolvimento esbranquiçados. Todos os estágios móveis, exceto a deutoninfa, com quelícera em forma de quela. Idiossoma com cutícula lisa ou provida de microtríquias, e ocasionalmente fortemente esclerotizada. Às vezes com ocelos no propodossoma. Sulco sejugal presente ou ausente. Fêmea com oopóro em V invertido. Macho sem ventosas para-anais.

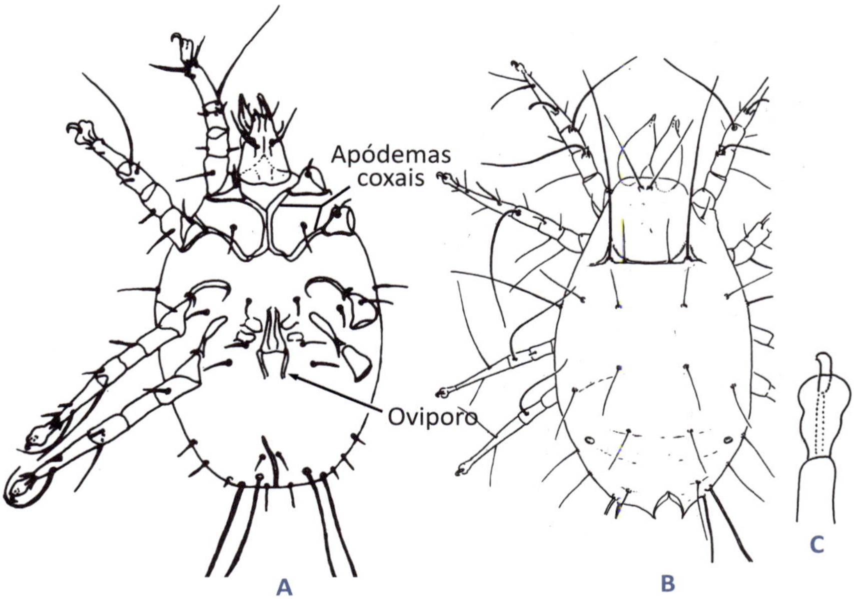

Figura 5.20 Hemisarcoptoidea. (A) Carpoglyphidae, fêmea, ventral. (B) Winterschmidtiidae, fêmea, dorsal. (C) Winterschmidtiidae, pré-tarso (adaptadas de Hughes, 1976).

Deutoninfa conhecida em diversos representantes, incluindo Carpoglyphidae e Winterschmidtiidae, com idiossoma fusiforme ou arredondado, bem esclerotizado e frequentemente com um par de ocelos. Órgão opistogástrico para fixação representado por uma placa de ventosas.

Seguem características das principais famílias encontradas no Brasil:

Carpoglyphidae: adultos com idiossoma ovalado, de tegumento liso e brilhante. Escudo prodorsal ausente, sem sulco sejugal. Apódemas das coxas I e II fundidos medianamente a um apódema esternal, delimitando distintamente a placa coxal I. Oóforo estendendo-se anteriormente até os apódemas das coxas II. Pré-tarso composto de carúncula e empódio unciforme; condilóforos alongados, assimétricos nos machos. Deutoninfa com pernas III e IV semelhantes.

Winterschmidtiidae (= Saproglyphidae): adultos relativamente pequenos, idiossoma ovalado e alongado, de tegumento liso ou finamente estriado, com escudo prodorsal, e com sulco sejugal. Um relato sobre a morfologia dos ácaros dessa família, encontrados no Brasil, foi apresentado por Barbosa & Moraes (2021), sendo todas as espécies pertencentes aos gêneros *Acalvolia* Fain, *Czenspinskia* Oudemans, *Oulenzia* Radford e *Oulenziella* Fan & Zhang. Pré-tarso com empódio unciforme articulado ao tarso por um tendão. Deutoninfa com perna IV usualmente mais curta que perna III, com alguma fusão de segmentos, e com uma ou mais seta(s) apical(is) longa(s).

Histiostomatoidea
(Figura 5.21)

Todos os estágios de desenvolvimento esbranquiçados. Gnatossoma profundamente modificado e adaptado para alimentar-se de minúsculas partículas em suspensão; quelíceras serreadas; palpos com segmento distal bastante móvel e achatado. Na parte ventral do idiossoma, com dois pares de estruturas anelares esclerotizadas. Oóporo na forma de simples fenda transversal. Representantes de uma família, Histiostomatidae, têm sido relatados no Brasil.

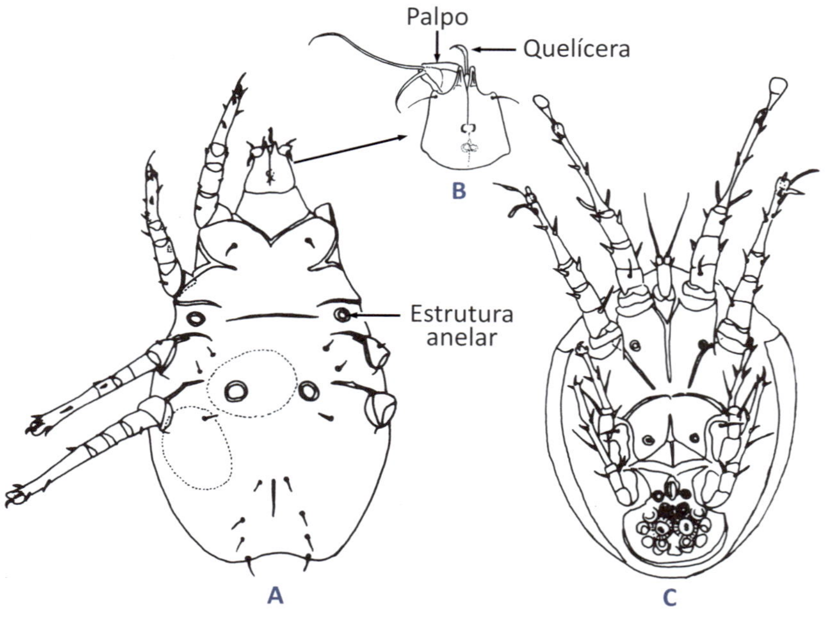

Figura 5.21 Histiostomatoidea. (A) Fêmea, ventral. (B) Detalhe do ventre do gnatossoma. (C) Deutoninfa heteromórfica, ventral (adaptadas de Baker *et al.*, 1958 e de Hughes, 1976).

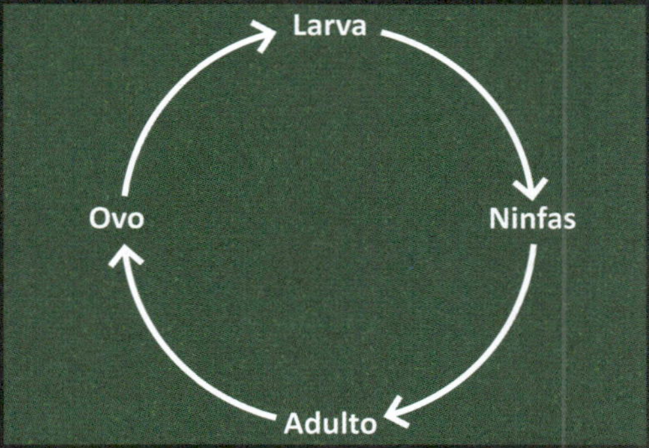

capítulo 6

Características Biológicas Gerais dos Ácaros

Os grupos de ácaros mais bem estudados são aqueles que contém espécies que parasitam ou que causam algum tipo de dano direto ao ser humano ou aos animais domesticados, assim como aqueles que vivem sobre plantas. Aspectos da biologia de muitos deles são bem conhecidos.

REPRODUÇÃO

De uma maneira geral, os ácaros seguem em sua reprodução o esquema básico de fertilização da fêmea e produção de descendência composta por machos e fêmeas. A fertilização pode dar-se pela transferência indireta ou direta de esperma do macho para a fêmea (Evans, 1992). A transferência indireta ocorre em muitos Prostigmata (Adamystidae, Anystidae, Bdellidae, Eriophyoidea, Erythraeidae e alguns outros Parasitengonina aquáticos, assim como em Labidostommatidae e Tydeidae-Tydeinae) e nos Oribatida "não Astigmatina". Nesses casos, os espermas são depositados em estruturas com formas variáveis, chamadas espermatóforos, deixadas no substrato. Ao encontrar os espermatóforos, as fêmeas recolhem-nos por meio do oóporo.

A transferência direta tem sido observada nos Mesostigmata, Ixodida, alguns Prostigmata (Cheyletoidea, Tarsonemina, Tetranychoidea, Tydeidae-Pronematinae e alguns Parasitengonina aquáticos) e em alguns Astigmatina. Nesse tipo de transferência, o esperma é introduzido pelo macho a partir do oóporo ou por meio de poros de introdução de esperma. No primeiro caso, o processo de transferência direto é chamado tocospermia; no segundo, o processo é conhecido como podospermia, termo proposto por Athias-Henriot (1968) exclusivamente para Mesostigmata, ou porospermia, termo proposto por Evans (1992) para os ácaros em geral. O termo podospermia refere-se ao fato de que nos Mesostigmata, os poros de introdução de esperma localizam-se nas pernas ou muito próximo da base delas.

Os machos que apresentam tocospermia transferem o esperma com o auxílio da quelícera, do palpo e às vezes, também do primeiro par de pernas. Ocorre em muitos Mesostigmata e nos Ixodida. A única exceção corresponde aos Mesostigmata do grupo Parasitina, que transferem o esperma com o auxílio do espermatotrema. Os machos das espécies que apresentam porospermia transferem o esperma com o edeago ou com o espermatodáctilo. A transferência pelo edeago ocorre em alguns Prostigmata (Tetranychidae e Tarsonemina) e Astigmatina (Acaridae, Glycyphagidae e Lardoglyphidae), enquanto a transferência pelo espermatodáctilo ocorre em alguns Mesostigmata (Dermanyssiae e Heterozerconina).

Ocorre também a partenogênese e a pedogênese. A partenogênese pode ser facultativa, quando coexiste com a reprodução bissexual, ou obrigatória, quando os machos são raros ou ausentes. Partenogênese arrenótoca, em que óvulos dão origem a machos, que são haploides, é a forma mais encontrada entre os Mesostigmata, Prostigmata e Astigmatina. A partenogênese em que óvulos dão origem a fêmeas, chamada de telítoca, é menos comum entre os membros daqueles mesmos grupos, mas parece ser muito comum entre os Oribatida "não Astigmatina". Há ainda populações de ácaros que apresentam partenogênese deuterótoca, em que óvulos dão origem a machos e a fêmeas. Recentemente, têm sido apresentados resultados indicando que em muitas populações de ácaros a partenogênese é determinada pela ação de bactérias do gênero *Wolbachia* Hertig.

Pedogênese, reprodução em estágios pré-adulto, é rara entre os ácaros. Já foram observados ovos e larvas totalmente desenvolvidos no interior de ambos estágios ninfais de Tenuipalpidae e Tuckerellidae.

O número de cromossomos nos ácaros geralmente é pequeno 2 a 26; uma ampla revisão sobre os sistemas genéticos e modos reprodutivos de ácaros é encontrada em Norton *et al.* (1993).

DESENVOLVIMENTO

Os ácaros geralmente são ovíparos, isto é, depositam ovos cujos embriões estão, quando muito, no início do desenvolvimento. Ovoviviparidade, em que os ovos ao serem postos já encerram embriões em adiantado estado de desenvolvimento, de modo que a larva eclode logo após a postura, também é comum. Em alguns Astigmatina e em outros Oribatida ocorre também a larviparidade.

Um tipo peculiar de evolução dos ovos é observado em Astigmatina e alguns outros Oribatida, envolvendo desenvolvimento vivíparo da progênie dentro do corpo já morto da mãe e sua alimentação dos tecidos dessa. Este fenômeno é conhecido como "aparidade".

Os ovos são postos isoladamente ou em grupos. Os ácaros plantícolas e aqueles de alimentos armazenados depositam os ovos isoladamente sobre seu abundante substrato alimentar. Muitos Tetranychidae (Prostigmata) depositam seus ovos entre fios de teia que tecem sobre a planta, que lhes confere certa proteção contra predadores, e retém níveis mais altos e mais adequados de umidade.

Os ácaros podem passar por seis estágios ou ínstares pós-embrionários: pré-larva, larva, protoninfa, deutoninfa, tritoninfa e adulto. Os estágios são delimitados pela ocorrência de ecdises, ou seja, trocas de exoesqueleto de forma a permitir o crescimento do ácaro. A ecdise envolve a separação do exoesqueleto da epiderme subjacente, formação de um novo exoesqueleto e emergência do organismo do interior do exoesqueleto substituído. Esse processo de ecdise implica a ocorrência de um período imóvel, de duração variável, chamado de período quiescente.

A fase de pré-larva ocorre em Opilioacarida, Holothyrida, alguns Prostigmata, alguns Astigmatina e em todos os outros grupos de Oribatida; é a fase incipiente de formação de distintas estruturas.

A larva típica de um ácaro apresenta três pares de pernas, exceção feita para as larvas de Eriophyoidea e certos Podapolipidae, que mostram apenas dois pares, ou um a dois pares de pernas, respectivamente. A larva apresenta pouca ou nenhuma esclerotização e não apresenta vestígio externo da genitália. Em alguns grupos, como certos Mesostigmata, a larva não se alimenta, enquanto em muitos outros, é voraz.

A primeira ninfa ou protoninfa é geralmente um estado livre e ativo e, tal qual a larva, pode alimentar-se ou não. A partir da fase de protoninfa, o ácaro apresenta quatro pares de pernas, exceto os Eriophyoidea (dois pares), alguns Podapolipidae (um a três pares) e alguns Tenuipalpidae (três pares).

O segundo estágio ninfal, ou deutoninfa, apresenta os caracteres gerais não sexuais dos adultos, diferindo desses principalmente em tamanho e padrão de esclerotização. No entanto, a deutoninfa heteromórfica de Astigmatina é totalmente diferente de outros estágios em relação à morfologia e ao comportamento. Essas ocorrem em alguns grupos de Astigmatina podendo ou não aparecer em uma dada geração. São muito resistentes a condições adversas e geralmente apresentam estruturas especializadas para se fixar em distintos animais com finalidade de se fazer transportar a outros ambientes mais adequados ao seu desenvolvimento. Esse processo de transporte é conhecido como forese, também relatado em outros grupos de animais. Deutoninfas heteromórficas inertes dependem de correntes de ar para dispersão.

A tritoninfa ocorre em muitos Acariformes e alguns Ixodida, mas é pouco frequente em outros grupos de ácaros.

O desenvolvimento do ácaro de ovo a adulto pode requerer usualmente entre três dias a várias semanas ou meses, dependendo da espécie e dos fatores ambientes. Temperatura, umidade, luz e disponibilidade de alimento têm um efeito significativo no desenvolvimento de uma dada população.

ALIMENTAÇÃO

Os ácaros apresentam uma amplitude de hábitos alimentares muito maior do que observada em qualquer outro grupo de Arachnida. Excepcional é a sua habilidade de ingerir alimento líquido e particulado de origem vegetal, como tecidos e conteúdo celular de plantas superiores, pólen, fungos e algas, bem como o modo pelo qual muitos adotaram vida parasitária. Enquanto alguns conservam o estilo predador, tão característico dos Arachnida como um todo, outros alimentam-se de material vegetal vivo, ou são onívoros, ou alimentam-se de matéria orgânica vegetal e animal em decomposição, de microrganismos etc.

A adaptação para os vários hábitos alimentares é frequentemente correlacionada com modificações morfológicas ou fisiológicas. As quelíceras que mantém a forma de quela são típicas de muitos ácaros predadores, polinívoros, fungívoros, saprófagos, de predadores que cortam a epiderme de seus hospedeiros, e mesmo de certos ácaros fitófagos. Nesse último caso, estão ácaros que apresentam os dígitos das quelíceras robustos, com poucos e grandes dentes, que se alimentam de tecidos vegetais muito túrgidos, no solo ou em armazéns, ou de alimentos processados submetidos a condições de alta umidade.

O dígito móvel em forma de lâmina possibilitou que muitos ácaros pudessem eficientemente alimentar-se de artrópodes, cortando seu exoesqueleto no processo de alimentação. Já o dígito móvel em forma de estilete permitiu que muitos ácaros pudessem perfurar diferentes estruturas de suas presas, hifas ou células individuais de plantas. O exame das quelíceras permite sugerir que a adaptação para a fitofagia ocorreu mais de uma vez.

A secção transversal dos estiletes dos Tetranychidae é em forma de crescente; juntos, delimitam um canal alimentar que distalmente termina por uma abertura, comunicando-se na base com a faringe e dutos salivares. Assim, os estiletes formam um órgão penetrante e injetam o produto de glândulas salivares nas células da planta hospedeira. Após a retração dos estiletes, os fluidos celulares vêm à superfície da folha e são sugados pela ação da bomba faringeal (André & Remacle, 1984; Nuzzaci & De Lillo, 1991) (**Figura 6.1**). A fusão das bases das quelíceras, formando o estilóforo bem provido de músculos que permitem sua considerável protrusão e retração, independentemente do restante do gnatossoma, só é encontrado nos Tetranychoidea (Beard *et al.*, 2012). Detalhes sobre a morfologia do gnatossoma dos Tetranychoidea foram apresentados por Beard *et al.* (2012).

Baker & Connell (1963) detalharam o processo de alimentação de *Tetranychus turkestani* Ugarov & Nikolskii (*T. atlanticus* McGregor) e os danos por esse causados, referindo-se às investigações até então realizadas. Desde então outros trabalhos foram conduzidos (Beard *et al.*, 2012), alterando-se parte dos conceitos, especialmente em função das novas tecnologias disponíveis. A extremidade do rostro, onde se locali-

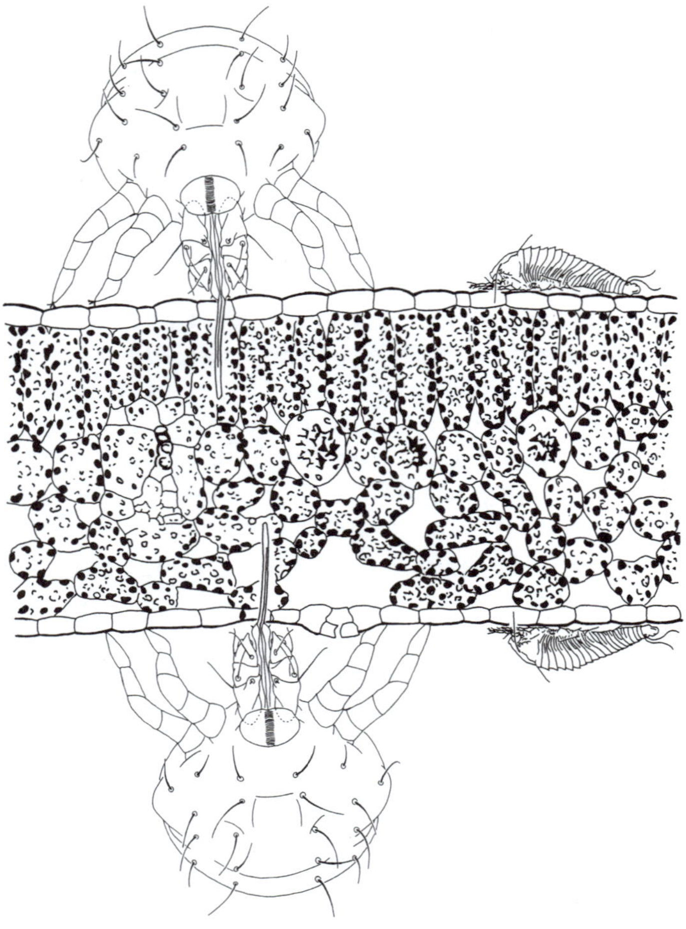

Figura 6.1 Ácaros Tetranychidae (à esquerda) e Eriophyidae (à direita) alimentando-se de uma folha. Note os comprimentos distintos dos estiletes de cada grupo, e as células que cada um destes pode atingir.

za a boca, é capaz de pequenos movimentos durante a alimentação. Ao se alimentar, o ácaro inclina o idiossoma para a frente, de forma que o eixo longitudinal desse faça um ângulo de cerca de 60° com a superfície foliar. Nessas condições, apoia-se sobre o rostro e as pernas dos primeiro e segundo pares; aquelas dos terceiro e quarto pares ficam no ar, ou se apoiam nas teias. Essa inclinação parece proporcionar ao ácaro uma posição favorável para, em conjunto com o movimento do estilóforo, facilitar a penetração dos estiletes no tecido foliar. Os estiletes penetram várias células. Quando o ácaro ataca uma folha cujo parênquima lacunoso é delgado, perfuram as células desse, bem como as do parênquima paliçádico adjacente. Também, devido à turgescência das células, a ação dos estiletes do ácaro faz com que parte do conteúdo celular vá à superfície foliar. Os bordos do rostro, os "lábios" por assim dizer, aparentemente ajustam-se bem à superfície vegetal formando uma estrutura semelhante a uma ventosa, que permite a sucção do líquido extravasado com auxílio do vácuo produzido na faringe pela ação de músculos. O alimento dos ácaros fitófagos é constituído, portanto, do conteúdo celular. Os ácaros não perfuram feixes de vasos. Durante a sucção, uma válvula esofageana impede o retorno de fluidos contidos no esôfago. Quando os músculos da faringe se relaxam, o êmbolo volta à sua posição primitiva, forçando o alimento para o esôfago; a projeção anterior do êmbolo fecha a abertura anterior, impedindo o retorno do alimento para a abertura oral. Como discutido por Beard *et al.* (2012), uma interpretação alternativa seria de que o tubo formado pela justaposição dos estiletes quelicerais sirva para ingestão do conteúdo celular, ou ainda, para a liberação da saliva do ácaro, permitindo que a fase inicial da digestão ocorra externamente, ou ainda, que o tubo sirva para a liberação da saliva e para a ingestão do alimento do ácaro (conteúdo celular).

EFEITO DE FATORES ABIÓTICOS

Temperatura, umidade e luz prevalecentes no nicho ocupado são fatores abióticos que afetam direta e indiretamente o desenvolvimento dos ácaros. A temperatura é para os ácaros, como para os animais poiquilotérmicos em geral (animais de temperatura variável), fator abiótico limitante no seu desenvolvimento, havendo, dentro de certos limites, relação linear entre ela e a taxa de crescimento populacional.

O efeito direto da umidade no desenvolvimento dos ácaros traduz-se pela intensidade da troca de vapor d'água entre o corpo do ácaro e a atmosfera. Observa-se uma grande variação em relação às condições de umidade que mais favorecem o desenvolvimento dos ácaros, alguns sendo favorecidos por níveis altos de umidade e outros, por níveis baixos. Como outros artrópodes terrestres, os ácaros perdem água por difusão por meio da superfície do corpo, pelas aberturas respiratórias (quando presentes), secreções e fezes.

Em condições normais de alimentação, os ácaros fitófagos mantêm a ingestão quase contínua do alimento líquido (conteúdo celular), conseguindo assim manter o equilíbrio necessário às funções vitais. Essa situação de equilíbrio também é frequentemente atingida pelos ácaros por outras maneiras. A produção de teia por muitos deles para recobrir o micro-hábitat em que são encontrados sobre os órgãos vegetais de que se alimentam, as alterações do formato desses órgãos (produzindo estruturas protetoras), a busca de hábitats naturais nas plantas que ofereçam maior proteção, e mesmo a secreção de produtos higroscópicos por glândulas especializadas, são alguns dos fatores que permitem aos ácaros adequar-se às condições ambientes reinantes. Ao analisar-se a influência da umidade do ambiente sobre o desenvolvimento de ácaros plantícolas, é preciso levar em conta que o nível de umidade no micro-hábitat ocupado pelo ácaro, na superfície foliar, é frequentemente muito maior que aquele encontrado no macroambiente, como demonstrado por Gaede (1992).

A luz tem efeito particularmente significativo em regiões temperadas, sendo um dos fatores que frequentemente induzem os ácaros à entrada em repouso fisiológico (diapausa) de diferentes organismos.

Além do efeito direto desses fatores, há que se considerar também o efeito indireto, que se dá a partir de sua influência sobre as plantas em que os ácaros vivem, ou ainda sobre organismos que exercem alguma influência sobre os ácaros (por exemplo, seus inimigos naturais).

EFEITO SUBLETAL DE PRODUTOS QUÍMICOS

Assim como ocorre para qualquer grupo de organismos, a qualidade dos produtos ingeridos pelos ácaros afeta diretamente sua biologia. Dentre os ácaros fitófagos, são conhecidas espécies que variam desde um extremo, em que apenas uma espécie vegetal parece ser aceita como hospedeiro, até outro extremo, em que muitas espécies vegetais são aceitas. A aceitação de uma espécie vegetal teoricamente pode ser determinada pelas características físicas do substrato vegetal, assim como pelas suas características químicas (Jones, 1976).

De maneira genérica, a aceitação de um dado vegetal ou de seus distintos órgãos como fonte de alimento, por um determinado ácaro, pode ser limitada pelas suas características morfológicas. As características químicas geralmente regulam a aceitação de uma planta como substrato a partir de processos sucessivos. Certos fatores químicos voláteis podem, num primeiro instante, interferir no processo de localização da planta pelo ácaro. Fatores químicos interferindo a seguir asseguram a permanência do ácaro na planta e o início da alimentação. Ainda outros fatores podem interferir, a partir de então, no processo de aceitação propriamente dito, seja pela ação de produtos secundários, muitos dos quais protegem a planta do ataque de organismos fitófagos, seja pela ação de produtos por eles utilizados como nutrientes.

A qualidade nutricional de uma planta para um ácaro fitófago pode variar de acordo com tratamentos que podem ser administrados diretamente à planta na forma de fertilizantes, ou outros produtos postos em contato com as raízes ou com a folhagem, incluindo os acaricidas e inseticidas. O teor de água disponível à planta também interfere significativamente em sua qualidade nutricional. Uma discussão pormenorizada sobre esse assunto foi apresentada por Rodriguez (1963).

Os resultados de trabalhos realizados para elucidar a relação entre níveis de nutrientes no solo e populações de ácaros têm sido conflitantes. As possíveis razões para tal foram discutidas por Jones (1976). Vários trabalhos têm demonstrado correlações positivas entre os níveis de sais solúveis no solo ou na planta e populações de ácaros tetraniquídeos, especialmente em relação ao nitrogênio. Flechtmann & Malavolta (1976) demonstraram uma correlação positiva entre níveis de N, P e K na solução nutritiva em que plantas de sorgo foram mantidas e o desenvolvimento do tetraniquídeo *Tetranychus urticae* Koch, até um certo limite. Trindade & Chiavegato (1999) mostraram, em laboratório, a menor fecundidade de *T. urticae* em folhas de algodoeiro com deficiência de nitrogênio ou fósforo, ou com excesso de potássio. Chaboussou (1976) referiu-se a um trabalho conduzido em Marrocos, no qual M. Willinsky teria mostrado que pulverizações de KNO_3 resultaram em diminuição do número de *Brevipalpus* Donnadieu em citros. Outros autores têm observado relações menos claras entre níveis variáveis de fósforo e potássio e a ocorrência de pragas, possivelmente pelo fato desses elementos serem requeridos em níveis menores pelas plantas e pelos próprios ácaros.

As plantas apresentam pressão osmótica mais elevada sob estresse hídrico. O aumento da pressão osmótica poderia ter sobre os ácaros o mesmo efeito que o aumento do suprimento mineral.

Existem várias evidências de que produtos químicos aplicados sobre plantas podem resultar em aumento da população de ácaros fitófagos (Huffaker *et al.*, 1970). Em muitos casos, esse aumento tem sido atribuído à ação maior dos produtos químicos sobre seus inimigos naturais, permitindo assim o crescimento populacional dos ácaros fitófagos. Em outros casos, entretanto, o aumento da população dos ácaros fitófagos tem sido atribuído aos efeitos estimulantes relacionados ao uso desses produtos. Como detalhado por Guedes *et al.* (2009), embora comumente citados na literatura como hormoligose, o termo mais apropriado seria hormese, quando se trata de produtos químicos que em baixas doses são estimulantes e em altas doses são tóxicos ao organismo considerado. De acordo com os autores, hormoligose é um termo mais genérico que se refere ao efeito estimulante de um fator ambiental estressante químico ou não (sob condições inadequadas de outros fatores ambientais) que pode não ser tóxico ao organismo em intensidades mais elevadas.

Uma discussão sobre o efeito estimulante como resultado do uso de produtos químicos foi feita por Chaboussou (1976), com base em resultados de diferentes autores. Outras constatações desse efeito foram apresentadas por Jones & Parrella (1984), Oliveira (1984), Flores *et al.* (1996) e Reis & Teodoro (2000). A maioria destes trabalhos relata aumento na população de tetraniquídeos após a aplicação de DDT, produtos organofosforados ou piretroides. Em diversos casos, tem sido demonstrado que o suposto estímulo se dá pelas vias nutricionais, que resultam em aumento da fecundidade, longevidade, encurtamento do ciclo de vida e aumento da proporção de fêmeas. Chaboussou (1976) argumentava que produtos químicos podem penetrar na planta, alterando seu metabolismo e aumentando o teor de Cu, Fe, Zn, Mg, Mn, S, P etc., ou agindo como promotores de crescimento. A aplicação de certos produtos químicos poderia aumentar a proporção de aminoácidos livres e de açúcares redutores no citoplasma das células vegetais, favorecendo o aumento da população dos organismos fitófagos. Em certos casos, o efeito dos produtos corresponde ao estímulo que causam à dispersão de ácaros, quando expostos àqueles produtos; resultando consequentemente na redução da competição intraespecífica, concorrendo para o aumento mais rápido da população do ácaro considerado. Esse efeito foi demonstrado em um estudo de laboratório feito com *T. urticae* por Flechtmann & Zem (1980).

O efeito estimulante relacionado ao uso de produtos químicos tem sido ocasionalmente citado para ácaros fitófagos ou predadores. Com base em Cohen (2006), nesses casos, o termo aplicável para o efeito estimulante em baixas doses seria "modulação homeostática mediada por praguicidas"; isso se justifica tendo em vista que os produtos químicos não são aplicados intencionalmente para o controle desses predadores e seu efeito tóxico em altas doses sobre esses pode não ser conhecido. Diversos trabalhos mostrando a "modulação homeostática" mediada por diversos fungicidas, herbicidas e inseticidas foram relatados por Cohen (2006) para os ácaros fitófagos *Panonychus citri* (McGregor), *Panonychus ulmi* (Koch) e *T. urticae*. Para os predadores, James (1997) relatou na Austrália um aumento na taxa de oviposição do fitoseídeo predador *Euseius victoriensis* (Womersley) exposto ao produto imidacloprid. Este talvez seja o primeiro relato de um aumento da fecundidade de um fitoseídeo relacionado ao uso de um produto químico. No Brasil, Reis & Sousa (2000) também relataram o aumento na taxa de oviposição dos fitoseídeos *Euseius alatus* DeLeon e *Iphiseiodes zuluagai* Denmark & Muma expostos ao oxicloreto de cobre. Dessa maneira, parece que predadores de ácaros fitófagos raramente se beneficiam do uso de produtos químicos sobre as plantas cultivadas.

DISPERSÃO

Ácaros de importância econômica alcançaram ampla distribuição geográfica com o transporte de suas plantas hospedeiras pelo ser humano, notadamente aquelas de valor ornamental ou agrícola, para diferentes regiões do globo terrestre. O reduzido tamanho dos ácaros e seu hábito de ovipositar em locais abrigados reduzem as possibilidades de que sejam notados por ocasião do transporte de plantas e frutos, facilitando sua dispersão não intencional pelo ser humano.

Obviamente, como para qualquer animal terrestre, os ácaros precisam se movimentar no substrato onde são encontrados, principalmente em busca de alimento, acasalamento ou em busca de abrigo dos fatores ambientais desfavoráveis (incluindo seus inimigos naturais). Um exemplo da movimentação diária de um ácaro predador plantícola refere-se ao trabalho de Onzo *et al.* (2003), tendo-se mostrado sua migração diária da região apical (onde se abrigam durante o dia) para outras partes da planta (para sua caça noturna) e vice-versa. Outro exemplo se refere à movimentação do solo (onde permanecem durante o dia) para as plantas (onde passam pelo menos parte da noite) e vice-versa, de ácaros Mesostigmata predadores em cultivos de morango (Esteca *et al.*, 2020).

A maioria dos ácaros fitófagos não depende de outros animais para sua dispersão; nenhum de seus estágios de desenvolvimento mostra modificações morfológicas ou de comportamento para forese. Alguns desses podem, ocasionalmente, ser encontrados sobre insetos; no entanto, isto é um fenômeno esporádico.

A dispersão natural desses ácaros se dá principalmente pela ação do vento, a longas distâncias, ou pelo seu caminhamento, a distâncias menores. Croft & Jung (2001) apresentaram uma detalhada revisão sobre a dispersão de ácaros pertencentes a grupos de extrema relevância à agricultura, os fitoseídeos e os tetraniquídeos. Para os predadores, outros detalhes foram apresentados por Jung & Croft (2001), na comparação entre predadores especialistas e generalistas; como esperado, os especialistas demonstraram maior atividade de dispersão ambulatória ou pelo vento. Mencionaram o papel fundamental do vento, para deslocamentos a longa distância, e o caminhamento, para curta distâncias.

Entretanto, diversos ácaros que apresentam outros hábitos alimentares passam por forese, podendo apresentar especializações morfológicas ou biológicas que facilitam esse processo. Esses ácaros usualmente vivem em hábitats que são apenas temporariamente favoráveis à sua ocorrência. Como exemplo, têm-se as espécies que vivem em depósitos de alimentos ou que vivem em micro-hábitats do campo que são apenas temporariamente favoráveis à manutenção da qualidade dos organismos de que se alimentam. A existência intermitente no espaço, e às vezes no tempo, desses hábitats fez com que fossem beneficiadas as espécies que apresentavam especializações que permitiam seu transporte de um hábitat a outro sobre organismos com maior capacidade de locomoção. Muito comumente, os organismos transportadores são artrópodes, embora mamíferos também estejam muitas vezes envolvidos nesse processo. Especializações comuns referem-se à ocorrência da fase de deutoninfa em certos Astigmatina, ou à produção de uma substância excretada por uma glândula que se abre próximo ao ânus nos Mesostigmata do grupo Uropodina.

capítulo 7

Aspectos Biológicos Específicos dos Principais Grupos de Ácaros de Importância Agrícola

MESOSTIGMATA

Phytoseiidae

Moraes *et al.* (2004) mencionaram a existência de 2.217 espécies descritas nesta família, em 67 gêneros. No início de 2024, cerca de 2.700 espécies válidas eram conhecidas mundialmente, pertencentes a cerca de 100 gêneros (Demite *et al.*, 2024). Ocorrem principalmente sobre plantas; ainda que também encontrados no solo, onde não constituem um grupo predominante. Os fitoseídeos apresentam movimentos rápidos e são fototrópicos negativos. Detalhes sobre a evolução dos estudos, composição dos gêneros, evolução do uso de fitoseídeos para o controle de pragas, técnicas de produção em grande escala e perspectivas foram publicados por McMurtry *et al.* (2015).

Esse importante grupo de ácaros predadores também tem seus próprios inimigos naturais, incluindo ácaros predadores da família Stigmaeidae. Momen *et al.* (2006) relataram várias espécies de fitoseídeos como presas de *Agistemus exsertus* Gonzalez, em estudos de laboratório. Por outro lado, alguns fitoseídeos também podem predar espécies de Stigmaeidae (Sato *et al.*, 2001). Na ausência de alimento em quantidade suficiente, os fitoseídeos exercem o canibalismo, usualmente os estágios de desenvolvimento mais tardios alimentando-se dos estágios anteriores. Além disso, não raramente ocorre a predação de uma espécie de fitoseídeo em indivíduos de outra espécie da mesma família (predação intra-guilda) (Cavalcante *et al.*, 2017b).

Especificidade

São conhecidos principalmente por seu hábito predatório, embora muitos se alimentem também de pólen, fungos, substâncias açucaradas produzidas por insetos, exsudatos de plantas e, em certos casos, até mesmo do conteúdo de células vegetais (Adar *et al.*, 2012), estando esta habilidade relacionada às características de suas quelíderas (Flechtmann & McMurtry, 1992). De acordo com seu comportamento alimentar e com o nível de especialização em relação às presas que atacam, os fitoseídeos foram classificados por McMurtry *et al.* (2013) nos seguintes tipos (grupos):

- Tipo I (Predadores especializados, destacando-se aqueles do gênero *Phytoseiulus* Evans), dividido em três subtipos de acordo com a suposta especificidade: I-a – consumidores de espécies de *Tetranychus* (Tetranychidae); I-b – consumidores de ácaros produtores de teia em forma de ninho (outros Tetranychidae); I-c – consumidores de ácaros da superfamília Tydeoidea.

- Tipo II (Predadores seletivos de Tetranychidae em geral, destacando-se espécies de *Galendromus* Muma, alguns *Neoseiulus* Hughes e poucos *Typhlodromus* Scheuten).
- Tipo III (Predadores generalistas, destacando-se algumas espécies de *Neoseiulus* e muitas de *Amblyseius* Berlese e *Typhlodromus*), constituindo um grande grupo de predadores generalistas, divididos em cinco subgrupos de acordo com o micro-hábitat preferido em função de sua morfologia: III-a – habitantes de folhas pubescentes; III-b – habitantes de folhas glabras; III-c – habitantes de espaços confinados de dicotiledôneas; III-d – habitantes de espaços confinados de monocotiledôneas; III-e – habitantes do solo/ folhedo.
- Tipo IV (Predadores generalistas consumidores de pólen, principalmente espécies de *Euseius* Wainstein).

A determinação de grupos e suas respectivas composições é obviamente função do conhecimento gerado em estudos conduzidos por diferentes autores, em levantamentos faunísticos e estudos ecológicos. Com isso, a determinação dos grupos deve variar ao longo do tempo, de acordo com a geração de novos conhecimentos. A proposta acima referida corresponde à atualização da proposta anterior com o mesmo objetivo, estabelecida por McMurtry & Croft (1997). Essa classificação dos fitoseídeos de acordo com suas preferências alimentares e o tipo de substrato por estes preferidos pode ser útil na escolha de espécies determinadas para uso prático no controle de pragas em culturas específicas.

Desenvolvimento e reprodução

São haplodiploides; fêmeas não fecundadas dão origem a machos (haploides) (partenogênese arrenótoca), e fêmeas fecundadas dão origem a fêmeas (diploides) (reprodução sexuada). Entretanto, fitoseídeos cuja forma de determinação de sexo foi estudada por Helle *et al.* (1978) e por Nelson-Rees *et al.* (1980) apresentam o processo conhecido como pseudoarrenotoquia ou para-haploidia, aparentemente muito comum nessa família. As espécies que apresentam esse processo ovipositam apenas após a fertilização de cada óvulo, o que implica em que todos os ovos sejam inicialmente diploides. Após um dado período, parte dos ovos depositados perdem a contribuição paterna de cromossomos, tornando-se haploides e dando origem a machos. Esse processo não é exclusivo dos fitoseídeos, ocorrendo comprovadamente também em Otopheidomenidae e, possivelmente, também em Ascidae, Podocinidae, Dermanyssidae e Haemogamasidae (Norton *et al.*, 1993). Algumas poucas espécies de fitoseídeos reproduzem-se a partir de partenogênese telítoca (Wysoki & Bolland, 1983).

O ciclo biológico desses ácaros inclui as fases de ovo, larva, protoninfa, deutoninfa e adultos de ambos os sexos. O desenvolvimento da fase imatura normalmente ocorre em cerca de uma semana. Os adultos geralmente vivem entre 20 e 30 dias; durante esse período, as fêmeas depositam entre 30 e 40 ovos. Em geral, a fase de ovo é a mais demorada das fases imaturas, durando 2 a 3 dias a temperaturas próximas de 25°C. Em algumas poucas espécies, a duração da fase de ovo é bastante curta. Sanderson & McMurtry (1984) observaram que a duração dessa fase foi extremamente variável em *Phytoseius hawaiiensis* Prasad, durando em alguns casos cerca de 10 minutos, embora em muitos casos tenha durado mais de quatro dias. Tanto no caso dessa espécie, como de *Paragigagnathus tamaricis* Amitai & Grinberg e de *Iphiseiodes quadripilis* (Banks), larvas foram verificadas no interior de fêmeas em fase de reprodução (Sanderson & McMurtry, 1984; Amitai & Grinberg, 1971; Abou-Setta *et al.*, 1991, respectivamente).

Resistência a condições adversas

Os fitoseídeos que vivem em regiões de inverno muito rigoroso, entram em diapausa na época mais fria. A diapausa é induzida por uma combinação de dias curtos e baixas temperaturas, sendo passada na fase adulta, quando esses ácaros saem das folhas e se movem para fendas ou outras estruturas que lhes ofereça proteção nos ramos e troncos (Overmeer, 1985).

Dispersão

Sob condições naturais, a dispersão desses ácaros a distâncias relativamente longas se dá principalmente pelo vento, ocorrendo quando seu alimento se torna escasso. Nesse processo, os fitoseídeos movem-se para superfícies expostas das plantas em que se encontram, deixando-se levar pelo vento. Ao chegar sobre outra planta, procuram sua presa orientados por estímulos químicos emanados da própria presa ou das plantas atacadas por ácaros fitófagos (Sabelis & Dicke, 1985). A dispersão dos fitoseídeos pelo vento tem sido bastante estudada, como sumariado por Croft & Jung (2001) e Jung & Croft (2001), especialmente para *Neoseiulus fallacis* (Garman). Monteiro *et al.* (2018) demonstraram o efeito do vento na dispersão de *Neoseiulus baraki* (Athias-Henriot), descrevendo o posicionamento assumido pelo ácaro (levantando a parte anterior do corpo) quando estimulado pelo vento em testes no laboratório e sob a influência de outros fatores biológicos e ambientais. Observaram um aumento progressivo na proporção de ácaros em dispersão pelo vento nos testes conduzidos sob velocidades variando de 3,6 a 25 km/hora.

A pequenas distâncias, entretanto, a dispersão desses ácaros por caminhamento pode ser considerável, em plantas em que a presa não esteja uniformemente distribuída. Essa forma de dispersão pode ser extremamente significativa em plantas de grande porte, ou quando as plantas vizinhas se tocam. Monteiro *et al.* (2019) demonstraram o significado da dispersão por caminhamento de *N. baraki* no coqueiro, planta de grande porte em que sua presa principal (o ácaro eriofídeo *Aceria guerreronis* Keifer) é praticamente encontrado apenas debaixo das brácteas de frutos de determinada faixa etária (alguns meses de idade) e cujas plantas não se tocam em cultivos comerciais.

Dispersão de fitoseídeos sobre insetos ou outros animais não parece ser comum (Liu *et al.*, 2016). No entanto, tem sido esporadicamente relatada. Um relato detalhado (Krantz, 1973) mostrou a interação do fitoseídeo *Kampimodromus aberrans* (Oudemans) e o pulgão *Myzocallis coryli* (Goeze) (Hemiptera: Aphididae) no Estado de Oregon, no noroeste dos Estados Unidos da América. Nesse caso, observou-se que fêmeas adultas do fitoseídeos sobem em ninfas e adultos alados do inseto, usando-se desses para se dispersar, sem causar-lhes qualquer dano, o que pode ser entendido como um processo de forese. Em um outro relato, os fitoseídeos *Asperoseius henryae* Fain & Krantz e *Asperoseius australiensis* Fain & Krantz foram relatados por Fain & Krantz (1990) sobre os insetos *Simulium* sp. (Diptera: Simulidae) e *Culicoides suzukii* Kitaoka (Diptera: Ceratopogonidae), respectivamente.

Não Phytoseiidae

Dentre as famílias destacadas como de maior relevância no meio agrícola, depois dos fitoseídeos, Ameroseiidae, Ascidae, Blattisociidae e Melicharidae são os Mesostigmata mais comuns em plantas cultivadas ou silvestres. Os representantes de outras famílias listadas ocorrem quase exclusivamente no solo. Uma revisão sobre os aspectos biológicos, ecológicos e o potencial de uso para fins de controle biológico dos ácaros das famílias Ascidae, Blattisociidae e Melicharidae foi publicada por Moraes *et al.* (2015).

Especificidade

Muitas das espécies desses grupos são predadoras de ácaros, insetos e nematoides, parasitam insetos, ou se alimentam de fungos ou pólen. Parece que muitas, se não a maioria, das espécies sejam onívoras. A ocorrência de Ascidae, Blattisociidae, Laelapidae e Melicharidae sobre plantas é observada principalmente em regiões úmidas do globo terrestre. As espécies mais comumente encontradas sobre folhas pertencem principalmente aos gêneros *Asca* von Heyden e *Lasioseius* Berlese (Ascidae e Blattisociidae, respectivamente). Em flores, encontram-se principalmente espécies de *Proctolaelaps* Berlese, *Rhinoseius* Baker & Yunker e *Tropicoseius* Baker & Yunker (Melicharidae). Espécies de *Proctolaelaps* são encontradas com frequência em laboratório, onde parecem se alimentar principalmente de fungos. Em depósitos de grãos, é frequente a ocorrência de espécies de *Blattisocius* Keegan (Blattisociidae), alimentando-se de ácaros ou insetos. Apesar do comportamento predatório dos Ascidae, Blattisociidae e Melicharidae, estudos visando à sua utilização prática no controle de pragas têm sido relativamente poucos. Uma revisão do potencial desses ácaros como agentes de controle biológico foi apresentada por Gerson *et al.* (2003) e Moraes *et al.* (2015). Espécies potencialmente úteis no controle de pragas agrícolas incluem espécies de *Arctoseius* Sig Thor (Ascidae) e *Lasioseius parberlesei* Tseng, que têm se mostrado úteis no controle de larvas de Sciaridae (Diptera) em cultivos de cogumelo na Europa e do ácaro *Steneotarsonemus spinki* Smiley (Tarsonemidae) em arroz na Ásia, respectivamente.

Os Laelapidae, além de serem encontrados no solo, são também frequentemente encontrados em associação com artrópodes ou com vertebrados. Pelo comportamento predatório de muitas espécies, algumas têm sido utilizadas na prática por agricultores para o controle de pragas. No Brasil, a espécie *Stratiolaelaps scimitus* (Womersley) tem sido utilizada principalmente para o controle de larvas de insetos da família Sciaridae, popularmente conhecida como "fungus gnats", sendo considerada uma excelente opção, especialmente após essas pragas evoluírem resistência aos produtos químicos comumente usados para seu controle (Moreira & Moraes, 2015; Knapp *et al.*, 2018).

Os Macrochelidae são principalmente predadores de nematoides e ovos e larvas de moscas no solo, sendo raras suas constatações sobre plantas. No Brasil, espécies desta família têm sido estudadas visando ao controle biológico da mosca-dos-estábulos, *Stomoxys calcitrans* (L.) (Diptera: Muscidae), em áreas de produção de cana-de-açúcar e confinamento de animais, onde as larvas dessa mosca proliferam (Azevedo *et al.*, 2018, 2022).

Walter & Kaplan (1990) relataram serem os Rhodacaridae e os Ascidae famílias dominantes de ácaros euedáficos. O mesmo padrão de dominância tem também sido relatado no Brasil. A divisão da placa dorsal nos Rhodacaridae e de muitos Ascidae facilitam a movimentação desses ácaros na camada superior da fração mineral do solo, promovendo a ação predatória desses em nematoides também aí encontrados.

Diferentemente de outros grupos, os Ameroseiidae não são predadores, alimentando-se principalmente de fungos, pólen ou néctar. São frequentemente encontrados em altas populações em flores.

Desenvolvimento e reprodução

São haplodiploides, embora certas espécies desenvolvam-se por meio de partenogênese arrenótoca ou telítoca, e outras espécies aparentemente reproduzem-se por meio do processo conhecido como pseudoarrenotoquia ou para-haploidia (Norton *et al.*, 1993). O desenvolvimento da fase imatura desses ácaros normalmente ocorre em cerca de uma semana. Os adultos geralmente vivem entre 20 e 30 dias; durante esse período, as fêmeas depositam entre 30 e 40 ovos. Contrastando com esse padrão usual, *Macrocheles embersoni* Azevedo, Castilho & Berto completou a fase imatura em apenas 1,3 a 1,5 dias sob condições de laboratório, a 30°C (Azevedo *et al.*, 2018).

Dispersão

Os predadores são frequentemente carregados em grandes números pelos insetos que predam, quase sempre como deutoninfas ou fêmeas adultas. Por outro lado, muitas das espécies que vivem em flores são transportadas por aves, também como fêmeas adultas; nas Américas, as aves envolvidas são distintas espécies de beija-flor, como detalhado em diversos estudos de R.K. Colwell e colaboradores, sumariados em Naskrecki & Colwell (1998). Aqueles autores verificaram alta especificidade das espécies de *Rhinoseius* Baker & Yunker e *Tropicoseius* Baker & Yunker às plantas em cujas flores vivem. Verificaram que as primeiras habitam principalmente dicotiledôneas de regiões tropicais altas, enquanto as últimas habitam principalmente monocotiledôneas de regiões tropicais baixas. Espécies de Ameroseiidae se dispersam principalmente como fêmeas adultas, especialmente em insetos das ordens Coleoptera, Hymenoptera e Lepidoptera, assim como em mamíferos (especialmente roedores) e aves.

PROSTIGMATA

Bdellidae

De acordo com Hernandes *et al.* (2016), são conhecidas nessa família cerca de 278 espécies em 11 gêneros. Essas têm sido encontradas em plantas, no solo e em alimentos armazenados, onde procuram ativamente por pequenos artrópodes para deles se alimentar. Usualmente, não são frequentes e nem abundantes. A introdução de *Bdellodes lapidaria* (Kramer) na Austrália para o controle do Collembola *Sminthurus viridis* (L.), então séria praga do trevo naquele continente, foi de grande sucesso, resultando em até 75% de redução da população da praga. A redução nas populações dessa praga por *B. lapidaria* em 1933 foi, talvez, a primeira demonstração do controle de uma praga por um ácaro.

Para o controle dessa mesma espécie de Collembola em regiões mais secas da Austrália, a introdução de outro Bdellidae, *Neomulgus capillatus* (Kramer), importado de região de condição climática semelhante do Marrocos, também foi bem-sucedida. Há relatos da contribuição de outras espécies de Bdellidae para o controle de várias pragas: *Bdella depressa* (Ewing) é voraz sobre tetraniquídeos, sobretudo *Bryobia* Koch; *Bdella longicornis* (L.) alimenta-se de tetraniquídeos em videira na Califórnia, Estados Unidos da América do Norte, principalmente no inverno e primavera, quando os Phytoseiidae ainda são escassos; *Bdella distincta* (Baker & Balock) alimenta-se dos ovos e do primeiro estágio ninfal de cochonilhas, na Flórida.

Desenvolvimento e reprodução

Suspeita-se que algumas espécies de Bdellidae reproduzam-se por meio de partenogênese telítoca (Norton *et al.*, 1993). Passam pelas fases de ovo, pré-larva, larva, protoninfa, deutoninfa, tritoninfa e adulto (fêmea e macho). Depositam os ovos em massas em "ninhos" feitos por fios de teia, na superfície do solo, frequentemente em restos de plantas. Até certo ponto, parece que estão continuamente em diapausa, de modo que as larvas eclodem por um longo período do ano. A eclosão das larvas coincide com a época das chuvas, em que também a presa é mais abundante. O desenvolvimento da fase de larva à fase adulta se dá em torno de 14 a 21 dias, a temperaturas relativamente baixas (21°C). Uma vez localizada a presa, cobrem-na com o produto de secreção das suas glândulas salivares, que se solidifica em fios semelhantes a teia. A seguir, sugam o conteúdo de suas presas.

Cheyletidae

Estima-se que o grupo seja constituído por quase 500 espécies de 78 gêneros. De acordo com Gerson *et al.* (1999), os Cheyletidae correspondem a um grande grupo de espécies predadoras de artrópodes ou parasitas de aves e mamíferos. As espécies predadoras alimentam-se de uma variedade de microartrópodes, principalmente de formas herbívoras e saprófitas, como ácaros Acaroidea e Collembola. Não raro são abundantes em alimentos armazenados, estábulos etc., principalmente se a população de Acaroidea aí presente for grande. Também são encontrados na casca e na folhagem de árvores onde podem alimentar-se de ácaros fitófagos e de ninfas de primeiro estágio de cochonilhas. Sobre plantas, não são frequentes e nem comuns, exceto em situações especiais. Moraes *et al.* (1989) relataram *Cheletogenes ornatus* (Canestrini & Fanzago) em alta frequência e abundância no Nordeste do Brasil, associado à cochonilha *Pinnaspis aspidistrae* (Signoret) (Hemiptera: Aspididae).

Desenvolvimento e reprodução

São haplodiploides, os machos sendo produzidos por partenogênese arrenótoca e as fêmeas por meio de reprodução sexuada. Espécies que apresentam partenogênese telítoca também têm sido constatadas (Norton *et al.*, 1993). Passam pelos estágios de ovo, larva, protoninfa, deutoninfa e adulto (fêmea e macho). Os ovos são postos isoladamente ou aglomerados. A fêmea produz um emaranhado de teia para cobrir seus ovos; parece proteger os ovos até a eclosão das larvas. A fase de ovo a adulto é relativamente longa, variando de 30 a 40 dias. A fecundidade média relatada na literatura é extremamente variada, indo de menos de dez a até cerca de 130 ovos por fêmea. A biologia de *C. ornatus* foi estudada por Moraes *et al.* (1989).

Cunaxidae

De acordo com Den Heyer (2011), essa família era na época constituída por cerca de 329 espécies de 27 gêneros. São frequentes na matéria orgânica do solo, em musgos, sobre a folhagem de plantas e, às vezes, em depósitos de cereais e seus derivados. São predadores de pequenos artrópodes, incluindo ácaros.

Desenvolvimento e reprodução

São haplodiploides, sendo os machos aparentemente produzidos por partenogênese arrenótoca e as fêmeas por meio de reprodução sexuada. Partenogênese telítoca ainda não foi constatada nesses ácaros (Norton *et al.*, 1993). Passam pelos estágios de ovo, larva, protoninfa, deutoninfa, tritoninfa e adulto (fêmea e macho). São predadores generalistas; no solo, podem alimentar-se também de nematoides fitoparasitos. O desenvolvimento parece ser relativamente longo, variando entre duas a quatro semanas a 28°C ou mais. A fecundidade é em torno de 45 a 77 ovos por fêmea.

Eriophyoidea

Trata-se de um grande grupo de ácaros estritamente fitófagos. O catálogo de Davis *et al.* (1982) relatou 1.859 espécies de microácaros (nome comum a esses atribuído) filiados a 156 gêneros; já o catálogo de Amrine & Stasny (1994) relatou 2.884 espécies. Amrine *et al.* (2003) informaram a existência de 3.442 espécies em 301 gêneros. Segundo informações sumariadas por Zhang *et al.* (2011), essa superfamília era constituída por cerca de 4.404 espécies, distribuídas em 357 gêneros. Daquele total, 86% das espécies pertenciam à família Eriophyidae, 10% à família Diptilomiopidae e 4% à família Phytoptidae. Mais recentemente, Ozman-Sullivan & Sullivan (2024) estimaram que o número total de eriofioideos em todo o mundo deva ser muito maior que 250.000 espécies, considerando que os estudos sobre Eriophyoidea tem sido realizados principalmente em regiões temperadas, onde a maioria dos especialistas taxonômicos têm atuado, e não nas regiões tropicais, que contêm a maioria de toda a diversidade de plantas e consequentemente dos animais a estas associados. O aumento notável no número de taxons em tão curto tempo demonstra o limitado conhecimento do grupo e o interesse atual por este conhecimento. Yaninek & Moraes (1991) relataram 18 destas espécies como pragas de diferentes culturas em todo o mundo. Desde então, é de se esperar que outras espécies tenham passado a ser consideradas de grande importância no mundo. Especificamente no Brasil, *Calacarus heveae* Feres, que ataca a seringueira, assim como *Aceria litchii* (Keifer), que ataca a lichieira, devem ser juntadas àquelas espécies. Em importância econômica, os microácaros são superados apenas pelos tetraniquídeos como ácaros-praga em todo mundo.

Em uma extensa publicação, Navia *et al.* (2021) listaram as espécies de Eriophyoidea relatadas no Brasil, sumariando toda a literatura nacional a essas relacionada. No total, 234 espécies válidas foram relacionadas, compreendendo 196 Eriophyidae, 20 Diptilomiopidae e 18 Phytoptidae; todas essas são divididas em 92 gêneros. Como hospedeiros, foram relacionadas 233 espécies de plantas. No Brasil, cerca de seis espécies são consideradas de grande importância econômica.

O alto grau de especialização morfológica e biológica permite aos microácaros viver em lugares bastante confinados, como nas bainhas das folhas, gemas, brotos terminais, eríneos, galhas, bem como na superfície exposta das plantas.

Especificidade

Uma característica para a maioria das espécies de microácaros, sobretudo daquelas que se alimentam de plantas dicotiledôneas, é sua amplitude aparentemente reduzida de hospedeiros. Muitos microácaros atacam somente uma espécie vegetal, enquanto outros se alimentam de várias espécies de um só gênero de plantas. Para cada uma de 80% das espécies listadas por Navia *et al.* (2021), apenas um hospedeiro foi relatado, mostrando a especificidade dos eriofioideas conhecidos para o Brasil. Essa reduzida gama de hospedeiro parece estar em muitos casos ligada à relação peculiar entre esses ácaros e seus hospedeiros; muitos desses só conseguem sobreviver em estruturas que são aparentemente formadas pelas plantas em resposta à injeção de substâncias no ato de sua alimentação. Apenas nessas estruturas aqueles microácaros conseguem sobreviver. Assim, supostamente não serve como hospedeiro a uma dada espécie de microácaro o vegetal que não produza a estrutura específica, ainda que, nas fases iniciais de seleção pelo ácaro o vegetal tenha se mostrado um hospedeiro potencialmente adequado. Algumas espécies que atacam gramíneas parecem ser menos especializadas, podendo se alimentar de plantas de vários gêneros.

O microácaro-do-tomateiro, *Aculops lycopersici* (Tryon), é uma praga severa do tomateiro, frequentemente causando a morte dessa planta, o que sugere que esse não seja seu hospedeiro original. Ataca várias outras solanáceas, às quais causa poucos danos. Trabalhos conduzidos por Rice & Strong (1962) mostraram que esse ácaro mata outras espécies de *Lycopersicon*, além do tomateiro, mas causa poucos danos à berinjela e menos danos ainda ao fumo e petúnia.

Sinais

Manson & Gerson (1996) citaram oito espécies de eriofioides como capazes de tecer teias, tendo essa habilidade sido citada pela primeira vez para *Aculops knorri* Keifer, por Knorr *et al.* (1976) em folhas de *Lepisanthes rubiginosa* (Roxb.) na Tailândia. Pouco mais tarde (Hassan & Keifer, 1978), concluiu-se que teia também era produzida por *Aceria kenyae* (Keifer) (citado como *Cisaberoptus kenyae*), espécie encontrada em mangueiras em regiões tropicais, inclusive no Brasil. *Aceria inusitata* Britto & Navia, descrita do Brasil em Britto *et al.* (2008) também foi relatada como aparentemente capaz de produzir teia. Outras espécies produzem substâncias cerosas, formando superfícies protetoras sobre as quais vivem, como parece é o caso de *Eriomacrotergum flechtmanni* Rodrigues, Navia, Oliveira e Ferragut (Rodrigues *et al.*, 2016) e parece ser o caso de *Aceria cerostructor* (Flechtmann), também descrita do Brasil (Flechtmann, 2001a). Diversas espécies têm a capacidade de produzir cera sobre seu próprio corpo. Nesse caso, os ácaros podem se apresentar cobertos por estrias ou placas de cera branca, conferindo-lhes aspecto espetacular sobre o órgão vegetal observado sob estereomicroscópio. A cera, entretanto, desprende-se ou dissolve-se quando os ácaros são preservados em etanol, de forma que preparações microscópicas não permitem apreciar bem sua estrutura, revelada com detalhes apenas ao microscópio eletrônico de varredura.

Desenvolvimento e reprodução

São haplodiploides, sendo os machos produzidos por partenogênese arrenótoca e as fêmeas por meio de reprodução sexuada. Partenogênese telítoca ainda não foi constatada nesses ácaros (Norton *et al.*, 1993; Helle & Wisoki, 1996). Os microácaros passam pelos estágios de ovo, larva, ninfa e adulto.

Ao ser depositado, o ovo "flui" como um líquido, ficando bastante estreito ao passar pela abertura genital para, em seguida, adquirir formatos diferentes sobre o substrato, enrijecendo-se o córion em seguida. Fêmeas senescentes retêm os ovos por tempo relativamente longo; seu córion se enrijece e essas fêmeas não são mais capazes de efetuar a postura. Casos de eclosão de larvas no interior da fêmea (ovoviviparidade, viviparidade) foram discutidos por Návia *et al.* (2005a).

Apesar do tamanho bastante reduzido dos microácaros, seu período de desenvolvimento é aproximadamente o mesmo relatado para os tetraniquídeos (uma a duas semanas); por outro lado, os adultos parecem ter longevidade menor que aqueles (uma a três semanas). A fecundidade média parece ser geralmente reduzida, de 10 a 20 ovos por fêmea.

Resistência a condições adversas

A diapausa entre os microácaros parece envolver principalmente fêmeas adultas, tendo sido relatada em zonas temperadas, especialmente em microácaros que têm uma única planta hospedeira, de folhas caducas. Fêmeas em diapausa abrigam-se em anfractuosidades da superfície dos ramos; são morfologicamente distintas de outras fêmeas e dos machos. Nessas condições, observa-se uma alternância de fêmeas de formas distintas, ao longo do ano. A alternância está relacionada à alteração da composição do substrato nutritivo e do clima. A fêmea semelhante ao macho é conhecida como protogine e a outra, deutogine. No entanto, machos morfologicamente semelhantes às deutogines têm sido citados na literatura, inicialmente por Shevchenko & De-Millo (1968) para *Trisetacus kirghisorum* Shevchenko, e mais recentemente por Britto *et al.* (2008) para *Aceria inusitata* Britto & Navia. O processo de formação de deutogine é conhecido como deutoginia, tendo este sido relatado pela primeira vez por Putman (1939) no Canadá. Na época favorável ao desenvolvimento, observam-se fêmeas e machos morfologicamente semelhantes, capazes de copularem entre si, enquanto na época desfavorável usualmente ocorrem apenas fêmeas, em diapausa.

A diferença morfológica entre as fêmeas da época favorável e aquelas da época desfavorável pode ser tanta a ponto de serem consideradas pertencentes a gêneros diferentes. Dessa forma, *Cisaberoptus* Keifer foi descrito com base em deutogines cujas protogines apresentam características de *Aceria* Keifer, sendo, portanto, esse último gênero, mais antigo, considerado sinônimo sênior de *Cisaberoptus*. Porém, no início da década iniciada em 2020, machos correspondentes às fêmeas de *Cisaberoptus* foram encontrados, revogando-se então a sinonímia entre aqueles gêneros (Navia *et al.*, 2021). Resta saber se ocorre uma única espécie com duas formas variáveis, ou duas espécies próximas.

A deutoginia tem sido menos frequentemente observada em espécies que se alimentam de plantas que têm folhas durante o ano todo, em regiões tropicais. Exemplos dessa situação foram observados nas espécies *Aceria anisodorsum* Flechtmann & Santana, *Aceria cerostructor* (Flechtmann), *Aceria inusitata* Britto & Navia e *Aceria kenyae* (Keifer) (respectivamente Flechtmann & Santana, 2007; Flechtmann, 2001a; Britto *et al.*, 2008; Hassan & Keifer, 1978). As três primeiras espécies têm sido relatadas somente no Brasil, e a última, no Brasil e em vários outros países.

São bastante variáveis os locais em que os eriofídeos se mantém durante as épocas desfavoráveis de cada ano. Muitos vivem próximos dos locais em que são encontrados nas épocas de condições favoráveis. Outros, no entanto, podem procurar outros locais. Recentemente, Liu *et al.* (2016) relataram uma situação especial envolvendo o inseto *Bactericera gobica* Loginova (Hemiptera: Psyllidae) e o eriofídeo *Aceria pallida* Keifer. Na época mais quente do ano, ambos se alimentam da parte aérea de *Lycium barbarum* L. (Solanaceae), enquanto ao se aproximar a época mais fria, antes da queda das folhas, o ácaro se aproxima do inseto subindo nesse para a migração forética até os locais de hibernação do transportador. Ambos aí permanecem até que as condições ambientais sejam adequadas para sua alimentação, desenvolvimento e reprodução.

Dispersão

O ser humano é, talvez, o mais importante disseminador de microácaros a grandes distâncias, por meio do transporte de material vegetal infestado. Certos microácaros da cana-de-açúcar, mangueira e citros, por exemplo, estão presentes em quase todas as áreas de cultivo dessas plantas no mundo. A dispersão desses ácaros pelo ser humano adquire importância especial devido a seu tamanho muito reduzido, o que dificulta sua detecção por um profissional que não seja acarologista. A isto se deve acrescentar o comportamento recluso de algumas espécies.

De forma congruente às suas dimensões reduzidas, os microácaros movem-se lentamente sobre o substrato, de 10 a 15 milímetros por minuto. Em plantas perenes de folhas caducas, o início da brotação marca o período de migração ascendente desses ácaros (Lotfollahi *et al.*, 2023). Também podem passar de uma planta para outra quando seus ramos e folhas se tocam.

A dispersão também pode se dar pelo vento ou sobre insetos. São muitas as informações que evidenciam a dispersão dos microácaros pelo vento. Aparentemente, a dispersão por essa via ocorre principalmente na fase adulta. Para tanto, as fêmeas deslocam-se para a extremidade ou margem das folhas, onde se fixam por meio da ventosa anal (estrutura da extremidade posterior do corpo) e, expondo-se ao vento, movem rapidamente suas pernas. Antes de se desprender, podem dobrar o corpo em arco e se projetar para o ar. Podem também formar cadeias de espécimes unidos pelas ventosas anais, o que pode conduzir à dispersão aérea em grupos de ácaros. Dispersão de microácaros em artrópodes também tem sido observada, principalmente em pulgões e abelhas, embora Liu *et al.* (2016) tenham considerado a forese como um processo não obrigatório nos eriofídeos, tetraniquídeos e fitoseídeos, ainda que referindo-se a relatos de dispersão desses ácaros em outros animais.

Galvão *et al.* (2012) estudaram detalhes da dispersão de um dos principais ácaros-praga do Brasil, *Aceria guerreronis* Keifer, em coqueiros, avaliando o efeito do vento, de possíveis insetos transportadores (forese) e do caminhamento. Verificaram a capacidade desse ácaro de se dispersar de um fruto a outro no mesmo cacho e mesmo de um cacho a outro. No entanto, pelo seu tamanho diminuto, o caminhamento a longas distâncias parece não ser viável. Os autores observaram também que a abelha *Apis meliffera* L. (Hymenoptera: Apidae) parece não ser um transportador usual desse ácaro no campo, diferentemente do besouro *Parisoschoenus obesulus* Casey (Coleoptera: Curculionidae), cujos imaturos e adultos são comumente encontrados em cocos jovens abortados, em associação com o ácaro. Como esperado, o vento mostrou-se um fator importante na dispersão do ácaro, determinando-se um aumento progressivo no número de ácaros em dispersão de acordo com a velocidade, que nesse estudo variou entre 3,6 e 14 km/ hora; os autores concluíram que velocidades maiores provavelmente levariam a um número muito maior de ácaros dispersantes.

Danos

Os estiletes quelicerais, na maioria das espécies, alcançam apenas as células epidérmicas. Observa-se uma grande variação dentre os microácaros em relação aos órgãos vegetais que preferencialmente atacam. Enquanto algumas espécies vivem expostas sobre ambas as superfícies das folhas, causando, quando muito, apenas danos mecânicos, outras vivem protegidas em determinadas estruturas naturais das plantas ou em estruturas formadas pela planta em resposta à injeção de substâncias produzidas pelo microácaro. A maior parte desses ácaros não causa alterações ou danos aparentes em suas plantas hospedeiras, sendo necessário, para sua detecção, o exame minucioso das plantas.

O dano mecânico resulta da retirada do conteúdo celular pelos microácaros. Isto pode causar o bronzeamento ou a "ferrugem prateada" em folhas e frutos de algumas plantas. No bronzeamento, as células perfuradas por microácaros "cicatrizam" por deposição de lignina; quando não ocorre a deposição de lignina resulta o prateamento. Um tipo de dano mecânico conhecido como "descoloração" tem sido relatado na África do Sul como resultado da ação de *Calacarus citrifoliae* Keifer em folhas, ramos tenros e frutos de citros. O sintoma mais típico aparece nas folhas, com pequenas manchas cloróticas que confluem, formando manchas maiores, irregulares e com ramificações laterais. Sob ação da luz solar intensa a zona central dessas manchas escurece e fica circundada por áreas resinosas.

Dano mecânico um pouco diferente tem sido relatado para espécies da subfamília Aberoptinae (Eriophyidae). Com o uso de apêndices espatuliformes do gnatossoma ou da tíbia das pernas, esses ácaros parecem ser capazes de destruir a face superior de folhas de mangueira ou a face inferior das folhas de jatobá.

Deformações podem ser resultantes tanto de danos mecânicos em tecidos embrionários do vegetal, quanto da injeção de substâncias na planta. Em muitos casos, não está ainda determinado se a deformação observada se deve a um simples dano mecânico ou à injeção de substâncias. Alguns tipos de deformações são:

1. **Deformações inespecíficas.** Deformação do órgão atacado, sem produção de estruturas novas ou anormais;

2. **Pústulas.** Ocorrem em pereiras e surgem nas primeiras folhas que emergem de gemas atacadas por microácaros. Na formação das pústulas, os microácaros penetram na folha a partir da abertura dos estômatos e induzem o crescimento anormal das células do mesofilo que, associado com excesso de lacunas, leva a um intumescimento localizado nas folhas;

3. **Eríneos.** Consistem em uma proliferação anormal de tricomas. Dependendo da espécie de microácaro, os eríneos localizam-se na face superior ou inferior das folhas (também em frutos) e podem apresentar cor característica, verde a vermelha intensa ou acastanhada. Os tricomas anormais podem ser alongados, globosos, lobosos, ramificados, uni ou pluricelulares;

4. **Enrolamento do bordo foliar.** O enrolamento pode ser restrito a pequenos setores do bordo das folhas ou afetar toda sua margem;

5. **Galhas.** De início, o crescimento normal e a diferenciação do órgão afetado são localmente inibidos. Posteriormente, o desenvolvimento do tecido adjacente, formando a galha, proporciona abrigo para os ácaros, ocorrendo, ao mesmo tempo, a diferenciação de um tecido nutridor em seu interior. Esse tecido corresponde a células túrgidas ou papilas; algumas papilas não têm paredes celulares definidas e apresentam vários núcleos, sugerindo tratar-se de sincícios. Tem-se verificado que após a indução do comportamento diferenciado das células afetadas, a presença do ácaro não é mais necessária para o crescimento da galha. Muitas galhas apresentam uma "pilosidade" externa; esses tricomas são semelhantes aos naturais da folha, porém, em maior densidade. Todas as galhas apresentam um orifício que permite a saída dos ácaros. Embora a maioria das galhas seja formada nas folhas, ocorrem também em ramos tenros, pecíolos, flores, botões florais e frutos. Algumas galhas são semelhantes a tumores; em alguns casos resultam em semirreversão de primórdios florais para folhas. Há galhas formadas por outros artrópodes, que não são ácaros, como himenópteros e dípteros;

6. **Malformação de gemas.** Quando, devido à ação de microácaros, as folhas jovens no interior de uma gema não conseguem se desenvolver normalmente, resultam gemas intumescidas, que podem alcançar várias vezes o diâmetro de uma gema normal, consistindo em um aglomerado de escamas espessas com excrescências carnosas nutritivas. Abrindo-se uma dessas estruturas, grande número de microácaros pode ser encontrado. A invasão das gemas por microácaros pode afetar o desenvolvimento de partes mais ou menos importantes da planta. A proliferação de gemas associada à severa redução do tamanho de folhas vizinhas e encurtamento de internódios leva à formação de uma estrutura semelhante a uma couve-flor. Da produção de muitas brotações, delgadas e alongadas, acompanhada da ausência de folhas, ou folhas muito reduzidas e encurtamento dos internódios, resulta a malformação referida por "superbrotamento" ou "vassoura de bruxa".

Um dos danos mais significativos dos microácaros refere-se à capacidade de diversas espécies de transmitir vírus às plantas. Conhecem-se mais de uma dezena de vírus de plantas por esses transmitidos em todo o mundo. A relação entre o microácaro vetor e o agente transmitido é altamente específica. Frequentemente, os sintomas ocasionados pela ação de microácaros podem assemelhar-se àqueles causados pelas viroses, devendo-se tomar muito cuidado para distinguir-se o agente causal do dano observado, de extrema importância prática.

Erythraeidae

De acordo com informações sumariadas por Zhang *et al.* (2011), naquela época eram conhecidas nessa família cerca de 771 espécies de 55 gêneros. Ocorrem principalmente na serrapilheira e sobre as plantas.

Desenvolvimento e reprodução

São diplodiploides. Suspeita-se que algumas espécies possam apresentar partenogênese telítoca (Norton *et al.*, 1993). Os ácaros dessa família, assim como de famílias relacionadas, que em conjunto com essa compõem o grupo conhecido como Parasitengonina, apresentam os estágios de ovo, pré-larva, larva, protoninfa, deutoninfa, tritoninfa e adulto (fêmea e macho). Os estágios de protoninfa e tritoninfa não são ativos, permanecendo cobertos pelas cutículas dos respectivos estágios precedentes.

Larvas são geralmente parasitas de artrópodes terrestres, sobretudo insetos e aracnídeos, incluindo escorpiões, aranhas e ácaros. Deutoninfas e adultos são principalmente predadores. As larvas podem secretar uma substância no local do parasitismo, que se solidifica em contato com o ar, adquirindo forma de cone. É por meio desse que os fluidos do hospedeiro são sugados. Algumas espécies de *Balaustium* von Heyden têm hábito alimentar diverso; as larvas de algumas espécies alimentam-se de pólen, enquanto deutoninfas e adultos são predadores de artrópodes. Em outras espécies, todos os estágios ativos alimentam-se de pólen.

Às vezes parasitam insetos úteis, como larvas de *Leptus* Latreille, encontradas sobre a abelha melífera. Norton *et al.* (1988) relataram larvas de duas espécies não descritas de *Leptus* parasitando ácaros oribatídeos nos Estados Unidos da América do Norte. Larvas de *Charletonia rocciai* Treat & Flechtmann foram observadas parasitando a mosca-do--Amazonas, *Metagonistylum minense* Townsend (Diptera Tachynidae), que parasita a broca da cana-de-açúcar no Brasil.

Resistência a condições adversas

No Canadá, *Balaustium putmani* Smiley hiberna sob a forma de ovos em frestas da casca do tronco e ramos de árvores frutíferas.

Penthaleidae

De acordo com Zhang *et al.* (2011), essa é uma pequena família, constituída naquela época por apenas 16 espécies de cinco gêneros.

Desenvolvimento e reprodução

O desenvolvimento desses ácaros se dá em seis estágios: ovo, larva, protoninfa, deutoninfa, tritoninfa e adulto (Walter *et al.*, 2009). A reprodução se dá por partenogênese telítoca, não havendo a presença de machos.

Dispersão

Acredita-se que a dispersão a longa distância ocorra principalmente no verão, quando os ovos estão em diapausa, sendo esses carregados pelo vento, aderentes aos implementos agrícolas ou nas patas de animais (Umina *et al.*, 2004).

Pyemotidae

De acordo com informações sumariadas por Zhang *et al.* (2011), pelo conceito da época, essa família incluía 24 espécies, em um só gênero. Dados sobre a biologia desses ácaros foram sumariados por Barbosa *et al.* (2021), com uma lista das espécies então incluídas na família em todo o mundo e as espécies conhecidas do Brasil. Grande parte das espécies dessa família parasita insetos. São com frequência encontrados em armazéns e em criações de insetos em laboratório. Como um único hospedeiro provê alimento suficiente para toda a progênie de uma fêmea, e pelo fato de apenas um estágio do ácaro parasitar o inseto, que depois morre, os Pyemotidae foram caracterizados como parasitoides.

Vários trabalhos foram desenvolvidos para avaliar a possibilidade de utilizar-se espécies dessa família no controle biológico de pragas. Uma espécie do gênero *Pyemotes* Amerling (então referido como *Pediculoides* Targioni-Tozetti) foi o primeiro agente acarino de controle biológico criado em grande escala em laboratório. Um sério problema em relação a seu possível uso é o fato de causarem dermatite mais ou menos severa no ser humano **(Figura 7.1)**.

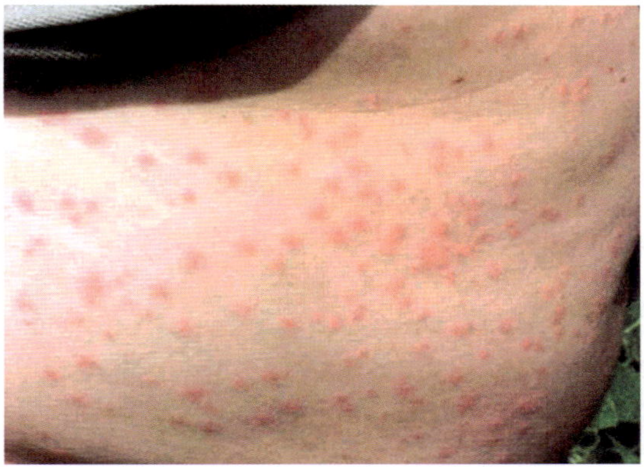

Figura 7.1 Dermatite no abdome de uma pessoa que manuseava grãos contendo ácaros *Pyemotes* sp. (gentileza de E.S. Silva).

Desenvolvimento e reprodução

São haplodiploides, sendo os machos produzidos por partenogênese arrenótoca e as fêmeas por meio de reprodução sexuada. Partenogênese telítoca ainda não foi constatada nesses ácaros (Norton *et al.*, 1993). Os adultos são o único estágio livre dos Pyemotidae. Fêmeas fertilizadas procuram o inseto hospedeiro, paralisam-no, e posteriormente causam sua morte. Durante o processo de alimentação, ovos são formados e retidos no interior do idiossoma da mãe, permanecendo aí a progênie até atingir o estágio adulto. O opistossoma da mãe aumenta muito de tamanho, dizendo-se por isso que essa passa pelo processo de fisogastria **(Figura 5.10)**. A duração da fase de ovo a adulto é de quatro a sete dias. Cada fêmea pode produzir até 200 a 300 descendentes, mais de 90% dos quais são fêmeas. Os machos emergem primeiro; eles permanecem sobre o corpo materno e copulam grande número de suas irmãs, à medida que essas emergem. Em algumas espécies, os machos não emergem, ocorrendo a cópula dentro do organismo materno.

Dispersão

Os Pyemotidae são frequentemente transportados por insetos, como fêmeas adultas. Essas são morfologicamente distintas de fêmeas que não se dispersam. Também o transporte de substrato contendo insetos parasitados contribui para sua dispersão.

Pygmephoridae

Pelas informações sumariadas por Zhang *et al.* (2011), esta família incluía 310 espécies de 27 gêneros. São ácaros encontrados frequentemente contaminando substratos de produção de cogumelos. Alimentam-se de fungos. Algumas espécies apresentam, caudalmente às coxas

IV, uma bolsa em que carregam esporos de fungos. Chegando a um meio favorável ao desenvolvimento do fungo (placas com meios de cultura, frascos de culturas de tecidos com meio nutritivo e plântulas, ou meios de ocorrência natural), semeiam-no. Em contato com a pele de seres humanos, podem causar dermatite severa.

Desenvolvimento e reprodução

São haplodiploides, sendo os machos produzidos por partenogênese arrenótoca e as fêmeas por meio de reprodução sexuada. Partenogênese telítoca ainda não foi constatada nesses ácaros (Norton *et al.*, 1993). Produzem elevado número de ovos que são retidos, passando também pelo processo de fisogastria. Fêmeas recém-nascidas, já fertilizadas, caminham ativamente; como são alongadas, esgueiram-se facilmente entre os fios dos tampões de algodão de frascos de cultura de tecidos. A duração da fase de ovo a adulto é em torno de quatro dias.

Dispersão

Muitas das espécies de Pygmephoridae são encontradas sobre insetos e pequenos mamíferos, sobre os quais se dispersam como fêmeas adultas. Semelhantemente ao que foi citado para os Pyemotidae, as fêmeas que se dispersam são morfologicamente distintas de fêmeas que não se dispersam, e o transporte de substrato contendo insetos parasitados contribui para sua dispersão.

Danos

Podem causar pruridos nas pessoas que manuseiam o material em que esses ácaros são encontrados.

Stigmaeidae

De acordo com Fan *et al.* (2016), essa família era composta por 577 espécies, distribuídas em 34 gêneros. Esses ácaros podem ser encontrados no solo, mas são encontrados com maior frequência sobre as plantas, onde usualmente são predadores de outros ácaros. Correspondem ao segundo grupo de predadores mais comumente encontrados sobre plantas. Matioli *et al.* (2002) apresentaram uma chave para a separação das espécies dessa família relatadas mundialmente em citros, com considerações sobre aspectos morfológicos relevantes, distribuição mundial e outros hospedeiros em que cada espécie tem sido encontrada.

A intensificação recente do uso de produtos químicos nos pomares, especialmente para o controle de vetores, deve levar à redução da ocorrência desses predadores. O aumento da densidade de estigmeídeos como consequência da redução do uso de defensivos pode estar relacionada a diversos fatores. Um deles corresponde à possível redução na mortalidade desses ácaros pela ação desses produtos. Outro refere-se ao aumento na composição e abundância de ácaros considerados indiferentes que servem de presa alternativa ao estigmeídeos quando os ácaros-praga são escassos. A maior variedade de presas disponíveis permite a sobrevivência de maior número de predadores em agroecossistemas. A terceira possibilidade refere-se à interação desses ácaros com outros predadores.

Os efeitos da interação de estigmeídeos e predadores Phytoseiidae têm sido relatados na literatura. Em algumas situações, os primeiros agem como inimigos naturais dos segundos, enquanto, em outras situações, o inverso tem sido relatado (Sato *et al.*, 2001). Estudos de laboratório têm demonstrado a habilidade do estigmeídeo *Agistemus exsertus* Gonzalez de se alimentar de diversos fitoseídeos (Momen *et al.*, 2006), com diferentes níveis de desempenho biológico. Trabalhos conduzidos em citros no Brasil demonstraram que a aplicação de certos agroquímicos resultou em redução da população de fitoseídeos e concomitante aumento da população de estigmeídeos, sugerindo serem aqueles predadores de estigmeídeos (Sato *et al.*, 2001).

Desenvolvimento e reprodução

São haplodiploides, sendo os machos produzidos por partenogênese arrenótoca e as fêmeas por meio de reprodução sexuada. Partenogênese telítoca ainda não foi constatada nesses ácaros (Norton *et al.*, 1993). Em seu desenvolvimento, passam pelas fases de ovo, larva, protoninfa, deutoninfa e adulto (fêmea e macho). A duração da fase de ovo a adulto varia de dez a 20 dias. A fecundidade é em torno de 20 a 40 ovos por fêmea. A biologia de *Agistemus floridanus* Gonzalez foi estudada por Ferla & Moraes (2003a).

É interessante observar que as larvas de *Zetzellia mali* (Ewing) precisam de substâncias vegetais para sobreviver. Mesmo providas de abundante suprimento de ovos de suas presas, quando privadas de acesso a folhas de macieira, não passam para a fase seguinte. Também se observa que as fêmeas passam algum tempo "tentando" obter alimento da folha.

Resistência a condições adversas

Zetzellia mali passa o inverno sob escamas da casca das árvores, em aglomerados de até 150 fêmeas. Em regiões de inverno rigoroso, sobrevivem nas camadas superficiais do solo.

Tarsonemidae

Como sumariado por Zhang *et al.* (2011), cerca de 566 espécies de 41 gêneros eram incluídas nessa família. Jeppson *et al.* (1975) relataram sete dessas como pragas de diferentes culturas em todo o mundo. De maneira geral, a espécie de maior importância é o ácaro-branco, *Polyphagotarsonemus latus* (Banks), que apresenta ampla distribuição e que ataca dezenas de espécies vegetais; outras espécies de maior relevância como pragas pertencem aos gêneros *Phytonemus* Lindquist e *Steneotarsonemus* Beer. Apenas duas espécies são hoje incluídas em *Polyphagotarsonemus* Beer & Nucifera e uma em *Phytonemus*, relatados quase que exclusivamente em dicotiledôneas (Lin & Zhang, 2002). Por outro lado, *Steneotarsonemus* é muito mais diverso; Seeman *et al.* (2016) relataram 79 espécies nesse gênero, encontradas quase que exclusivamente em monocotiledôneas; uma atualização da colocação dessas em seis subgêneros foi apresentada por esses autores.

Especificidade

Os tarsonemídeos apresentam hábitos alimentares muito variados, incluindo espécies que se alimentam de fungos, algas e plantas, bem como espécies predadoras e parasitas de insetos. As espécies de importância agrícola são quase todas polífagas. Entretanto, espécies de *Steneotarsonemus* apresentam preferência pronunciada por monocotiledôneas; *S. ananas* (Tryon) e *S. comosus* Ochoa têm sido relatadas apenas em abacaxizeiro, *S. brasiliensis* Flechtmann, apenas em cana-de-açúcar, enquanto *S. spinki* Smiley tem sido relatada apenas de arroz.

Desenvolvimento e reprodução

São haplodiploides, sendo os machos produzidos por partenogênese arrenótoca e as fêmeas por meio de reprodução sexuada. Partenogênese telítoca também tem sido constatada nesses ácaros (Norton *et al.*, 1993). No seu desenvolvimento, passam pelos estágios de ovo, larva, "pupa" e adulto (fêmea e macho). A "pupa" na verdade corresponde a uma fase imóvel, em que o estágio ninfal se desenvolve no interior da cutícula larval. O desenvolvimento a partir desses estágios ontogenéticos é característico dos ácaros da superfamília Tarsonemoidea, à qual Tarsonemidae pertence. A fase de ovo a adulto de um tarsonemídeo fitófago requer de três a sete dias; a longevidade dos adultos varia de uma semana a um mês, e a fecundidade, de dez a 40 ovos.

Fêmeas de *Steneotarsonemus* põem os ovos em aglomerados de dois a três ovos, enquanto as de *Polyphagotarsonemus* os põem isoladamente. Cada macho adulto de tarsonemídeos começa sua atividade reprodutiva buscando uma "pupa" de fêmea, fixando-a pela papila genital posicionada na extremidade posterior de seu corpo, levantando-a com o auxílio de seu último par de pernas, e carregando-a de uma parte a outra, até a emergência da fêmea adulta. A cópula é iniciada logo em seguida. O ato de carregar a "pupa" assegura ao macho a oportunidade de localizar uma fêmea enquanto essa ainda está imóvel; a tática maximiza a probabilidade da fêmea ser fertilizada antes da dispersão. Ocasionalmente, observa-se também a inseminação de fêmeas mais velhas, o que também oferece a possibilidade de uma fêmea ser fertilizada por sua descendência. Raramente uma "pupa" de macho é carregada.

Maiores populações desses ácaros ocorrem principalmente quando o estresse hídrico das plantas é menor, ocasião em que sob condições naturais a umidade do ar é também mais elevada (Vieira *et al.*, 2004). É possível que isto se deva principalmente ao melhor desenvolvimento desses ácaros em tecidos túrgidos. Jones & Brown (1983) estudaram o efeito de diferentes combinações de temperatura e umidade relativa em uma população de *P. latus* coletada na California, Estados Unidos da América do Norte, observando ser maior o aumento populacional a 20°C e 90% de umidade relativa do ar.

Resistência a condições adversas

Não tem sido relatada na literatura nenhuma forma especial de resistência desses ácaros a condições desfavoráveis a seu desenvolvimento. Adultos de algumas espécies podem tolerar temperaturas próximas do congelamento por períodos prolongados. Embora sendo uma espécie encontrada com maior frequência em áreas tropicais, o ácaro-branco tem sido relatado com frequência causando danos significativos em condições de campo nos estados de Arkansas, Carolina do Norte e Carolina do Sul, nos Estados Unidos da América do Norte.

Dispersão

Em uma mesma planta, os machos transportam as "pupas" que irão gerar fêmeas, caminhando preferencialmente em direção aos órgãos vegetais em crescimento, dada a preferência desses ácaros por se alimentar das células mais túrgidas. Fêmeas adultas também podem se movimentar na planta, dirigindo-se preferencialmente a suas regiões em crescimento. Já a dispersão entre plantas é geralmente limitada às fêmeas, já fertilizadas. Essas podem passar de uma planta a outra caminhando, quando as plantas se tocam, ou podem dispersar-se pelo vento.

O ácaro-branco já foi observado foreticamente sobre a mosca-branca *Bemisia tabaci* (Gennadius) (Hemiptera: Aleyrodidae). As fêmeas do ácaro fixam-se aos segmentos das pernas daquele inseto, envolvendo--as com as pernas do primeiro par.

Danos

Os danos mais significativos desses ácaros são observados na região de crescimento da planta, onde os tecidos são continuamente túrgidos. Isto pode estar ligado ao fato de seus estiletes quelicerais serem muito curtos, não apropriados à alimentação em tecidos de folhas e ramos já formados.

Como ao se alimentar perfuram as células superficiais, o primeiro sintoma do ataque é a descoloração e prateamento ou bronzeamento da superfície das folhas e ramos herbáceos. Em seguida, as células dos tecidos em rápido crescimento entram em colapso. As folhas novas, em vias de expansão, ficam estreitas, rígidas, torcidas e não se desenvolvem, enrolando seus bordos para baixo ou para cima. À medida que crescem, essas folhas podem ainda sofrer fendilhamento. Folhas ou ramos atacados ficam deformados. Quando o ataque se dá em estruturas reprodutivas, as partes afetadas dos frutos têm alterações de cores. Plantas severamente atacadas têm seu crescimento reduzido levando à redução de produtividade da cultura, podendo as plantas morrerem prematuramente.

Ocasionalmente, pela ação de toxinas injetadas durante o processo de alimentação, há alteração na ontogenia de tecidos adjacentes já formados, resultando na proliferação de células de paredes delicadas, adequadas para a alimentação do tarsonemídeo. Isto tem sido relatado na literatura para os tarsonemídeos *P. latus* e *Phytonemus pallidus* (Banks).

Tenuipalpidae

Os tenuipalpídeos, também referidos na literatura nacional por ácaros-planos e falsos-ácaros-de-teia, na literatura da língua inglesa como “flat mites” e “false spider mites”, reuniam em 2023 cerca de 1.029 espécies distribuídas em 41 gêneros (Castro *et al.*, 2024). Esses ácaros são estritamente fitófagos. Yaninek & Moraes (1991) relataram apenas cinco espécies como pragas de diferentes culturas em todo o mundo; não mencionaram especificamente quais seriam essas, mas informaram que quatro dessas pertenciam ao gênero *Brevipalpus*. Uma espécie descrita do Brasil e aparentemente ainda restrita a esse país, *Tenuipalpus heveae* Baker, que ataca a seringueira, precisa fazer parte dessa lista. Também deve fazer parte a espécie *Raoiella indica* Hirst, introduzida no novo mundo, incluindo o Brasil, poucos anos atrás e hoje encontrada em um grande número de hospedeiros Embora o número de espécies consideradas pragas seja reduzido, esses ácaros são considerados de grande relevância. No Brasil, espécies de *Brevipalpus* do grupo *phoenicis* (*sensu* Beard *et al.*, 2015) são consideradas de maior importância, por seu papel na disseminação de diferentes vírus causadores de doenças em plantas e/ou por injetarem toxinas nas plantas que atacam.

Especificidade

Dentre as espécies mais bem conhecidas, algumas são encontradas em diversas espécies vegetais, mas outras parecem ser bastante específicas. Entre essas últimas, devem ser destacadas *T. heveae* e *Dolichotetranychus floridanus* (Banks), a primeira praticamente restrita à seringueira, e a segunda, a plantas da família Bromeliaceae.

Desenvolvimento e reprodução

Apesar da importância econômica dos tenuipalpídeos, são poucas, em todo o mundo, as publicações relativas à sua biologia. A maioria das espécies parece ser haplodiploide, sendo os machos produzidos por partenogênese arrenótoca e as fêmeas por meio de reprodução sexuada. Partenogênese telítoca também tem sido constatada em diversas espécies (Norton *et al.*, 1993). Em algumas espécies de *Brevipalpus* Donnadieu, as fêmeas, assim como os machos ocasionais, são haploides (Pijnacker *et al.*, 1980; Weeks *et al.*, 2001). Pedogênese tem sido constatada em Tenuipalpidae, não sendo, porém, um processo comum. Baker (1979) relatou um desses casos, envolvendo uma espécie não identificada de *Brevipalpus* coletada em citros.

Em seu desenvolvimento, passam pelos estágios de ovo, larva, protoninfa, deutoninfa e adulto (fêmea e macho). Os machos são relativamente raros em várias espécies mais bem estudadas. Pelo menos em uma delas, identificada como *B. phoenicis*, já se observou que após sucessivas gerações obtidas em laboratório, os machos aparecem em maior número. Weeks *et al.* (2001) mostraram que a presença de uma bactéria endosimbiótica nas fêmeas de uma espécie identificada como *B. phoenicis* é responsável pela feminização de indivíduos geneticamente machos. O aparecimento de machos seria decorrente da perda dessa bactéria pelas fêmeas, talvez por condições de estresse, em populações mantidas por longos períodos em laboratório, ou experimentalmente, pela administração de antibiótico adequado.

Os ovos dos tenuipalpídeos são postos isoladamente ou em pequenos aglomerados em locais abrigados, como em fendas da casca nos ramos, entre as exúvias dos ácaros ou junto às nervuras salientes das folhas. A fase imatura desses ácaros é relativamente longa, durando entre 20 e 30 dias o desenvolvimento de ovo a adulto; os adultos vivem durante aproximadamente o mesmo período. A fecundidade média varia entre 20 e 30 ovos por fêmea.

Formas de resistência

As espécies de tenuipalpídeos importantes do ponto de vista agrícola no Brasil desenvolvem-se sobre plantas durante o ano todo, não apresentando diapausa. Espécies que ocorrem em plantas de folhas decíduas, em regiões de inverno pronunciado, passam esse período sob a forma de fêmeas fertilizadas, principalmente em aglomerados abrigados sob a casca dos ramos ou em suas fendas, como observado, por exemplo, para *Brevipalpus chilensis* Baker em videira no Chile. Outra espécie do mesmo gênero, *Brevipalpus lewisi* McGregor, permanece ativa durante o ano todo em citros ao sul da Califórnia, hibernando, porém, como fêmeas adultas em videira na parte central e mais fria do mesmo Estado.

Dispersão

O transporte desses ácaros de forma inadvertida pelo homem, sobre plantas, é de extrema importância. Isto ocorre principalmente por seu formato achatado, passando despercebidos por não especialistas. Espécies que vivem sobre ornamentais são mais passíveis de serem dispersas dessa forma, pela frequência com que essas plantas são transportadas de um país a outro. Essa parece ter sido a maneira pela qual *Raoiella indica* Hirst, que ataca principalmente arecáceas na Ásia e Oceania, foi transportada poucos anos atrás a ilhas do Caribe.

A dispersão desses ácaros pelo caminhamento também já foi relatada. Já se observou a emigração de uma espécie identificada como *B. phoenicis* de plantas bastante infestadas; nesses casos, os ácaros descem pelo tronco e se movimentam em direção a novas plantas. No entanto, como não resistem períodos maiores que aproximadamente três dias sem alimento, poucos são os que têm sucesso em alcançar um novo hospedeiro. A migração para novas plantas é mais evidente em latadas de maracujazeiro, cujos ramos se entrelaçam e formam uma massa contígua de crescimento vegetativo. Nessas plantas, focos de uma espécie identificada como *B. phoenicis* aumentam concentricamente, deixando para trás as partes danificadas caracterizadas por desfolha e seca dos ramos.

Em um experimento de laboratório, Bernardi & Kitajima (2022) obtiveram resultados que sugerem a possibilidade de que uma espécie não identificada de *Brevipalpus* possa se dispersar foreticamente em adultos de uma espécie não identificada de *Anastrepha* (Diptera). Como esses ácaros não apresentam estruturas que obviamente possam ser utilizadas para sua fixação aos insetos, é possível que esse transporte se restrinja a curtas distâncias.

Embora chuvas intensas possam lavá-los das folhas, fêmeas adultas identificadas como *B. phoenicis* mostraram-se capazes de suportar bem a imersão em água por mais de 15 dias. Assim, poderiam retornar à planta ou migrar para outra próxima após serem lavadas de seus hospedeiros (C.A.D. da Silva e L.G. Chiavegato, não publicado).

O efeito do vento na dispersão dos tenuipalpídeos tem sido estudado em nosso meio. Trabalhos bastante ilustrativos sobre o efeito do vento e outros fatores foram relatados em duas publicações envolvendo espécies desta família, um sobre a espécie citada como *B. phoenicis* e outro sobre *R. indica* (respectivamente por Alves *et al.*, 2005 e Azevedo *et al.*, 2022a). Em ambos os estudos, relataram-se números progressivamente maiores de ácaros dispersantes com o aumento da velocidade do vento até um certo nível, seguindo-se então por uma redução nos números a velocidades mais altas. A velocidade de máxima dispersão variou com a espécie, estando nesses estudos, entre 30 e 50 km/ hora. No estudo de Azevedo *et al.* (2022a), observou-se também que a dispersão de fêmeas adultas foi muito maior do que de estágios imaturos ou machos adultos.

Danos

Os tenuipalpídeos alimentam-se geralmente de folhas, sobretudo na face inferior e próximo das nervuras. Algumas espécies encontram-se sobre ramos tenros, ainda verdes, outras em inflorescências, frutos ou sob a bainha de folhas de gramíneas. Formas mais especializadas, que não foram relatadas no Brasil, podem causar galhas, habitando o seu interior.

As partes vegetais atacadas podem exibir as seguintes anomalias: áreas branco-prateadas e/ou manchas cloróticas nas folhas, que evoluem para descoloração bronzeada a marrom-escura, podendo resultar em morte e queda prematura das folhas; lesões de contorno irregular, necróticas em bainhas de folhas; ligeira deformação de gemas e redução da brotação; formação de rugosidades e suberificação mais ou menos pronunciadas, seguidas de necrose em frutos e em ramos tenros; e, mais raramente, formação de galhas.

Danos muito significativos a algumas culturas são causados por espécies que funcionam como vetores de vírus a essas plantas.

Tetranychidae

Os tetraniquídeos compreendem uma família relativamente grande de ácaros estritamente fitófagos. Têm sido referidos na literatura nacional como "ácaros-de-teia" e na literatura da língua inglesa como "spider mites", dado o comportamento de muitas espécies de produzir quantidades variáveis, por vezes abundante, de teia. O catálogo dessa família, elaborado por Bolland *et al.* (1998), citou a ocorrência de 1.189 espécies de tetraniquídeos filiadas a 71 gêneros em todo o mundo. De acordo com a base de dados sobre os tetraniquídeos (disponível em: https://www1.montpellier.inra.fr/CBGP/spmweb/), em fevereiro de 2024, o número de espécies válidas chegou a 1.354, distribuídas em 78 gêneros (Migeon & Dorkeld, 2024). Assim, o número de espécies é cerca de 20% maior que o número de espécies de Tenuipalpidae, mas o número de gêneros é praticamente o dobro daquele de Tenuipalpidae. Yaninek & Moraes (1991) relataram 54 espécies de tetraniquídeos como pragas de diferentes culturas em todo o mundo.

Para facilitar a busca de informações sobre as espécies brasileiras de tetraniquídeos, Flechtmann & Moraes (2024) estabeleceram uma base de dados sobre as espécies aqui presentes, referindo-se às espécies, hospedeiros, distribuição e respetivas referências. Essa base está disponível para livre acesso no site: www.lea.esalq.usp.br/tetranychidae. No Brasil, apenas cerca de 10 espécies apresentam importância econômica, e apenas uma, *Tetranychus urticae* Koch apresenta um grande número de hospedeiros e causa sérios danos a muitos deles. Embora atacando menores números de hospedeiros, outras espécies são também consideradas de grande importância no Brasil, especialmente *Panonychus citri* (McGregor) e *Panonychus ulmi* (Koch).

Especificidade

Diversas das espécies de tetraniquídeos de importância econômica atacam um grande número de hospedeiros. Entretanto, algumas têm se mostrado específicas em relação às plantas que possam ser suas hospedeiras. *Tetranychus evansi* Pritchard & Baker, por exemplo, na maior parte dos países em que tem sido relatado, parece estar presente apenas sobre plantas da família Solanaceae. No entanto, na Europa, onde foi introduzido, esse ácaro tem sido relatado em diversas plantas de outras famílias. Há outros exemplos de especificidade de hospedeiros, com base em observações conduzidas no Brasil: *Mononychellus tanajoa* (Bondar), apenas em espécies de *Manihot* e em *Passiflora cincinnata* Mart; *Oligonychus ilicis* (McGregor), no cafeeiro e ocasionalmente em eucalipto e azaleias; *Panonychus citri* (McGregor), quase que exclusivamente em citros e outras rutáceas; e *Panonychus ulmi* (Koch), em rosáceas. Em outros países, esses ácaros foram também relatados em alguns outros poucos hospedeiros.

Sinais sobre as plantas hospedeiras

A produção de teia é uma característica frequente entre os tetraniquídeos da subfamília Tetranychinae, sendo mais intensa naqueles dos gêneros *Tetranychus* Dufour, *Oligonychus* Berlese e *Schizotetranychus* Trägårdh. Por isso, a presença da teia é um sinal relevante da presença desses ácaros. Além disso, em certos tetraniquídeos que se desenvolvem na face superior das folhas, como muitos *Oligonychus*, as teias retêm e fixam partículas de pó e sujidades, conferindo um aspecto peculiar às plantas e indicando a presença desses ácaros.

Efeitos da teia

A teia exerce diferentes efeitos no ambiente (Gerson, 1985). Um desses efeitos é proteger muitos ácaros de adversidades do ambiente. Por exemplo, protege certos ácaros de seus predadores, de vez que alguns desses últimos não conseguem se movimentar entre os fios da teia; embora existam predadores que preferem atacar as presas que tecem teia (parte dos predadores Phytoseiidae dos tipos I e II de McMurtry *et al.*, 2013). Em certas espécies, a teia produzida parece impedir o estabelecimento de outra espécie de ácaro fitófago no mesmo lugar, reduzindo a competição entre elas. *Panonychus ulmi*, por exemplo, não se estabelece em áreas ocupadas por *T. urticae*, que produz grande quantidade de teia. A teia também protege os tetraniquídeos da ação das chuvas; igualmente, dificulta que gotículas de líquidos neles pulverizadas (como os acaricidas) atinjam a colônia. A teia é ainda importante para facilitar o encontro da fêmea pelo macho e na dispersão dos ácaros.

Os tipos de vida dos tetraniquídeos foram classificados por Saito (1983, 1985), em função de oito itens distintos, relacionados ao padrão da teia produzida: 1) estrutura da teia; 2) densidade da teia; 3) local de oviposição; 4) cobertura do ovo pela fêmea; 5) local onde se localiza o ácaro quiescente; 6) locais preferidos para alimentação e movimentação; 7) comportamento de tecelagem durante a movimentação; 8) local para defecação. De acordo com a quantidade e o tipo de teia construída, os tipos principais foram designados: LW (pouca ou nenhuma teia); CW (teia complexa, com estrutura irregular e tridimensional, ou estratificada e densa); WN (teia em forma de ninho; teia produzida sempre que caminham); ou nenhuma teia produzida. Cada um desses foi subdividido em subtipos, como se segue:

- LW-f (não produzem teia), LW-j (ovos cobertos com teia), LW-c (ovos cobertos com teia; teia produzida sempre que caminham), LW-s (ovos e fases quiescentes fixados nas extremidades de tricomas; teia produzida sempre que caminham);

- CW-p (teia produzida sempre que caminham; ácaros tendem a caminhar sobre a teia; ovos e fases quiescentes fixados sob a teia), CW-r (semelhante a CW-p, mas as fezes são depositadas na teia), CW-u (semelhante a CW-r, mas nesse caso os ovos, fases quiescentes e exúvias são depositados na teia), CW-b (produzem teia sempre que caminham; teia estratificada e densa; ovos usualmente sob a teia, mas também sobre a teia quando a população é alta; teia muito eficiente como defesa contra predadores), CW-a (semelhante a CW-b, mas nesse caso os ovos e os estágios quiescentes são fixados na teia, independentemente do nível populacional do ácaro);
- WN-u (semelhante a CW-p, mas sempre se alimentam e caminham sob a teia; ovos cobertos com teia; protegem os ácaros de fatores climáticos adversos e da predação), WN-t (semelhante a WN-u, mas fezes depositadas na margem da teia; ácaros raramente saem da área com teia), WN-s (semelhante a WN-u, mas fezes depositadas sobre a teia, que geralmente forma densa cobertura; evita danos ao substrato alimentar), WN-c (semelhante a WN-s, mas teia extremamente densa; não produz teia enquanto caminha; defeca fora da área coberta pela teia), WN-r ("ninhos" produzidos para abrigar ácaros individuais; ovos cobertos por teia extremamente densa; produzem teia enquanto caminham).

Dentre esses diferentes tipos de vida, o mais comum parece ser CW-u, característico de espécies de *Tetranychus*. As espécies de *Panonychus* Yokoyama, que com frequência ocorrem no Brasil, *P. citri* e *P. ulmi*, correspondem ao tipo LW-c. As espécies de *Schizotetranychus* são do tipo de vida WN.

Desenvolvimento e reprodução

São haplodiploides, sendo os machos produzidos por partenogênese arrenótoca e as fêmeas por meio de reprodução sexuada, embora algumas espécies apresentem partenogênese telítoca (Heinrich, 1972b; Norton *et al.*, 1993). Passam pelas fases de ovo, larva, protoninfa, deutoninfa e adulto (fêmea e macho).

Os ovos podem ser postos diretamente sobre o substrato, abrigados ao longo das nervuras das folhas ou entre tufos de tricomas (como nas espécies que tecem muito pouca ou nenhuma teia, *Eutetranychus* e *Oligonychus*), sob ou sobre as teias. Como não se encontram figuras mitóticas nos estágios pós-larvais, acredita-se que todas as células somáticas já estejam formadas nesse estágio, resultando o aumento de tamanho do ácaro apenas do crescimento em tamanho das células. O desenvolvimento da fase imatura dos tetraniquídeos pode se dar em cerca de uma a duas semanas, e os adultos geralmente vivem cerca de um mês. A fecundidade média varia entre poucas dezenas a mais de duas centenas de ovos por fêmea. Semelhantemente ao que pode ocorrer em diversos outros grupos de ácaros citados nesse livro, uma única fêmea não fertilizada pode dar origem a uma nova população, produzindo inicialmente filhos, que poderão, então, inseminar sua própria mãe (complexo edipiano), que, a partir de então, poderá também produzir filhas. Essa capacidade é um dos fatores determinantes da rápida seleção de linhagens resistentes de ácaros a acaricidas.

Em geral, os tetraniquídeos são favorecidos por condições de baixos níveis de umidade do ar (Vieira *et al.*, 2004), o que frequentemente está relacionado a menores níveis de precipitação. No entanto há um limite inferior mínimo, abaixo do qual os tetraniquídeos (e provavelmente também outros ácaros) são desfavorecidos. Bonato *et al.* (1995) avaliaram o efeito de três níveis de umidade relativa em parâmetros biológicos de *Mononychellus progresivus* Doreste e *Oligonychus gossypii* (Zacher), importantes ácaros em mandioca na África. O menor e o maior nível de umidade (30% e 90%) mostraram-se altamente prejudiciais à biologia desses ácaros. Esse resultado está de acordo com as baixas populações desses ácaros observadas no campo do meio para o final do período seco do ano e a virtual ausência desses ácaros na época mais úmida do ano na região central da África.

Resistência a condições adversas

Detalhes sobre esse aspecto foram sumariados por Jeppson *et al.* (1975). Em áreas temperadas, tem se relatado a ocorrência de diapausa de fêmeas adultas de espécies dos gêneros *Eotetranychus* Oudemans, *Schizotetranychus* e *Tetranychus*, em resposta a baixas temperaturas e dias curtos. Essas, já fecundadas ou não, apresentam cor amarela, laranja ou vermelha, cores essas possivelmente resultantes da ingestão de carotenoides das plantas hospedeiras no outono, cujo nível aumenta quando as folhas estão próximas da caducidade. Espécies de *Panonychus* passam a diapausa como ovos, postos nos ramos.

Em áreas de inverno ameno e verão quente e seco, a diapausa de ácaros foi relatada no Brasil por Feres & Bellini (2002). Aqueles autores verificaram a ocorrência de diapausa no tetraniquídeo *Tenuipalponychus tabebuiae* Aguilar, Flechtmann & Ochoa, no Estado de São Paulo. Em outros países, espécies de *Bryobia* e *Petrobia* Murray, entram em diapausa como ovos, que são postos no verão respectivamente nas plantas e no folhedo.

Dispersão

A dispersão de tetraniquídeos em órgãos vegetais transportados pelo ser humano tem sido relatada na literatura. Essa é uma forma importante de dispersão entre regiões distantes, e parece corresponder a muitos casos de introdução de novas espécies de pragas pertencentes a diversas famílias. Dentro de um único continente, um dos casos mais bem estudados se refere à dispersão de *M. tanajoa* na África. Estudos conduzidos por Yaninek & Herren (1988) indicaram a ampla dispersão desse ácaro na África tropical entre 1971 e 1985. Yaninek (1988) demonstrou a capacidade de persistência desses ácaros em manivas de mandioca desprovidas de folhas por um período de até 60 dias. Naquelas publicações, concluiu-se que a rápida dispersão de *M. tanajoa* na África se deu pelo fato de manivas e folhas usualmente serem transportadas por longas distâncias naquele continente a cada ano, as primeiras como material de plantio, e as segundas, para uso na alimentação humana. Em outro exemplo, diferentes estágios de desenvolvimento de *P. ulmi* junto ao pedúnculo de maçãs frigorificadas de procedência estrangeira foram observados por Flechtmann (1967b) no Brasil.

Quando os tetraniquídeos adultos de certas espécies alcançam alta densidade populacional, mostram tendência de deslocar-se; abandonam folhas muito danificadas, migrando para outras menos atacadas da planta em que estão, ou para outras plantas. Como sumariado por Yaninek (1988), os tetraniquídeos geralmente conseguem se dispersar apenas alguns metros caminhando de planta a planta em uma geração. Detalhes sobre o processo de dispersão dos tetraniquídeos em uma planta ou entre plantas de um mesmo ou diferentes cultivos foram sumariados por Croft & Jung (2001).

A experiência tem demonstrado a necessidade de barreiras para evitar que plantas, no interior de casas de vegetação, sejam infestadas por ácaros que se locomovem sobre as instalações e provenientes de plantas infestadas nas proximidades. Também tem sido notada a migração massal de *Tetranychus ogmophallos* Ferreira & Flechtmann, de plantas do gênero *Arachis* L. de ocorrência espontânea em gramados, para bancos de jardins nas proximidades, recobrindo-os de uma camada de pontos vermelhos, móveis (fêmeas do ácaro), após várias semanas de ausência de chuvas. O mesmo ácaro tem sido observado migrando de blocos de plantas do mesmo gênero, cultivadas como ornamentais, para o pavimento asfáltico, quando em altas populações. Situação semelhante foi observada em relação a *Petrobia harti* Ewing, um outro tetraniquídeo, no campus "Luiz de Queiroz", Piracicaba. Esses alcançaram elevado nível populacional sobre plantas conhecidas como trevo-de-jardim, *Oxalis* sp. (Oxalidaceae), causando severos danos e tornando-as insatisfatórias para o desenvolvimento subsequente dos ácaros. Isso os levou a dispersar, alcançando e adentrando edificações próximas, sendo facilmente notados pela cor vermelha das fêmeas adultas.

Mais frequentemente, a dispersão de ácaros tetraniquídeos ocorre pelo vento. Quando isso se dá com o uso de fios de teia produzidos por esses ácaros, diz-se que a dispersão ocorre por balonismo, como detalhadamente discutido por Bell *et al.* (2005). Dentre os tetraniquídeos, fêmeas de *Oligonychus* e *Panonychus* ficam suspensas no ar por meio de fios de teia por elas produzidos, que fixam ao substrato. Quando o fio atinge um determinado comprimento e o vento atinge certa velocidade, esse se rompe e o ácaro é carregado, podendo alcançar altitudes elevadas e grandes distâncias a partir do ponto de origem. De acordo com Bell *et al.* (2005), esse mesmo processo ocorre com as larvas de mariposas e com as aranhas primitivas (especialmente as migalomorfas), e a isso os autores se referiram como *suspended ballooning* (balonismo por suspensão).

Esse processo se distingue daquele que ocorre com os tetraniquídeos do gênero *Tetranychus* e com outro grupo de aranhas ("não primitivas"), que para se dispersarem procuram um local mais alto do substrato onde estão, produzindo um fio de teia que, ao atingir certo comprimento e com a ação do vento, eleva o organismo carregando-o a diferentes distâncias. Dentro desse processo, esses grupos se distinguem por características ligadas à produção da teia. Fêmeas fecundadas ou não de *Tetranychus* procuram a periferia da planta hospedeira e produzem o fio de teia por uma glândula unicelular que se abre por um eupatídeo na extremidade de cada palpo, enquanto as aranhas produzem os fios de teia por até sete glândulas, que se abrem próximas entre si, produzindo vários fios na região posteroventral do abdome. Os *Tetranychus* em dispersão elevam a parte anterior do idiossoma e os dois primeiros pares de pernas, enquanto as aranhas elevam o abdome, a partir do início da produção da teia. Bell *et al.* (2005) designaram esse processo de *rearing* (balonismo por produção). Os poucos dados hoje existentes sugerem que o balonismo de ácaros tetraniquídeos e larvas de mariposas permita a dispersão desses por algumas centenas de metros (Bell *et al.*, 2005).

No entanto, algumas pesquisas têm mostrado que uma mesma espécie de tetraniquídeo pode ter diferentes formas preferenciais de dispersão, dependendo dos fatores ambientais. Brandenburg & Kennedy (1982) reportaram que na Carolina do Norte, Estados Unidos da América do Norte, a infestação inicial de cultivos de milho se dá principalmente pelo caminhamento dos ácaros a partir de hospedeiros de ocorrência espontânea na região, mas que em cultivos de amendoim (usualmente plantados no final do cultivo de milho), a infestação inicial se dá principalmente pelo vento, a partir de plantas de milho. A dispersão dos tetraniquídeos por forese parece não ser um evento comum (Liu *et al.*, 2016).

Danos

Espécies dessa família geralmente preferem as folhas já formadas, embora distintas espécies possam se desenvolver preferencialmente nas folhas da parte inferior ou superior da copa. Entretanto, quando a população de uma dada espécie atinge níveis muito elevados, os ácaros se dispersam às extremidades dos ramos. Também se observam diferenças em relação à face da folha preferida por tetraniquídeos de distintas espécies, embora ambas as faces possam ser atacadas quando o nível populacional do ácaro for muito elevado. Em geral, espécies de *Mononychellus* Wainstein, *Schizotetranychus* e *Tetranychus* preferem a face inferior (abaxial) das folhas, enquanto espécies de *Eutetranychus* e *Oligonychus* preferem a face superior (adaxial). Espécies de *Panonychus* variam em relação a esse aspecto; enquanto *P. citri* prefere a face superior da folha, adultos de *P. ulmi* ocorrem em proporções semelhantes em ambas as superfícies, embora maior número de imaturos ocorra na superfície inferior.

As células epidérmicas e parenquimatosas esvaziadas pela ação dos estiletes quelicerais dos tetraniquídeos são ocupadas por ar, resultando em pontuações translúcidas. Confluindo, dão origem a áreas prateadas ou verde-pálidas, devido à remoção dos cloroplastos. Ocorre também oxidação das áreas atacadas, que acabam por conferir-lhes tons bronzeados. Sob ataques mais intensos, a folha pode apresentar manchas necróticas de extensão variável, chegando a morrer ou cair prematuramente. O rompimento das células, a remoção de sua clorofila e a ação da saliva injetada pelos ácaros leva a disfunções nas folhas atacadas, como o aumento na taxa de transpiração, resultando em déficit hídrico e bloqueio da síntese de amido, o que acarreta o aumento da concentração de seus precursores, favoráveis ao desenvolvimento dos ácaros.

Ataques severos de ácaros tetraniquídeos a plantas anuais levam à redução de sua produtividade. Em algumas plantas perenes, como o cafeeiro, por exemplo, tem-se verificado que o ataque desses ácaros reduz as reservas necessárias à diferenciação floral no ano seguinte, afetando mais a produção futura do que aquela do ano em que se dá o ataque.

Tuckerellidae

Esses ácaros são relativamente raros entre nós. Em todo o mundo, existiam em 2022, cerca de 32 espécies descritas, todas em um único gênero, *Tuckerella* Womersley (Meyer & Ueckermann, 1997; Corpuz-Raros, 2001; Escobar-Garcia *et al.*, 2022). São estritamente fitófagos.

Especificidade

Raramente encontrados em folhas de plantas. Ocorrem principalmente em ramos, frutos e raízes.

Desenvolvimento

Em seu desenvolvimento, esses ácaros passam pelos estágios de ovo, larva, protoninfa, deutoninfa, tritoninfa e adulto (macho e fêmea). Ochoa (1989a) mencionou que esses são os únicos Tetranychoidea que apresentam tritoninfas, que podem ser pedogenéticas. O mesmo autor mencionou que os ovos aparentemente deixam o corpo de sua progenitora pela abertura anal. Estudos de algumas espécies têm demonstrado a ocorrência de uma única geração anual (Zhang, 2003).

Danos

Usualmente não têm sido considerados muito prejudiciais nos diferentes países em que têm sido relatados (Zhang, 2003). Entretanto, Ochoa (1989b) considera que uma das espécies, *Tuckerella knorri* Baker & Tuttle, possa ser de alguma importância em citros, na Costa Rica. Esse autor sugere que juntamente do fungo *Sphaceloma fawcettii* Jenkins, possa causar rachadura e escurecimento dos ramos de citros.

Tydeidae

De acordo com André (2024), o número de espécies conhecidas dessa família era de 369 filiadas a 33 gêneros em 2024. São frequentemente encontradas sobre plantas e no solo, consumindo vários alimentos de origem vegetal e animal. Não são consideradas pragas de plantas, embora exista um relato na literatura de *Brachytydeus formosus* (Cooreman) (citado como *Lorryia formosa*) causando danos em citros em Marrocos; outras publicações citam essa espécie alimentando-se da excreção açucarada de cochonilhas. *Tydeus californicus* (Banks) também é uma espécie considerada fitófaga, aparecendo em densas populações, principalmente na face inferior de folhas de citros na Califórnia; outras publicações citam essa espécie como predadora de microácaros na mesma cultura, ou ainda, como polinívora (Silva *et al.*, 2014). Alguns Tydeidae têm hábitos micófagos, sendo mencionados como capazes de reduzir os danos causados por fungos. Pelo menos duas espécies, *Tydeus caudatus* (Dugès) e *Tydeus lambi* Baker foram relatadas como capazes de controlar oídio e míldio em videira (Silva *et* al., 2014). Quando habitam domácias, como nas folhas do cafeeiro, nota-se a ausência de hifas de fungos, comuns em domácias não habitadas.

Espécies de Iolinidae (Tydeoidea), família relacionada a Tydeidae e até recentemente considerada subfamília de Tydeidae, têm sido relatadas como predadoras de outros ácaros, embora também utilizem outras fontes de alimento. Como sumariado por André *et al.* (2024), essa família era composta por cerca de 125 espécies distribuídas em 29 gêneros em 2024. Certas espécies parecem ser importantes como presas alternativas a ácaros predadores Phytoseiidae (Flaherty & Hoy, 1971).

Desenvolvimento e reprodução

São haplodiploides, sendo os machos produzidos por partenogênese arrenótoca e as fêmeas por meio de reprodução sexuada. Partenogênese telítoca não havia sido relatada (Norton *et al.*, 1993), até que Hernandes *et al.* (2006) a constataram em um estudo da biologia de uma população brasileira de *B. formosus*, e Silva *et al.* (2014) a constataram para uma população brasileira de *T. californicus*. Mas outras populações dessa mesma espécie somente se reproduzem após a fecundação das fêmeas (Liguori *et al.*, 2002). Usualmente, a transferência de esperma é feita de maneira indireta, ou seja, o esperma é depositado na superfície, sendo depois encontrado e recolhido pela fêmea; em alguns iolinideos, a transferência de esperma ocorre com o auxílio de um edeago (Walter *et al.*, 2009). Passam pelos estágios de ovo, pré-larva, larva, protoninfa, deutoninfa, tritoninfa e adulto (fêmea e macho). No entanto, larviparidade tem sido observada em *T. californicus* (Liguori *et al.*, 2002; Silva *et al.*, 2014). André (1984) não citou o estágio de ovo para os Iolinidae, mas McGregor (1956) afirmou que o ovo do iolinídeo *Pronematus ubiquitus* (McGregor) é posto na extremidade de um filamento. O estágio de pré-larva não foi encontrado no estudo do iolinídeo *Homeopronematus anconai* (Baker) conduzido por Knop & Hoy (1983) e no estudo do tydeídeo *B. formosus* conduzido por Hernandes *et al.* (2006). De acordo com Walter *et al.* (2009), alguns Tydeidae e Iolinidae não tem tritoninfas.

Homeopronematus anconai é um predador do microácaro-do-tomateiro, *Aculops lycopersici* (Tryon), mas pode utilizar uma diversidade de alimentos como pólen, fungos e tecido vegetal, vivendo por mais tempo quando, além do microácaro, dispõe de pólen de taboa (*Typha* sp.) como alimento. *Pronematus ubiquitus* também foi relatado como predador de *A. lycopersici* por Duarte *et al.* (2021). Relacionado ao maior número de estágios evolutivos que mencionados para os grupos anteriormente citados, os tideídeos apresentam ciclo evolutivo relativamente longo; o desenvolvimento de ovo a adulto requer cerca de 20 dias. A fecundidade é de algumas poucas dezenas de ovos.

Resistência a condições adversas

Em regiões de inverno mais rigoroso, *H. anconai* passa o inverno como fêmeas, em aglomerados próximos às nervuras das folhas. Tais aglomerados também já foram observados em espécies de Tydeidae. Têm sido citados como tolerantes às condições de baixa umidade, sendo comuns em solos de áreas desérticas (Walter *et al.*, 2009).

ORIBATIDA "ASTIGMATINA"

De acordo com Schatz *et al.* (2011), naquela época eram conhecidas aproximadamente 6.100 espécies válidas pertencentes a 1.100 gêneros de Astigmatina.

Acaroidea

Os ácaros desse grupo têm sido relatados em grande variedade de hábitats, incluindo ninhos de insetos, aves e mamíferos, serrapilheira, folhas de árvores e gramíneas, depósitos de feno e grãos. Esse grupo de ácaros é conhecido principalmente por seus hábitos saprófagos, fungívoros, fitófagos e graminívoros, ocorrendo comumente em alimentos armazenados. O meio criado por depósitos de grãos, farelos, farinhas, rações, frutas secas, queijos, embutidos e outros, oferece muitas vantagens a um considerável número de ácaros que podem explorar sua fonte de alimentação, com possibilidade mínima de morte por falta de alimento. Existem, no entanto, os que vivem no solo, onde podem atacar, principalmente, a parte subterrânea das plantas, constituindo pragas importantes. Alguns desses, espécies de *Rhizoglyphus* Claparède e *Sancassania* Oudemans, podem apesar disso, também agir como predadores de nematoides (Karagoz *et al.*, 2007; Joharchi *et al.*, 2015). Dentro dessa superfamília, Acaridae é a maior família, que compreendia, de acordo com Schatz *et al.* (2011), 540 espécies distribuídas em 88 gêneros, encontradas primariamente em armazéns, mas também no solo. Suidasiidae e Lardoglyphidae são famílias bem menores, sendo constituída na época por apenas 18 e oito espécies de sete e dois gêneros, respectivamente (Schatz *et al.*, 2011).

Sinais

Um sinal que bem denuncia a presença maciça de Acaroidea em alimentos armazenados são massas de pontos esbranquiçados que se deslocam lentamente sobre a superfície do produto, sacarias, pisos, paredes, instalações etc. Se o alimento em questão for farelado, um montículo infestado por ácaros se nivelará em curto espaço de tempo, pelo movimento dos ácaros em seu interior. Sobre frutas secas, os ácaros são vistos como partículas esbranquiçadas semelhantes a grãos de açúcar, movendo-se lentamente. Grãos e seus derivados, quando infestados por Acaroidea do gênero *Suidasia* Oudemans, emanam, quando manipulados, um forte odor semelhante ao de erva-cidreira.

Desenvolvimento e reprodução

São diplodiploides. Partenogênese arrenótoca não tem sido observada em nenhuma das espécies de Acaroidea estudadas até o momento. Suspeita-se que partenogênese telítoca possa ocorrer em certas espécies de Acaridae e Suidasiidae, pela aparente ausência de machos nas populações dessas (Norton *et al.*, 1993). Passam pelos estágios de ovo, larva, protoninfa, deutoninfa, tritoninfa e adulto (fêmea e macho). Muitos apresentam também a fase de pré-larva, que se mantém dentro do córion. A fase de deutoninfa pode ocorrer ou não, dependendo das condições ambientes.

Admite-se que a cutícula que recobre o corpo seja a principal superfície respiratória e também participe do mecanismo de ganho e perda de umidade desses ácaros. Acima de um ponto crítico de equilíbrio, o ganho ou a perda de umidade pode ser comparado à hidratação de substâncias higroscópicas inorgânicas, como sais. Esse ponto de equilíbrio varia entre 65% e 71% de umidade relativa do ar intergranular no alimento, em função da espécie. O nível de 65% de umidade prevalece no ar intergranular em cereais armazenados com teor endógeno de umidade de 13% a 14%. Parece que abaixo do ponto crítico de equilíbrio, a cutícula não mais atue como um sistema higroscópico inanimado. Quando a umidade relativa ambiente permanece abaixo de 65% por mais de três dias, a maioria dos Acaroidea morre por dessecação.

O desenvolvimento de ovo a adulto desses ácaros dura 10 a 20 dias. A fecundidade varia de algumas dezenas a várias centenas de ovos.

Dispersão

Tendo em vista que a maior parte das espécies desse grupo vive em hábitats em que seus alimentos estão disponíveis apenas por períodos limitados, sua capacidade de dispersão no ambiente é fundamental para a sobrevivência. Dada a limitada capacidade de locomoção desses ácaros, semelhantemente ao que ocorre com a maioria dos ácaros, e o efeito deletério dos baixos níveis de umidade do ambiente sobre os

Acaroidea, a adaptação à dispersão envolveu não apenas a passagem por um estágio fisiologicamente adaptado a tolerar temporariamente condições de falta de alimento e baixa umidade, mas também alterações morfológicas temporárias que lhes permitissem segurar-se a organismos que visitam os ambientes por eles preferidos e que lhes pudessem servir de transporte. Essas adaptações envolveram o aparecimento de uma forma especial de deutoninfa, discutidas no capítulo sobre os aspectos morfológicos dos principais grupos de ácaros de importância agrícola. Paralelamente às alterações morfológicas, também ocorreram alterações marcadas no comportamento. Em contraste com outros estágios, a deutoninfa, que não se alimenta, é tipicamente muito ativa, movendo-se constantemente para fora das áreas onde outros estágios se alimentam.

A capacidade de passar pelo estágio de deutoninfa parece ser uma característica genética de muitos Acaroidea, cuja expressão é determinada por condições ambientes, como temperatura, umidade relativa, pH do alimento, densidade populacional, acúmulo de excrementos e quantidade e qualidade do alimento. Esses ácaros podem permanecer no estágio deutoninfal por vários meses. Com o retorno das condições favoráveis, o ácaro passa aos estágios subsequentes. Mesmo dentro de uma mesma família, algumas espécies podem apresentar deutoninfa e outras não. Por exemplo, esse estágio é conhecido em diversos gêneros de Acaridae, incluindo *Rhizoglyphus* e em *Lardoglyphus* Oudemans (Lardoglyphidae), mas não é comum em *Tyrophagus* Oudemans, tendo sido constatado (Fain & Chmielewski, 1987) aparentemente apenas em *Tyrophagus formicitorum* Volgin. Diferentemente de outras espécies, cada uma das quais encontradas em diversos hábitats, *T. formicitorum* é encontrada apenas em ninhos de formigas. A não ocorrência na maioria das espécies de *Tyrophagus* pode estar ligada à habilidade desses ácaros em aceitarem como alimento uma gama de itens prontamente disponível no ambiente. Smrž, J. & V. Čatská (1987) referiram-se à plasticidade enzimática e à adaptabilidade de *Tyrophagus putrescentiae* (Schrank) demonstradas por seus resultados de pesquisa e pelos resultados de outros pesquisadores, ao analisar seu desempenho biológico quando alimentado com uma grande diversidade de fungos.

Dentre os organismos utilizados pelos Acaroidea para dispersão, destacam-se insetos, roedores e aves. Tem-se determinado que a deutoninfa de pelo menos algumas espécies seja atraída por fatores químicos aos organismos que lhes possam servir de transportador no processo forético. Em laboratório, a deutoninfa de certas espécies pode ser induzida a fixar-se em qualquer objeto que se mova. O contato inicial geralmente é estabelecido por meio de setas tarsais especializadas; espécies com longas setas nos tarsos das pernas posteriores podem saltar sobre o hospedeiro. Depois de ter ganho acesso a um transportador potencial, a deutoninfa reconhece-o como adequado e geralmente se desloca para um local particular em seu corpo, ou o considera impróprio e desembarca. Insetos têm sido observados como transportadores involuntários principalmente de deutoninfas. Roedores são capazes de levar as fases adultas e imaturas, interna e externamente. As fezes de roedores podem encerrar ovos e deutoninfas viáveis; formas adultas e imaturas são levadas em seus pelos. Dessa maneira, os roedores transportam os Acaroidea de um local para outro dentro de armazéns, assim como de armazéns para seus ninhos, de onde podem levá-los para novos armazéns. Aves podem ocasionalmente ter acesso a depósitos de alimentos; pardais e pombos são as mais implicadas no transporte desses organismos.

Danos

Diferentes tipos de danos são causados por espécies de Acaroidea. Dentre aquelas que vivem em armazéns, muitas consomem partes dos grãos, alteram o sabor ou disseminam fungos. Sua presença pode tornar os produtos inadequados para a alimentação humana ou de animais domésticos. Os próprios ácaros ou substâncias por eles produzidas podem causar sérios problemas de desarranjos intestinais e até mesmo choques anafiláticos quando ingeridos.

Em laboratórios, podem causar a contaminação de meios de cultura com microrganismos que carregam, podem alimentar-se do meio, ou ainda incomodar pela simples presença. No campo, algumas espécies (especialmente de *Rhizoglyphus*) podem causar danos significativos aos órgãos vegetais subterrâneos, recortando pequenos pedaços da superfície desses no processo de alimentação, facilitando a subsequente deterioração desses por fungos. Em outros países, embora tipicamente habitantes de alimentos armazenados, espécies de *Tyrophagus* foram observadas alimentando-se e danificando folhas de plantas herbáceas em casa-de-vegetação e em hortas, na América do Norte, Ásia e Europa, como sumariado por Ferreira & Lourenço (2004) e Oliveira *et al.* (2007b); informações dessa natureza já eram relatadas na literatura desde o final da primeira metade do século XX (Lange & Bacon, 1958).

Glycyphagoidea

Os Glycyphagoidea são primitivamente habitantes de ninhos de vertebrados, compartilhando muitos caracteres com os Acaroidea nidícolas. Dentre os Glycyphagoidea, os Chortoglyphidae consistem de 13 espécies distribuídas em três gêneros (Schatz *et al.*, 2011). São associadas a ninhos de roedores que, em suas andanças, acabam por levar aqueles ácaros para dentro de residências humanas, onde se estabelecem na poeira domiciliar e em colchões, para depósitos de sementes, grãos e seus derivados, frutas secas, queijos, assim como para estábulos etc.

A família Glycyphagidae reunia 204 espécies de 42 gêneros (Schatz *et al.*, 2011). A maioria dessas é associada sobretudo a ninhos de roedores e de marsupiais; sendo também encontrados em ninhos de aves e de himenópteros, assim como na serrapilheira. Echimyopodidae era constituída de apenas 27 espécies de cinco gêneros (Schatz *et al.*, 2011).

Sinais

Em alimentos, a presença desses ácaros é detectada da mesma maneira como indicado para os Acaroidea. O aparecimento de pequenas manchas avermelhadas na pele, acompanhado de prurido intenso, após o manuseio de alimentos, é indicativo da presença de ácaros desse grupo.

Desenvolvimento e reprodução

Vide Acaroidea. Os Glycyphagidae são diplodiploides. O estágio de deutoninfa pode ocorrer em espécies dessa família. Nenhum tipo de partenogênese tem sido verificado neste grupo de ácaros (Norton *et al.*, 1993).

Dispersão

Vide Acaroidea.

Danos

Vide Acaroidea em relação aos danos causados aos alimentos armazenados. *Chortoglyphus arcuatus* (Troupeau) (Chortoglyphidae) é um habitante comum de alimentos armazenados. Algumas espécies de Glycyphagidae estão envolvidas na "coceira dos especieiros", prurido que afeta aqueles que manuseiam fenos e alimentos infestados. Quando levados para laboratórios onde se trabalha com dietas artificiais ou meios de cultura, podem nesses se desenvolver, consumindo-os ou alimentando-se de fungos ou bactérias. *Glycyphagus domesticus* (DeGeer) é hospedeira intermediária de *Catenotaenia pusilla* (Goeze) (Platyhelmintes) cuja fase adulta parasita roedores.

Na família Echimyopodidae, *Blomia tropicalis* van Bronswijk, Cock & Oshima, é um importante causador de alergia respiratória em seres humanos.

Hemisarcoptoidea

Comuns em vários hábitats arbóreos ou aquáticos; muitos são inquilinos especializados de ninhos de himenópteros. A família Carpoglyphidae é um grupo pequeno, constituída, segundo Schatz *et al.* (2011), por apenas seis espécies de dois gêneros. Os ácaros dessa família são encontrados principalmente em frutas secas, produtos lácteos, sucos de frutas, produtos contendo ácidos lático, acético e succínico. Winterschmidtiidae (Saproglyphidae) é um grupo consideravelmente maior, composto por 143 espécies de 24 gêneros, segundo Schatz *et al.* (2011). Esses exibem uma grande variedade de adaptações ecológicas; alguns são saprófitas, outros são fungívoros na superfície de folhas, ou ainda, infestam alimentos armazenados. Pelo fato de serem ocasionalmente encontrados sobre folhas e por sua cor, são com frequência tomados pelos leigos como "ácaros brancos".

Sinais

Em alimentos armazenados, semelhantes aos sinais citados para os Acaroidea.

Desenvolvimento e reprodução

Vide Acaroidea. A deutoninfa de Carpoglyphidae apresenta pernas semelhantes às da protoninfa; são encontradas em lepidópteros e coleópteros. Algumas espécies dessa família não apresentam deutoninfa; em regiões de clima temperado, a tritoninfa dessas espécies é especializada, com função hibernante e de resistência.

O estágio de deutoninfa é também comum em espécies de Winterschmidtiidae. Espécies reproduzindo-se por partenogênese arrenótoca e por partenogênese telítoca são conhecidas na família Winterschmidtiidae (Norton *et al.*, 1993).

Dispersão

Vide Acaroidea.

Danos

Em frutas secas, os ácaros Carpoglyphidae incomodam pela presença, destacando-se como pequenos grânulos brancos sobre o produto, além de lhes conferir sabor amargo. Os Winterschmidtiidae encontrados sobre plantas não lhes causam danos; alimentam-se de hifas de fungos que se desenvolvem sobre as plantas. Pelo menos uma espécie do gênero *Calvolia* Oudemans foi observada destruindo tricomas e células epidérmicas de folhas de macieiras, na Europa.

Histiostomatoidea

Os ácaros da família Histiostomatidae (Anoetidae) constituem um grande grupo, composto, de acordo com Schatz *et al.* (2011), por 567 espécies de 59 gêneros. São frequentemente encontrados em produções comerciais de cogumelos, diferentes tipos de alimento, matéria orgânica, raízes de hortaliças cultivadas por hidroponia e bulbos em decomposição, quando o teor de umidade é muito elevado. Ocorrem também em resinas e seiva que exsudam da casca ferida de árvores, ou em concavidades naturais em plantas, como em buracos em troncos de árvores ou nas gemas terminais de bromeliáceas e flores duradouras de várias plantas onde ocorre o acúmulo de água.

Espécies de *Histiostoma* Kramer têm sido citadas como parasitos em ootecas de invertebrados do filo Annelida, podendo causar reduções bastante significativas na emergência de diversas espécies de minhocas das ootecas parasitadas no Estado de Michigan, Estados Unidos da América do Norte. Mesmo assim, seu efeito nas populações de minhocas em campo parece não ser severo (Oliver Jr., 1962). Outras espécies são pragas comuns em criações de drosófilas (Diptera); uma ampla revisão sobre os ácaros associados com criações de drosófilas foi feita por Ashburner (1989). Em todos esses hábitats, sua alimentação é constituída de partículas retidas pelas quelíceras e palpos ao filtrar o meio líquido em que se encontram.

Desenvolvimento e reprodução

Tem-se verificado que diversas espécies de Histiostomatidae se reproduzem por partenogênese arrenótoca, enquanto outras se reproduzem por partenogênese telítoca (Norton *et al.*, 1993). Em seu desenvolvimento, passam pelas fases de ovo, larva, protoninfa, tritoninfa e adultos (fêmea e macho). A deutoninfa mótil ocorre frequentemente nas fêmeas, fixando-se em insetos ou outros artrópodes.

O ciclo evolutivo de *Histiostoma laboratorium* Hughes leva cinco dias a 25°C; a fêmea põe até 150 ovos. Em dois dias, a larva passa a protoninfa, que pode passar a tritoninfa, seguida pelo estágio adulto ou, então, a deutoninfa, que pode sobreviver até três meses antes de passar a tritoninfa e completar o desenvolvimento até fêmea adulta. A deutoninfa é intensamente esclerotizada e tem boa habilidade saltatória, podendo efetuar saltos de até 5 cm de distância, pela movimentação brusca dos dois pares de pernas posteriores (usualmente mantidos em posição anterior) para trás. A deutoninfa é muito resistente à dessecação. O ciclo evolutivo de *H. murchei* Hughes & Jackson também foi estudado, podendo durar 10 a 20 dias entre 15°C a 22°C, com a oviposição de até 500 ovos por fêmea. Essas duas espécies reproduzem-se por partenogênese arrenótoca.

Dispersão

Deutoninfas heteromórficas de Histiostomatidae já foram observadas sobre dípteros, coleópteros e miriápodes.

Danos

Contaminam os meios de criação ou culturas muito hidratados, em laboratório. Algumas espécies de Histiostomatidae podem dar origem a grandes populações em criações de drosófilas, onde são intensos competidores, que tornarão difícil a manutenção da criação, interferindo nos estudos de comportamento, fisiologia, bioquímica e molecular de drosófila. A ocorrência de 50 ou mais ácaros sobre abdome de cada drosófila deve lhe causar danos.

ORIBATIDA "NÃO ASTIGMATINA"

Subías (2024) relatou ser conhecido um total de aproximadamente 11.628 espécies válidas de oribatídeos "não Astigmatina", distribuídas em 1.328 gêneros. Esses ácaros são encontrados principalmente na serrapilheira e solo, embora possam também ser encontrados sobre plantas. Diversas espécies típicas da serrapilheira e do solo sobem às plantas quando seu hábitat preferido se encontra encharcado.

Esses ácaros são conhecidos principalmente pelo fato de participarem da decomposição da matéria orgânica no solo, onde se alimentam de restos orgânicos, especialmente de origem vegetal e de fungos (Smrž & Norton, 2004). Sua ação facilita a mineralização da matéria orgânica, realizada diretamente por microrganismos do solo. Embora alguns estudos específicos tenham sido feitos para demonstrar o papel desses ácaros no solo, faltam ainda informações para comprovar o real efeito de sua eliminação na decomposição da matéria orgânica. Alimentam-se também de microrganismos diversos, no solo ou sobre plantas.

Alguns estudos, no entanto, têm sugerido a necessidade da interação de alguns oribatídeos com certos microrganismos em sua alimentação, dada a aparente incapacidade desses ácaros de produzirem quitinase ou celulase; na ausência dessa interação, sua eficiência no aproveitamento dos alimentos é reduzida (Smrž & Norton, 2004). Os mesmos autores mostraram ainda grandes diferenças quanto à aceitação dos oribatídeos por diferentes espécies de fungos ou mesmo entre genótipos de cada espécie como alimento. Além disso, sumariaram também grandes diferenças de aceitação de um mesmo fungo por distintos estágios de desenvolvimento de um mesmo oribatídeo.

Tem sido verificado também que algumas espécies atuam como predadoras de nematoides no solo (Rockett & Woodring, 1966; Oliveira *et al.*, 2007a).

Especificidade

Pelo menos uma das poucas espécies de oribatídeos fitófagos, *Orthogalumna terebrantis* Wallwork (Galumnidae), tem se mostrado bastante específica. Estudos conduzidos na Argentina (Cordo & DeLoach, 1975) demonstraram que esse ácaro parece ser muito específico, ovipositando e alimentando-se significativamente apenas em aguapé, *Eichhornia crassipes* (Mart.) Soms. Isso possibilitou se considerar esse ácaro como agente de controle biológico dessa planta, vislumbrando sua possível introdução em distintas regiões para essa finalidade.

Sinais

Por sua cor geralmente escura e corpo globoso, esses ácaros são facilmente visualizados sobre plantas.

Desenvolvimento e reprodução

Os ácaros desse grupo apresentam os estágios de ovo, pré-larva, larva, protoninfa, deutoninfa, tritoninfa e adultos (fêmea e macho). A pré-larva é inativa, mas todos os outros estágios são ativos. Dentro desse grupo, existem espécies haplodiploides e diplodiploides (Norton *et al.*, 1993). Algumas espécies de oribatídeos reproduzem-se por partenogênese telítoca, mas partenogênese arrenótoca não foi demonstrada experimentalmente. A transferência de esperma é geralmente indireta, com a deposição de esperatóforo pelo macho no ambiente, que depois é coletado pela fêmea. Existe evidência de que transmissão direta de esperma possa existir em alguns casos.

Danos

Alguns oribatídeos causam danos a plantas, como discutido por Krantz & Lindquist (1979). *Orthogalumna terebrantis* tem sido considerado em projetos de controle biológico de invasoras, em conjunto com outros organismos (Gerson *et al.*, 2003). Esse ácaro foi transferido da América do Sul para a Índia e distintos países da América Central e África para o controle da invasora conhecida como aguapé. Diversas outras espécies têm sido citadas na literatura como fitófagas, aparentemente causando muito pouco ou nenhum dano direto significativo, com a possível exceção de *Humerobates rostrolamellatus* Grandjean (Humerobatidae) e *Perlohmannia dissimilis* (Hewitt) (Perlohmanniidae).

A importância de certos oribatídeos como hospedeiros intermediários do verme *Moniezia expansa* Rudolphi (Platyhelminthes, Anoplocephalidae) e de outras espécies próximas tem sido citada na literatura. Ácaros desse grupo contendo o estágio inicial de desenvolvimento daquele parasito foram constatados em nosso meio por Pulz *et al.* (1971). O parasito tem bovinos e ovinos como hospedeiros principais, que o adquirem ao ingerir os oribatídeos infectados quando esses sobem às gramíneas, especialmente após chuvas intensas.

Ainda que sem causar danos às plantas, ocasionalmente esses ácaros têm se mostrado importantes em produtos comercializados internacionalmente. Sua simples presença pode levar à rejeição de produtos, pela baixa tolerância a contaminantes. Como são comumente encontrados em cascas de árvores, o uso dessas para a produção de substratos a serem utilizados em testes nematológicos de quarentena de sementes. Mesmo que os ácaros possam ser inativados, a dificuldade em eliminá-los do substrato faz com que sua constatação possa gerar dúvidas sobre sua origem (recebidas com o material introduzido ou contaminante local). Ácaros de outras famílias que também ocupem o mesmo tipo de micro-hábitat podem conduzir ao mesmo tipo de problema. Da mesma forma, certos oribatídeos aquáticos, ou outros ácaros aquáticos, podem conduzir a problemas semelhantes, se a irrigação de plantas mantidas em quarentena for realizada com água não filtrada adequadamente.

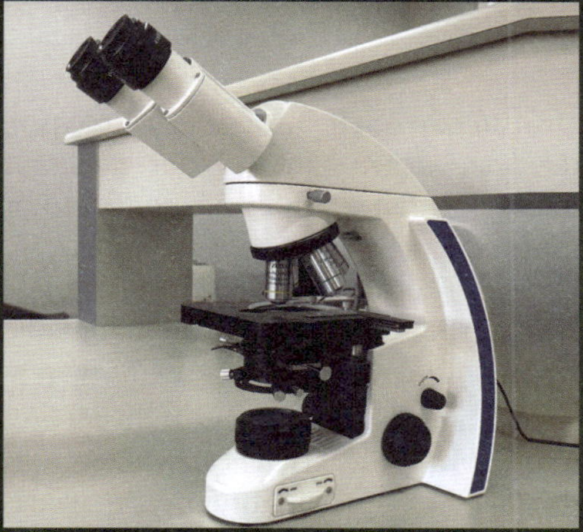

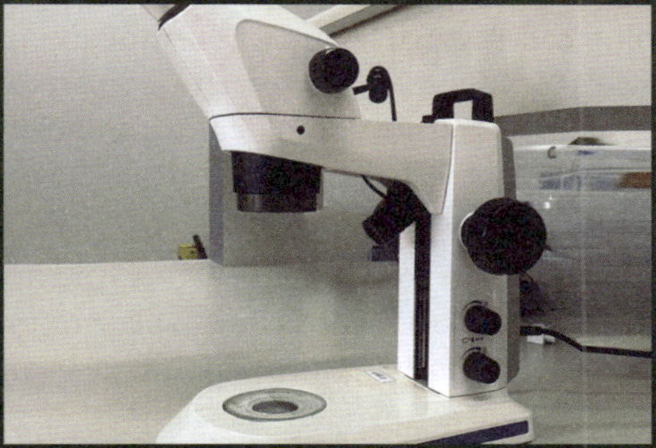

capítulo 8

Determinação de Espécies de Importância Agrícola

A identificação correta de ácaros plantícolas nem sempre pode ser feita pelos técnicos encarregados do gerenciamento das atividades de campo. Essa é geralmente realizada por taxonomistas, profissionais cuja função principal relaciona-se à identificação das espécies de um determinado grupo de organismos. Cada taxonomista usualmente se ocupa de um grupo específico, maior ou menor, de organismos.

Outra atividade dos taxonomistas refere-se à classificação de espécies novas para a ciência no contexto dos grupos taxonômicos. É ele também quem realiza as descrições científicas das espécies novas, atribuindo a cada uma um nome científico, de acordo com as normas de nomenclatura zoológica, contidas no documento designado "International Code of Zoological Nomenclature". Esse documento é periodicamente revisado. A versão mais recente (quarta edição) foi publicada pela International Commission on Zoological Nomenclature (1999), estando disponível na internet no endereço: https://www.iczn.org/the-code/the-code-online/.

Usualmente, os técnicos especializados que atuam no campo reconhecem adequadamente os ácaros que ocorrem com frequência nas culturas com as quais trabalham, principalmente com base nos sintomas e nos aspectos biológicos ou ecológicos desses organismos. Entretanto, eventualmente esses necessitam recorrer a um taxonomista para o reconhecimento de uma dada espécie de ácaro. Isto frequentemente se dá quando a produção de uma cultura é realizada em uma área de fronteira agrícola, ou seja, áreas em que apenas recentemente passaram a ser cultivadas. Nessas podem ocorrer organismos ainda pouco conhecidos ou totalmente desconhecidos, com potencial de causar danos às culturas ali instaladas ou então que agem como agentes de controle biológico dos organismos potencialmente daninhos às culturas.

A necessidade do auxílio do taxonomista também pode existir quando uma nova espécie vegetal passa a ser cultivada em uma região já tradicionalmente agrícola ou quando uma nova variedade de uma espécie já cultivada tenha sido introduzida na região. Nesses casos, é possível também que ácaros até então sem importância possam vir a constituir-se em organismos importantes da nova cultura ou da nova variedade. O técnico pode ainda necessitar do auxílio de um taxonomista no caso de ácaros recém introduzidos de outras partes do globo.

A correta identificação de um ácaro é frequentemente necessária para determinar se a espécie encontrada tem ou não o potencial de causar danos ou benefícios à cultura considerada. A espécie pode ser um organismo fitófago, predador, ou apresentar ainda outros hábitos alimentares.

Em alguns casos, o apoio do taxonomista é necessário quando o técnico observa que o produto usualmente utilizado para o controle de uma espécie praga deixa de apresentar a eficiência esperada, especialmente se esse problema passar a ocorrer de maneira repentina. Nesses casos, é possível que a ineficiência não seja devida a problemas de resistência da população da praga ao método de controle, mas sim à identificação errônea da espécie em questão. Um exemplo deste último caso é o que ocorreu em relação à primeira constatação do microácaro-marrom-do-citros, *Tegolophus brunneus* Flechtmann (Eriophyidae) no Brasil. Foi verificado em áreas do Estado de São Paulo que uma população de ácaros considerada como o ácaro-da-falsa-ferrugem-dos-citros, *Phyllocoptruta oleivora* (Ashmead) (Eriophyidae), não estava sendo controlada por produtos que usualmente apresentavam bons efeitos contra essa espécie. Uma análise mais detalhada de exemplares dessa população por um taxonomista levou à conclusão de que se tratava na verdade de uma nova espécie, que foi então descrita por Flechtmann (1999), apresentando sintomas e características morfológicas parecidas com aquelas do ácaro-da-falsa-ferrugem.

Para saber se um ácaro apresenta potencial de ser benéfico ou daninho, é importante conhecer sua identidade. Com a identificação correta e, portanto, com o seu nome disponível, pode-se buscar nos livros especializados, revistas ou na "internet", as informações disponíveis sobre o organismo. Sempre é possível, entretanto, que se trate de uma espécie nova para a ciência, sobre a qual nada se sabe. Em outros casos, a espécie pode já ter sido descrita, tendo sido a ela atribuído um nome científico, mas pouco ou nada se sabe quanto à sua biologia, ecologia, potencial de causar danos à cultura considerada ou quanto ao seu controle.

COMO O TÉCNICO DEVE PROCEDER CASO NECESSITE DO AUXÍLIO DO TAXONOMISTA?

Para a identificação categórica de uma determinada espécie, um ácaro de interesse agrícola precisa ser adequadamente preparado e montado em lâmina de microscopia. Usualmente, a identificação só é possível observando-se os adultos. Na maioria dos casos, a observação da fêmea adulta já permite a identificação, de vez que as descrições taxonômicas usualmente são feitas com base nesse estágio evolutivo desse sexo. Em outros casos, entretanto, a identificação só é possível se também se dispuser do macho adulto, particularmente para muitos ácaros da família Tetranychidae (inclusive *Oligonychus* e *Tetranychus*), à qual pertencem muitos dos ácaros-praga. Nessa família, a identificação dos gêneros é usualmente feita com base nas fêmeas adultas, mas a identificação da espécie frequentemente requer o exame de machos. Em alguns poucos casos, até a observação dos estágios imaturos do ácaro é necessária para a identificação da espécie.

Assim como para outros grupos de organismos, os membros de uma mesma espécie podem apresentar consideráveis variações morfológicas, e o nível de variação de cada grupo precisa ser do conhecimento do taxonomista para a correta identificação. Dentre os tetraniquídeos, um exemplo de variação foi apresentado por Mattos & Feres (2009) para *Eutetranychus banksi* (McGregor), mostrando grandes variações de comprimentos de setas do idiossoma, podendo-se esperar que variações semelhantes ocorram em outros tetraniquídeos. Para os fitoseídeos, uma quantificação da variação esperada para os membros de uma espécie foi apresentada por Tixier (2012). Naquele estudo, a autora demonstrou serem normais variações de até 20% nas médias de comprimentos de setas do corpo; no entanto, variações muito maiores podem ser esperadas entre os extremos da amplitude de variação. Lopes *et al.* (2018) demonstraram que dentro de uma mesma espécie de fitoseídeo, *Euseius concordis* (Chant), o maior valor do comprimento de uma seta possa ser até duas vezes superior ao menor, em função de diferenças de temperatura e alimento a que os ácaros foram submetidos durante seu desenvolvimento.

Mesmo para um taxonomista, às vezes não é fácil reconhecer no campo em que estágio evolutivo um ácaro se encontra. Por essa razão, é sempre conveniente se coletar e enviar ao taxonomista uma quantidade grande de ácaros (se possível, dezenas) de todos os tamanhos, para aumentar a chance de que dentre esses existam os diferentes estágios evolutivos necessários à identificação da espécie. Usualmente, os ácaros podem ser coletados dos órgãos vegetais com o auxílio de um pincel fino (número 0 ou 00) e transferidos para um recipiente com uma solução de álcool etílico a 70%, ou então pode-se transferir para o recipiente pedaços de folhas contendo os ácaros. O processo de coleta pode usualmente ser realizado diretamente no campo, com ou sem a ajuda de uma lupa de bolso, vistoriando-se principalmente as folhas que mostram sintomas de ataque dos ácaros fitófagos, descritos nas seções seguintes deste livro (usualmente descoloração ou deformação dos órgãos vegetais). Nessas devem ser encontrados não apenas os ácaros que causaram os danos, mas possivelmente também os ácaros predadores que desses se alimentam. No entanto, no caso dos ácaros menores, especialmente aqueles das superfamílias Eriophyoidea e Tarsonemoidea, usualmente é necessário examinar os órgãos vegetais sob estereomicroscópio para coletá-los. Técnicas específicas para determinados ácaros têm sido citadas na literatura, como por exemplo para a coleta do eriofídeo *Aceria litchii* (Keifer) (Azevedo *et al.*, 2014) ou de outros eriofídeos em gramíneas (Bianchin *et al.*, 2010).

Caso o coletor do material pretenda armazená-lo por um período maior que dois meses, é recomendável que adicione algumas gotas de glicerina à solução de álcool. No caso específico de espécies de Eriophyoidea, esses devem preferencialmente ser coletados em um meio conhecido como "licor de Keifer", cuja composição é mostrada a seguir:

Água destilada	60 mL
Álcool isopropílico	20 mL
Sorbitol	30 g
Iodo metálico	1 pitada
Iodeto de potássio	1 pitada

O volume da solução não precisa ser maior que um quarto do volume total do recipiente em que se pretende guardar os ácaros. Sempre que possível, o recipiente deve ser plástico, para dificultar sua quebra no transporte. A coleta pode ser feita de qualquer parte da planta, sendo recomendado que, no caso dos ácaros fitófagos, sejam coletadas folhas em início de infestação e folhas já bastante infestadas. As primeiras devem conter ácaros em diferentes fases de desenvolvimento, enquanto as últimas frequentemente têm um maior número de machos adultos.

Para enviar os ácaros ao taxonomista, o recipiente com os ácaros deve ser acondicionado em uma caixa de papelão reforçado, envolto em pedacinhos de "isopor" ou em pedaços de papel amarrotados, para proteção do recipiente. O material deve ser acompanhado de informações que usualmente facilitam a identificação; deve-se procurar informar, pelo menos, o local e a data da coleta, o substrato do qual os ácaros foram obtidos, o órgão vegetal atacado (se folha, indicar se na superfície superior ou inferior), a região da planta em que os ácaros foram encontrados, sintomas, cor dos ácaros, nome do coletor e endereço para resposta. É de toda conveniência, entretanto, que antes de enviar o material o taxonomista seja consultado, a fim de saber de sua disponibilidade para realizar a identificação. Como são poucos, os taxonomistas estão muitas vezes sobrecarregados de espécimes a serem identificados, podendo priorizar aquele cuja identificação se mostrar mais necessária, de acordo com o contato feito.

PREPARAÇÃO E MONTAGEM DOS ÁCAROS COLETADOS

Os ácaros coletados em plantas ou em armazéns usualmente não requerem nenhum tratamento especial antes de sua montagem em lâminas. Na eventualidade de se coletar ácaros que sejam de cor escura (usualmente marrons), esses precisam ser clarificados antes da montagem. A clarificação pode ser feita com diferentes preparações. As seguintes preparações têm sido sugeridas:

Ácido lático	
Água destilada	1 parte
Ácido lático	1 parte
Líquido de Nesbitt	
Água destilada	25 mL
Ácido clorídrico	2,5 mL
Hidrato de cloral	40 g

Normalmente, uma solução aquosa de ácido lático (50% a 95%) é bastante adequada para a clarificação de ácaros de plantas. Quando essa for utilizada, é importante que, antes da montagem, os ácaros sejam lavados em água destilada; do contrário, o meio de montagem comumente se cristaliza, dificultando a visualização do organismo. A clarificação pode ser feita à temperatura ambiente, ou aquecendo-se levemente o material (a cerca de 50°C) para apressar o processo, acompanhando a clarificação ao estereomicroscópio. À temperatura ambiente, alguns ácaros podem requerer até uma semana para clarificação; ácaros menos esclerotizados podem ser clarificados muito mais rapidamente. Cuidado deve ser tomado para não deixar os ácaros por um período excessivo no meio utilizado, o que poderia torná-los excessivamente claros e flácidos.

A montagem dos ácaros plantícolas em geral, com exceção dos Eriophyoidea, é usualmente feita em uma mistura conhecida como "meio de Hoyer", que tem a seguinte constituição:

Água destilada	40 mL
Glicerina	20 mL
Hidrato de cloral	200 g
Goma arábica	30 g

Ao se preparar este meio, coloca-se inicialmente a água em um Becker e aquece-se a 50°C a 60°C; coloca-se em seguida o Becker sobre uma placa de agitação magnética e põe-se o imã ("peixinho") em seu interior. A placa magnética é acionada, transferindo-se, então, lentamente, a goma arábica para o Becker. Terminada a dissolução da goma arábica, adiciona-se, também lentamente, o hidrato de cloral e, finalmente, a glicerina. O processo todo deve ser feito com a lentidão necessária para evitar a formação de grumos, o que comprometeria a qualidade do meio.

Caso a goma arábica utilizada esteja na forma de pó, essa deve primeiramente ser colocada em uma placa de Petri, pulverizando-a com uma solução de álcool etílico a 70%, de forma a umedecê-la levemente. Após algumas horas, a goma arábica, assim preparada, agora em forma de um bloco sólido, é quebrada em pedaços que são transferidos, aos poucos, para o Becker contendo a água, deixando-se o material em agitação lenta durante algumas horas. Após a realização da mistura, o meio é deixado para filtrar em papel de filtro ou em uma camada de algodão.

Mais recentemente, alguns autores têm sugerido o uso de meio de lactofenol-PVA, ao invés do meio de Hoyer. Os resultados obtidos com este meio têm sido variáveis. Sua constituição é a seguinte:

Álcool polivinil	10 g
Hidrato de cloral	100 g
Glicerina	10 mL
Ácido lático (85% a 92%)	35 mL
Fenol (solução aquosa a 1%)	25 mL
Água destilada	40-60 mL

No caso específico dos Eriophyoidea, melhores resultados são conseguidos quando os ácaros são montados no chamado "meio de Berlese modificado", preparado como se segue:

Sorbitol	5 g
BDTA	3 g
Glicerina	1 mL
Água destilada	1 mL

Misturar os ingredientes acima e adicionar a seguinte mistura:

Hidrato de cloral	70 g
Ácido acético glacial	3 mL
Glicerina	4 mL
Água destilada	7 mL

Para melhores resultados, pode-se adicionar a esse meio diferentes tipos de corantes, como discutido por Amrine & Manson (1996). Aqueles autores têm obtido bons resultados com a adição de um grão de iodo metálico e cerca de 30 mg de KI a um volume de 4 mL do meio.

Qualquer que seja o meio, os exemplares usualmente são montados com a face superior do corpo voltada para cima. Melhores resultados podem ser obtidos se inicialmente se colocar no centro da lâmina uma minúscula gota do meio, espalhando-a em seguida com um pincel (número 00). Logo depois, o ácaro a ser montado é retirado da solução de álcool com o pincel e colocado em uma das extremidades da lâmina, aguardando-se alguns segundos para o álcool evaporar. O ácaro é então transferido para o meio sobre a lâmina, sendo aí orientado de forma que as pernas estejam bem distendidas. Em seguida, deixa-se o meio secar por alguns minutos, até que esteja bem denso, o que se nota ao tocá-lo com a ponta de um pincel. Coloca-se, então, uma outra quantidade de meio sobre o ácaro, sendo essa não mais que o suficiente para que ocupe toda a região abaixo da lamínula, que é então posicionada sobre o ácaro. Se a quantidade utilizada for menor que o desejável, pequenas gotas podem ser adicionadas a qualquer momento às laterais da lamínula, para complementação. O meio penetrará abaixo da lamínula, ocupando os espaços existentes. Não é necessário retirar o excedente, de vez que após a evaporação esse praticamente desaparece.

Os machos da família Tetranychidae devem ser montados lateralmente. Nesse caso, coloca-se uma gota do meio de montagem sobre a lâmina, que corresponde ao montante total a ser utilizado. O ácaro é posto no interior da gota, colocando-se em seguida a lamínula sobre esta com uma pinça. Sob estereomicroscópio e utilizando-se a extremidade do cabo do pincel, movimenta-se a lamínula, rolando-se o ácaro até que este esteja na posição desejada. Para facilitar seu posicionamento lateral, movimenta-se o ácaro até se observar que os ocelos de um lado estejam sobrepostos aos do outro lado. Essa operação é mais fácil para ácaros recém coletados, enquanto os ocelos ainda são bem visíveis.

Após a montagem, as lâminas são colocadas sobre uma placa de aquecimento ou em uma estufa de esterilização e secagem, a aproximadamente 50°C, pelo período mínimo de uma semana. Após esse período, a lâmina deve ser retornada à temperatura ambiente, sendo então feita a vedação da região às margens da lamínula, para evitar a secagem exagerada do meio e a consequente entrada de ar sob a lamínula, o que dificultaria a visualização do ácaro montado. A vedação pode ser feita com vários meios diferentes, como esmalte de unhas, Glyptal®, resina aquídica (Verniz Cristal ®) etc.

Deve-se então fixar duas etiquetas a cada lâmina. Uma delas deve conter, na ordem: local de coleta, substrato ou hospedeiro do qual o ácaro foi coletado, data da coleta, nome do coletor, número de ordem da coleção. Outra etiqueta deve conter a identificação do material, incluindo o nome do gênero, espécie, autor da espécie, nome da pessoa responsável pela identificação, número de espécimes de cada estágio de desenvolvimento ou de cada sexo dos adultos. Todas essas informações das etiquetas podem ser impressas com o auxílio de um computador, utilizando-se tinta preta, ou também podem ser escritas com caneta de tinta nanquim preta (evite usar caneta esferográfica).

IDENTIFICAÇÃO

Os grandes grupos e, nos casos das famílias mais diversas, os gêneros dos ácaros pertencentes às famílias citadas nesta obra podem ser separados com auxílio das chaves apresentadas nos anexos, ao final desta publicação. Convém lembrar que na maioria das vezes, e também no caso da presente publicação, as chaves taxonômicas são mecanismos elaborados para a separação artificial de grupos taxonômicos. São elaboradas por especialistas para serem utilizadas por especialistas ou por pessoas pelo menos familiarizadas com os grupos nelas abordados.

A chave apenas leva à determinação de um presumível taxon; para a sua correta identificação, é necessário avaliar descrições do referido taxon.

capítulo 9

Ácaros Encontrados em Diferentes Espécies Vegetais de Importância Econômica ou Estética

Considerando-se o número de espécies vegetais de valor econômico atacadas e os danos causados a essas, os principais ácaros-praga do Brasil são *Brevipalpus phoenicis* (Geijskes) *sensu lato*, *Polyphagotarsonemus latus* (Banks) e *Tetranychus urticae* Koch **(Figura 9.1)**, que pertencem, respectivamente, às famílias Tenuipalpidae, Tarsonemidae e Tetranychidae.

Apresenta-se neste capítulo um relato das espécies de ácaros encontradas no Brasil sobre diferentes espécies de plantas de interesse econômico ou estético. Para facilitar a apresentação das informações, as plantas são divididas em grupos, de acordo com a finalidade para a qual são cultivadas (fruteiras, ornamentais, pastagens) ou de acordo com a forma como são cultivadas (cultivos extensivos, hortaliças, florestais). Ao final, são apresentados também os ácaros que ocorrem em armazéns.

Além das espécies que já ocorrem no Brasil, quando pertinente são também citadas as espécies que na opinião dos autores apresentam maior importância do ponto de vista quarentenário, ou seja, espécies que uma vez introduzidas no país poderiam constituir-se em pragas. Também são incluídas entre elas espécies cujas populações encontradas no exterior parecem apresentar características biológicas muito distintas das populações da mesma espécie que ocorrem no Brasil, a julgar por seus diferentes hospedeiros.

Na preparação deste livro, foi de fundamental importância a consulta a três publicações internacionais de extrema relevância, devendo elas serem consultadas para informações mais detalhadas. Uma destas se refere ao reconhecimento dos ácaros ao nível de famílias (Krantz & Walter, 2009), enquanto outras se referem a aspectos gerais, incluindo o reconhecimento de espécies dos ácaros citados (Jeppson *et al.*, 1975; Vacante, 2016). Para cada espécie citada, informações são apresentadas sobre sua distribuição internacional e, dentro do Brasil, em relação

Figura 9.1 Da esquerda para a direita, fêmeas de *Brevipalpus phoenicis sensu lato*, *Tetranychus urticae* e *Polyphagotarsonemus latus* (gentileza de R. Ochoa, E. Erbe, W. Wergin e C. Pooley, USDA-ARS-NL).

aos estados em que tem sido relatada. Essas são dadas considerando-se bases de dados e outros trabalhos de síntese (sempre que possível), devendo esses serem consultados para o resgate das respectivas fontes primárias. Os documentos de síntese mais usados na coleta dessas informações foram: Eriophyoidea (Navia *et al.*, 2021), Tarsonemidae (Lin & Zhang, 2002), Tenuipalpidae (Mesa *et al.*, 2009; Castro *et al.*, 2024) e Tetranychidae (Flechtmann & Moraes, 2024; Migeon & Dorkeld, 2024). Também de fundamental importância, para a separação das espécies de *Steneotarsonemus* (Tarsonemidae) no nível de subgênero foi a publicação de Seeman *et al.* (2016).

CULTIVOS EXTENSIVOS

Serão tratados nesta seção os ácaros encontrados em cultivos usualmente realizados em áreas extensas e que não são classificados em outras categorias adotadas nesta publicação. Logicamente, alguns desses cultivos são também feitos por pequenos agricultores, em áreas mais restritas.

ALGODOEIRO (*Gossypium* spp., MALVACEAE)

O algodoeiro é uma das principais plantas cultivadas no Brasil, sendo esse o centro de origem da espécie *Gossypium mustelinum* Miers ex G. Watt. Uma importante contribuição para o conhecimento das espécies silvestres de algodoeiros no país foi publicada por Freire (2000), apresentando uma proposta de delimitação das áreas de preservação dessas. Devido à grande extensão da cultura no Brasil e à sua suscetibilidade ao ataque de ácaros, grande é o volume de recursos dispendidos anualmente no país no controle desses no algodoeiro.

Eriophyidae

Ácaro-das-galhas [*Acalitus gossypii* (Banks)] (Figura 9.2).

Ácaro descrito da ilha de Montserrat, Caribe (Banks, 1904); também relatado em outras ilhas caribenhas, outros países da América do Sul e na Índia. As primeiras constatações desse ácaro no Brasil são antigas (Hambleton & Sauer, 1938). Relatado nos Estados da Bahia, Minas Gerais, Pernambuco, Rio Grande do Norte e Rio Grande do Sul, sendo considerado de pequena importância. No Distrito Federal foi observado por Costa Gonçalves *et al.* (2008) causando severos danos em *Gossypium barbadense* L., sem atacar plantas de *G. hirsutum* (G. Watt.) var. 'Marie Galante' e *G. mustelinum*, presentes nas proximidades. As variedades hoje cultivadas são aparentemente resistentes a esse ácaro.

Figura 9.2 Danos causados por *Acalitus gossypii* a *Gossypium barbadense* (gentileza de M.S. Oliveira).

Existe certa confusão na literatura sobre sua real identidade e sobre sua possível sinonímia com *Acalitus sphaeralceae* Keifer (Keifer, 1965a). Aparentemente, as ilustrações de *A. gossypii* na literatura correspondem à descrição de *A. sphaeralceae*, embora essa última nunca tenha sido relatada em algodoeiro. Há também certa confusão em relação aos sintomas, afirmando-se que o ácaro causa clorose, borbulhas esbranquiçadas nas folhas ou deformações cobertas com tricomas nas folhas e ramos; no Brasil, o sintoma corresponde à formação de galhas de coloração esbranquiçada a marrom-clara nas folhas e ramos.

Ácaro-do-bronzeamento-do-algodoeiro-mocó (*Heterotergum gossypii* Keifer)

Os danos causados por esse ácaro ao algodoeiro mocó, G. *hirsutum* var. 'Marie Galante', foram observados entre 1952 e 1954 no Rio Grande do Norte (Costa *et al.*, 1955). Inicialmente pensava-se que os danos tivessem sido causados por um vírus, observando-se em seguida que se tratava da ação de um ácaro, logo depois descrito no Brasil (Keifer, 1955).

O sintoma atribuído a esse ácaro é semelhante àquele causado pelo ácaro-branco, com definhamento dos ponteiros; porém, as folhas mais velhas podem também se tornar bronzeadas. O número de ácaros foi na época calculado como de até 1.000 indivíduos por centímetro quadrado de folhas jovens, causando danos consideráveis. No entanto, menciona-se na literatura que o bronzeamento da face inferior das folhas raramente ocorre em culturas novas, sendo mais frequente em plantações de dois anos ou mais. Relatou-se na época que a maior incidência do bronzeamento das folhas ocorresse entre maio e junho, concluindo-se que a maior incidência do ácaro se desse pouco antes.

Esse ácaro sempre foi considerado pouco importante no Brasil. Com a redução drástica da área dedicada ao cultivo do algodoeiro mocó no país (Moreira *et al.*, 1989; Vidal Neto & Freire, 2013), principalmente devido à ocorrência do "bicudo do algodoeiro", *Anthonomus grandis* Boheman (Coleoptera: Curculionidae), a importância desse ácaro para a cotonicultura praticamente deixou de existir.

Tarsonemidae

Ácaro-branco [*Polyphagotarsonemus latus* (Banks)] (Figura 9.3)

Descrito no Distrito de Colúmbia, Estados Unidos da América do Norte (Banks, 1904), mas de ampla distribuição mundial e relatado em muitas espécies vegetais. Por isso, em qualquer cultivo, além de atacar a planta principal é também encontrado com frequência em plantas associadas. É considerado uma das principais pragas do algodoeiro no Brasil, onde é encontrado em todos os estados em que esse é cultivado.

Todos os estágios de cor esbranquiçada. Os ovos são facilmente identificáveis pelo formato ovoide, achatados na superfície em contato com a folha e recobertos por linhas de protuberâncias no restante da superfície (Hambleton, 1938). Essa característica permite a identificação da espécie, ainda que apenas os ovos estejam disponíveis.

Ataca principalmente os tecidos jovens das plantas, fazendo com que as folhas se desenvolvam de forma anormal, reduzindo seu tamanho e deformando-as. Os danos causados por esse ácaro ao algodoeiro foram detalhadamente relatados por Hambleton (1938). A presença do ácaro é revelada inicialmente por uma

Figura 9.3 Danos causados por *Polyphagotarsonemus latus* ao algodoeiro.

aparência brilhante da face inferior da folha, acompanhada de ligeira ondulação dessa, cujas margens se dobram para cima ou para baixo. O limbo foliar se torna coriáceo e quebradiço, normalmente partindo-se nas áreas entre as nervuras; essa é a razão pela qual esse ácaro é também conhecido como "ácaro-da-rasgadura-da-folha-do-algodoeiro". Os internódios podem apresentar-se alongados.

Atinge níveis mais elevados quando as plantas não passam por estresse hídrico, o que normalmente ocorre nos primeiros meses do ano. Oliveira (1972) avaliou os danos causados pelo ácaro-branco ao algodoeiro em regiões do Estado de São Paulo, considerando ser esse responsável pela redução de 17% a 25% na produção do algodão em caroço, de 4% a 16% no número de maçãs, de 6% a 17% no peso das fibras, de 8% a 12% no número de sementes e de 4% no teor de matéria graxa. Vieira & Chiavegato (1998) estudaram a biologia do ácaro-branco em folhas de algodoeiro, determinando que a 28,5°C, a duração da fase de ovo a adulto durou 4,1 dias, a fecundidade total foi de 29,6 ovos por fêmea, e a razão intrínseca de crescimento populacional foi bastante expressiva, de 0, 323 fêmea por fêmea por dia.

Tenuipalpidae

Ácaro-plano [*Brevipalpus phoenicis* (Geijskes) *sensu lato*]

Ver detalhes em "Citros" (p. 244). Relatados em algodoeiro mocó, no Rio Grande do Norte (Costa *et al.*, 1955), em baixos níveis populacionais.

Tetranychidae

Ácaro-rajado (*Tetranychus urticae* Koch) (Figura 9.4)

Descrito da Alemanha (Koch & Herrich-Schäffer, 1835). Esse é um ácaro cosmopolita, atacando uma grande diversidade de plantas, cultivadas ou não, razão pela qual em qualquer cultivo, além de atacar a planta principal é também encontrado com frequência em plantas associadas. É considerado um dos principais ácaros-praga em todo o mundo. No Brasil, é encontrado em todos os estados em que o algodoeiro é cultivado.

As fêmeas adultas apresentam cor geral esverdeada, com um par de manchas escuras laterais. Nas regiões frias do globo, passa o inverno como fêmea adulta hibernante, apresentando cor avermelhada. Os distintos nomes comuns pelos quais esse ácaro é conhecido na língua inglesa ("two-spotted spider mite" ou "red mite") referem-se à variação de suas cores, sob diferentes condições.

Figura 9.4 Danos causados por *Tetranychus urticae* ao algodoeiro; ver detalhes de uma colônia de *T. urticae* no canto inferior esquerdo.

Tece quantidade abundante de teia, tendo preferência pela face inferior de folhas das regiões mediana e basal das plantas, também atacando as folhas mais novas quando em altos níveis populacionais. Os sintomas aparecem na página superior das folhas, inicialmente com pequenos pontos esbranquiçados/amarelados, que com o passar do tempo se tornam manchas avermelhadas. Essas manchas tomam toda a folha que, como consequência, torna-se necrosada. As folhas mais atacadas podem secar e cair prematuramente. As manchas avermelhadas no limbo foliar ocorrem apenas em algodoeiro (nos outros cultivos as manchas são amareladas); não devem ser confundidas com aquelas manchas causadas por deficiências minerais. Quando o ataque se dá nas plantas novas, logo após a germinação, pode causar a perda total da cultura. Como as populações mais elevadas são frequentemente encontradas na época de florescimento e da formação das maçãs, pode causar considerável redução na formação dessas e, consequentemente, na produtividade.

A biologia de *T. urticae* foi estudada por Carey & Bradley (1982) a diversas temperaturas. A 23,8°C, os autores determinaram que a duração da fase imatura foi em torno de 10 a 11 dias, a fecundidade total, em torno de 103 ovos por fêmea, e razão intrínseca de crescimento populacional, em torno de 0,219 fêmea por fêmea por dia.

Informações sobre danos por esse ácaro ao algodoeiro foram apresentadas por Reis (1972). Oliveira & Calcanholo (1975) estimaram em 25% a perda de peso de algodão devido ao ataque. Em estudos realizados pelo Instituto Mato-Grossense do Algodão, constatou-se uma diminuição de até 60 arrobas de algodão em caroço por hectare, em áreas infestadas pelo ácaro-rajado (J. Crosariol Netto, informação pessoal).

É considerado uma das principais pragas do algodoeiro no Brasil, com destaque para a região Centro-Oeste do país, principal região produtora. A partir das safras 2016/2017 e 2017/2018, dentre as pragas do algodoeiro, o ácaro-rajado foi a que mais cresceu em importância (J. Crosariol Netto, informação pessoal), perdendo apenas para o "bicudo do algodoeiro", *A. grandis*.

Alguns fatores têm contribuído para o aumento dos problemas causados pelo ácaro-rajado. Como também ocorre nos cultivos de soja e milho, o atual sistema de produção no centro-oeste (sucessão de culturas na mesma safra: soja-algodão; soja-milho) proporciona plantas cultivadas na área em grande parte do ano, criando a chamada "ponte-verde", que representa a disponibilidade de alimento e abrigo para o ácaro-rajado, aumentando suas infestações. Outro fator relevante tem sido o aumento do uso de fungicidas não seletivos e inseticidas de amplo espectro de ação, o que promove a mortalidade dos fungos benéficos e dos predadores, respectivamente, prejudicando o controle natural do ácaro-rajado. Além disso, o aumento do uso de inseticidas dos grupos dos piretroides e neonicotinoides para outras pragas, pode proporcionar um impacto secundário em populações do ácaro-rajado, acelerando o seu ciclo de desenvolvimento e elevando as taxas reprodutivas, ou seja, aumentando sua infestação.

Com o aumento da infestação do ácaro-rajado, tem aumentado o número de aplicações de acaricidas, muitas vezes com aumento da dose indicada. Além disso, existem poucas moléculas acaricidas disponíveis, o que proporciona o uso de uma mesma molécula muitas vezes na mesma safra. Esses fatores contribuem com a evolução da resistência em determinadas populações do ácaro-rajado a essas moléculas acaricidas, prejudicando o controle dessa praga. No Mato Grosso, o número médio de aplicações apenas para o controle do ácaro-rajado aumentou de 4 a 5 na safra 2014/2015 para 9 a 10 na safra 2022/2023 (J. Crosariol Netto, informação pessoal).

Ácaro-verde [*Mononychellus planki* (McGregor)]

Descrito de Porto Rico (McGregor, 1950), na região do Caribe. Encontrado apenas no continente americano e ilhas caribenhas, afetando várias espécies vegetais. No Brasil, foi relatado em algodoeiro no Distrito Federal e nos Estados de Minas Gerais, Paraná e São Paulo. As fases móveis desse ácaro apresentam o corpo de cor verde intensa e as pernas amareladas. Em torno da base das setas dorsais exibem áreas de cor verde mais escura. Os ovos também são verdes e colocados ao longo das nervuras.

Ataca preferencialmente as folhas mais novas da planta, localizando-se principalmente ao longo das nervuras, em ambas as faces das folhas. Em um estudo conduzido em várias cultivares de soja a 25°C, a duração da fase imatura de *M. planki* foi de 10 a 12 dias, e a fecundidade total foi de 12 a 39 ovos por fêmea (Siqueira, 2011). Cruz *et al.* (2019) estudaram o ciclo biológico desse ácaro em *Calopogonium mucunoides* Desv. (Fabaceae), planta de ocorrência espontânea muito comum no Brasil. Observaram que, assim como outros ácaros do mesmo gênero, e apesar de pertencer à subfamília Tetranychinae, da família Tetranychidae, produz pouca ou nenhuma teia, desenvolvendo-se e reproduzindo-se bem em ambas as faces das folhas. A duração da fase imatura foi por eles determinada como sendo de 12 dias, a fecundidade total de apenas 18 a 19 ovos por fêmea e a razão intrínseca de crescimento populacional, 0,113 a 0,150 fêmea por fêmea por dia.

Não é uma espécie considerada de importância econômica no algodoeiro, não sendo usualmente, por essa razão, controlado pelos agricultores. Nos cultivos de soja tem maior ocorrência e importância, e por isso em sistemas de produção com sucessão de culturas na mesma safra de soja-algodão, pode aumentar sua ocorrência no algodoeiro. Chiavegato (1971) considerou esse ácaro uma praga potencial do algodoeiro.

Ácaros-vermelhos [*Tetranychus bastosi* Tuttle, Baker & Sales, *T. ludeni* Zacher, *T. neocaledonicus* André, *T. desertorum* Banks e *T. mexicanus* (McGregor)]

Ácaros polífagos, descritos respectivamente do Brasil, Alemanha-França, Nova Caledônia e, os dois últimos, dos Estados Unidos da América do Norte, dos Estados do Novo México e Texas, respectivamente. Todos de ampla distribuição mundial, exceto *T. bastosi*, até o momento relatado apenas no Brasil.

Por pertencerem ao mesmo gênero do ácaro-rajado, apresentam muitas características citadas para aquela espécie, dentre as quais a preferência por habitar a face inferior das folhas já formadas das plantas, onde tecem abundante quantidade de teia e causam a descoloração do tecido atacado. Por isso, muitas vezes, no campo o produtor confunde com o ácaro-rajado. No entanto, *T. ludeni* tem preferência pelas folhas do ponteiro e da região mediana da planta, predominando no início da cultura. *Tetranychus bastosi* foi até o momento encontrado sobre essa cultura apenas no Nordeste do Brasil, produzindo uma quantidade maior de teia que as outras espécies, o que permite no campo uma primeira indicação de sua presença.

A biologia de *T. ludeni* foi estudada por Silva (2002) a várias temperaturas. O autor verificou que a 25°C, a duração da fase imatura foi em torno de 13 dias, a fecundidade total em torno de 51 ovos por fêmea e a razão intrínseca de crescimento populacional, em torno de 0,222 fêmea por fêmea por dia.

Ver detalhes sobre *T. neocaledonicus* em "Feijoeiro-macassar" (p. 199).

De maneira geral, não são considerados problemas tão sérios como o ácaro-rajado. *Tetranychus ludeni* foi considerada por Chiavegato (1971) como praga ocasional do algodoeiro.

AMENDOIM (*Arachis hypogea* L., FABACEAE)

Tetranychidae

Ácaro-verde [*Mononychellus planki* (McGregor)]

Ver detalhes em "Algodoeiro" (p. 163). Relatado em amendoim apenas no Estado de São Paulo. Nessa cultura, prefere os folíolos mais novos, ocupando ambas as faces. Pode ocasionalmente causar danos severos ao amendoim. De acordo com Santos *et al.* (2017), perdas de produção do amendoim no Brasil devido a esse ácaro causam preocupação.

Ácaro-vermelho (*Tetranychus ogmophallos* Ferreira & Flechtmann) (Figuras 9.5 e 9.80)

Descrita do Brasil por Ferreira & Flechtmann (1997); em amendoim comestível, relatado apenas no Estado de São Paulo (Flechtmann, 2004), mas em outras espécies de *Arachis*, relatado no Distrito Federal e nos Estados do Acre, Minas Gerais e Paraná, além de São Paulo. Frequentemente atinge altos níveis populacionais, causando perdas econômicas (Santos *et al.*, 2017).

Os adultos apresentam coloração vermelho-carmim. Um dos sinais característicos da sua presença é a elevada quantidade de teia produzida, que podem chegar a cobrir toda a planta de amendoim. Infesta principalmente os folíolos, porém é comum observar ácaros sobre as hastes jovens, principalmente quando a população está elevada (Andrade *et al.*, 2016). Os folíolos inicialmente atacados apresentam pontuações esbranquiçadas, que evoluem para manchas maiores, que acabam secando e promovendo a queda desses. Reduções no volume da parte aérea das plantas também aumentam as perdas na colheita, pois muitas vagens não são arrancadas do solo pelas colhedoras (Andrade *et al.*, 2016).

Altas infestações podem causar reduções de até 100% da produção de amendoim, principalmente em períodos de seca prolongada (Andrade *et al.*, 2016). Em um estudo para determinar o efeito de *T. ogmophallos* em diferentes estágios fenológicos do amendoim em telados, Melville *et al.* (2018) constataram reduções significativas de produção independentemente do estágio em que as plantas foram infestadas. Plantas infestadas ainda jovens não conseguiram completar o ciclo re-

Figura 9.5 Alta população de *Tetranychus ogmophallos* em folíolos de amendoim (gentileza de C.A.L. de Oliveira).

produtivo e plantas infestadas no final do ciclo tiveram a produção reduzida. Ressaltem-se, no entanto, os altos níveis de infestação utilizados naquele estudo (cerca de 3.000 ácaros por planta). Por outro lado, redução de 76% da produção de vagens foi verificada por Lourenção *et al.* (2001), em um plantio experimental no Estado de São Paulo.

Bonato *et al.* (2000) determinaram que a 26°C, o desenvolvimento de *T. ogmophallos* de ovo a adulto se deu em 14 dias e que a fecundidade foi em torno de 60 ovos por fêmea. Embora esse ácaro tenha sido determinado até o momento apenas em plantas do gênero *Arachis,* aqueles autores determinaram que seu desenvolvimento é melhor em feijão e em soja do que em amendoim. Naquelas duas espécies vegetais, o desenvolvimento de ovo a adulto exigiu apenas 12 dias, enquanto a fecundidade foi de 104 e 64 ovos, respectivamente.

Alterações de nomes de espécies de ácaros e outros organismos são comuns, ocorrendo de acordo com as alterações no conceito de cada espécie e na descoberta de novas espécies. É possível que a espécie relatada por Flechtmann (1979a) como *Tetranychus evansi* Baker & Pritchard em amendoim refira-se na verdade a *T. ogmophallos*, tendo em vista que essas espécies são morfologicamente muito parecidas, que *T. evansi* tem sido constatado quase que exclusivamente em Solanaceae no Brasil e que *T. ogmophallos* tenha sido descrito apenas em 1997.

No sudeste dos Estados Unidos da América do Norte, o ácaro-rajado tem sido citado como uma praga importante do amendoim há anos (Brandenburg & Kennedy, 1982). Pelo sistema de cultivo adotado naquela região, incluindo a prática comum do plantio dessa cultura após a colheita do milho, tem-se verificado que a principal fonte de infestação para o amendoim são as plantas de milho remanescentes nas proximidades, de onde os ácaros são levados pelo vento.

ARROZ (*Oryza sativa* L., POACEAE)

Esse é um dos principais cultivos no Brasil. Felizmente, as espécies de ácaros que têm sido encontradas em arroz nesse país não têm usualmente sido citadas como pragas.

Tarsonemidae

Tarsonemídeo-do-arroz (*Steneotarsonemus furcatus* De Leon)

Descrito da Flórida (De Leon, 1956), sendo também relatado em outros países do continente americano, no Caribe, Índia e Taiwan, em diferentes cultivos. No Brasil, encontrado no Mato Grosso do Sul (Navia *et al.*, 2006), causando manchas nas folhas e nos grãos em formação; as panículas atacadas não se desenvolvem normalmente, apresentando grãos vazios.

Ácaro branco-amarelado, cuja infestação tem se dado em associação com infecções pelos fungos *Bipolaris oryzae* (Breda de Haan) e *Pyricularia oryzae* Cav., que normalmente apresentam importância secundária no Brasil. Em um plantio da cultivar 'Primavera', observou-se redução de 30% a 50% na produção em 2005 (D. Návia, informação pessoal). Esse ácaro também tem sido citado sobre cultura de arroz em Taiwan, causando danos menos severos que *Steneotarsonemus spinki* Smiley.

Tetranychidae

Ácaro-verde (*Schizotetranychus oryzae* Rossi de Simons) (Figura 9.6)

Descrito da Argentina e do Rio Grande do Sul (Rossi de Simons, 1966), sendo também relatado em outros países sul-americanos e centro-americanos. Jeppson *et al.* (1975) citaram sua presença também no Texas. No Brasil, relatado também nos Estados do Espírito Santo, Rio de Janeiro, Santa Catarina e São Paulo.

Os ácaros são verde-amarelados, achatados dorsoventralmente, e protegidos pela teia que tecem formando pequenos "ninhos"; com o passar do tempo, as coberturas de teia coalescem, formando listras brancas ao longo das nervuras (Barcellos *et al.*, 1979). Variações no formato do

Figura 9.6 Danos causados por *Schizotetranychus oryzae* ao arroz.

edeago desse ácaro foram ilustradas por Flechtmann (1985). Vistas à distância, as plantas atacadas aparentam deficiência de nitrogênio. A face superior das folhas atacadas pode apresentar um grande número de pequenas áreas branco-amareladas, alongadas, podendo ser confundidas com viroses. Essas áreas correspondem àquelas com pequenas colônias de ácaros em diferentes estágios de desenvolvimento ("ninhos"), na face inferior das folhas.

Infestações severas têm sido observadas em plantios experimentais de diferentes variedades, em casa-de-vegetação. Aparentemente não causa danos significativos ao arroz no campo.

Importância quarentenária

Steneotarsonemus spinki Smiley (Tarsonemidae) (Figura 9.7)

Descrito da Luisiana, Estados Unidos da América do Norte, por Smiley (1967), sobre o inseto *Sogatodes orizicola* (Muir) (Delphacidae). Revisões detalhadas sobre aspectos biológicos, ecológicos e de controle dessa espécie foram apresentadas por Mendonça *et al.* (2004) e Návia *et al.* (2013a). Um resumo sobre sua dispersão no globo foi apresentado por Almaguel *et al.* (2000). Relatado causando danos significativos à cultura do arroz na China e em Taiwan, na década iniciada em 1970. Na década seguinte, foi considerado uma praga importante de arroz em toda a Ásia tropical. No final da década iniciada em 1990, foi encontrado em Cuba e, logo em seguida, na ilha vizinha (Hispaniola), em que se encontram Haiti e República Dominicana, e então em outras ilhas caribenhas e no continente americano, incluindo Colômbia e Venezuela (Sandoval *et al.*, 2009).

Ácaro esbranquiçado. As panículas atacadas tornam-se deformadas e a superfície dos grãos torna-se marrom a preta; a superfície interna da bainha foliar e a casca do grão atacado também se tornam marrons (Cho *et al.*, 1999). Reduções de produção de até 90% têm sido relatadas. Em Cuba, as maiores populações do ácaro foram encontradas na

Figura 9.7 Danos causados por *Steneotarsonemus spinki* ao arroz. Ver detalhes do ácaro no canto direito inferior.

bainha da folha bandeira, na fase próxima à colheita, e em variedades de ciclo curto (Almaguel *et al.*, 2000). Na Venezuela, o ácaro foi encontrado em levantamentos realizados entre 2005 e 2007, mas em baixos níveis populacionais e aparentemente sem afetar a produção (Sandoval *et al.*, 2009). Parece que também na Colômbia *S. spinki* não tem hoje importância tão expressiva. Essas informações nos levam a considerar a possibilidade de que esse ácaro já esteja presente em cultivos de arroz no extremo norte brasileiro, mas em populações tão baixas que sua presença não tenha sido percebida.

Em um extenso estudo em Sri Lanka, Chandrasena *et al.* (2016) relataram que *Oryza nivara* Sharma & Shastry, *Sacciolepis interrupta* (Willd.), *Echinocloa crus-galli* (L.) e *Leptochloa chinensis* (L.) possibilitaram a sobrevivência e a oviposição de *S. spinki* em condições experimentais, considerando *O. nivara* e *S. interrupta* como bons hospedeiros alternativos. Por outro lado, em um estudo conduzido na Índia (Kayal *et al.*, 2021), o ácaro não foi encontrado em uma diversidade de gramíneas comuns em cultivos de arroz, nem no solo; foi, no entanto, constatado em grãos de diferentes idades e em restolhos do cultivo. Almaguel *et al.* (2000) sumariaram as formas de controle avaliadas por diferentes autores.

AVEIA (*Avena strigosa* SCHREB.)

Penthaleidae

Ácaro-azul-da-aveia [*Penthaleus major* (Dugès)] (Figura 9.8)

Descrito presumivelmente da França (Dugès, 1834), embora na descrição original o país de origem não seja claramente especificado. Essa é uma espécie cosmopolita, em áreas temperadas. Foi previamente incluído na lista de Pragas Quarentenárias Ausentes para o Brasil (Brasil, 2008). Encontrado pela primeira vez nesse país em 2009, no Rio Grande do Sul (Pereira *et al.*, 2017), em aveia. Pouco mais tarde, foi novamente relatado no mesmo estado e na mesma cultura por Arnemann & Palma (2020).

O nome específico desse ácaro se refere ao seu tamanho relativamente grande (até 1 mm de comprimento). O corpo dos adultos é escuro, variando de marrom a azulado, sendo as pernas alaranjadas. É polífago, atacando inclusive aveia, cevada e trigo. No entanto, cuidado precisa ser tomado porque tem sido confundido na literatura com outras espécies que a essa muito se assemelham (Qin & Halliday, 1996; Umina *et al.*, 2004). Prefere plantios feitos em solos arenosos, permanecendo no solo ou nas folhas próximas a esse, tornando as folhas atacadas de coloração prateada. É considerado séria praga em vários países, exigindo o replantio das culturas atacadas.

Em alguns países, passa o verão na forma de ovo em diapausa, usualmente em grupos de 3 a 6 ovos que são postos no solo ou em partes de plantas nas proximidades do solo (Umina *et al.*, 2004). O período de incubação é cerca de um mês em condições normais, passando a cerca de quatro meses quando em diapausa. Talvez em função da dificul-

Figura 9.8 *Penthaleus major.* (A) Adultos no solo das proximidades de uma planta de aveia. (B) Adulto em detalhe.

dade da separação das espécies próximas, a fecundidade total de cada fêmea tem variado na literatura entre 10 e quase 100 ovos (Umina *et al.*, 2004). Embora existam na literatura dados conflitantes sobre a forma de reprodução de *P. major*, Umina *et al.* (2004) concluíram que na Austrália a reprodução seja sempre por partenogênese telítoca. Dada a preferência dessa espécie por condições de clima ameno, é possível que importância possa se restringir à parte sul do país.

Seu controle tem sido feito principalmente com o uso de químicos, embora um esforço tenha sido feito para se encontrar outros métodos mais sustentáveis de controle, incluindo a resistência de plantas, rotação de culturas e conservação dos inimigos naturais.

CACAUEIRO (*Theobroma cacao* L., MALVACEAE)

Eriophyidae

Ácaro-das-gemas-do-cacaueiro [*Aceria reyesi* (Nuzzaci)] (Figura 9.9)

Descrito originalmente da Venezuela (Nuzzaci, 1973). Constatado pela primeira vez no Brasil por Abreu & Soria (1979). Pouco mais tarde, Soria & Silva (1983) comentaram que a distribuição desse ácaro parecia estar restrita ao Estado da Bahia, atribuindo a esse o nome de "ácaro-das-gemas-do-cacaueiro". Sua constatação em Rondônia por Trevisan *et al.* (2008) aumentou o interesse pelo tema. Também foi relatado nos Estados do Amazonas, Ceará e Espírito Santo, sempre em cacaueiro (Navia *et al.*, 2021). Recentemente, foi também relatado na Costa Rica e no Equador, tendo então sido morfologicamente caracterizado em maior detalhe; por ser morfologicamente semelhante a *Gymnaceria cupuaçu* Oliveira, Rodrigues & Flechtmann, que também é encontrado em cupuaçuzeiro, as características dessas espécies foram detalhadamente comparadas (Carvalho *et al.*, 2018). Considerado séria praga do cacaueiro na Venezuela, foi considerado uma praga emergente no Brasil (Trevisan *et al.*, 2010; Oliveira & Navia, 2013). De acordo com Carvalho *et al.* (2018), essa é a única espécie de Eriophyoidea que causa danos severos a espécies de *Theobroma*, que inclui o cacau e o cupuaçu.

Como sumariado e avaliado por Santos (2012), estudos conduzidos por diferentes autores têm indicado que esse ácaro causa um processo inicialmente relatado na Venezuela como "engurruñadera" (Reyes & Reyes, 1972; Doreste *et al.*, 1975). No Brasil, esse processo passou a ser conhecido como "enrugadeira do cacau" (Soria *et al.*, 1991; Santos, 2012), sendo os sintomas ilustrados por Soria *et al.* (1991) e Nakaiama (2019). Basicamente, observa-se nos ramos um aparente acúmulo de estípulas e primórdios foliares, seguido pela morte prematura de folhas, encurtamento de internódios e aumento da produção de ramos laterais (vassoura-de-

-bruxa). Observa-se como consequência a exaustão das reservas das plantas atacadas, afetando a produção e conduzindo plantas à morte em um período de dois a cinco anos (Santos *et al.*, 2023). De acordo com A.R. Oliveira (informação pessoal, maio 2023), esse processo poderia ser mais apropriadamente referido como definhamento do cacaueiro.

Santos *et al.* (2023) concluíram que poda e aplicações de abamectina foram eficientes na reversão dos sintomas. Outras técnicas para o manejo do ácaro foram sugeridas por Nakaiama (2019), incluindo práticas de correção de solo e adubação, poda, sombreamento e aplicação de produtos químicos.

Figura 9.9 Cacaueiro em definhamento pelo ataque de *Aceria reyesi* (enrugadeira-do-cacaueiro). Ver detalhe de um ramo atacado no canto inferior esquerdo (gentileza de A.R. Oliveira e M.A. Santos).

A bioecologia e o controle dessa espécie foram estudados por Nakaiama (2019). Segundo esse autor, até o fim dos anos 1990, os surtos desse ácaro na Bahia ocorriam apenas em áreas com precipitação anual inferior a 1.400 mm; mas a partir de 2000, os surtos têm sido mais frequentes e intensos, ocorrendo inclusive em áreas com precipitação anual maior que 1.600 mm.

Diptilomiopidae

Microácaro-ambulante-do-cacau (*Davisella trevisani* Rodrigues, Navia & Oliveira)

Ácaro conhecido apenas de sua descrição original, baseada em exemplares coletados no Estado da Rondônia, em cacau (Rodrigues *et al.*,

2017). Ambulante da face inferior das folhas jovens do cacaueiro, não produzindo danos aparentes.

Tenuipalpidae

Ácaro-plano [*Brevipalpus yothersi* Baker)]

Ver detalhes em "Citros" (p. 244). Relatado na Bahia, sem referência aos danos causados (Nascimento *et al.*, 2023).

Tetranychidae

Ácaro-vermelho [(*Tetranychus mexicanus* McGregor)]

Ver detalhes em "Algodoeiro" (p. 163). Encontrado na Bahia, mais comumente em mudas de cacau em viveiros. No campo, encontrado sempre em baixos níveis populacionais, sem causar danos significativos (A.R. Oliveira, informação pessoal).

Tuckerellidae

Ácaros-pavões [*Tuckerella ornata* (Tucker) e *T. knorri* Baker & Tuttle]

Descritos da África do Sul (Tucker, 1926) e da Tailândia (Baker & Tuttle,1975), respectivamente, são de ampla distribuição mundial, diferentemente da maioria das outras espécies de Tuckerellidae. No Brasil, ambas as espécies foram relatadas em cacaueiro no Pará, sendo a primeira aparentemente muito mais numerosa (Brito *et al.*, 2023).

Tuckerella ornata foi relatada naquele estado em ramos de cacaueiro, na região em que a maioria dos tecidos externos estavam suberificados, mas onde ainda se encontravam tecidos verdes, ou abrigados em ferimentos desses ramos (Flechtmann, 1979b). A espécie foi relatada no mesmo estado também em frutos, causando danos severos, sendo as sementes menores e mais leves nos frutos atacados; além disso, esses podem apresentar deformações ou fendas longitudinais conspícuas (Brito *et al.*, 2023). Nas folhas, ambas as espécies foram encontradas, aparentemente em densidades baixas.

São facilmente reconhecidos pelo corpo alongado, vermelho-carmim e com as setas esbranquiçadas, sendo no dorso do histerossoma em forma de folha, exceto as da margem posterior, em forma de chicote. Biologicamente, distinguem-se de outros ácaros da mesma superfamília (Tetranychoidea), por apresentarem o estágio de tritoninfa.

CAFEEIRO (*Coffea arabica* L., *C. Canephora* PIERRE EX A. FROEHNER E *C. Racemosa* LOUR., RUBIACEAE)

Esse é um dos principais cultivos brasileiros. Os ácaros do cafeeiro no Brasil foram sumariados pela primeira vez por Flechtmann (1967c), não havendo desde então grandes alterações na lista das espécies citadas. Um estudo relativamente longo sobre os ácaros em cafeeiros no Estado de São Paulo foi conduzido por Mineiro *et al.* (2006), com monitoramentos mensais durante dois anos consecutivos. Uma síntese detalhada sobre os ácaros relatados em cafeeiro no Brasil foi publicada por Reis & Zacarias (2007), com informações sobre a ecologia, a biologia e o controle das espécies daninhas. Abundantes detalhes sobre os principais ácaros fitófagos encontrados em cafeeiro no Brasil, incluindo sua morfologia vista com a ajuda de lentes de pequeno aumento ou de microscópio óptico, assim como dos danos por eles causados ao cafeeiro e detalhes sobre seu manejo, foram apresentados em um documento de publicação restrita preparado por Vieira *et al.* (2021). Outros estudos também particularmente substanciais são relatados a seguir.

No sudeste brasileiro, as pesquisas têm indicado que os predadores mais comumente encontrados em associação com as espécies fitófagas são ácaros da família Phytoseiidae, especialmente *Iphiseiodes zuluagai* Denmark & Muma, *Euseius citrifolius* Denmark & Muma e *Euseius concordis* (Chant). Reis & Zacarias (2007) sumariaram os ácaros relatados em cafeeiro no Brasil, listando cerca de 100 espécies de distintas famílias, incluindo predadores, fitófagos e de outros hábitos alimentares.

Tarsonemidae

Ácaro-branco [*Polyphagotarsonemus latus* (Banks)]

Ver detalhes em "Algodoeiro" (p. 163). Na face inferior das folhas atacadas, a nervura principal adquire aspecto de cortiça. Como em outras culturas, as folhas novas são as mais atacadas, deformando-se durante o crescimento, podendo apresentar rasgaduras. Como citado por Reis & Zacarias (2007), sintomas semelhantes são observados em plantas submetidas ao excesso de zinco.

Infestações severas em cafeeiros foram verificadas no Espírito Santo, aparentemente em consequência da aplicação de produtos cúpricos. Comumente são exigidos esforços para mitigar os danos por esse causados, embora existam ainda dúvidas sobre a importância dos danos causados à planta. Reis & Zacarias (2007) afirmaram ser desconhecida a importância prática desse ao cafeeiro, enquanto Vieira *et al.* (2021) o consideraram como de menor importância para a cultura do que *O. ilicis* e as espécies de *Brevipalpus*. Ocorre principalmente em viveiros.

Tenuipalpidae

Ácaros-planos ou ácaros-da-mancha-anular [*Brevipalpus phoenicis* (Geijskes) *sensu lato*, *B. feresi* Ochoa & Beard, *B. papayensis* Baker e *B. yothersi* Baker] (Figura 9.10)

Ver detalhes sobre esses ácaros em "Citros" (p. 244). De acordo com Ochoa *et al.* (2016), *B. papayensis* é a espécie desse grupo mais comumente encontrada em cafeeiro no Brasil. Na Bahia, Nascimento *et al.* (2023) relataram a ocorrência de *B. feresi* e *B. papayensis*, enquanto no Estado de São Paulo, Mineiro *et al.* (2023) relataram a presença de nove espécies de *Brevipalpus*, das quais as mais comuns foram *B. papayensis* e *B. yothersi*. Estudos conduzidos em Minas Gerais por Pallini Filho *et al.* (1992) e Spongoski *et al.* (2005) mostraram ser a espécie então citada como *B. phoenicis* a mais abundante dentre os ácaros fitófagos coletados. Em um estudo de longa duração conduzido por Mineiro *et al.* (2006) no Estado de São Paulo, a espécie na época também identificada como *B. phoenicis* foi a mais abundante dentre os ácaros fitófagos nas cinco cultivares consideradas. No entanto, a abundância foi muito maior na cultivar 'Apoatã' de *C. canephora* do que em cada uma das quatro cultivares de *C. arabica* consideradas naquele trabalho. Os autores relacionaram este fato à baixa ocorrência de ácaros predadores da família Stigmaeidae em 'Apoatã', embora também mencionando que a abundância de predadores fitoseídeos tenha sido nessa cultivar pelo

Figura 9.10 Sintomas da mancha-anular do cafeeiro. (A) Folhas. (B) Frutos. (gentileza de P.R. Reis).

menos tão alta quanto em outras. Essa correlação negativa entre os predadores dessas famílias poderia estar ligada à interação antagônica entre ambos como observado em citros por Sato *et al.* (2001).

Esses ácaros são encontrados em folhas, ramos e frutos das regiões mediana e basal de cafeeiros (Chagas, 1973; Reis, 2000). Reis *et al.* (2000) estudaram a distribuição de *B. phoenicis sensu lato* na planta de café, verificando que esses ácaros se concentram principalmente na região interna dos estratos mediano e basal da copa. Nas folhas, concentram-se na face inferior, próximo à nervura central; nos frutos, ocorrem principalmente nas regiões da coroa e do pedúnculo; nos ramos, concentram-se nas fendas e nos nós.

Uma espécie identificada na época como *B. phoenicis* foi considerada o vetor de um vírus que causa a anomalia conhecida como "mancha anular", que pertence ao grupo dos Rhabdovirus (Chagas, 1988). Existe, porém, a possibilidade de que a anomalia seja causada por uma toxina produzida pelo ácaro (Reis & Zacarias, 2007). Embora a anomalia seja conhecida no cafeeiro há cerca de 90 anos (Reis & Zacarias, 2007), apenas a partir de 1988 passou a apresentar importância econômica no Brasil. Os sintomas da enfermidade são manchas cloróticas de contorno bem definido, em forma de anéis (Reis, 2000). Os danos mais severos têm sido relatados na região do Alto Paranaíba, em Minas Gerais. No Estado de São Paulo, essa enfermidade não tem sido considerada importante. Os danos são observados tanto em *C. arabica* quanto em *C. canephora* (Reis, 2000), sendo considerados o principal prejuízo ao cafeeiro em certas regiões (Vieira *et al.*, 2021).

Boareto & Chiavegato (1994) estudaram o possível papel desempenhado por três plantas cítricas (tangerinas 'Cravo' e 'Ponkan', assim como tangor 'Murcote') e pelo cafeeiro, que não expressam sintomas de leprose, no processo epidemiológico dessa enfermidade. Os autores mostraram que *B. phoenicis sensu lato* parece adquirir o vírus ao alimentar-se de folhas dessas plantas, sobre as quais ácaros contendo o vírus haviam se alimentado alguns dias antes. Mostraram ainda que o ácaro não necessita alimentar-se em lesões visíveis da leprose para adquirir o vírus.

O ataque de ácaros desse grupo também predispõe os frutos à penetração de microrganismos, como o fungo *Colletotrichum gloeosporioides* (Penz.) e outros dos gêneros *Aspergillus*, *Cladosporium*, *Fusarium* e *Penicillium*, como discutido por Reis (2000) e por Reis & Chagas (2001). Esses patógenos podem levar à produção de ácido butírico, prejudicando a qualidade do café (Carvalho, 1997). Além disso, a ação adversa aos grãos, incluindo injúrias causadas por diferentes organismos, leva à diminuição da atividade de polifenoloxidase (Reis & Chagas, 2001). O nível de atividade daquela enzima está diretamente relacionado à qualidade do café (Amorim & Silva, 1968). Reis & Chagas (2001) determinaram uma diminuição na atividade da polifenoloxidase e um aumento na porcentagem de compostos fenólicos e de açúcares totais em frutos atacados por *B. phoenicis sensu lato* e com sintomas da mancha anular.

Segundo Vieira *et al.* (2021), o controle desses ácaros em cafeeiro no Brasil é feito principalmente logo após a colheita (agosto a novembro) e na granação dos frutos (fevereiro a abril), devendo a decisão pelo controle ser feita com base na amostragem de ramos, por ser esse o órgão vegetal preferido por esses ácaros.

Tetranychidae

Ácaro-rajado (*Tetranychus urticae* Koch) (Figura 9.11)

Ver detalhes em "Algodoeiro" (p. 163). No Brasil, relatado em cafeeiro conilon no Espírito Santo, em plantas consorciadas ao mamoeiro (Valmir J. Zuffo, informação pessoal). Na verdade, não se trata de uma praga do cafeeiro, mas de um deslocamento de ácaros dos mamoeiros severamente atacados, para as plantas de cafeeiro abaixo, nas fases iniciais de crescimento dessas. A prática da consorciação dessas culturas, até que o cafeeiro atinja plena produção, é prática comum naquele estado (V.J. Zuffo, informação pessoal), seguindo-se as recomendações para essa cultura desde o início do século passado (Duarte, 1915).

Diferentemente do que ocorre em outras culturas, no cafeeiro, o ácaro-rajado se concentra nas folhas mais novas da planta, aparentemente para permitir o transporte pelo vento a hospedeiros mais favoráveis. Sobre as folhas infestadas, observam-se ovos e adultos do ácaro, além de muita teia, sendo rara a presença de outros estágios. Isto indica não ser o cafeeiro um hospedeiro adequado ao ácaro. Porém, essas folhas novas podem ser destruídas pelo ácaro-rajado.

Figura 9.11 *Tetranychus urticae* em folhas jovens de cafeeiro conilon cultivado em consórcio com mamoeiros. (A) Folhas em inicio de infestação do ácaro-rajado. (B) Folhas severamente atacadas pelo ácaro-rajado (gentileza de V. Zuffo).

No entanto, a frequente ocorrência desse processo talvez possa conduzir a uma evolução, como indicado por Gould (1979) para essa mesma espécie de ácaro, selecionando populações que possam adotar o cafeeiro como um novo hospedeiro.

Ácaro-vermelho-do cafeeiro [*Oligonychus ilicis* (McGregor)] (Figura 9.12)

Espécie descrita de exemplares coletados sobre *Ilex opaca* (Soland.) no Estado da Carolina do Sul, Estados Unidos da América do Norte (McGregor, 1917), sendo depois relatada na América do Sul, Ásia e Europa, em poucos hospedeiros. No Brasil, tem sido relatado em cafeeiro nos Estados do Espírito Santo, Minas Gerais, Rio de Janeiro e São Paulo.

As fêmeas dessa espécie geralmente são marrom-escuras. Os ovos são avermelhados, brilhantes e subesféricos, levemente achatados. É encontrado preferencialmente na face superior das folhas; as regiões atacadas tornam-se bronzeadas e cobertas com pequena quantidade de teia, à qual ficam aderidas partículas carregadas pelo vento. Níveis altos de infestação podem causar desfolha e reduzir significativamente a produção. Esse ácaro já foi relatado em meados da década iniciada em 1980 como a segunda praga em importância para *C. canephora* no Espírito Santo (Reis & Zacarias, 2007). Almeida *et al.* (1983) determinaram que o número de frutos de café por nó produtivo é inversamente proporcional ao índice de desfolha, e que a redução do número de frutos com a desfolha se dá tanto pela queda dos frutos (nas plantas jovens) como pelo não pegamento da florada (plantas adultas). Os ataques mais intensos ocorrem na época seca, quando a temperatura ainda é amena.

Figura 9.12 *Oligonychus ilicis* (A) Danos causados ao cafeeiro. (A) Detalhes de ovos e adultos (Gentileza de M.R. Vieira, R.L. Nicastro & E. Mosca).

No estudo conduzido por Mineiro *et al.* (2006), *O. ilicis* foi a segunda espécie de ácaro mais abundante encontrada em cafeeiros de cinco cultivares no Estado de São Paulo. Esse foi o mesmo padrão encontrado em estudos anteriores em Minas Gerais, por Pallini Filho *et al.* (1992) e Spongoski *et al.* (2005). Em um estudo comparativo, Mineiro *et al.* (2023) relataram as populações mais altas de *O. ilicis* na cultivar 'Obatã' e no clone C1215 de *C. arabica*, assim como no clone IAC286 de *C. canephora*; o ácaro não foi encontrado em plantas de *Coffea racemosa*. Vieira *et al.* (2021) o consideraram de menor importância que os ácaros do gênero *Brevipalpus*, embora possa ser encontrado em níveis bastante elevados.

Apresenta partenogênese deuterótoca, isto é, algumas fêmeas de uma população dão, partenogeneticamente, origem a machos enquanto outras dão origem a fêmeas (Heinrich, 1972a, 1972b; Flechtmann & Flechtmann, 1982). Aplicações dos piretroides deltametrina, permetrina e cipermetrina podem levar ao aumento populacional desse ácaro, o que parece estar relacionado ao efeito deletério desses produtos sobre os inimigos naturais de *O. ilicis* ou com o aumento da oviposição do ácaro (Oliveira, 1984). Aplicações de oxicloreto de cobre também resultam em aumento da taxa de oviposição (Reis & Teodoro, 2000). Suspeita-se que aplicações de neonicotinoides também possam causar a ressurgência desse ácaro (Reis & Zacarias, 2007).

Sob condições não controladas de laboratório, Calza & Sauer (1952) determinaram que o período de desenvolvimento de ovo a adulto de *O. ilicis* foi de 11–17 dias. Reis *et al.* (1997) determinaram que esse período foi de aproximadamente 12 dias a 25 °C, com fecundidade média de apenas 22 ovos por fêmea.

Tydeidae

Brachytydeus sp.

Na elaboração do catálogo da família Tydeidae, seguindo a interpretação de André (2005), Silva *et al.* (2016b) colocam no gênero *Brachytydeus* Thor muitas das espécies anteriormente atribuídas a *Lorryia* Oudemans. No trabalho conduzido por Mineiro *et al.* (2006), quatro espécies identificadas como *Lorryia* foram encontradas. Dentre essas, uma (mencionada como *Lorryia* sp.1) foi a terceira espécie mais abundante, estando mais frequentemente presente nas domácias. Nenhum dano devido a esses ácaros tem sido observado, sendo esses possivelmente importantes como alimento alternativo a ácaros predadores.

Outros ácaros

Diversos outros ácaros foram relatados em cafeeiros por Flechtmann (1967c), Pallini Filho *et al.* (1992), Mineiro *et al.* (2006, 2009a) e Spongoski *et al.* (2005), incluindo espécies de predadores, Mesostigmata e Prostigmata, e ácaros de outros hábitos alimentares. No estudo de Mineiro *et al.* (2006) no Estado de São Paulo, maiores diversidade e abundância de ácaros na superfície das folhas foram observadas na cultivar 'Apoatã' de *C. canephora* do que nas cultivares 'Catuai Amarelo, Icatu Amarelo, Icatu Vermelho, Mundo Novo' de *C. arabica*. Naquele estudo, os autores constataram a presença de 63 espécies de 28 famílias de ácaros, sendo os predadores da família Phytoseiidae os ácaros mais diversos, com 11 espécies, das quais *Euseius citrifolius* Denmark & Muma e *Euseius concordis* (Chant) foram as mais numerosas e frequentes.

CANA-DE-AÇÚCAR (*SACCHARUM* SPP., POACEAE)

O Brasil é o maior produtor de cana-de-açúcar, sendo o Estado de São Paulo a maior região produtora no país. Felizmente, até o momento, os ácaros não têm causado danos consideráveis a esse extenso cultivo no país, exceto em raras ocasiões.

Eriophyidae

Microácaros-da-cana-de-açúcar (*Abacarus sacchari* Channabasavanna e *A. neosacchari* Duarte & Navia)

Abacarus sacchari foi descrito da Índia (Channabasavanna, 1966) e *A. neosacchari*, do Estado de Alagoas (Duarte *et al.*, 2019). Ambas as espécies têm sido relatadas em Alagoas, Pernambuco, São Paulo e Sergipe; *A. neosacchari* tem também sido relatada no Piauí e em Roraima.

As duas espécies podem ser encontradas ocupando uma mesma folha (Duarte *et al.*, 2019). São espécies ambulantes encontradas nos sulcos longitudinais das folhas de diversas variedades, causando manchas lineares amareladas ou bronzeadas. *Abacarus sacchari* é encontrado em ambas as superfícies das folhas (Channabasavanna, 1966), mas *A. neosacchari* é raramente encontrado na superfície inferior (Duarte *et al.*, 2019; Navia *et al.*, 2021). De acordo com Asbani (2018), os maiores níveis populacionais de *A. sacchari* são encontrados nas folhas medianas das plantas. O autor afirma ainda que sua reprodução se dá por partenogênese arrenótoca, e que esse se dispersa principalmente pela ação do vento, cada fêmea já carregando 1 a 3 ovos em formação. Apesar do aparecimento de sintomas nas folhas atacadas (manchas alaranjadas a amarronzadas), os danos causados por *A. sacchari* não parecem justificar a adoção de medidas para seu controle na Flórida (Asbani, 2018). Os danos causados por *A. neosacchari* também parecem não ser significativos.

Tarsonemidae

Ácaros-brilhantes-da-cana-de-açúcar (*Steneotarsonemus bancrofti* Michael e *S. brasiliensis* Flechtmann)

Steneotarsonemus bancrofti foi descrito da Austrália (Michael,1890), enquanto *S. brasilienis* foi descrito de folhas velhas de cana-de-açúcar coletadas no Estado de São Paulo (Smiley *et al.*, 1993). Ambas as espécies foram relatadas em cana-de-açúcar no Brasil por Smiley *et al.* (1993). Não são consideradas pragas dessa cultura nesse país.

Tetranychidae

Tetraniquídeos-da-cana-de-açúcar [*Monoceronychus linki* Pritchard & Baker, *Oligonychus grypus* Baker & Pritchard, *O. pratensis* (Banks) e *Schizotetranychus sacharum* Flechtmann & Baker] (Figuras 9.13 e 9.14)

Monoceronychus linki e *O. pratensis* foram descritos da Flórida (Pritchard & Baker, 1955) e Washington (Banks, 1912), respectivamente, enquanto *O. grypus* foi descrito da República Democrática do Congo (Baker & Pritchard, 1960) e *S. sacharum*, do Brasil (Flechtmann & Baker, 1975).

Monoceronychus linki tem sido relatado apenas do continente americano, de cana-de-açúcar e de uma ciperácea. No Brasil, tem sido relatado de cana-de-açúcar em Alagoas e Pernambuco. Sua morfologia é adaptada à ocupação das folhas de monocotiledôneas, por ter o corpo bastante alongado, adequado para ocupar as ranhuras das folhas paralelinérveas **(Figura 9.13)**.

Oligonychus grypus tem sido encontrado também em outros países africanos, na Austrália, Cuba e Nova Guiné, de poucos hospedeiros, principalmente monocotiledôneas. No Brasil, tem sido relatado em cana-de-açúcar nos Estados de Alagoas e São Paulo. *Oligonychus grypus* foi registrado em altos níveis populacionais em uma extensa área no Maranhão, onde as plantas estavam no estágio inicial de desenvolvimento, durante o pe-

Figura 9.13 *Monoceronychus linki* sobre folha da cana-de-açúcar (gentileza de M.E. Duarte).

ríodo seco (A. Mendonça, não publicado). Almeida *et al.* (2009) relataram a ocorrência desse ácaro pela primeira vez no Estado de São Paulo. As folhas foram severamente danificadas, chegando a secar.

Oligonychus pratensis tem ampla distribuição mundial e muitos hospedeiros; no Brasil, tem sido relatado de cana-de-açúcar nos Estados do Paraná e Pernambuco. Diferentemente da maioria das espécies do mesmo gênero, *O. pratensis* habita principalmente a face inferior das folhas.

Schizotetranychus sacharum somente tem sido encontrado no Brasil, apenas em cana-de-açúcar, no Paraná, Rio de Janeiro e São Paulo. Essa espécie também tem sido ocasionalmente observada em populações elevadas, durante a época seca, o que tem preocupado os produtores (Cherubin, 2017). Silva & Andrade (2022) apresentaram detalhes sobre a morfologia do ácaro e sobre as injúrias causadas à folha, relatando sua ocorrência em plantas de treze variedades em um viveiro comercial de mudas. As folhas severamente atacadas apresentam na face superior um par de faixas de pontuações marrons mais ou menos coalescentes ao longo da nervura central, que correspondem às regiões em que os ácaros se concentram na face inferior (Figura 9.14). Silva & Andrade (2022) destacaram a importância dos cuidados na produção das mudas, para evitar a introdução precoce do ácaro nos campos de cultivo. As outras espécies sempre têm sido encontradas em níveis reduzidos, sem causar danos significativos à cultura.

Figura 9.14 Danos causados por *Schizotetranychus sacharum* à cana-de-açúcar.

COQUEIRO (*Cocos nucifera* L., ARECACEAE)

Diversos estudos têm sido conduzidos no Brasil sobre os ácaros associados ao coqueiro, dada a importância dessa cultura para esse e muitos outros países tropicais, especialmente para o consumo do albúmen líquido (água de coco) e do albúmen sólido, nas mais diferentes formas. Além disso, a disponibilidade de recursos, para a busca de agentes de controle biológico dos ácaros-praga, tem contribuído para a condução desses estudos. Grande parte dos recursos veio do exterior, com o objetivo de encontrar agentes de controle biológico que pudessem ser utilizados por diferentes países africanos e asiáticos, além do Brasil, como subsequentemente indicado. Destaca-se aqui o ácaro-do-coqueiro, por ser esse considerado de origem americana, hoje encontrado em outros continentes.

Eriophyidae

Ácaro-do-coqueiro (*Aceria guerreronis* Keifer) (Figura 9.15)

Espécie descrita de ácaros coletados no México (Keifer, 1965a), sendo também conhecida de vários países da América Central, América do Sul, ilhas do Caribe, África e Ásia. Já conhecida no continente americano, assim como em ilhas do Caribe e na África, desde a década iniciada em 1960. Três décadas mais tarde foi relatada na Ásia. Zuluaga & Sánchez (1971) indicaram que algumas publicações sugeriam que esse ácaro já estivesse presente na Colômbia desde meados do século XX. No Brasil, foi citado pela primeira vez nos Estados de Pernambuco e Rio de Janeiro (Robbs & Peracchi, 1965) e depois em Alagoas, Bahia, Ceará, Maranhão, Minas Gerais, Pará, Paraíba, Pernambuco, Piauí, Rio de Janeiro, Rio Grande do Norte, Roraima, São Paulo e Sergipe.

Figura 9.15 Danos causados ao coco por (A) *Aceria guerreronis*. (B) *Steneotarsonemus furcatus*. (C) *Amrineus cocofolius* [gentileza de F.R. da Silva (A e B) e D. Návia (C)]

Aquino & Arruda (1967) relataram danos desse ácaro à gema apical de plântulas de coqueiros em Pernambuco. Ferreira *et al.* (1998) citaram que as folhas emitidas após o início do ataque da praga tornam-se mais curtas e pregueadas; a emissão de folhas novas é mais lenta, essas se apresentam curtas e necrosadas na base do pecíolo; à medida que a infestação avança, a necrose pode levar à morte das plântulas.

Aceria guerreronis tem sido objeto de muitos estudos, referindo-se principalmente à sua ocorrência em frutos, abaixo das brácteas (por exemplo, Návia *et al.*, 2005b; Prezotti *et al.*, 2007; Lawson-Balagbo *et al.*, 2008; Oliveira *et al.*, 2012b; Silva *et al.*, 2016c). Desde o início desse século, Gondim Jr. & Oliveira (2001b) o consideraram como uma das mais importantes pragas do coqueiro em Pernambuco, porém não pelos danos causados à gema apical, mas sim aos frutos. Os sintomas iniciais de ataque correspondem a manchas brancas de formato triangular na região basal de frutos jovens, incluindo a região abaixo das brácteas. À medida que o ataque se intensifica, as manchas tornam-se progressivamente mais largas e, subsequentemente, necrosadas e suberificadas (de cor marrom), com o aparecimento de ranhuras longitudinais (Alencar *et al.*, 1999; Mariau, 1986; Návia *et al.*, 2005b). Esses danos podem conduzir à queda prematura dos frutos, assim como à deformação e redução de seu tamanho.

Devido à localização do ácaro na planta, seu controle tem se mostrado extremamente difícil. Em algumas regiões, as maiores populações ocorrem na época seca, enquanto em outras, o nível de ocorrência é aproximadamente o mesmo na época seca e na época úmida. É possível que essa diferença se deva, pelo menos em parte, à ação de inimigos naturais do ácaro, mas isso ainda não está devidamente esclarecido. Várias tentativas de controlá-lo com o uso de diferentes métodos foram relatados por Ferreira *et al.* (1998). Ênfase especial tem sido dada à tentativa de buscar seu controle com o uso de agentes de controle biológico (Moraes & Zacarias, 2002). Muito trabalhos foram conduzidos no Brasil para o conhecimento dos agentes de controle de *A. guerreronis*, tendo uma resenha desses sido publicada por Navia *et al.* (2013b). A maior parte desses estudos foi conduzida na região Nordeste e, em menor intensidade, na região Norte. Um estudo detalhado foi também conduzido no Estado de São Paulo (Oliveira *et al.*, 2012b). De forma geral, os estudos mostraram que os predadores mais comumente encontrados em associação com *A. guerreronis* eram *Neoseiulus baraki* (Athias-Henriot) e *Neoseiulus paspalivorus* (De Leon) (Phytoseiidae).

Tem-se verificado, no entanto, que os predadores têm que ser de tamanho diminuto, permitindo sua penetração entre as brácteas e a superfície do fruto, onde se encontram as colônias de *A. guerreronis*. É na fase inicial de crescimento dos frutos que os danos são causados; frutos com cinco meses ou mais são pouco afetados. Ao que parece, isso se deve primeiramente ao fato de que a distância entre as brácteas e a superfície dos frutos com mais de cinco meses já aumentou o suficiente para permitir a entrada de predadores (Silva *et al.*, 2016c) e, em segundo lugar, porque provavelmente, os frutos já são mais resistentes, dado o aumento do teor de lignina, demonstrado em frutos de coco por Galvão *et al.* (2011). Tsuduki *et al.* (2006) sugeriram que mesmo pequenas alterações no conteúdo de lignina possam ter grande efeito na resistência de plantas ao ataque de insetos.

Além do coqueiro, também foi constatado no Brasil por Flechtmann (1989) em *Syagrus weddelliana* (H.Wendl.) Becc.. Em outros países, foi constatado por Ansaloni & Perring (2002) em *Syagrus romanzoffiana* (Cham.) Glassm. e por Ramaraju & Rabindra (2002) em *Borassus flabellifer* L. Uma discussão sobre esses hospedeiros foi apresentada por Navia *et al.* (2013b).

Ácaro-da-mancha-anelar-do-coqueiro (*Amrineus cocofolius* Flechtmann) (Figura 9.15)

Descrito no Estado de São Paulo, causando danos às folhas jovens de coqueiro (Flechtmann, 1994). Encontrado também em Alagoas, Amapá, Bahia, Ceará, Espirito Santo, Mato Grosso, Minas Gerais, Pernambuco, Rio de Janeiro, Rondônia e Sergipe. Relatado ainda na Colômbia e no México (Navia *et al.*, 2005b).

Tem sido comumente relatado nas proximidades das margens distais das brácteas, em contato com a superfície de frutos jovens e maduros de coqueiro, causando a formação de uma banda necrótica transversal no fruto. A margem proximal dessa banda não toca as brácteas, sendo a necrose superficial, não formando rachaduras. A banda circunda todo ou apenas parte do fruto (Návia *et al.*, 2005b). Embora aparentemente não chegue a afetar de maneira significativa a produtividade da cultura, causa danos estéticos aos frutos verdes comercializados para o consumo da água. Além do coqueiro, relatado também de algumas outras Arecaceae (Navia *et al.*, 2021).

Phytoptidae

Microácaro-branco (*Retracrus johnstoni* Keifer)

Espécie descrita do México (Keifer, 1965b). De acordo com Navia *et al.* (2021), essa é a espécie de Eriophyoidea relatada no maior número de hospedeiros no Brasil (16 espécies vegetais de 11 gêneros). Conhecida desse país em coqueiros em Alagoas, Bahia, Ceará, Paraíba, Pernambuco, Rio Grande do Norte, São Paulo e Sergipe. Considerando ainda todos seus outros hospedeiros, foi também relatado no Amazonas e Rio de Janeiro; aparentemente, as condições da parte central do Brasil, além dos estados mais ao sul (Rio Grande do Sul e Santa Catarina) parecem desfavorecer sua ocorrência.

Encontrado apenas na face inferior de folíolos, causando um amarelecimento da região atacada quando o folíolo é observado de baixo para cima, ou um escurecimento da região atacada quando o folíolo é observado de cima para baixo. Devido à excrescência cerosa e opaca que esses ácaros produzem no dorso, podem ser notados sobre o folíolo como pequenos pontos brancos, cujo número aumenta com o tempo em função do crescente número de exúvias ou de ácaros mortos, além dos ácaros vivos. Aparentemente, os danos causados por essa espécie não chegam a prejudicar a produtividade do coqueiro. Ver outros detalhes em "Palmeiras ornamentais" (Página 333).

Outros eriofídeos (*Notostrix attenuata* Keifer e *N. nasutiformes* Gondim, Flechtmann & Moraes)

A primeira espécie descrita das Filipinas (Keifer, 1963) e relatada de coqueiro em Sergipe; a segunda, descrita do Brasil (Gondim Jr. *et al.*, 2000) e relatada no Amazonas, Ceará e Pernambuco. Os *Notostrix* são ácaros alongados. Como aparentemente comum para as espécies desse gênero, são ambulantes, não relatadas como responsáveis por danos significativos; encontradas principalmente na face inferior das folhas.

Tarsonemidae

Ácaros-da-mancha-longitudinal-do-coqueiro (*Steneotarsonemus concavuscutum* Lofego & Gondim Jr. e *S. furcatus* De Leon) (Figura 9.15)

Steneotarsonemus concavuscutum foi descrito no Estado de Alagoas (Lofego & Gondim Jr., 2006), sendo até o momento conhecido somente do Brasil, tendo como hospedeiro apenas o coqueiro. Essa espécie foi também relatada em coqueiro na Bahia, Paraíba, Pernambuco e Sergipe (Lofego & Gondim Jr., 2006; França-Beltrão *et al.*, 2023a).

Ver detalhes sobre *S. furcatus* em "Arroz". Relatada em coqueiro em um maior número de estados nordestinos, ou seja, naqueles citados para *S. concavuscutum* e também no Ceará, Maranhão e Rio Grande do Norte (Gondim Jr. & Oliveira, 2001b; Návia *et al.*, 2005b; França-Beltrão *et al.*, 2023a), assim como em Minas Gerais (Prezotti *et al.*, 2007). Como discutido por França-Beltrão *et al.* (2023a), é possível que a distribuição mais ampla de *S. furcatus* se deva à sua aceitação por um número maior de plantas hospedeiras. Essa espécie também foi relatada em diferentes regiões da América do Norte, América Central, Havaí e Ásia (Lin & Zhang, 2002).

Os sintomas das duas espécies assemelham-se àqueles do ácaro do coqueiro, no que se refere ao aparecimento de áreas necróticas com rachaduras. Porém, nesse caso, essas áreas não são triangulares, mas sim em faixas longitudinais (França-Beltrão *et al.*, 2023a). Não é rara a ocorrência concomitante do ácaro-do-coqueiro e do ácaro-da-mancha--longitudinal-do-coqueiro (França-Beltrão *et al.*, 2023a). Nesses casos, os sintomas observados podem representar uma mescla dos sintomas típicos de cada um daqueles ácaros.

O pico populacional de *S. concavuscutum* tem sido relatado em frutos com cerca de seis meses de idade (França-Beltrão *et al.*, 2023a). O estudo sobre a dinâmica populacional desse ácaro, conduzido no Estado de Pernambuco por França-Beltrão *et al.* (2023b), mostrou que apesar do ambiente isolado e protegido em que ocorre, abaixo das brácteas, seus menores e maiores níveis populacionais (60 e 400 ácaros/ fruto) ocorreram respectivamente nos meses de maior e menor precipitação, respectivamente.

Os resultados relatados de França-Beltrão *et al.* (2023a, b) também sugeriram que o fitoseídeo *Neoseiulus baraki* (Athias-Henriot) possa afetar o controle de *S. concavuscutum*, sendo esse de longe o predador mais abundante nas análises por eles conduzidas. Outros predadores encontrados pertenciam ainda predominantemente à família Phytoseiidae, mas também a cinco outras famílias (essas últimas, no total, correspondendo a 13% dos predadores encontrados).

Tenuipalpidae

Ácaros-planos [*Brevipalpus phoenicis* (Geijskes) *sensu lato*, *B. yothersi* Baker, *Tenuipalpus coyacus* De Leon e *T. tuttlei* Ochoa]

Ver detalhes sobre *B. phoenicis sensu lato* e *B. yothersi* em "Citros" (p. 244). Ácaros identificados na época como *B. phoenicis* foram encontrados em folhas de coqueiro, sem causar danos aparentes (Gondim Jr. & Oliveira, 2001b). *Brevipalpus yothersi* foi relatado na Bahia, sem que os autores se referissem aos danos causados (Nascimento *et al.*, 2023).

Tenuipalpus coyacus e *T. tuttlei* (o último, citado como *Tenuipalpus chamaedoreae*) foram descritos com base em ácaros coletados no México (De Leon, 1957 e Ochoa, 1988, respectivamente), tendo *T. coyacus* também sido relatado para Cuba e Honduras. Ambas as espécies (*T. tuttlei* citada como *Brevipalpus chamaedoreae*) foram relatadas pela primeira vez no Brasil, em Pernambuco, por Vasconcelos *et al.* (2005), em folhas de coqueiro. Mais recentemente, *T. coyacus* foi também relatado em coqueiros e outras arecáceas no Amazonas, Ceará e São Paulo (Oliveira *et al.*, 2012b; Castro *et al.*, 2019; Barros *et al.*, 2020), assim como na Bahia (Nascimento *et al.*, 2023).

Ácaro-vermelho-das-palmeiras (*Raoiella indica* Hirst)

Essa espécie foi originalmente descrita de exemplares coletados na Índia (Hirst, 1924). Também relatada na África, continente americano, região do Caribe e Oriente Médio. No Novo Mundo, foi primeiro relatada em ilhas do Caribe, na metade da década iniciada em 2000 (Flechtmann & Etienne, 2004), dispersando-se rapidamente no continente americano, para o norte e para o sul. Tendo isso em conta, foi citada como praga quarentenária ausente no território brasileiro na Instrução Normativa 52 do Ministério da Agricultura, Pecuária e Abastecimento, de novembro de 2007 (Brasil, 2007).

A dispersão de *R. indica* no território brasileiro foi sumariada por Barroso (2019). Navia *et al.* (2011) relataram pela primeira vez a presença desse ácaro no Brasil, encontrado em Roraima em 2009. Logo em seguida, o ácaro foi encontrado pouco mais ao sul, no Amazonas (Rodrigues & Antony, 2011; Cruz *et al.*, 2015), depois nos Estados de São Paulo (Oliveira *et al.*, 2016), Paraná (Hata *et al.*, 2017), Alagoas, Bahia, Ceará, Distrito Federal, Goiás, Maranhão, Minas Gerais, Paraíba, Pernambuco, Rio Grande do Norte e Sergipe (Melo *et al.*, 2018; Nascimento *et al.*, 2023), Espirito Santo (Marsaro Jr. *et al.*, 2018), Pará (Moraes *et al.*, 2017; Noronha *et al.*, 2018; Cruz *et al.*, 2022), Mato Grosso (Campos *et al.*, 2019) e Santa Catarina (Nora *et al.*, 2019). Portanto, conclui-se que *R. indica* já esteja distribuído praticamente por todas as áreas do território nacional em que o coqueiro é cultivado comercialmente. É possível que venha a ser encontrado também no Rio Grande do Sul, tendo em vista sua demonstrada capacidade de adaptação a condições de temperaturas baixas; recentemente, foi detectado na cidade do México, a mais de 2.000 m acima do nível do mar, em uma região de clima temperado (Estrada-Venegas *et al.*, 2023).

Paralelamente à sua dispersão no Novo Mundo, um processo incomum foi verificado em relação à sua gama de hospedeiros. É usualmente esperado que, ao chegar a uma nova área, um organismo passe a atacar um número menor de hospedeiros do que em sua região de origem, em função da menor representação genética da população dispersante em comparação com a diversidade das distintas populações na região de origem. No entanto, no que se refere a *R. indica*, o contrário ocorreu, passando a população introduzida a colonizar aproximadamente uma centena de espécies vegetais ao invés dos poucos hospedeiros desse ácaro até então (Navia *et al.*, 2015; Gomez-Moya *et al.*, 2017). Processo semelhante havia sido relatado para um outro ácaro, ao se dispersar do Novo Mundo para a Europa (ver detalhes sobre *Tetranychus evansi* Baker & Pritchard em "Tomateiro") (p. 308).

Uma revisão sobre aspectos biológicos, ecológicos e de controle dessa espécie foi apresentada por Návia *et al.* (2013a). Como diz o nome comum desse ácaro, em todos os estágios de desenvolvimento, é de cor vermelha, e esses ocupam quase que exclusivamente a face inferior dos folíolos. Sendo as colônias densas, a movimentação de um dedo no sentido longitudinal do folíolo, pressionando levemente os ácaros contra a superfície, irá tingi-lo caracteristicamente de vermelho. Estudos conduzidos por Beard *et al.* (2012) sugerem que esse ácaro se alimente do conteúdo de células dos estômatos, sendo esta uma das razões de sua preferência pela face inferior dos folíolos.

Como em outros ácaros da mesma família, a duração da fase imatura de *R. indica* é relativamente longa em coqueiro. Em um dos estudos realizados, Vásquez *et al.* (2015) determinaram que a 29°C, essa duração é ao redor de 21,5 dias. No mesmo estudo, a fecundidade não se mostrou alta (17 ovos por fêmea), resultando em uma taxa intrínseca de aumento populacional próxima de 0,166 fêmea por fêmea por dia, o que não é considerado um valor elevado. No estudo conduzido por Gómez-Moya *et al.* (2017), determinou-se que a 30°C a duração da fase imatura foi de 14,7 dias. Esses valores não são tão expressivos. Como então explicar as numerosas populações desse ácaro comumente encontradas em coqueiro e algumas outras arecáceas no campo? Uma possibilidade é que no caso específico desse ácaro, os estudos de laboratório não reflitam de forma adequada o que se espera que ocorra no campo, por exemplo devido à sua maior dificuldade de se alimentar (pelo fechamento dos estômatos no laboratório, devido ao estresse imposto às unidades experimentais). Outros fatores podem estar envolvidos, por exemplo, diferenças devidas a genótipos distintos do hospedeiro.

Ainda faltam dados para mostrar o real impacto desse ácaro na produtividade do coqueiro ou na qualidade dos frutos produzidos. Porém, dado seu elevado nível populacional e seu efeito visual nas plantas, tornando as folhas mais velhas amareladas e secas, presume-se que o dano causado por *R. indica* seja significativo; plantas jovens são mais afetadas que plantas adultas. Além disso, devido ao uso comum do coqueiro ou outros hospedeiros como ornamentais, o efeito do ácaro nesses casos é inquestionável, embora difícil de mensurar.

Muitos trabalhos têm sido conduzidos no Brasil, visando ao controle de *R. indica*. Um importante documento, sintetizando a dispersão de *R. indica*, suas características biológicas e ecológicas, seus danos e recomendações de controle, foi publicado por Teodoro *et al.* (2017).

Tetranychidae

Ácaros-vermelhos [*Tetranychus mexicanus* (McGregor) e *T. neocaledonicus* André]

Ver detalhes sobre essas espécies em "Algodoeiro" (p. 163). *Tetranychus mexicanus* foi relatado em coqueiros na Bahia, Maranhão, Minas Gerais, Paraíba, Pernambuco, São Paulo e Sergipe. Esse ácaro ocorre principalmente na face inferior dos folíolos mais velhos, aparentemente não causando reduções significativas de produtividade (Ferreira *et al.*, 1998). *Tetranychus neocaledonicus* foi relatado em coqueiros na Bahia, também aparentemente sem causar danos significativos.

CUPUAÇUZEIRO [*Theobroma grandiflorum* (WILLD. EX SPRENG.) K. SCHUM., MALVACEAE]

Eriophyidae

Microácaros-do-cupuaçuzeiro (*Eriomacrotergum flechtmanni* Rodrigues, Navia & Oliveira e *Gymnaceria cupuassu* Oliveira, Rodrigues & Flechtmann)

Eriomacrotergum flechtmanni é conhecido apenas da descrição original, feita com base em ácaros coletados no Amazonas; é um ácaro ambulante em folhas jovens (Rodrigues *et al.*, 2016). *Gymnaceria cupuassu* foi descrito da Bahia, principalmente de frutos jovens, sendo também encontrado em gemas, folhas jovens, flores e ramos com tricomas abundantes (Oliveira *et al.*, 2012a). Por ser *G. cupuassu* morfologicamente semelhante a *Aceria reyesi* (Nuzzaci), encontrada no cacaueiro, as características desses ácaros foram detalhadamente comparadas por Carvalho *et al.* (2018). Nem *E. flechtmanni* nem *G. cupuassu* produz danos visíveis ao cupuaçuzeiro.

Ácaro-plano [*Brevipalpus phoenicis* (Geijskes) *sensu stricto*]

Ver detalhes em "Citros" (p. 244). Relatado no Estado da Bahia, sem referência à sua importância à cultura (Nascimento *et al.*, 2023). Nesse caso, os autores confirmaram realmente se referir a *B. phoenicis sensu stricto*.

DENDEZEIRO (*elaeis* spp., ARECACEAE)

Estudos detalhados sobre os ácaros presentes em dendezeiros foram realizados em um campo experimental da região central da Amazônia brasileira, em diversos genótipos (Cruz *et al.*, 2019). Apesar dos ácaros fitófagos corresponderem a pouco mais de 90% de todos os ácaros coletados, e serem representados principalmente pelos Eriophyoidea, nenhuma das espécies coletadas se mostrou significativamente daninha ao dendezeiro. A maioria dos Eriophyoidea encontrados por Cruz *et al.* (2019) pertencia a grupos que não têm sido relatados como danosos a seus hospedeiros (Gondim Jr. *et al.*, 2000; Navia & Flechtmann 2005b), especialmente dos gêneros *Nasuchus* Navia & Flechtmann, *Notostrix* Keifer e *Propilus* Keifer (os dois primeiros Eriophyidae, e o terceiro, Phytoptidae).

Nenhuma espécie de Tenuipalpidae foi constatada sobre o dendezeiro naquele estudo. Sendo esse hospedeiro da família Arecaceae, e dada sua importância econômica, diversos autores (Cocco & Hoy, 2009; Carrilo *et al.*, 2012; Hoy *et al.*, 2012) têm se dedicado ao estudo de sua suscetibilidade ao tenuipalpídeo *Raoiella indica* Hirst, observando sempre não ser o dendezeiro um bom hospedeiro desse ácaro. Em um experimento com plântulas de dendezeiro, Gómez-Moya *et al.* (2017) classificaram o dendezeiro como não hospedeiro de *R. indica*, pela impossibilidade de demonstrar sua reprodução em plântulas desta espécie vegetal.

Phytoptidae

Microácaro-ambulante-dos-folíolos (*Propilus tavaresi* Navia & Flechtmann)

Espécie conhecida apenas da descrição original (Navia & Flechtmann, 2005b), feita com base em ácaros coletados do dendezeiro no Amazonas. Ácaro ambulante na superfície inferior das folhas, que não causa danos aparentes.

Microácaro-branco (*Retracrus johnstoni* Keifer)

Ver detalhes em “Coqueiro” (p. 188) e em "Palmeiras ornamentais" (Página 333). No Brasil, relatado em dendezeiro em Pernambuco, aparentemente sem causar danos significativos à cultura (Navia *et al.*, 2007). Posteriormente foi relatado no mesmo hospedeiro no Amazonas.

Tenuipalpidae

Ácaro-plano [*Brevipalpus phoenicis* (Geijskes) *sensu lato*]

Ver detalhes em “Citros” (p. 244). Relatado em dendezeiro no Estado do Pará, aparentemente sem causar danos significativos (Santana & Flechtmann, 1998).

Tetranychidae

Ácaros-vermelhos [*Tetranychus mexicanus* (McGregor) e *T. palmarum* Flechtmann & Noronha]

Ver detalhes sobre *T. mexicanus* em "Algodoeiro" (p. 163); esse ácaro foi relatado de dendezeiro no Pará. Na descrição original de *T. palmarum*, os autores relataram populações moderadas desse ácaro em dendezeiros jovens mantidos em telados e em casa-de-vegetação no mesmo estado, com a produção de grande quantidade de teia e não causando danos severos (Flechtmann & Noronha, 2011). A mesma espécie foi encontrada por Cruz *et al.* (2019), no Amazonas, em plantas adultas no campo, mas em níveis relativamente baixos.

FEIJOEIRO-COMUM OU FEIJÃO-VAGEM (*Phaseolus vulgaris* L., FABACEAE)

Uma das principais espécies vegetais consumidas no Brasil, cultivado tanto por pequenos quanto por grandes produtores. Quando suas vagens são colhidas ainda verdes para o consumo dos grãos e das próprias vagens (verdadeiramente, os frutos do feijoeiro), recebe o nome de "feijão-vagem"; nesse caso, é considerado uma hortaliça.

Tarsonemidae

Ácaro-branco [*Polyphagotarsonemus latus* (Banks)] (Figura 9.16)

Ver detalhes em "Algodoeiro" (p. 163). A biologia e estimativas de danos devidas a esse ácaro em feijoeiro na Colômbia foram relatadas por Schoonhoven *et al.* (1978). No Brasil, os danos e o controle químico desse ácaro foram estudados por Omoto (1987). Esse autor determinou que a

Figura 9.16 Danos causados por *Polyphagotarsonemus latus* ao feijoeiro-comum.

época crítica do ataque do ácaro ao feijoeiro-comum vai do estágio em que a planta apresenta três a cinco folhas até o florescimento. Observou perda de produção de quase 50% em plantas atacadas, no Estado de São Paulo.

As folhas do ponteiro ficam com as bordas enroladas para cima, de coloração verde-escura brilhante. Posteriormente, a face inferior das folhas torna-se bronzeada, e as folhas tornam-se ressecadas e quebradiças. Em altas infestações, o ácaro-branco ataca também as vagens, as quais podem tornar-se recurvadas, de menor tamanho, inicialmente prateadas e depois bronzeadas. O feijoeiro-comum é um dos hospedeiros mais prejudicados por esse ácaro no Brasil.

Tetranychidae

Ácaro-rajado (*Tetranychus urticae* Koch) (Figura 9.17)

Ver detalhes em "Algodoeiro" (p. 163). Relatado em feijoeiro-comum no Distrito Federal e nos Estados da Bahia, Goiás, Paraná, Rio Grande do Sul, Santa Catarina e São Paulo; é possível que ocorra em praticamente todos os locais em que o feijoeiro é cultivado no Brasil.

Tem preferência pela face inferior de folhas das regiões mediana e basal das plantas, também atacando as folhas mais novas quando em altos níveis populacionais. Tece quantidade abundante de teia e os sintomas aparecem na página superior das folhas, inicialmente com pequenos pontos esbranquiçados, que com o passar do tempo tornam-se manchas amareladas. Essas folhas podem necrosar e cair. Os níveis de danos causados por esse ácaro ao feijoeiro no Brasil foram estudados por Fustaino (1987), que verificou serem os maiores danos causados

Figura 9.17 Danos causados por *Tetranychus urticae* ao feijoeiro-comum.

quando a infestação se dá em plantas com 15 a 45 dias de idade. Determinou ser o nível de controle de 13 ácaros por planta. Assim como para o ácaro-branco, o feijoeiro-comum é um dos hospedeiros mais prejudicados por esse ácaro no Brasil.

Ácaro-verde [*Mononychellus planki* (McGregor)]

Ver detalhes em "Algodoeiro" (p.163). No Brasil, relatado em feijoeiro-comum no Distrito Federal e nos Estados da Bahia, Minas Gerais, Rio Grande do Sul e São Paulo. Usualmente não causa danos significativos a essa cultura.

Ácaros-vermelhos [*Tetranychus bastosi* Tuttle, Baker & Sales, *T. desertorum* Banks, *T. ludeni* Zacher, *T. mexicanus* (McGregor) e *T. neocaledonicus* André]

Ver detalhes sobre essas espécies em "Algodoeiro" (p. 163). As distintas espécies foram relatadas em feijoeiro-comum nos seguintes estados: *T. bastosi*, Pernambuco; *T. desertorum*, Bahia, Pernambuco, Santa Catarina e São Paulo, além do Distrito Federal; *T. ludeni*, Ceará, Goiás, Minas Gerais, Rio Grande do Sul e São Paulo, além do Distrito Federal; *T. mexicanus*, São Paulo; e *T. neocaledonicus*, Ceará, Pernambuco e Piauí. Os danos que causam ao feijoeiro são semelhantes àqueles relatados para *T. urticae*, mas a ocorrência de ácaros-vermelhos nessa cultura é menos comum.

Um estudo comparativo da biologia de *T. bastosi* a 25°C foi conduzido por Lima (2013). Em feijoeiro, a autora determinou que nessas condições a fase imatura foi completada em 10 e 11 dias, a fecundidade total foi de 36 ovos e a razão intrínseca de crescimento populacional foi de 0,183 fêmea por fêmea por dia, sendo os dois últimos parâmetros semelhantes àqueles obtidos em mamoeiro, porém maiores que os obtidos em plantas de mandioca.

Rivero & Vásquez (2009) estudaram a biologia de *T. desertorum* a 28 °C em feijoeiro. Determinaram ser a duração da fase imatura de 7,0 dias, a fecundidade total de 41 ovos por fêmea e a razão intrínseca de crescimento populacional em torno de 0,144 fêmea por fêmea por dia.

FEIJOEIRO-MACASSAR, FEIJÃO-VERDE OU CAUPI [*Vigna unguiculata* (L.) WALP, FABACEAE]

Tetranychidae

Ácaro-verde [(*Mononychellus planki* (McGregor)]

Ver detalhes em "Algodoeiro" (p. 163). Relatada em feijoeiro-macassar nos Estados do Amazonas e Paraíba. Não tem causado danos significativos a essa cultura.

Ácaros-vermelhos (*Tetranychus bastosi* Tuttle, Baker & Sales, *T. desertorum* Banks e *T. neocaledonicus* André) (Figura 9.18)

Ver detalhes sobre essas espécies em "Algodoeiro" (p. 163). *Tetranychus desertorum* foi relatado nessa cultura nos Estados da Bahia, Paraíba e Pernambuco, enquanto outras espécies foram relatadas apenas em Pernambuco. Os danos causados por esses ácaros ao feijoeiro-macassar usualmente não são severos. No entanto, as populações nesse hospedeiro podem alcançar altos níveis quando cultivado nas proximidades de outros hospedeiros mais favoráveis. A **Figura 9.18** mostra plantas de feijoeiro-macassar severamente danificadas por *T. bastosi*, pela dispersão dos ácaros a partir de mamoeiros consorciados, em que se encontravam em altas densidades. Isso se assemelha ao que foi relatado para *T. urticae*, em cafeeiros consorciados a mamoeiros, com a movimentação dos ácaros dos segundos para os primeiros.

Tetranychus neocaledonicus tem sido relatado em feijoeiro-macassar em Fernando de Noronha e Pernambuco. Um detalhado estudo comparativo sobre o desenvolvimento e a reprodução de *T. neocaledonicus* foi realizado por Briozo *et al.* (2023) em quatro hospedeiros (feijoeiro-fava, feijoeiro-macassar, quiabeiro e soja), a 25°C. No feijoeiro-macassar, a

Figura 9.18 Danos causados por *Tetranychus bastosi* ao feijoeiro-macassar.

fase imatura foi completada em 13 ou 14 dias e a fecundidade total, de 94 ovos, conduzindo à razão intrínseca de crescimento populacional de 0,187 fêmea por fêmea por dia.

MAMONEIRA (*Ricinus communis* L., EUPHORBIACEAE)

Tetranychidae

Ácaro-rajado (*Tetranychus urticae* Koch)

Ver detalhes em "Algodoeiro" (p. 163). Relatado em mamoneira nos Estados da Bahia, Paraná e São Paulo. Lourenção *et al.* (1996) observaram a ocorrência desse ácaro em campos experimentais do Instituto Agronômico de Campinas, na Bahia, estabelecidos próximos a campos de cultivo de algodoeiro. Danos severos podem ser observados em plantas que crescem espontaneamente em terrenos baldios. Moraes & Flechtmann (1980) alertaram para o fato de serem mamoneiras da vegetação ruderal frequentemente atacadas pelo ácaro-rajado na região sudeste, enquanto esse ácaro raramente ataca mamona na região Nordeste. Se por um lado essas plantas servem como fonte do ácaro-rajado para a infestação de diferentes culturas vizinhas, servem também como reservatório de ácaros predadores, frequentemente encontrados alimentando-se de espécies de *Tetranychus* Dufour nessas plantas.

Ácaros-vermelhos [*Tetranychus bastosi* Tuttle, Baker & Sales, *T. desertorum* Banks, *T. ludeni* Zacher, *T. mexicanus* (McGregor) e *T. neocaledonicus* André]

Ver detalhes sobre essas espécies em "Algodoeiro" (p. 163). As distintas espécies foram relatadas em mamoneira nos seguintes estados: *T. bastosi*, Pernambuco; *T. desertorum*, Ceará, Minas Gerais, Santa Catarina e São Paulo; *T. ludeni*, Goiás, Minas Gerais, Pernambuco e São Paulo, além do Distrito Federal; *T. mexicanus*, Amazonas; e *T. neocaledonicus*, Bahia, Ceará, Pernambuco e São Paulo, além de Fernando de Noronha.

No Estado de São Paulo, o ácaro-rajado e os ácaros-vermelhos *T. desertorum* e *T. ludeni* são mais comuns nessa espécie vegetal, enquanto nos estados da região Nordeste, as demais espécies de ácaros-vermelhos são de ocorrência mais frequente. Da mesma forma que para o ácaro-rajado, os danos causados pelos ácaros-vermelhos à mamona são geralmente pequenos. Ao se referir às observações da ocorrência de artrópodes em mamona em campos experimentais do Instituto Agronômico de Campinas, nos Estados da Bahia e São Paulo, Lourenção *et al.* (1996) não se referiram aos ácaros-vermelhos como importantes.

MANDIOCA (*Manihot esculenta* CRANTZ, EUPHORBIACEAE)

Eriophyidae

Microácaro-da-mandioca (*Procalacarus giustolinii* Navia & Damasceno)

Conhecido apenas da descrição original, com base em ácaros de Minas Gerais (Damasceno & Navia, 2009). Espécie ambulante na superfície superior de folhas basais. Em plantas com populações elevadas, as folhas apresentam-se enroladas, cloróticas ou levemente bronzeadas. Não tem sido considerado importante para a cultura.

Tetranychidae

Ácaro-rajado (*Tetranychus urticae* Koch)

Ver detalhes em "Algodoeiro" (p. 163). Relatado em mandioca nos Estados da Bahia, Ceará, Minas Gerais, Pernambuco, Roraima e São Paulo. Espécie usualmente encontrada em níveis baixos, não se constituindo uma praga dessa cultura.

Ácaro-verde-da-mandioca [*Mononychellus tanajoa* (Bondar)] (Figura 9.19)

Originalmente descrito da Bahia (Bondar, 1938), mas relatado também na África e em diversos outros países do continente americano e ilhas do Caribe, em mandioca e poucas outras espécies vegetais. No Brasil, relatado nessa cultura nos Estados do Amapá, Amazonas, Bahia, Ceará, Maranhão, Mato Grosso do Sul, Minas Gerais, Pernambuco, Roraima e São Paulo, além de Fernando de Noronha e Distrito Federal. De acordo com Lyon (1973), foi referido pela primeira vez em 1972 por Z. M. Nyiira no continente africano, mais especificamente em Uganda, em um relatório não publicado. É considerado uma praga primária da mandioca na África tropical.

No Brasil, danos severos são causados por esse ácaro nas regiões secas do Nordeste, sendo menores os danos relatados no sudeste. Folhas de todas as regiões das plantas são atacadas; entretanto, os maiores danos são observados na região apical, com o retardamento do crescimento das plantas, com a consequente redução do comprimento dos internódios. Esse efeito reflete na redução da produtividade da cultura. Em um estudo conduzido no Sertão do Araripe, em Pernambuco, Veiga (1985) estimou ser a produtividade reduzida em torno de 51% devida ao ataque do ácaro.

Yaninek *et al.* (1989) apresentaram dados sobre o desenvolvimento e a reprodução do ácaro-verde a cinco temperaturas, determinando o maior valor de razão intrínseca de crescimento populacional (r_m= 0,281) a 31°C. A essa temperatura, o período de ovo a adulto foi de

Figura 9.19 *Mononychellus tanajoa* (A). Danos causados à mandioca. (B) Encurtamento de internódios.

oito dias e a fecundidade, em torno de 58 ovos por fêmea.

Ácaros-vermelhos (*Tetranychus bastosi* Baker, Tuttle & Sales e *T. neocaledonicus* André)

Ver detalhes sobre essas espécies em "Algodoeiro" (p. 163). *Tetranychus bastosi* foi relatado nessa cultura apenas no Maranhão, enquanto *T. neocaledonicus* foi relatado na Bahia, Ceará e Espirito Santo (Flechtmann & Moraes, 2017; Flechtmann, 2020). Nada tem sido relatado sobre a importância desses ácaros à mandioca.

No estudo comparativo da biologia de *T. bastosi* a 25°C conduzido por Lima (2013), determinou-se que a fase imatura deste ácaro foi completada em 12 ou 13 dias, sua fecundidade total foi de 27 ovos e sua razão intrínseca de crescimento populacional foi cerca de 0,128 fêmea por fêmea por dia, sendo os dois últimos parâmetros menores que aqueles obtidos em feijoeiro e mamoeiro.

Tenuipalpidae

Ácaros-planos [*Brevipalpus obovatus* Donnadieu e *B. phoenicis* (Geijskes) *sensu lato*]

Ver detalhes em "Citros" (p. 244). Esses ácaros não são considerados pragas de mandioca. Entretanto, são encontrados ocasionalmente em populações elevadas durante os meses mais secos do ano no interior da Bahia (Tamai *et al.*, 1997) e de São Paulo (Montes *et al.*, 2011). O maior número de ácaros dessas espécies é encontrado na parte de crescimento mais recente dos ramos, assim como nos pecíolos e na base das nervuras. As regiões atacadas adquirem cor marrom, podendo haver queda prematura de folhas.

Importância quarentenária

Oligonychus gossypii (Zacher)

Espécie da família Tetranychidae relatada no Brasil (Flechtmann & Baker, 1975) em outros hospedeiros (ver "Seringueira" (p. 224)), mas não em mandioca. Na África, é encontrado com frequência em mandioca. Embora naquele continente os danos causados por *M. tanajoa* sejam tidos como mais importantes, considera-se que *O. gossypii* também cause danos à mandioca.

MILHO (*Zea mays* L., POACEAE)

Diptilomiopidae

Microácaro-da-face-inferior-das-folhas-do-milho (*Catarhinus tricholaenae* Keifer)

Espécie descrita do Brasil (Keifer, 1959a). Além do Brasil, conhecida apenas do Paraguai. No Brasil, relatado nesse hospedeiro nos Estados de Minas Gerais e São Paulo, assim como no Distrito Federal. Redescrito por Flechtmann & Santana (1997). Diferentemente do que se observa no capim braquiária, que também pode ser atacado por esse ácaro, vive na face inferior das folhas de milho. Essas podem apresentar estrias longitudinais amareladas, assemelhando-se a viroses (Flechtmann & Santana, 1997).

Eriophyidae

Microácaro-das-duas-faces-da-folha [*Aceria zeala* (Keifer)]

Espécie descrita da Colômbia (Keifer, 1978), e relatada também no Brasil e Estados Unidos da América do Norte. No Brasil, relatada em milho nos Estados de Minas Gerais e São Paulo. Vive em ambas as faces das folhas. As folhas atacadas também podem apresentar estrias longitudinais amareladas. Não se sabe se essas estrias são devidas apenas ao ataque do ácaro ou se a ação de vírus também possa estar envolvida (Keifer, 1978).

Microácaro-do-enrolamento-do-trigo (*Aceria tosichella* Keifer)

Espécie descrita da antiga Iugoslávia (Keifer, 1969c), mas hoje encontrada mundialmente nas principais regiões produtoras de trigo. No Brasil, foi relatado pela primeira vez por Pereira *et al.* (2009), no Rio Grande do Sul, não em milho, mas sim em trigo. Não foi relatada ainda em nenhum outro estado. Uma revisão sobre aspectos biológicos, ecológicos e de controle desta espécie foi apresentada por Návia *et al.*

(2013a). De acordo com Navia *et al.* (2021), essa é a segunda espécie de Eriophyoidea relatada no maior número de hospedeiros no Brasil (13 espécies vegetais de 11 gêneros).

Aceria tosichella injeta saliva nas folhas de milho, causando a anomalia conhecida como "listra vermelha dos grãos" (*kernel red streak*). Pode transmitir ao milho diferentes tipos de vírus que causam as enfermidades conhecidas como "High plains virus" (HPV), "Wheat streak mosaic vírus" (WSMV) e "Wheat spot mosaic virus" (WSpMV), além de outros vírus. A importância do ácaro como vetor dos agentes causais dessas enfermidades foi discutida por Frost & Ridland (1996), Jeppson *et al.* (1975), Lindquist & Amrine (1996), Oldfield & Proeseler (1996), Perring (1996) e Styer & Nault (1996). Perdas consideráveis têm sido atribuídas à ação desse ácaro em outros países.

Essa espécie é muito semelhante a *Aceria tulipae* (Keifer), com a qual é confundida na literatura. Uma comparação dos aspectos ecológicos de *A. tosichella* e *A. tulipae* foi realizada por Frost & Ridland (1996). Amrine & Stasny (1994) consideraram *A. tosichella* como sinônimo sênior de *Aceria tritici* Shevchenko.

Tetranychidae

Ácaro-rajado (*Tetranychus urticae* Koch)

Ver detalhes em "Algodoeiro" (p. 163). O primeiro relato desse ácaro em milho no Brasil foi feito por Mariconi (1963). Entretanto, o primeiro relato de danos significativos em milho nesse país foi publicado por Flechtmann & Santana (1997), referindo-se à sua presença em Minas Gerais e São Paulo, em plantas no estágio inicial de desenvolvimento e no estágio de formação de grãos. No Brasil, relatado na literatura em milho em Minas Gerais, Roraima e São Paulo, sendo porém conhecida sua ocorrência em milho em vários outros estados, incluindo a Bahia e estados do Centro-Oeste. Altas infestações foram observadas em época muito seca, em plantas irrigadas. As folhas foram muito danificadas e apresentavam grande quantidade de teia.

Nos Estados Unidos, esse ácaro tem sido considerado uma praga do milho há vários anos (Brandenburg & Kennedy, 1982). Aí, considera-se que grande parte da infestação se dê pelo caminhamento das fêmeas do ácaro a partir de hospedeiros de ocorrência espontânea nas proximidades do campo. No Brasil, a importância do ácaro-rajado tem aumentado em cultivos de milho na região Centro-Oeste do país, e no sudoeste da Bahia, principalmente em áreas que margeiam cultivos de algodão ou em que plantas de ocorrência espontânea sejam numerosas (J. Crosariol Netto, informação pessoal). Além disso, o aumento do uso de inseticidas de amplo espectro de ação para o controle da cigarrinha *Dalbulus maidis* (Delong & Wolcott) (Hemiptera: Cicadellidae) prejudica a ação dos inimigos naturais do ácaro-rajado. O aumento também do uso de inseticidas dos grupos dos piretroides e neonicotinoides pode proporcionar um impacto secundário em populações do ácaro-rajado, acelerando o seu ciclo de desenvolvimento e elevando as taxas reprodutivas, ou seja, aumentando sua infestação.

Ácaro-verde [*Oligonychus zeae* (McGregor)] (Figura 9.20)

Espécie descrita do Equador (McGregor, 1955), e depois relatada de vários países do continente americano em ilhas do Caribe, assim como no Irã, em gramíneas e em bananeira. No Brasil, relatado em milho no Amazonas (Flechtmann & Moraes, 2017) e em Pernambuco (Moraes & Flechtmann, não publicado), atingindo elevado nível populacional. Essa espécie foi redescrita por Flechtmann & Santana (1997).

Diferentemente da maioria de outras espécies do mesmo gênero, *O. zeae* prefere a face inferior das folhas de milho. Isso, no entanto, muito se assemelha ao que tem sido citado em outros países para *Oligonychus pratensis* (Banks) também em milho; essa espécie é muito parecida com *O. zeae*, tendo sido citada em vários hospedeiros das famílias Arecaceae e Poaceae.

Figura 9.20 Danos causados por *Oligonychus zeae* ao milho.

OLIVEIRA (*Olea europaea* L., OLIVACEAE)

Embora a oliveira tenha sido introduzida no Brasil há muito tempo, seu cultivo comercial é relativamente recente no país, o que pode em parte justificar seu reduzido problema com a incidência de ácaros fitófagos até o momento.

Eriophyidae

Ácaro-da-gema-da-oliveira [*Oxycenus maxwelli* (Keifer)]

Espécie descrita da Califórnia (Keifer, 1939), porém de ampla distribuição mundial, ocorrendo inclusive na Argentina e no Chile. No Brasil, foi relatado em Minas Gerais. Na publicação relatando-a no Brasil, Reis *et al.* (2011) apresentam detalhes sobre sua morfologia, biologia e comportamento. Apesar de seu nome comum, esse ácaro tem preferência pela face superior das folhas jovens, podendo também ocorrer na face inferior, ramos e flores. No Brasil o ataque do ácaro torna as folhas jovens prateadas e enroladas, sem, no entanto, afetar a produtividade. Isso leva a crer que o ácaro possa ter sido introduzido há muito tempo, passando despercebido.

PALMITO-AÇAI (*Euterpe oleracea* MART., ARECACEAE)

Phytoptidae

Microácaro-branco (*Retracrus johnstoni* Keifer)

Ver detalhes em “Coqueiro” (p. 188). Relatado nesse hospedeiro no Estado de São Paulo. Espécie ambulante, que aparentemente não causa danos significativos a esse hospedeiro.

Tenuipalpidae

Ácaros-planos (*Brevipalpus yothersi* Baker e *Tenuipalpus coyacus* De Leon]

Ver detalhes sobre *B. yothersi* em “Citros” (p. 244) e sobre *T. coyacus* em “Coqueiro” (p. 188). Ácaros relatados no Estado na Bahia, aparentemente sem causar danos relevantes a esse hospedeiro (Nascimento *et al.*, 2023).

Ácaro-vermelho-das-palmeiras (*Raoiella indica* Hirst)

Ver detalhes em “Coqueiro” (p. 38). Gómez-Moya *et al.* (2017) classificaram as palmeiras *Euterpe oleracea* Mart. e *Euterpe precatoria* Mart. como não hospedeiros de *R. indica*, pela impossibilidade de aumento populacional em um experimento conduzido com plântulas destas espécies vegetais. No entanto, Nuvoloni *et al.* (2021) observaram danos severos por *R. indica* em 20% das plantas de açaí amostradas no sul da Bahia, na época mais seca do ano. Isso levou aqueles autores a recomendarem que esse hospedeiro não seja cultivado em associação com outras espécies consideradas bons hospedeiros do ácaro, como o coqueiro e a bananeira.

PALMITO-JUÇARA (*Euterpe edulis* MART., ARECACEAE)

Diptilomioptidae

Microácaro-não-ceroso-do-palmito-juçara [*Davisella palmea* (Flechtmann)]

Ácaro descrito com base em exemplares coletados no Brasil (Flechtmann, 1998a). Relatado nesse hospedeiro no Estado de São Paulo. Espécie ambulante, não relatada como causadora de sintomas.

Eriophyidae

Microácaro-ceroso-do-palmito-juçara (*Notostrix exigua* Flechtmann)

Ácaro conhecido apenas da descrição original (Flechtmann, 1998b), feita com base em exemplares coletados no Brasil. Relatado nesse hospedeiro nos Estados do Rio de Janeiro e São Paulo (também em *Euterpe* sp. em Pernambuco). Semelhantemente a outras espécies desse gênero, ambulante, não relatado como causador de sintomas.

Microácaro-da-gema (*Glabrisceles euterpis* Navia & Flechtmann)

Ácaro conhecido apenas da descrição original (Navia & Flechtmann, 2002), feita com base em exemplares coletados no Estado de São Paulo. De acordo com a descrição original, plantas infestadas não demonstram sintomas de ataque do ácaro.

Phytoptidae

Microácaro-branco (*Retracrus johnstoni* Keifer)

Ver detalhes em "Coqueiro" (p. 188) e em "Palmeiras ornamentais" (Página 333). Relatado desse hospedeiro no Estado de São Paulo. Ambulante, não relatado como causador de sintomas.

Tenuipalpidae

Ácaro-plano (*Tenuipalpus coyacus* De Leon)

Ver detalhes em "Coqueiro" (p. 38). Relatado em palmito-açaí no Estado de São Paulo (Castro *et al.*, 2019). Aparentemente, não causa danos significativos a esse hospedeiro.

PALMITO-PUPUNHA (*Bactris gasipaes* H.B.K., ARECACEAE)

Eriophyidae

Eriofídeo-do-palmito-pupunha (*Nasuchus socratea* Reis & Navia e *Notostrix nasutiformes* Gondim Jr., Flechtmann & Moraes).

Ácaros descritos do Brasil (Reis *et al.*, 2012; Gondim Jr. *et al.*, 2000); nesse hospedeiro, o primeiro foi relatado em Roraima, e o segundo, no Estado de São Paulo. Semelhantemente a outras espécies desses gêneros, ambulantes e não relatados como causadores de sintomas.

Phytoptidae

Microácaros-brancos (*Retracrus johnstoni* Keifer e *R. pupunha* Reis & Navia)

Ver detalhes em "Coqueiro" (p. 188) e em "Palmeiras ornamentais" para *R. jonhstoni* (Página 333). Esse ácaro tem sido citado na literatura nacional como praga do palmito-pupunha (Coordenadoria de Assistência Técnica Integral, 1997). Entretanto, é possível que os autores estivessem se referindo principalmente a países da América Central, em que *R. johnstoni* tem sido relatado em palmito-pupunha, e não ao Brasil. Assim, a real importância dessa espécie ao palmito-pupunha é duvidosa. *Retracrus pupunha* somente é conhecido da descrição original (Reis *et al.*, 2012), de Roraima, indicando ser um ácaro ambulante e não relatando sintomas por esse causados.

Tenuipalpidae

Ácaro-vermelho-das-palmeiras (*Raoiella indica* Hirst)

Ver detalhes em "Coqueiro" (p. 38). Gómez-Moya *et al.* (2017) classificaram o palmito-pupunha como não hospedeiro de *R. indica*, pela impossibilidade de aumento populacional em um experimento conduzido com plântulas desta espécie vegetal.

Tetranychidae

Ácaros-vermelhos [*Tetranychus mexicanus* (McGregor) e *T. neocaledonicus* André]

Ver detalhes sobre essas espécies em "Algodoeiro" (p. 163). *Tetranychus mexicanus* tem sido relatado em palmito-pupunha nos Estados do Amazonas, Pernambuco e São Paulo, enquanto *T. neocaledonicus* tem sido relatado no Estado de São Paulo, ocasionalmente em altos níveis populacionais.

SOJA (*Glycine max* MERILL., FABACEAE)

A soja é atualmente um dos principais produtos agrícolas brasileiros. Um extenso estudo foi feito em 27 municípios do Rio Grande do Sul, para determinar as espécies de ácaros fitófagos nesta cultura em 2005 (Roggia *et al.*, 2008). Oliveira *et al.* (2011) relataram o aumento dos problemas causados pelos ácaros fitófagos à soja no Brasil. Sosa-Gómez *et al.* (2023) apresentaram a lista das espécies de ácaros encontrados em soja nesse país, com detalhes sobre a morfologia, biologia e controle desses. Além dos ácaros citados a seguir, deve-se acrescentar também o relato de *Tyrophagus putrescentiae* Schrank por Oliveira *et al.* (2007b) em plantas de soja cultivadas sob cultivo mínimo, o que talvez se deva a uma ocorrência ocasional.

Tarsonemidae

Ácaro-branco [*Polyphagotarsonemus latus* (Banks)]

Ver detalhes em "Algodoeiro" (p. 163). Problemas maiores com esse ácaro ocorrem principalmente em plantas mantidas em casa-de-vegetação, onde o nível de umidade é frequentemente mais elevado. Em condições de campo, é pouco frequente em soja no Brasil (Sosa-Gómez *et al.*, 2023) e usualmente não causa problemas consideráveis à soja. No extenso levantamento conduzido por Roggia *et al.* (2008), esse ácaro não foi encontrado nos plantios dos 27 municípios gaúchos considerados.

Tetranychidae

Guedes *et al.* (2004) relataram a crescente importância dos ácaros tetraniquídeos na cultura da soja no Rio Grande do Sul a partir de 2002, com a intensificação do plantio de variedades transgênicas.

Ácaro-rajado (*Tetranychus urticae* Koch)

Ver detalhes em "Algodoeiro" (p. 163). No Brasil, encontrado em praticamente todos os estados em que a soja é cultivada. No início deste século, esse ácaro já era considerado importante nessa cultura (Moraes *et al.*, 2006). No estudo conduzido por Roggia *et al.* (2008), junto a *Tetranychus desertorum* Banks, essa foi praticamente a segunda espécie mais frequentemente encontrada (em 12 de 27 municípios gaúchos).

Os sintomas são pequenas pontuações cinza-claras que evoluem rapidamente para manchas contínuas acinzentadas na face inferior da folha, enquanto na face superior ocorrem manchas amareladas. Apresentam ataque concentrado em pequenas manchas na folha, e folhas de uma mesma planta podem apresentar intensidades de ataques muito diferentes entre si (Sosa-Gómez *et al.*, 2023).

Pode atingir altos níveis populacionais sob condições de estresse hídrico ou devido ao uso de certos fungicidas e inseticidas do grupo dos piretroides, principalmente se esses são usados desde a fase vegetativa da cultura. Assim como citado para o algodoeiro, na região Centro-Oeste do País, e no sudoeste da Bahia, principais regiões produtoras de soja do Brasil, aumentaram muito os problemas com o ácaro-rajado nessa cultura (Crosariol Netto, informação pessoal). No Mato Grosso, maior produtor de soja do Brasil, não era comum a aplicação de produtos químicos para o controle do ácaro-rajado, e atualmente tem sido necessário esse manejo, muitas vezes com produtos de amplo espectro, para também controlar outras pragas, o que acaba prejudicando a ação dos inimigos naturais (Crosariol Netto, informação pessoal).

Ácaro-verde [(*Mononychellus planki* (McGregor)]

Ver detalhes em "Algodoeiro" (p. 163). No Brasil, relatado nos Estados de Goiás, Minas Gerais, Rio Grande do Sul, Roraima e São Paulo, além do Distrito Federal. No estudo conduzido no Rio Grande do Sul por Roggia *et al.* (2008), essa foi a espécie encontrada no maior número de municípios (21 de 27 municipalidades); foi a espécie predominante em cultivos em área de várzea, mas não em áreas mais altas, em que predominou uma espécie não identificada de *Tetranychus*, de cor vermelha.

De acordo com Sosa-Gómez *et al.* (2023), apesar de ser a espécie de ácaro mais frequentemente encontrada em soja no Brasil, é menos agressiva que as demais. Ainda de acordo com esses autores, ocorre normalmente em baixas densidades. No entanto, podem atingir altos níveis populacionais pelas mesmas razões citadas para o ácaro-rajado.

Os sintomas são pequenas pontuações cinza-claras na folha, que se concentram inicialmente na face inferior e junto das nervuras, e que evoluem e se distribuem por toda a folha, deixando-a com coloração acinzentada. Folhas de diferentes posições na planta apresentam intensidade de ataque semelhante entre si (Sosa-Gómez *et al.*, 2023).

Ácaros-vermelhos (*Tetranychus desertorum* Banks, *T. ludeni* Zacher e *T. gigas* Pritchard & Baker)

Ver detalhes sobre as duas primeiras espécies em "Algodoeiro" (p. 163). *Tetranychus gigas* foi descrito no Arizona, Estados Unidos da América do Norte (Pritchard & Baker, 1955), tendo sido também relatado no México, sempre em poucos hospedeiros. No Brasil, relatado em soja apenas no Rio Grande do Sul. Návia & Flechtmann (2004) apresentaram uma redescrição dessa espécie com base em seus exemplares-tipo e em espécimes coletados no Brasil em plantas de soja. A cor dos adultos dessa espécie é vermelho-carmim.

De acordo com Sosa-Gómez *et al.* (2023), os ácaros-vermelhos são pouco frequentes em soja no Brasil, usualmente aparecendo associado a outros ácaros. Também essas espécies ocorrem em maiores níveis devido à estiagem ou ao uso de certos fungicidas e inseticidas do grupo dos piretroides.

No trabalho de Roggia *et al.* (2008), *T. desertorum* foi praticamente a segunda espécie mais encontrada no Rio Grande do Sul (em 14 de 27 municípios, muito próximo do resultado para *T. urticae*), enquanto *T. gigas* foi pouco encontrado (cinco municípios) e *T. ludeni* não foi encontrado.

Embora não tendo sido relatada a ocorrência do ácaro-vermelho *Tetranychus neocaledonicus* André em soja no Brasil, estudos de laboratório indicaram ser essa planta favorável ao seu desenvolvimento e reprodução (Briozo *et al.*, 2023). Esses estudos mostraram que a soja foi o hospedeiro em que esse ácaro apresentou maior valor de razão intrínseca de crescimento populacional (0,229 fêmea por fêmea por dia, a 25°C), quando comparado ao feijoeiro-fava, feijoeiro-macassar e quiabeiro.

SORGO [*Sorghum bicolor* (L.), POACEAE]

Tetranychidae

Ácaro-verde [*Oligonychus zeae* (McGregor)]

Ver detalhes em "Milho" (p. 204). Encontrado sobre essa cultura em Pernambuco, por Moraes & Flechtmann (1981), atingindo elevado nível populacional. Encontrado também em Minas Gerais, em um campo irrigado, em época muito seca.

TABACO (*Nicotiana tabacum*, SOLANACEEAE)

Tetranychidae

Ácaro-vermelho (*Tetranychus marianae* McGregor).

Ver detalhes em "Tomateiro" (p. 308). Constatado em tabaco em Santa Catarina (Flechtmann, 2020), sem que fosse informada sua importância a essa cultura.

TRIGO (*Triticum aestivum* L., POACEAE)

Até o momento, os ácaros não têm sido citados como pragas ou vetores importantes ao trigo.

Eriophyidae

Microácaro-do-enrolamento-do-trigo (*Aceria tosichella* Keifer)

Ver detalhes em "Milho" (p. 204). Embora não tenha ainda causado danos significativos, tem o potencial de causar prejuízos importantes. Seus efeitos na cultura incluem o enrolamento das folhas e o definhamento das plantas, aparentemente devido à injeção de toxinas. Em outros países, é vetor dos agentes causais de importantes viroses do trigo, já referidas em "Milho" (HPV, WSMV e WSpMV). Todas foram relatadas na América do Norte; WSMV foi relatada também na Ásia, Europa, Oceania, Oriente Médio e Argentina. Por essa razão, assume-se serem grandes as chances de introdução do HPV e do WSpMV no Brasil (Pereira *et al.*, 2009). Perdas consideráveis têm sido atribuídas à ação desse ácaro em outros países.

Tetranychidae

Ácaro-rajado (*Tetranychus urticae* Koch)

Ver detalhes em "Algodoeiro" (p. 163). Relatado em trigo no Rio Grande do Sul, sem referência aos danos causados (Mendonça *et al.*, 2011).

ESSÊNCIAS FLORESTAIS

Uma primeira compilação sobre os ácaros de essências florestais no Brasil foi feita por Vila & Flechtmann (1970), com a citação de oito espécies de ácaros fitófagos (além de duas espécies citadas apenas ao nível de gêneros) em dez espécies vegetais. Além desses, relatou também diversas espécies de ácaros predadores ou fungívoros.

ALECRIM-DE-CAMPINAS (*Holocalyx balansae* MICHELI= *H. Glaziovii* taub., FABACEAE)

Tetranychidae

Tetraniquídeos do alecrim [*Eutetranychus banksi* (McGregor) e *Brevinychus isosetae* Flechtmann]

Ver detalhes sobre *E. banksi* em "Citros" (p. 244). Nenhuma dessas espécies parece causar danos significativos a esse hospedeiro.

CINAMOMO (*Melia azedarach* L., MELIACEAE)

Tetranychidae

Ácaro-espinhoso [*Aponychus schultzi* (Blanchard)]

Ver detalhe em "Mamoeiro" (p. 267).

Outros ácaros

Tetraniquídeos

Espécies não identificadas de *Oligonychus* e *Panonychus* foram relatadas por Flechtmann & Vila (1968) em cinamomo.

ERVA-MATE (*Ilex paraguariensis* SAINT HILAIRE, AQUIFOLIACEAE)

Cultura de expressiva importância no sul do Brasil (Landau *et al.*, 2020), sendo inclusive considerada a árvore símbolo do Rio Grande do Sul. Também de grande importância nos países vizinhos, ao sul. Além dos ácaros aqui citados, vários outros de distintos hábitos alimentares foram citados em erva-mate no Rio Grande do Sul (Ferla *et al.*, 2005a).

Eriophyidae

Microácaro-do-bronzeamento-da-erva-mate (*Dichopelmus notus* Keifer)

Descrito na Argentina (Keifer, 1959b), sendo também relatado no Brasil, mas aparentemente não em outros países. No Brasil tem sido relatado nos Estados do Paraná, Rio Grande do Sul e Santa Catarina, sendo específico desse hospedeiro. Seu primeiro relato no Brasil foi feito por Parseval (1939), que o mencionou como *Phyllocoptes* sp., de acordo com Flechtmann (1998a) que, por sua vez, o redescreveu detalhadamente. Considerado um problema sério da erva-mate no sul do Brasil (Alves *et al.*, 2000; Ferla *et al.*, 2005a, b; Gouvea *et al.*, 2006). De acordo com Vieira Neto *et al.* (2007), essa espécie era encontrada em baixos níveis populacionais em ervais nativos, passando a atingir níveis danosos em monocultivos de erva-mate.

Segundo Parseval (1939), causa pontuações púrpuras em ambos os lados das folhas e nos ramos novos, que eventualmente coalescem formando linhas ou áreas necrosadas; esse processo pode evoluir, tornando a folha totalmente púrpura, depois negra, caindo prematuramente. Outros autores têm relatado que embora ataque principalmente a face inferior das folhas, pode também ser encontrado na face superior, mesmo quando a população é baixa (Ferla *et al.*, 2005a). De acordo com Vieira Neto *et al.* (2007), ocorre preferencialmente nas brotações e na face superior de folhas novas. Gouvea *et al.* (2006) observaram a maior ocorrência desse ácaro em folhas maduras e nos estratos médio e inferior da copa das plantas, no Paraná; verificaram também que embora o ácaro ocorra durante todo o ano naquele estado, ocorre em maiores níveis entre agosto e setembro, meses de temperatura mais amena. Diferentemente, Vieira Neto *et al.* (2007)

determinaram que em Santa Catarina a maior ocorrência se dê nos terços médio e superior da copa e que os níveis populacionais sejam alcançados de fevereiro a abril. Determinaram também ser maior a incidência na parte externa da copa. Segundo Parseval (1939), os níveis populacionais eram tão altos na década iniciada em 1930 que os ácaros podiam ser vistos no campo como poeira dourada sobre as folhas, mesmo sem o uso de microscópios. Também Coll & Saini (1992) e Coll & Cáceres (1995) relataram os níveis mais altos na Argentina nos meses de temperatura mais amena, ressaltando, porém, que ainda que em níveis populacionais menores, os danos eram mais significativos em janeiro-fevereiro. Picos menores também foram relatados por Gouvea *et al.* (2006) em janeiro e maio.

É de cor branco-amarelada a marrom, dependendo da maturidade da folha de que se alimenta (Santana *et al.*, 1997). De acordo com esses autores, a duração da fase imatura do ácaro é cerca de 10 dias, enquanto a fecundidade é de 20 a 30 ovos por fêmea e a longevidade dos adultos, cerca de 20 dias, a 25°C.

Microácaro-da-clorose-da-erva-mate (*Disella ilicicola* Navia & Flechtmann)

Descrito de Santa Catarina (Navia & Flechtmann, 2005a), sendo depois encontrado no Rio Grande do Sul, sobre o mesmo hospedeiro. Na descrição original os autores mencionam que esse ácaro havia sido encontrado na face superior de folhas maduras, causando clorose. Os exemplares coletados por Ferla *et al.* (2005a), citados como *Disella* sp., eram de cor amarela e encontrados principalmente na face inferior das folhas, passando a ocorrer também na face superior quando a população aumentava muito. Vieira Neto *et al.* (2007) relataram a preferência desta espécie pela face inferior das folhas mais velhas, diferindo da espécie anterior (*D. notus*).

Tarsonemidae

Ácaro-branco [*Polyphagotarsonemus latus* (Banks)]

Ver detalhes em "Algodoeiro" (p. 163). Torna as folhas prateadas e ásperas. Encontrado tanto em telados quanto no campo. Parece ser menos importante no Brasil que outras espécies fitófagas.

Tenuipalpidae

Ácaro-plano [*Brevipalpus phoenicis* (Geijskes) *sensu lato*]

Ver detalhes em "Citros" (p. 244). Essa espécie foi relatada em erva-mate por Ferla *et al.* (2005a), no Rio Grande do Sul. Os autores nada mencionaram em relação à sua importância para a cultura, o que sugere não ser muito significativa.

Tetranychidae

Ácaro-marrom [*Oligonychus yothersi* (McGregor)] (Figura 9.21)

Descrito da Califórnia (McGregor, 1914); relatado sobre muitos hospedeiros. No Brasil, relatado em erva-mate nos Estados do Paraná, Rio Grande do Sul e Santa Catarina.

Ocorre principalmente na face superior de folhas maduras. Os sintomas iniciais do ataque do ácaro correspondem a pontos necróticos arroxeados, que evoluem para extensas manchas escuras (Alves *et al.*, 2004). Em altas populações, pode causar a desfolha da planta. Nenhuma diferença significativa foi verificada por Gouvea *et al.* (2006) quanto no nível de ocorrência de *O. yothersi* nos diferentes estratos da copa das plantas, quando o nível populacional do ácaro era baixo.

Estudos conduzidos no Paraná têm indicado considerável variação do nível de maior incidência do ácaro durante o ano, o que poderia ser devido às diferenças ecológicas entre os distintos locais em que os estudos foram conduzidos, ou à variação da população de ano a ano (Gais, 2000; Gouvêa *et al.*, 2004). Segundo Gouvea *et al.* (2006), os maiores níveis populacionais ocorrem nos meses de temperatura mais amena e de baixa precipitação, entre agosto e setembro. Em países mais frios, passa o inverno na fase de ovo.

Figura 9.21 Danos causados por *Oligonychus yothersi* à erva-mate (gentileza de L.F.A. Alves).

Esse ácaro produz teia, protegendo seus ovos avermelhados e providos de pedicelo na extremidade superior. Suas ninfas são amareladas e seus adultos de cor marrons a avermelhados. Alves *et al.* (2004) verificaram que a duração da fase jovem foi em torno de 11 dias, a 25°C, podendo ocorrer cinco a seis gerações anuais.

Ácaro-texano [*Eutetranychus banksi* (McGregor)]

Ver detalhes em "Citros" (p. 244). Essa espécie foi citada em erva-mate por Ferla *et al.* (2005a), no Rio Grande do Sul. Nada foi mencionado pelos autores sobre sua importância a essa cultura.

EUCALIPTO (*Eucalyptus* spp., MYRTACEAE)

O eucalipto é uma das principais essências florestais cultivadas no Brasil. Diferentes aspectos dessa planta têm sido extensivamente estudados no país. No entanto, poucos têm sido os estudos sobre os ácaros a essa associados. Queiroz & Flechtmann (2011) listaram os ácaros de quatro famílias associados ao eucalipto ao redor do globo, relacionando-os às espécies de eucalipto, o local, os danos das espécies fitófagas e as respectivas referências. Essa lista foi atualizada por Queiroz & Flechtmann (2021). O maior número de espécies pertence à família Phytoseiidae (33 espécies), sendo essa seguida por Tetranychidae (14), Eriophyidae (10) e Tenuipalpidae (5), as três últimas, constituídas por espécies fitófagas. As principais espécies citadas por esses autores para o Brasil são abordadas a seguir.

Eriophyidae

Microácaro (*Rhombacus eucalypti* Ghosh & Chakrabarti)

Descrito da Índia (Ghosh & Chakrabarti, 1987) e também relatado em Portugal (Ferreira *et al.*, 2006a). No Brasil, relatado nos Estados do Paraná e São Paulo (Flechtmann, 2004; Flechtmann & Santana, 2001; Queiroz & Flechtmann, 2011), causando danos a *Eucalyptus camaldulensis* Dehnh., *E. grandis* W. Hill ex Maiden, *E. tereticornis* Sm. e *E. urograndis* (híbrido de *E. urophylla* S.T. Blake e *E. grandis*), em casa-de-vegetação e no campo. Encontrado em ambas as faces das folhas, embora os maiores níveis ocorram na face inferior e nos pecíolos. Folhas novas de *E. camaldulensis* e *E. tereticornis* infestadas pelo ácaro tornam-se coriáceas e quebradiças, caindo prematuramente. Aparentemente não causa danos a *E grandis*.

Essa é a única espécie de Eriophyidae relatada em eucalipto na América do Sul.

Tetranychidae

Ácaro-marrom [*Oligonychus punicae* (Hirst) e *O. yothersi* (McGregor)]

Ver detalhes sobre *O. punicae* em "Abacateiro" (p. 230). No Brasil, relatado em eucalipto nos Estados de Minas Gerais, Piauí e São Paulo.

Em um teste comparativo em laboratório, Ferraz *et al.* (2020b) concluíram ser um clone de *E. urophylla* o preferido para a alimentação e a oviposição desse ácaro. No campo, os autores concluíram que no interior do Piauí, o pico populacional do ácaro ocorreu em março-abril em plantas daquele clone, e que os danos se caracterizavam por manchas cloróticas que ocupavam até 20% da superfície superior das folhas atacadas. Estudos sobre sua biologia foram realizados em diferentes espécies de eucalipto (Ferraz *et al.*, 2020a) e a diferentes temperaturas (Ferraz *et al.*, 2021). Esses autores determinaram a duração da fase imatura dessa espécie como sendo de cerca de 10 dias a 25ºC e 70% de umidade relativa em folhas de *E. tereticornis*. Sob aquelas mesmas condições, a longevidade foi de cerca de 18 dias, com fecundidade de 44 ovos por fêmea.

Ver detalhe sobre *O. yothersi* em "Erva-mate" (p. 214). No Brasil, *O. yothersi* foi relatado em eucalipto apenas em Minas Gerais, onde é ocasionalmente encontrado em plantios de eucalipto, atacando principalmente as folhas mais velhas. Em casa-de-vegetação, danos severos a *E. grandis* devidos a *O. yothersi* foram relatados por Pereira *et al.* (2005). *Oligonychus yothersi* causa desenvolvimento anormal e morte de plantas. Diferentemente de muitas outras espécies de *Oligonychus*, *O. yothersi* produz grande quantidade de teia. Por outro lado, de forma semelhante à maioria das espécies desse gênero, vive preferencialmente na face superior das folhas.

Ácaro-vermelho [*Oligonychus ilicis* (McGregor)]

Ver detalhe em "Cafeeiro" (p. 179). No Brasil, *O. ilicis* foi relatado em eucalipto nos Estados de Minas Gerais e São Paulo. É encontrado ocasionalmente em plantios de eucalipto, atacando principalmente a face superior das folhas mais velhas, não sendo considerado problema importante dessa planta no campo. Em casa-de-vegetação, danos severos a *E. grandis* devidos a *O. ilicis* foram relatados por Flechtmann (1983). *Oligonychus ilicis* causa intenso bronzeamento e queda prematura de folhas. Pouco ou nenhum dano a outras espécies de eucalipto (*E. camaldulensis*, *E. cloeziana* F. Muell., *E. microcorys* F. Muell., *E. pellita* F. Muell. e *E. tereticornis*) foram relatados por Flechtmann (1983).

Ácaro-rajado (*Tetranychus urticae* Koch)

Ver detalhes em "Algodoeiro" (p. 163). No Brasil, constatado em eucalipto apenas no Estado de São Paulo. Pequenas colônias desse ácaro foram vistas na face inferior de folhas novas de *E. grandis*, sem causar danos significativos.

FRUTA-DO-SABIÁ [*Iochroma arborescens* (L.), SOLANACEAE]

Essa planta é considerada uma fonte importante de alimentos a aves da Mata Atlântica, no sudeste do Brasil (Aximoff *et al.*, 2020).

Eriophyidae

Microácaro-da-fruta-do-sabiá (*Aceria acnisti* Keifer) (Figura 9.22)

Figura 9.22 Danos causados por *Aceria acnisti* à fruta-do-sabiá.

Espécie descrita de Minas Gerais (Keifer, 1953) e posteriormente relatada por outros autores nos Estados do Rio de Janeiro e São Paulo, em plantas identificadas como *Acnistus cauliflorus* (Jacq.) Schott. (atualmente considerada sinônimo júnior de *I. arborescens*), causando extensa formação de galhas (Rosseto, 1972; Flechtmann & Berti-Filho, 1994). O efeito desse ácaro no conteúdo mineral da planta hospedeira foi estudado por Flechtmann & Berti-Filho (1994). A incidência do ácaro é comum no Estado de São Paulo.

GUARANTÃ (*Esenbeckia leiocarpa* ENGL., RUTACEAE)

Tetranychidae

Ácaro-texano [*Eutetranychus banksi* (McGregor)]

Ver detalhes em "Citros" (p. 244).

Ácaro-vermelho [*Tetranychus mexicanus* (McGregor)]

Ver detalhes em "Algodoeiro" (p. 163).

Tenuipalpidae

Ácaro-plano [*Brevipalpus phoenicis* (Geijskes) *sensu lato*]

Ver detalhes em "Citros" (p. 244). Citado nesse hospedeiro por Paschoal & Reis (1968).

IPÊ (TABEBUIA SPP., *Hydroanthus* spp., BIGNONIACEAE)

Um dos principais grupos de árvores ornamentais do Brasil, também muito útil para a produção de mobília e muitos outros itens. Consideradas como as árvores símbolo do Brasil. Parte das espécies anteriormente incluídas em *Tabebuia* Candolle, como o ipê-amarelo, foi transferida para o gênero *Hydroanthus* Mattos. As informações aqui apresentadas foram obtidas primariamente de Feres *et al.* (2009).

Eriophyidae

Microácaro (*Aculus* sp.)

Relatado no noroeste do Estado de São Paulo, atingindo altos níveis populacionais em fevereiro. Inicialmente encontrado na face inferior da folha, mas com o aumento da população passou a ser encontrado nas duas faces. As folhas jovens apresentam as margens enroladas para cima, e as velhas, com a face inferior intensamente bronzeada.

Tenuipalpidae

Ácaro-plano [*Brevipalpus phoenicis* (Geijskes) *sensu lato*]

Ver detalhes em "Citros" (p. 244). Relatado no noroeste do Estado de São Paulo, ocasionalmente em altos níveis populacionais na face inferior das folhas, causando necrose nas nervuras.

Tetranychidae

Ácaro-palha [*Tenuipalponychus tabebuiae* Aguilar, Flechtmann & Ochoa]

Espécie citada como *Tylonychus tabebuiae*, em uma Tese de Livre Docência (Flechtmann, 1971), posteriormente descrita como *Tenuipalponychus tabebuiae*, com base em espécimes coletados no Estado de São Paulo (Aguilar *et al.*, 1991); também relatada na Costa Rica. De coloração palha, vive na face inferior das folhas, principalmente nas proximidades da junção da nervura central com as nervuras secundárias, onde há grande densidade de tricomas. Pode atingir altos níveis populacionais, causando bronzeamento e queda prematura de folhas. Na época mais seca, pode entrar em diapausa, refugiando-se na base interna das brácteas.

Tydeidae

Ácaro-verde-alaranjado [*Brachytydeus formosus* (Cooreman)]

Ver detalhes em "Citros" (p. 244). Relatada no Estado de São Paulo, sem causar danos aparentes.

JATOBÁ (*Hymenaea courbaril* L., CAESALPINACEAE)

Eriophyidae

Microácaro-dos-ninhos-do-jatobá [*Aceria cerostructor* (Flechtmann)]

Conhecido apenas de sua descrição original, feita com base em exemplares do Estado de São Paulo (Flechtmann, 2001a). Naquela descrição, as deutogines foram descritas como protogines e vice-versa (Britto *et al.*, 2008). Vive na face inferior das folhas, protegido por uma superfície cerosa por ele produzida, constituindo "pequenos ninhos", isolados ou coalescentes. De acordo com o autor da espécie, o ácaro raspa a epiderme da folha sob o "ninho", aumentando a umidade do micro-hábitat. Folhas coletadas no campo no início do verão continham grande número de protogines e machos; quando essas folhas foram mantidas no laboratório, secaram-se rapidamente, aparecendo então as deutogines. Folhas muito infestadas têm suas margens enroladas para baixo.

KIRI (*Paulownia* sp., SCROPHULARIACEAE)

Tetranychidae

Ácaro-vermelho (*Tetranychus ludeni* Zacher)

Ver detalhes em "Algodoeiro" (p. 163).

MONGUBA (*Pachira* aquatica AUBL., BOMBACACEAE)

Tetranychidae

Ácaro-texano [*Eutetranychus banksi* (McGregor)]

Ver detalhes em "Citros" (p. 244). Relatado no Brasil em *Pachira* sp. no Estado de São Paulo. Mattos & Feres (2009) determinaram que a oviposição desse ácaro foi menor quando mantido em folhas de monguba do que em folhas de outros hospedeiros comuns, citros e seringueira. Nada tem sido relatado na literatura sobre seu efeito nessa planta, embora comumente encontrado sobre ela.

PAU-BRASIL [*Paubrasilia echinata* (LAM.) GAGNON, H.C. LIMA & G.P. LEWIS, FABACEAE)

Árvore de grande relevância para o Brasil, descrita originalmente no gênero *Caesalpinia*. Originária da Mata Atlântica.

Eriophyidae

Microácaro-da-teia-do-pau-Brasil (*Aceria inusitata* Britto & Navia)

Conhecido da descrição original, feita com base em exemplares de Pernambuco (Britto *et al.*, 2008), tendo sido mais recentemente relatado no Distrito Federal. A descrição original detalha a morfologia das protogines e deutogines e de seus respectivos machos. A ocorrência de machos correspondentes à morfologia das deutogines difere do padrão geral para os eriofídeos, que usualmente apresentam machos morfologicamente semelhantes apenas às protogines. Os ácaros vivem na face superior das folhas, protegidos por uma teia por eles construída, formando "pequenos ninhos" que podem chegar a pouco mais de 3 mm^2. Diferentemente do que foi relatado para *Aceria cerostructor* (Flechtmann) em jatobá, essa espécie não parece raspar a epiderme do "ninho". A superfície atacada torna-se prateada.

Microácaro-sem-teia-do-pau-Brasil (*Thamnacus paubrasil* Reis & Navia)

Ácaro conhecido apenas da descrição original, baseada em exemplares coletados do pau-Brasil em Pernambuco (Reis *et al.*, 2014). De acordo com a descrição original, essa é uma espécie ambulante, que vive sobre as folhas sem produzir sintomas.

Tetranychidae

Ácaro-verde [*Mononychellus planki* (McGregor)]

Ver detalhes sobre essa espécie em "Algodoeiro" (p. 163).

PAU-FERRO [*Libidibia ferrea* (MART. EX TUL.) L.P. QUEIROZ, FABACEAE]

Árvore originalmente descrita no gênero *Caesalpinia*, distribuída naturalmente no sul do Brasil e na Bolívia.

Eriophyidae

Microácaro-do-pau-ferro (*Aculops caesalpiniae* Keifer)

Ácaro conhecido apenas da descrição original, baseada em exemplares coletados do pau-ferro, no Estado de São Paulo (Keifer, 1977). Espécie ambulante que causa a ferrugem da face inferior das folhas.

PINHÃO-MANSO (*Jatropha curcas* L., EUPHORBIACEAE)

Planta de origem desconhecida, provavelmente da América do Sul ou Central, sendo hoje conhecida em várias partes do Brasil. Tem sido estudada para uso na produção de biocombustível. Uma revisão dos aspectos morfofisiológicos e químicos dessa planta foi apresentada por Virgens *et al.* (2017).

Tetranychidae

Ácaro-vermelho [*Tetranychus bastosi* Tuttle, Baker & Sales]

Ver detalhes em "Algodoeiro" (p. 163). Relatado nessa cultura nos Estados de Minas Gerais, Paraíba, Pernambuco, São Paulo, Sergipe e Tocantins; também citado em outra planta do mesmo gênero (pinhão-roxo, *Jatropha gossypifolia* L.), no Ceará e em Pernambuco. Pode atingir altos níveis populacionais em ambos os hospedeiros. A biologia desse ácaro foi estudada por Pedro-Neto *et al.* (2013) a 26°C, verificando-se que esse completou a fase imatura em 9 ou 10 dias, a fecundidade total foi 59 ovos por fêmea e que a razão intrínseca de crescimento populacional foi de 0,220 fêmea por fêmea por dia.

PINHEIRO-DO-PARANÁ [*Araucaria angustifolia* (BERTOL.) KUNTZE, ARAUCARIACEAE]

Há muito tempo, de grande importância ecológica e econômica no Brasil. De ocorrência comum no sul e sudeste do país, assim como em regiões da Argentina, Paraguai e Uruguai.

Eriophyidae

Microácaro-do-pinheiro (*Araucarioptes scutifera* Flechtmann, *Tecarus curinomos* Flechtmann e *Acaphyllisa araucariae* Flechtmann)

As três espécies foram descritas e relatadas apenas no Brasil (Flechtmann, 2000). A primeira de Goiás, Minas Gerais, Paraná, Rio de Janeiro (estado de onde foi descrita) e São Paulo; a segunda, de Goiás, Rio de Janeiro e São Paulo (de onde foi descrita); e a terceira de Goiás, Minas Gerais, Rio de Janeiro (de onde foi descrita) e São Paulo. De acordo com as descrições originais, todas são espécies ambulantes sobre as folhas (*A. scutifera* também relatada em ramos), usualmente não causando danos aparentes, embora *A. scutifera* possa causar leve bronzeamento da superfície atacada.

Tetranychidae

Ácaro-vermelho [*Oligonychus ununguis* (Jacobi)]

Espécie descrita na Alemanha (Jacobi, 1905); cosmopolita, encontrado em um grande número de hospedeiros, preponderantemente coníferas, às quais frequentemente causa danos muito significativos em países temperados. No Brasil, relatado em pinheiro-do-paraná apenas em Santa Catarina. Fenilli & Flechtmann (1990) o encontraram em todas as estações do ano; entretanto, danos significativos não foram relatados por aqueles autores.

Outros ácaros

Várias outras espécies de ácaros foram encontradas por Fenilli & Flechtmann (1990) no pinheiro-do-paraná. Entretanto, pertencem a famílias de espécies predominantemente predadoras ou saprófagas. Pérez-Iñigo & Pérez-Iñigo Jr. (1993) relataram sete espécies de ácaros da ordem Oribatida "não Astigmatina" sobre ramos dessa planta em Santa Catarina. Não se sabe seus efeitos sobre a planta, mas pelo comportamento das distintas espécies desse grupo de ácaros, não é de se esperar que causem qualquer dano. No entanto, por ser a casca de pinus um substrato comumente utilizado para a produção da "terra vegetal", pode ser importante quando essa se destine ao uso em condições de laboratório de quarentena. Para essa finalidade, os ácaros Oribatida "não Astigmatina", ainda que mortos, são importantes; esses podem ser confundidos com contaminantes dos órgãos vegetais introduzidos e em processamento neste tipo de laboratórios, especialmente quando se utiliza o método de coleta de nematoides para a detecção de contaminantes.

PLATANO (*Platanus* sp., PLATANACEAE)

Tetranychidae

Ácaro-marrom [*Oligonychus yothersi* (McGregor)]

Ver detalhes em "Erva-mate" (p. 214).

Seringueira [*Hevea brasiliensis* (Muell. Arg.), Euphorbiaceae]

Os ácaros que atacam essa cultura têm sido bastante estudados, devido à importância de alguns como pragas. Grande parte das informações disponíveis sobre esses ácaros foi publicada por: Chiavegato (1968), Feres (1992, 2000, 2002), Feres *et al.* (2002), Ferla & Moraes (2002), Bellini *et al.* (2005, 2008), De Vis *et al.* (2006) e Hernandes & Feres (2006).

Eriophyidae

Microácaro-da-face-superior-da-folha (*Calacarus heveae Feres*) (Figura 9.23)

Descrito no Estado de São Paulo (Feres, 1992). Posteriormente relatado na Região Amazônica (Feres, 2001), de onde a seringueira é originária, e dos Estados da Bahia, Goiás, Minas Gerais, Mato Grosso e Mato Grosso do Sul. Não tem sido relatado em outros países.

Produz uma substância aparentemente cerosa na região dorsal do idiossoma. Espécie ambulante, que vive principalmente na face superior das folhas, atingindo maiores níveis na época de precipitação elevada, principalmente no Estado de São Paulo e partes do Mato Grosso.

São desconhecidos relatos da ocorrência de níveis elevados desse ácaro na Região Amazônica, o que pode ser devido a fatores relacionados à forma como essa planta é encontrada naquela região. O fato de não ser a seringueira aí uma monocultura, sendo, ao contrário, dispersa entre outras plantas da vegetação natural, pode ser um fator determinante para o baixo nível de ocorrência desse ácaro, dada maior dificuldade para sua dispersão de uma planta de seringueira a outra e/ou pela ação de inimigos naturais favorecidos por essa circunstância. Outra possibilidade é a maior diversidade genética das seringueiras na região de origem, conferindo-lhes maior resistência à ação da praga.

Ferla & Moraes (2003b) determinaram a duração da fase imatura dessa espécie como sendo de 9,3 dias a 25°C a 28°C e 90% de umidade relativa. Sob aquelas mesmas condições, a fecundidade de cada fêmea foi de 16 ovos.

Dois sintomas diferentes têm sido verificados em plantas do clone RRIM-600 atacadas por esse ácaro (Vieira *et al.*, 2000). O mais comum corresponde ao amarelecimento das folhas atacadas, com a formação de mosaicos. Nesse caso, áreas amareladas inicialmente aparecem intercaladas com áreas verdes normais. Com a progressão do ataque, as áreas amareladas aumentam, ocupando a maior parte do limbo foliar; essas áreas podem passar posteriormente a avermelhadas. O segundo tipo de sintoma corresponde a pontuações amareladas, com ou sem áreas necróticas cen-

Figura 9.23 Danos causados por *Calacarus heveae* à seringueira: folhas avermelhadas, atacadas; folhas verdes, sadias. Embaixo, detalhe de um ácaro vivo e de um ácaro visto com microscópio de varredura.

trais, distribuídas pelo limbo foliar. Em ambos os casos, observa-se a queda prematura das folhas atacadas. Detalhes sobre a ocorrência de sintomas em um grande número de clones de seringueira foram apresentados por Vieira *et al.* (2013).

Um dos principais inimigos naturais desse ácaro parece ser o fungo *Hirsutella thompsoni* Fisher, que atinge níveis elevados nos primeiros meses do ano em Mato Grosso, como relatado por Tanzini *et al.* (2000). Entretanto, os mesmos autores verificaram que apesar dos elevados níveis de infecção, *C. heveae* ainda causa problemas consideráveis à seringueira. Sugeriram que estudos fossem conduzidos para determinar a possibilidade de desenvolver formas de conservação do patógeno no campo ou de realizar liberações periódicas, antecipando a ocorrência do fungo.

Bellini *et al.* (2005) avaliaram o efeito da consorciação de seringueira com *Syagrus oleracea* (Mart.) Becc. nos ácaros encontrados na seringueira no noroeste do Estado de São Paulo. Observaram que na área consorciada a população de *C. heveae* foi maior, concluindo que isso estava relacionado ao maior nível da umidade relativa verificado nessa área. Suspeita-se que os maiores níveis de umidade favoreçam ao mesmo tempo o potencial biótico de *C. heveae* e do fungo *H. thompsonii*. Isso levou Bellini *et al.* (2005) à conclusão de que o resultado do aumento da umidade na dinâmica populacional do ácaro supostamente dependeria do tempo decorrido entre o início da infestação do ácaro e o início de sua infecção pelo fungo.

Microácaro-da-face-inferior-da-folha (*Phyllocoptruta seringueirae* Feres)

Descrito no Estado de São Paulo (Feres, 1998), tendo sido também relatado nos Estados do Amazonas, Bahia, Goiás e Mato Grosso. Não tem sido encontrado em outros países. Cor alaranjada, ambulante, que vive principalmente na face inferior das folhas. Não tem sido considerado praga importante da seringueira, embora seja um dos microácaros predominantes nessa planta em certas regiões do Mato Grosso (Ferla, 2001).

Microácaro-do-pecíolo-da-folha (*Schevtchenkella petiolula* Feres)

Descrito no Estado de São Paulo (Feres, 1998), tendo sido também relatado nos Estados do Amazonas, Mato Grosso e Mato Grosso do Sul. Não tem sido relatado em outros países. Ácaro-branco-amarelado, encontrado tanto no pecíolo como em ambas as faces das folhas, especialmente a face inferior (De Vis *et al.*, 2006). Não tem sido considerado praga importante da seringueira.

Tarsonemidae

Ácaro-branco [*Polyphagotarsonemus latus* (Banks)]

Ver detalhes em "Algodoeiro" (p. 163). Pode ocorrer em níveis elevados em seringueiras mantidas em telados, quando o nível de umidade é elevado. Esse ácaro não é considerado praga séria da seringueira.

Tenuipalpidae

Ácaros-planos [*Brevipalpus californicus* (Banks), *Tenuipalpus heveae* Baker e *Tenuipalpus vieirae* Castro, Ramos e Feres) (Figura 9.24)]

Ver detalhes sobre *B. californicus* em "Citros" (p. 244). Relatado na Bahia, sem informação sobre sua importância nessa cultura (Nascimento *et al.*, 2023).

Tenuipalpus heveae foi descrito de espécimes coletados no Pará (Baker, 1945) e redescrito por Pontier & Flechtmann (1999, 2000) e Castro *et al.* (2017). Não tem sido relatado como praga da seringueira naquele estado, embora possam atingir altos níveis populacionais (Flechtmann, 1979b). Relatado também nos Estados do Amazonas, Bahia, Goiás, Mato Grosso e São Paulo (Castro *et al.*, 2017; Nascimento *et al.*, 2023). Não tem sido relatado de outros países. Atinge os níveis mais elevados no final da estação chuvosa, habitando principalmente a face inferior das folhas medianas e mais velhas (Flechtmann, 1979b). Pode causar o bronzeamento seguido de queda prematura das folhas atacadas. Detalhes sobre a diferença dos sintomas em um grande número de clones de seringueira foram apresentados por Vieira *et al.* (2013).

Figura 9.24 Adulto de *Tenuipalpus heveae* em folha de seringueira.

Em um estudo conduzido por Pontier *et al.* (2000) a 25°C a 28°C, a duração da fase imatura *de T. heveae* foi em torno de 30 dias, a fecundidade, em torno de 34 ovos por fêmea, e a razão intrínseca de crescimento populacional (r_m), de apenas 0,08 fêmea por fêmea por dia. No estudo conduzido por Bellini *et al.* (2005) para avaliar o efeito da consorciação de seringueira com *S. oleracea* nos ácaros encontrados, os autores observaram que na área consorciada a população de *T. heveae* foi menor, concluindo que isso estava relacionado aos maiores níveis da umidade relativa nessa área, em comparação com a área não consorciada.

Tenuipalpus vieirae foi descrito no Amazonas (Castro *et al.*, 2017), de exemplares coletados de *H. brasiliensis* e também de *H. guianensis* Aubl.. Vive principalmente na face superior dos folíolos.

Tetranychidae

Ácaro-texano [*Eutetranychus banksi* (McGregor)]

Ver detalhes em "Citros" (p. 244). Constatado em seringueira nos Estados da Bahia, Minas Gerais, Mato Grosso, Mato Grosso do Sul e São Paulo. No estudo comparativo de Mattos & Feres (2009), a oviposição desse ácaro foi consideravelmente maior quando mantido em folhas de seringueira do que em folhas de outros hospedeiros comuns, citros e monguba (*Pachira aquatica* Aubl.). Não é considerado praga séria de seringueira no Brasil.

Ácaro-verde (*Atrichoproctus uncinatus* Flechtmann)

Descrito originalmente do Estado de São Paulo (Flechtmann, 1967a), sendo também relatado na América do Sul e no Caribe, em diversas espécies vegetais. No Brasil, relatado em seringueira no Estado de Mato Grosso, mas encontrado em vários outros hospedeiros nos Estados do Ceará, Minas Gerais, Pernambuco, Rio Grande do Sul e São Paulo. Ocorre principalmente na face superior das folhas de seringueira (Feres, 2000).

Ácaros-vermelhos [*Allonychus braziliensis* (McGregor), *Oligonychus coffeae* (Nietner), *O. gossypii* (Zacher) e *Tetranychus mexicanus* (McGregor)]

Allonychus braziliensis foi descrito no Brasil (McGregor, 1950), sendo relatado também sobre diversos hospedeiros em outros países da América Central, América do Sul e do Caribe. Constatado em seringueira por Chiavegato (1968).

Oligonychus coffeae foi descrito no Sri Lanka (Nietner, 1861); é uma espécie cosmopolita, conhecida de dezenas de hospedeiros, tendo, entretanto, sido relatada em seringueira no Brasil, nos Estados do Espírito Santo e Mato Grosso. Cuidado especial deve ser dado na identificação desse ácaro, para não confundir com *Oligonychus mangiferus* (Rahman & Sapra), dada a grande semelhança entre essas espécies.

Oligonychus gossypii foi descrito de Togo (Zacher, 1921), tendo sido constatado na África, região do Caribe e América do Sul, em um grande número de hospedeiros. No Brasil, essa espécie foi constatada em seringueira nos Estados do Acre, Amazonas, Mato Grosso, Rondônia e São Paulo.

Ver detalhes sobre *T. mexicanus* em "Algodoeiro" (p. 163). Todas essas espécies são pouco frequentes sobre a seringueira.

Outros ácaros

Diversos outros ácaros das famílias Bdellidae, Cunaxidae, Phytoseiidae, Stigmaeidae, Tarsonemidae, Tydeidae e Winterschmidtiidae foram relatados no Brasil por Feres *et al.* (2002), Ferla & Moraes (2002) e Hernandes & Feres (2006). Uma espécie não identificada do gênero *Eotetranychus* Oudemans foi relatada por Vieira *et al.* (2013) em seringueira no sul do Mato Grosso do Sul.

SIBIPIRUNA [*Caesalpinia pluviosum* (DC.) GAGNON & G.P. LEWIS, FABACEAE]

Árvore de crescimento rápido, muito utilizada na arborização urbana no Brasil. Nativa da Mata Atlântica.

Eriophyidae

Microácaro-da-sibipiruna (*Aceria anisodorsum* Flechtmann & Santana)

Ácaro conhecido apenas de sua descrição original (Flechtmann & Santana, 2007), feita com base em suas protogines e deutogines, assim como nos machos semelhantes às protogines, coletados no Paraná. Chama a atenção o fato dessas duas formas de fêmeas, assim como os machos, terem sido encontrados ocupando as mesmas folhas atacadas, no início da primavera. Isso sugere ser essa uma época de transição entre uma e outra forma, mais provavelmente estando em queda a proporção entre deutogines e protogines. Nenhuma alteração das folhas contendo os ácaros foi relatada em sua descrição original. Os ácaros foram mencionados como ambulantes, não havendo informação sobre a possível produção de teia ou cera por estes. As condições climáticas prevalentes na localidade tipo dessa espécie sugerem ser esse favorecido por temperaturas amenas, em comparação com outras regiões brasileiras.

TECA (*Tectona grandis* L., LAMIACEAE)

Árvore de origem asiática introduzida no Brasil, de grande valor comercial.

Tetranychidae

Ácaro-rajado (*Tetranychus urticae* Koch)

Ver detalhes em "Algodoeiro" (p. 163). Relatado em mudas de teca em condições de viveiro no Mato Grosso, causando bronzeamento, seguido de necrose e queda prematura de folhas. A desfolha média das plantas foi de cerca de 80%, no mês de maio (Santos *et al.*, 2014).

FRUTÍFERAS

ABACATEIRO (*Persea americana* MILL., LAURACEAE)

Tenuipalpidae

Ácaro-plano [*Brevipalpus phoenicis* (Geijskes) *sensu lato*]

Ver detalhes em "Citros" (p. 244). Grupo de espécies de ampla distribuição mundial, relatadas em um grande número de espécies vegetais. Ácaro relatado em abacateiro no Estado de São Paulo (Paschoal, 1971a).

Tetranychidae

As espécies a seguir relacionadas não são usualmente consideradas pragas sérias do abacateiro no Brasil, diferentemente do que se relata para algumas delas em outros países.

Oligonychus anonae Paschoal

Ver detalhes em "Anonáceas" (p. 236). Relatada em abacateiro no Estado de São Paulo, de onde foi originalmente descrita (Paschoal, 1970a).

Ácaro-alaranjado (*Oligonychus megandrosoma* Flechtmann & Alves)

Ácaro conhecido apenas da descrição original (Flechtmann & Alves, 1976), com base em exemplares coletados no Estado de São Paulo. As fêmeas adultas são alaranjadas. Todos os estágios de desenvolvimento são encontrados principalmente na página superior das folhas. Esse ácaro predomina nos períodos secos e quentes.

Ácaros-marrons [*Oligonychus punicae* (Hirst) e *O. yothersi* (McGregor)] (Figura 9.25)

Oligonychus punicae foi descrito da Índia (Hirst, 1926), tendo hoje ampla distribuição mundial. Ver detalhes sobre *O. yothersi* em "Erva-mate" (p. 214). Ambas as espécies relatadas em abacateiros nos Estados de Minas Gerais e São Paulo; *O. yothersi* foi também relatada no Rio de Janeiro. Fêmeas adultas de cor marrom, ocorrendo principalmente na página superior das folhas, ao longo das nervuras. Em altas infestações, tem sido observada a redução na área fotossintética,

Figura 9.25 Danos causados por *Oligonychus* sp. ao abacateiro (gentileza de G.F. Moreira).

podendo até provocar desfolha (G.F. Moreira, informação pessoal). Porém, nenhuma dessas espécies é considerada praga-chave do abacateiro no Brasil.

Oligonychus punicae apresenta grande importância em abacateiro no sul da Califórnia e na Flórida (Jeppson *et al.*, 1975), além de países da América Central (Ochoa *et al.*, 1994), sendo também citada como praga importante de videira na Ásia e em partes da América Central e do Sul. Essa espécie é relatada no Brasil em diversas espécies de plantas.

Não deve ser descartada a possibilidade de enganos nas identificações de diferentes populações desse gênero, dada a extrema semelhança morfológica entre distintas espécies. Como as identificações das espécies de *Oligonychus* são normalmente baseadas na forma do edeago, a montagem não adequada dessa estrutura em lâminas de microscopia pode induzir a erros de identificação.

Eriophyidae

Microácaro-das-flores (*Tegolophus perseaflorae* Keifer)

Descrito em Pernambuco (Keifer, 1969a) e também relatado do Estado de São Paulo, como sumariado por Paschoal (1971a) e Rossetto (1972). Habita a base do cálice floral, causando sintomas semelhantes à doença fúngica conhecida como antracnose, determinando a queda de flores. Pode causar reduções significativas na produção.

Tarsonemidae

Ácaro-branco [*Polyphagotarsonemus latus* (Banks)]

Ver detalhes em "Algodoeiro" (p. 163). Relatada em abacateiro no Estado de São Paulo.

Importância quarentenária

Oligonychus perseae Tuttle, Baker & Abbatiello

Ácaro da família Tetranychidae descrito por Tuttle *et al.* (1976), encontrado na América Central e parte sul da América do Norte, causando em ambas as regiões consideráveis danos ao abacateiro (Aponte & McMurtry, 1997). Fêmeas adultas amarelo-esverdeadas. Habita preferencialmente a face inferior das folhas.

ABACAXIZEIRO [*Ananas comosus* (L.) MERRILL, BROMELIACEAE]

Tarsonemidae

Ácaros-do-fruto-do-abacaxizeiro [*Steneotarsonemus ananas* (Tryon) e *S. comosus* Ochoa] (Figura 9.26)

Steneotarsonemus ananas foi descrito da Austrália (Tryon, 1898), e depois relatado na África, Havaí, Indonésia e La Reunión; *S. comosus* foi descrito da Costa Rica (Ochoa *et al.*, 1991). No Brasil, ambas relatadas no Estado de São Paulo.

Figura 9.26 Danos causados por *Steneotarsonemus comosus* ao abacaxi.

Ambas as espécies são branco-vítreas a levemente amareladas, desenvolvendo-se sobre folhas e frutos do abacaxizeiro, aparentemente podendo causar a deformação de frutos ou a proliferação da coroa. A incidência de *S. ananas* (e talvez até mesmo de *S. comosus*) parece facilitar a incidência da "gomose do abacaxi" (Rossetto & Giacomelli, 1966, 1967).

Tenuipalpidae

Ácaro-plano-alaranjado [*Dolichotetranychus floridanus* (Banks)] (Figuras 9.27 e 9.58)

Descrito na Flórida (Banks, 1900) e de ampla distribuição mundial, atacando principalmente o abacaxizeiro, mas também outras monocotiledôneas. No Brasil, relatado inicialmente no Estado de São Paulo (Paschoal, 1971a), sendo depois encontrado nos Estados da Bahia, Minas Gerais, Paraíba e Pernambuco (Schoairy, 1978; Matos *et al.*, 2000; Nascimento *et al.*, 2023).

Todos os estágios são alaranjados e alongados. Os maiores níveis populacionais são observados em períodos secos e quentes. Esse ácaro pode atingir altas densidades na base das folhas, onde causa lesões necróticas. Os maiores danos desse ácaro são observados em mudas novas provenientes de viveiros em que essas são produzidas por seccionamento do talo (Matos *et al.*, 2000). Veiga (1980) detalhou os danos causados por esse ácaro. Em plantas com 40 a 120 dias do plantio, o ácaro pode causar amarelecimento das folhas basais, secamento das pontas, depauperamento, murcha e até morte das plantas. Nas plantas mais velhas, os sintomas são semelhantes, mas essas geralmente não morrem devido ao ataque do ácaro. Os sintomas de murcha podem ser confundidos com aqueles causados pelo ataque de nematoides ou da cochonilha *Dysmicoccus brevipes* (Cockerell) (Hemiptera: Pseudococcidae).

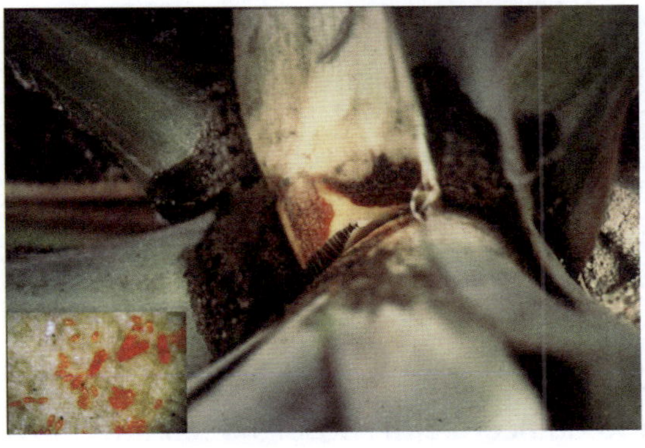

Figura 9.27 Danos causados por *Dolichotetranychus floridanus* ao abacaxizeiro, caracterizados pela área marrom a enegrecida na parte adaxial da bainha de uma folha (detalhe dos ácaros no canto inferior esquerdo).

Schoairy (1978) estimou o prejuízo de 12% a 16% devido ao ataque desse ácaro no Estado da Paraíba. No estudo de Nascimento *et al.* (2023) no sudeste do Estado da Bahia, os danos causados pelo ácaro não foram considerados significativos pelos autores; no entanto, é possível que isto se deva ao controle realizado pelos produtores.

Rossetto & Giacomelli (1966) verificaram que a aplicação de um acaricida em plantas contendo *D. floridanus* e o tarsonemídeo *S. ananas* resultou em menor incidência da "gomose do abacaxi", causada pelo fungo *Fusarium moniliforme* var. *subglutinans*. Rossetto & Giacomelli (1967) concluíram que isso provavelmente tenha ocorrido pelo fato de que os danos causados por um desses ácaros, ou por ambos, possam facilitar a penetração do fungo nos órgãos vegetais. Na Costa Rica, tem-se relatado sua associação à ocorrência de apodrecimento causado pelas bactérias *Erwinia* spp. (Ochoa *et al.*, 1994).

Ácaro-plano-vermelho (*Brevipalpus obovatus* Donnadieu)

Ver detalhes em "Citros" (p. 244). Relatado em abacaxizeiro por Paschoal (1971a), no Estado de São Paulo.

ACEROLEIRA (*Malpighia punicifolia* L., MALPIGHIACEAE)

Um estudo detalhado sobre os ácaros associados à aceroleira foi conduzido em Pernambuco (Barbosa *et al.*, 2003), avaliando-se os ácaros de plantas adultas mantidas em campo. A grande maioria dos ácaros coletados eram da família Eriophyidae, seguida de longe pelos ácaros da família Tenuipalpidae; a maioria dos outros ácaros coletados era de predadores da família Phytoseiidae. De acordo com os autores, os ácaros fitófagos não causavam danos significativos às plantas.

Outro estudo detalhado foi conduzido na Bahia (Noronha *et al.*, 2010), sendo as amostras tomadas de mudas mantidas sob telado; cerca de 90% dos ácaros encontrados pertenciam às famílias Eriophyidae e Tarsonemidae, em proporções semelhantes; o restante dos ácaros era em sua maioria predadores, das famílias Phytoseiidae (a maioria) e Stigmaeidae. Um estudo mais expedito, porém incluindo 15 municípios do Estado de São Paulo foi conduzido por Mineiro *et al.* (2004).

Eriophyidae

Microácaro-decorado-da-aceroleira (*Cosella decorata* Britto & Navia)

Espécie descrita em Pernambuco (Britto *et al.*, 2007). Trata-se da mesma espécie que havia sido mencionada como *Floracarus* sp. na publicação de Barbosa *et al.* (2003).

Espécie ambulante, causando leve bronzeamento das folhas. Barbosa *et al.* (2003) não constataram nenhum dano devido a essa espécie em Pernambuco, mesmo sendo essa de longe a espécie mais numerosa. Os maiores níveis populacionais dessa espécie ocorreram no final da estação chuvosa e início da estação seca (setembro).

Na Bahia, grande número desse ácaro foi encontrado nas folhas basais de mudas de aceroleira, sem causar danos visíveis (Noronha *et al.*, 2010); essa foi uma das duas espécies mais numerosas em aceroleira no estudo conduzido por esses autores (a outra era *Polyphagotarsonemus latus* (Banks)). Entretanto, neste estado, os maiores níveis populacionais foram observados durante a fase mais seca do ano (novembro a março). As diferenças observadas entre os resultados destes dois estudos podem estar relacionadas ao fato de que em Pernambuco o estudo foi conduzido com plantas adultas, no campo, enquanto na Bahia, foi conduzido com plantas jovens, em um telado.

Microácaros-da-aceroleira (*Mesalox trapezoidalis* Flechtmann)

Conhecido apenas da descrição original (Flechtmann, 2001b), do Estado de São Paulo. Ambulante nas duas superfícies da folha, causando rugosidade; folhas com altas infestações dobram-se longitudinalmente para baixo.

Tarsonemidae

Ácaro-branco [*Polyphagotarsonemus latus* (Banks)]

Ver detalhes em "Algodoeiro" (p. 163). Encontrado nessa cultura na Bahia (Noronha *et al.*, 2010) e em Pernambuco (Gondim Jr. & Oliveira, 2001b). Alguns poucos ácaros de outras espécies de Tarsonemidae, todos identificados apenas ao nível de gênero, foram relatados por Barbosa *et al.* (2003) em aceroleira em Pernambuco.

Tenuipalpidae

Ácaros-planos [*Brevipalpus californicus* (Banks) e *Brevipalpus phoenicis* (Geijskes) *sensu lato*]

Ver detalhes sobre ambas as espécies em "Citros" (p. 244). Encontrados na Bahia, Pernambuco e São Paulo, a níveis populacionais baixos. Por isso, aparentemente não causam reduções significativas à cultura (Gondim Jr. & Oliveira, 2001b; Vasconcelos *et al.*, 2005). Podem, no entanto, causar problemas por serem comumente encontrados nos frutos, podendo assim ser detectados em quarentena em países importadores, o que pode levar à rejeição do produto. Um único exemplar de

Tenuipalpus sp., também um Tenuipalpidae, foi encontrado por Barbosa *et al.* (2003) em aceroleira em Pernambuco.

Tetranychidae

Ácaro-texano [*Eutetranychus banksi* (McGregor)]

Ver detalhes em "Citros" (p. 244). Relatado em aceroleira nos Estados de Minas Gerais, Pernambuco e São Paulo. Essa foi a espécie mais frequente no estudo de Mineiro *et al.* (2004); no entanto, ainda assim, em níveis populacionais muito baixos.

Em um estudo conduzido por Barbosa *et al.* (2004a) com esse ácaro, a 26°C e 65% de umidade relativa, a duração da fase imatura foi de 16 dias, a fecundidade, de 30 ovos e a razão intrínseca de crescimento populacional (r_m), cerca de apenas 0,1 fêmea por fêmea por dia. Não é considerado uma praga importante dessa cultura.

Ácaros-vermelhos [*Tetranychus mexicanus* (McGregor) e *T. neocaledonicus* André]

Ver detalhes sobre essas espécies em "Algodoeiro" (p. 163). Ambas foram relatadas em aceroleira no Estado de São Paulo.

Tuckerellidae

Ácaros-ornamentados-da-aceroleira [*Tuckerella ornata* (Tucker) e *T. pavoniformis* (Ewing)]

Ver detalhes em "Cacaueiro" (p. 176). *Tuckerella ornata* foi encontrada sobre essa cultura apenas nos Estados de Pernambuco (Barbosa *et al.*, 2003) e São Paulo (Mineiro *et al.*, 2004). *Tuckerella pavoniformis* foi constatada no Estado de São Paulo (Mineiro *et al.*, 2004) Aparentemente, não causam danos significativos.

ANONÁCEAS (*Annona* spp., ANNONACEAE)

Esse é um importante grupo de frutíferas no Brasil, contendo cerca de 2.000 espécies, incluindo os seguintes genótipos cultivados comercialmente: *Annona coriaceae* Mart. (araticum), *A. cherimolia* Mill. (cherimoia), *A. muricata* L. (graviola), *A. squamosa* L. (pinha) e o híbrido entre *A. cherimolia* e *A. squamosa* (atemoia). Sousa (2008) estudou a flutuação populacional dos ácaros em anonáceas de vários estados do Norte e do Nordeste brasileiros, tendo encontrado 38 espécies de nove famílias. A maioria das espécies pertencia a famílias primordialmente predadoras.

Eriophyidae

Microácaro-orelhudo-da-gravioleira (*Shrekin graviolae* Britto & Navia)

Conhecido apenas da descrição original (Britto *et al.*, 2007), com base em exemplares coletados em Pernambuco. O nome comum desse ácaro na verdade se refere a uma das características mais distintas do gênero (monoespecífico) a que pertence, ou seja, os longos lóbulos em que se implantam suas setas escapulares, visíveis apenas no exame ao microscópio óptico (Britto *et al.*, 2007). Ambulante nas folhas, sem causar danos significativos.

Microácaro (*Aculops flechtmanni* Keifer)

Descrito originalmente com base em exemplares coletados no Estado de São Paulo (Keifer, 1972), não tendo ainda sido relatado em outras regiões. Encontrado em folhas, flores e frutos. Causa bronzeamento das pétalas de fruteira-do-conde, podendo isso resultar na queda de flores; em frutos novos, também causa o bronzeamento de áreas que mais tarde tornam-se suberosas.

Tenuipalpidae

Ácaros-planos [*Brevipalpus phoenicis* (Geijskes) *sensu lato* e *Tenuipalpus annonae* De Leon] (Figura 9.28)

Ver detalhes sobre *B. phoenicis sensu lato* em "Citros" (p. 244). No Brasil, constatado em espécies de *Annona* nos Estados de Pernambuco (Moraes & Flechtmann, 1981) e São Paulo (Paschoal, 1971a). Os danos causados à gravioleira em Pernambuco, intenso bronzeamento de frutos, são considerados importantes (M.G.C. Gondim Jr., informação pessoal).

Figura 9.28 Danos causados por *Brevipalpus phoenicis sensu lato* à graviola.

Tenuipalpus annonae foi descrito no México (De Leon, 1957). No Brasil, encontrado em anonáceas na Bahia, Maranhão, Pernambuco e Rio Grande do Norte (Sousa, 2008).

Tetranychidae

Ácaro-rajado (*Tetranychus urticae* Koch)

Ver detalhes em "Algodoeiro" (p. 163). No Brasil, relatado em anonáceas em Pernambuco (Sousa, 2008).

Ácaro-verde (*Atrichoproctus uncinatus* Flechtmann)

Ver detalhes em "Seringueira" (p. 163). Encontrado em anonáceas na Bahia e em Pernambuco.

Ácaros-vermelhos [*Tetranychus desertorum* Banks, *T. mexicanus* (McGregor) e *T. neocaledonicus* André]

Ver detalhes sobre essas espécies em "Algodoeiro" (p. 224). *Tetranychus mexicanus* foi relatado em anonáceas nos Estados de Pernambuco, Rio de Janeiro, Santa Catarina e São Paulo. A biologia desse ácaro foi estudada por Sousa *et al.* (2010) em araticum, graviola e pinha, a 27°C. De acordo com os autores, embora o desenvolvimento e a reprodução fossem satisfatórios nas três espécies, diferenças significativas foram observadas. O desenvolvimento da fase imatura variou de cerca de 10 dias em *A. coriaceae* e *A. muricata* a 12 dias em *A. squamosa*; a fecundidade total foi de apenas 39 ovos por fêmea em *A. coriaceae*, 65 em *A. squamosa* e 99 em *A. muricata*; com isso, a razão intrínseca de crescimento populacional foi de 0,170 em *A. squamosa*, 0,210 em *A. coriaceae* e 0,240 em *A. muricata*. De acordo com Sousa (2008), esse ácaro aparentemente causa danos econômicos às anonáceas.

No Brasil, *T. desertorum* foi relatado em anonáceas na Bahia e em Pernambuco, enquanto *T. neocaledonicus* foi relatado em Pernambuco (Sousa, 2008).

Mononychellus vilaricensis Paschoal

Conhecido apenas da descrição original (Paschoal, 1971b), de Minas Gerais.

Oligonychus anonae Paschoal

Descrito no Estado de São Paulo (Paschoal, 1970a), sem comentários sobre sua cor ou danos causados aos hospedeiros (*Annona muricata* L., *Persea americana* Mill. e *Vitis vinifera*). Após a descrição, foi relatada na literatura apenas uma vez (Mendonça *et al.*, 2011), em Minas Gerais, em *Annona squamosa* L. Aparentemente não é uma espécie economicamente importante.

Ácaro-marrom [*Oligonychus punicae* (Hirst)]

Ver detalhes em "Abacateiro" (p. 230). Relatado em anonáceas em Pernambuco.

Outros ácaros

Uma espécie nova de *Daidalotarsonemus* De Leon e uma espécie nova de *Fungitarsonemus* Cromroy (ambas Tarsonemidae), coletadas em anonáceas, foram descritas por Sousa *et al.* (2014). Além das espécies citadas, diversas outras foram relatadas por Sousa *et al.* (2015), incluindo espécies predadoras (principalmente da família Phytoseiidae, mas também Ascidae, Bdellidae, Iolinidae e Stigmaeidae), além de Tydeidae e espécies de Tarsonemidae (essa, incluindo *Tarsonemus confusus* Ewing e três espécies de *Daidalotarsonemus*), sendo Iolinidae a mais numerosa.

BANANEIRA (*Musa* spp., MUSACEAE)

Cultura de grande importância no Brasil, que pode ser severamente atacada por certos ácaros fitófagos.

Tenuipalpidae

Ácaros-planos [*Brevipalpus phoenicis* (Geijskes) *sensu lato*, *B. tuberellus* De Leon e *B. yothersi* Baker]

Ver detalhes sobre *B. phoenicis sensu lato* e *B. yothersi* em "Citros" (p. 244). Espécies relatadas em bananeira nos Estados de Pernambuco (Vasconcelos *et al.*, 2005) e São Paulo (Ehara, 1966; Paschoal, 1971a), aparentemente sem causar danos significativos. Nascimento *et al.* (2023) relataram também a ocorrência de *B. yothersi* na Bahia, sem se referir aos danos causados.

Brevipalpus tuberellus foi descrito no México (De Leon, 1960). Foi relatado na Bahia (Nascimento *et al.*, 2023), também sem se referir aos danos causados. Apresenta as setas centrais do histerossoma em forma de folhas, diferindo de outras duas espécies, em que essas são em forma de reduzido bastão (Baker & Tuttle, 1987).

Ácaro-vermelho-das-palmeiras (*Raoiella indica* Hirst)

Ver detalhes em "Coqueiro" (p. 188). No que se refere aos hospedeiros desse ácaro no Brasil, considera-se que a bananeira seja o segundo cultivo mais prejudicado por *R. indica*, ainda que essa não seja um hospedeiro tão favorável ao ácaro quanto o coqueiro (Vásquez *et al.*, 2015).

Em um estudo conduzido em Cuba, Lima *et al.* (2011) determinaram que *R. indica* atingiu a densidade de 100 a 150 ácaros/10 cm² de folha de bananeira. Folhas severamente atacadas mostram extenso amarelecimento marginal, podendo secar em seguida; algumas variedades são pouco e outras muito danificadas. Gómez-Moya *et al.* (2017) classificaram a bananeira (*Musa* × *paradisíaca*) da cultivar 'Prata' como um hospedeiro secundário potencial de *R. indica*, dada a capacidade relativamente baixa de aumento populacional desse ácaro em um experimento conduzido com plântulas dessa variedade. Naquele estudo, determinou-se que a 30°C a duração da fase imatura era de 21,4 dias. Relatado no Estado da Bahia, sem referência sobre seu efeito sobre a cultura (Nascimento *et al.*, 2023).

Tetranychidae

Ácaros-vermelhos [*Allonychus braziliensis* (McGregor), *Tetranychus abacae* Baker & Pritchard, *T. cinnabarius* (Boisduval), *T. desertorum* Banks, *T. mexicanus* (McGregor) e *T. neocaledonicus* André] (Figura 9.29)

Tetranychus abacae foi descrito da Costa Rica e de Honduras (Baker & Pritchard, 1962), sendo depois relatado em países sul-americanos e ilhas do Caribe. No Brasil, tem sido relatado em banana nos Estados do Amazonas, Amapá, Bahia, Minas Gerais, Paraná, Pernambuco e São Paulo. Seus hospedeiros restringem-se às famílias Heliconiaceae e Musaceae.

Ver detalhes de *A. braziliensis* em "Seringueira" (p. 224), de *T. cinnabarinus* em "Citros" (p. 244), de *T. desertorum*, *T. mexicanus* e *T. neocaledonicus* em "Algodoeiro" (p. 163). Essas espécies foram constatadas em bananeira nos seguintes estados: *A. braziliensis*, Minas Gerais e Pernambuco (McGregor, 1950; Moraes & Flechtmann, 1981); *T. cinnabarinus*, São Paulo (Paschoal, 1971a); *T. desertorum*, Rio de Janeiro, Paraíba e São Paulo (Flechtmann, 1967a, 1996; Paschoal, 1970b; Flechtmann & Baker, 1975; Moraes & Flechtmann, 1981; Setten *et al.*, 1982); *T. mexicanus*, Amazonas, Bahia e Paraíba (Flechtmann & Abreu, 1973; Moraes & Flechtmann, 1981; Vasconcelos, 2011); *T. neocaledonicus*, Bahia e Fernando de Noronha (Flechtmann, 1987; Moraes & Flechtmann, 1981).

As três espécies de *Tetranychus* produzem bastante teia, que pode ser vista facilmente na face inferior do limbo foliar durante períodos secos e de temperatura elevada. Quando a população é muito alta, frequentemente pode-se ver a teia ligando folhas diferentes da mesma planta, na região apical. Em nossas condições, esses ácaros normalmen-

Figura 9.29 Danos causados por *Tetranychus abacae* à bananeira (ver grande quantidade de teia produzida pelo ácaro) (gentileza de M.R. Bellini).

te não causam prejuízos muito significativos. *Tetranychus abacae* e *T. desertorum* têm sido relatados em altas populações na região de Recife (Gondim Jr. & Oliveira, 2001b) e em diferentes regiões do Estado de São Paulo (Flechtmann, 1996; Setten *et al.*, 1982), respectivamente.

Paschoal (1971a) também listou *Tetranychus andrei* Baker & Pritchard em bananeiras, no Estado de São Paulo.

CAJAZEIRA (*Spondias mombin* L., ANACARDIACEAE)

Diptilomiopidae

Microácaro-das-folhas-da-cajazeira (*Davisella spondias* Reis & Navia e *Solivagus alpha* Reis & Navia)

Ambas as espécies originalmente descritas de exemplares coletados em Pernambuco (Reis *et al.*, 2010). Ambulantes, que preferem a face inferior das folhas, não causando sintomas de ataque. *Davisella spondias* foi a espécie mais numerosa no estudo de Sousa *et al.* (2013), no Amapá.

Tenuipalpidae

Ácaro-plano (*Tenuipalpus uvae* De Leon)

Descrito no México (De Leon, 1962) e relatado no Brasil nos Estados do Amapá e Pernambuco (Mineiro *et al.*, 2014). Espécie também encontrada em cajazeira no estudo de Sousa *et al.* (2013). Salas & Ochoa (1986) mencionaram que *T. uvae* causa fissuras na epiderme dos frutos na Costa Rica, o que não tem sido reportado nos estudos conduzidos no Brasil.

CAJUEIRO (*Anacardium occidentale* L., ANACARDIACEAE)

Diptilomiopidae

Microácaro-bicudo [*Davisella globosa* (Keifer)]

Descrito de exemplares coletados no Estado de São Paulo (Keifer, 1969a), sendo posteriormente também relatado nos Estados de Alagoas, Pernambuco, Rio Grande do Norte e São Paulo, somente em folhas de cajueiro. Não tem sido relatado em outros países. Ácaro ambulante, encontrado em altos níveis populacionais em Pernambuco, ocasionalmente causando danos significativos à cultura (Arruda & Aquino, 1970; Gondim Jr. & Oliveira, 2001b).

Eriophyidae

Microácaro-das-flores (*Aceria rossettonis* Keifer)

Descrito no Estado de São Paulo, de cajueiro (Keifer, 1969a). Também relatado desse hospedeiro em Pernambuco. Na época do florescimento, pode ser encontrado sob as pétalas mais externas e as sépalas. Atacando principalmente as sépalas e o pedúnculo floral, determina inicialmente um aspecto clorótico e depois bronzeado dessas partes. A seguir, as flores atacadas podem cair, às vezes provocando a morte de toda a inflorescência. Os sintomas podem ser confundidos com os da antracnose (Arruda & Aquino, 1970; Flechtmann, 2001b).

Microácaros-das-folhas (*Calacarus decoratus* Flechtmann e *Mesalox abathus* Keifer)

Pouco se conhece a respeito destas espécies, coletadas em folhas de cajueiro, ambas descritas do Estado de São Paulo, de cajueiro (respectivamente Flechtmann, 2001b e Keifer, 1969b); *M. abathus* também foi relatada em Pernambuco e Rio Grande do Norte. Ácaros ambulantes, que aparentemente podem causar bronzeamento da superfície superior e inferior das folhas, respectivamente (Flechtmann, 2001b).

Tenuipalpidae

Ácaros-planos [*Brevipalpus phoenicis* (Geijskes) *sensu lato* e *Tenuipalpus anacardii* De Leon]

Ver detalhes sobre *B. phoenicis sensu lato* em "Citros" (p. 244). Essa espécie foi relatada em cajueiro em Pernambuco (Vasconcelos *et al.*,

2005) e São Paulo (Paschoal, 1971a). Na América Central, tem sido encontrada em folhas, ramos e pseudofrutos de caju, causando manchas marrons alongadas, que progridem para lesões, provavelmente em função da ocorrência do ataque na fase de crescimento daqueles órgãos (Ochoa *et al.*, 1994).

Tenuipalpus anacardii foi descrito da Guiana (De Leon, 1965a), tendo sido encontrado no Ceará e em Pernambuco (Moraes & Flechtmann, 1981; Vasconcelos *et al.*, 2005). Vive na face inferior das folhas de *Anacardium* spp., onde pode atingir níveis elevados na estação seca. Contudo, pouco se sabe sobre sua importância econômica para a cultura.

Tetranychidae

Ácaro-vermelho [*Tetranychus mexicanus* (McGregor)]

Ver detalhes em "Algodoeiro" (p. 163). Relatado em cajueiro no Estado de São Paulo.

CAQUIZEIRO (*Diospyros kaki* L., EBENACEAE)

Eriophyidae

Microácaro (*Aceria diospyri* Keifer)

Descrito na Califórnia (Keifer, 1944) e relatado posteriormente apenas no Estado de São Paulo, sistematicamente em gemas florais e pedúnculos de frutos pequenos de caquizeiro. Aparentemente, causa danos significativos a essa cultura. Em experimentos relatados por Rossetto *et al.* (1971), observou-se a produção 17,4% menor em plantas com a incidência desse ácaro.

Tenuipalpidae

Ácaro plano [*Brevipalpus phoenicis* (Geijskes) *sensu lato*]

Ver detalhes em "Citros" (p. 244). Populações elevadas desse ácaro foram constatadas em folhas e frutos de plantas isoladas de caqui na região semiárida do Nordeste.

CARAMBOLEIRA (*Averrhoa carambola* L., OXALIDACEAE)

Tenuipalpidae

Ácaro-plano (*Brevipalpus yothersi* Baker)

Ver detalhes em "Citros" (p. 244). Relatado na Bahia, sem se referir aos danos causados à cultura (Nascimento *et al.*, 2023).

Tetranychidae

Ácaro-vermelho [*Tetranychus mexicanus* (McGregor)]

Ver detalhes em "Algodoeiro" (p. 163). Relatado em caramboleira no Estado de São Paulo, sem causar danos significativos.

CITROS (*Citrus spp.*, RUTACEAE)

Dada a importância dessa cultura no Brasil, há um considerável volume de informações relativas aos ácaros sobre essa encontrados. Infelizmente, a chegada do *greening* ao país levou muitos produtores a adotarem práticas de controle que não seguem os princípios do manejo integrado, atentando ao papel dos inimigos naturais razoavelmente bem conhecidos nessa cultura no Brasil. Algumas das principais fontes consultadas na preparação desta seção foram: Andrade *et al.* (2014), De Negri (1987), Oliveira (1993), Oliveira & Donadio (1995), Parra *et al.* (2003), Rodrigues & Oliveira (2005), Sato & Raga (1998) e Silveira (1987). Além dessas, também deve ser considerado o trabalho de Matioli *et al.* (2002), em que apresentam os ácaros Stigmaeidae e Eupalopsellidae encontrados em citros nesse país.

Eriophyidae

Ácaro-das-gemas [*Aceria sheldoni* (Ewing)] (Figura 9.30)

Descrito na Califórnia (Ewing, 1937); com ampla distribuição mundial. Pelo fato de ser favorecido por altos níveis de umidade, é mais comum no litoral dos principais estados produtores de citros no Brasil, sendo, porém, também encontrado no interior da Bahia (Moraes & Flechtmann, 1981).

Figura 9.30 Danos causados por *Aceria sheldoni* às folhas (gentileza de H.N. Negri) e frutos de citros.

Esbranquiçado, encontrado exclusivamente em citros, nas gemas que originam folhas ou frutos, onde se alimentam, causando deformações daqueles órgãos. Ataca diversas variedades, mas causa danos mais significativos às variedades de limas ácidas. Seu ataque promove o aumento no nível de fenóis e a diminuição da ação de auxinas, podendo ainda ocorrer morte das gemas.

Sternlicht (1970) estudou a biologia dessa espécie, determinando que a duração de uma geração (ovo a ovo) foi menor em plântulas (7 a 10 dias) que em frutos (13 a 16 dias), a 25°C. Aquele autor determinou ser de 6 a 12 ovos a fecundidade média de cada fêmea no laboratório, em diferentes variedades de citros.

Ácaro-da-falsa-ferrugem [*Phyllocoptruta oleivora* (Ashmead)] (Figura 9.31)

Descrito na Flórida (Ashmead, 1879); com ampla distribuição mundial. No Brasil, tem sido relatado nos Estados do Amapá (Mineiro *et al.*, 2009b), Amazonas, Bahia, Minas Gerais, Rio de Janeiro, Rio Grande do Sul, Santa Catarina, São Paulo e Sergipe.

Ácaro de suma importância no Brasil e em vários outros países, sendo restrito aos citros como hospedeiros. McCoy (1996) considerou-o de forma geral a principal praga de citros em todo o mundo. Logicamente, sua importância varia de um lugar a outro, dependendo das condições climáticas e de outros fatores do ambiente. É favorecido pelo clima quente e úmido, sendo de considerável importância na Flórida, onde os níveis de umidade nas regiões citrícolas são quase sempre elevados. De maneira geral, parece ser a segunda espécie de ácaro-praga em importância em citros no Brasil. No Estado de São Paulo, o ácaro pode ocorrer durante todo o ano, mas sua densidade é maior nos meses de maior pre-

Figura 9.31 Danos causados por *Phyllocoptruta oleivora* ao citros.

cipitação (Puzzi & Veinert, 1968; Oliveira, 1993). Como esperado, tomando em conta sua preferência climática, essa é a espécie de ácaro fitófago predominante no Amazonas (Bobot *et al.*, 2011).

Sua biologia foi estudada no Brasil por Oliveira (2000), que determinou ser de cerca de sete dias a duração da fase imatura, e de cerca de 13 ovos a fecundidade média de cada fêmea, a 25°C. De cor amarelada a marrom, vive sobre ambas as faces das folhas e sobre os frutos. As maiores infestações ocorrem na parte externa das plantas e principalmente nos frutos, evitando, porém, a exposição ao sol. As folhas mais atacadas são as mais jovens, de cor verde intensa, que ficam com manchas de coloração escura, denominadas de "mancha graxa", principalmente na face inferior ou nas bordas. Nos frutos atacados, as células da epiderme entram em colapso, modificando sua cor ao longo do crescimento; quando ainda jovens, os frutos atacados tornam-se "enferrujados", mas quando o ataque ocorre tardiamente, tornam-se "bronzeados" (Albrigo & McCoy, 1974). Essa diferença deve estar relacionada à ocorrência ou não do crescimento dos frutos após o início do ataque do ácaro e à mortalidade das células atacadas. A alimentação do ácaro causa a produção de etileno (C_2H_4), que pode estimular a mudança de cor das folhas e frutos, que ocorre em sincronia com a formação de lignina durante o aparecimento do tecido de cicatrização e a provável oxidação de substâncias no citoplasma de células da epiderme. Em limão e pomelo, a superfície dos frutos atacados torna-se prateada.

Como resultado do ataque do ácaro, além dos danos "cosméticos", pode haver ainda um aumento de perda d´água pelos frutos e mesmo sua queda prematura. O gosto pode ser alterado, pela concentração de açúcares, ácidos, etanol e acetaldeído (McCoy, 1996). Na Bahia, verificou-se que o ácaro pode aumentar a queda dos frutos, assim como reduzir seu peso, volume e conteúdo de suco (Nascimento *et al.*, 1984).

Microácaro-marrom (*Tegolophus brunneus* Flechtmann)

Descrito a partir de exemplares coletados no Estado de São Paulo (Flechtmann, 1999), em associação com o ácaro-da-falsa-ferrugem. Em seguida, Bobot *et al.* (2011) o relataram em níveis populacionais elevados no Amazonas, o que sugere sua preferência por altos níveis de umidade, assim como também verificado para *P. oleivora*. Foi ainda constatado no Acre (D. Návia, informação pessoal), sobre mudas de citros aparentemente levadas do Estado de São Paulo. Isso alerta ao cuidado necessário no transporte de mudas de uma região a outra do país, para reduzir a possibilidade de dispersão de organismos fitófagos e patógenos. No estudo realizado por Morais (2019) em diferentes cultivos em Minas Gerais e São Paulo, esse ácaro só foi encontrado na variedade de lima ácida "Thaiti", não sendo observado nas outras variedades de citros.

Uma espécie muito próxima, *Tegolophus australis* Keifer, é considerada uma "praga de pequena importância" em laranjas e pomelos na Austrália (Jeppson *et al.*, 1975).

Tarsonemidae

Ácaro-branco [*Polyphagotarsonemus latus* (Banks)] (Figura 9.32)

Ver detalhes em "Algodoeiro" (p. 163). Essa espécie é considerada praga ocasional dos citros no Estado de São Paulo, atacando as folhas mais jovens, principalmente em viveiros de produção de mudas (Oliveira, 1993). Essas folhas tornam-se deformadas e sua face inferior adquire aspecto corticoso. Frutos de laranja infestados tornam-se geralmente prateados, podendo apresentar tamanho menor que frutos não atacados (Oliveira, 1993). Frutos de limão e tangerina infestados também se tornam prateados, de onde vem o termo "ferrugem prateada", usado nesse caso (Flechtmann, 1979). Os níveis mais elevados são usualmente atingidos de fevereiro a maio, época em que as plantas ainda não se encontram sob estresse hídrico. É interessante notar que apesar disso,

Figura 9.32 Danos causados por *Polyphagotarsonemus latus ao* limão.

esse ácaro não foi relatado em citros nos estudos feitos por Bobot *et al.* (2011) e Ferreira *et al.* (.2018) no Amazonas.

Tenuipalpidae

Ácaros-da-leprose-do-citros [*Brevipalpus phoenicis sensu lato* (segundo Beard et al., 2015), *Brevipalpus phoenicis* (Geijskes) *sensu stricto*, *B. papayensis* Baker e *B. yothersi* Baker] (Figuras 9.33 e 9.34)

Vermelho-acinzentados ou vermelho-amarelados, achatados, pernas com distintas constrições ao longo dos segmentos. Atenção especial deve ser dada à interpretação dos nomes "ácaro-da-leprose--dos-citros" e *"Brevipalpus phoenicis"* encontrados na literatura. Na verdade, esses nomes se referem a um grupo de espécies.

No grupo estabelecido por Beard *et al.* (2015), *B. phoenicis sensu stricto* parece ser a espécie menos comum em citros no Brasil, sendo *B. papayensis* ocasionalmente encontrado nessa cultura, enquanto *B. yothersi* parece ser a espécie mais comum nessa cultura no país (Ochoa *et al.*, 2016). *Brevipalpus papayensis* e *B. yothersi* foram recentemente relatadas em citros no Estado da Bahia por Nascimento *et al.* (2023).

No mundo todo, são conhecidos mais de 80 gêneros de plantas sobre os quais espécies identificadas como *B. phoenicis* (*sensu lato*) foram relatadas. Em uma avaliação relativamente extensa em plantas cultiva-

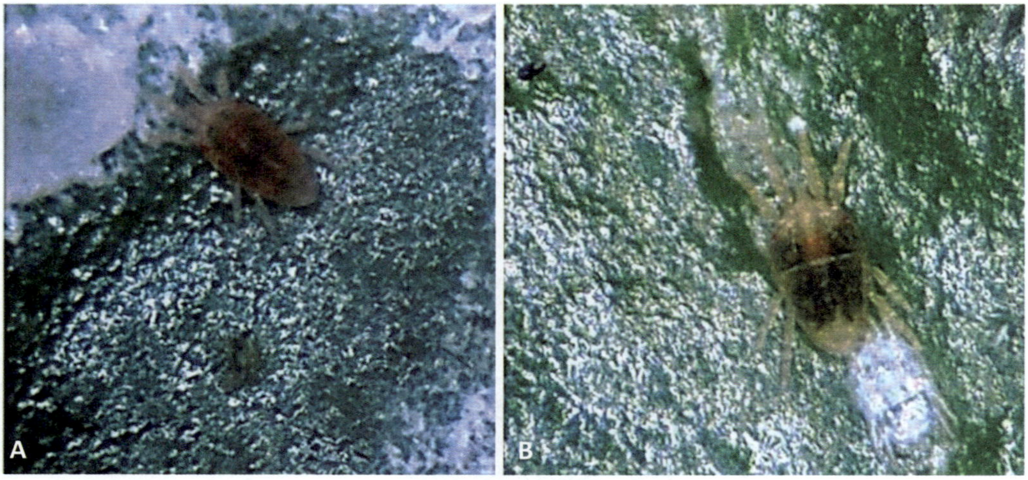

Figura 9.33 Ácaros-da-leprose-do-citros. (A) *Brevipalpus yothersi*. (B) *Brevipalpus papayensis* (Gentileza de J.L.C. Mineiro, M.E. Sato e M.R. Vieira).

das ou de ocorrência espontânea em pomares cítricos, assim como em plantas ornamentais no Estado de São Paulo, Trindade & Chiavegato (1994) constataram a espécie identificada na época como *B. phoenicis* (*sensu lato*) em 34 espécies vegetais. Em plantas cítricas especificamente, todos os ácaros encontrados por aqueles autores foram identificados como *B. phoenicis* (*sensu lato*).

No Brasil, ácaros do grupo *phoenicis* são de maior importância em citros que outras espécies do mesmo gênero, pelo fato de serem transmissores do vírus-da-leprose (também transmitido por *Brevipalpus californicus* (Banks), como citado a seguir, em outros países) e da clorose-zonada. A leprose é causada por um vírus de ação localizada, que afeta folhas, ramos e frutos. Dois tipos de citopatologia têm sido causados pelo vírus-da-leprose-dos-citros, o "tipo nuclear" e o "tipo citoplasmático". No primeiro caso, estruturas conhecidas como "viroplasma" são encontradas nos núcleos das células infectadas, enquanto no segundo caso, essas são encontradas nas cisternas do retículo endoplasmático das células infectadas (Kitajima *et al.*, 2003a). Após o estabelecimento dos atuais conceitos taxonômicos por Beard *et* al. (2015), Ochoa *et al.*

Figura 9.34 Sintomas da leprose-dos-citros. (A) Folhas. (B) Ramos. (C) Fruto (gentileza de H.N. de Oliveira).

(2016) afirmaram que dentro do grupo *phoenicis*, *B. yothersi* é o vetor predominante do vírus-da-leprose e que esse ácaro no México predomina em áreas mais quentes (de menor altitude), aí transmitindo o vírus do tipo citoplasmático.

'Pera, Natal e Valência' são as variedades mais susceptíveis. 'Limão-cravo, limão-galego, limão-siciliano, murcote, pomelo, ponkan e tangerina' são variedades raramente afetadas pela leprose. Os sintomas tornam-se visíveis 15 a 60 dias após a infecção (Chiavegato & Salibe, 1984).

Todos os estágios evolutivos pós-embrionários conseguem transmitir o vírus, não havendo diferenças significativas entre os distintos estágios de desenvolvimento quanto à eficiência na transmissão (Chiavegato *et al.*, 1997). No entanto, a transmissão transovariana não foi observada (Chiavegato, 1993).

Em condições naturais, sem a aplicação de acaricidas, o ácaro-da-leprose-do-citros ocorre igualmente em toda copa da laranjeira (Bazzo & Bassanezi, 2016). Aparentemente, devido à pressão exercida pelos acaricidas, esses ácaros são encontrados com maior frequência na parte interna da planta, onde provavelmente são menos afetados por esses (D.J. de Andrade, informação pessoal). Bazzo & Bassanezi (2016) encontraram os maiores números do ácaro nos frutos desenvolvidos e próximos à maturação; na ausência desses, a frequência de ácaros foi igual nos frutos, ramos e folhas. Tem sido verificado que frutos com verrugose são preferidos por esses ácaros em comparação com frutos sem verrugose, ramos e folhas (Chiavegato & Kharfan, 1993). Isso aparentemente se deve ao fato de as lesões proverem micro-hábitats adequados ao abrigo do ácaro. Ao mesmo tempo, a presença de verrugose reduz os problemas da leprose, provavelmente pela menor movimentação do ácaro nos frutos, resultando em menor dispersão do vírus (Barreto *et al.*, 1990; Albuquerque *et al.*, 1995; Barreto & Pavan, 1995). Boaretto & Chiavegato (1994) demonstraram que esses ácaros não perdem a capacidade de transmitir o vírus da leprose mesmo quando mantidos por pelo menos seis dias em folhas sadias de citros ou café, antes de ser transferido para novas plantas, que foram então infectadas. Verificaram também que ácaros sadios foram capazes de adquirir o vírus após se alimentarem de plantas sem sintomas, das quais ácaros infectados haviam previamente se alimentado.

Chiavegato (1986) observou que a duração da fase imatura de *B. phoenicis sensu lato* foi um pouco menor quando o ácaro se desenvolveu sobre frutos (14,4 dias) que sobre folhas (17,6 dias) de laranja da variedade Pera Rio. Ao mesmo tempo, a fecundidade foi consideravelmente maior quando o ácaro foi mantido em frutos (39,2 ovos) que em folhas

(8,6) da mesma variedade. Vide "Azaleia" para outras informações sobre a biologia das espécies aqui citadas.

Espécies do grupo *phoenicis* são encontradas em diversos estados brasileiros, podendo ser encontrados durante todo o ano em plantas cítricas. Entretanto, no Estado de São Paulo, seus níveis populacionais são mais elevados nos períodos de chuvas mais escassas (abril a setembro), quando a umidade do ar diminui. É esse também o período em que as temperaturas são mais baixas. Parece que o aumento da população de ácaros do grupo *phoenicis* nesse período seja determinado principalmente pela predominância dos frutos na época de abril a setembro. Embora temperaturas mais altas sejam mais favoráveis ao desenvolvimento desse ácaro, as baixas temperaturas que prevalecem de abril a setembro não chegam a impedir seu crescimento populacional maior nos frutos (Oliveira, 1995). Espécies do grupo *phoenicis* têm sido relatadas na região Amazônica, onde a temperatura e a precipitação pluviométrica são elevadas quase todo o ano, tanto no Amazonas (Bobot *et al.*, 2011; Ferreira *et al.*, 2018) quanto no Amapá (Mineiro *et al.*, 2009b), às vezes em níveis relativamente elevados (Bobot *et al.*, 2011). Assim como em outras partes do país, também no Amazonas, espécies do grupo *phoenicis* foram relatadas como os *Brevipalpus* predominantes em citros.

Uma discussão pormenorizada das diferentes formas de controle de espécies do grupo *phoenicis* em citros no Estado de São Paulo foi apresentada por Sato & Raga (1998), incluindo uma lista dos produtos químicos então recomendados para esse fim. O uso extensivo de produtos químicos para o controle desses ácaros pode levar à seleção de populações altamente resistentes à sua ação. Gravena *et al.* (2005) apresentaram sugestões para minimizar esse processo, destacando que na tomada de decisão sobre o produto a ser usado no controle desse ácaro, deve-se analisar o histórico de pulverização na área, optando-se pela rotação de acaricidas de grupos químicos e mecanismos de ação distintos, para os quais o ácaro não apresente resistência cruzada ou múltipla.

Outros ácaros-planos [*Brevipalpus californicus* (Banks) e *B. obovatus* Donnadieu]

Morfologicamente semelhantes às espécies do grupo *phoenicis*. *Brevipalpus obovatus* foi descrito da França por Donnadieu (1875) e *B. californicus*, da Califórnia, por Banks (1904). Características morfológicas desses ácaros são apresentadas no final da página 79 e início da página 80. Ochoa *et al.* (2016) consideraram que os relatos de *B. californicus* em citros e em outras culturas dos países latino-americanos possam se referir a ainda um outro grupo de espécies similares entre si.

No estudo de Trindade & Chiavegato (1994), *B. obovatus* e *B. californicus* foram encontrados em apenas oito e três espécies de ornamentais, respectivamente, o que indica serem essas muito menos comuns que as espécies do grupo *phoenicis*. Em plantas cítricas especificamente, aqueles autores não encontraram *B. californicus* ou *B. obovatus*, embora Paschoal (1971a) os houvesse relatado na cultura, nos Estados da Bahia e São Paulo. Segundo Ochoa *et al.* (2016), *B. californicus* tem sido constatado como vetor de menor importância do vírus da leprose em países latino-americanos. No México, esse ácaro predomina em áreas de clima mais ameno (de maior altitude), transmitindo o vírus do tipo nuclear. No Amazonas, *B. obovatus* foi a segunda espécie desse gênero mais comum em citros, sendo *B. californicus* encontrado em baixíssimos níveis.

Tetranychidae

Ácaro-amarelo-esverdeado (*Aponychus chiavegatoi* Feres & Flechtmann)

Descrito de exemplares coletados de citros no Estado de São Paulo (Feres & Flechtmann, 1988). Fêmeas de cor amarelo-esverdeada, com manchas verde-escuras na margem do idiossoma; pernas proporcionalmente longas. Os ovos são achatados na face superior, de onde se projeta uma estrutura coniforme central, a qual termina por um filete. Infesta preferencialmente a face superior das folhas, localizando-se em depressões ou em locais próximos às nervuras, não tecendo teia. Aparentemente não causa danos consideráveis à cultura.

Ácaro-hindu [*Schizotetranychus hindustanicus* (Hirst)] (Figura 9.35)

Descrito de exemplares coletados em citros na Índia (Hirst, 1924), sendo apenas no início deste século encontrado no Brasil, Irã e Venezuela, em poucas espécies vegetais, mas incluindo monocotiledôneas e dicotiledôneas; no Brasil, sua preferência por citros é conspícua. Foi relatado pela primeira vez no Brasil por Navia & Marsaro Jr. (2010), em Roraima, que faz fronteira com a Venezuela, país em que severos danos foram relatados em citros. Em outubro de 2018, foi incluído na lista de Pragas Quarentenária Presentes para o Brasil (Brasil, 2018a), citando-se sua presença em Roraima.

Uma revisão sobre aspectos biológicos, ecológicos e de controle dessa espécie foi apresentada por Návia *et al.* (2013a). Adultos e imaturos amarelados ou amarelo-esverdeados. Fêmeas desse ácaro produzem teias formando uma cobertura de contorno circular (1 a 3 mm de diâ-

Figura 9.35 Coberturas de teia em forma de "ninhos" em frutos e folhas de citros feitas por *Schizotetranychus hindustanicus*.

metro) em folhas e frutos de limão Tahiti e galego, embaixo das quais os ovos são depositados. Esses diminutos "ninhos" aumentam em diâmetro à medida que o número de ovos e outros estágios imaturos aumenta; larvas e ninfas são encontradas somente embaixo da teia, enquanto adultos são encontrados aí também assim como nas proximidades. Os sintomas e os sinais aparecem inicialmente na face superior das folhas, ao longo da nervura principal, estendendo-se mais tarde para toda a lâmina foliar; nos frutos, tecem a teia sobre pequenas depressões; frutos severamente atacados tornam-se uniformemente prateados e enrijecidos, com consequente queda da qualidade (Quirós de Gonzalez & Geraud-Pouey, 2002).

Todo esforço deve ser dedicado para evitar a dispersão desse ácaro a outras partes do país, onde a produção de citros tem maior expressão, pelo impacto econômico que isso pode representar.

Ácaros-vermelhos [*Oligonychus gossypii* (Zacher), *Tetranychus cinnabarinus* (Boisduval), *T. desertorum* Banks e *T. mexicanus* (McGregor)]

Ver detalhes sobre *O. gossypii* em "Seringueira" (p. 224), *Oligonychus gossypii* foi relatado em citros apenas no Amazonas, em baixos níveis populacionais (Bobot *et al.*, 2011). Como não tem sido citado em citros em outras regiões do globo, é possível que a constatação de Bobot *et al.* (2011) represente um caso esporádico.

Tetranychus cinnabarinus é apenas ocasionalmente encontrada em citros no Brasil. Ver detalhes sobre a distinção entre esta espécie e *Tetranyhcus urticae* Koch à página 82. Assim como *T. urticae*, produz abundante quantidade de teia sobre as folhas atacadas. De acordo com

Jeppson *et al.* (1975), a temperatura ótima para seu desenvolvimento é em torno de 32 °C.

Ver detalhes sobre *T. desertorum* e *T. mexicanus* em "Algodoeiro" (p. 163). *Tetranychus desertorum* foi encontrado apenas uma vez em citros, na Paraíba (Moraes & Flechtmann, 1981). *Tetranychus mexicanus* tem sido relatado em citros comumente nos Estados do Acre, Amazonas, Amapá, Bahia, Minas Gerais, Pernambuco, Rio Grande do Sul, São Paulo e Sergipe; suas fêmeas apresentam cor variável de acordo com a espécie de citros atacada. Podem ser de cor vermelho-alaranjada intensa, quando se desenvolvem sobre folhas de limas ácidas, a verde-pardacentas com pontuações pretas, quando atacam laranjas. Ocorrem principalmente sobre as folhas mais novas, de cor verde menos intensa. De maneira geral, esse ácaro não chega a constituir-se em uma praga em citros, embora seja de ocorrência bastante frequente.

Ácaro-purpúreo [*Panonychus citri* (McGregor)]

Descrito na Flórida, Estados Unidos da América (McGregor, 1916), tendo ampla distribuição mundial, sendo encontrado principalmente em citros, mas também em muitas outras espécies vegetais. No Brasil, tem sido relatado em citros no Amazonas, Rio Grande do Sul e São Paulo. Além de citros, também relatado nesse país apenas em *Croton urucurana* Baillon, feijoeiro e *Melia azedarach* L. (Flechtmann & Moraes, 2017).

É o principal ácaro-praga dos citros na Califórnia. Embora nos primeiros anos após sua primeira constatação no Brasil tivesse causado muita preocupação (Flechtmann & Amante, 1974), é considerada uma praga esporádica. No estudo de Bobot *et al.* (2011) sobre os ácaros em citros no Amazonas, os tetraniquídeos não foram muito abundantes, corroborando o conceito geral de que esses sejam desfavorecidos por níveis altos de umidade. Dentre as espécies por eles encontradas, *P. citri* foi a predominante, mas a níveis populacionais relativamente baixos.

Setas dorsais do idiossoma das fêmeas implantadas em tubérculos da mesma cor geral do corpo (purpúrea). Ovos avermelhados. Ocorre em folhas, frutos e, ocasionalmente, ramos verdes. Infestações severas podem causar a desfolha das plantas, especialmente durante períodos de ventos quentes e secos, quando a planta se encontra sob estresse hídrico (Jeppson *et al.*, 1975). Ataca preferencialmente as folhas dos ramos novos produzidos no ano. Chiavegato (1988) estudou a biologia desse ácaro em folhas e frutos de limão siciliano, a 25°C; determinou que a duração da fase de ovo a adulto foi respectivamente de 13 e 12 dias, enquanto a fecundidade, de 77 e 38 ovos por fêmea.

Estudos conduzidos em várias partes do mundo têm indicado que *P. citri* passa a ser uma praga séria principalmente quando agroquímicos de amplo espectro são utilizados para o controle de outras pragas da cultura. Aplicações de malathion e permethrina podem resultar em aumento da população desse ácaro, devido ao aumento de sua reprodução (Jones & Parrella, 1984). Em nossa própria experiência, notamos que aplicações de pesticidas levaram ao surgimento desse ácaro em níveis detectáveis, mesmo em áreas em que esses níveis eram tão baixos a ponto de passar a ocorrência do ácaro despercebida.

Populações japonesas dessa espécie podem hibernar, mas no Brasil isto não tem sido relatado. Liang & Huang (1994) revisaram os estudos sobre a importância da planta invasora *Ageratum conyzoides* L. (Asteraceae) no controle desse ácaro na China, por servir de substrato alternativo em que seus ácaros predadores podiam ser encontrados durante certas épocas do ano.

Ácaro-texano [*Eutetranychus banksi* (McGregor)]

Descrito na Flórida (McGregor, 1914), de ampla distribuição em países americanos, do Caribe, Espanha, Portugal e Havaí, em muitas espécies vegetais. No Brasil, encontrado em citros nos Estados da Bahia, Minas Gerais, Rio Grande do Sul, São Paulo e Sergipe.

Idiossoma arredondado marginalmente e, diferentemente das espécies da maioria de outros Tetranychidae (exceto os *Schizotetranychus* Trägårdh), achatado dorsoventralmente; varia em cor, de verde-amarelado a marrom. Pernas alongadas, geralmente amareladas. Setas do idiossoma curtas e espatuladas; em um estudo sobre o comprimento dessas, Mattos & Feres (2009) mostrou serem bastante variáveis. Ovos amarelados, postos ao longo da nervura principal das folhas ou em suas margens, principalmente na face superior.

Em folhas de laranja lima, Barbosa *et al.* (2004a) determinaram ser a duração da fase imatura de 13 dias, a fecundidade cerca de 12 ovos por fêmea, sendo a razão intrínseca de crescimento (r_m) de apenas 0,09 fêmea por fêmea por dia, a 26°C. Esses parâmetros foram, entretanto, bastante diferentes dos apresentados por Childers *et al.* (1991), o que provavelmente se deve às diferentes fontes das populações utilizadas para estudo; Barbosa *et al.* (2004a) utilizaram ácaros coletados em mamoeiro no Brasil, enquanto Childers *et al.* (1991) utilizaram ácaros coletados em pomelo nos Estados Unidos da América do Norte. Mattos & Feres (2009) determinaram que a oviposição desse ácaro em citros foi maior que aquela em monguba (*Pachira aquatica* Aubl.), porém consideravelmente menor que aquela em seringueira, dois outros hospedeiros comuns de *T. banksi*. No Brasil usualmente também não chega a se constituir em praga de citros, embora possa em anos de muita seca atingir níveis elevados, especialmente na região Nordeste.

Tydeidae

Ácaro-verde-alaranjado [*Brachytydeus formosus* (Cooreman)]

Descrito em Marrocos (Cooreman, 1958), mas de ampla distribuição mundial e relatado de um grande número de hospedeiros. No catálogo dos ácaros da família Tydeidae, Silva *et al.* (2016b) colocou essa espécie no gênero *Brachytydeus* Thor, mas em muitas publicações anteriores essa era colocada no gênero *Lorryia* Oudemans. No Brasil, relatado nos Estados do Amapá, Rio Grande do Sul e São Paulo (Hernandes *et al.*, 2006; Mineiro *et al.*, 2009b; Silva *et al.*, 2016b).

Encontrado em colônias nos ramos, pedúnculos e limbo foliar. Em ramos e pedúnculos, causa amarelecimento da região atacada, que se torna depois suberificada. O limbo foliar também pode apresentar áreas amareladas devido a seu ataque. No Brasil, não é considerado praga em citros. Em laboratório, tem mostrado longo ciclo biológico (16,4 dias de ovo a adulto) e baixa capacidade reprodutora (menos de um ovo por fêmea a cada dia), a 28°C (Hernandes *et al.*, 2006).

Importância quarentenária

Tetranychus pacificus McGregor

Ácaro da família Tetranychidae descrito nos Estados Unidos da América do Norte (McGregor, 1919), mas também relatado no Canadá e no México, sobre grande número de plantas hospedeiras. Adultos e imaturos amarelados, com manchas escuras no idiossoma, semelhante a *Tetranychus mcdanieli* McGregor. Causa danos muito severos aos citros, devido a uma aparente injeção de toxina nas folhas. No Brasil, foi constatado apenas no porto de entrada em São Paulo, em frutos de pêssego e nectarina importados da Califórnia. Esses foram destruídos logo que constatados, quando ainda em quarentena. No estudo de Carey & Bradley (1982) em algodoeiro, determinou-se para essa espécie que a duração da fase imatura foi semelhante àquela determinada pelos autores para *T. urticae*, sendo a fecundidade (79 ovos por fêmea) e a razão intrínseca de crescimento populacional (0,207 fêmea por fêmea por dia), porém, ligeiramente inferiores.

FIGUEIRA (*Ficus carica* L., MORACEAE)

Eriophyidae

Microácaro [*Aceria ficus* (Cotte)]

Descrito na França (Cotte, 1920); de ampla distribuição mundial. No Brasil, relatado no Estado de São Paulo. Encontrado nas gemas, sobre ambas as superfícies das folhas mais novas e sobre as sépalas. Segundo Zaksevskas (1971), os sintomas resultantes diretamente da alimentação dos ácaros são deformação foliar, leve clorose e bronzeamento. Constatou-se também no Brasil a presença do vírus por ele transmitido, causador do mosaico da figueira (A.S. Costa, não publicado, *in* Rossetto, 1972). Os sintomas devidos a esse vírus são bastante variados: a) mosaico foliar, com aparecimento de manchas verde-pálidas ou amareladas, translúcidas e bem visíveis por transparência, variáveis na forma e na dimensão e presentes em toda a lâmina foliar ou apenas em parte dela; b) assimetria foliar e rugosidade; c) necrose das nervuras e dos tecidos perinervais; d) encurtamento dos internódios; e) mosaico no fruto, aparecendo manchas arredondadas, muitas vezes concentricamente zonadas de cor verde tênue, visíveis quando os frutos estão em formação. Sua importância no Brasil ainda é desconhecida.

Tetranychidae

Ácaro-rajado (*Tetranychus urticae* Koch)

Ver detalhes em "Algodoeiro" (p. 163). Relatado em figueira no Estado de São Paulo.

Ácaro-vermelho (*Tetranychus desertorum* Banks)

Ver detalhes em "Algodoeiro" (p. 163). Encontrado sobre figueira em áreas irrigadas da região semiárida de Pernambuco (Moraes & Flechtmann, 1981).

Tenuipalpidae

Ácaro-plano (*Brevipalpus obovatus* Donnadieu)

Ver detalhes em "Citros" (p. 244). Relatado em figueira no Estado de São Paulo (Paschoal, 1971a).

FRAMBOESA-VERMELHA (*Rubus fruticosus* L.; ROSACEAE)

Essa é uma frutífera importante em diversas regiões do globo terrestre de clima ameno, incluindo a região Sul do Brasil. Em um estudo conduzido por Marchetti & Ferla (2011) no Rio Grande do Sul, monitoramentos mensais de ácaros foram feitos em três cultivares de amora-preta em dois anos consecutivos.

Tetranychidae

Tetraniquídeos (*Neotetranychus asper* Feres & Flechtmann, *Oligonychus yothersi* Baker, *Tetranychus mexicanus* McGregor e *Tetranychus urticae* Koch) (Figura 9.36)

Neotetranychus asper foi descrito no Estado de São Paulo (Feres & Flechtmann, 2000), tendo sido encontrado em outros hospedeiros, nos Estados de São Paulo e Rio Grande do Sul. Em amora-preta, tem sido relatado apenas no Rio Grande do Sul. No estudo de Marchetti & Ferla (2011), correspondeu a 98% de todos os tetraniquídeos encontrados nessa cultura. De acordo com a descrição original, esse ácaro não tece teia e prefere a face inferior das folhas, ao longo das nervuras principais, onde se concentram os tricomas.

Ver detalhes sobre *O. yothersi* em "Erva-mate" (p. 214); essa espécie correspondeu a quase todos os outros tetraniquídeos encontrados por Marchetti & Ferla (2011), pouquíssimos correspondendo a *T. mexicanus*.

Figura 9.36 Danos causados por *Tetranychus urticae* à framboesa-vermelha (gentileza de H. Bremer Neto).

Ver detalhes sobre *T. mexicanus* e *T. urticae* em "Algodoeiro" (p. 163). Baixas populações de *T. urticae* foram encontradas em amora-preta durante a época mais seca do ano (agosto–setembro). *Tetranychus urticae* tece pouca teia nesse hospedeiro, diferentemente do que se observa em outros hospedeiros (exceto em crisântemo).

Tenuipalpidae

Ácaro-plano [*Brevipalpus phoenicis* (Geijskes) *sensu lato*]

Ver detalhes em "Citros" (p. 244). Poucos exemplares dessa espécie foram encontrados por Marchetti & Ferla (2011) nessa cultura, sem referência aos danos causados.

Outros ácaros

Além das espécies acima mencionadas, outras espécies de ácaros fitófagos foram encontradas por Marchetti & Ferla (2011), especialmente da família Tarsonemidae, tendo a maior parte dessas sido identificadas apenas no gênero. No entanto, um grande número de espécies de famílias constituídas por espécies preponderantemente predadoras foi relatado, incluindo Bdellidae, Cunaxidae, Iolinidae, Phytoseiidae e Stigmaeidae. Todas, porém, em baixas densidades.

GOIABEIRA (*Psidium guajava* L., MYRTACEAE)

Frutífera comum em todo o Brasil, que pode ser severamente atacada por ácaros.

Eriophyidae

Microácaros [*Aculus conspicillatus* Flechtmann, *Tegolophus guavae* (Boczek) e *Tetra* sp.]

Aculus conspicillatus foi descrito no Estado de São Paulo (Flechtmann & Moraes, 2003). Distingue-se de outros microácaros por ser escuro, quase negro, carregando uma massa aparentemente cerosa, amorfa e branca no dorso, de dimensão igual ou maior que seu corpo.

Tegolophus guavae foi descrito da Flórida (Boczek, 1960); é uma espécie ambulante que prefere a face inferior das folhas, podendo causar bronzeamento dessas (Flechtmann & Aranda, 1970). Duas espécies de *Tetra* Keifer têm sido relatadas no Brasil, em outros hospedeiros, em ambos os casos predominantemente em brotações, em superfícies com abundantes tricomas; uma delas não causando e outra causando injurias visíveis (Navia *et al.*, 2021). No Brasil, *T. guavae* e *Tetra* sp. foram relatadas apenas no Estado de São Paulo, em goiabeira (Rossetto, 1972; Flechtmann & Moraes, 2003).

Tetranychidae

Ácaro-verde (*Oligonychus psidii* Flechtmann)

Espécie descrita no Estado de São Paulo (Flechtmann, 1967a). Relatada também dos Estados do Amazonas e Bahia. Diferentemente da maioria dos ácaros desse gênero, essa espécie ocorre principalmente na face inferior das folhas. As folhas velhas são as mais atacadas, podendo causar seu bronzeamento e queda prematura. Não têm sido registrados danos significativos à goiabeira por esse ácaro.

Tenuipalpidae

Ácaros-planos [*Brevipalpus phoenicis* (Geijskes) *sensu lato* e *B. yothersi* Baker]

Ver detalhes sobre ambas as espécies em "Citros" (p. 244). No Brasil, espécies do grupo *phoenicis* foram constatadas em goiabeira nos Estados de Pernambuco e São Paulo, causando bronzeamento de frutos, especialmente em Pernambuco. Nascimento *et al.* (2023) referiu-se à ocorrência de *B. yothersi* em goiabeira na Bahia, sem referir-se aos danos causados.

Quirós-Gonzalez & Bravo (1998) consideraram serem esses ácaros sérias pragas da goiabeira na Venezuela, atacando flores e frutos. Guerere & Quirós de Gonzalez (2000) descreveram os danos causados por esses aos frutos, verificando serem maiores os danos na região apical e na época seca. Observaram ainda densidades de mais de 21 ácaros por fruto, em uma época de alta incidência.

LICHIEIRA (*Litchi chinensis* SONN., SAPINDACEAE)

A lichieira é atualmente um cultivo relevante no sudeste do Brasil, especialmente nos Estados de São Paulo e Minas Gerais. Até recentemente, os problemas de pragas nesse cultivo eram pequenos, praticamente dispensando ações de controle (Flechtmann & Ferreira, 2013). Isso, associado ao sabor agradável e ao bom preço dos frutos no mercado brasileiro, fez com que muitos pequenos produtores, assim como pessoas que dispunham de pequenas áreas livres (quintais ou jardins), fossem estimulados a plantar a lichieira.

No entanto, a introdução de um ácaro no final dos anos 2000 mudou aquele cenário, levando à necessidade da condução de pesquisas para amenizar o problema. As informações a seguir apresentadas sobre essa cultura foram extraídas principalmente de Raga *et al.* (2011) e Azevedo *et al.* (2014).

Eriophyidae

Ácaro-da-erinose-da-lichieira [*Aceria litchii* (Keifer)] (Figura 9.37).

Espécie descrita no Havaí (Keifer, 1943), tendo ampla distribuição mundial. Foi constatado pela primeira no Brasil em 2008 (Raga *et al.*, 2008, 2010), no Estado de São Paulo, onde a lichieira é bastante cultivada. Mais recentemente, foi relatada em Minas Gerais (Ferraz *et al.*, 2022).

É uma das principais pragas da lichieira na Austrália, Ásia e Havaí, tendo sido citado como praga quarentenária ausente no território brasileiro na Instrução Normativa 52 do Ministério da Agricultura, Pecuária e Abastecimento, de novembro de 2007 (Brasil, 2007).

Uma revisão sobre aspectos biológicos, ecológicos e de controle dessa espécie foi apresentada por Návia *et al.* (2013a). Ataca folhas, flores e frutos, podendo afetar severamente a produção, estimando-se que possa ser reduzida em 70% a 80%, com um aumento no custo de produção em torno de 20% (Navia *et al.*, 2013a). Ao se alimentar na face inferior das folhas jovens, *A. litchii* causa a proliferação dos tricomas, formando eríneos extensos, inicialmente prateados, passando depois a marrons (Moterani *et al.*, 2011). Os eríneos podem também se formar em outros órgãos vegetais, principalmente nos pecíolos, flores e frutos, quando esses se encontram em fase de crescimento (Revynthi *et al.*, 2023). A

Figura 9.37 Danos causados por *Aceria litchii* à lichieira. (A) Visão geral da planta. (B) Folhas e frutos. (C) Colônia de ácaros.

esse comportamento está ligada a maior atração do ácaro aos brotos não infestados da lichieira, como demonstrado em estudos com o uso de olfatômetros conduzidos por Ataíde *et al.* (2023).

Os eríneos protegem os ácaros, de vez que esses, pelo tamanho reduzido, conseguem viver no interior dos eríneos, mantendo à distância seus principais predadores que, por serem maiores, não conseguem penetrar essas estruturas. Consequentemente, os predadores são com frequência vistos na superfície dos eríneos, esperando pela eventual saída de *A. litchii*, o que ocorre principalmente à medida que as folhas se tornam senescentes, levando os ácaros a se dispersarem. Trabalhos conduzidos em pomares infestados têm mostrado *Amblyseius compositus* Denmark & Muma, *Phytoseius intermedius* Evans & McFarlane ou *Phytoseius woodburyi* De Leon, da família Phytoseiidae, como os predadores mais numerosos, dependendo da região geográfica (Picoli *et al.*, 2010; Azevedo *et al.*, 2013; Ramos, 2019; Ferraz *et al.*, 2022).

No Estado de São Paulo, os níveis populacionais de *A. litchii* são bastante elevados durante a maior parte do ano, sendo os níveis mais baixos observados entre janeiro e março, época de maior precipitação. Milhares de ácaros, esbranquiçados ou avermelhados, podem ser encontrados em uma única folha; são de difícil visualização, pelo tamanho reduzido (no máximo pouco mais de 0,1 mm de comprimento) e por viverem escondidos nos eríneos. Sua visualização é facilitada se folhas atacadas forem destacadas das plantas e deixadas a secar ao ar; depois de pelo menos um dia, os ácaros saem para a superfície dos eríneos para dispersarem. A dispersão se dá principalmente pelo vento, embora tenha sido observado que possam também dispersarem-se sobre abelhas. O desenvolvimento de *A. litchii* de ovo a adulto ocorre em aproximadamente 14 dias (Jeppson *et al.*, 1975).

Os altos níveis da praga sugerem que os predadores a ela associados não estejam conseguindo mantê-la abaixo do nível de dano. Isso tem levado os agricultores a adotarem medidas para seu controle. Uma dessas envolve inicialmente a poda das plantas, com a retirada das folhas atacadas, seguindo-se pela aplicação periódica de acaricidas, especialmente o enxofre (Azevedo *et al.*, 2013).

Tem-se verificado que as diferentes variedades diferem em relação à susceptibilidade ao ácaro. Dentre cinco variedades comparadas no Brasil; Arantes *et al.* (2017) constataram ser 'Bengal' e 'Mauritius' respectivamente de maior e de menor susceptibilidade a *A. litchii*. Além da lichieira, esse ácaro tem sido também relatado em longana (*Dimocarpus longan* Lour.) e rambutan (*Nephelium lappaceum* L.) (Menzel, 2002; Huang, 2008), cultivos menos comuns no Brasil. Mas a identificação dos ácaros relatados em longana foi questionada por Revynthi *et al.* (2023), indicando esses autores a possibilidade de que se trate de uma identificação incorreta. Em outros países, ácaros também constatados em longana são *Eriophyes dimocarpi* Kuang (Eriophyidae), considerada uma das principais pragas da cultura (Tran *et al.*, 2019), *Oligonychus bicolor* (Banks), *O. biharensis* (Hirst) e *O. yothersi* (McGregor) (Tetranychidae) (Vacante, 2016).

Tetranychidae

Ácaro-vermelho [*Tetranychus mexicanus* (McGregor)]

Ver detalhes em "Algodoeiro" (p. 163). Relatado em lichieira no Estado de São Paulo. Aparentemente não causa danos significativos a essa cultura.

Importância quarentenária

Notacaphylla chinensiae Mohanasundaram & Singh

Ácaro da família Eriophyidae, descrito na Índia (Mohanasundaram & Singh, 1988), em lichieira. De acordo com Flechtmann *et al.* (2016), as folhas atacadas apresentam aspecto de ferrugem prateada. Em seu país de origem, pode atingir níveis populacionais de quase 2.000 ácaros/ cm^2 na época seca. Por suas pequenas dimensões, comum para os eriofídeos, o risco de sua introdução no Brasil em material de propagação é considerável.

MACIEIRA (*Pyrus malus* L., ROSACEAE)

Eriophyidae

Ácaro-da-ferrugem-da-macieira [*Aculus schlechtendali* (Nalepa)]

Descrito na Alemanha (Nalepa, 1890); de ampla distribuição mundial. Na Argentina, foi inicialmente referido como *Aculus malivagrans* Keifer, sinônimo júnior de *A. schlechtendali*. Constava da lista de pragas quarentenárias ausentes no Brasil até ser relatado pela primeira vez (Ferla *et al.*, 2018), no Rio Grande do Sul.

Causa o bronzeamento da face inferior das folhas de macieira; as folhas podem também se enrolar longitudinalmente e, assim como os frutos, cair precocemente, podendo ainda afetar a produtividade, assim como o conteúdo de carboidratos e a cor dos frutos (Angeli *et al.*, 2007; Duso *et al.*, 2008; 2010). Podem ser encontrados até 2.000 ácaros por folha. A fase jovem dura cerca de dez dias a 22 °C, e a fecundidade é de 67 a 100 ovos por fêmea.

Nos Estados Unidos da América do Norte, as infestações na primavera são comumente consideradas benéficas, porque o bronzeamento não é tão intenso, mas suficiente para dificultar o aumento da população do ácaro-vermelho-europeu, *Panonychus ulmi* (Koch), que causa danos muito mais severos à macieira. Na Europa, o bronzeamento causado por esse ácaro é muito intenso nos frutos, o que o torna bastante indesejável. Os danos são maiores em plantas jovens. Tem-se determinado que o nível de controle dessa espécie possa chegar a 200 a 300 ácaros por folha (Easterbrook, 1996).

Eriofídeo-das-gemas [*Eriophyes pyri* (Pagenstecher)]

Descrito na Alemanha (Pagenstecher, 1857); de ampla distribuição mundial, encontrado apenas em pereira (hospedeiro do qual foi descrito) e macieira. Mundialmente, existem dois biótipos desse ácaro, um que causa bolhas na face inferior de folhas jovens e outro que vive nas gemas. No Brasil, esse ácaro foi relatado nos Estados do Rio Grande do Sul e São Paulo. Nesse último Estado, foi relatado causando encurtamento de internódios, formação de rosetas devido ao atrofiamento das gemas, diminuição do crescimento e seca do ramo afetado (Chiavegato *et al.*, 1967).

Tarsonemidae

Ácaro-branco [*Polyphagotarsonemus latus* (Banks)]

Ver detalhes em "Algodoeiro" (p. 163). De ocorrência apenas ocasional nessa cultura, no Rio Grande do Sul (Lorenzato *et al.*, 1986).

Tenuipalpidae

Ácaros-planos-vermelhos [*Brevipalpus obovatus* Donnadieu e *B. phoenicis* (Geijskes) *sensu lato*]

Ver detalhes sobre essas espécies em "Citros" (p. 244). Ambas foram relatadas de macieira do Estado de São Paulo (Paschoal, 1971a). A espécie citada na época como *B. phoenicis* foi relatada no Rio Grande do Sul (Lorenzato *et al.*, 1986).

Tetranychidae

Ácaro-rajado (*Tetranychus urticae* Koch)

Ver detalhes em "Algodoeiro" (p. 163). Relatado em macieira principalmente em áreas mais úmidas, nos Estados do Paraná, Rio Grande do Sul, Santa Catarina e São Paulo.

Ácaro-vermelho-europeu [*Panonychus ulmi* (Koch)] (Figura 9.38)

Espécie descrita na Alemanha (Koch, 1836), com relatos de ocorrência em praticamente todas as regiões do mundo onde a macieira é cultivada. Sua primeira constatação no Brasil deve-se a Flechtmann (1967b), que o encontrou em maçãs procedentes da Argentina. Poucos anos mais tarde, Bleicher (1974) o constatou pela primeira vez em pomares brasileiros. Desde então, o ácaro-vermelho-europeu tem sido frequentemente encontrado em elevados níveis populacionais, principalmente no Rio Grande do Sul e em Santa Catarina. Atualmente considerada uma das principais pragas de rosáceas no Brasil, logo depois das moscas-das-frutas.

As fêmeas adultas são semelhantes às do ácaro-purpúreo-dos-citros, *Panonychus citri* (McGregor), distinguindo-se por serem de cor branca os tubérculos em que se implantam as setas do dorso do idiossoma. Ovos avermelhados. Causa bronzeamento das folhas, descoloração de frutos, queda prematura de folhas e redução de produção.

As populações mais altas ocorrem de fins de janeiro a início de março. Existem indicações, entretanto, de que em pomares onde o uso de

Figura 9.38 Danos causados por *Panonychus ulmi* à macieira: folhas atacadas à esquerda e não atacadas à direita; detalhe de uma fêmea do ácaro, no canto inferior direito.

agroquímicos é pequeno, os níveis alcançados pelo ácaro sejam muito baixos. Nas regiões mais frias do globo, passa o inverno na fase de ovo, nos galhos das plantas. No Brasil, a biologia desse ácaro foi estudada por Kovaleski & Vendramim (1993) a 25°C, tendo-se determinado que o período de ovo a adulto foi de aproximadamente 10 dias, e a fecundidade, cerca de 50 ovos por fêmea.

Nos Estados Unidos da América do Norte e Europa, esse ácaro tem sido o organismo central em programas de manejo integrado de pragas em macieiras, estando isso relacionado à utilização de predadores tolerantes/ resistentes aos agroquímicos utilizados nessa cultura contra diferentes pragas (van de Vrie, 1985).

Ácaros-vermelhos [*Tetranychus ludeni* Zacher e *T. mexicanus* (McGregor)]

Ver detalhes sobre essas espécies em "Algodoeiro" (p. 163). *Tetranychus ludeni* foi relatado por Flechtmann (1996) pela primeira vez em macieiras no Brasil, no Rio Grande do Sul, não havendo o autor relatado os danos causados. No mesmo estado, Rode *et al.* (2023) relataram severos danos em mudas de macieiras mantidas em casa-de-vegetação, com o escurecimento de face superior das folhas atacadas. No mesmo estudo, os autores citaram o sucesso do controle desse ácaro com a liberação do fitoseídeo *Phytoseiulus macropilis* (Banks).

Tetranychus mexicanus tem sido relatado em macieira nos Estados de Minas Gerais e São Paulo, sem causar danos significativos.

Importância quarentenária

Ferreira *et al.* (2001) avaliaram a importância quarentenária de ácaros ainda não presentes no Brasil à macieira, destacando as espécies que merecem maior cuidado no sentido de evitar sua introdução no país. Uma das espécies por eles citadas, *Aculus schlechtendali* (Nalepa), deixa de ser relevante nessa listagem, por ter sido constatada no Rio Grande do Sul poucos anos atrás (Ferla *et al.*, 2018), como anteriormente discutido nesta publicação. As espécies seguintes, todas da família Tetranychidae, são ainda consideradas relevantes.

Eotetranychus carpini (Oudemans)

Descrito na Holanda (Oudemans, 1905), de ampla distribuição mundial, em muitos hospedeiros, mas ainda não relatado na América Central ou na América do Sul. Pela origem e distribuição mundial depreende-se que se trata de uma espécie mais bem adaptada a regiões de clima mais ameno, onde causa clorose e deformação de folhas em crescimento. As fêmeas adultas são de coloração amarela.

Tetranychus mcdanieli McGregor

Descrito em Michigan, Estados Unidos da América do Norte (McGregor, 1931) e relatado apenas na América do Norte e na França. Também nesse caso, pela origem e distribuição mundial depreende-se que se trata de uma espécie mais bem adaptada a regiões de clima mais ameno. Fêmeas esverdeadas ou amareladas quando ativas, e alaranjadas e brilhantes quando hibernantes.

Causa descoloração e enrolamento das bordas das folhas, redução do tamanho dos frutos e diminuição do teor de açúcar desses. A 27°C, a duração da fase jovem é de oito dias e a fecundidade é de 120 ovos por fêmea. Essa espécie passa o inverno como fêmeas adultas, sob a casca solta das árvores, terminando a hibernação mais tarde que outras espécies da mesma família.

Tetranychus turkestani (Ugarov & Nikolskii)

Descrito no Uzbequistão (Ugarov & Nikolskii, 1937), de ampla distribuição mundial, atacando várias espécies vegetais. Fêmeas de cor variável de acordo com a cultura atacada, podendo ser verdes, marrom-amareladas ou quase pretas. Produz muita teia. Praga séria de várias culturas em diversos países. No estudo de Carey & Bradley (1982) em algodoeiro, determinou-se para essa espécie que a duração da fase imatura foi semelhante àquela determinada pelos autores para *T. urticae*, sendo a fecundidade (85 ovos por fêmea) e a razão intrínseca de crescimento populacional (0,204 fêmea por fêmea por dia), porém, ligeiramente inferiores.

MAMOEIRO (*Carica papaya* L., CARICACEAE)

Eriophyidae

Microácaro-do-enrolamento-das-folhas (*Calacarus flagelliseta* Flechtmann, Moraes & Barbosa) (Figura 9.39)

Espécie descrita de exemplares coletados em mamoeiro em Pernambuco (Flechtmann *et al.*, 2001), tendo em seguida sido relatado no Espirito Santo, Maranhão e em Minas Gerais. Também constatado no Havaí e no Sultanato de Omã.

As folhas atacadas enrolam-se para cima, podendo se tornar necróticas e secar. Fournier *et al.* (2004) determinaram que esse ácaro ataca inicialmente a face inferior da folha, passando mais tarde para a face superior, quando o estado fisiológico da face inferior se deteriora;

Figura 9.39 Danos causados por *Calacarus flagelliseta* ao mamoeiro (gentileza de F.R. Barbosa).

determinaram também que os estratos mais favoráveis da copa para seu desenvolvimento são o mediano e o inferior. Porém, nada tem sido relatado na literatura sobre a possível importância econômica desse ácaro.

Tarsonemidae

Ácaro-branco [*Polyphagotarsonemus latus* (Banks)] (Figura 9.40)

Ver detalhes em "Algodoeiro" (p. 163). Considerado um dos principais problemas do mamoeiro no Brasil, onde apresenta ampla distribuição, sendo relatado por Paschoal (1971a) em mamoeiro na Bahia, Ceará, Pernambuco, Rio de Janeiro e São Paulo. Provavelmente também ocorra em outros estados em que o mamoeiro é cultivado.

Como consequência de habitarem sempre a região apical do mamoeiro, a alimentação do ácaro-branco produz sintomas que se assemelham a viroses ou a deficiência de boro, com a malformação de folhas, que permanecem pequenas ou crescem irregularmente.

À medida que as folhas mais velhas vão caindo, o mamoeiro fica sem o capitel de folhas, donde o nome "queda do chapéu", sintoma idêntico

Figura 9.40 Danos causados por *Polyphagotarsonemus latus* ao mamoeiro; ver detalhe do ácaro no canto inferior direito (ácaro gentileza de D. Carrillo).

ao causado pela deficiência de boro (Cunha & Haag, 1980). As plantas atacadas podem morrer. O mamoeiro pode se recuperar do ataque e, mais tarde, vir a sofrer nova infestação. O ataque do ácaro resulta em um menor alongamento dos internódios. Assim, pode estimar-se o número de vezes que uma planta foi atacada pelo número de grupos de internódios vizinhos mais curtos que os restantes. Vieira *et al.* (2004) demonstraram a maior ocorrência desse ácaro em mamoeiros durante o período de alta precipitação, no noroeste do Estado de São Paulo.

Tenuipalpidae

Ácaros-planos [*Brevipalpus californicus* (Banks) e *Brevipalpus phoenicis* (Geijskes) *sensu lato*]

Ver detalhes sobre ambas as espécies em "Citros" (p. 244). *Brevipalpus californicus* foi relatado em mamoeiros apenas em Pernambuco (Vasconcelos *et al.*, 2005), enquanto *B. phoenicis sensu lato* tem sido observado em diversos outros estados. Esses não são considerados pragas do mamoeiro, mas eventualmente os frutos podem ser atacados, tornando-se marrom-clara a região atacada, depreciando o valor do produto.

Tetranychidae

Ácaro-rajado (*Tetranychus urticae* Koch) (Figuras 9.41 e 9.42)

Ver detalhes em "Algodoeiro" (p. 163). Também considerado uma das principais pragas do mamoeiro no Brasil, onde apresenta ampla distribuição, tendo sido relatado no Distrito Federal e nos Estados do Amazonas, Bahia, Ceará, Espirito Santo, Goiás, Minas Gerais, Pernambuco, Rio Grande do Norte, Rio Grande do Sul e São Paulo; provavelmente também ocorre em outros estados em que o mamoeiro é cultivado. Normalmente, ataca principalmente as folhas medianas e basais, deixando-as geralmente amareladas devido à retirada dos cloroplastos das células, o que prejudica a fotossíntese e consequentemente a produção da cultura. Além disso, essas folhas podem secar e cair. A maior ocorrência do ácaro-rajado é principalmente nos períodos de baixa precipitação, como observado por Vieira *et al.* (2004).

A biologia desse ácaro em mamoeiro foi estudada por Moro *et al.* (2012) em quatro cultivares de mamoeiro, a 26°C. Considerando as va-

Figura 9.41 Danos causados por *Tetranychus urticae* ao mamoeiro. (A) Forma verde-amarelada do ácaro. (B) Danos na parte abaxial da folha. (C-D) Aspectos de plantas atacadas.

Figura 9.42 Forma vermelho-alaranjada de *Tetranychus urticae* em mamoeiro. (A) Ácaros em dispersão. (B) Danos causados às folhas.

riedades conjuntamente, observou-se que a fase imatura foi em torno de 9 ou 10 dias, a fecundidade total de 25 a 34 ovos por fêmea e a razão intrínseca de crescimento 0,280 a 0,290 fêmea por fêmea por dia.

Os problemas causados por esse ácaro parecem se acentuar quando é feito um manejo incorreto dessa e das pragas associadas. O controle do ácaro-rajado no mamoeiro é realizado quase que exclusivamente com o uso de produtos químicos, muitas vezes tomando como base para aplicação apenas o calendário, ou a simples ausência ou presença do ácaro na área. Porém, existem 25 produtos registrados para essa praga no mamoeiro (Agrofit, 2023), sendo 60% do grupo químico avermectina, o que acarreta sua maior utilização. Essa pode ser uma das causas para o aumento dos problemas com o ácaro-rajado no mamoeiro, pois a aplicação contínua e sem critérios de produtos químicos com o mesmo sítio de ação promove o desenvolvimento da resistência da praga nos cultivos de mamoeiro.

Além desses problemas com sua forma "normal", a partir de 2020, o ácaro-rajado passou a ocupar uma nova dimensão como praga do mamoeiro no norte do Espírito Santo e sul da Bahia, como observado por Castilho *et al.* (2021). Isto se deve a uma alteração radical em seu ciclo biológico, o que o conduziu a uma alteração de comportamento, dificultando ainda mais o seu controle pelos produtores. Na época de junho a setembro, a população passa a se constituir quase que exclusivamente de ácaros adultos vermelho-alaranjados, do sexo feminino, que se concentram-se nas folhas mais jovens do ápice das plantas.

Uma observação desses ácaros ao microscópio óptico mostra que suas estrias cuticulares paralelas são lisas, ao invés de lobuladas como usual. Isto se refere à evolução, em pelo menos parte da população daquelas regiões vizinhas, de um processo semelhante à diapausa. Apesar desses aparentemente alimentarem-se menos (como indicado pelo fato de terem suas usuais manchas escuras laterais menos evidentes), causam danos às folhas em que se concentram, principalmente pela grande quantidade em que ocorrem. Como consequência, o controle desses torna-se mais difícil, em parte pela menor frequência de alimentação e talvez devido a mudanças fisiológicas. A possível causa dessa alteração está sendo atualmente investigada.

Ácaro-espinhoso [*Aponychus schultzi* (Blanchard)]

Descrito na Argentina (Blanchard, 1940); encontrado apenas na América do Sul, em um número relativamente restrito de espécies vegetais, mas pertencentes a diversas famílias de monocotiledôneas e dicotiledôneas. Raramente encontrado em mamoeiro, no Estado de São Paulo. Habita ambas as faces das folhas, aparentemente não causando danos significativos.

Ácaros-vermelhos [*Tetranychus bastosi* Tuttle, Baker & Sales, *T. cinnabarinus* (Boisduval), *T. desertorum* Banks, *T. mexicanus* (McGregor), *T. neocaledonicus* André e *T. tumidus* Banks]

Ver detalhes sobre *T. cinnabarinus* em "Citros" (p. 244) e sobre outras espécies em "Algodoeiro" (p. 163). Relatados em mamoeiros nos seguintes estados brasileiros: *T. bastosi*, Amazonas, Ceará, Minas Gerais, Paraíba e Pernambuco; *T. desertorum*, Ceará, Pernambuco e (em telados) São Paulo; *T. cinnabarinus*, Pernambuco e São Paulo; *T. mexicanus*, Acre, Amazonas, Minas Gerais, Pernambuco e São Paulo, além do Distrito Federal; *T. neocaledonicus*, Ceará e Pernambuco; e *T. tumidus*, São Paulo.

Tetranychus bastosi é encontrado comumente em mamoeiro na região Nordeste (Moraes & Flechtmann, 1981); tem sido relatado no Amazonas em baixos níveis populacionais no mamoeiro. Nas áreas mais secas do Nordeste, essa espécie ocorre com maior frequência em mamoeiro do que o ácaro-rajado. Os danos causados podem ser bastante significativos.

Um estudo comparativo da biologia de *T. bastosi* a 25 °C foi conduzido por Lima (2013). Em mamoeiro, a autora determinou que sua fase foi completada em 11 ou 12 dias, sua fecundidade total foi de 51 ovos e sua razão intrínseca de crescimento populacional foi de 0,184 fêmea por fêmea por dia, sendo os dois últimos parâmetros semelhantes àqueles obtidos em feijoeiro, porém maiores que os obtidos em plantas de mandioca. Na vegetação ruderal do Estado de São Paulo, essa espécie atinge anualmente níveis elevados em plantas de *Amaranthus* L. (Amaranthaceae) e outras, causando a seca de muitas folhas na época de menor precipitação.

Estudos de laboratório a 25°C e 71% de umidade relativa indicaram que o desenvolvimento de ovo a adulto de *T. desertorum* em mamoeiro ocorreu em cerca de oito dias, sua fecundidade foi em torno de 55 ovos por fêmea e sua razão intrínseca de crescimento populacional, em torno de 0,23 fêmea por fêmea por dia (Castro & Vieira, 2000).

Ácaro-texano [*Eutetranychus banksi* (McGregor)]

Ver detalhes em "Citros" (p. 244). Em mamoeiro, relatado nos Estados do Amazonas, Minas Gerais, Paraíba, Pernambuco e São Paulo. Em um estudo conduzido a 26°C e 65% de umidade relativa, Barbosa *et al.* (2004a) determinaram que a duração da fase imatura foi de 11,3 dias, a fecundidade de aproximadamente 37 ovos por fêmea e a razão intrínseca de crescimento (r_m), de 0,15 fêmea por fêmea por dia, sobre folhas de mamoeiro. Não é considerado uma praga dessa cultura.

MANGUEIRA (*Mangifera indica* L., ANACARDIACEAE)

A mangueira é uma das principais frutíferas cultivadas no Brasil, com destaque para a produção em áreas irrigadas da região semiárida, no interior da Bahia e de Pernambuco. Atualmente, essa é a maior região produtora de manga no Brasil.

Um estudo detalhado dos ácaros em mangueiras foi recentemente conduzido com coletas mensais na região litorânea de Recife, em Pernambuco, tendo os autores determinado os maiores níveis de diversidade, abundância e uniformidade em setembro e outubro (Melo *et al.*, 2023), após a época de maior precipitação. No total, 28 espécies de ácaros, de 12 famílias, foram encontradas, tendo *Cisaberoptus kenyae* (Keifer) (Eriophyidae) sido a espécie mais abundante (mais de 80% dos ácaros encontrados), seguida de longe por *Diptilomiopus pamithus* (Boczek & Chandrapatya) (citado como *Vilaia pamithus*) (Diptilomiopidae) e *Oligonychus mangiferus* (Rahman & Sapra) (Tetranychidae). Naquele estudo, o fitoseídeo *Amblyseius largoensis* (Muma) foi o predador encontrado em maiores níveis populacionais.

Diptilomiopidae

Microácaro-bicudo-da-mangueira [*Diptilomiopus pamithus* (Boczek & Chandrapatya)]

Descrito na Tailândia (Boczek & Chandrapatya, 1989). No Brasil, relatado apenas na região de Recife, onde atingia níveis relativamente elevados (até 220 ácaros por folha), sem, no entanto, causar danos significativos (Melo *et al.*, 2023). De acordo com a descrição original, trata-se de uma espécie ambulante, encontrada em ambas as superfícies das folhas.

Eriophyidae

Como sumariado por Melo *et al.* (2023), dentre os eriofídeos relatados mundialmente em mangueira, apenas *Aceria mangiferae* Sayed tem sido citado como economicamente importante.

Microácaro-ambulante [*Neocalacarus mangiferae* Channabasavanna, *Spinacus pagonis* Keifer e *Vareeboona mangiferae* (Keifer)]

Ácaros descritos originalmente na Índia (Channabasavanna, 1966), Samoa (Keifer, 1979) e Havaí (Keifer, 1946), respectivamente. As três espécies foram relatadas do Distrito Federal; *S. pagonis* foi também encontrada no Estado do Rio Grande do Norte. Navia & Flechtmann (2000) apresentaram descrições complementares de *N. mangiferae* e *V. mangiferae*, enquanto Chandrapatya *et al.* (2000) apresentaram uma descrição complementar de *S. pagonis*, em ambos os casos com base em exemplares brasileiros.

Espécies ambulantes em ambas as superfícies das folhas e nas gemas. Aparentemente não causam danos significativos à mangueira (Chandrapatya *et al.*, 2000; Navia & Flechtmann, 2000).

Microácaro-da-gema (*Tegolophus* sp.)

Relatado no Estado de São Paulo (Paschoal, 1971a; Rossetto, 1972), em associação com o ácaro-da-malformação-das-gemas, não se conhecendo, entretanto, sua real relação com essa cultura.

Microácaro-da-malformação-das-gemas [*Aceria mangiferae* Sayed] (Figura 9.43)

Descrito no Egito (Sayed, 1946); de ampla distribuição nas Américas, África e Ásia. No Brasil, tem sido relatado no Distrito Federal e nos Estados de Pernambuco, Rio de Janeiro e São Paulo (Navia & Flechtmann, 2000; Barbosa *et al.*, 2005; Navia *et al.*, 2021).

É considerado praga importante na Índia. No Brasil, Rossetto *et al.* (1967) já o consideraram danoso à mangueira no Estado de São Paulo. Rossetto (1972) afirmou que o ácaro é mais comum nas gemas do que nas inflorescências. O sintoma atribuído a esse ácaro corresponde à proliferação exagerada de folhas ou flores formadas a partir de gemas atacadas (superbrotamento), sendo mais severo em plantas jovens.

Na verdade, o sintoma está relacionado à ocorrência tanto do ácaro quanto do fungo *Fusarium mangiferae* Britz, M. J. Wingf. & Marasas, previamente citado como *Fusarium sacchari* (E.J. Butler & Hafiz Kahn) W. Gams (= *F. moniliforme* var. *subglutinans*) (Flechtmann *et al.*, 1970; Gamliel-Atinsky *et al.*, 2009). Ainda não está totalmente esclarecido o

Figura 9.43 Malformação das gemas da mangueira.

papel desempenhado separadamente pelo ácaro e pelo fungo no aparecimento do sintoma. Anjos *et al.* (1998) demonstraram que quando inoculado mecanicamente, e na ausência do ácaro, o fungo causa o sintoma típico mencionado. É possível, entretanto, que o ácaro tenha um papel importante no processo de infecção, facilitando a penetração do fungo. Mais recentemente, Gamliel-Atinsky *et al.* (2009; 2010) obtiveram dados convincentes, sugerindo que o ácaro pode servir como vetor dos esporos do fungo entre gemas próximas e ajudar na penetração do fungo, mas que esse não parece desempenhar papel importante na disseminação aérea do fungo entre as árvores.

Reis *et al.* (1970) estudaram o comportamento de 46 variedades de mangueira em relação a esse ácaro. Verificaram que todas as variedades eram infestadas, mas que o número de ácaros por gema era bastante variável e que não havia correlação entre a densidade de ácaros e a intensidade do sintoma. O maior número de ácaros foi encontrado na variedade Haden, porém essa mostrava poucos danos. Por outro lado, a variedade Augusta apresentou a menor densidade de ácaros, mas os danos eram mais significativos. A maior densidade do ácaro na variedade Haden do que na variedade Augusta foi comprovada por Reis (1971), em um estudo conduzido durante o período de um ano. Embora encontrado o ano todo nas gemas das mangueiras, seu nível populacional aumentou durante a época seca, quando as mangueiras florescessem (Reis, 1971; Reis *et al.*, 1974). A 26°C, o desenvolvimento de ovo a adulto ocorreu em 13 a 15 dias (Abou-Awad, 1981).

Microácaro-minador [*Cisaberoptus kenyae* Keifer]

Descrito no Quênia (Keifer, 1966a); relatado no leste da África, sudeste da Ásia, Costa Rica e Brasil. Nesse último, tem sido relatado no Distrito Federal e nos Estados do Piauí e Rio Grande do Norte (Navia & Flechtmann, 2000). Essa espécie, conhecida até recentemente apenas do sexo feminino, foi inicialmente incluída em *Cisaberoptus* Keifer, gênero criado para contê-la. No entanto, com base em outra população para a qual machos e fêmeas estavam presentes, Amrine *et al.* (2003) consideraram ser a primeira população a forma de deutogine e a segunda a forma de protogine da mesma espécie. Os autores então consideraram *Cisaberoptus* como sinônimo júnior de *Aceria* Keifer. Mais recentemente, machos correspondentes às fêmeas da primeira população foram encontrados, revogando-se então a sinonímia entre aqueles gêneros (Navia *et al.*, 2021). Resta saber se ocorre uma única espécie com duas formas variáveis, ou duas espécies próximas.

Colônias desse ácaro são encontradas sob uma cobertura acinzentada, de aparência cerosa, aparentemente por ele produzida na face superior da folha (Navia & Flechtmann, 2000). Publicações anteriores referiam-se à possibilidade de que esse tivesse hábito minador, introduzindo-se sob a epiderme da face superior das folhas (Jeppson *et al.*, 1975). Nenhum dano econômico significativo foi observado devido à ação desse ácaro (Rossetto, 1972).

Tetranychidae

Ácaro-alaranjado-a-marron [*Allonychus braziliensis* (McGregor), *Oligonychus biharensis* (Hirst), *O. yothersi* (McGregor) e *T. desertorum* Banks]

Ver detalhes sobre *A. braziliensis* em "Seringueira" (p. 224), sobre *O. yothersi* em "Erva-mate" (p. 214) e sobre *T. desertorum* em "Algodoeiro" (p. 163). *Oligonychus biharensis* foi descrito na Índia (Hirst, 1925), tendo também sido relatado na África, Américas, Ásia e Oceania em um grande número de hospedeiros. Todas essas espécies foram constatadas em mangueira apenas no Estado de São Paulo. Não são consideradas pragas da mangueira no Brasil (Flechtmann & Baker, 1975; Paschoal & Reis, 1968; Paschoal, 1970b).

Ácaro-vermelho [*Oligonychus mangiferus* (Rahman & Sapra)]

Descrito no Paquistão (Rahman & Sapra, 1940); de ampla distribuição nas regiões tropicais do globo. Relatado nos Estados do Amazonas, Paraíba e Pernambuco. No estudo conduzido por Melo *et al.* (2023) em Recife, litoral pernambucano, os níveis populacionais foram sempre baixos. No entanto, é atualmente considerado praga importante da mangueira no Vale do São Francisco, no interior do mesmo estado.

Os imaturos são esverdeados a avermelhados, enquanto os adultos são predominantemente vermelhos. Cuidado especial deve ser dado na identificação desse ácaro, para não confundir com *Oligonychus coffeae* (Nietner), dada a grande semelhança entre essas espécies.

Vive preferencialmente na face superior das folhas medianas e basais das plantas, causando descoloração e tecendo teia, que retém partículas de sujeira. Nos períodos secos, pode ser grande o número de ácaros pendentes, cada um em um fio de teia por ele próprio produzido, para ser carregado pelo vento a outros hospedeiros.

MARACUJAZEIRO (*Passiflora* spp., PASSIFLORACEAE)

Tarsonemidae

Ácaro-branco [*Polyphagotarsonemus latus* (Banks)]

Ver detalhes em "Algodoeiro" (p. 163). O sintoma caracteriza-se basicamente pela má formação das folhas, devido ao ataque do ácaro aos tecidos em crescimento. Além disso, as folhas adquirem cor verde intensa, tornando-se, então, bronzeadas, podendo cair prematuramente. Usualmente não é um problema sério do maracujazeiro, exceto em viveiros.

Tenuipalpidae

Ácaros-planos [*Brevipalpus obovatus* Donnadieu, *B. phoenicis* (Geijskes) *sensu lato* e *B. yothersi* Baker] (Figura 9.44)

Ver detalhes sobre esses ácaros em "Citros" (p. 244). No maracujazeiro, ocorrem principalmente na face inferior das folhas, nos ramos mais tenros e nos frutos. O efeito direto de populações elevadas desses ácaros sobre a planta caracteriza-se por intensa clorose das folhas, que podem então secar e cair prematuramente. Essas popu-

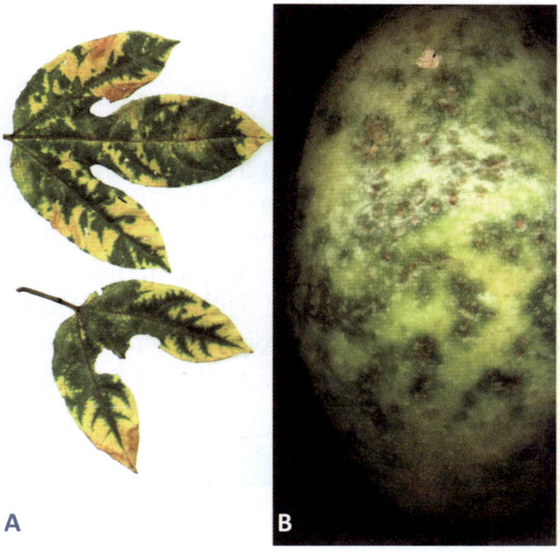

Figura 9.44 Sintomas da virose PFGSV em maracujazeiro. (A) Folhas. (B) Fruto.

lações podem também causar a morte dos ramos mais tenros, da extremidade para a base.

Espécies citadas como *B. phoenicis* têm sido relatadas como vetoras do "vírus-da-mancha-verde-do-maracujá", conhecido sob a sigla PFGSV, correspondente à sua designação em inglês "Passion fruit green spotted vírus" (Kitajima *et al.*, 2003b). Os sintomas típicos correspondem a círculos verdes de 2 a 5 mm de diâmetro em frutos maduros amarelados, manchas de tecidos verdes em folhas senescentes e lesões necróticas nos estames. Pomares inteiros podem ser destruídos pelo efeito dessa enfermidade.

Essa virose é considerada um dos principais problemas fitossanitários do maracujazeiro na Bahia (Barbosa *et al.*, 2004b). *Brevipalpus yothersi* foi relatado na cultura nesse estado, sem referência a seu efeito sobre ela (Nascimento *et al.*, 2023).

No estudo da biologia de *B. obovatus* conduzido por Noronha & Cavalcante (2011) a 25°C, em folhas de maracujazeiro, determinou-se que a duração da fase imatura foi de 19 dias, a oviposição de 42 ovos por fêmea, a razão sexual de 64% de fêmeas e a razão intrínseca de aumento populacional, de apenas 0,064 fêmea por fêmea por dia.

Tetranychidae

Ácaro-rajado (*Tetranychus urticae* Koch)

Ver detalhes em "Algodoeiro" (p. 163). Relatado em maracujazeiro em Roraima, sem referência aos danos causados (Mendonça *et al.*, 2011).

Ácaro-verde [*Mononychellus tanajoa* (Bondar)]

Ver detalhes em "Mandioca" (p. 202). Esse ácaro é encontrado em números muito mais elevados sobre plantas de mandioca. Entretanto, Moraes *et al.* (1995) relataram a ocorrência frequente de todos os estágios de desenvolvimento desse ácaro em maracujazeiros da espécie *Passiflora cincinnata* Mast. crescendo espontaneamente em plantios de mandioca, na Bahia e em Pernambuco. Trabalhos conduzidos em laboratório por aqueles autores confirmaram que *M. tanajoa* se desenvolve em *P. cincinnata*, embora apresente um desempenho muito melhor em mandioca e em outra planta do mesmo gênero (*Manihot pseudoglaziovii* Pax. Et K. Hoffm.).

Ácaros-vermelhos [*Tetranychus desertorum* Banks, *T. ludeni* Zacher, *T. marianae* McGregor e *T. mexicanus* (McGregor)]

Ver detalhes sobre *T. marianae* em "Tomateiro" (p. 308) e sobre as outras espécies em "Algodoeiro" (p. 163). *Tetranychus ludeni* foi relatado em maracujazeiro apenas no Estado de São Paulo, *T. desertorum*, nos Estados de São Paulo e Minas Gerais, *T. marianae* no Estado da Bahia, e *T. mexicanus*, no Distrito Federal e nos Estados do Amazonas, Bahia, Minas Gerais e São Paulo.

Na face inferior das folhas, onde se concentram os ácaros, podem ser observadas manchas esbranquiçadas ou prateadas, que depois secam; na face superior, aparecem áreas bronzeadas esparsas, que correspondem às áreas atacadas pelos ácaros na face inferior. Folhas muito atacadas secam e caem prematuramente.

NESPEREIRA (*Eriobotrya japonica* LINDL., ROSACEAE)

Eriophyidae

Microácaro [*Aceria eriobotryae* (Keifer)]

Descrito da Califórnia (Keifer, 1938). No Estado de São Paulo, encontrado nas brotações ou nas brácteas, às vezes em altos níveis populacionais, aparentemente sem causar danos (Rossetto, 1972).

Tenuipalpidae

Ácaros-planos [*Brevipalpus obovatus* Donnadieu e *B. phoenicis* (Geijskes) *sensu lato*]

Ver detalhes sobre ambas as espécies em "Citros" (p. 244). Relatados em nespereira no Estado de São Paulo, aparentemente sem causar danos significativos.

Tetranychidae

Oligonychus mcgregori (Baker & Pritchard)

Originalmente descrito de exemplares coletados na Nicarágua (Baker & Pritchard, 1953); relatado apenas no continente americano. No Brasil, relatado apenas no Estado de São Paulo, aparentemente sem causar danos significativos.

PEREIRA (*Pyrus communis* L., ROSACEAE)

Eriophyidae

Microácaro-da-pereira [*Eriophyes pyri* (Pagenstecher)]

Ver detalhes em "Macieira" (p. 263). Citado por Hogetop (1932) pela primeira vez no Brasil, no Rio Grande do Sul, causando galhas em pereiras. Parseval (1939) afirmou, sem maiores detalhes, que essa espécie era citada em livros e/ou artigos de divulgação no Brasil. Citada por Chiavegato *et al.* (1967) no Estado de São Paulo, causando encurtamento de internódios, formação de rosetas devido ao atrofiamento das gemas, diminuição do crescimento e seca do ramo afetado. Relatada nos Estados do Rio Grande do Sul e São Paulo por Paschoal (1971a) e em Santa Catarina por Flechtmann (2004). Não há, entretanto, qualquer outra informação sobre sua importância no Brasil.

Tarsonemidae

Ácaro-branco [*Polyphagotarsonemus latus* (Banks)]

Ver detalhes em "Algodoeiro" (p. 163). Relatado em pereira no Estado de São Paulo (Paschoal, 1971a).

Tenuipalpidae

Ácaros-planos-vermelhos [*Brevipalpus obovatus* Donnadieu e *B. phoenicis* (Geijskes) *sensu lato*]

Ver detalhes sobre as espécies em "Citros" (p. 244). Ambas foram relatadas de pereira do Estado de São Paulo (Paschoal, 1971a).

Tetranychidae

Ácaro-vermelho-europeu [*Panonychus ulmi* (Koch)]

Ver detalhes em "Macieira" (p. 263). O ácaro-vermelho-europeu tem sido encontrado em elevadas populações, principalmente no Rio Grande do Sul e em Santa Catarina. É considerado uma das principais pragas de rosáceas no Brasil, logo depois das moscas-das-frutas. Causa bronzeamento das folhas, descoloração de frutos, queda prematura de folhas e redução de produção.

Ácaros-vermelhos [*Allonychus braziliensis* (McGregor), *Tetranychus cinnabarinus* (Boisduval) e *T. mexicanus* (McGregor)]

Ver detalhes sobre *A. brasiliensis* em "Seringueira" (p. 224); relatado em pereira nos Estados de São Paulo (Paschoal, 1971a) e Santa Catarina (Flechtmann, 2004). Ver detalhes sobre *T. cinnabarinus* em "Citros" (p. 244) e sobre *T. mexicanus* em "Algodoeiro" (p. 163); ambas relatadas apenas no Estado de São Paulo (Paschoal, 1971a), de maneira geral, sem causarem danos significativos à pereira.

PESSEGUEIRO [*Prunus persica* (L.) BATSCH., ROSACEAE]

No Brasil, o pessegueiro é cultivado em maior escala no sul do Rio Grande do Sul. Por essa razão, um estudo sobre a flutuação populacional dos ácaros desse cultivo naquele estado foi publicado por Zanardi *et al.* (2013). Embora os maiores níveis dos ácaros encontrados tenham ocorrido após a colheita, considera-se que isso reduza a capacidade de acúmulo de fotoassimilados a serem utilizados na diferenciação de estruturas vegetativas e reprodutivas das plantas, com consequente redução de seu potencial produtivo. Grande parte das informações aqui apresentadas é baseada naquela publicação. Além disso, um estudo detalhado sobre a composição faunística dos ácaros em pessegueiros de seis cultivares foi conduzido durante mais de três anos no Estado de São Paulo (Montes *et al.*, 2010); nesse estudo, ácaros de 35 espécies de 16 famílias foram encontrados; a família mais diversa foi Phytoseiidae, sendo *Euseius citrifolius* Denmark & Muma o fitoseídeo predominante.

Eriophyidae

Microácaro-do-prateado-do-pessegueiro [*Aculus fockeui* (Nalepa & Trouessart)]

Descrito na França (Nalepa & Trouessart, 1891), de *Prunus domestica* L. (ameixeira-europeia), sendo atualmente considerado sinônimo sênior de *Aculus cornutus* (Banks) (Oldfield, 1984), que foi descrita de *P. persica*. Relatado no Brasil apenas nos Estados do Rio Grande do Sul e São Paulo. No entanto, não foi encontrado no Rio Grande do Sul por Zanardi *et al.* (2013).

Quando relatado no Estado de São Paulo por Costa *et al.* (1962), como *A. cornutus*, os autores mencionaram que os sintomas semelhantes ao mosaico desapareceram com o desaparecimento desses ácaros. Observaram a presença dos ácaros e dos sintomas sob condições de viveiro e em plantios de campo, atribuindo o surto do ácaro à seca excepcional que ocorreu no ano anterior. Um novo surto do ácaro foi relatado no mesmo pomar e em diversas outras localidades do Estado de São Paulo em 1968, uma vez mais coincidindo com a seca excepcional naquele ano (Orlando *et al.*, 1969); plantas de diversas cultivares foram atacadas. Os autores avaliaram diversos acaricidas para o controle do ácaro.

No estudo conduzido de Montes *et al.* (2010), também no Estado de São Paulo, embora tendo sido o ácaro mais abundante em pessegueiros, ocorreu de maneira esporádica, sem causar danos visíveis a nenhuma das cultivares consideradas. Ocorreu em maior abundância na cultivar 'Dourado 2'. Em diferentes cultivares, as folhas atacadas tornam-se deformadas, prateadas e com sintomas de mosaico, devido à ação direta do ácaro.

Aculus fockeui não deve ser confundido com o *Eriophyes insidiosus* (Keifer & Wilson), eriofídeo que nos Estados Unidos da América do Norte transmite o vírus-do-mosaico-do-pessegueiro.

Tarsonemidae

Ácaro-branco [*Polyphagotarsonemus latus* (Banks)]

Ver detalhes em "Algodoeiro" (p. 163). Essa foi a espécie mais abundante em pessegueiro no estudo de Zanardi *et al.* (2013) no Rio Grande do Sul; os níveis populacionais mais elevados ocorreram entre o verão e o outono, de dezembro a junho, sendo esses consideravelmente maiores em plantas de cultivos feitos a campo (de 9 a 14 ácaros por folha) do que em cultivos sob cobertura plástica (provavelmente em função da maior brotação nos primeiros, apesar da baixa precipitação em 2013, ano em que o estudo foi conduzido). Essa espécie não foi constatada por Montes *et al.* (2010) no Estado de São Paulo.

Tenuipalpidae

Ácaro-plano [*Brevipalpus phoenicis* (Geijskes) *sensu lato*]

Ver detalhes em "Citros" (p. 244). Relatado em pessegueiro no Estado de São Paulo, por Paschoal (1971a) e por Montes *et al.* (2010). Paschoal (1971a) não se referiu aos níveis de ocorrência, enquanto Montes *et al.* (2010) encontrou esse ácaro em baixos níveis populacionais.

Tetranychidae

Ácaro-rajado (*Tetranychus urticae* Koch)

Ver detalhes em "Algodoeiro" (p. 163). Ácaro constatado em pessegueiros nos Estados do Rio Grande do Sul e São Paulo. Orlando *et al.* (1968) relataram danos elevados devidos aos altos níveis populacionais desse ácaro no Estado de São Paulo. No entanto, é possível que os autores estivessem se referindo a uma espécie diferente de ácaro (provavelmente do gênero *Tetranychus*), por informarem serem esses de coloração vermelha, o que não é comum em regiões tropicais para o *T. urticae* (sinônimo sênior do ácaro por eles citada como *T. aduncus* Flechtmann & Baker).

No trabalho conduzido por Zanardi *et al.* (2013), a infestação na cultivar 'Eldorado' foi significativamente maior do que na cultivar 'Maciel', tanto no cultivo convencional quanto no cultivo sob cobertura plástica (pico de quase três ácaros por folha). Para cada cultivar, a semelhança dos níveis populacionais nos dois sistemas de cultivo provavelmente ocorreu em função da baixa precipitação no verão de 2013.

No estudo conduzido por Montes *et al.* (2010) no Estado de São Paulo, *T. urticae* foi o tetraniquídeo encontrado em níveis populacionais mais altos, mas ainda assim, os níveis encontrados foram considerados baixos pelos autores; os maiores níveis populacionais foram observados pelos autores na cultivar 'Talismã'.

Ácaro-verde [*Mononychellus planki* (McGregor)]

Ver detalhes sobre essa espécie em "Algodoeiro" (p. 163). Ácaro relatado em pessegueiro nos Estados do Rio Grande do Sul e de São Paulo. No estudo conduzido por Eichelberger *et al.* (2011) no Rio Grande do Sul, essa espécie foi comumente encontrada em pessegueiro, mas em número muito menor do que a espécie mais numerosa, *Tetranychus ludeni* Zacher. Encontrado em baixos níveis populacionais em São Paulo (Montes *et al.*, 2010).

Ácaros-vermelhos [*Tetranychus cinnabarinus* (Boisduval), *T. desertorum* Banks, *T. ludeni* Zacher e *T. mexicanus* (McGregor)]

Ver detalhes sobre *T. cinnabarinus* em "Citros" (p. 244) e sobre as outras espécies em "Algodoeiro"(p. 163). No estudo conduzido por Eichelberger *et al.* (2011), *T. ludeni* foi de longe o ácaro mais numeroso encontrado em pessegueiros (cultivar 'Eldorado') e nas plantas de crescimento espontâneo associadas aos pessegueiros no Rio Grande do Sul. As outras espécies foram relatadas nessa cultura apenas no Estado de São Paulo.

Ácaro-vermelho-europeu [*Panonychus ulmi* (Koch)]

Ver detalhes em "Macieira" (p. 263). No estudo de Zanardi *et al.* (2013), os níveis atingidos por esse ácaro foram bastante reduzidos (menos que 0,4 ácaro por folha). Já no estudo conduzido por Eichelberger *et al.* (2011), em outras regiões do Rio Grande do Sul, essa espécie também foi encontrada, mas em número muito menor do que *T. ludeni*. No estudo de Montes *et al.* (2010), *P. ulmi* não foi constatado no Estado de São Paulo.

Oligonychus mcgregori (Baker & Pritchard)

Ver detalhes em "Nespereira" (p. 279). No Brasil, relatado em pessegueiro apenas no Estado de São Paulo, em baixos níveis populacionais (Montes *et al.*, 2010).

PITANGUEIRA (*Eugenia uniflora* L., MYRTACEAE)

Figura 9.45 Danos causados por *Mesolox pitangae* à pitangueira.

Eriophyidae

Microácaro-do-ponteiro-da-pitangueira [*Mesalox pitangae* (Boczek & Davis)] (Figura 9.45)

Descrito no Estado de São Paulo (Boczek & Davis, 1984). Habita a face inferior de folhas jovens. Na descrição original dessa espécie, os autores afirmaram que esse não causava danos aparentes às plantas. Posteriormente, Flechtmann & Moraes (2003) constataram distorções significativas e opacidade de folhas devidas ao ataque do ácaro. Folhas com elevadas populações do ácaro tinham depressões espalhadas no limbo foliar, que aparentemente resultaram de sua alimentação. Os danos parecem ser mais evidentes no início da estação chuvosa, quando a produção de novas brotações está no auge. Isto aparentemente estimula o crescimento da população do ácaro e o aparecimento dos danos (Flechtmann & Moraes, 2003). Danos severos aparentemente causam deformação de frutos.

Microácaro-ambulante (*Calacarus kleithria* Flechtmann, *Dichopelmus ibapitanga* Reis & Navia e *Diptilostatus nudipalpus* Flechtmann)

Cacacarus kleithria e *D. nudipalpus* foram descritos no Estado de São Paulo (Flechtmann & Moraes, 2003) e *D. ibapitanga* foi descrito de Pernambuco (Reis *et al.*, 2010). As três espécies são ambulantes; *C. kleithria* vive sobre a face superior da folha, enquanto *D. nudipalpus* e *D. ibapitanga* vivem na face inferior. Não causam danos evidentes à planta.

Tetranychidae

Ácaro-marrom [*Oligonychus yothersi* (McGregor)]

Ver detalhes em "Erva-mate" (p. 214). Relatada em pitangueira por Flechtmann (2020), sem se referir ao nível populacional ou aos danos às plantas.

ROMÃZEIRA (*Punica granatum* L., LYTHRACEAE)

Figura 9.46 Danos causados por *Aceria granati* às folhas da romãzeira.

Eriophyidae

Microácaro-do-enrolamento-da-folha (*Aceria granati* Canestrini & Massalongo) (Figura 9.46)

Descrito na Itália (Canestrini & Massalongo, 1894); de ampla distribuição mundial; comum em plantas de romã no Estado de São Paulo. Ataca folhas em fase inicial de crescimento, levando à formação de um pequeno tubo ao longo da margem da folha atacada, voltado para baixo da folha, cuja lâmina frequentemente se retorce em forma de espiral. O ácaro se protege no interior do tubo.

Tenuipalpidae

Ácaros-planos [*Brevipalpus obovatus* Donnadieu e *B. phoenicis* (Geijskes) *sensu lato*]

Ver detalhes sobre ambas as espécies em "Citros" (p. 244). Relatados em romãzeira do Estado de São Paulo, aparentemente sem causar danos.

VIDEIRA (*Vitis* spp., VITACEAE)

A videira é cultivada no Brasil principalmente no Rio Grande do Sul e na região semiárida do Nordeste brasileiro, em partes da Bahia e de Pernambuco, embora sendo também um cultivo importante nos estados de São Paulo e Minas Gerais. Os ácaros constituem problemas fitossanitários importantes nessas regiões e por isso têm sido intensos os estudos sobre as espécies encontradas nesse cultivo, em comparação com outros cultivos importantes no Brasil.

Os estudos incluem o reconhecimento dos ácaros presentes em todo o agroecossistema, visando à implantação do manejo integrado. Neste sentido, Moura *et al.* (2013) avaliaram os ácaros encontrados em plantas da vegetação espontânea de uma das principais regiões produtoras de uva no Brasil, no Rio Grande do Sul, incluindo ácaros fitófagos, predadores e de outros hábitos alimentares, concluindo ser *Sida rhombifolia* L. (Malvaceae) a planta de ocorrência espontânea com maior diversidade de ácaros na área do estudo. Informações práticas relevantes para o manejo desses foram apresentadas por Bertolo *et al.* (2011), incluindo o reconhecimento das distintas espécies mais comuns, seu monitoramento e diferentes práticas de controle.

Silva *et al.* (2023) publicaram um estudo da dinâmica populacional de ácaros em geral sobre *Vitis labrusca* L. de diferentes cultivares, em diversas localidades do Rio Grande do Sul. Nesse estudo, chamou a atenção a grande diversidade de ácaros predadores (principalmente Phytoseiidae e Stigmaeidae), assim como a grande abundância de *Tydeus californicus* (Banks) e dos fitoseídeos, especialmente na cultivar 'Couderc' e dos estigmeídeos, especialmente na cultivar 'Bordo'. *Tydeus californicus* correspondeu a mais da metade de todos os ácaros coletados naquele estudo e, de acordo com os autores, aparentemente serviu de alimento alternativo aos principais predadores encontrados. Também de grande importância foram os baixos níveis populacionais de tetraniquídeos e tenuipalpídeos naquele estudo.

Eriophyidae

Ácaro-da-ferrugem-da-videira [*Calepitrimerus vitis* (Nalepa)]

Descrito na Áustria (Nalepa, 1905); de ampla distribuição mundial, especialmente em regiões temperadas. Relatado pela primeira vez no Brasil, no Rio Grande do Sul, por D´Andréa (1951). Naquela ocasião, foi considerado muito importante, causando raquitismo de plantas, menor crescimento de bagas, superbrotamento, encurtamento de internódios e manchas cloróticas. De acordo com aquele autor, os maiores danos foram observados em cultivares de uvas brancas. Vários anos mais tarde, Carvalho & Rossetto (1968) relataram esse ácaro no Estado de São Paulo.

Durante anos, deixou de ser considerado importante pelos agricultores, mas em 2003/2004 ataques severos foram observados na região de Bagé, no Rio Grande do Sul (M. Botton, não publicado). Mais recentemente, tem sido encontrado em outras partes do estado (Bertolo *et al.*, 2011; Silva *et al.*, 2023), ocasionalmente como a espécie fitófaga mais abundante. Ocorre sempre nas regiões de crescimento das plantas.

Ácaro-da-galha-e-do-eríneo-da-videira [*Colomerus vitis* (Pagenstecher)]

Descrito na Alemanha (Pagenstecher, 1857); de ampla distribuição mundial. Relatado no Brasil por diversos autores, mas apenas no Rio

Grande do Sul, onde foi relatado pela primeira vez há muito tempo (Braga, 1957). Tem sido citado como de pequena importância. Como reportado por Bertolo *et al.* (2011), esse ácaro causa galhas, que se mostram como elevações na superfície superior das folhas, que correspondem a manchas brancas aveludadas, na superfície inferior (eríneos), assim como deformações do pecíolo e de flores.

Cuidado deve ser tomado para não confundir essa espécie com *Calepitrimerus vitis*, (Nalepa), espécie muito semelhante. Essas duas espécies causam danos diferentes aos hospedeiros, e podem ser facilmente separadas morfologicamente, quando montadas em lâminas e examinadas ao microscópio óptico.

Tarsonemidae

Ácaro-branco [*Polyphagotarsonemus latus* (Banks)] (Figura 9.47)

Ver detalhes em "Algodoeiro" (p. 163). A biologia desse ácaro foi estudada por Ferreira *et al.* (2006b) em videira da cultivar 'Itália', a cinco temperaturas (18°C a 32°C). Nesse estudo, a duração da fase imatura variou de 3,5 a 7,3 dias; a fecundidade total foi 16,5, 44,3 e 13,3 a 18°C, 25°Ce 32°C, respectivamente; com isso, os respectivos valores de razão intrínseca de crescimento populacional foram de 0,100, 0,315 e 0,116 fêmea por fêmea por dia.

Tem sido considerado sério problema de videira na região do Vale do Rio São Francisco, incluindo Bahia e Pernambuco, e no Rio Grande do Sul; também relatado no Estado de São Paulo. No Nordeste, correspondeu a 23% dos ácaros coletados no extenso levantamento em videira reportado por Domingos *et al.* (2010). Essa foi considerada uma das espécies subdominantes no estudo conduzido por Silva *et al.* (2023) no Rio Grande do Sul, na cultivar 'Couderc'.

Figura 9.47 Danos causados por *Polyphagotarsonemus latus* à videira, no Nordeste (ramo da esquerda, atacado; ramo da direita, sadio).

As folhas não se desenvolvem, mas o ramo continua a crescer, ainda que a uma velocidade menor que ramos não atacados. No Rio Grande do Sul, as folhas atacadas ficam com os bordos voltados para baixo ou para cima, observando-se ainda bronzeamento e necrose nas mesmas (Monteiro, 1994; Soria *et al.*, 1993; Bertolo *et al.*, 2011).

Outros Tarsonemidae

Phytonemus pallidus (Banks) e *Tarsonemus confusus* Ewing também foram encontrados em videira no Rio Grande do Sul (Andrade-Bertolo *et al.*, 2013), porém em pequenos números, podendo se tratar de incidência fortuita.

Tenuipalpidae

Ácaros-planos [*Brevipalpus obovatus* Donnadieu e *B. phoenicis* (Gijskes) *sensu lato*]

Ver detalhes sobre ambas as espécies em "Citros" (p. 244). Embora a espécie citada como *B. phoenicis* seja às vezes encontrado em altas populações no Rio Grande do Sul, considera-se que não cause danos consideráveis à cultura. No estudo conduzido por Silva *et al.* (2023) nesse mesmo estado, foi encontrado em níveis populacionais muito baixos. As folhas atacadas têm a cor esmaecida (Bertolo *et al.*, 2011). Relatado em baixas populações também no Nordeste (Domingos *et al.*, 2010). Paschoal (1971a) relatou a presença de *B. obovatus* e de uma espécie identificada como *B. phoenicis* em videira no Estado de São Paulo.

Tetranychidae

Ácaro-vermelho [*Oligonychus mangiferus* (Rahman & Sapra)]

Ver detalhes em "Mangueira" (p. 273). No Brasil, tem sido relatado em videira em Minas Gerais e Rio Grande do Sul, causando a queima das folhas (Reis & Melo, 1984; Soria *et al.*, 1993). Relatado por Domingos *et al.* (2010) como a segunda espécie de tetraniquídeo mais comum em videira no Vale do Rio São Francisco, logo após *T. urticae*. Nessa região, mostrava preferência pela uva da cultivar 'Itália', em comparação com a cultivar 'Festival'.

Considerado uma praga importante da videira no Vale do Rio São Francisco. Domingos *et al.* (2010) não observaram diferenças significativas dos níveis de ocorrência deste ácaro entre folhas dos estratos basal, mediano e apical. Vive preferencialmente na face superior das folhas, causando descoloração e tecendo teia, que retém partículas de sujeira, e posteriormente provocando desfolha, deixando as bagas expostas as radiações solares. Ataca também as bagas, deixando nelas pequenas deformações.

A biologia desse ácaro foi estudada por Domingos (2010) em ambas cultivares de videira 'Festival' e Italia', a 25°C. Nas duas, a duração da fase imatura foi de 10 ou 11 dias, a fertilidade total de 47 a 53 ovos, e a razão intrínseca de crescimento populacional, de 0,22 a 0,23 fêmea por fêmea por dia.

Ácaro-vermelho-europeu [*Panonychus ulmi* (Koch)]

Ver detalhes em "Macieira" (p. 263). Encontrado em videiras no Brasil pela primeira vez na safra de 2005-2006, no Rio Grande do Sul (Johann *et al.*, 2009; Bertolo *et al.*, 2011). Nesse Estado, tem sido encontrado em diversas cultivares, incluindo 'Alfrocheiro, Cabernet Sauvignon, Merlot e Pinot Noir', em certas ocasiões sendo a espécie fitófaga mais abundante. Torna as folhas bronzeadas e com manchas avermelhadas na face adaxial, levando à queda prematura (Ferla & Botton, 2008).

Na Europa, *P. ulmi* é considerada uma praga importante de videira (Schruft, 1985).

Ácaro-rajado (*Tetranychus urticae* Koch)

Ver detalhes em "Algodoeiro" (p. 163). Constatado em videira no Brasil nos Estados da Bahia, Minas Gerais, Pernambuco, Piauí, Rio Grande do Sul e São Paulo. Comum em videira na região do Vale do Rio São Francisco. A primeira constatação de *T. urticae* naquela região foi nos idos de 1980, tornando-se um problema sério da videira a partir dos idos de 1990, época em que passou a causar sérios danos também a várias outras culturas. Domingos *et al.* (2010) relataram esse como o ácaro fitófago mais numeroso em videira naquela região. No Rio Grande do Sul é considerado de pequena importância para a cultura, mas pode ocasionalmente causar a desfolha das plantas e o bronzeamento de frutos (Botton *et al.*, 2004; Bertolo *et al.*, 2011). No Nordeste do Brasil, a associação entre *T. urticae* e o fitoseídeo *Neoseiulus idaeus* Denmark & Muma foi destacada por Domingos *et al.* (2010).

A biologia desse ácaro também foi estudada por Domingos (2010) nas cultivares 'Festival e Italia' a 25°C. Nas duas, a duração da fase imatura foi de 10 ou 11 dias, mas a fertilidade total foi de apenas 25 ovos por fêmea na cultivar 'Festival' e 33 na cultivar 'Itália', enquanto a razão intrínseca de crescimento populacional foi de 0,17 e 0,19 fêmea por fêmea por dia, respectivamente.

Outros tetraniquídeos da videira [*Allonychus braziliensis* (McGregor), *Oligonychus anonae* Paschoal, *O. biharensis* (Hirst), *O. fileno* Mendonça, Navia & Flechtmann, *O. coffeae* (Nietner), *O. punicae* (Hirst), *O. yothersi* (McGregor), *Tetranychus desertorum* Banks e *T. mexicanus* (McGregor)]

Ver detalhes sobre *Allonychus braziliensis* em "Seringueira" (p. 224). A primeira constatação dessa espécie em videira foi feita por Soria *et al.* (1993), no Rio Grande do Sul. Ver detalhes de *Oligonychus anonae* em "Anonáceas" (p. 236); constatado em videira apenas no Estado de São Paulo (Paschoal, 1970b). Ver detalhes sobre *O. biharensis* em "Mangueira" (p. 273); relatado em videira no Brasil por Mendonça *et al.* (2010), sem mencionar qualquer outro detalhe. *Oligonychus fileno* foi descrito de Minas Gerais (Mendonça *et al.*, 2010), não havendo, porém, informações sobre sua importância à videira na literatura. Ver detalhes sobre *O. coffeae, O. punicae* e *O. yothersi* em "Seringueira (p. 224), Abacateiro (p. 230) e Erva-mate" (p. 214), respectivamente; foram citados apenas na introdução da publicação de Mendonça *et al.* (2010). Ver detalhes sobre *T. desertorum* em "Algodoeiro" (p. 163). Citado por Souza *et al.* (2022) como danosa à videira na região Nordeste no final do ciclo. Ver detalhes sobre *T. mexicanus* em "Algodoeiro" (p. 163). Em videira, foi encontrado por Andrade-Bertolo *et al.* (2013) pela primeira vez no Rio Grande do Sul; embora esse relato inclua a citação de imaturos, é possível que se trate de uma incidência ocasional, como citado pelos próprios autores.

Importância quarentenária

Návia *et al.* (1998) avaliaram a importância quarentenária de ácaros ainda não presentes no Brasil, que atacam a videira, destacando as espécies que merecem maior cuidado para evitar sua introdução no país. As espécies a seguir são as consideradas mais importantes.

Brevipalpus chilensis Baker

Ácaro da família Tenuipalpidae, descrito de espécimes do Chile interceptados em Nova Iorque, Estados Unidos da América do Norte (Baker, 1949). De cor avermelhada, muito semelhante a *Brevipalpus obovatus* Donnadieu. A ráquis e o pedicelo do rácimo ficam ressecados e pardos, ocorre a queda de folhas, encurtamento de internódios e diminuição da concentração alcoólica. Pode reduzir a produção da videira em até 30% no Chile. Passa o inverno na fase adulta, sob a casca. Marchetti *et al.* (2016) relataram ser essa espécie comumente encontrada em quarentena em uvas importadas da Argentina e do Chile, principalmente das cultivares 'Moscatel' e 'Red Globe', respectivamente.

Eotetranychus carpini vitis (Oudemans)

Ácaro da família Tetranychidae, descrito na Holanda (Oudemans, 1905), cuja subespécie foi designada por Jeppson *et al.* (1975) para populações encontradas em videira (Vacante, 2016). Apesar de as fêmeas serem tipicamente amareladas, também podem ser verde-claras. Essa subespécie causa danos consideráveis à videira na Itália e na França. Outras subespécies têm sido encontradas na Europa, Ásia e América do Norte, sobre diversas espécies vegetais. Inibe o crescimento da planta, causa queda de folhas e redução do conteúdo de açúcares. A fase jovem dura 15 a 18 dias na época mais quente e a fecundidade de 30 a 40 ovos por fêmea. Essa espécie passa o inverno na fase adulta, sob a casca solta das árvores. Na época do ano em que se encontra ativa, prefere a face inferior das folhas e tece pouca teia.

Tetranychus mcdanieli McGregor

Ácaro da família Tetranychidae. Ver detalhes em “Macieira” (p. 263).

Tetranychus pacificus McGregor

Ácaro da família Tetranychidae. Ver detalhes em "Citros" (p. 244). Praga de suma importância em videira na América do Norte.

Tetranychus turkestani (Ugarov & Nikolskii)

Ácaro da família Tetranychidae. Ver detalhes em “Macieira” (p. 263).

HORTALIÇAS

ALFACE (*Lactuca scariola* L., ASTERACEAE)

Tetranychidae

Ácaro-rajado (*Tetranychus urticae* Koch)

Ver detalhes em “Algodoeiro” (p. 163). Populações elevadas têm sido ocasionalmente encontradas no Estado de São Paulo, em alface crespo, produzido por hidroponia. As folhas atacadas mostram-se esbranquiçadas.

Histiostomatidae

Todos os estágios são esbranquiçados. Facilmente visíveis sobre as raízes de plantas produzidas por hidroponia quando retiradas da água. Não se alimentam de raízes, mas sim de bactérias que sobre essas se desenvolvem.

ALHO (*Allium sativum* L., AMARYLLIDACEAE)

Acaridae

Ácaro-das-raízes-e-bulbos (*Rhizoglyphus* spp.)

Ácaros desse gênero têm sido comumente relatados no Brasil como *Rhizoglyphus echinopus* (Fumouze & Robin). Porém, há dúvidas sobre a verdadeira identidade das espécies citadas nas distintas publicações em nosso meio. Os detalhes sobre esses ácaros são apresentados na seção deste livro sobre "Ácaros Primários" (p. 354) em "Alimentos Armazenados e Laboratórios" (p. 353). O local de coleta dos ácaros considerados na descrição original de *R. echinopus* não foi indicado (Fumouze & Robin, 1868), sendo provavelmente a França, país em que residiam aqueles autores. Ácaro encontrado em muitas espécies vegetais. Díaz *et al.* (2000) mencionaram que apesar de mundialmente as espécies de *Rhizoglyphus* Clapárède atacarem principalmente liliáceas, são encontradas também em cenouras e batatas. Embora ocorram primordialmente no solo, eventualmente podem também subir à parte aérea das plantas.

Fêmeas esbranquiçadas; com pernas marrom-avermelhadas. Preferem bulbos sadios àqueles em deterioração. Por atacarem bulbos e raízes, determinam a murcha das plantas nos períodos mais quentes do dia. Dispersam fungos que causam o apodrecimento dos bulbos em armazéns. Ocorrem principalmente em canteiros com muita matéria orgânica, que retém a umidade por períodos mais longos.

O desenvolvimento de *Rhizoglyphus robini* Claparède de ovo a adulto é altamente variável, de acordo com as condições climáticas e o alimento, requerendo aproximadamente 12 dias a 27°C, alimentando-se de alho (Diaz *et al.*, 2000). Sob condições desfavoráveis, passa pela fase de deutoninfa heteromórfica.

Eriophyidae

Ácaro-do-chochamento-do-alho [*Aceria tulipae* (Keifer)] (Figura 9.48)

Descrito na Califórnia (Keifer, 1938), onde foi coletado de bulbos importados da Holanda. Tem sido relatado em liliáceas nas Américas e Europa. No Brasil, só tem sido relatado em alho, em praticamente todas as regiões onde essa planta é cultivada, do Nordeste ao Sul do país. Moraes (1981) citou esse ácaro como um dos principais problemas da cultura do alho em áreas irrigadas da região semiárida de Pernambuco.

Encontrado na região basal das folhas ou sobre os bulbilhos. Scalopi *et al.* (1971) relataram as seguintes anomalias nas plantas atacadas:

Figura 9.48 Danos causados por *Aceria tulipae* ao alho (cortesia de E. Doreste).

nanismo; folhas retorcidas; estrias cloróticas longitudinais; folhas longitudinalmente dobradas, com superposição das duas metades da face superior; aprisionamento das pontas das folhas; folhas ocasionalmente corrugadas; bulbos de tamanho reduzido. Sob infestações severas, pode ocorrer murcha e morte de plantas. Com a seca das folhas, os ácaros dirigem-se aos bulbos onde estão implicados na disseminação do fungo que causa o chochamento dos bulbilhos. Continuam a se desenvolver sobre os bulbilhos no armazém; assim como *Rhizoglyphus echinopus* (Fumouze & Robin), dispersa o fungo em armazéns. Deve-se ressaltar que além de *A. tulipae* e do fungo, o chochamento do alho no armazém pode ocorrer por outras causas, por exemplo a deficiência de boro ou cálcio, o ataque de nematoides, ou o teor de matéria seca na data da colheita etc.

O desenvolvimento de ovo a adulto ocorre em uma semana. A fecundidade é de 10 a 20 ovos por fêmea. Pela localização dos ácaros na planta, o controle químico com a cultura já estabelecida é bastante difícil. Daí a importância em se utilizar material de propagação de procedência conhecida, reconhecidamente isentas de ácaros. Em outros países, *A. tulipae* tem sido associado à transmissão de vírus em alho e cebola (Van Dijk *et al.*, 1991). Em alguns casos, o vírus não causa sintomas visíveis nas plantas.

Por muito tempo, esse ácaro foi confundido com outra espécie muito próxima, que ataca gramíneas (*Aceria tosichella* Keifer), cujas informações são apresentadas em "Milho" (p. 204) e "Trigo" (p. 212). Além disso, a cebola é afetada por uma enfermidade conhecida como "mal-de-sete-voltas", causada pelo fungo *Colletotrichum gloeosporioides* f. sp. *Cepae*, cujos sintomas se assemelham àqueles causados por *A. tulipae* ao alho.

Tetranychidae

Ácaro-rajado (*Tetranychus urticae* Koch)

Ver detalhes em "Algodoeiro" (p. 163). No Brasil, relatado em alho nos Estados de Mato Grosso do Sul, Piauí e São Paulo.

Ácaro-vermelho (*Tetranychus neocaledonicus* André)

Ver detalhes em "Algodoeiro" (p. 163). Encontrado em ambas as faces das folhas de alho. Moraes (1981) referiu-se a danos severos causados por esse ácaro em áreas irrigadas da região semiárida de Pernambuco.

BATATA-DOCE (*Ipomoea batatas* LAM., CONVOLVULACEAE)

Eriophyidae

Microácaro-da-batata-doce (*Tegolophus ipomoeifoliae* Keifer)

Espécie descrita do Estado de São Paulo de batata-doce (Keifer, 1972). Posteriormente, foi novamente encontrada no mesmo estado, em densidade populacional muito mais alta na cultivar 'Canadense' do que na cultivar 'Uruguaiana' (Montes *et al.*, 2011). Alves *et al.* (1972) informaram que essa espécie vive na face inferior das folhas, causando enrolamento de bordo para cima e forte enferrujamento de folhas.

Tetranychidae

Ácaros-vermelhos (*Tetranychus bastosi* Tuttle, Baker & Sales e *T. desertorum* Banks)

Ver detalhes em "Algodoeiro" (p. 163). *Tetranychus bastosi* tem sido relatado em batata-doce no Distrito Federal e nos Estados de Alagoas e Ceará, enquanto *T. desertorum* tem sido relatado em batata-doce nos Estados do Amazonas, Minas Gerais e São Paulo. Mineiro *et al.* (2007) relataram danos intensos devidos a *T. desertorum*, com abundante formação de teia, descoloração de folhas e morte de plantas.

Outros ácaros

Trindade & Chiavegato (1994) relataram a ocorrência de uma espécie identificada como *Brevipalpus phoenicis* (Geijskes) *sensu lato* (Tenuipalpidae) em *Ipomoea* sp. no Estado de São Paulo. Maia & Buzzi (2006) relataram o mesmo ácaro, assim como *Tetranychus urticae* Koch (Tetranychidae) e *Polyphagotarsonemus latus* (Banks) (Tarsonemidae) em *Ipomoea cairica* (L.), popularmente conhecida como corda-de-viola, no Paraná.

BATATA (*Solanum tuberosum* L., SOLANACEAE)

Tarsonemidae

Ácaro-branco [*Polyphagotarsonemus latus* (Banks)] (Figura 9.49)

Ver detalhes em "Algodoeiro" (p. 163). Deve-se tomar cuidado para não confundir os sintomas do ataque desse ácaro com aqueles de viroses que incidem sobre essa cultura. As folhas atacadas ficam atrofiadas e malformadas.

Figura 9.49 Danos causados por *Polyphagotarsonemus latus* à batatinha (cortesia de E. Doreste).

Tetranychidae

Ácaro-rajado (*Tetranychus urticae* Koch)

Ver detalhes em "Algodoeiro" (p. 163). No Brasil, relatado em batata no Estado de São Paulo, onde não é considerada uma praga dessa cultura.

Ácaro-vermelho-do-tomateiro (*Tetranychus evansi* Baker & Pritchard)

Ver detalhes em "Tomateiro" (p. 308). Aparentemente, a primeira citação desse ácaro em batata foi feita por Flechtmann (1968a) que, de forma inusitada, relatou sua presença em grande número, em diferentes fases de desenvolvimento, em brotações em fase inicial de desenvolvimento (menos de 1 cm de comprimento), depois de tomadas de armazéns, expurgadas e postas a brotar "em tabuleiros". Altas populações desse ácaro em cultivos de campo parecem não ser comum, embora em plantios não comerciais (a batata é comercialmente cultivada em áreas de clima ameno), feitos amadoristicamente, um ácaro que parece ser dessa espécie foi relatado na região de Salvador (litoral da Bahia) há mais de cem anos, sendo na época identificada (Caldas, 1915) como *Tetranychus bimaculatus* Harvey (atualmente considerado sinônimo júnior de *T. urticae*). Provavelmente, o autor estava se referindo a *T. evansi*, como discutido por Moraes *et al.* (1987). Também relatado em plantas de batata em condições de campo na Bahia, Minas Gerais e São Paulo. Não tem sido considerado uma praga séria dessa cultura no Brasil.

BERINJELA (*Solanum melongena* L., SOLANACEAE)

Tarsonemidae

Ácaro-branco [*Polyphagotarsonemus latus* (Banks)] (Figura 9.50)

Ver detalhes em "Algodoeiro" (p. 163). Causa deformações de folhas e frutos. O ataque ocorre principalmente nos estágios iniciais de desenvolvimento daqueles órgãos vegetais. Os frutos apresentam áreas esbranquiçadas, com ou sem listras longitudinais esverdeadas, que correspondem à região atacada pelo ácaro no início do desenvolvimento dos mesmos. Não raro, observam-se rachaduras nessas regiões, em virtude da morte das células mais superficiais paralelamente ao crescimento continuado das células subjacentes. Isto deprecia consideravelmente a qualidade dos frutos produzidos.

Tetranychidae

Ácaro-rajado (*Tetranychus urticae* Koch)

Ver detalhes em "Algodoeiro" (p. 163). Relatado nos Estados da Bahia, Minas Gerais, Santa Catarina e São Paulo, além do Distrito Federal. Ocasionalmente pode atingir níveis elevados sobre essa cultura no Esta-

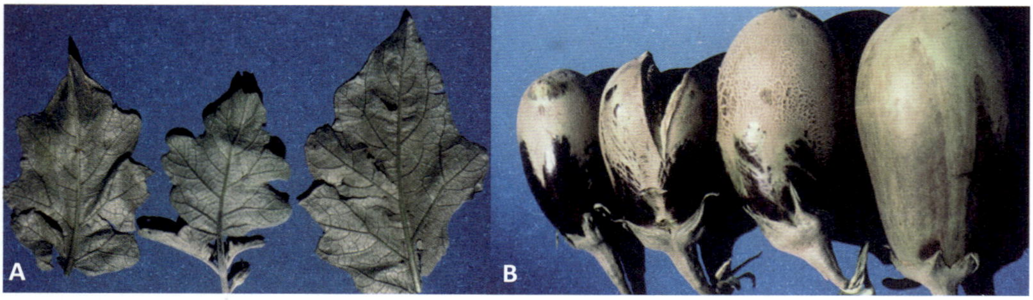

Figura 9.50 Danos causados por *Polyphagotarsonemus latus* à berinjela. (A) Folhas. (B) Frutos (gentileza de A.R. Monteiro).

do de São Paulo. Em um trabalho recente conduzido no Irã, Fathi (2023) relatou reduções significativas dos níveis populacionais desse ácaro ao consorciar plantas de berinjela com plantas de alho.

Ácaro-vermelho-do-tomateiro (*Tetranychus evansi* Baker & Pritchard)

Ver detalhes em "Tomateiro" (p. 308). Relatado nos Estados de Minas Gerais e São Paulo. Ocasionalmente pode atingir níveis elevados sobre essa cultura no Estado de São Paulo.

CENOURA (*Daucus carota* L., APIACEAE)

Acaridae

Ácaro-das-raízes-e-bulbos [*Rhizoglyphus* spp.]

Ver detalhes em "Alho" (p. 291) Rossetto & Camargo (1966) relataram alta incidência de uma espécie de ácaro identificada como *Rhizoglyphus* sp., causando sérios danos a tecidos sadios de cenoura no Estado de São Paulo, em associação ou não com o fungo *Sclerotinia sclerotiorum* (Lib) de Bary, agente etiológico da "podridão mole". Os autores sugeriram a possibilidade de que a infestação tivesse ocorrido por ácaros veiculados pelo adubo orgânico utilizado.

CHUCHUZEIRO (*Sechium edule* (JACQ.) SWARTZ, CUCURBITACEAE)

Tetranychidae

Ácaro-espinhoso [*Aponychus schultzi* (Blanchard)]

Ver detalhes em "Mamoeiro" (p. 267). Encontrado em chuchuzeiro nos Estados de Minas Gerais, Paraná e São Paulo. Aparentemente, não causa danos significativos (Lopes *et al.*, 1994).

COGUMELO (AGARICALES)

Acaridae

Tyrophagus putrescentiae (Schrank)

Ver detalhes em "Alimentos armazenados e laboratórios" (p. 353).

Sancassania berlesei (Michael)

Ver detalhes em "Alimentos armazenados e laboratórios" (p. 353).

Pygmephoridae

Pygmephorus flechtmanni Wicht Jr.

Descrito no Estado de São Paulo (Wicht Jr., 1970). Na publicação em que a descrição original dessa espécie foi feita, o autor apresentou uma resenha das espécies de Pygmephoridae (aí consideradas como sendo Pyemotidae) até então conhecidas em cogumelos no mundo.

Ácaro pequeno e esbranquiçado, que se alimenta do micélio do cogumelo e frequentemente pode ser visto em grandes aglomerações sobre o "chapéu". Determina o aparecimento de uma crosta amarelo-pardacenta, depreciando o valor comercial do produto. Atingindo a pele do trabalhador, causa irritações passageiras. A limpeza da casa de cultivo de cogumelos é fator básico para prevenir o ataque desse ácaro. O meio de cultura do cogumelo deve ser bem curtido; a temperatura atingida durante a fermentação do meio é suficiente para eliminar os ácaros.

FEIJOEIRO-FAVA (*Phaseolus lunatus* L., FABACEAE)

Uma revisão detalhada sobre as características dessa cultura e seu uso no Brasil foi apresentada por Nobre (2015). Porém nada foi citado nesse trabalho em relação à incidência de ácaros.

Tetranychidae

Ácaro-vermelho (*Tetranychus neocaledonicus* André)

Ver detalhes em "Feijoeiro-macassar" (p. 199). Relatado em feijoeiro-fava no Piauí, sendo a espécie de ácaro mais numerosa dentre as espécies encontradas por Gomes-Neto *et al.* (2019) em cultivos experimentais. Os autores descreveram os sintomas de ataque nas folhas, evoluindo de manchas esbranquiçadas, na fase inicial, a áreas cloróticas, necrose e queda dessas. Relataram também a ocorrência desse ácaro apenas na face inferior das folhas, onde a teia por esse produzida se destaca à medida que a população aumenta.

A determinação dos parâmetros biológicos desse ácaro em feijoeiro-fava no laboratório e sua constatação sobre a planta em condições de campo levaram Gomes-Neto *et al.* (2017, 2019) a sugerir que esse pudesse se tornar uma praga do feijoeiro-fava. Um detalhado estudo comparativo sobre o desenvolvimento e a reprodução de *T. neocaledonicus* foi realizado por Briozo *et al.* (2023) em quatro hospedeiros (feijoeiro-fava, feijoeiro-macassar, quiabo e soja), tendo os autores encontrado um dos maiores valores da razão intrínseca de crescimento populacional (0,220 fêmea por fêmea por dia, a 25°C) em feijoeiro-fava.

Nesse hospedeiro, o desenvolvimento da fase imatura foi completado em 11 dias e a fecundidade total foi de 79 ovos por fêmea.

Ácaro-verde [*Mononychellus planki* (McGregor)]

Ver detalhes em "Algodoeiro" (p. 163). No Brasil, relatado em feijoeiro-fava no Piauí, sendo aparentemente de menor importância do que *T. neocaledonicus* (Gomes-Neto *et al.*, 2019). Encontrado em ambas as faces das folhas e causando danos semelhantes aos relatados para *T. neocaledonicus*. Não tece teia.

JILOEIRO (*Solanum gilo* RADDI, SOLANACEAE)

A maior parte das informações aqui citadas foram obtidas de Pereira *et al.* (2012).

Eriophyidae

Ácaro-do-bronzeamento ou microácaro-do-tomateiro [*Aculops lycopersici* (Tryon)]

Ver detalhes em "Tomateiro" (p. 308).

Tarsonemidae

Ácaro-branco [*Polyphagotarsonemus latus* (Banks)] (Figura 9.51)

Ver detalhes em "Algodoeiro" (p. 163). Quando a incidência desse ácaro se dá na fase de frutificação, a região distal do fruto em início de desenvolvimento pode ser atacada, causando a necrose superficial dessa região em frutos mais desenvolvidos.

A associação de cultivos hospedeiros desse ácaro (jiló, berinjela, feijão-vagem etc.), em blocos usualmente pequenos e vizinhos, comum em

Figura 9.51 Danos causados por *Polyphagotarsonemus latus* ao jiló.

áreas de pequenos produtores, facilita a permanência da praga na área, aumentando os danos.

Tetranychidae

Ácaro-rajado (*Tetranychus urticae* Koch)

Ver detalhes em "Algodoeiro" (p. 163). Relatado em jiló nos Estados de Minas Gerais e São Paulo.

Ácaro-vermelho-do-tomateiro (*Tetranychus evansi* Baker & Pritchard)

Ver detalhes em "Tomateiro" (p. 308). Relatado em jiló nos Estados da Bahia e Rio de Janeiro.

MELANCIA (*Citrullus vulgaris* SCHRAD., CUCURBITACEAE)

Tetranychidae

Ácaro-rajado (*Tetranychus urticae* Koch)

Ver detalhes em "Algodoeiro" (p. 163). A partir da década iniciada em 1980, após sua primeira constatação em distintas culturas das áreas irrigadas da região do Vale do São Francisco, passou a ser considerado um problema importante dessa cultura em áreas irrigadas daquela região.

Considerada uma praga importante em algumas regiões, como em cultivos de melancia no Nordeste. Os ataques mais graves são observados no início do ciclo vegetativo. Os sintomas são inicialmente pontuações cloróticas nas folhas desenvolvidas, que posteriormente ficam bronzeadas, conferindo à planta um aspecto crestado, seguido de desfolha. As altas temperaturas e a baixa umidade relativa favorecem o desenvolvimento da praga. Quando o grau de infestação é muito grande até os frutos podem ser afetados.

MELÃO (*Cucumis melo* L., CUCURBITACEAE)

Tetranychidae

Ácaro-rajado (*Tetranychus urticae* Koch)

Ver detalhes em "Algodoeiro" (p. 163). Passou a ser encontrado nessa cultura nas áreas irrigadas do Vale do São Francisco a partir da década iniciada em 1980. Porém, não é considerado um problema importante nessa cultura no Brasil.

Ácaro-vermelho (*Tetranychus desertorum* Banks)

Encontrado sobre essa cultura em áreas irrigadas da região semiárida de Pernambuco (Moraes & Flechtmann, 1981), sem causar danos significativos.

MORANGUEIRO (*Fragaria spp.*, ROSACEAE)

O morangueiro é cultivado em vários estados brasileiros, especialmente em áreas com temperaturas mais amenas, como nas regiões mais altas dos Estados de Minas Gerais, São Paulo, Rio Grande do Sul e Espírito Santo. Além do mercado extenso no país, esse cultivo é de grande interesse dos agricultores, especialmente pelo valor do produto, pela boa estruturação de sua comercialização e possibilidade de ser cultivado mesmo em pequenas áreas, em condições de campo aberto ou como cultivo protegido. No entanto, alguns dos principais entraves ao cultivo do morangueiro são os vários problemas de pragas e enfermidades, incluindo os ácaros.

Ainda que o controle dos problemas fitossanitários nessa cultura seja feito com o uso de produtos químicos, existe considerável interesse pela adoção do manejo integrado de pragas, incluindo o uso do controle biológico com ácaros predadores, como citado a seguir. Informações relevantes para a preparação desta seção foram obtidas nas publicações de Ferla & Marchetti (2005) e Bernardi *et al.* (2010, 2015).

Tarsonemidae

Ácaro-do-enfezamento-do-morangueiro [*Phytonemus pallidus* (Banks)] (Figura 9.52)

Descrito de exemplares procedentes da Jamaica e interceptados em quarentena, em Nova Iorque (Banks, 1899); de ampla distribuição mundial. No Brasil, relatado no morangueiro nos Estados do Espírito Santo, Rio Grande do Sul e São Paulo. É possível que ocorra em praticamente todos os locais em que o morangueiro é cultivado no Brasil. Acredita-se que o nome *P. pallidus* se refira a um complexo de espécies que atacam o morangueiro, o ciclame e uma Asteraceae, havendo quem considere como subespécies as populações desse complexo em cada um desses hospedeiros (Lindquist, 1986). Em uma tentativa preliminar (não publicada), não obtivemos sucesso em estabelecer uma colônia desse ácaro em morangueiros com espécimens coletados de ciclame.

Fêmeas passam de inicialmente branco-hialinas para castanho-escuras. Ovos castanho-claros, lisos, postos usualmente em grupos. Lar-

Figura 9.52 Danos causados por *Phytonemus pallidus* ao morangueiro (gentileza de E. Urueta).

vas e "pupas" também branco-hialinas. Atingem níveis mais elevados durante a época úmida. Os ácaros são encontrados principalmente nas folhinhas não abertas, aglomerando-se ao longo da nervura principal. Podem também causar danos a flores e frutos.

Quando os níveis de infestação são baixos, causam ondulação na face superior das folhas. Infestações mais altas causam nanismo das plantas; as folhas ficam pequenas, com pecíolos curtos, amarelecem, tornam-se rijas e quebradiças; finalmente ficam bronzeadas e podem morrer prematuramente. Os sintomas apresentam certa semelhança com os causados pelo nematoide *Aphelencoides fragariae* (Ritzema-Bos). Frutos muito infestados tornam-se deformados, como detalhadamente descrito por Gonzáles-Bustamante (1995). Cuidado especial deve ser dedicado à seleção de mudas não infestadas para se iniciar um novo plantio. A fecundidade é de 12 a 16 ovos por fêmea (Smith & Goldsmith, 1936).

Para o controle deste ácaro, Bernardi *et al.* (2015) recomendaram a liberação do ácaro predador *Neoseiulus barkeri* Hughes, da família Phytoseiidae, com registro no MAPA (Agrofit, 2023).

Tetranychidae

Ácaro-rajado (*Tetranychus urticae* Koch)

Ver detalhes em "Algodoeiro" (p. 163). Relatado em morangueiro do Distrito Federal e dos Estados Minas Gerais, Paraná, Rio de Janeiro, Rio

Grande do Sul e São Paulo. Considerado uma das principais pragas do morangueiro no Brasil, onde deve ser encontrado também em outros estados. As folhas atacadas mostram-se cobertas com teia produzida pelo ácaro, com manchas branco-prateadas na face inferior e áreas correspondentes bronzeadas na face superior; plantas severamente atacadas podem morrer prematuramente. Assim, a quantidade e a qualidade dos frutos produzidos podem ser afetadas negativamente.

Tanto no Rio Grande do Sul como no sul de Minas Gerais, os níveis mais elevados do ácaro e também os maiores níveis de danos parecem ocorrer de setembro a novembro, para morangueiros cultivados em campo aberto ou em túneis baixos, antes da ocorrência dos maiores níveis de precipitação pluviométrica (Ferla & Marchetti, 2005; Castilho *et al.*, 2015).

Logicamente, os níveis de danos econômicos do morangueiro devem variar de acordo com a diversidade das cultivares plantadas e com as condições dos campos de cultivo. De acordo com Garcia-Marí & Gonzalez-Zamora (1999), no sul dos Estados Unidos da América do Norte, os níveis de danos econômicos adotados giram em torno de 20 a 100 ácaros por folíolo.

Grande quantidade de agroquímicos é utilizada anualmente para o controle desse ácaro em morangueiros, muitas vezes tomando como base para aplicação apenas o calendário, ou a simples ausência ou presença do ácaro na área. Existem 33 produtos registrados para essa praga no morangueiro (Agrofit, 2023), sendo quase 50% destes do grupo químico avermectina. Essa pode ser uma das causas para o aumento dos problemas com o ácaro-rajado na cultura, pois a aplicação contínua e sem critérios de produtos químicos com o mesmo sítio de ação promove o desenvolvimento da resistência da praga nos cultivos de morangueiro.

Por isso, os problemas causados por esse ácaro parecem se acentuar quando é feito um manejo incorreto dessa e das pragas associadas. Como exemplo inverso, em áreas experimentais no sul de Minas Gerais, com pouco uso de produtos químicos, os níveis populacionais de *T. urticae* parecem não ser altos, estando normalmente abaixo de níveis que causem danos significativos (Castilho *et al.*, 2015; Esteca *et al.*, 2018; Esteca, 2021).

Em diversos países esse ácaro vem sendo controlado biologicamente nessa cultura com o uso de ácaros predadores Phytoseiidae (van de Vrie & Price, 1994; Gerson *et al.*, 2003), principalmente *Phytoseiulus persimilis* (Athias-Henriot) e *Neoseiulus californicus* (McGregor). Resultados promissores foram obtidos por Watanabe *et al.* (1994) em relação à possibilidade de uso de duas espécies de ocorrência natural no Brasil, *Phytoseiulus macropilis* (Banks) e *Neoseiulus idaeus* Denmark & Muma, para o controle do ácaro-rajado. Neste mesmo trabalho, *P. persimilis* também foi avaliado, mas não teve desempenho satisfatório, talvez devido aos baixos níveis de umidade reinantes na região em que o estudo foi realizado no Estado de São Paulo.

No Rio Grande do Sul, ênfase tem sido dada ao uso de *N. californicus* e *P. macropilis*, assim como ao uso dos fungos *Beauveria bassiana* (Balsamo) e *Metarhizium anisopliae* (Metsch.) Sorokin e do extrato de nim (*Azadirachta indica* A. Juss) (Ferla & Marchetti, 2005; Bernardi *et al.*, 2010, 2015), com a redução concomitante do uso de piretroides. Também no sul de Minas Gerais e em São Paulo, o controle biológico com aqueles ácaros predadores vem sendo realizado. *Neoseiulus californicus*, *N. idaeus* e *P. macropilis* são atualmente registrados no MAPA (Agrofit, 2023) para o controle de *T. urticae* em morangueiros.

Informações práticas para o manejo foram apresentadas por Ferla & Marchetti (2005) e por Bernardi *et al.* (2010, 2015). Resultados promissores foram relatados por Esteca *et al.* (2018) e Esteca (2021) em relação ao uso de substrato orgânico (palhada de café) em substituição ao filme de PVC preto para a cobertura dos canteiros de plantio de morangueiros. Além de propiciar um ambiente menos adequado para o desenvolvimento de *T. urticae*, a cobertura orgânica oferece melhores condições de abrigo dos inimigos naturais desse ácaro e de outras pragas.

Em relação ao manejo, Lourenção *et al.* (2000) estudaram a suscetibilidade de 17 cultivares e uma linhagem de morangueiro a esse ácaro, concluindo que a linhagem T-0104 e as cultivares 'Blakemore, Raritan, IAC Princesa Isabel e IAC Campinas' apresentavam menores danos devidos à menor incidência do ácaro.

Ácaros-marrons/ vermelhos [*Oligonychus punicae* (Hirst), *Tetranychus cinnabarinus* (Boisduval) e *T. desertorum* Banks].

Ver detalhes sobre *O. punicae* em "Abacateiro" (p. 230) sobre *T. cinnabarinus* em "Citros" (p. 244) e sobre *T. desertorum* em "Algodoeiro" (p. 163). As três espécies foram relatadas em morangueiro no Estado de São Paulo, mas não são consideradas importantes nesta cultura.

PEPINO (*Cucumis sativus* L., CUCURBITACEAE)

Tetranychidae

Ácaro-rajado (*Tetranychus urticae* Koch)

Ver detalhes em "Algodoeiro" (p. 163). Relatado em pepino nos Estados de Minas Gerais, Rio Grande do Sul e São Paulo, devendo também ser encontrado em outros estados brasileiros. Os sintomas causados a essa cultura são semelhantes aos relatados para outras cucurbitáceas, como melancia e melão.

Ácaros predadores Phytoseiidae são extensivamente utilizados em casas-de-vegetação na Europa para o controle biológico do ácaro-rajado em pepino. *Phytoseiulus persimilis* (Athias-Henriot) é o predador mais utilizado para essa finalidade. Resultados promissores foram obtidos por Watanabe *et al.* (1994) em relação à possibilidade de uso de *Phytoseiulus macropilis* (Banks) e *Neoseiulus idaeus* Denmark & Muma, para o controle do ácaro-rajado em plantas de pepino no campo. Também neste caso, *P. persimilis* foi avaliado, mas não apresentou desempenho satisfatório, talvez devido aos baixos níveis de umidade reinantes na região em que o estudo foi realizado no Estado de São Paulo.

PIMENTÃO (*Capsicum annuum* L., SOLANACEAE)

Eriophyidae

Microácaro-do-adensamento-das-folhas (*Calacarus capsica* Chakrabarti & Mondal)

Descrito na Índia (Chakrabarti & Mondal, 1979), também conhecido na África do Sul. No Brasil, relatado no Estado de São Paulo. Ácaro ambulante que habita as folhas apicais da planta de pimentão reduzindo o crescimento dessas e causando seu adensamento devido ao menor crescimento dos internódios.

Microácaro-da-deformação-das-folhas (*Calacarus speciosissimum* Flechtmann)

Descrito na ilha caribenha de Martinica (Flechtmann *et al.*, 1999); também relatado em outra ilha caribenha (Guadalupe), na Flórida e do Distrito Federal brasileiro. Diferentemente do que foi relatado em outras regiões, sempre em outras solanáceas, tem-se verificado no Brasil a deformação de folhas de pimentão devido ao ataque desse ácaro (Duarte *et al.*, 2020). Isso indica que, assim como para a espécie anterior (*Calacarus capsica* Chakrabati & Mondal), o ataque ocorre nas estruturas vegetais em crescimento.

Tarsonemidae

Ácaro-branco [*Polyphagotarsonemus latus* (Banks)] (Figura 9.53)

Ver detalhes em "Algodoeiro" (p. 163). Os danos causados por esse ácaro ao pimentão foram detalhadamente descritos por Hambleton

Figura 9.53 Danos causados por *Polyphagotarsonemus latus* a plantas de pimentão.

(1938). Plantas atacadas apresentam folhas e frutos deformados. As hastes e os frutos atacados podem ainda apresentar áreas de cor marrom, que correspondem às regiões diretamente atacadas pelos ácaros em um estágio anterior. Cuidado deve ser tomado para não confundir os sintomas nas folhas com os de viroses que também incidem sobre essa planta.

Tetranychidae

Ácaro-rajado (*Tetranychus urticae* Koch)

Ver detalhes em "Algodoeiro" (p. 163). Não é considerada uma das principais pragas do pimentão no Brasil. No entanto, ocasionalmente tem causado danos significativos a essa cultura no Estado de São Paulo.

QUIABEIRO [*Abelmoschus esculentus* (L.) MOENCH, MALVACEAE]

Eriophyidae

Microácaro (*Aceria esculenti* Keifer) (Figura 9.54)

Descrito no Estado do Rio de Janeiro (Keifer, 1966b) e também relatado de Minas Gerais e São Paulo. Robbs (1968) o considerou praga severa do quiabeiro no Rio de Janeiro causando eríneos nas folhas. Rossetto (1972), porém, não o considerou praga no Estado de São Paulo.

Figura 9.54 Danos causados por *Aceria esculenti* ao quiabeiro.

Nós observamos dano severo causado à cultivar Santa Cruz-47, tendo-se obtido controle eficiente com o uso de enxofre.

Jeppson *et al.* (1975) consideraram *A. esculenti* como sendo sinônimo júnior de *Aceria hibisci* (Nalepa). Welbourn *et al.* (2008) e Navia *et al.* (2021) detalharam as diferenças entre essas espécies.

Tetranychidae

Ácaro-verde [*Mononychellus planki* (McGregor)]

Ver detalhes em "Algodoeiro" (p. 163). No Brasil, relatado em quiabeiro no Distrito Federal e nos Estados de Minas Gerais e São Paulo. Encontrado em ambas as faces das folhas mais novas do quiabeiro, notadamente ao longo da nervura principal.

Ácaros-vermelhos (*Tetranychus marianae* McGregor e *T. neocaledonicus* André).

Ver detalhes sobre *T. marianae* em "Tomateiro" (p. 308). Relatado em quiabeiro na Bahia, Ceará e Pernambuco. Ver detalhes sobre *T. neocaledonicus* em "Feijão-macassar" (p. 49); relatado em quiabeiro em Fernando de Noronha e no Distrito Federal. Um detalhado estudo comparativo sobre o desenvolvimento e a reprodução de *T. neocaledonicus* foi realizado por Briozo *et al.* (2023) em quatro hospedeiros (feijoeiro-fava, feijoeiro-macassar, quiabo e soja), a 25°C. Em quiabeiro, a fase imatura desse ácaro foi completada em 10 ou 11 dias, mas a fecundidade total foi de apenas 31 ovos por fêmea, resultando em uma razão intrínseca de crescimento populacional de 0,187 fêmea por fêmea por dia.

TOMATEIRO (*Lycopersicon esculentum* MILL., SOLANACEAE)

O tomateiro é uma das principais hortaliças no Brasil e muitos outros países ao redor do globo, tanto para cultivo em campo aberto como sob condições protegidas, em regiões com invernos rigorosos. Os principais ácaros que danificam essa cultura no Brasil também ocorrem e causam danos em muitos outros países. Considera-se que pelo menos um desses ácaros, o ácaro-vermelho-do-tomateiro, tenha se originado no continente americano. Por essa razão, em um esforço internacional, grande atenção foi dada ao estudo desse ácaro no país, especialmente visando ao seu controle biológico.

Eriophyidae

Ácaro-da-cinza-do-tomateiro [*Aceria lycopersici* (Wolffenstein)]

Descrito na Espanha (Wolffenstein, 1879); de ampla distribuição mundial. No Brasil, relatado em tomateiro nos Estados do Rio Grande do Norte e São Paulo. Citado apenas duas vezes na literatura brasileira, por Costa & Gonçalves (1950) como *Eriophyes cladophthirus* Nalepa, e por Rossetto (1972), referindo-se àquele mesmo relato, como *Aceria cladophthirus*.

Causa sintoma então chamado "cinza ou penugem branca" (eríneo) nas hastes, folhas e frutos verdes, lembrando hifas de fungos ou dando a impressão de que a planta tenha sido polvilhada com pó branco. A infestação era maior na época chuvosa (Rossetto, 1972). Costa & Gonçalves (1950) consideraram essa espécie como mais importante ao tomateiro no Estado de São Paulo do que espécies de tetraniquídeos e outros. No entanto, há anos essa espécie não vem sendo encontrada no Brasil. É possível que a diminuição de sua importância no país tenha se dado em função da mudança das variedades cultivadas.

Ácaro-do-bronzeamento ou microácaro-do-tomateiro [*Aculops lycopersici* (Tryon)] (Figura 9.55)

Espécie descrita da Austrália (Tryon, 1917); Duarte *et al.* (2023) conduziram uma análise genética desse ácaro, com espécimes coletados em diversos locais e hospedeiros da família Solanaceae do Brasil, França, Holanda, Itália e Polônia, concluindo tratar-se de uma espécie oligófaga e de ampla distribuição mundial. Também no Brasil, apresenta ampla distribuição, incluindo relatos nos Estados da Bahia, Ceará,

Figura 9.55 Danos causados por *Aculops lycopersici* ao tomateiro.

Goiás, Mato Grosso do Sul, Minas Gerais, Pernambuco, Rio Grande do Sul e São Paulo.

Na descrição original de *Aculops* Keifer, o autor do gênero (Keifer, 1966c) menciona o nome *lycopersici*, mas não deixa claro se oficialmente a incluía em *Aculops*, mencionando apenas seu melhor enquadramento em *Aculops* do que em *Aculus* Keifer (um dos gêneros em que havia sido previamente colocado), ressaltando, no entanto, que o lóbulo anterior de seu escudo prodorsal diferia daquele de outras espécies por ele então incluídas (explicitamente como exemplos) em *Aculops*. Como indicado no Anexo 3 da presente publicação, de acordo com os conceitos de Amrine *et al.* (2003), outra característica em que essa espécie parece diferir de outras espécies de *Aculops* se refere ao perfil do idiossoma em um corte transversal, distintamente achatado dorsalmente. Essa característica não foi adequadamente tratada nem no texto e nem nas ilustrações da descrição original do gênero. É possível que estudos mais pormenorizados possam indicar que essa espécie pertença a um gênero diferente.

Esse ácaro é considerado um problema importante do tomateiro no Brasil, especialmente na região Nordeste (Ramalho, 1978), causando maiores danos em regiões ou em épocas de baixa precipitação. Moraes *et al.* (1986) constataram níveis populacionais bastante variáveis de um ano a outro na região Nordeste, sendo, porém, mais baixos quando o plantio sob condições de irrigação foi realizado no primeiro semestre do ano. Tem sido relatado principalmente em solanáceas, embora existam relatos de sua ocorrência em algumas convolvuláceas silvestres.

Usualmente, o primeiro sintoma de seu ataque corresponde ao escurecimento da base da haste da planta, que ao mesmo tempo adquire aspecto vítreo-brilhante. Então, a face inferior das folhas basais atacadas adquire também aspecto vítreo-brilhante, tornando-se posteriormente amarelada; aí as folhas secam e caem prematuramente. Quando o ataque ocorre antes da formação dos frutos, as plantas podem ter o desenvolvimento altamente afetado e morrer prematuramente. Se o ataque ocorrer no final do ciclo, os frutos não amadurecem convenientemente, tornando-se queimados pela exposição direta à luz solar (Moraes, 1981).

Cuidado deve ser tomado para não se confundir o efeito do ácaro sobre as folhas com o efeito da incidência de fungos nas raízes. A diferença maior refere-se ao fato de as folhas murcharem antes de secarem, no caso da incidência dos fungos patogênicos, o que não ocorre no caso da incidência do ácaro. O desenvolvimento da fase imatura do ácaro se completa em cerca de sete dias e a fecundidade é cerca de 50 ovos por fêmea.

Estudos têm sido conduzidos sobre a possibilidade de se controlar essa praga com o uso de ácaros predadores. Alguns fitoseídeos, como *Euseius concordis* (Chant), têm demonstrado potencial, quando liberados em plantas que ainda não estejam severamente atacadas, como agentes controladores (Figueiredo, 2017). O mesmo fato tem sido relatado para predadores Iolinidae, como mencionado por Duarte *et al.* (2021) para *Pronematus ubiquitus* (McGregor).

Tarsonemidae

Ácaro-branco [*Polyphagotarsonemus latus* (Banks)] (Figura 9.56)

Ver detalhes em "Algodoeiro" (p. 163). Em condições de campo, usualmente não é considerado uma praga séria do tomateiro. Entretanto, pode causar danos consideráveis ao tomateiro em cultivos protegidos. As folhas atacadas ficam atrofiadas e malformadas.

Figura 9.56 Danos causados por *Polyphagotarsonemus latus* ao tomateiro.

Tetranychidae

Ácaro-rajado (*Tetranychus urticae* Koch)

Ver detalhes em "Algodoeiro" (p. 163). Relatado em tomateiro no Distrito Federal e nos Estados do Amazonas, Goiás, Minas Gerais e São Paulo, onde era e é muito mais comum em tomateiro que o ácaro-vermelho-do-tomateiro. O ataque do ácaro-rajado também torna as folhas do tomateiro amareladas a esbranquiçadas, podendo cair prematuramente, ficando os frutos expostos ao sol, não adquirindo a cor vermelha característica, o que deprecia o produto.

Os predadores associados ao ácaro-rajado em tomateiro não têm sido adequadamente estudados, mas um estudo conduzido por Ferrero *et al.* (2011) mostrou que uma população argentina de *Phytoseiulus longipes* Evans (Phytoseiidae) foi capaz de manter uma população de *T. urticae* sob controle em casa de vegetação na Espanha.

Resultados preliminares satisfatórios foram também obtidos em laboratório por Sato *et al.* (2011) ao se avaliar o potencial de *Phytoseiulus macropilis* (Banks) como agente de controle de *T. urticae* em tomateiro da cultivar 'Carmen'. Os autores concluíram que a teia produzida por esse último reduziu o contato do predador com os tricomas das plantas, evitando o efeito negativo desses no predador.

Ácaro-vermelho-do-tomateiro (*Tetranychus evansi* Baker & Pritchard) (Figura 9.57)

Espécie descrita das Ilhas Maurício (Baker & Pritchard, 1960), atualmente de ampla distribuição mundial, incluindo o continente americano, a região do Caribe, África, Ásia e Europa. Esse ácaro tem sido encontrado em tomateiro em diversos estados brasileiros, incluindo Bahia, Ceará, Mato Grosso do Sul, Minas Gerais, Pernambuco, Rio de Janeiro, Rio Grande do Sul, São Paulo e Tocantins.

Existem diversos relatos na literatura sobre sua ocorrência em plantas de diferentes famílias (Migeon & Dorkeld, 2024). Entretanto, é possível que diversos desses relatos, no Brasil, correspondam na realidade a *Tetranychus marianae* McGregor, espécie muito próxima de *T. evansi*, em termos de sua cor e morfologia, podendo essas espécies serem separadas pelo formato do órgão de transferência de esperma do macho (edeago). Na comparação dessas duas espécies, Moraes *et al.* (1987) sugeriram que *T. evansi* se alimentasse especificamente de Solanaceae, diferentemente de *T. marianae*, que se alimenta de hospedeiros de outras famílias. No entanto, desde a chegada de *T. evansi* na Europa, no início da década iniciada em 2000, muitos relatos indicam a ocorrência desse ácaro aí atacando plantas de distintas famílias (Navajas *et al.*, 2013).

Figura 9.57 Danos causados por *Tetranychus evansi* ao tomateiro (cortesia de I.P. Furtado). Observe a grande quantidade de teia produzida pelo ácaro; veja detalhe do ácaro no canto superior esquerdo.

Fêmeas adultas são geralmente vermelho-claras, mas sob condições de baixa temperatura, podem ser esverdeadas. Recobrem as folhas com grande quantidade de teia. As folhas tornam-se amareladas a esbranquiçadas, caindo prematuramente; expostos ao sol, os frutos não adquirem a cor vermelha característica, depreciando o produto.

Apresenta alta capacidade reprodutiva quando comparada a outras espécies da mesma família (Moraes & Leite Filho, 1981; Moraes & McMurtry, 1987). Cada fêmea pode depositar até cerca de 250 ovos quando mantida entre 20°C e 25°C. A temperaturas mais altas, observa-se uma redução do nível de oviposição, assim como no período de desenvolvimento. A 35°C, a razão intrínseca de crescimento populacional atinge o expressivo valor de 0,432 fêmea por fêmea por dia.

Silva *et al.* (1992) compararam a susceptibilidade de algumas espécies de tomateiro a esse ácaro, determinando possíveis fontes de resistência a serem utilizadas em trabalhos de melhoramento. Raramente observa-se a presença de ácaros predadores associados ao ácaro-vermelho-do-tomateiro, embora ocasionalmente sejam observados insetos das famílias Cecidomyiidae (Diptera) ou Coccinellidae (Coleoptera) predando esse ácaro, quando seu nível populacional é muito elevado.

Moraes & McMurtry (1985) relataram tentativas infrutíferas de determinar espécies de ácaros predadores potencialmente úteis para o controle do ácaro-vermelho-do-tomateiro. A partir do ano 2000, um grande projeto foi conduzido com o objetivo de detectar predadores que pudessem ser utilizados para seu controle biológico. Apesar do grande número de explorações realizadas em diferentes partes do Brasil, uma única espécie promissora de ácaro predador, *Phytoseiulus longipes* Evans, foi encontrada no Rio Grande do Sul (Furtado *et al.*, 2006, 2007), como detalhadamente discutido por Navajas *et al.* (2013). Silva *et al.* (2010) mostraram uma redução significativa da população de *T. evansi* quando *P. longipes* foi liberado em tomateiros infestados. Resultado semelhante foi obtido por Ferrero *et al.* (2011) com uma população argentina do mesmo predador.

O fungo patogênico *Neozygites floridana* Weiser & Muma, do grupo dos Entomophthorales, tem também sido encontrado no Nordeste brasileiro e no Estado de São Paulo (Humber *et al.*, 1981; Duarte *et al.*, 2009). Em um estudo conduzido nesse estado, Duarte *et al.* (2009) mostraram a elevada incidência do fungo, assumindo que esse possa ter um efeito significativo sobre *T. evansi*. Moraes (1981) já havia sugerido que aplicações de fungicidas em tomateiro poderia levar a um aumento da população do ácaro, devido ao possível efeito daqueles produtos sobre esse patógeno, então mencionado como *Triplosporium* sp.. O estudo conduzido por Wekesa *et al.* (2007) mostrou que *P. longipes* e *N. floridana* podem atuar conjuntamente como agentes de controle de *T. evansi*, sem que haja efeito negativo de um agente sobre o outro. Aparentemente, a incidência natural desse fungo é um dos principais fatores pela manutenção do ácaro sob controle no Estado de São Paulo.

Nos idos das décadas iniciadas em 1970 e 1980, esse ácaro atingia sistematicamente níveis elevados em tomateiro em áreas irrigadas da região semiárida do Nordeste (Ramalho & Flechtmann, 1978). No entanto, em um experimento conduzido com tomateiros irrigados na mesma região durante todo o ano 2000, pouquíssimos ácaros dessa espécie foram encontrados. Não se sabe se isso se deve à mudança das cultivares, que seguramente ocorreu nesse período, ou à ação de inimigos naturais que poderiam ter sido de alguma forma chegado à região nas décadas iniciadas em 1980 ou 1990, possivelmente *N. floridana*.

ORNAMENTAIS

Os danos causados pelos ácaros às ornamentais são principalmente cosméticos, correspondendo a alterações na cor, redução do tamanho ou má formação dos órgãos vegetais comercializados. Estudos detalhados sobre os ácaros fitófagos e outros em plantas ornamentais foram conduzidos por Flechtmann (1968b) e Feres *et al.* (2009). Informações selecionadas daquele e de outros estudos similares são aqui mencionadas.

ABACAXIZEIRO ORNAMENTAL (*Ananas lucidus* MILL., BROMELIACEAE)

Tenuipalpidae

Ácaro-plano-alaranjado [(*Dolichotetranychus floridanus* (Banks)] (Figura 9.58; ver também Figura 9.27)

Ver detalhes em "Abacaxizeiro" (p. 232). Os sintomas do ataque são muito parecidos ao que se observa em plantas de abacaxi comestível. Entretanto, no abacaxizeiro ornamental, o efeito do ácaro refere-se principalmente à qualidade estética da planta atacada, que se torna inadequada para exportação.

Figura 9.58 Danos causados por *Dolichotetranychus floridanus* ao abacaxizeiro ornamental, caracterizado pelas manchas arredondadas marrons nas folhas.

Oribatida "não Astigmatina"

Ácaros não identificados desse grupo são ocasionalmente encontrados sobre essas plantas. Embora não as ataquem, sua simples presença tem levado à rejeição de plantas na alfândega de países importadores. É possível que esses subam às plantas quando essas recebem uma quantidade excessiva de água de irrigação.

AGUAPÉ [*EICHHORNIA CRASSIPES* (MART.) SOLMS, PONTEDERIACEAE]

Galumnidae

Oribatídeo-do-aguapé (*Orthogalumna terebrantis* Wallwork)

O aguapé é comumente utilizado como ornamental. Entretanto, em diversas situações é considerado uma praga, por ser muito agressivo, cobrindo a superfície de corpos d´água, interferindo com a navegação, ou servindo como substrato favorável ao desenvolvimento dos caramujos hospedeiros intermediários de *Schistosoma mansoni* Sambon, causador da esquistossomose.

Esse ácaro foi descrito no Uruguai (Walwork, 1965), tendo sido constatado pela primeira vez no Brasil, no Estado de São Paulo, por Flechtmann (1977). Causa naturalmente severos danos ao aguapé na América do Sul (Cromroy, 1983). Faz perfurações nas folhas para ovipositar, danificando assim a planta quando se encontra em populações elevadas. Os estágios imaturos constroem túneis nas folhas para se alimentar. *Orthogalumna terebrantis* é um dos poucos oribatídeos fitófagos (Cordo & Deloach, 1975).

Foi introduzido na Índia e em alguns países da América Central e da África, visando ao controle do aguapé, tendo sido constatado seu estabelecimento na Índia e em Zâmbia, conforme relatado por Gerson *et al.* (2003). Na verdade, o controle do aguapé exemplifica o uso de um ácaro como adjuvante à ação de um besouro, *Neochetina eichhorniae* Warner (Coleoptera: Brachyceridae), e um fungo, *Acremonium* (*Cephalosporium*) *zonatum* (Sarv.) Gams. (Hypocreaceae). A ação combinada desses organismos produz maiores danos ao aguapé do que a somatória dos danos dos três organismos isoladamente.

ANTÚRIO (*Anthurium* sp., ARACEAE)

Tenuipalpidae

Ácaro-plano [*Brevipalpus phoenicis* (Geijskes) *sensu lato*] (Figura 9.59)

Ver detalhes em "Citros" (p. 244). Pode causar danos significativos ao antúrio em condições de estresse hídrico. As folhas das plantas atacadas crescem menos, tornam-se amareladas, secando em seguida. Esse ácaro tem sido constatado em antúrio no Estado de São Paulo. Dano semelhante tem sido também observado na América Central (Ochoa *et al.*, 1994).

Figura 9.59 Danos causados por *Brevipalpus phoenicis sensu lato* ao antúrio.

Tetranychidae

Ácaro-rajado (*Tetranychus urticae* Koch)

Ver detalhes em "Algodoeiro" (p. 163). Relatado em antúrio na Bahia. Também relatado na Costa Rica e em Portugal. Os danos a essa planta são aparentemente ocasionais.

Oribatida "não Astigmatina"

Assim como citado para o abacaxizeiro ornamental, ácaros não identificados desse grupo são encontrados ocasionalmente sobre plantas de antúrio. Embora não as ataquem, sua simples presença tem levado à rejeição de plantas na alfândega de países importadores. Por viver preponderantemente em lugares úmidos, é possível que subam às plantas quando essas recebem uma quantidade excessiva de água de irrigação.

AZALEIA [*Rhododendron indicum* (L.) SWEET, ERICACEAE]

Tenuipalpidae

Ácaros-planos [*Brevipalpus californicus* (Banks), *B. obovatus* Donnadieu e *B. phoenicis* (Geijskes) *sensu lato*]

Ver detalhes sobre essas espécies em "Citros" (p. 244). Encontradas sobre azaleia no Estado de São Paulo por Trindade & Chiavegato (1994). Em um estudo conduzido a 27°C em folhas de azaleia, esses autores observaram a duração da fase jovem de uma espécie citada na época como *B. phoenicis* ser de 23,8 dias, a longevidade de 18,7 dias e a fertilidade de 0,8 ovo por fêmea por dia. Os autores também verificaram que a duração da fase jovem foi ligeiramente mais curta para *B. obovatus* (21,5 dias) e *B. californicus* (21,1 dias), sob as mesmas condições; a fertilidade foi de 0,7 ovo por dia para *B. obovatus* e 1,3 ovo por dia para *B. californicus*. A longevidade de *B. obovatus* (16,2 dias) foi muito próxima daquela de espécies identificadas como *B. phoenicis*, mas a longevidade de *B. californicus* foi consideravelmente maior (28,9 dias).

Tetranychidae

Ácaros-tetraniquídeos [*Allonychus reisi* Paschoal, *Atrichoproctus uncinatus* Flechtmann, *Oligonychus ilicis* (McGregor) e *O. yothersi* (McGregor)]

Allonychus reisi foi descrito no Estado de São Paulo (Paschoal, 1970b), tendo também sido relatado na Colômbia. Produz grande quantidade de teia na face superior da folha. Ver detalhes sobre *A. uncinatus* em “Seringueira” (p. 224). Essas duas espécies foram relatadas em azaleia no Estado de São Paulo.

Ver detalhes sobre *O. ilicis* e *O. yothersi* em “Cafeeiro” (p. 179) e “Erva-mate” (p. 214), respectivamente. Em azaleia, a primeira espécie foi relatada no Estado do Paraná, e a segunda, no Estado de São Paulo.

BAMBU (*Bambusa* spp., POACEAE)

Tetranychidae

Nada tem sido mencionado na literatura sobre os danos causados pelas espécies abaixo aos hospedeiros, o que sugere que não sejam muito significativos, exceto as espécies de *Schizotetranychus* Trägårdh, que ocasionalmente parecem atingir níveis perceptíveis no Estado de São Paulo.

Ácaro-tetraniquídeo-sem-teia-da-face-inferior (*Monoceronychus bambusicola* Feres & Flechtmann)

Descrito no Estado de São Paulo (Feres & Flechtmann, 1995). Essa espécie pertence à subfamília Bryobiinae, diferentemente da maior parte dos Tetranychidae citados neste livro, que pertencem à subfamília Tetranychinae. Como quase todos os Bryobiinae, não produz teia (Bell *et al.*, 2005). Espécies de *Monoceronychus* McGregor são encontradas em monocotiledôneas, especialmente em capins (Poaceae). Preferem a face inferior das folhas, ocorrendo em baixos níveis populacionais.

Ácaros-nidicolas (*Schizotetranychus longirostris* Feres & Flechtmann, *S. paraelymus* Feres & Flechtmann, *S. papillatus* Flechtmann, *S. taquarae* Paschoal)

Todas essas espécies descritas de bambu, com base em exemplares do Estado de São Paulo (Paschoal, 1971c; Flechtmann, 1995b; Feres & Flechtmann, 1995). Diferentemente da maioria dos tetraniquídeos (exceto *Eutetranychus* Oudemans), seu corpo é achatado dorsoventralmente. Reconhecidos por seu hábito de viverem em pequenas colônias na superfície inferior das folhas, embaixo de pequenas coberturas de teias em forma de ninhos.

De acordo com Flechtmann (1995b), um predador da família Phytoseiidae e outro da família Stigmaeidae foram observados predando *S. papillatus*.

Ácaro-tetraniquídeo-sem-teia-da-face-superior (*Oligonychus santoantoniensis* Feres & Flechtmann)

Descrito de exemplares coletados em bambu no Estado de São Paulo (Feres & Flechtmann, 1995). Como a maioria das espécies de *Oligonychus*, prefere a face superior das folhas e não tece teia. Nada tem sido mencionado sobre a cor desses em vida e sobre os danos causados aos hospedeiros (Feres & Flechtmann, 1995).

BEGÔNIA (*Begonia* sp., BEGONIACEAE)

Tarsonemidae

Ácaro-branco [*Polyphagotarsonemus latus* (Banks)] (Figura 9.60)

Ver detalhes em "Algodoeiro" (p. 163). As folhas atacadas ficam atrofiadas e malformadas, sendo os danos bastante evidentes.

Figura 9.60 Danos causados por *Polyphagotarsonemus latus* à begônia.

CACTÁCEAS (*Echinocactus* sp. E *Chamaecerus* sp., CACTACEAE)

Figura 9.61 Danos causados por *Brevipalpus russulus* a uma cactácea (região mediana da secção alaranjada) (cortesia de J.M. Guerrero).

Tenuipalpidae

Ácaro-plano [*Brevipalpus russulus* (Boisduval)] (Figura 9.61)

Espécie descrita da França (Boisduval, 1867), encontrada em diversos países das Américas, Europa e Ásia. No Brasil, relatado no Estado de São Paulo (Chiavegato, 1976). Fêmeas avermelhadas. O córtex da região atacada pelo ácaro torna-se seco, marrom e coriáceo. Chiavegato (1976) denominou esse sintoma de "ruçamento", que apareceu em plantas de *Chamaecerus* sp. cerca de dois meses após sua infestação artificial.

CAMÉLIA (*Camellia japonica* L., THEACEAE)

Eriophyidae

Microácaro-da-gema [*Cosetacus camelliae* (Keifer)] (Figura 9.62)

Descrito da Califórnia, nesse hospedeiro (Keifer, 1945). Relatado nos Estados do Rio de Janeiro e São Paulo. Flechtmann (1998a) redescreveu essa espécie com base em exemplares coletados no Rio de Janeiro.

Esbranquiçado, encontrado principalmente no botão floral. Segundo Flechtmann (1998a), o ataque dos ácaros pode tornar as extremidades das pétalas ou as folhas bronzeadas. Em algumas plantas, a ação do ácaro parece impedir a abertura dos botões, enquanto em outras, flores podem ser deformadas; queda de botões florais também pode ocorrer, sendo essa aparentemente mais intensa nas plantas de flores brancas.

Figura 9.62 Danos causados por *Cosetacus camelliae* à camélia, caracterizados pelas áreas marrons na base das pétalas dos botões (de Keifer *et al.*, 1982).

Tetranychidae

Ácaro-vermelho (*Olygonychus* sp.)

Uma espécie ainda não identificada do gênero *Oligonychus* Berlese tem sido encontrada anualmente na época seca do ano no Estado de São Paulo, danificando bastante as folhas atacadas.

CAPIM-BRANCO [*EUSTACHYS DISTICHOPHYLLA* (LAG.) NEES, POACEAE]

Planta nativa da região sul da América do Sul, usada como ornamental quando plantada em agrupamentos, mas considerada invasora em pastagens e pomares (Silveira, 2020).

Tetranychidae

Ácaro-amarelo (*Monoceronychus tchecensis* Mendonça, Navia & Flechtmann)

Conhecido apenas de sua descrição original (Mendonça *et al.*, 2010), feita com base em exemplares coletados no Rio Grande do Sul. Nada tem sido publicado sobre o efeito desse ácaro em seu hospedeiro.

CASTANHOLA (*Terminalia catappa* L., COMBRETACEAE)

Tetranychidae

Ácaro-vermelho [*Oligonychus mangiferus* (Rahman & Punjab)]

Ver detalhes em "Mangueira" (p. 273). Como citado para a mangueira, ocorre principalmente na face superior das folhas medianas e basais, causando severo bronzeamento e tecendo teia, que retém partículas de sujeira, afetando negativamente a estética da planta.

CEDRO (*Cedrela fissilis* VELL. E C. *Odorata* L., MELIACEAE)

Tenuipalpidae

Ácaros-planos (*Tenuipalpus cedrelae* De Leon, *T. odoratus* Souza, Castro & Oliveira e *Colopalpus pedrus* Manson)

Tenuipalpus cedrelae foi descrito no México (De Leon, 1957) e depois relatado de Cuba e Honduras. No Brasil, relatado em *C. fissilis* nos Estados de Santa Catarina (Flechtmann, 1976b) e São Paulo (Demite & Feres, 2005).

Tenuipalpus odoratus é conhecido apenas da descrição original, feita com base em exemplares coletados em *C. odorata* na Bahia (Souza *et al.*,

2019). Encontrado em ambas as faces da folha e em ramos. Folhas com muitos ácaros apresentavam leve clorose.

Colopalpus pedrus (também citado como *Tenuipalpus pedrus*) foi descrito de Honduras (Manson, 1963), sendo depois encontrado no Estado de São Paulo (Mesa, 2005).

Tetranychidae

Ácaros-verdes (*Atrichoproctus uncinatus* Flechtmann e *Mononychellus cedrelae* Flechtmann & Queiroz)

Ver detalhes sobre *A. uncinatus* em "Seringueira" (p. 224). Relatado em cedro apenas no Estado de São Paulo.

Mononychellus cedrelae foi originalmente descrito com base em exemplares coletados de *C. fissilis* no Paraná (Flechtmann & Queiroz, 2015). Os estágios pós-embrionários do ácaro variam do amarelo ao verde-claro. Vive preferencialmente na superfície ventral das folhas, causando inicialmente o amarelecimento da região atacada (pecíolos ou proximidades da base da nervura central, na face inferior). Com o aumento da população, que pode atingir níveis elevados, a área atacada aumenta, passando a bronzeada, podendo haver queda prematura (Flechtmann & Queiroz, 2015; Queiroz & Flechtmann, 2016). As ilustrações mostradas por Queiroz & Flechtmann (2016) indicam que de maneira semelhante ao que se observa para o ácaro-verde-da-mandioca (também do gênero *Mononychellus*), esse ácaro não produz teia em abundância.

Queiroz & Flechtmann (2016) relataram a ocorrência do fitoseídeo predador *Neoseiulus tunus* (De Leon) em associação com *M. cedrelae.*

Ácaro-vermelho [*Tetranychus mexicanus* (McGregor)]

Ver detalhes em "Algodoeiro" (p. 163). Encontrado em São Paulo, causando clorose severa e desfolha em plantas de *C. fissilis* mantidas em casa-de-vegetação (Flechtmann, 1996).

CICLAME (*Cyclamen persicum* MILL., PRIMULACEAE)

Tarsonemidae

Ácaro-do-enfezamento-do-morangueiro [*Phytonemus pallidus* (Banks)] (Figura 9.63).

Ver detalhes em "Morangueiro" (p. 301). Danos severos foram verificados em plantas mantidas em casa-de-vegetação no Estado de São

Figura 9.63 Danos causados por *Phytonemus pallidus* a flores de cíclame.

Paulo. O ataque foi observado nas folhas mais novas, que cresceram menos, deixando as plantas raquíticas; além disso, as folhas atacadas mostraram-se amareladas (Suplicy Filho *et al.*, 1976). Flores de plantas atacadas podem também ser malformadas.

Como detalhado em "Morangueiro" (p. 301), acredita-se que o nome *Phytonemus pallidus* se refira a um complexo de espécies que atacam o ciclame, o morangueiro e uma Asteraceae (Lindquist, 1986).

CIPRESTE (*Cupressus sp.*, CUPRESSACEAE)

Tenuipalpidae

Ácaro-plano (*Pentamerismus oregonensis* McGregor) (Figura 9.64)

Ácaro descrito de Oregon, Estados Unidos da América do Norte (McGregor, 1949). Relatado por Ehara (1966) e Flechtmann (2004) no Estado de São Paulo, sobre espécies do gênero *Cupressus* L.. Ácaro avermelhado, com o histerossoma arredondado posteriormente, e com as pernas III e IV relativamente curtas e normalmente não visíveis em vista dorsal. O sintoma do ataque desse ácaro corresponde ao bronzeamento da parte proximal das folhas basais. Por se tratar de plantas ornamentais, seu efeito parece ser frequentemente significativo.

Figura 9.64 Danos causados por *Pentamerismus oregonensis* ao cipreste.

Tetranychidae

Ácaro-vermelho [*Oligonychus ununguis* (Jacobi)]

Ver detalhes em "Pinheiro-do-paraná" (p. 223). Relatado em ciprestes nos Estados de Ceará, Pernambuco e São Paulo.

CRAVO-DE-DEFUNTO (*Tagetes* sp., ASTERACEAE)

Tarsonemidae

Ácaro-branco [*Polyphagotarsonemus latus* (Banks)] (Figura 9.65)

Ver detalhes em "Algodoeiro" (p. 163). Encontrado em cravo-de-defunto no Estado de São Paulo. As folhas atacadas tornam-se escurecidas e deformadas.

Figura 9.65 Danos causados por *Polyphagotarsonemus latus* à dália.

Tetranychidae

Ácaros-vermelhos (*Tetranychus bastosi* Tuttle, Baker & Sales e *T. desertorum* Banks) (Figura 9.66)

Ver detalhes sobre essas espécies em "Algodoeiro" (p. 163). Encontradas em cravo-de-defunto respectivamente nos Estados de São Paulo e Pernambuco. A incidência de *T. bastosi* pode atingir níveis muito elevados, cobrindo as plantas de teia e levando as plantas à morte.

Figura 9.66 Danos causados por *Tetranychus bastosi* ao cravo-de-defunto.

CRISÂNTEMO [*Crysanthemum frutescens* L. E *Dendranthema grandiflorum* (RAMAT.) S. KITAMURA, COMPOSITAE]

Tetranychidae

Ácaro-rajado (*Tetranychus urticae* Koch)

Ver detalhes em "Algodoeiro" (p. 163). Relatado em crisântemo nos Estados de Minas Gerais e São Paulo. Diferentemente do que se observa na maioria de outras culturas, *T. urticae* normalmente tece pouca teia em crisântemo (o mesmo ocorre em framboesa), não constituindo colônias densas e com baixa fertilidade. Esse fato sugere que essa planta não seja muito apropriada ao seu desenvolvimento, pelas características fisiológicas ou químicas que apresenta (van de Vrie, 1985). Fêmeas obtidas de flores de *D. grandiflorum*, também conhecida como "Monsenhor", provenientes da região serrana do Rio de Janeiro, apresentavam cor alaranjada.

Por tratar-se de uma cultura de grande valor econômico, muitos produtores adotam um sistema de monitoramento contínuo em relação aos níveis de diversos organismos que atacam essa cultura, dentre os quais, *T. urticae*, permitindo seu controle antes que níveis danosos sejam atingidos.

Esse ácaro tem sido frequentemente controlado em crisântemo na Europa com o uso do ácaro predador *Phytoseiulus persimilis* Athias--Henriot (Phytoseiidae). No Brasil, o controle ainda é feito basicamente com o uso de produtos químicos, o que geralmente acarreta sérios problemas em função do desenvolvimento de resistência, dada a elevada pressão de seleção pelo uso exagerado desses.

DÁLIA (*Dahlia* spp., ASTERACEAE)

Tarsonemidae

Ácaro-branco [*Polyphagotarsonemus latus* (Banks)] (Figura 9.67)

Ver detalhes em "Algodoeiro" (p. 163). Durante a época mais úmida do ano, causa pronunciada atrofia e malformação de folhas em desenvolvimento.

Figura 9.67 Danos causados por *Polyphagotarsonemus latus* à dália.

Tetranychidae

Ácaro-rajado (*Tetranychus urticae* Koch)

Ver detalhes em "Algodoeiro" (p. 163). Relatado em dália nos Estados de São Paulo e Rio Grande do Sul.

Ácaro-verde [*Mononychellus planki* (McGregor)]

Ver detalhes em "Algodoeiro". Relatado em dália apenas no Estado de São Paulo.

ÉRICA (*Cuphea gracilis* H.B. & K., LYTHRACEAE)

Tetranychidae

Ácaro-marrom (*Oligonychus peronis* Pritchard & Baker) (Figura 9.68)

Ácaro descrito no Equador (Pritchrd & Baker, 1955), tendo também sido relatado na Costa Rica. No Brasil, tem sido encontrado em érica apenas no Estado de São Paulo. Diferentemente da maioria de outras espécies do gênero *Oligonychus* Berlese, esse ácaro prefere a face inferior das folhas dessa ornamental. As folhas atacadas tornam-se amareladas, passando depois a marrons. Populações elevadas podem causar a morte das plantas. Aparentemente, as plantas com flores mais claras são mais susceptíveis que aquelas com flores mais escuras.

Em São Paulo, atinge níveis elevados em setembro. O predador *Phytoseiulus macropilis* (Banks) (Phytoseiidae) foi encontrado em associação com *O. peronis*, aparentemente reduzindo consideravelmente a população da praga.

Figura 9.68 Danos causados por *Oligonychus peronis* à érica: planta à esquerda, sadia; planta à direita, atacada.

FILODENDRO (*Philodendron* sp., ARACEAE)

Tetranychidae

Ácaro-vermelho [*Tetranychus mexicanus* (McGregor)]

Ver detalhes em "Algodoeiro" (p. 163). No Brasil, encontrado em filodendro apenas no Estado de São Paulo. Essas plantas são frequentemente atacadas por esse ácaro, que se desenvolve principalmente na face inferior das folhas, onde tece grande quantidade de teia. De sua alimentação, resulta o aparecimento de manchas esbranquiçadas, que correspondem na face superior das folhas a áreas cloróticas que, a seguir, passam a bronzeadas.

FÚCSIA OU BRINCO-DE-PRINCESA (*FUCHSIA* SP., ONAGRACEAE)

Eriophyidae

Microácaro [*Aculops fuchsiae* Keifer] (Figura 9.69)

Ácaro descrito no Estado de São Paulo (Keifer, 1972), causando bronzeamento e malformação de folhas de *Fuchsia* sp., sobre as quais se encontrava em elevados níveis populacionais (Keifer, 1972). Essa espécie tem sido também relatada nos Estados Unidos da América do Norte e na França, causando a formação de estruturas em forma de galhas nos brotos terminais de mais de 30 cultivares pertencentes a pelo menos três espécies de *Fuchsia* (*F. arborescens* Sims, *F. magellanica* Lam. e *F. procumbens* R. Cunn.).

Figura 9.69 Danos causados por *Aculops fuchsiae* à fúcsia (de Streito *et al.*, 2004).

Algumas espécies ou cultivares de fúcsia são aparentemente resistentes a esse ácaro. Em plantas que são pouco ou moderadamente atacadas, o ácaro pode ser eficientemente controlado pela remoção dos tecidos afetados quando esses são notados (Koehler *et al.*, 1987). A 18ºC, o desenvolvimento de ovo a adulto dura em torno de 21 dias e a fecundidade média é em torno de 50 ovos por fêmea. Esse ácaro aparentemente se desenvolve melhor sob condições de temperaturas amenas (Streito *et al.*, 2004).

GÉRBERA (*Gerbera jamesonii* BOLUS & HOOK, COMPOSITAE)

Tetranychidae

Ácaro-rajado (*Tetranychus urticae* Koch)

Ver detalhes em "Algodoeiro" (p. 163). A incidência de *T. urticae* em gérbera já foi relatada nos Estados de São Paulo (Bellini, 2008; Macena, 2019) e Rio Grande do Sul (Schwertner, 2012; Sulzbach *et al.*, 2015). Esse ácaro é considerado uma das pragas-chave de gérbera. Silva *et al.* (2009) estudaram seu ciclo biológico nessa ornamental.

Em uma comparação entre 15 cultivares, Macena (2019) concluiu que 'Classic F. Gold, Dream e Deep Purple' apresentavam as maiores infestações, enquanto 'Sarinnah e Maroussia' apresentavam as menores infestações. Notou também maiores infestações nas cultivares com maiores densidades de tricomas. Em uma comparação feita entre 'Essandre, Sarinah e Pink snow' por Sulzbach *et al.* (2015), as infestações maiores foram observadas na última dessas cultivares.

No Estado de São Paulo, os produtores comerciais de gérbera têm sérios problemas no controle a esse ácaro, principalmente em função do desenvolvimento de resistência, dada a elevada pressão de seleção pelo uso exagerado dos produtos químicos. Isso tem conduzido alguns produtores a adotarem o controle biológico dessa praga, com a liberação periódica de ácaros predadores da família Phytoseiidae. Resultados altamente promissores foram obtidos por Bellini (2008) com a liberação do fitoseídeo *Neoseiulus californicus* (McGregor), em um experimento realizado em um plantio comercial no Estado de São Paulo. Macena (2019) relatou redução significativa da população de *T. urticae* em gérbera com a liberação do mesmo predador e do fitoseídeo *Phytoseiulus macropilis* (Banks).

No Rio Grande do Sul, Schwertner (2012) relatou o controle adequado do ácaro-rajado em gérbera com o uso de *Beauveria bassiana* (Bals.) Vuillemin, *Metarhizium anisopliae* (Metsch.) Sorokin, Azadiractina, calda sulfocálcica e abamectina.

GRAMA-ESMERALDA (*Zoysia japonica* STEUD., POACEAE)

Eriophyidae

Ácaro-do-alongamento-do-colmo (*Abacarus zoysiae* Flechtmann & Tassi)

Conhecido apenas da descrição original, do Estado de São Paulo (Flechtmann & Tassi, 2021). Causa o alongamento irregular do colmo do hospedeiro, a formação da vassoura-de-bruxa e o definhamento da planta atacada. Os danos são muito semelhantes ao que foi relatado por Chong (2013) para outra espécie semelhante, que ocorre nos Estados Unidos da América do Norte.

GUINÉ (*Petiveria* sp., PHYTOLACCACEAE)

Tetranychidae

Ácaro-rajado (*Tetranychus urticae* Koch)

Ver detalhes em “Algodoeiro” (p. 163). Causa frequentemente clorose severa e desfolha total de plantas dessa espécie.

Ácaro-vermelho [*Tetranychus mexicanus* (McGregor)]

Ver detalhes em “Algodoeiro”. Causa frequentemente clorose severa e desfolha total de plantas dessa espécie.

HELICÔNIAS (*Heliconia* spp., HELICONIACEAE)

Tenuipalpidae

Ácaros-planos [*Brevipalpus feresi* Ochoa & Beard, *B. papayensis* Baker, *B. yothersi* Baker, *Tenuipalpus uvae* De Leon]

Brevipalpus feresi conhecido somente da descrição original, do Estado de São Paulo (Beard *et al.*, 2015). Ver detalhes sobre *B. papayensis* e *B. yothersi* em "Citros" (p. 244). *Tenuipalpus uvae* foi descrito no México (De Leon, 1962). Relatados na Bahia, sem informações sobre os danos causados (Nascimento *et al.*, 2023).

Ácaro-vermelho-das-palmeiras (*Raoiella indica* Hirst)

Ver detalhes em “Coqueiro” (p. 188). Gómez-Moya *et al.* (2017) classificaram *Heliconia psittacorum* Sassy como um hospedeiro primário potencial de *R. indica*, por sua capacidade relativamente alta de aumento populacional em um experimento conduzido com plântulas dessa espécie vegetal. Relatado na Bahia, sem referência aos danos causados (Nascimento *et al.*, 2023).

Tetranychidae

Ácaro-vermelho (*Tetranychus abacae* Baker & Pritchard)

Ver detalhes em "Bananeira" (p. 239). No Brasil, relatado nos Estados de Alagoas, Bahia e São Paulo. Danos desse ácaro a diferentes espécies de helicônia têm sido observadas no Nordeste e no Sudeste do Brasil (Flechtmann, 1996; Assis *et al.*, 2002).

HISBISCO (*Hibiscus rosa-sinensis*, MALVACEAE)

Phytoptidae

Microácaro-do-hibisco [*Neoprothrix hibiscus* Reis & Navia e *Shevtchenkella biseta* (Nalepa)]

Neoprothrix hibiscus foi descrito de hibisco, do Estado de Pernambuco (Reis *et al.*, 2014). Rodrigues *et al.* (2017) informaram ser possível que essa espécie seja um sinônimo júnior de *Shevtchenkella biseta* (Nalepa), espécie também descrita de hibisco, mas de Fiji. No entanto, incertezas existentes quanto à morfologia da segunda espécie impossibilitam a conclusão sobre essa possibilidade, como discutido por Rodrigues *et al.* (2017). De acordo com a descrição original de *N. hibiscus*, nenhum sintoma foi produzido por esse ácaro nas plantas atacadas.

Importância quarentenária

Aceria hibisci (Nalepa)

Ácaro da família Eriophyidae descrito de Fiji (Nalepa, 1906), tendo sido depois encontrado na Austrália, La Reunión e diversas ilhas do Caribe (Welbourn *et al.*, 2008). Como já foi encontrado recentemente no Caribe e é considerado uma ameaça à Florida, considera-se que também represente uma ameaça ao Brasil, por ser essa também uma ornamental comum nesse país.

Ataca as folhas de *H. rosa-sinensis*, causando a formação de galhas, que se mostram como elevações na superfície superior das folhas, correspondendo a manchas amareladas e aveludadas na superfície inferior (eríneos).

Jeppson *et al.* (1975) consideraram *Aceria esculenti* Keifer como sendo sinônimo júnior de *A. hibisci*. Porém, estudos de Welbourn *et al.*

(2008) e Navia *et al.* (2021) detalharam as diferenças entre as duas espécies, considerando-as distintas.

HORTÊNSIA (*Hydrangea macrophylla* SER., HYDRANGEACEAE)

Eriophyidae

Microácaro (*Paracaphylla setifemorata* Flechtmann)

Ácaro conhecido apenas da descrição original (Flechtmann, 1995a), feita com base em exemplares coletados no Estado do Rio de Janeiro. Vive na face inferior das folhas, aparentemente sem causar danos significativos.

Tarsonemidae

Ácaro-branco [*Polyphagotarsonemus latus* (Banks)]

Ver detalhes em "Algodoeiro" (p. 163).

JASMIM-MANGA (*Plumeria* sp., APOCYNACEAE)

Tetranychidae

Ácaro-verde (*Allonychus reisi* Paschoal) (Figura 9.70)

Descrito no Estado de São Paulo (Paschoal, 1970a), sendo depois relatado na Colômbia. Prefere a face superior das folhas, onde tece grande quantidade de teia. Populações elevadas desse ácaro foram verificadas no sul do Ceará, no pátio interno de um edifício, causando pronunciado amarelecimento das folhas.

Figura 9.70 Danos causados por *Allonychus reisi* ao jasmim-manga.

PALMEIRAS ORNAMENTAIS (*Syagrus* spp., ARECACEAE)

Syagrus Mart. é um gênero bastante diverso de palmeiras, constituído quase que exclusivamente por espécies sul-americanas, exceto por uma espécie originária do Caribe. Embora sejam comumente utilizadas como ornamentais, algumas espécies são também usadas para outras finalidades, especialmente *Syagrus oleraceae* (Mart.) Becc., utilizada para a produção de palmito. Um estudo detalhado sobre os ácaros encontrados nesse hospedeiro, quando consorciado com a seringueira no noroeste do Estado de São Paulo, foi conduzido por Bellini *et al.* (2005). *Syagrus romanzoffiana* (Cham.) Glassman, conhecida como jerivá, é uma das espécies mais comuns, tendo inclusive sido introduzida como ornamental a outras regiões do globo.

Eriophyidae

Ácaro-do-coqueiro (*Aceria guerreronis* Keifer)

Ver detalhe em "Coqueiro" (p. 188). Esse ácaro representa um dos casos em que, embora a espécie já ocorra no Brasil, a amplitude de hospedeiros das populações brasileiras é diferente daquela de populações de outros países. A importância desse ácaro ao coqueiro no Brasil está bem estabelecida. Em *Syagrus*, foi constatada por Flechtmann (1989) em *S. weddelliana* (H.Wendl.) Becc., no Estado de São Paulo, não tendo sido relatada em outras espécies. Ansaloni & Perring (2004) relataram que depois da primeira constatação de *A. guerreronis* em *S. romanzoffiana* na Califórnia, esse ácaro passou a ser encontrado comumente em viveiros de mudas em que essa planta é comercializada como ornamental naquele estado. De maneira semelhante ao que foi relatado por Aquino & Arruda (1967) para o coqueiro no Brasil, *A. guerreronis* ataca o broto terminal de plântulas de jerivá, causando necrose, distorção e morte dessas.

Ansaloni & Perring (2004) calcularam que a temperatura ótima para o desenvolvimento desse ácaro fosse 33,6°C. Os autores verificaram que o período de ovo a adulto durou 6,8 dias a 35°C; enquanto a fecundidade média foi relativamente baixa a 27°C, de apenas 11,6 ovos por fêmea.

Phytoptidae

Microácaro-branco (*Retracrus johnstoni* Keifer) (Figura 9.71)

Ver detalhes em "Coqueiro" (p. 188). Frequentemente observado em folíolos de jerivá, palmeira muito utilizada como ornamental ao longo de avenidas. Os danos mais severos parecem ocorrer quando a plan-

Figura 9.71 Danos causados por *Retracrus johnstoni* ao jerivá. (A) Face superior do folíolo. (B) Face inferior do folíolo infestado (exúvias aparecem como pontos brancos). (C) Vista geral de folíolos infestados (A e B, gentileza de M.G.C. Gondim Jr.).

ta cresce à sombra. Tem sido observado que, em ataques muito severos, as folhas parecem secar prematuramente. Os sintomas de ataque são os mesmos mencionados para o coqueiro. Por tratar-se de uma ornamental, os danos nesse caso são de maior importância.

O desenvolvimento desse ácaro é relativamente longo. Gondim Jr. & Moraes (2003) determinaram que a 26°C o período de desenvolvimento de ovo a adulto em folhas de jerivá foi de cerca de 20 dias. Naquele mesmo estudo, os autores determinaram que a fecundidade média foi apenas de 5,4 ovos por fêmea.

O longo ciclo biológico e a baixa capacidade de oviposição sugerem que esse ácaro apresente um reduzido potencial de aumento populacional. No entanto, não é raro verificar no campo danos extensos em folhas de jerivá devidos a seu ataque. Gondim Jr. & Moraes (2003) concluíram que isso provavelmente ocorra devido a qualquer uma de várias possibilidades, isoladamente ou em conjunto. Os danos poderiam representar uma somatória de efeitos ao longo do tempo, já que as folhas dessa planta permanecem vivas durante um tempo relativamente longo. É possível também que altas populações de *R. johnstoni* sejam atingidas devido à ausência de inimigos naturais efetivos na natureza. Ainda outra possibilidade é que, por alguma razão desconhecida, os períodos de desenvolvimento e oviposição sejam diferentes do que concluído naquele estudo.

Outros eriofioideos

Microácaros-ambulantes-dos-folíolos (*Aceria gymnoscuta* Navia & Flechtmann; *Aceria translinea* Navia & Flechtmann; *Amrineus cocofolius* Flechtmann; *Davisella palmea* (Flechtmann); *Notostrix acuminata* Navia & Flechtmann; *N. attenuata* Keifer; *N. butiae* Gondim Jr., Flechtmann & Moraes; *N. jamaicae* Keifer; *N. nasutiformes* Gondim, Flechtmann & Moraes e *N. trifida* Navia & Flechtmann; *Propilus pellitus* Navia & Flechtmann; *P. spinosus* Keifer e *P. syagris* Gondim Jr., Flechtmann & Moraes

Davisella Amrine, Stasny & Flechtmann pertence à família Diptilomiopidae; *Propilus* Keifer, à família Phytoptidae; outros gêneros da lista supracitada pertencem à família Eriophyidae. A grande maioria dessas foi descrita do Brasil (Flechtmann, 1994, 1998b; Gondim Jr. *Et al.*, 2000; Navia & Flechtmann, 2002, 2003); apenas *P. spinosus*, *N. attenuata* e *N. jamaicae* foram descritas, respectivamente, da Colômbia, Filipinas e Jamaica (Keifer, 1963, 1970, 1975). Dentre as espécies brasileiras, *D. palmea* e *N. nasutiformes* foram descritas respectivamente dos Estados do Rio de Janeiro e de Pernambuco; todas as outras foram descritas do Estado de São Paulo.

Esses ácaros são ambulantes, principalmente nas folhas. Apesar de às vezes atingirem números elevados, usualmente não causam sintomas a esses hospedeiros, embora possam causar danos a outras espécies vegetais, como citado para *A. cocofolius* em frutos de coqueiros.

Tenuipalpidae

Ácaros-planos [*Brevipalpus phoenicis* (Geijskes) *sensu lato* e *Tenuipalpus coyacus* De Leon]

Ver detalhes de *B. phoenicis sensu lato* em "Citros" (p. 244) e de *T. coyacus* em "Coqueiro" (p. 188). A espécie identificada como *B. phoeni-*

cis foi relatada por Bellini *et al.* (2005) em *S. oleracea* consorciada com seringueira, enquanto *T. coyacus* foi relatado por Castro *et al.* (2019) em *S. oleracea* e *S. romanzoffiana*, ambas no Estado de São Paulo.

Tetranychidae

Ácaro-amarelo (*Eutetranychus nomurai* Flechtmann)

Ver detalhes em “Sombrinha-chinesa” (p. 348). Relatado no Estado de São Paulo em *S. oleraceae* e outras arecáceas.

Ácaro-rajado (*Tetranychus urticae* Koch)

Ver detalhes em “Algodoeiro” (p. 163). Relatado em *S. oleraceae* consorciada com seringueira no Estado de São Paulo.

Ácaro-texano [*Eutetranychus banksi* (McGregor)]

Ver detalhes em "Citros" (p. 244). Relatado em *S. oleraceae* consorciada com seringueira no Estado de São Paulo.

PALMEIRAS ORNAMENTAIS DE OUTROS GÊNEROS [PALMEIRA-LEQUE, *Licuala grandis* WENDL. E PALMEIRA-DE-SAIA, *Washingtonia filifera* WENDL., ARECACEAE]

Uma das prioridades dos taxonomistas brasileiros que se dedicam ao estudo dos ácaros tem sido a determinação dos grupos associados às palmeiras, pela importância dessas plantas nas regiões tropicais. A lista completa das espécies de Eriophyoidea e Tetranychidae encontradas em grupos de plantas não tratados nesta publicação pode ser encontrado em Navia *et al.* (2021) e Flechtmann & Moraes (2024).

Tetranychidae

Ácaro-verde [*Oligonychus pratensis* (Banks)]

Ver detalhes em “Cana-de-açúcar” (p. 185). Os níveis populacionais mais altos desse ácaro em *W. filifera* foram relatados nos meses mais secos do ano, no noroeste do Estado de São Paulo, de março a agosto (Feres *et al.*, 2009). Preferem a face inferior da folha, onde tecem grande quantidade de teia, diferentemente da maioria das espécies desse gênero, que tecem relativamente pouca teia e preferem a face superior da folha. A região atacada adquire cor amarela intensa, podendo passar a marrom ao necrosar.

Ácaro-rosado (*Tetranychus roseus* Gutierrez)

Ácaro descrito de Madagascar (Gutierrez, 1969), e relatado também apenas do Estado de São Paulo, em poucos hospedeiros (Matioli *et al.*, 2008, 2010). Larvas verde-amareladas, ninfas e adultos róseos. Produz grande quantidade de teia e causa o amarelecimento das folhas.

LANTANA (*Lantana camara* L., VERBENACEAE)

Eriophyidae

Microácaro-da-galha-da-lantana [*Aceria lantanae* (Cook)] (Figura 9.72)

Ácaro descrito de Cuba (Cook, 1909); encontrado ainda no Caribe, sul dos Estados Unidos da América do Norte, América Central e América do Sul. No Brasil, relatado nos Estados de Minas Gerais, Pernambuco e São Paulo.

No Brasil, a lantana é conhecida principalmente como uma ornamental, largamente utilizada em jardins, altamente apreciada pela diversidade de cores de suas flores, e pelo fato dessas estarem presentes nas plantas durante quase todo o ano. Existem populações dessa planta que apresentam flores avermelhadas, comumente encontradas em áreas de vegetação degradada do Estado de São Paulo. *Aceria lantanae* tem sido verificado principalmente em plantas com flores avermelhadas. Ainda no Brasil, a formação de galhas nas folhas corresponde ao único dano atribuído a esse ácaro (Flechtmann, 1973).

Figura 9.72 Plantas de lantana infestadas por *Aceria lantanae*; detalhe das galhas causadas pelo ácaro, no canto inferior direito.

Em outros países do continente americano e do Caribe, *A. lantanae* causa distorções de botões florais e flores, com a produção de uma massa de folhas muito pequenas, diferentemente do que comumente se observa no Brasil. Em diversos países da África e na Austrália, a lantana é uma invasora extremamente agressiva e de grande importância econômica, ocupando áreas agrícolas e pastagens. Por essa razão, grande esforço foi dedicado ao estudo da viabilidade de se controlar essa planta biologicamente, inclusive com o uso do microácaro-da-galha-da-lantana. Esse ácaro chegou a ser considerado para introdução na Austrália, a partir de um projeto que envolveu a vinda de pesquisadores australianos ao Brasil na década iniciada em 1970, para o estudo de inimigos naturais com potencial de uso. Entretanto, a exportação de *A. lantanae* para essa finalidade não chegou a ocorrer.

Microácaro-ambulante (*Shevtchenkella stefneseri* Craemer)

Descrito no Paraguai (Craemer, 1996). Encontrado por C.H.W. Flechtmann na superfície de folhas de lantana no Estado de São Paulo, causando leve bronzeamento. Ácaro ambulante que ocupa a face superior das folhas, causando bronzeamento e deformação destas.

Tenuipalpidae

Ácaros-planos-vermelhos [*Brevipalpus obovatus* Donnadieu e *B. phoenicis* (Geijskes) *sensu lato*]

Ver detalhes sobre ambas as espécies em "Citros" (p. 244). Nenhum dano significativo a essa planta devido a esses ácaros tem sido relatado (Flechtmann & Harley, 1974; Moraes & Flechtmann, 1981).

Tetranychidae

Ácaro-vermelho (*Tetranychus armipenis* Flechtmann & Baker)

Ácaro descrito no Estado de São Paulo (Flechtmann & Baker, 1970), mas também conhecido da Argentina e da Venezuela, de poucos hospedeiros, especialmente Malvaceae. Nenhum dano significativo a essa planta foi relatado (Flechtmann & Harley, 1974).

LIGUSTRO (*Ligustrum lucidum* AITON, OLEACEAE)

Tenuipalpidae

Ácaros-planos [*Brevipalpus phoenicis* (Geijskes) *sensu lato*]

Ver detalhes em "Citros" (p. 244). Uma espécie identificada como *B. phoenicis sensu lato* tem sido relatada como o vetor do vírus da mancha anelar do ligustro, como relatado por diferentes autores e sumariado por Kitajima *et al.* (2003a).

MAGNÓLIA (*Magnolia grandiflora* L., MAGNOLIACEAE)

Eriophyidae

Microácaro-da-magnólia [*Tetra magnolivora* (Keifer)]

Ácaro descrito da Califórnia (Keifer, 1939); também encontrado na Itália e na Finlândia, e citado no Brasil por Flechtmann *et al.* (2017), no Paraná. Vivem principalmente entre os tricomas da face inferior das folhas; podendo ser encontrados também na face superior de folhas jovens. Encontrado ainda em botões florais, mas aparentemente sem causar danos. Flechtmann *et al.* (2017) mencionaram que uma população elevada desse ácaro foi encontrada em folhas distorcidas ou atrofiadas de magnólia.

MARIA-SEM-VERGONHA (*Impatiens walleriana* HOOK.F., BALSAMINACEAE)

Tarsonemidae

Ácaro-branco [*Polyphagotarsonemus latus* (Banks)]

Ver detalhes em "Algodoeiro" (p. 163). Sintomas mais pronunciados são apresentados por plantas crescendo à sombra, provavelmente pelo maior nível de umidade do ar.

ORQUÍDEAS (ORCHIDACEAE)

Ácaros encontrados nessas plantas foram sumariados por Gioria (2002), em uma publicação sobre doenças e pragas de orquídeas no Brasil.

Tenuipalpidae

Ácaros-planos [*Brevipalpus californicus* (Banks), *B. phoenicis* (Geijskes) *sensu lato*, *B. yothersi*, *Tenuipalpus orchidofilo* Moraes & Freire e *T. pacificus* (Baker)] (Figura 9.73)

Ver detalhes sobre *B. californicus*, *B. phoenicis sensu lato* e *B. yothersi* em "Citros" (p. 244). Esses têm sido citados em orquídeas de diversos gêneros.

Figura 9.73 Danos causados por *Tenuipalpus orchidofilo* à orquídea.

Tenuipalpus pacificus foi descrito de Nova Jérsei, Estados Unidos da América do Norte (Baker, 1945), tendo sido citado como uma praga de orquídeas naquele país, no Nordeste do Brasil, Austrália e Ásia (Baker, 1945; Flechtmann, 1976b). Danos severos a *Phalaenopsis* sp. foram recentemente observados por Nascimento *et al.* (2023) na Bahia. De acordo com Dosse (1954), a duração da fase de ovo a adulto de *T. pacificus* a 21°C ou 22°C é em torno de 60 dias, e sua fecundidade, em torno de 20 ovos por fêmea.

Tenuipalpus orchidofilo foi encontrado na orquídea *Arundina graminifolia* (D. Don) Hochs, no Estado de São Paulo, de onde foi originalmente descrito (Moraes & Freire, 2001), e de *Dendrobium phalaenopsis* na Bahia (Silva *et al.*, 2022). Esse ácaro apresenta ciclo biológico longo, necessitando de 45 dias para atingir a fase adulta a 25°C, em orquídeas. A fecundidade total desse ácaro é em torno de 12 ovos por fêmea (R.A.P. Freire & G.J. de Moraes, não publicado).

Danos severos a *D. phalaenopsis* foram relatados na Bahia, aparentemente causados por *B. californicus*, *B. yothersi* e *T. orchidofilo* (Silva *et al.*, 2022; Nascimento *et al.*, 2023). De maneira geral, os danos causados pelos ácaros-planos às orquídeas caracterizam-se pelo prateamento e seca de folhas. Além disso, *T. orchidofilo* também causa manchas bronzeadas nas folhas. Suspeita-se que *B. californicus* possa ser o vetor de um Rhabdovírus encontrado nessa ornamental, conhecido como *orchid fleck vírus*, que causa necrose nas folhas.

Tetranychidae

Ácaro-rajado (*Tetranychus urticae* Koch)

Ver detalhes em "Algodoeiro" (p. 163). Encontrado principalmente na face inferior das folhas de *Catasetum* sp., causando danos muito severos (Flechtmann, 1972b).

Ácaro-vermelho [*Tetranychus mexicanus* (McGregor)]

Ver detalhes em "Algodoeiro". Orquídeas são frequentemente atacadas por esse ácaro, que pode causar a morte de plantas.

PETÚNIA (*Petunia* sp., SOLANACEAE)

Eriophyidae

Ácaro-do-bronzeamento ou microácaro-do-tomateiro [*Aculops lycopersici* (Tryon)] (Figura 9.74)

Ver detalhes em "Tomateiro" (p. 308). Diferentemente do que se observa em tomateiro, os danos causados por esse ácaro à petúnia não são intensos, embora seus níveis populacionais possam ser elevados.

Figura 9.74 Danos causados por *Aculops lycopersici* à petúnia (Solanaceae).

PETÚNIA-MEXICANA (*Ruellia simplex* C. WIGHT, ACANTHACEAE)

Essa planta é considerada nativa da região Neotropical (México, Caribe e América do Sul). É cultivada como ornamental em várias partes do Brasil, especialmente em jardins públicos, por suas belas flores azuis. No entanto, como tem grande capacidade de se dispersar e se estabelecer espontaneamente, tem também sido considerada uma invasora em cultivos agrícolas em certas situações.

Eriophyidae

Microácaro-da-ruelia (*Acalitus simplex* Flechtmann & Etienne) (Figura 9.75)

Descrito de espécimes coletados em *Ruellia tuberosa* L. em Guadalupe, ilha do Caribe (Flechtmann & Etienne, 2002); encontrado pela primeira vez em *R. simplex*, na Flórida. É comumente observado em *R. simplex* no Estado de São Paulo, causando a formação de extensos eríneos nas folhas, de coloração esbranquiçada a prateada. Tem também sido constatado no Espírito Santo e no Distrito Federal (Ventura *et al.*, 2022).

Figura 9.75 Danos causados por *Acalitus simplex* à petúnia-mexicana (Acanthaceae).

PRIMAVERA (*Bougainvillea spectabilis* WILLD., NYCTAGINACEAE)

Eriophyidae

Microácaro-do-enrolamento-da-folha [*Vittacus bougainvilleae* (Keifer)] (Figura 9.76)

Figura 9.76 Danos causados por *Vittacus bougainvilleae* à primavera (cortesia de J.D.A. Lacerda).

Espécie descrita do Estado de São Paulo, atacando folhas de primavera (Keifer, 1959b). Na edição anterior deste livro, essa espécie havia sido citada como *Phyllocoptes bougainvilleae* Keifer. Navia *et al.* (2021) detalha o histórico dos diferentes nomes pelos quais esse ácaro é citado na literatura, o que está relacionado aos métodos de preparação dos exemplares para análise ao microscópio.

Causa enrolamento de bordas de folhas para a face superior. Em casos mais severos, causa o enrolamento de toda a folha, principalmente dos brotos terminais, acompanhado da presença de excrescências foliares no local em que a folha está enrolada, conferindo aspecto esponjoso à área afetada.

Esses danos foram primeiro relatados por Costa & Carvalho (1960b), que demonstraram serem devidos ao ácaro e não à incidência de um vírus. O efeito desse ácaro no conteúdo mineral da planta hospedeira foi estudado por Flechtmann & Berti-Filho (1994), mostrando ser o conteúdo de cobre duas vezes maior em plantas atacadas pelo ácaro. Resta saber qual a causa e o efeito dessa alteração para a planta e/ou para o ácaro.

Microácaro-ambulante (*Epitrimerus bougainvilleae* Flechtmann)

Conhecido somente de sua descrição original, com base em espécimes coletados em primavera no Estado de São Paulo (Flechtmann, 2010). Espécie ambulante, especialmente em folhas velhas.

PTERIDÓFITAS

Figura 9.77 Danos causados por *Tenuipalpus pacificus* à samambaia. (A) Vista geral da planta atacada. (B) Detalhe dos danos.

Tenuipalpidae

Ácaro-plano (*Tenuipalpus pacificus* Baker) (Figura 9.77)

Ver detalhes em "Orquídeas" (p. 339). Relatado sobre avencas e samambaias em Pernambuco e no Pará (Veiga & Flechtmann, 1980). O ataque inicia-se ao longo da nervura principal, expandindo-se posteriormente para toda a face inferior da folha. Nas folhas mais largas, o ácaro pode ocupar também a face superior; nessas, os sintomas do ataque do ácaro correspondem a manchas negras que se desenvolvem progressivamente da base ao ápice das folhas. Nas samambaias de folhas mais estreitas, manchas claras a marrom-escuras são observadas. Esses danos podem resultar na morte das folhas atacadas ou de toda a planta.

Gondim Jr. & Oliveira (2001a) determinaram que em avenca (*Phymatodes scolopendria* Ching), o desenvolvimento desse ácaro de ovo a adulto a 25°C se deu em 36 dias.

Ácaro-plano-de-setas-foliáceas (*Ultratenuipalpus parameekeri* Castro, Ochoa & Feres)

Descrito com base em ácaros coletados em áreas de Mata Atlântica do Estado de São Paulo (Castro *et al.*, 2023). Seus principais hospedeiros são as samambaias *Cyclosorus interruptus* (Willdenow) (Thelypteridaceae) e *Rumohra adiantiforme* (Dryopteridaceae). Ambas apresentam ampla distribuição em regiões tropicais do globo; *R. adiantiforme* é comumente cultivada em potes. Nada tem sido relatado sobre o efeito desse ácaro às plantas atacadas.

Eriophyidae

Microácaro (*Esalquia centennaria* Flechtmann)

Ácaro conhecido apenas da descrição original (Flechtmann, 2002), feita com base em exemplares coletados da samambaia *Thelypteris* sp. (Thelypteridaceae) no Estado de São Paulo. Encontrado em baixos níveis populacionais, sem causar danos significativos.

QUARESMEIRA [*Pleroma* (= *Tibouchina*) spp., MELASTOMATACEAE]

Eriophyidae

Microácaro-do-encrespamento (*Aciota costae* Keifer)

Descrito de exemplares coletados em *Pleroma mutabile* (Vell.) no Estado de São Paulo (Keifer, 1959a). Ambulante na face inferior das folhas mais novas, entre os tricomas maiores, causando encrespamento e manchas cloróticas. Segundo Costa & Carvalho (1960a), as manchas ocorrem principalmente nas áreas entre as nervuras principais, mas às vezes como faixas de cada lado dessas. Os sintomas persistem nas folhas adultas, de forma que plantas muito atacadas apresentam-se inteiramente encrespadas e com manchas amareladas nas folhas, o que lhes confere aparência desagradável.

Tetranychidae

Ácaro-vermelho [*Oligonychus ununguis* (Jacobi)]

Ver detalhes em "Pinheiro-do-paraná" (p. 223). Populações elevadas desse ácaro têm sido relatadas em plantas crescendo ao longo de estradas que cortam a vegetação natural de Mata Atlântica no Estado de São Paulo. Intenso bronzeamento pode ser notado em plantas atacadas.

RABO-DE-GATO (*Acalypha reptans* SW., EUPHORBIACEAE)

Eriophyidae

Microácaro-da-galha (*Aceria korykis* Flechtmann & Moraes) (Figura 9.78)

Ácaro conhecido na literatura científica apenas da descrição original, feita com base em exemplares coletados no Estado de São Paulo (Flechtmann & Moraes, 2002). Causa extensa formação de pequenas galhas pilosas e esbranquiçadas em ambas as faces das folhas. Os danos são maiores em plantas dessa espécie que crescem à sombra no Estado de São Paulo.

Figura 9.78 Danos causados por *Aceria korykis* ao rabo-de-gato, correspondendo à formação de galhas.

Tarsonemidae

Ácaro-branco [*Polyphagotarsonemus latus* (Banks)]

Ver detalhes em "Algodoeiro" (p. 163). Como em outras plantas hospedeiras, os danos são causados às folhas em desenvolvimento, que crescem menos que as não atacadas, de maneira desuniforme, tornando-se onduladas.

ROSEIRA (*Rosa* sp., ROSACEAE)

Tetranychidae

Ácaro-rajado (*Tetranychus urticae* Koch)

Ver detalhes em "Algodoeiro" (p. 163). A roseira é um hospedeiro muito adequado para esse ácaro, que tem sido relatado em roseira no Distrito Federal, assim como nos Estados do Paraná, Rio Grande do Sul e São Paulo, e possivelmente em outros locais onde roseiras são cultivadas.

Em folhas dessa cultura, cada fêmea pode depositar em média até 112 ovos, um número muito maior que observado em outras ornamentais (van de Vrie, 1985). Além dos danos característicos nas folhas provocados por sua alimentação, que reduz a capacidade da planta em realizar a fotossíntese, em grandes infestações são facilmente encontrados nos botões florais, depreciando de forma direta justamente o produto que será comercializado.

Tem sido grande o esforço no sentido de se disseminar o uso do controle biológico desse ácaro em roseira em diversos países da Europa, América do Norte e América do Sul, como sumariado por De Vis & Barrera (1999) e Moraes & Tamai (1999). O controle envolve o uso de espécies de ácaros predadores da família Phytoseiidae, principalmente *Phytoseiulus persimilis* Athias-Henriot, *Phytoseiulus macropilis* (Banks) e *Neoseiulus californicus* (McGregor). Resultados altamente promissores foram obtidos por Bellini (2008), com a liberação de *N. californicus*, em um experimento realizado em um plantio comercial.

Ácaro-rosado (*Tetranychus roseus* Gutierrez)

Ver detalhes em “Palmeiras ornamentais de outros gêneros” (p. 336). Produz grande quantidade de teia e causa o amarelecimento das folhas.

Ácaro-texano [*Eutetranychus banksi* (McGregor)]

Ver detalhes em "Citros" (p. 244). Espécie citada em roseiras apenas por Flechtmann (2020), no Estado do Rio de Janeiro. De acordo com o autor, era grande o número de ácaros em ambas as faces das folhas.

Ácaro-palha-esverdeado (*Eotetranychus smithi* Pritchard & Baker)

Descrita dos Estados Unidos da América do Norte (Pritchard & Baker, 1955); cosmopolita e polífaga. No Brasil, encontrada em roseiras no Acre (Mendonça *et al.*, 2010), não havendo na literatura informações sobre os danos causados. Em roseiras, variam em cor de palha a esverdeados, tecendo pouca teia (Jeppson *et al.*, 1975).

Ácaro-verde (*Atrichoproctus uncinatus* Flechtmann)

Ver detalhes em “Seringueira” (p. 224). Encontrado sobre roseira em Pernambuco (Moraes & Flechtmann, 1981).

Importância quarentenária

Phyllocoptes fructiphilus Keifer

Ácaro da família Eriophyidae, descrito da Califórnia (Keifer, 1940). De cor variável, do amarelado ao marrom-amarelado. Ataca roseiras silvestres e comerciais, sendo o vetor do vírus conhecido como *rose roset-*

te virus. Plantas silvestres atacadas apresentam deformações de hastes e folhas, assim como superbrotamento de ramos. Em certas regiões do leste dos Estados Unidos da América do Norte, esse ácaro foi avaliado para o controle biológico de roseiras silvestres invasoras. Variedades comerciais podem apresentar deformações nas brotações ou folhas avermelhadas e cloróticas (Keifer *et al.*, 1982; Hoy, 2013).

De acordo com Kassar & Amrine (1990), a 23°C, o desenvolvimento de ovo a ovo requer 15 dias, sendo a fecundidade de apenas sete ovos. Já, de acordo com Hoy (2013), sem que a temperatura tenha sido informada, o desenvolvimento de ovo a adulto ocorre em sete dias, enquanto cerca de um ovo é produzido a cada dia, durante um período médio de 30 dias. As fêmeas passam o inverno na forma de deutogine (quando machos não são observados), passando depois à forma de protogine (quando os dois sexos ocorrem), então ativos por diversas gerações.

SECRETÁRIA (*Turnera ulmifolia* L., TURNERACEAE)

Tetranychidae

Ácaro-vermelho (*Tetranychus bastosi* Tuttle, Baker & Sales)

Ver detalhes em "Algodoeiro" (p. 163). Espécie muito comum no Nordeste do Brasil, sobre diversas plantas cultivadas e silvestres. Encontrado comumente no Estado de São Paulo, causando danos consideráveis a plantas de *T. ulmifolia* de ocorrência espontânea ou cultivada. Sobre esse hospedeiro, *T. bastosi* é frequentemente encontrado em associação com o fitoseídeo predador *Neoseiulus idaeus* Denmark & Muma, que daquele se alimenta.

SOMBRINHA-CHINESA (*Cyperus alternifolius* L., CYPERACEAE)

Uma relação dos ácaros mundialmente encontrados em Cyperaceae foi apresentada por Flechtmann & Moraes (2022).

Tetranychidae

Ácaro-amarelo (*Eutetranychus nomurai* Flechtmann)

Descrito no Estado de São Paulo (Flechtmann, 1997), sendo em seguida encontrado por outros autores, no mesmo estado, sempre em arecáceas. Relatado por Flechtmann & Moraes (2022) em sombrinha-chinesa. Aparentemente causa danos reduzidos a esse hospedeiro, o que poderia ser função de sua predação pelo fitoseídeo *Galendromus annectens* De Leon, encontrado em associação.

Cuidado deve ser tomado para não confundir o nome dessa espécie com *Eotetranychus nomurai* Ehara, descrito no Japão.

TAMAREIRA-DE-JARDIM (*Phoenix roebelenii* O'BRIEN, ARECACEAE)

Tenuipalpidae

Ácaro-plano (*Brevipalpus phoenicis* (Geijskes) *sensu lato*].

Ver detalhes em "Citros" (p. 244). Ocasionalmente encontrado em altos níveis populacionais na face inferior das folhas desse hospedeiro no noroeste do Estado de São Paulo, causando o amarelecimento dessas (Feres *et al.*, 2009).

Ácaro-vermelho-das-palmeiras (*Raoiella indica* Hirst) (Figura 9.79).

Ver detalhes em "Coqueiro" (p. 188). Observado no Espírito Santo, Mato Grosso, Minas Gerais, Roraima, Santa Catarina e São Paulo, além do Distrito Federal (Oliveira *et al.*, 2016, Marsaro Jr. *Et al.*, 2018; Campos *et al.*, 2019; Nora *et al.*, 2019), frequentemente em altos níveis populacionais.

Figura 9.79 Danos causados por *Raoiella indica* à tamareira-de-jardim, leve bronzeado.

A tamareira-de-jardim é um dos principais hospedeiros de *R. indica* na área de distribuição desse ácaro no Novo Mundo. Por essa razão, essa planta serve como uma excelente sentinela para o acompanhamento da dispersão do ácaro. Os sintomas se caracterizam por um leve bronzeado dos folíolos.

Tetranychidae

Ácaros-tetraniquídeos [*Eutetranychus nomurai* Flechtmann e *Oligonychus pratensis* (Banks)]

Ver detalhes sobre *E. nomurai* em "Sombrinha-chinesa" (p. 348) e sobre *O. pratensis* em "Cana-de-açúcar" (p. 185). Ambas as espécies relatadas no Estado de São Paulo em tamareira-de-jardim, vivendo na face inferior das folhas e causando seu amarelecimento (Feres *et al.*, 2009).

VIOLETA (*Saintpaulia ionantha* H. WENDL., GESNERIACEAE)

Tarsonemidae

Ácaro-branco [*Polyphagotarsonemus latus* (Banks)]

Ver detalhes em "Algodoeiro" (p. 163). Os danos causados por esse ácaro (crescimento reduzido, distorção de folhas jovens) não devem ser confundidos com aqueles devidos aos nematoides do gênero *Aphelencoides*, que causam lesões nas folhas.

OUTRAS ESPÉCIES ORNAMENTAIS

Tenuipalpidae

Ácaro-plano [*Brevipalpus phoenicis* (Geijskes) *sensu lato*]

Ver detalhes em "Citros" (p. 244). Encontrado em várias outras plantas ornamentais, infectadas com vírus que causam diferentes sintomas, como relatado a seguir (Kitajima *et al.*, 2003a): mancha anelar – *Ligustrum lucidum* Aiton, *Lycianthes asarifolia* Bitter (= *Solanum violaefolium* Schott) e *Malvaviscus arboreus* Cavanillas; mancha verde em fundo amarelado – *Brunfelsia uniflora* D. Don., *Clerodendron thomsonae* Balfour, *Hedera canariensis* Willdenow, *Hibiscus rosa-sinensis* L., *Pelargonium* sp., *Salvia leucantha* Cavanilles e *Thunbergia erecta* T. Anderson; mancha clorótica – *Cestrum nocturnum* L., *Clerodendron speciosum* Gurke e *H. rosa-sinensis*, anel esverdeado – *Schefflera actinophylla* Harms.

Ácaro-vermelho-das-palmeiras (*Raoiella indica* Hirst)

Relatado em *Veitchia merrillii* (Becc.) (Arecaceae) nos Estados da Bahia (Nascimento *et al.*, 2023), Mato Grosso (Campos *et al.*, 2019), Roraima (Melo *et al.*, 2018), ocasionalmente causando danos severos.

PASTAGENS

AMENDOIM-FORRAGEIRO (*Arachis* spp.; FABACEAE)

Tetranychidae

Ácaro-vermelho (*Tetranychus ogmophallos* Ferreira & Flechtmann) (Figura 9.80 [veja também Figura 9.5])

Ver detalhes em "Amendoim" (p. 170). Em amendoim forrageiro, relatado no Brasil no Distrito Federal, assim como nos Estados do Acre,

Minas Gerais, Paraná e São Paulo. O amendoim forrageiro tem sido extensivamente utilizado por agricultores, como forragem ou cultura de cobertura. Como essa planta é frequentemente reproduzida vegetativamente, ao se instalar um novo plantio, todo o cuidado deve ser tomado no sentido de evitar a introdução do ácaro junto aos estolões.

Figura 9.80 Danos causados por *Tetranychus ogmophallos* ao amendoim-forrageiro. (A) Folíolos atacados, clorose. (B) Fêmeas em processo de dispersão.

Silva *et al.* (2016a) estudaram a flutuação populacional de *T. ogmophallos* em dois genótipos de *Arachis* no Acre, observando que os níveis populacionais foram baixos ao longo do ano, sendo os maiores níveis observados entre outubro e novembro (máximo de pouco mais de 80 ácaros por folíolo). Os autores relataram a perda de vigor das plantas em função do ataque dos ácaros. O declínio da população a partir de dezembro coincidiu com o aumento populacional de *Gargaphia paula* Drake (Hemiptera: Tingidae), um aparente competidor.

CAPIM-BRAQUIÁRIA (*Brachiaria* spp., POACEAE)

Diptilomiopidae

Microácaros (*Catarhinus brachiariae* Flechtmann e *C. tricholaenae* Keifer).

Ambas as espécies descritas do Estado de São Paulo, a primeira (Flechtmann, 2004) sobre capim-braquiária, e a segunda (Keifer, 1959a), sobre grama Natal (*Tricholaena rosea*). A primeira espécie foi recentemente relatada do Distrito Federal.

Catarhinus brachiariae é de cor cinza, enquanto *C. tricholaenae* é de cor amarelo-clara. Ambas são ambulantes, vivendo na face superior das folhas. No entanto, em plantas de milho, *C. tricholaenae* habita a face inferior das folhas. Os danos causados por esses ácaros normalmente são pequenos (Flechtmann, 2004; Flechtmann & Santana, 1997).

Tetranychidae

Tetraniquídeos [*Eotetranychus herbicolus* Flechtmann, *Oligonychus zeae* (McGregor)]

Eotetranychus herbicolus é conhecido apenas da descrição original, feita com base em exemplares coletados em *Urochloa ruziziensis* (R. Germ. & Evrard) Crins (citado como *Brachiaria ruziziensis*) no Estado de São Paulo (Flechtmann, 2004).

Ver detalhes sobre *O. zeae* em “Milho” (p. 204). Populações elevadas dessa espécie têm ocorrido em casa-de-vegetação no Mato Grosso do Sul. Também relatado em braquiária e outras gramíneas na Bahia, Minas Gerais, Pernambuco e São Paulo. A espécie descrita do Brasil como *Oligonychus melinis* Flechtmann, relatada nos Estados da Bahia, Pernambuco e São Paulo, apenas em capim-gordura (*Melinis* sp.), foi considerada sinônimo júnior de *O. zeae* por Flechtmann & Santana (1997). Como relatado para *O. zeae*, também *O. melinis* foi relatado na superfície inferior da folha (diferentemente da maioria das espécies de *Oligonychus*), causando a descoloração dessa.

CAPIM-COLONIÃO (*Panicum maximum* JACQ., POACEAE)

Tenuipalpidae

Ácaro-plano-vermelho-e-preto (*Tenuipalpus panici* De Leon)

Descrito em Porto Rico (De Leon, 1965b) e depois relatado de Trinidade Tobago. No Brasil, relatado na Bahia em ambas as faces da folha, sem causar danos visíveis (Nascimento *et al.*, 2022, 2023).

Tetranychidae

Ácaro-verde (*Oligonychus grypus* Baker & Pritchard)

Ver detalhes em “Cana-de-açúcar” (p. 185). Relatado em capim-colonião do Amazonas. Vive na face inferior, causando manchas prateadas que progridem para roxa, secando em seguida.

CAPIM-ELEFANTE (*Pennisetum purpureum* SCHUM., POACEAE)

Tetranychidae

Ácaro-verde [*Tetranychus (Armenychus) graminae* Flechtmann] (Figura 9.81)

Descrito no Paraguai (Flechtmann, 1971); além disso, relatado apenas no Distrito Federal brasileiro (Flechtmann & Navia, 2007). Em ambos os países, coletada de gramíneas, como é característico das espécies do subgênero *Armenychus*. Até o momento, essa é a única espécie desse subgênero relatada da América do Sul. Encontrado em ambas as faces das folhas, produzindo abundante quantidade de teias.

Figura 9.81 Danos causados por *Tetranychus (Armenychus) graminae* ao capim-elefante.

ALIMENTOS ARMAZENADOS E LABORATÓRIOS

Dependendo da preferência alimentar e condições de armazenamento preferida, os ácaros encontrados em alimentos armazenados foram separados por Krantz (1961) em três grupos: primários, secundários e terciários. Essa classificação também foi adotada por Flechtmann (1986). São considerados primários os ácaros que se alimentam do produto armazenado e/ou de fungos que sobre esse se desenvolvem. Secundários, são os ácaros parasitos ou predadores de outros animais no ambiente de armazenagem. Terciários, são os ácaros "encontrados em produtos com um teor por demais elevado de umidade". Os ácaros considerados por Krantz (1961) nessa última categoria alimentam-se de fungos, bactérias ou em partes vegetais em decomposição. Os ácaros primários são espécies dos grupos Astigmatina e Prostigmata, os ácaros secundários pertencem principalmente aos grupos Mesostigmata e Prostigmata, enquanto os ácaros terciários pertencem àqueles três grupos, assim como ao grupo Oribatida "não Astigmatina".

Ocupando-se com a segurança da qualidade dos produtos alimentícios comercializados, a legislação nacional e internacional estabelece métodos específicos para a determinação de níveis aceitáveis de contaminantes. Métodos padronizados e internacionalmente aceitos para a determinação de contaminantes em alimentos armazenados, incluindo ácaros, são apresentados em edições sucessivas da publicação *Official Methods of Analysis of AOAC International*. A versão mais atualizada dessa publicação é a vigésima segunda (Latimer Jr., 2023). Os métodos apresentados permitem com aceitável segurança a detecção de ácaros em diferentes produtos, mesmo que seus níveis de ocorrência sejam baixos. Aquela publicação deve ser consultada pelos interessados no estudo desses ácaros.

As principais publicações sobre ácaros em alimentos armazenados consultadas na preparação deste livro foram Hughes (1976), Boese (1981), Flechtmann (1986), Boczek (1991) e Sousa *et al.* (2005). Muitos dos ácaros encontrados nesses ambientes são também encontrados em poeira domiciliar. A bibliografia sobre esses ácaros no Brasil foi sumariada por Binotti *et al.* (2001). Uma revisão importante sobre a biologia e ecologia de espécies de *Rhizoglyphus* Claparède, gênero importantíssimo de ácaros encontrados em armazéns e em campo, foi apresentada por Diaz *et al.* (2000). Trabalho semelhante, para os principais ácaros de Astigmatina, Mesostigmata e Prostigmata em alimentos armazenados foi apresentado por Boczek (1991).

Por razões de facilidade de apresentação, o tema é dividido primeiramente de acordo com a espécie de ácaro considerada, ao invés de dividi-lo de acordo com a planta envolvida.

ÁCAROS PRIMÁRIOS

ASTIGMATINA

Astigmatina é uma coorte que pertence à supercoorte Desmonomatides, da subordem Oribatida da ordem Sarcoptiformes. Até alguns anos atrás era considerada uma ordem, ou seja, um grupo de mesmo nível taxonômico que Oribatida (Krantz & Walter, 2009). Morfologicamente é mais facilmente distinguida dos outros Oribatida por não conter um par de tricobótrias prodorsais, e por não ter ou por ter uma única unha (indivisa) na extremidade de cada perna (essa última característica também presente em muitos "não Astigmatina"). Além disso, os Astigmatina são pouco esclerotizados em relação à maioria dos Oribatida "não Astigmatina".

Acaridae

Embora esses ácaros sejam frequentemente encontrados em associação com alimentos armazenados, nenhuma espécie desse grupo pode se alimentar de grãos intactos, alimentando-se principalmente do germe dos grãos ou de microrganismos desenvolvendo-se nos grãos (Solomon, 1962; Boczek, 1991).

Acarus siro L.

Como discutido por Flechtmann (1986), as constatações do século passado sobre a ocorrência desse ácaro no Brasil parecem ser incorretas. Em outubro de 2018, esse ácaro foi incluído na lista de Pragas Quarentenária Ausentes para o Brasil (Brasil, 2018b). Detalhamento de sua morfologia foi apresentado por Griffths (1964, 1970).

Entre 2018 e 2020 deu-se a primeira comprovação sobre a ocorrência dessa espécie no Brasil, com a análise morfológica e molecular da população coletada no sul de Minas Gerais em amostras de uma ração de galinhas poedeiras e de material orgânico no piso de um galinheiro não comercial (Barbosa *et al.*, 2022). Consequentemente, espera-se que essa espécie seja em breve retirada daquela lista. Nenhum novo relato dessa espécie no Brasil tem sido publicado.

Mundialmente, esse é um dos principais ácaros responsáveis pela degradação de alimentos em distintos países ao redor do globo, especialmente grãos, farinhas e queijos. O *A. siro* causa a redução do peso dos produtos atacados, prejudica a germinação, altera as características organolépticas, reduz o valor nutricional e favorece a contaminação por fungos, dispersando-os, além de poder também causar problemas de alergia.

Apresenta o corpo esbranquiçado, e o gnatossoma e pernas variando de amarelo-claro a marrom-avermelhado; a maioria das setas do corpo são lisas e não alongadas, exceto as setas mais anteriores e mais posteriores, relativamente longas e com espículas. As deutoninfas heteromórficas são raramente produzidas, o que parece estar relacionado à aceitação de uma ampla gama de alimentos (que inclui diversas espécies de fungos), além do germe de grãos (Boczek, 1991).

Embora tenha ampla distribuição mundial, é mais comum em regiões temperadas, com temperatura amena e alta umidade. O desenvolvimento da fase imatura requer nove dias a 28°C e 80% de umidade relativa (Boczek, 1991). A fecundidade máxima pode chegar a 670 ovos por fêmea quando alimentada com leite em pó ou germe de trigo, a 20°C e 80% de umidade relativa.

Aleuroglyphus ovatus (Troupeau)

Quelíceras e pernas fortemente pigmentadas, de cor marrom-avermelhada; restante do corpo branco-brilhante. Espécie cosmopolita. No Brasil, tem sido relatada em grãos, germes, rações e peixes secos.

Alimentando-se de germe de trigo, a duração da fase imatura é de duas a três semanas a 23°C e 87% de umidade relativa, ou 16,5 dias a 25°C e 75% de umidade relativa. A fecundidade é em torno de 60 ovos por fêmea (Boczek, 1991). No estudo comparativo conduzido por Matsumoto (1963), *A. ovatus* mostrou-se capaz de se desenvolver em níveis mais baixos de umidade (pouco acima de 60%) do que *Tyrophagus dimidiatus* (Hermann) e *Glycyphagus destructor* (Schrank).

Lardoglyphus konoi (Sasa & Asanuma)

Ácaros de cor creme e pernas marrons. Ácaros *Lardoglyphus* Oudemans são distinguidos facilmente daqueles de outros gêneros de Acaridae por apresentarem as unhas empodiais bifurcadas. Uma praga séria de peixes secos e salgados na Ásia e em vários países europeus. No Brasil, foi coletado em carne seca, charque e embutidos, nos Estados do Espírito Santo, Minas Gerais e Rio de Janeiro. A fase jovem dura 9 a 11 dias a 23°C e 87% de umidade relativa (Hughes, 1976). As deutoninfas são carregadas principalmente por insetos dos gêneros *Dermestes* e *Necrobia* (Coleoptera: Dermestidae e Cleridae, respectivamente).

Rhizoglyphus spp.

A taxonomia de ácaros desse gênero está atualmente em um estágio confuso, como detalhadamente discutido por Díaz *et al.* (2000). Ácaros desse gênero têm sido comumente relatados no Brasil como *Rhizoglyphus echinopus* (Fumouze & Robin). Porém, há dúvidas sobre a verdadeira identidade das espécies citadas nas distintas publicações em nosso meio. Algumas das citações de *Rhizoglyphus* Claparède no Brasil foram relatadas por Flechtmann (1986). Uma revisão sobre os *Rhizoglyphus* encontrados no Brasil foi apresentada por Barbosa & Moraes (2020), com cinco espécies relatadas, *R. caladii* Manson, *R. columbianus* Oudemans, *R. robini* Claparède, *R. setosus* Manson and *R. vicantus* Manson. Nessa publicação, os autores apresentaram uma chave para a separação dessas espécies.

De maneira semelhante ao que se relatou acima para *A. siro*, em outubro de 2018, *R. robini* e *R. setosus* foram incluídos na lista de Pragas Quarentenária Ausentes para o Brasil (Brasil, 2018b). No entanto, essas espécies foram recentemente relatadas para o Brasil por Barbosa & Moraes (2020). Portanto, espera-se que essas sejam em breve retiradas daquela lista.

Rhizoglyphus são ácaros esbranquiçados, com as setas do idiossoma relativamente curtas. De acordo com Flechtmann (1986), as espécies relatadas no Brasil foram coletadas de bulbos de cebola, lírios, jacintos, dálias, batatinha e mandioca, tanto no campo quanto em armazéns. Sousa *et al.* (2005) relataram a ocorrência de *R. callae* Oudemans em alimentos armazenados comercializados em supermercados e feiras livres do Estado de Pernambuco.

Ácaros desse gênero também têm sido relatados alimentando-se de nematoides, especialmente parasitos de plantas (Gerson *et al.*, 2003). Encontrados em solos contendo muita matéria orgânica, que por essa razão retêm melhor a água.

A fase jovem dura cerca de 15 dias a 25°C e 90% de umidade relativa. Nas mesmas condições, a fecundidade é de 300 a 600 ovos por fêmea (Boczek, 1991). A deutoninfa heteromórfica é encontrada com frequência, o que parece estar relacionado ao fato de essas espécies requererem condições bastante particulares para seu desenvolvimento, especialmente no que se refere aos níveis muito altos de umidade. Nesse estágio, o ácaro é carregado principalmente por coleópteros, himenópteros e moscas, mas também por outros pequenos insetos.

Sancassania spp.

Ácaros esbranquiçados, com algumas setas do idiossoma longas. *Sancassania berlesei* (Michael) é uma espécie cosmopolita, encontrada em substratos muito úmidos ou encharcados de trigo, coco ou amendoim, em colônias de insetos, bactérias e fungos. É considerada uma praga séria de alimentos armazenados no Japão. No Brasil, foi encontrada em ração úmida.

De forma semelhante ao que foi mencionado para *Rhizoglyphus*, o estágio de deutoninfa heteromórfica é encontrado com frequência, o que também parece estar relacionado às suas exigências por altos níveis de umidade. A fase de ovo a adulto desse ácaro dura cerca de oito dias a 27°C e 80% de umidade relativa, quando o ácaro é alimentado com germe de trigo ou com o fungo *Neurospora crassa* Shear & Dodge (Boczek, 1981). A fecundidade média é de quase 600 ovos por fêmea.

Sousa *et al.* (2005) relataram a ocorrência de *Sancassania hughesi* (Samsinak), *Sancassania oudemansi* (Zachvatin) e uma espécie não determinada desse gênero (todas citadas naquele trabalho no gênero *Caloglyphus*) em alimentos armazenados comercializados em supermercados e feiras livres de Pernambuco.

Thyreophagus spp.

Ácaros alongados, com relativamente poucas setas no dorso do idiossoma. Barbosa *et al.* (2016) apresentaram chaves para a separação das espécies desse gênero, citando as espécies já relatadas no Brasil. De acordo com esses autores, das 26 espécies então consideradas como pertencentes a esse gênero, quatro haviam sido relatadas em alimentos armazenados ou em residências humanas. Klimov *et al.* (2022) atualizaram a lista de espécies desse gênero, elevando o total para 35 espécies. De acordo com esses autores, algumas espécies passam pelo estágio de deutoninfa heteromórfica em seu desenvolvimento.

Thyreophagus cracentiseta Barbosa, O'Connor & Moraes foi descrito no Estado de São Paulo (Barbosa *et al.*, 2016), não tendo depois sido relatado de outros lugares; foram descritos de ração comercial para aves, assim como de farinhas de soja e de milho. Os mesmos autores relataram a possibilidade de manter colônias desse ácaro em laboratório, alimentando-as com levedo de cerveja, germe de trigo e farinhas de aveia e de soja. Deutoninfas heteromórficas dessa espécie não foram observadas, nem dos exemplares coletados no ambiente e nem daqueles mantidos em laboratório. Avaliações de laboratório feitas por Barbosa & Moraes (2015) e Massaro *et al.* (2021) mostraram o potencial do uso de *T. cracentiseta* para a multiplicação de Mesostigmata predadores (Phytoseiidae) para o controle biológico de pragas.

Thyreophagus entomophagus (Laboulbène & Robin) tem sido relatado em diferentes países da África, das Américas, da Ásia, Europa e Oceania, em farinhas, ervas medicinais, condimentos e coleções de insetos. No Brasil, foi relatado como contaminante de farinha de trigo e causando anafilaxia em Santa Catarina (Moecke *et al.*, 2001). Reações alérgicas podem ser causadas pelo ácaro mesmo após a cocção dos alimentos contaminados. Em condições ideais, a fase imatura dessa espécie dura cerca de 15 dias. Também para essa espécie, deutoninfas heteromórficas não foram observadas. Quando alimentado com germe de trigo, sua fecundidade média foi em torno de 76 ovos por fêmea (Boczek, 1991).

Tyrophagus putrescentiae (Schrank) (Figura 9.82).

Como discutido por Flechtmann (1986), algumas das citações antigas de *Acarus siro* L. no Brasil provavelmente se referem, na realidade,

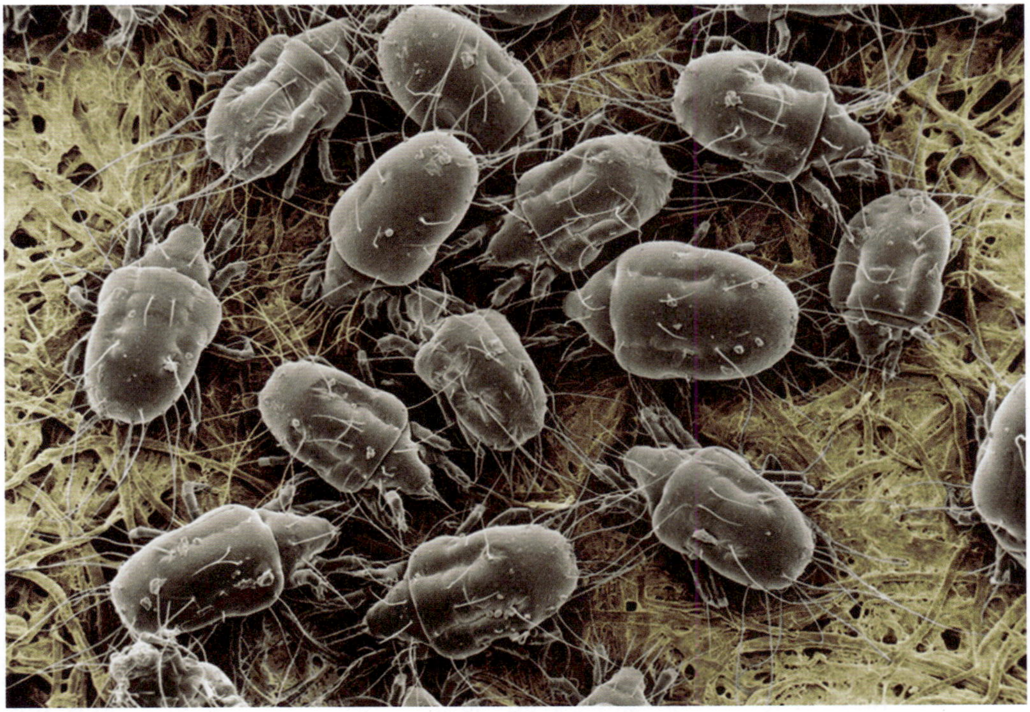

Figura 9.82 Colônia de *Tyrophagus putrescentiae* (gentileza de R. Ochoa, E. Erbe, W. Wergin e C. Pooley, USDA-ARS-NL).

a *T. putrescentiae*. Uma detalhada discussão sobre a identidade dessa espécie dentro do gênero *Tyrophagus* e os diferentes nomes pelos quais essa espécie tem sido citada na literatura foi apresentada por Klimov & O'Connor (2009).

Esse é um ácaro esbranquiçado, com algumas setas longas no idiossoma; em alguns tipos de alimento, esse ácaro apresenta as pernas levemente bronzeadas. Espécie cosmopolita, sendo a mais comum em alimentos armazenados no Brasil. Pequeno (300 a 400 μm de comprimento) em comparação com outros representantes da mesma família encontrados em alimentos armazenados.

Infesta grãos, amendoim, queijo, nozes, coco, ovos secos, sementes de algodão, girassol, banana seca, fumo, farinha, colônias de insetos e microrganismos. Flechtmann (1968a) citou essa espécie em tubérculos de batatas armazenados. Esse ácaro é comumente encontrado em laboratório, em criações de insetos ou em cultura de tecidos ou de microrganismos (Flechtmann, 1976a).

Pode alimentar-se de diferentes estágios evolutivos de insetos (Canevari *et al.*, 2012), assim como de microácaros e de nematoides (Gerson *et al.*, 2003), mas é essencialmente fungívoro. Tem sido bastante utilizado em condições de laboratório para a multiplicação de agentes de controle biológico, como insetos do gênero *Orius* Wolff (Hemiptera: Anthocoridae) (Husseini *et al.*, 1993) e ácaros da família Phytoseiidae (Ramakers & van Lieburg, 1982). Tem sido também citada como potencial agente de controle biológico de organismos daninhos, como do besouro *Lasioderma serricorne* (F.) (Coleoptera: Pitnidae), em armazéns. No entanto, pelos distúrbios que pode causar, considera-se pouco provável que venha a ser utilizado para essa finalidade.

Oviposição contínua desse ácaro só é assegurada por meio de cópulas repetidas ao longo do período de oviposição. Se a cópula for interrompida durante os primeiros 45 minutos, a fêmea não oviposita. Um macho pode copular com até 450 fêmeas. Fêmeas que copulam pelo menos duas vezes ao mês apresentam fecundidade de cerca de 500 ovos cada. Cunnington (1976) demonstrou que essa espécie é incapaz de se desenvolver quando a umidade relativa do ambiente é menor que 60%. A população pode aumentar cerca de dez vezes por semana a 25°C e 90% de umidade relativa (Cunnington, 1976).

A fase de deutoninfa heteromórfica não tem sido relatada para nenhuma espécie do gênero *Tyrophagus* Oudemans. Isto implica que *T. putrescentiae* não tem uma fase de desenvolvimento especialmente adaptada à dispersão, o que é compatível com seu hábito tão polífago e com sua capacidade de suportar jejum prolongado na fase adulta (pelo menos dois meses a 24°C e 100% de umidade relativa); larvas e ninfas morrem rapidamente quando em jejum.

Aeroglyphidae

Não tem sido registrado o aparecimento de deutoninfa heteromórfica para os ácaros dessa família.

Glycycometus spp.

Como discutido por Ling *et al.* (2019), *Glycycometus* foi descrito por Pillai (1957) e pouco mais tarde, *Austroglycyphagus* foi descrito por Fain & Lowry (1974), tendo esses sido sinonimizados por O'Connor (1982). Ling *et al.* (2019) citaram as 14 espécies então conhecidas nesse gênero, listando também as características morfológicas para a separação dessas. Todas essas espécies com uma longa seta achatada na base do tarso de cada perna.

Glycycometus geniculatus (Vitzthum) (citada em *Austroglycyphagus*) foi relatado em alimentos armazenados em Pernambuco (Sousa *et al.*, 2005). Outras espécies encontradas no Brasil em poeira domiciliar foram *G. lukoschusi* Fain no Estado de São Paulo (Flechtmann, 1986; também citada em *Austroglycyphagus*) e *Glycycometus malaysiensis* (Fain & Nadchatram) na Bahia (Alves *et al.*, 2022).

Devido à dificuldade para se distinguir *G. malaysiensis* de *Blomia tropicalis* Bronswijck, Cock & Oshima (Echimyopodidae), Alves *et al.* (2022) as distinguiram pelo uso de técnicas moleculares.

Carpoglyphidae

Carpoglyphus lactis (L.)

Ácaro esbranquiçado, com quelíceras e pernas rosadas. Dois pares de setas da região posterior do idiossoma são longas. Encontrado em laticínios, frutas secas, mel, cerveja, vinho, ração animal, colmeias e vários outros materiais em que ocorra a fermentação microbiana, com a formação de ácido lático, acético e succínico (Hughes, 1976). No Brasil, tem sido encontrado em frutas secas nacionais e importadas (Endlein & Flechtmann, 1976; Flechtmann, 1986).

Guimarães (1970) estudou a biologia dessa espécie sob diferentes condições de temperatura e umidade, quando o ácaro se alimentava de figos secos. A 20°C e 75% de umidade relativa, a duração da fase de ovo a adulto foi de 15 dias, enquanto a fecundidade foi de 146 ovos por fêmea. A 0°C e 85% de umidade relativa, os adultos dessa espécie podem viver sem alimento por até 350 dias. Deutoninfas heteromórficas raramente são encontradas (Guimarães, 1970), sendo dispersas por insetos e outros animais.

Chortoglyphidae

Chortoglyphus arcuatus Troupeau

Única espécie dessa família associada aos seres humanos, comumente encontrada em grãos e farinhas armazenados (O'Connor, 2009). Embora descrita em 1878, as informações sobre a morfologia dessa espécie permaneceram obscuras até 100 anos mais tarde. Moreira (1978) apresentou uma redescrição detalhada desse ácaro, com base em exemplares coletados em Minas Gerais.

Ácaros com idiossoma bastante convexo dorsalmente. Cor variável, podendo o idiossoma ser esverdeado e os apêndices rosados, ou o idiossoma rosado e os apêndices escuros. Margem anterior do idiossoma cobrindo grande parte do gnatossoma; quelíceras desproporcionalmente grandes; setas do idiossoma curtas; pernas longas e afiladas.

Espécie cosmopolita, encontrada em farinhas, grãos, palhas e em diversos outros substratos. No Estado de São Paulo, foi relatado em grãos de café, palha de arroz e em poeira domiciliar (Flechtmann, 1986). Não tem sido relatada a ocorrência de deutoninfas heteromórficas dessa espécie.

Echimyopodidae

Blomia spp.

Bronswijck *et al.* (1973b) apresentaram uma chave para a separação das seis espécies de *Blomia* Oudemans conhecidas na época. Duas outras espécies foram incluídas no gênero desde então (Fain & Philips, 1977; Fain *et al.*, 1977). *Blomia freemani* Hughes foi relatada em alimentos armazenados em Pernambuco (Sousa *et al.*, 2005). *Blomia tropicalis* Bronswijck, Cock & Oshima foi o ácaro mais encontrado em poeira domiciliar no Estado de São Paulo, no estudo conduzido por Rosa (1978), sendo depois também relatado na Bahia (Alves *et al.*, 2022).

Bronswijck *et al.* (1973a) observaram melhor desenvolvimento de *B. tropicalis* em espécimes secos de *Daphnia* sp. (Crustacea) do que em grãos de arroz ou trigo moídos, acreditando, porém, que os ácaros não se alimentassem diretamente dos substratos, mas de microrganismos que sobre esses se desenvolviam. Não constataram a ocorrência de partenogênese, mas observaram a ocorrência de cópula e de oviposição. Em um trabalho subsequente, Bronswijck *et al.* (1973b) argumentaram que esses ácaros se alimentem essencialmente de alimentos armazenados, já que apenas duas espécies (*B. tjibodas* Oudemans e *B. tropicalis*) são encontradas em habitações humanas.

Dada a dificuldade em se distinguir *B. tropicalis* de *Glycycometus malaysiensis* (Fain & Nadchatram) (Aeroglyphidae), Alves *et al.* (2022) distinguiram essas espécies com o uso de técnicas moleculares.

Glycyphagidae

Gohieria fusca (Oudemans)

Ácaro de cor geral marrom-clara, com setas curtas; gnatossoma sobreposto por uma extensão da margem anterior do idiossoma; face superior do gênu e da tíbia das pernas com carenas longitudinais nítidas;

região ventral do podossoma com distintas pontuações; abertura genital da fêmea em posição bem anterior, entre as coxas das pernas I a III.

Espécie encontrada em farinhas, grãos de arroz ou milho, germe de trigo e rações. A fase jovem dura de 11 a 23 dias a 24 ou 25°C. A fecundidade é de 11 a 24 ovos por fêmea (Boulanova, 1937 *apud* Hughes, 1976). Ainda não foram constatadas deutoninfas heteromórficas dessa espécie.

Glycyphagus destructor (Schrank)

Ácaro esbranquiçado, opaco, com a maioria das setas longas; sem estrutura alongada no dorso do propodossoma, conhecida como "crista metópica"; tarso de cada perna relativamente longo, com longa seta achatada em sua base. Espécie cosmopolita, ocorrendo em cereais e seus produtos, ração, frutas secas, no solo, em feno, palha, assim como em outros substratos.

Pode se alimentar de várias espécies de fungos (Sinha & Wallace, 1966). A 25°C e 90% de umidade relativa, a fase de ovo a adulto dura de 12 dias (Boczek, 1991). Cunnington (1976) demonstrou que essa espécie é incapaz de desenvolver-se quando a umidade relativa do ambiente é menor que 60%. Determinou também que a população dessa espécie pode aumentar em cerca de quatro vezes por semana a 25°C e 90% de umidade relativa. A deutoninfa heteromórfica é inerte, isto é, não tem estruturas especializadas para segurar-se ao organismo que a transporta, sendo carregada por aves e insetos.

Glycyphagus spp.

Ácaros citados na literatura como *Glycyphagus* sp. têm sido relatados no Brasil. São esbranquiçados, opacos; com crista metópica; quase todas as setas do idiossoma são longas; tarsos relativamente longos; e sem longa seta achatada na base do tarso de cada perna.

A espécie mais comum deste gênero, *G. domesticus* (De Geer), é cosmopolita e pode causar dermatite em pessoas que manuseiam produtos infestados. Essa espécie foi identificada como hospedeiro intermediário do verme *Catenotaenia pusilla* (Goeze) (Platyhelminthes), cujos hospedeiros definitivos são roedores.

Desenvolve-se bem em leveduras e fungos. A fase imatura dura 22 dias a 23,3°C e 98% de umidade relativa. A 20,6°C e àquela mesma umidade relativa, a fecundidade é em torno de 135 ovos por fêmea (Boczek, 1991). A população desse ácaro pode multiplicar-se cerca de 30 vezes durante uma geração (Barker, 1968). A deutoninfa heteromórfica é inerte e comum; até 50% dos ácaros dessa espécie passam por esse estágio.

Suidasiidae

Suidasia spp.

Ácaros com escudo prodorsal, e com setas verticais externas; cutícula do corpo finamente enrugada ou com protuberâncias arredondadas, com setas lisas. *Suidasia nesbitti* Hughes tem sido encontrada em arroz e farelos de algodão e soja, enquanto *Suidasia pontifica* Oudemans tem sido encontrada em rações farelada e granulada de aves e cães, assim como em peixes secos e salgados (Flechtmann & Castelo, 1982; Flechtmann, 1986). *Suidasia medanensis* Oudemans foi uma das três espécies mais numerosas de ácaros relatados por Sousa *et al.* (2005) em alimentos armazenados comercializados em supermercados e feiras livres de Pernambuco.

PROSTIGMATA

Eriophyidae

Aceria tulipae (Keifer)

Ver detalhes em "Alho" (p. 291). Bulbos armazenados de diferentes plantas, quando atacadas no campo, podem ainda conter formas vivas desse ácaro, que continuam a se desenvolver no armazém. Se esses forem utilizados para plantio, podem proporcionar o estabelecimento de uma população do ácaro nas novas plantas, já no início de seu desenvolvimento.

Pygmephoridae

Siteroptes reniformes Krantz

Ácaro pequeno, esbranquiçado. Coletado no Estado de São Paulo em cultivos de tecido de orquídeas contendo uma espécie não identificada de fungo do gênero *Nigrospora* Zimmerman, de cujas hifas esses ácaros se alimentavam. Sua presença causava grande prurido nas pessoas que manuseavam o material contendo os ácaros (observações não publicadas de C.H.W. Flechtmann).

Tarsonemidae

Tarsonemus spp.

Ácaros pequenos (cerca de 200 micrômetros de comprimento), esbranquiçados a amarelados. Uma espécie não identificada desse gênero foi relatada em ração e em fumo cru. *Tarsonemus granarius* Lindquist foi relatado por Sousa *et al.* (2005) como uma das três espécies de ácaros mais numerosas em alimentos armazenados comercializados em supermercados e feiras livres de Pernambuco.

ÁCAROS SECUNDÁRIOS

MESOSTIGMATA

Blattisociidae

Blattisocius dentriticus (Berlese)

Ácaro amarelo-claro, de movimentos rápidos. Dígito fixo da quelícera aproximadamente do mesmo comprimento que o dígito móvel. Espécie cosmopolita, encontrada no Brasil em bulbos de alho, grãos de soja, farinha de mandioca e criações de insetos, frequentemente associados a ácaros da família Acaridae (Astigmatina).

Alimentam-se prontamente de *T. putrescentiae*, consumindo cerca de 70 ovos ou 50 larvas jovens ou cerca de 30 larvas mais velhas ou protoninfas para completar seu desenvolvimento a 22,2°C e 80% de umidade relativa.

Nessas mesmas condições, a fase jovem do macho e da fêmea dura 9 ou 10 dias quando o predador foi alimentado com larvas de *T. putrescentiae*. A duração foi maior, 11 e 15 dias, respectivamente, quando alimentado com ovos da mesma presa (Rivard, 1960).

Blattisocius keegani Fox

Ácaro amarelo-claro, de movimentos rápidos. Comprimento do dígito fixo da quelícera de 70% a 80% daquele do dígito móvel. Espécie cosmopolita, encontrada no Brasil em grãos armazenados e em peixes secos e salgados, além de outros ambientes.

Todos os estágios ativos alimentam-se de ovos de insetos da ordem Coleoptera (*Cryptolestes, Tribolium, Trogoderma* e *Oryzaephilus*) e ácaros Astigmatina (*Glycyphagus* e *Acarus*) de alimentos armazenados. As informações sobre a habilidade desse ácaro de se alimentar de *T. putrescentiae* são contraditórias (Moraes *et al.*, 2015).

A fase jovem dura em torno de seis dias a 27°C e 70% a 75% de umidade relativa. Nessas mesmas condições, a fecundidade é de 11 a 61 ovos por fêmea. À mesma temperatura, mas a 95% a 100% de umidade relativa, a duração da fase jovem foi 8,7 dias (Barker, 1967).

Blattisocius tarsalis (Berlese)

Ácaro amarelo-claro, com os tarsos mais escuros; de movimentos rápidos. Dígito fixo da quelícera muito atrofiado, com menos da metade do comprimento do dígito móvel. Espécie cosmopolita, encontrada no

Brasil em farelo de trigo, grãos de soja, arroz, café em grãos, sementes de algodão e em outros ambientes.

Alimenta-se de ovos e larvas de insetos, especialmente de Pyralidae (Lepidoptera). Frequentemente encontrada em produtos infestados por espécies de *Ephestia* (também citada como *Anagasta*) e *Plodia* (Lepidoptera: Pyralidae), *Sitotroga* (Lepidoptera: Gelechiidae), e *Tineola* (Lepidoptera: Tineidae), além dos besouros *Attagenus piceus* (Olivier) (Coleoptera: Dermestidae), *Tribolium confusum* (du Val) e *T. castaneum* (Herbst) (Coleoptera: Tenebrionidae). Fêmeas adultas desse ácaro são frequentemente encontradas sobre insetos, nos quais se dispersam. A duração da fase jovem dessa espécie é relativamente longa (cerca de 10 dias a 27°C).

Melicharidae

Proctolaelaps bickleyi (Bram)

Ácaro amarelo-claro, de movimentos rápidos. Ocorre muito comumente em criações de insetos em laboratório, quando o substrato utilizado permite o crescimento de fungos. Tem sido observado predando ácaros e alimentando-se de fungos nessas condições. Flechtmann (1976a) relatou a ocorrência desse ácaro em criações da broca da cana-de-açúcar, *Diatraea saccharalis* (F.) (Lepidoptera: Crambidae), no Estado de São Paulo. Também em condições de campo esse ácaro tem sido encontrado, sempre sob condições de alta umidade.

PROSTIGMATA

Cheyletidae

Cheyletus fortis Oudemans, *C. malaccensis* Oudemans, *Cheletomorpha lepidopterorum* (Shaw), *Cheletomimus wellsi* (Baker) e *Chelacheles* sp.

Ácaros de cores variadas, de quase incolores a vermelhos. Os palpos desses ácaros são muito mais robustos que dos ácaros de outras famílias. Cada palpo usualmente apresenta no ápice um par de setas recurvadas e em forma de pente, assim como um esporão subterminal. São predadores, sendo essas estruturas importantes para a captura das presas. Em condições de armazéns, as presas correspondem principalmente a diferentes espécies de ácaros primários. Em nosso meio, espécies de Cheyletidae têm sido relatadas em fumo cru, alho armazenado, cereais, ração e farinha de mandioca.

Cheyletus eruditus (Schrank) é uma espécie cosmopolita, ainda não relatada no Brasil, considerada na Europa de grande potencial de uso prático para o controle de ácaros primários em alimentos armazenados (Gerson *et al.*, 2003). Entre 25 e 28°C e quando alimentado com *Glyciphagus destructor* (Schrank) (Astigmatina: Glyciphagidae), a fase imatura desse predador dura 3 a 4 semanas, a fecundidade total é de 133 ovos por fêmea, e a correspondente razão intrínseca de crescimento populacional (r_m) é de 0,178 fêmea por fêmea por dia (Barker, 1991). Esse ácaro ataca não só outros ácaros, mas também larvas de Lepidoptera e Coleoptera, assim como Psocoptera (Gerson *et al.*, 2003). Tem sido utilizado comercialmente para o controle de populações residuais de ácaros primários no leste europeu, antes da colocação de novos produtos nos armazéns (Zdárková, 1991).

Pyemotidae

Pyemotes tritici (Lagrèze-Fossat & Montagné)

Ácaro bastante pequeno (cerca de 200 micrômetros de comprimento), alongado, achatado, amarelo-claro, com algumas setas longas no idiossoma. Ácaro parasito de diversos grupos de insetos (Treat, 1975). Barbosa *et al.* (2021) apresentaram um sumário das espécies de Pyemotidae relatadas no Brasil e os respectivos organismos ou substratos em que foram encontrados; nesse trabalho, incluíram citações sobre *P. tritici*, *P. ventricosus* (Newport), *Pyemotes* sp. e *Pyemotes* sp. Grupo *ventricosus*. Desses, *P. tritici* foi encontrado no maior número de hospedeiros (sete espécies, incluindo Coleoptera e Hymenoptera).

Frequentemente o ácaro se multiplica de tal forma que é encontrado aos milhares, podendo atacar o ser humano quando esse manuseia o produto em que o ácaro se encontra. Suas picadas podem causar dermatite bastante severa **(Figura 7.1)**, que pode ser acompanhada de intoxicação, febre, desarranjos intestinais, cefaleias e até asma. A toxina afeta também os hospedeiros dos quais se alimentam, assim como aves que se alimentam de grãos em que esse ácaro se encontra.

Após a fixação ao hospedeiro, a fêmea passa pelo processo conhecido como fisogastria; entre 2 a 10 dias, o opistossoma torna-se esférico **(Figura 5.10)**. De aparência translúcida, o opistossoma abriga inicialmente os ovos, dos quais emergem os adultos ainda no interior da fêmea. Cada fêmea pode dar origem a até 250 indivíduos. Em seu desenvolvimento, não apresenta as fases de larvas e ninfas livres. Cerca de 5% da descendência de cada fêmea corresponde a machos. Estes emergem primeiro e esperam suas próprias irmãs para copular. Se esses não estiverem presentes, aquelas podem tentar copular com outros machos.

ÁCAROS TERCIÁRIOS

ASTIGMATINA

Histiostomatidae

Ácaros esbranquiçados, facilmente reconhecidos por apresentarem os palpos modificados distalmente em uma estrutura achatada, facilitando a filtragem de seu alimento do meio aquático em que vivem. No ventre do idiossoma, apresentam dois pares de estruturas esclerosadas, circulares ou ovais. Sob condições desfavoráveis, aparece a fase de deutoninfa heteromórfica, que se fixa em insetos para dispersão. Essas são de cor marrom-clara. Ocasionalmente podem ser encontrados em alimentos muito hidratados e em deterioração.

MESOSTIGMATA

Uropodidae

Ácaros dessa família são reconhecidos por diversas características, especialmente pelo fato de terem o estigma entre as coxas das pernas II e III, e as coxas das pernas I alargadas e muito próximas entre si; geralmente bem esclerotizados e de cor marrom-escura. Comumente são foréticos sobre insetos, aos quais se fixam por meio de um pedúnculo elaborado com uma substância que sai a partir do ânus. Principalmente saprófitas, mas podem também se alimentar de animais de corpo delicado, como nematoides, larvas de moscas e mesmo de ácaros primários.

Fuscuropoda sp.

Fuscuropoda sp. foi reportado em ração e bulbos em decomposição.

ORIBATIDA "NÃO ASTIGMATINA"

Espécies pertencentes a diversas famílias desse grupo podem ser encontradas em armazéns em condições de manutenção precária. São quase sempre fortemente esclerosados, de cor marrom a quase negra, abundantes em solos de regiões tropicais e temperadas, onde se alimentam principalmente de algas, fungos, liquens e matéria orgânica em decomposição. Ocasionalmente, alguns desses ácaros também se alimentam de nematoides.

capítulo 10

Controle de Ácaros

Apesar do grande número de espécies de ácaros descrito, como se deduz dos capítulos anteriores, apenas 20 a 30 espécies causam danos significativos a plantas cultivadas no Brasil. Essas são periodicamente controladas pelos agricultores, mais comumente, com o uso de produtos químicos. Entretanto, tem-se verificado um aumento no uso de agentes de controle biológico.

Algumas das espécies causam danos sérios sobre uma determinada cultura em uma região, mas não em outras, ou em uma dada época do ano e não em outras. Por isso o controle dos ácaros-praga precisa sempre se basear em monitoramentos da cultura, para estimar a real necessidade.

Diante dessa realidade, e tendo em vista a seriedade dos danos causados por alguns ácaros, não é rara a aplicação exagerada de medidas de controle, principalmente com produtos químicos, por parte do agricultor. Por que isto se dá? Muito frequentemente, pela associação feita por ele entre ocorrência de "ácaros" (de maneira generalizada) e danos causados por "ácaros". Essa associação normalmente o leva a adotar medidas preventivas, muitas vezes desnecessárias, que transmitem a ele um sentimento de maior segurança contra os eventuais danos causados por esses organismos. Entretanto, ao se considerar o custo da medida de controle adotada e seus possíveis efeitos indesejáveis ao ambiente e ao próprio ser humano, torna-se clara a conveniência em se conhecer a real necessidade das medidas de controle antes que essas sejam adotadas.

A simples presença de ácaros não significa, necessariamente, que medidas de controle devam ser tomadas. Usualmente, as plantas toleram a presença dos ácaros fitófagos até um certo nível da população desses. Apenas acima deste nível (nível de dano econômico), danos monetários podem ser causados. O grande problema é que para muitos ácaros fitófagos esse nível não é adequadamente conhecido. Consequentemente, na maioria das vezes, o agricultor desconhece em que nível populacional o controle precisa ser feito (nível de controle), para evitar os danos.

Por outro lado, ocorrem casos em que danos são causados pelos ácaros a determinadas plantas, sem que medidas de controle sejam tomadas. Isso acontece principalmente nos primeiros anos da ocorrência de uma espécie de praga em uma região, antes que essa, ou seus danos, sejam adequadamente conhecidos.

Existem diversas formas pelas quais os ácaros-praga podem ser controlados. São discutidas a seguir as principais medidas de controle.

MEDIDAS QUARENTENÁRIAS

No caso de uma praga que ainda não ocorra em um dado país, ou que ocorra em uma área geográfica restrita daquele país, é de toda conveniência a adoção de medidas que visem a reduzir a chance de sua introdução, ou de sua dispersão a outras regiões do país uma vez introduzida. Essas são conhecidas como "medidas quarentenárias". Ainda que oficialmente conduzidas por órgãos públicos, sob a coordenação do Ministério da Agricultura e Pecuária do Brasil (Mapa), sua eficiência depende em grande parte do público em geral.

Com o objetivo de reduzir as chances de introdução de novas pragas, o Mapa mantém duas listas de pragas quarentenárias para o Brasil, classificando-as como Pragas Quarentenárias Ausentes (PQA) e Pragas Quarentenárias Presentes (PQP) em regiões restritas do país. Essas listas são periodicamente atualizadas; as mais recentes em que constam os ácaros foram estabelecidas com a "Instrução Normativa 38" (IN38) com as PQP e a "Instrução Normativa 39" (IN39) com as PQA, da Secretaria de Defesa Agropecuária do então Ministério da Agricultura e do Abastecimento", de 1 de outubro de 2018. A única espécie de ácaro citada na IN38 foi *Schizotetranychus hindustanicus* (Hirst). As seguintes 29 espécies de ácaros constam da IN39:

- **Acaridae**: *Acarus siro* L., *Aleuroglyphus beklemishevi* Zachvatkin, *Rhizoglyphus robini* Claparède e *Rhizoglyphus setosus* Manson.
- **Diptilomiopidae**: *Cheiracus sulcatus* Keifer.
- **Eriophyidae**: *Aceria oleae* (Nalepa), *Calacarus citrifolii* (Keifer) e *Epitrimerus pyri* (Nalepa).
- **Penthaleidae**: *Halotydeus destructor* (Tucker).
- **Tarsonemidae**: *Steneotarsonemus panshini* Wainstein & Beglyarov, *Steneotarsonemus spinki* Smiley e *Tarsonemus cuttacki* Iswari.
- **Tetranychidae**: *Amphitetranychus viennensis* (Zacher), *Eotetranychus carpini* (Oudemans), *Eotetranychus lewisi* (McGregor), *Eutetranychus orientalis* (Klein), *Oligonychus afrasiaticus* (McGregor), *Oligonychus bicolor* (Banks), *Tetranychus kanzawai* Kishida, *Tetranychus mcdanieli* McGregor, *Tetranychus pacificus* McGregor, *Tetranychus truncatus* Ehara e *Tetranychus turkestani* (Ugarov & Nikolskii).
- **Tenuipalpidae**: *Brevipalpus chilensis* Baker, *Brevipalpus cuneatus* (Canestrini & Fanzago), *Brevipalpus lewisi* (McGregor), *Cenopalpus*

pulcher (Canestrini & Fanzago) e *Tenuipalpus punicae* Pritchard & Baker.

- **Tydeidae**: *Microtydeus hylinus* Fan-Qinghai & Li-Longsh.

Essas listas precisam ser atualizadas periodicamente, o que é feito com base em informações providas por resultados de pesquisa. Por exemplo, Barbosa & Moraes (2020) e Barbosa *et al.* (2022) relataram no Brasil a presença de *R. robini* e *R. setosus*, assim como de *A. siro*, respectivamente. Assim, essas espécies poderão ser excluídas da lista de PQA na próxima revisão dessa. É também importante destacar que *T. cuttacki*, também incluída na lista de PQA, é provavelmente um *nomen nudum*, como discutido por Mondal *et al.* (2021), sendo praticamente impossível caracterizá-lo morfologicamente com as informações hoje disponíveis na literatura.

Basicamente, as medidas quarentenárias correspondem ao impedimento da introdução de determinados produtos quando provenientes de certas regiões, ou estabelecem regras restritivas para sua introdução, para diminuir o risco da introdução de pragas a eles associados. Essas regras usualmente envolvem a certificação no país de origem de que o produto não é portador da praga considerada. Por exemplo, pode-se certificar que o produto a ser exportado foi cultivado em áreas sabidamente isentas da praga, ou que o produto foi tratado com certos produtos químicos etc.

Mesmo com a certificação no país de origem, ao chegar ao país importador, o produto deve ser adequadamente vistoriado, diretamente no porto de entrada ou em laboratórios de quarentena, para a certificação adicional da ausência da praga considerada. Na prática, em geral os produtos destinados ao consumo direto são vistoriados no porto, enquanto os produtos a serem utilizados para a propagação vegetal ou para pesquisa são vistoriados em estações quarentenárias.

No sentido de sistematizar o processo de avaliação de risco de introdução de pragas de cada produto, o Mapa estabeleceu o processo de "Análise de Risco de Pragas" (ARP), a ser considerado para cada país de origem do produto. Esse processo envolve uma análise técnica do risco envolvido em cada caso específico, estabelecendo também possíveis medidas mitigadoras para reduzir o risco a níveis aceitáveis. A análise é feita por centros colaboradores credenciados pelo Mapa para essa finalidade específica, obedecendo procedimentos de análise internacionalmente aceitos. Esses procedimentos foram estabelecidos em acordo com a "Resolução Única da V Reunião do Conselho de Ministros do Comitê de Sanidade Vegetal do Cone Sul (COSAVE)", de 12 de junho de 1995, por meio da Portaria 641 do então Ministério da Agricultura, do Abastecimento e da Reforma Agrária, de 3 de outubro de 1995. Toda a legislação sobre esse assunto encontra-se disponível no portal eletrônico do Mapa, devendo essa ser periodicamente consultada tendo em vista as constantes atualizações.

Essas medidas tornam-se muito mais eficientes com a conscientização dos agricultores, outros profissionais da área agronômica ou florestal, e do público em geral, sobre os possíveis danos decorrentes da introdução de uma nova praga. A conscientização pode ser feita dentro de programas de formação profissional, nas escolas técnicas secundárias e de nível superior, ou em campanhas de conscientização específicas. A conscientização formal é feita colocando-se nos programas de disciplinas da área de fitossanidade, informações sobre as principais pragas exóticas ainda não presentes no país. As campanhas de conscientização utilizam-se do meio digital e de folhetos, cartazes ou outra forma de divulgação, para esclarecer o público em geral sobre os danos causados por espécies determinadas e que apresentam maior risco de serem introduzidas.

Como exemplo de uma campanha de conscientização, Mendonça *et al.* (2004) divulgaram uma nota sobre o perigo iminente da introdução no Brasil de *S. spinki*, séria praga do arroz em certos países, depois de sua constatação no Caribe e em países do continente americano pouco antes daquela época. Outro exemplo corresponde ao alerta feito por Flechtmann & Etienne (2005) sobre o perigo representado por *Raoiella indica* Hirst (Tenuipalpidae), depois de ter sido detectado em Martinica, a diferentes espécies de palmeiras cultivadas em outras ilhas do Caribe ou em países do continente americano.

As campanhas são importantes porque profissionais viajando a outros países frequentemente se sentem tentados a trazer consigo sementes ou outros órgãos de reprodução de culturas aqui ainda inexistentes, ou de variedades vegetais que apresentam certas vantagens em relação àquelas aqui cultivadas. Essas introduções precisam ser feitas com os devidos cuidados.

O comércio internacional e nacional certamente facilita a movimentação das pragas. Para ilustração, cita-se a primeira constatação do ácaro-vermelho-europeu, *Panonychus ulmi* (Koch), no Brasil em frutos de maçã importados da Argentina (Flechtmann, 1967b), assim como a constatação do ácaro-rajado, *Tetranychus urticae* Koch, em plantas de gérbera produzidas no Estado de São Paulo e comercializadas no sul de Minas Gerais (Silva *et al.*, 2009).

CONTROLES CULTURAL E MECÂNICO

Em certas situações, reduções da incidência de ácaros podem ser conseguidas com práticas simples. Como exemplo, Flechtmann (1983) e Queiroz & Flechtmann (2021) sugeriram que em condições de viveiros, a incidência de ácaros do gênero *Oligonychus* (Tetranychidae) sobre mudas de eucalipto possa ser reduzida com o direcionamento de jatos d'água sobre a superfície superior das folhas, onde esses prioritariamente se desenvolvem. A mesma tática pode ser aplicada para outras plântulas em viveiros. Em outros casos, a maior incidência de ácaros é favorecida por desbalanços nutricionais das plantas, e esse conhecimento pode permitir a adoção de medidas de controle sustentáveis.

Diversas outras formas de controle têm sido empregadas em casos específicos. Uma dessas corresponde à destruição de restos de cultura. A senescência da cultura e o efeito dos ácaros tornam o substrato atacado fisiologicamente menos adequado para seu desenvolvimento; nesse período, os ácaros naturalmente tendem a se dispersar, passando assim para novos campos de cultivo. A destruição dos restos de cultura, antes que isso aconteça, frequentemente reduz de forma eficiente a possibilidade de dispersão de ácaros em larga escala para áreas vizinhas.

Dada a capacidade de longa permanência do abacaxizeiro no campo, mesmo após sua fase economicamente produtiva, Matos *et al.* (2000) consideraram de particular importância, nesse caso a destruição dos restos desse cultivo em áreas onde o ácaro *Dolichotetranychus floridanus* (Banks) (Tenuipalpidae) ocorre comumente em altas populações.

A destruição de restos de cultura é particularmente recomendável em áreas irrigadas, em locais onde ocorrem concentrações de um grande número de pequenos agricultores. A possibilidade de repetir um mesmo cultivo várias vezes no ano permite a passagem de populações da praga de uma a outra propriedade, tornando mais severos os danos causados pelas pragas. A destruição dos restos de cultura geralmente tende a diminuir a severidade dos danos.

Alterações de práticas culturais também podem levar a reduções de problemas de praga. Assim, levando-se em conta que plantas com bulbos e raízes tuberosas resistem bem por alguns dias à falta d´água, a suspensão do fornecimento de água por curto período (cuidando para não afetar negativamente as plantas) é recomendável por destruir um grande número do ácaro-das-raízes-e-bulbos, *Rhizoglyphus* spp. (Astigmatina: Acaridae). Em áreas muito sujeitas ao ataque desse ácaro, deve-se evitar o uso de matéria orgânica em excesso, de vez que essa favorece a retenção de água no solo, o que favorece o desenvolvimento do ácaro. Ainda em relação a essa praga, o processo de solarização (aumento da temperatura do solo pela ação da luz solar, quando esse é coberto por uma lâmina plástica preta) pode ser eficiente em seu controle.

RESISTÊNCIA DE PLANTAS

Essa medida de controle tem sido adotada com muita frequência e com alta eficiência no caso de diversos outros grupos de organismos. Na verdade, essa é uma das poucas alternativas viáveis de controle para certos organismos, cujo controle por outros métodos, especialmente químico, possa ser demasiadamente oneroso ou, por alguma outra razão, inviável. Alguns nematoides constituem excelentes exemplos no uso dessa medida.

Em relação aos ácaros, diversas tentativas têm sido realizadas para a detecção de variedades resistentes a espécies-praga importantes. Um dos exemplos de interesse potencial à agricultura brasileira refere-se ao estudo de cultivares de arroz com tolerância ou resistência ao ataque de *Steneotarsonemus spinki* Smiley (Tarsonemidae), conduzido em Cuba (Almaguel *et al.*, 2000). Naquele país, os autores verificaram menores populações do ácaro em cultivares de ciclo médio do que em cultivares de ciclo curto.

No Brasil, têm sido relativamente restritos os esforços para obter-se cultivares de plantas resistentes a ácaros. Entretanto, existem algumas observações sobre as diferenças de susceptibilidade de diferentes cultivares vegetais a certos ácaros-praga. Lisbão *et al.* (1976) avaliaram a susceptibilidade de 14 cultivares de pimentão e páprica ao ácaro-rajado, *T. urticae*, mostrando que dez dessas eram relativamente pouco atacadas pelo ácaro. Santos *et al.* (1977) compararam a resistência de 44 cultivares de mandioca ao ataque do ácaro-verde-da-mandioca, *Mononychellus tanajoa* (Bondar) (Tetranychidae), cinco das quais se mostraram relativamente resistentes. Cia *et al.* (2005) observaram que alguns genótipos de algodoeiro se mostraram pouco atacados pelo ácaro-branco, *Polyphagotarsonemus latus* (Banks), indicando a possibilidade de que possam ser usados em estudos futuros de melhoramento. Silva *et al.* (1992) avaliaram a resistência de 19 cultivares de tomateiro ao ácaro-vermelho-do-tomateiro, *Tetranychus evansi* Baker & Pritchard (Tetranychidae), enquanto Lourenção *et al.* (2000) avaliaram a resistência de 18 cultivares de morangueiro a *T. urticae*.

Outros trabalhos têm sido desenvolvidos para avaliar a resistência de tomateiros a ácaros do gênero *Tetranychus*, utilizando técnicas bioquímicas para a seleção inicial de plantas com maior potencial de resistência. Diversos trabalhos para estudar a ação de substâncias químicas naturalmente presentes em plantas do gênero *Lycopersicon* têm sido conduzidos no Brasil. Esses demonstraram alta relação entre os níveis das substâncias 2-tridecanona (Gonçalves, 1998; Aragão *et al.*, 2000) e zingibereno (Freitas *et al.*, 2000; Maluf *et al.*, 2001) e a resistência de tomateiros àqueles ácaros. Resende *et al.* (2002) verificaram a conveniência em estimar-se os níveis de resistência de plantas dessa espécie por meio da determinação de seus conteúdos de acilaçúcares (ésteres de glicose). Esses compostos são aleloquímicos encontrados naturalmente em exsudatos de tricomas glandulares de *Lycopersicon pennellii* (Correll) D'Arcy, conferindo a essa espécie alto nível de resistência a diversos artrópodes-praga.

Nesses trabalhos de melhoramento e seleção, as técnicas de engenharia genética representam hoje uma ferramenta de extrema importância. McCafferty *et al.* (2008) relataram resultado promissores na avaliação de mamoeiros transformados com o gene *Galanthus nivalis* GNA para o controle do ácaro-vermelho, *Tetranychus cinnabarinus* Boisduval (Tetranychidae), no Havaí. Esse foi o primeiro relato do aumento da resistência de plantas a ácaros fitófagos pela expressão desse gene.

Também tem sido avaliado o potencial da seleção de porta-enxertos que possam produzir copas menos favoráveis à proliferação de ácaros-praga em citros (Silva *et al.*, 2015). Dois dos principais ácaros foram selecionados na avaliação dessa possibilidade, o ácaro-da-falsa-ferrugem, *Phyllocoptruta oleivora* (Ashmead) (Eriophyidae), e o ácaro-vermelho, *Tetranychus mexicanus* (McGregor) (Tetranychidae), observando-se níveis muito menores desses em determinados porta-enxertos.

Estudos foram realizados para a comparação de diferentes genótipos de lichieira quanto à incidência de *Aceria lichii* (Keifer) (Eriophyidae) no Brasil. Dentre cinco cultivares avaliadas, Arantes *et al.* (2017) constataram 'Bengal' e 'Mauritius' respectivamente como as de maior e de menor susceptibilidade. Esses resultados servem, em longo prazo, como subsídio para programas de melhoramento. No entanto, podem ser úteis de forma imediata aos que estejam dispostos a reduzir (ou evitar) o uso de métodos ambientalmente agressivos à custa de certo nível de perda em qualidade da produção, de vez que, no mesmo estudo, os autores demonstraram ser a cultivar mais susceptível, a de maior concentração de açúcar, e vice-versa. Outro problema fitossanitário causado por um eriofídeo, o ácaro-das-gemas-do-cacaueiro, *Aceria reyesi* (Nuzzaci), tem sido objeto de estudo para se determinar fontes de resistência a esse que é o agente causal da "enrugadeira" do cacaueiro (De Jesus, 2022).

Uma lista de cultivares de coqueiro tolerantes ao ácaro-do-coqueiro, *Aceria guerreronis* Keifer (Eriophyidae), foi apresentada por Nisha & Leena (2022), com base em estudos realizados por distintos autores na

Índia. Nisha & Leena (2022) também se referiram a outra lista de cultivares que são severamente atacadas. Os diferentes estudos têm relacionado os diferentes níveis de tolerância principalmente a características do perianto, assim como ao formato do fruto e à sua cor.

Savi *et al.* (2022) obtiveram resultados promissores na tentativa de obter genótipos de tomateiros mais resistentes ao ataque de *T. evansi*, pela transferência de genes ligados à produção intensa de tricomas foliares de genótipos silvestres a genótipos comerciais de tomateiros; a densidade desses tricomas está relacionada à sua resistência a esse ácaro (Savi *et al.*, 2019).

No Rio Grande do Sul, fontes de resistência a *Schizotetranychus oryzae* Rossi de Simons (Tetranychidae) têm sido procuradas em genótipos não domesticados de arroz (Buffon *et al.*, 2021).

Obviamente, os ácaros representam apenas um dos aspectos que interferem na produtividade de uma cultura. Diversas outras pragas ou enfermidades podem ser tão ou mais importantes que os ácaros. Por outro lado, além dos problemas sanitários, existem ainda diversos aspectos genéticos que interferem na produtividade de uma cultura. Além disso, a tentativa de alterar a planta, melhorando-a em relação a um aspecto, pode interferir significativamente na susceptibilidade da planta aos ácaros.

Isso é o que pode ter ocorrido no sul do Brasil em relação ao plantio de variedades transgênicas de soja para tolerar aplicações do herbicida "Glifosato". Embora ainda não comprovado experimentalmente serem essas mais susceptíveis ao ataque de ácaros, foi exatamente no período em que ocorreu uma considerável expansão da área de cultivo de variedades transgênicas (início dos anos 2000), que a incidência de ácaros aumentou muito, levando muitos produtores de soja a realizarem aplicações de acaricidas para seu controle (Guedes *et al.*, 2004).

A maior incidência de ácaros poderia ser devida a um efeito direto da planta sobre esses. Na verdade, a maior susceptibilidade pode não ser o resultado da modificação genética para obter-se a resistência ao herbicida, mas sim ao fato de serem as variedades básicas originalmente mais susceptíveis aos ácaros que as variedades usualmente cultivadas na região. O fato de as variedades transgênicas cultivadas no sul do Brasil até o final de 2004 serem de origem desconhecida torna difícil qualquer conclusão nesse sentido. Outra possibilidade é o efeito deletério do glifosato sobre os inimigos naturais dos ácaros que ocorrem em soja, analisado no estudo de Bergeron & Schmidt-Jeffris (2023) em macieiras nos Estados Unidos da América do Norte.

É possível ainda que tenha havido apenas uma coincidência entre o período em que as variedades transgênicas de soja tenham passado a ser cultivadas e o período em que determinadas condições climáticas anormais ocorreram, e que essas últimas tenham na verdade sido a causa do aumento da população de ácaros. De qualquer maneira, as circunstâncias atuais alertam, de maneira enfática, para a necessidade de conduzir extensivas análises de risco antes que uma nova tecnologia seja implementada no setor agrícola.

USO DE PRODUTOS NATURAIS

A partir dos processos metabólicos, as plantas naturalmente produzem compostos que podem protegê-las contra organismos fitófagos. Sabendo-se disso, pesquisas têm sido realizadas na tentativa de se identificar e/ou extrair compostos desse tipo de distintas plantas, visando à obtenção de resultados que viabilizem seu uso prático no controle de pragas. Estudos desse tipo têm sido relativamente restritos no Brasil, quanto ao controle de ácaros.

Como sumariado por Resende *et al.* (2002) em relação aos tomateiros, diversos produtos secundários produzidos por espécies silvestres de *Lycopersicon* foram associados à resistência dessas plantas a pragas diversas, incluindo ácaros. Sena Filho *et al.* (2023) relataram os estudos com monoterpenos, oriundos de plantas da família Lamiaceae, que foram eficazes contra diferentes espécies de ácaros pragas das famílias Tetranychidae e Eriophyidae, e também sobre *Varroa* (Varroidae), ectoparasitas de abelhas, e carrapatos (Ixodidae).

Testes conduzidos em laboratório indicaram o potencial de extratos de nim (*Azadirachta indica* A. Juss) no controle do ácaro-verde-da-mandioca , *M. tanajoa*, e do ácaro-vermelho-do-cafeeiro, *Oligonychus ilicis* (McGregor), ambos Tetranychidae (Gonçalves *et al.*, 2001; Mourão *et al.*, 2004). Savi *et al.* (2021) demonstraram, em condições de laboratório, o potencial desse mesmo extrato, assim como do extrato de *Sophora flavescens* Ait. (Fabaceae), conhecido como oximatrine, para o controle do ácaro-vermelho-do-tomateiro, *T. evansi*.

Níveis elevados de mortalidade do ácaro-vermelho-do-amendoim, *Tetranychus ogmophallus* Ferreira & Flechtmann (Tetranychidae), foram conseguidos em laboratório por Daud *et al.* (2004), com a aplicação diferentes concentrações de ésteres de sacarose. Também, altos níveis de mortalidade do ácaro-vermelho, *Tetranychus abacae* Baker & Pritchard (Tetranychidae), foram observados em condições de laboratório, com a aplicação de extratos de pimenta malagueta e tabaco, assim como de manipueira (Santos *et al.*, 2012).

Cuzzuol *et al.* (2023) avaliaram em laboratório o efeito de um extrato aquoso de sementes de maracujá (*Passiflora edulis* Sims.), planta nativa do Brasil, em fêmeas adultas do ácaro-vermelho-das-palmeiras, *R. indica*. Constataram mortalidade superior a 98% à maior dosagem utilizada (18% do estrato). A análise do extrato demonstrou que os componentes encontrados em maiores níveis foram taninos, compostos fenólicos e flavonoides.

Considerando a grande e desconhecida diversidade de plantas nativas da vegetação brasileira, essa área de trabalho ainda deve merecer um interesse muito maior no Brasil. Estudos básicos interdisciplinares, envolvendo bioquímicos e biólogos em geral, poderão resultar em descobertas de extremo valor para o uso de produtos naturais no controle de pragas, incluindo ácaros.

CONTROLE QUÍMICO

Desde pouco antes da segunda guerra mundial, os artrópodes-praga, incluindo os ácaros, passaram a ser controlados mais e mais com o uso de produtos químicos sintéticos. A partir de então, muitos agricultores passaram por um período de euforia, porque tudo indicava que os problemas com as pragas agrícolas estavam prestes a terminar, com o emprego, relativamente fácil, de produtos que causavam a morte rápida daquelas, com efeitos altamente significativos e positivos na produtividade, pela redução do efeito das pragas.

O uso dos acaricidas químicos continua sendo a forma mais comum de controle de ácaros na agricultura. Com base nos dados apresentados por Neves & Rodrigues (2004), aproximadamente 80 milhões de dólares foram gastos pelos agricultores com a aquisição de acaricidas no Brasil em 2003. De acordo com o Sindicato Nacional da Indústria de Produtos para Defesa Agrícola, atualmente são comercializadas no Brasil pouco mais de 32 marcas comerciais de acaricidas específicos, que correspondem a distintas formulações de 18 ingredientes ativos, além de vários outros produtos que funcionam também como fungicidas e inseticidas (Zuluaga & Sanches, 1971).

Para que possam ser utilizados, os acaricidas e outros produtos tóxicos de uso agrícola precisam ser registrados junto ao Mapa. O registro pode se dar após uma avaliação técnica das informações providas pela empresa interessada na produção e/ou venda do produto, realizada pelo Mapa. Dentre outros aspectos, essas informações se referem à comprovação da eficiência do produto e a seus possíveis efeitos sobre o ser humano e o ambiente. O registro é válido por um período determinado, após o qual precisa ser renovado; caso contrário, o produto não pode mais ser produzido para venda. Em cada renovação, pode haver mudanças no que se refere às culturas nas quais o produto pode ser aplicado, ou às pragas contra as quais pode ser utilizado.

Por outro lado, periodicamente um produto registrado pode deixar de ser comercializado, por diferentes razões. O registro do produto pode ser cancelado pelo Mapa, após novas descobertas sobre efeitos até então desconhecidos, considerados indesejáveis. Ainda, pode não haver interesse da empresa produtora na renovação do registro, por uma razão ou outra. Em vista disso, a gama de produtos legalmente disponíveis no mercado para o controle de uma praga em uma dada cultura é alterada frequentemente. Por esse motivo, deixamos de aqui apresentar informações sobre quaisquer produtos específicos a serem utilizados contra as pragas das distintas culturas. Informações atualizadas sobre esse aspecto podem ser obtidas diretamente junto ao Mapa ou em publicações periodicamente atualizadas.

O Mapa mantém um banco de informações (conhecido como Agrofit) sobre os produtos agroquímicos e afins registrados para o controle de cada espécie de ácaros em cada cultivo. Esse banco é de acesso livre, pelo link http://www.gov.br/assuntos/insumos-agropecuários/insumos-agrícolas/agrotoxicos/agrofit. Informações desse tipo, até 2017, podem ser obtidas em Andrei (2017).

Infelizmente, os acaricidas não afetam apenas os ácaros pragas, prejudicando também outros artrópodes, incluindo os ácaros predadores, animais de outros grupos, incluindo o próprio ser humano etc. Por essa e outras razões, existe hoje uma tendência em várias partes do mundo, incluindo o Brasil, de reduzir-se o uso de produtos químicos nos agroecossistemas. Mesmo assim, o uso de produtos químicos continua intenso.

Outro problema frequentemente relacionado ao controle químico de ácaros refere-se à habilidade de suas populações em se tornarem progressivamente mais resistentes aos acaricidas (Gallo *et al.*, 2002). Entende-se por resistência a capacidade da população de um dado organismo em se mostrar menos susceptível a doses de agroquímicos que normalmente seriam letais a ela. A resistência é uma característica naturalmente apresentada por parte dos membros de uma população, que são selecionados, ocorrendo progressivamente em proporções mais altas mediante a exposição frequente a um dado fator do ambiente, no caso, um agroquímico.

Por suas características biológicas, a resistência de ácaros a acaricidas pode ser um problema mais sério do que observado em outros grupos de pragas. Altos níveis de resistência podem se desenvolver em períodos de um a quatro anos de uso de um dado produto. O desenvolvimento de resistência nos ácaros é favorecido por diversas de suas características biológicas (Saito *et al.*, 1983). Seu ciclo biológico curto normalmente conduz à exposição de sucessivas gerações a cada evento de pressão ambiental (no caso, a aplicação de um agroquímico). Por outro lado, a maioria dos ácaros-praga é haplodiploide (machos haploides e fêmeas diploides) e apresenta reprodução bissexuada e partenogênese arrenótoca. Assim, uma única fêmea não inseminada consegue por si só originar uma nova população, pela produção inicial de filhos (haploides), que ao atingir a fase adulta podem inseminar a própria mãe, a qual poderá então produzir filhas (diploides), que cruzam com seu próprio pai ou seus irmãos. Caso essas fêmeas apresentem homozigose em relação aos genes que conferem resistência, toda sua descendência será resistente. Mesmo no caso de heterozigose, a seleção para resistência é comparativamente rápida, pelo fato de os machos serem haploides, expressando imediatamente em cada indivíduo suas características em relação à susceptibilidade ao agroquímico. Além disso, os ácaros apresentam alta taxa de mutação, o que pode resultar no aparecimento de populações resistentes.

Dentre as consequências da expressão de resistência estão a frequente aplicação de doses progressivamente mais elevadas do produto, a maior frequência de aplicação, o uso de misturas indevidas de produto e a substituição dos produtos em uso por outros geralmente mais tóxicos. Essas ações são realizadas pelo agricultor no sentido de aumentar a eficiência do controle do ácaro-praga, porém, em longo prazo, são indesejáveis e insustentáveis.

No Brasil, relatos sobre a possível ocorrência de resistência do ácaro-rajado a acaricidas foram relatados já desde o final dos anos 1960 (Mello, 1968). Observa-se hoje uma grande dificuldade de muitos agricultores em controlar esse ácaro em diversas culturas. É bem provável que, em muitos casos, isso se deva principalmente ao desenvolvimento de populações resistentes desse ácaro aos produtos utilizados. Porém, é possível que em outros casos essa dificuldade se deva a outros fatores, por exemplo, a aplicação inadequada de acaricidas.

Diferentes técnicas precisam ser empregadas, para evitar ou retardar o aparecimento da resistência aos produtos usados na agricultura. Detalhes sobre essas técnicas foram apresentados por Gallo *et al.* (2002) e Gravena *et al.* (2005). Informações atualizadas sobre esse tema podem ser encontradas em IRAC (2023). Um exemplo do detalhamento de uma estratégia de prevenção da ocorrência de resistência foi apresentado por Oliveira *et al.* (2016). Tendo em vista a relevância de *T. urticae* como praga da videira, uma das principais culturas no Vale do São Francisco, a análise dos autores levou à proposta de ações que reduzissem as chances de seleção de populações do ácaro resistentes à abamectina, produto amplamente utilizado no controle da praga nessa cultura na região.

CONTROLE BIOLÓGICO

Existem várias definições de controle biológico na literatura (DeBach, 1964). Do ponto de vista ecológico, o controle biológico é uma parte do controle natural, o qual pode ser definido como a regulação da população de um organismo dentro de certos limites, superior e inferior, por um período de tempo, por qualquer combinação de fatores naturais classificados como bióticos e abióticos. Dentre os fatores bióticos está a ação de inimigos naturais, ou seja, de patógenos, parasitos (ou parasitoides) e predadores que afetam o organismo considerado. Do ponto de vista aplicado, o controle biológico se refere ao uso de inimigos naturais (então designados de agentes de controle biológico) para diminuir a população de uma espécie praga abaixo de seu nível de dano econômico. Com base nessas definições, conclui-se que o controle biológico existe naturalmente, e que o ser humano pode, de alguma forma, favorecer a ação de inimigos naturais, com o objetivo de reduzir os níveis de organismos indesejáveis.

O controle biológico aplicado de qualquer organismo, incluindo os ácaros, é geralmente feito por meio das estratégias conhecidas como: controle biológico clássico, incremento e conservação. A primeira refere-se à introdução de inimigos naturais em uma área onde esses ainda não estejam presentes, com o objetivo de se controlar uma praga específica. O incremento refere-se a práticas sistemáticas cujo objetivo é o aumento da população de um determinado inimigo natural comprovadamente eficiente, que é liberado no campo para o controle de uma praga. Já a conservação refere-se à adoção de medidas que propiciem um melhor desempenho de inimigos naturais comprovadamente eficientes de uma praga, mediante alterações do ambiente ou adoção de práticas agrícolas mais apropriadas.

Não são conhecidos parasitos (ou parasitoides) de ácaros fitófagos. Assim, o controle biológico de ácaros pragas é realizado pela ação de patógenos e predadores. O número de projetos que têm como objetivo o controle biológico de ácaros pragas, com o uso de patógenos e principalmente de ácaros predadores, tem aumentado muito nos últimos anos em todo o mundo, inclusive no Brasil. Diversos ácaros pragas são controlados eficientemente com o uso desses organismos. Entretanto, apesar dos avanços na área de controle biológico de ácaros pragas, pode-se dizer que há ainda muito a ser conhecido a respeito da potencialidade de diferentes grupos de organismos como agentes de controle.

Patógenos

Uma revisão sobre a patologia de ácaros foi publicada por van der Geest *et al.* (2000). Os patógenos que atacam ácaros são fungos, vírus, bactérias e protozoários. No Brasil, os fungos mais frequentemente relatados na natureza em associação com ácaros pertencem aos gêneros *Neozygites* [especialmente *N. manihotae* Delalibera e *N. floridana* (Weiser & Muma)] e *Hirsutella* (especificamente *H. thompsoni* Fisher). Existem diversos estudos no país sobre espécies desses gêneros, o primeiro especialmente tendo como hospedeiros ácaros da família Tetranychidae, e o segundo, ácaros da família Eriophyidae (van der Geest *et al.*, 2000, 2002). No Brasil, em 2023, existiam dois produtos comerciais registrados à base de *H. thompsonii*, Cepa CCT 7765, para o controle do ácaro-rajado, *Tetranychus urticae* Koch (Tetranychidae), e um produto à base *H. thompsonii*, Cepa CCT 4466, para o controle do ácaro-branco, *P. latus* (Agrofit, 2023).

Alguns estudos também foram conduzidos para avaliar o efeito de diferentes genótipos dos fungos *Beauveria bassiana* (Bals.) Vuillemin e *Metarhizium anisopliae* (Metsch.) Sorokin para o controle de *T. urticae*, com resultados muito promissores (Tamai *et al.*, 2002). Embora essas duas últimas espécies de fungos usualmente não sejam encontradas na natureza infectando ácaros, estudos conduzidos sob condições controladas de laboratório e casa-de-vegetação têm demonstrado que quando aplicados sobre aquela praga, alguns genótipos causam considerável mortalidade (Wekesa *et al.*, 2015). No Brasil, em 2023, existiam 63 produtos comerciais registrados à base de *B. bassiana*, principalmente do isolado IBCB 66, para o controle de *T. urticae* (Agrofit, 2023).

Alguns estudos também avaliaram o efeito de *Bacillus thuringiensis* Berliner para o controle do ácaro-rajado, supostamente servindo como parâmetro para avaliações em outras espécies de ácaros fitófagos. Silveira *et al.* (2011) avaliaram 120 cepas desses bacilos, observando uma variação da mortalidade de 6,7% a 54,9% dos ácaros tratados, tendo os autores concluído pela necessidade de se avaliar cepas adicionais, que pudessem ter efeitos mais significativos.

Predadores

Quanto aos predadores, alguns trabalhos citam a predação de ácaros por aranhas e insetos (McMurtry *et al.*, 1970; Moraes, 1991; Mansour *et al.*, 1995; Osborne *et al.*, 1995). No Brasil, há relatos esporádicos da predação de ácaros por insetos. Entretanto, esses usualmente são encontrados em associação com os ácaros apenas quando o nível populacional desses últimos é suficientemente alto para causar danos à planta em que se encontram. Esse fato parece estar ligado ao tamanho relativamente grande desses predadores, sugerindo uma necessidade alimentar relativamente elevada em termos quantitativos. Alguns estudos foram conduzidos para avaliar o potencial de insetos da família Coccinelidae como predadores de ácaros tetraniquídeos no Brasil (Matos *et al.*, 2022), especialmente de espécies de *Tetranychus*.

De uma maneira geral, considera-se que os predadores que exercem maior pressão predatória sobre os ácaros fitófagos sejam também ácaros. Por serem menores que os insetos, os ácaros predadores requerem menor quantidade de alimento. Isso parece corroborado pelo fato de serem esses os predadores mais frequentemente encontrados em associação com ácaros fitófagos em níveis relativamente baixos.

De longe, os ácaros predadores mais frequentemente encontrados em plantas, no campo, pertencem à ordem Mesostigmata, especialmente aqueles da família Phytoseiidae. Em lugares muito úmidos, podem também ser ocasionalmente encontrados ácaros das famílias Ascidae, Blattisociidae e Melicharidae, pertencentes à mesma ordem. Essas últimas famílias são constituídas por ácaros semelhantes aos Phytoseiidae, sendo, porém, menos diversas. Também são encontrados frequentemente sobre plantas ácaros predadores da subordem Prostigmata da ordem Trombidiformes, especialmente os das famílias Bdellidae, Cheyletidae, Cunaxidae e Stigmaeidae. Dentre os Prostigmata, em geral são mais frequentes e abundantes sobre plantas os ácaros da última família (como exemplos, Bellini *et al.*, 2005, 2008; Mineiro *et al.*, 2006; Silva *et al.*, 2023).

Esforços consistentes e bem documentados de se utilizar ácaros predadores como inimigos naturais de pragas agrícolas foram iniciados somente na segunda metade do século XX. Considerações detalhadas sobre o potencial das distintas famílias de ácaros como predadores de ácaros-praga foram apresentadas por Gerson *et al.* (2003). Posteriormente, uma extensa análise sobre o controle biológico de ácaros pragas, principalmente utilizando ácaros predadores, foi feita no livro editado por Carrillo *et al.* (2015). Em cada capítulo desse livro, diferentes autores atualizaram as informações relativas às distintas famílias de ácaros predadores dos ácaros fitófagos e de outros organismos nocivos.

No Brasil, resenhas sobre aspectos gerais dos ácaros predadores foram publicadas por Moraes (2002), Navia *et al.* (2020) e Moreira *et al.* (2021). Naquelas publicações, os autores comentam sobre as principais famílias de ácaros predadores, as vantagens e as desvantagens de cada grupo, o potencial de cada grupo de ácaros fitófagos de ser controlado biologicamente, a tecnologia disponível para utilização dos ácaros predadores, os projetos bem sucedidos e em andamento na época, assim como as perspectivas de uso de predadores no controle de ácaros.

Os fitoseídeos têm sido extensivamente utilizados no controle de ácaros fitófagos em diferentes países, incluindo o Brasil. Kostiainen & Hoy (1996) publicaram uma bibliografia sobre todos os aspectos do estudo dos ácaros Phytoseiidae, família que contém os predadores de ácaros considerados mais eficientes. Esse é um trabalho de extrema importância para aqueles interessados no estudo desses organismos. Além disso, a classificação dos diferentes comportamentos alimentares dos fitoseídeos, proposta por McMurtry & Croft (1997) e atualizada por McMurtry *et al.* (2013), são importantes para o delineamento de possíveis estratégias de controle biológico utilizando esses ácaros predadores.

Nas plantas da vegetação natural, os fitoseídeos são frequentes, mas geralmente não são abundantes; apenas uns poucos indivíduos são usualmente encontrados em cada folha. Podem ser também encontrados em outros órgãos vegetais, mas ocorrem em maior densidade sobre as folhas, onde suas presas principais, ou seja, os ácaros fitófagos, são também usualmente mais comuns. Sua baixa densidade nas plantas da vegetação natural provavelmente se deve à baixa disponibilidade de suas presas, ou seja, dos ácaros plantícolas.

A diversidade de fitoseídeos na vegetação natural brasileira é elevada. É de se esperar que algumas das espécies encontradas naquela vegetação possam ser muito eficientes no controle de espécies pragas, o que justificaria a condução de estudos para verificar seu potencial para essa finalidade. Esses estudos, porém, têm sido escassos até o momento. Apenas como exemplo, em um estudo conduzido por Castro & Moraes (2010) observou-se que das espécies mais abundantes de fitoseídeos em uma ampla gama de espécies vegetais da Mata Atlântica de São Paulo, a segunda havia sido recentemente descrita (*Typhlodromips cananeiensis* Gondim Jr. & Moraes) e terceira ainda não havia sido descrita.

Ao mesmo tempo, os fitoseídos também são muito relatados em plantas cultivadas no Brasil (Demite *et al.*, 2024). Levando em consideração estudos na vegetação natural e em plantas cultivadas, até o início de 2004, 131 espécies pertencentes a 24 gêneros de fitoseídeos haviam sido relatadas no Brasil (Moraes *et al.*, 2004). No início de 2024, esse número atingiu cerca de 250 espécies, pertencentes cerca de 41 gêneros (Demite *et al.*, 2024; Lofego *et al.*, 2024). Os gêneros com maiores números de espécies relatadas têm sido: *Amblyseius* (48 espécies), *Neoseiulus* (23), *Typhlodromips* (22), *Phytoseius* (18), *Iphiseiodes* (14), *Amblydromalus* (13), *Euseius* (12) e *Proprioseiopsis* (10).

As principais espécies de fitoseídeos encontradas principalmente em plantas cultivadas no Brasil estão na Tabela 10.1. Os mesmos gêneros citados como de ocorrência comum em plantas cultivadas, assim como vários outros, de ocorrência bem mais casual, também podem ser encontrados na vegetação natural.

Tabela 10.1 Principais espécies de fitoseídeos encontradas sobre plantas cultivadas no Brasil.

Gênero	Espécies
Amblyseius	*A. aerialis* (Muma), *A. chiapensis* De Leon, *A. herbicolus* (Chant), *A. largoensis* (Muma)
Neoseiulus	*N. anonymus* (Chant & Baker), *N. californicus* (McGregor), *N. idaeus* Denmark & Muma, *N. tunus* (De Leon)
Euseius	*E. alatus* De Leon, *E. brazilli* (El-Banhawy), *E. citrifolius* Denmark & Muma, *E. concordis* (Chant)
Phytoseiulus	*P. fragariae* Denmark & Schicha, *P. longipes* Evans, *P. macropilis* (Banks)
Amblydromalus	*A. manihoti* (Moraes)
Typhlodromalus	*T. aripo* De Leon
Typhlodromips	*T. cananeiensis* Gondim Jr. & Moraes
Phytoseius	*P. guianensis* De Leon
Proprioseiopsis	*P. cannaensis* (Muma)
Iphiseiodes	*I. zuluagai* Denmark & Muma

Em relação ao uso prático dos ácaros predadores, os exemplos que se seguem ilustram os programas bem-sucedidos de controle biológico de ácaros pragas. Um destes se refere ao controle biológico clássico do ácaro-verde-da-mandioca, *M. tanajoa*, na África. Essa praga foi introduzida naquele continente no início dos anos 1970, a partir da América do Sul, passando a causar consideráveis perdas de produção. Um programa para seu controle biológico foi conduzido de forma muito intensa durante cerca de 20 anos, a partir do início dos anos 1980. Das mais de 50 espécies de ácaros predadores identificadas em hábitat de mandioca na América do Sul, mais de 10 foram enviadas à África para multiplicação em larga escala e liberação no campo, das quais três se estabeleceram em diferentes países: *Amblydromalus manihoti* (Moraes), *Neoseiulus idaeus* Denmark & Muma e *Typhlodromalus aripo* De Leon, com eficiente controle da praga. Esse tem sido considerado um projeto bem-sucedido, com benefícios altamente significativos ao agricultor, principalmente devido à ação da última espécie (Bellotti *et al.*, 1999; Yaninek & Hanna, 2003).

No que se refere à estratégia de conservação, são também diversos os casos bem-sucedidos, consistindo exemplos mais clássicos a conservação dos fitoseídeos *Galendromus occidentalis* (Nesbitt) e *Neoseiulus fallacis* (Garman) em macieiras (Gerson *et al.*, 2003). Essa técnica será mais bem discutida a seguir, quando se comentar sobre o manejo integrado de pragas.

Quanto à estratégia de incremento, os benefícios maiores em nível mundial se referem ao uso de fitoseídeos para o controle biológico de diferentes ácaros-praga, e também de pequenos insetos, como moscas-brancas (Hemiptera) e tripes (Thysanoptera). Em todo o mundo, existe hoje um grande número de empresas que produzem diversas espécies de ácaros predadores para comercialização junto aos agricultores. Em 2018, foram relatadas em torno de 50 espécies de ácaros predadores utilizados a partir da estratégia de incremento para o controle de diferentes pragas, em todo mundo (Van Lenteren, 2012; Van Lenteren *et al.*, 2018; Knapp *et al.*, 2018). Dessas 50 espécies citadas, 43 eram de ácaros predadores que ocorrem na parte aérea de plantas, sendo 41 da família Phytoseiidae. No Brasil, em 2023, existiam seis espécies de ácaros predadores registradas, sendo cinco Phytoseiidae (Agrofit, 2023).

Dentre os ácaros-praga, o uso de ácaros predadores se destina principalmente ao controle do ácaro-rajado. No mundo, diversas espécies de fitoseídeos são utilizadas no controle dessa praga, principalmente *Phytoseiulus persimilis* Athias-Henriot e *Neoseiulus californicus* (McGregor) (Gerson *et al.*, 2003; Knapp *et al.*, 2018). No Brasil, resultados altamente satisfatórios têm sido conseguidos com a liberação periódica também de *N. californicus* e do *Phytoseiulus macropilis* (Banks) para o controle do ácaro-rajado em diferentes culturas, desde o início dos anos 2010, quando esses ácaros predadores foram registrados para comercialização. Além dessas duas espécies, em 2021 foi registrada *N. idaeus* também para o controle do ácaro-rajado. Desde o registro dessas espécies de ácaros predadores para o controle do ácaro-rajado no país, sua maior utilização tem sido nos cultivos de morango. Porém, esses ácaros também têm sido utilizados para o controle do ácaro-rajado e outros tetraniquideos em cultivos de mamão, melancia, uva, manga, banana, hortaliças em geral, rosas e outras plantas ornamentais. Mais recentemente, a partir de 2020, algumas áreas com cultivos extensivos de algodão e soja também têm utilizado ácaros predadores para o controle do ácaro-rajado. Ainda no Brasil, resultados altamente satisfatórios foram conseguidos com a liberação periódica de *N. californicus* para o controle do ácaro-vermelho-europeu, *Panonychus ulmi* (Koch), em macieira (Monteiro, 2002), no que foi um dos primeiros casos de liberação por incremento de ácaros predadores nesse país. Em 2021 foi registrada a espécie *Neoseiulus barkeri* Hughes para o controle do ácaro-branco, *P. latus*, e do ácaro-vermelho-das-palmeiras, *R. indica* . Esse ácaro predador tem sido utilizado principalmente nas culturas da bananeira, pimentão, hortaliças e pimentão, com foco principalmente no ácaro-branco.

Além dos ácaros-praga, os ácaros predadores também são utilizados para o controle de pequenos insetos-praga. Em outros países, um dos principais exemplos se refere ao uso do fitoseídeo *Amblyseius swirskii* Athias-Henriot para o controle da mosca-branca *Bemisia tabaci* (Gennadius) (Hemiptera: Aleyrodidae) e de diferentes espécies de tripes (Thysanoptera). O estudo de Nomikou *et al.* (2001) deu início a várias pesquisas que levaram ao uso desse predador para combater essa praga de difícil controle (Van Lenteren, 2012; Knapp *et al.*, 2018). Esse predador não tem sido encontrado no Brasil. Nesse país, também altamente relevante foram os estudos relacionados à detecção (Cavalcante *et al.*, 2017a) e o registro para comercialização (Agrofit, 2023) do fitoseídeo *Amblyseius tamatavensis* Blommers, para o controle da mosca-branca, utilizado principalmente em cultivos de pimentão.

No sentido de possibilitar o maior uso desses ácaros pelos produtores diretamente, ou por empresas iniciantes, Bellini (2008) desenhou e avaliou um sistema de produção de fitoseídeos, utilizando estruturas simples, porém muito eficientes. Detalhes sobre as estruturas, equipamentos, organismos e procedimentos foram por ele apresentadas, devendo esse documento ser examinado por aqueles interessados em estabelecerem produções semelhantes para uso prático dos predadores.

O potencial de ácaros predadores de outras famílias para o controle de pragas aéreas tem sido pouco explorado no Brasil, e mesmo em outros países. A concentração de esforços nos fitoseídeos se relaciona à grande predominância desses em condições naturais (Carrillo *et al.*, 2015). No entanto, trabalhos muito promissores (Duarte *et al.*, 2021; Pijnakker *et al.*, 2021) têm recentemente demonstrado o potencial de uso de um ácaro da família Iolinidae para o controle do microácaro-do-tomateiro, *Aculops lycopersici* (Tryon) (Eriophyidae), e ao mesmo tempo do oídio que afeta essa cultura, *Oidium neolycopersici* L. Kiss.

Os ácaros predadores também vêm sendo utilizados no controle de pequenos organismos prejudiciais que passam pelo menos parte de sua vida no solo (ácaros, nematoides e pequenos insetos). Em 2018, foram relatadas sete espécies de ácaros predadores edáficos utilizados a partir da estratégia de incremento para o controle de diferentes pragas, em todo mundo (Van Lenteren, 2012; Van Lenteren *et al.*, 2018; Knapp *et al.*, 2018). Dessas, cinco espécies eram da família Laelapidae, um Macrochelidae e um Parasitidae, todos da ordem Mesostigmata. No Brasil, em 2023 existia apenas uma espécie de ácaro predador edáfico registrada, *Stratiolaelaps scimitus* (Womersley) (Laelapidae), utilizada principalmente para o controle de larvas de moscas Sciaridae (Diptera), conhecidas como "fungus gnats", além de "pré-pupa" e "pupa" de tripes (Agrofit, 2023). O uso de *S. scimitus* ocorre principalmente em viveiros, como na produção de mudas pré-brotadas de cana-de-açúcar, e na produção de mudas de tabaco.

Em solos brasileiros, parecem ser muito mais comuns e abundantes os Mesostigmata das famílias Ascidae, Laelapidae, Macrochelidae, Ologamasidae e Rhodacaridae. Nesse hábitat, também ocorrem, usualmente não de maneira predominante, ácaros Prostigmata, especialmente das famílias Bdellidae e Cunaxidae. Por isso, esforços também vêm sendo dispendidos na avaliação do potencial desses predadores no controle de pequenos organismos prejudiciais, que ocorrem ou passam pelo menos parte de sua vida no solo. Como exemplo, alguns trabalhos relativos a *Protogamasellopsis zaheri* (Abo-Shnaf, Castilho & Moraes) (Rhodacaridae) para o controle de fitonematoides, como os nematoides-de-galha, *Meloidogyne* spp., e o nematoide-do-cisto-da-soja, *Heterodera glycines* Ichinohe (Rossini *et al.*, 2022; Prado, 2023). Além desses, outra espécie que demonstrou um bom potencial foi *Macrocheles embersoni* Azevedo, Castilho & Berto (Macrochelidae) no controle de ovos e larvas da mosca-dos-estábulos, *Stomoxys calcitrans* (L.), e da mosca-doméstica, *Musca domestica* L. (Diptera: Muscidae) (Azevedo *et al.*, 2018, 2022b).

MANEJO INTEGRADO

De acordo com Norris *et al.* (2003), o termo "manejo integrado" pode ser definido como um sistema de tomada de decisões para a seleção e o uso de táticas de controle de pragas, isolada ou harmonicamente coordenadas, em uma estratégia de manejo, baseado em análises de custo-benefício que levam em consideração os interesses dos agricultores e da sociedade e os impactos sobre os agricultores e sobre o ambiente.

De acordo com os conceitos discutidos por aqueles autores, esse sistema é baseado em três grupos de procedimentos: manipulação do organismo praga, manipulação das plantas hospedeiras e manipulação do ambiente. Os autores consideraram que o primeiro grupo se refere a táticas conhecidas como prevenção (para evitar a passagem da praga a novas áreas), uso de agroquímicos e uso de métodos não tóxicos (controle biológico, controle comportamental e controle físico). No segundo grupo estão as táticas conhecidas como: controle cultural e resistência de plantas. No terceiro grupo, estão as táticas relacionadas a alterações do micro- ou do macro-hábitat.

Infelizmente, em muitas situações o manejo integrado de pragas tem-se restringido na prática a aplicações controladas de agroquímicos. Nesses casos, o sistema é centralizado no uso desses produtos (Delucchi, 1989). É comum o argumento de que os agricultores fazem um número excessivo de aplicações de agroquímicos, e que uma forma de reduzir esse número é estabelecer os chamados "níveis de danos econômicos" e "níveis de controle". O nível de dano econômico de uma praga em uma cultura corresponde ao nível populacional mais baixo em que essa causa danos econômicos significativos à cultura. Por outro lado, o nível de controle corresponde ao nível mais alto em que a praga potencial possa ser tolerada, sem que danos economicamente significativos sejam por ela causados. Obviamente, toda a atenção é dada no sentido de selecionar para uso agroquímicos que tenham adequado efeito sobre a praga considerada, mas que não afetem os inimigos naturais dessa ou de outras pragas que atacam a mesma planta na região considerada. Essa característica do agroquímico se refere à sua seletividade. Um dos principais problemas nesses casos é que certos dos ditos sistemas de manejo integrado se resumem a isso. Como ressaltado por Norris *et al.* (2003), um sistema de manejo integrado de pragas deve ir muito além do controle puro e simples de aplicações químicas.

São diversos os trabalhos conduzidos no Brasil para determinar a seletividade de produtos sobre espécies de ácaros predadores. Esses trabalhos podem ser conduzidos no campo ou em laboratório, e referem-se basicamente à aplicação do produto considerado e à avaliação de seu efeito na mortalidade e/ou reprodução dos predadores. Em laboratório, o "método residual da pulverização em superfície de vidro" (Hassan *et al.*, 1994) foi recomendado como padrão pelo Grupo de Trabalho "Pesticidas e Artrópodes Benéficos" da IOBC/WPRS (International Organization for Biological and Integrated Control of Noxious Animals and Plants/ West Paleartic Regional Section). Alguns exemplos ilustrativos de avaliações de seletividade correspondem às publicações de Komatsu & Nakano (1988), Yamamoto *et al.* (1992), Moreira *et al.*

(1993), Sato *et al.* (1995), Raga *et al.* (1997), Reis & Sousa (2001), Reis *et al.* (1998, 1999, 2004, 2005), Ferla & Moraes (2006).

No tocante ao manejo integrado envolvendo espécies de ácaros-praga, um dos exemplos mais clássicos refere-se à conservação dos fitoseídeos *G. occidentalis* e *N. fallacis* nos Estados Unidos da América do Norte, para o controle do ácaro-vermelho-europeu, *P. ulmi*, em macieiras (Gerson *et al.*, 2003), combinado com o uso eventual de agroquímicos específicos para o controle de outros organismos indesejáveis nessa cultura.

Até a primeira constatação da doença conhecida como *greening* no Brasil, o manejo integrado de ácaros-praga era exemplarmente empregado na cultura dos citros. Pela dificuldade inerente ao controle do vetor do agente causal dessa doença, o manejo integrado é hoje muito mais difícil nas áreas em que o *greening* encontra-se presente. A evolução do uso do manejo integrado dos ácaros em citros foi detalhadamente descrita por Gravena (2004). De acordo com aquele autor, as bases teóricas para o manejo integrado de pragas em citros foram lançadas no Brasil em 1977, mas apenas em 1984 tiveram início as pesquisas que deram sustentação ao que era então apregoado. Essas pesquisas foram conduzidas por especialistas do então Departamento de Entomologia da Universidade Estadual Paulista (UNESP), de Jaboticabal, Estado de São Paulo. O sistema de manejo de pragas em citros mais comumente apregoado no Brasil considerava (e ainda considera) como pragas relevantes dos citros o ácaro-da-leprose, *Brevipalpus* do grupo *phoenicis* (Geijskes) *sensu* Beard *et al.* (2015) (Tenuipalpidae), e o ácaro-da-falsa-ferrugem, *Phyllocoptruta oleivora* (Ashmead) (Eriophyidae), atribuindo a essas os chamados "níveis de ação" (ou níveis de controle). Obviamente os níveis estabelecidos servem como uma base geral aos produtores. Em uma consideração mais criteriosa, esses níveis deveriam variar de ano a ano, de acordo com o preço da ação de controle dos ácaros, com o valor das frutas e com a produtividade esperada em cada área de produção. A adoção de níveis variáveis, entretanto, dificulta muito sua adoção pelos agricultores e, por isso, na prática esses são considerados relativamente constantes.

De extrema relevância na adoção do manejo integrado de pragas em citros (como também em outras culturas) é o monitoramento das pragas. Descrições detalhadas dos métodos passíveis de uso foram apresentadas por Gravena (2002). Informações atualizadas, mediante folhetos e outros tipos de publicação de ordem prática eram periodicamente publicadas pela empresa "Gravena – Manejo Ecológico de Pragas", de Jaboticabal-SP, incluindo, como exemplo, o "Manual do Pragueiro" (Gravena *et al.*, 1995).

Como discutido no item "Efeito subletal de produtos químicos", no capítulo 6 sobre "Características biológicas gerais dos ácaros", a incidência de pragas pode ser bastante influenciada pelas condições de nutrição da planta hospedeira. Dessa maneira, cuidado especial deve ser dado ao estado nutricional das culturas, monitorando para que não haja excesso nem deficiência na quantidade de nutrientes que lhes é oferecido.

Talvez um dos aspectos mais relevantes de um sistema de manejo integrado de pragas refira-se ao que foi designado por Delucchi (1989) como "manejo de sistemas", que se aproxima do grupo de procedimentos relativos às alterações do ambiente, mencionado por Norris *et al.* (2003). Em última análise, busca-se com esses procedimentos tornar o ambiente menos apto ao desenvolvimento das pragas e mais apto ao desenvolvimento de seus inimigos naturais. Com isso, procura-se "cortar o mal pela raiz", ou seja, eliminar as condições que levam um determinado organismo a se tornar uma praga.

Embora teoricamente este grupo de ações seja extremamente atraente a uma gama de pessoas afetadas, a começar pelos agricultores, colocar essas ações em prática nem sempre é fácil ou imediatamente possível. O maior problema é que os índices mínimos de produtividade e qualidade estética, estabelecidos *a priori* pelos agricultores, usualmente não podem ser atingidos, pelo menos temporariamente, sem a artificialização dos sistemas de produção agrícola, com a contínua introdução de insumos ao agroecossistema. Em certos casos, entretanto, a alteração do ambiente no sentido de reduzir os problemas de pragas é possível.

As alterações programadas do ambiente podem promover a manutenção de níveis mais adequados de inimigos naturais de pragas nos agroecossistemas. Moraes *et al.* (2001) discutiram o papel da vegetação natural como reservatório de ácaros predadores, ressaltando a importância da conservação/preservação de remanescentes da vegetação natural nesse processo. Os autores argumentaram ainda sobre a possibilidade de estabelecer programas de manejo de plantas que comprovadamente servissem como reservatórios de agentes de controle de ácaros. Esses programas podem envolver a consorciação de cultivos (com aumento da biodiversidade local), favorecendo os inimigos naturais ou causando a repelência ou o confundindo a praga, como discutido por Fathi (2023). No entanto, a consorciação precisa ser adequadamente avaliada *a priori*, tendo em vista que esse processo pode, em certos casos, aumentar os danos causados pelas pragas, como é nos casos citados nas partes anteriores deste livro, referindo-se aos maiores danos causados para o feijoeiro ou o cafeeiro por ácaros do gênero *Tetranychus* quando consorciados com o mamoeiro.

Entretanto, é fundamental ter-se em conta que essas plantas não podem atuar como competidoras da cultura considerada. Diante dessa possibilidade, é comum que os produtores busquem o controle das plantas que potencialmente poderiam levar à redução da produtividade ou da qualidade do item produzido. Isso, em si só, pode levar à redução local dos predadores nelas abrigados, além de poder os produtos utilizados no controle dessas plantas terem também efeito negativo direto sobre os predadores, como demonstrado por Bergeron & Schmidt-Jeffris (2023), em condições de laboratório, para os herbicidas glufosinato, oxifluorfen e paraquat em relação aos fitoseídeos predadores *Typhlodromus* (*Anthoseius*) *caudiglans* (Schuster) e *Galendromus* (*Galendromus*) *occidentalis* (Nesbitt). Uma forma de contornar essa situação é a manutenção dessas plantas nas proximidades de agroecossistemas. Logicamente, a adoção de programas desse tipo pelos agricultores estaria condicionada à clara percepção de ganhos reais com a ação. É de esperar-se que o aspecto econômico seja, de maneira geral, por eles considerado como o de maior relevância. Assim, teriam maior potencial de adoção técnicas que, além do aspecto de controle de pragas, possibilitem também, ou em primeiro lugar, ganhos relativos ao melhor desenvolvimento geral da cultura ou de alguma forma valorizem a propriedade agrícola.

Como exemplo, propostas com maior potencial de adoção poderiam envolver o plantio de espécies vegetais que, além de servirem como reservatório de inimigos naturais, servissem também como quebra-ventos, cercas-vivas, fonte de alimento para abelhas e outros polinizadores, ou aquelas cujos produtos servissem como uma nova fonte de renda ou tivessem efeito paisagístico que valorizasse a propriedade. Por conseguinte, o desenvolvimento de programas de uso de plantas da vegetação natural para efeitos de controle biológico de pragas deve em momentos diferentes envolver a participação de especialistas de diferentes disciplinas. Na realidade, o aspecto de controle de pragas poderá ser considerado pelo agricultor como um dos benefícios da adoção do programa, mas possivelmente não como seu principal resultado.

Anexos

ANEXO 1

Chave para a separação dos principais grandes grupos de ácaros encontrados em plantas cultivadas no Brasil.

1	Coxas não fundidas ao ventre do idiossoma; com um par de estigmas lateroventrais no idiossoma, posteriores às coxas II; sem tricobótrias; tarso do palpo com apotele subdividido **superordem Parasitiformes** **ordem Mesostigmata**	2
1´	Coxas fundidas ao ventre do idiossoma; estigmas quando presentes anteriores às coxas II; tricobótrias presentes ou ausentes; apotele ausente **superordem Acariformes**	5
2	Terceiro par de lirifissuras esternais (*iv*3) no escudo esternal, nas proximidades da margem posterior; seta *st*4 usualmente na cutícula não esclerotizada; placa peritremática amplamente conectada à placa exopodal nas proximidades da coxa IV; digito fixo da quelícera com *pilus dentilis* setiforme **Ascidae (Fig. 5.2B)**	
2´	Terceiro par de lirifissuras esternais (*iv*3) fora do escudo esternal, usualmente inserida (junto à seta *st*4) em um par de placas metaesternais; placa peritremática amplamente conectada ou não à placa exopodal nas proximidades da coxa IV; *pilus dentilis* setiforme ou em forma de lóbulo membranoso	3
3	Com menos de 24 pares de setas dorsais no idiossoma **Phytoseiidae (Fig. 5.1)**	Anexo 2
3´	Com mais de 23 pares de setas dorsais no idiossoma	4
4	Placa peritremática amplamente conectada ou não à placa exopodal nas proximidades da coxa IV; *pilus dentilis* setiforme; escudo ventrianal usualmente com 2 a 7 pares de setas além das setas para-anais e pós-anal **Blattisociidae (Fig. 5.2C)**	
4´	Placa peritremática não conectada ou conectada por curta extensão à placa exopodal nas proximidades da coxa IV; *pilus dentilis* em forma de lóbulo membranoso; escudo anal usualmente sem setas além das para-anais e pós-anal **Melicharidae (Fig. 5.3B)**	

5	Dígito móvel da quelícera em forma de estilete ou lâmina recurvada, ou dígitos móvel e fixo em forma de pinça, ambos sem dentes; extremidade distal do palpo frequentemente formando o "processo unha-dedão"; estigmas, quando presentes, nas ou entre as bases das quelíceras, na base do gnatossoma ou na margem anterior do propodossoma **Ordem Trombidiformes, subordem Prostigmata**	6
5′	Dígitos móvel e fixo da quelícera em forma de pinça, ambos com dentes; palpos simples, sem o "processo unha-dedão"; estigmas ausentes ou indistintos	17
6	Corpo vermiforme ou fusiforme, anelado; com dois pares de pernas em todos os estágios pós-embrionários **Eriophyoidea (Fig. 5.7)**	Anexo 3
6′	Corpo mais ou menos ovalado, não anelado; com mais de dois pares de pernas em todos os estágios pós-embrinários (larvas com três, ninfas e adultos com quatro pares)	7
7	Gnatossoma de contorno quadrangular ou circular, com palpo minúsculo; quelícera pequena, cujo dígito móvel é em forma de estilete; estigma da fêmea abrindo-se no propodossoma, atrás e lateralmente à base do gnatossoma; machos sem estigma **Tarsonemoidea (Figs. 5.10, 5.11 e 5.13)**	Anexo 4
7′	Gnatossoma de contorno variável, com palpo e quelícera normalmente desenvolvidos; quelícera de forma variável; estigma, quando presente, abrindo-se anterior ao propodossoma	8
8	Palpo com "processo unha-dedão" (no caso de Erythraeidae, processo às vezes indistinto, por causa das unhas curtas)	9
8′	Palpos sem "processo unha-dedão"	12
9	Adultos e ninfas com corpo densamente coberto com setas; estigmas entre as bases das quelíceras; adultos com dígito móvel da quelícera longo e retilíneo **Erythraeidae (Fig. 5.8)**	
9′	Adultos e ninfas com relativamente poucas setas, dispostas em fileiras transversais; estigmas atrás das quelíceras; dígito móvel da quelícera de forma variável	10

10	Bases das quelíceras fundidas com o restante do gnatossoma; peritrema presente no gnatossoma; tarso do palpo com setas modificadas em forma de foice e de pente **Cheyletidae (Fig. 5.5)**	
10´	Bases das quelíceras contíguas ou fundidas entre si, mas não com o restante do gnatossoma; peritrema, se presente, na parte anterior do propodossoma	11
11	Bases das quelíceras fundidas entre si, formando um estilóforo; dígito móvel da quelícera em forma de estilete recurvado na base; peritrema presente, na região de união entre o gnatossoma e o propodossoma **Tetranychoidea – parte (Figs. 5.15 e 5.16)**	Anexo 5
11´	Bases das quelíceras contíguas; dígito móvel da quelícera em forma de agulha curta; peritrema ausente (cuidado para não confundir com canal podocefálico, marginal); abertura genital longitudinal **Stigmaeidae (Fig. 5.12)**	
12	Abertura anal dorsal **Penthaleidae (Fig. 5.9)**	
12´	Abertura anal ventral	13
13	Bases das quelíceras fundidas; dígito móvel da quelícera em forma de estilete curto ou alongado; tricobótrias presentes ou ausentes no propodossoma, mas ausentes nas pernas	14
13´	Bases das quelíceras não fundidas; digito móvel da quelícera não em forma de estilete; com dois pares de tricobótrias no propodossoma e com tricobótrias em vários segmentos das pernas	16
14	Abertura genital não distintamente longitudinal quadrangular; propodossoma sem tricobótrias **Tetranychoidea - parte (Fig. 5.14)**	Anexo 5
14´	Abertura genital usualmente longitudinal; propodossoma com um par de tricobótrias	15
15	Perna I sem pré-tarso **Iolinidae (Fig. 5.17)**	
15´	Perna I com pré-tarso **Tydeidae (Fig. 5.17)**	

16	Com dois pares de acetábulas (raramente três ou nenhum); palpo estendendo-se além da extremidade do subcapítulo, ou de comprimento aproximadamente igual ao da quelícera; segmento distal do palpo raptorial **Cunaxidae (Fig. 5.7)**	
16′	Com três pares de acetábulas; palpo longo, frequentemente dobrado em angulo reto, anteniforme, segmento distal do palpo distalmente truncado e geralmente com longas setas distais **Bdellidae (Fig. 5.4)**	

17	Geralmente pouco esclerotizados; sem tricobótrias; pré-tarso sem unhas laterais e com empódio unciforme ou em forma de ventosa; com dois pares de acetábulas ladeando a abertura genital, que pode ser em forma de U, Y ou V invertidos, ou ocasionalmente, transversal **coorte Astigmatina, supercoorte Desmonomatides, subordem Oribatida, ordem Sarcoptiformes (Figs. 5.18 a 5.21)**	Anexo 6
17′	Geralmente bastante esclerotizados, com um par de tricobótrias no propodossoma; pré-tarso geralmente com unhas laterais (quando ausentes, empódio unciforme); geralmente com três pares de acetábulas ladeando a abertura genital, longitudinal e coberta por um par de escudos **outros da subordem Oribatida, ordem Sarcoptiformes (Fig. 4.4)**	

ANEXO 2

Chave para separação dos gêneros/subgêneros de Phytoseiidae relatados no Brasil (ver Fig. 5.1) (com base principalmente em Lofego *et al.*, 2024)

1	Região podonotal do escudo dorsal com cinco ou seis pares de setas "laterais" (*j*3, *z*2, *z*4 e *s*4 sempre presentes; seta *z*3 e/ou *s*6 presente)	2
1'	Região podonotal com quatro pares de setas "laterais" (*j*3, *z*2, *z*4 e *s*4) **Amblyseiinae**	3
2	Setas *Z*1, *S*2, *S*4 e *S*5 ausentes; seta *r*3 no escudo dorsal **Phytoseiinae** ***Phytoseius***	
2'	Pelo menos uma dessas setas presente; seta *r*3 usualmente fora do escudo dorsal **Typhlodrominae**	30
3	Escudo esternal com projeção mediana posterior, às vezes difícil de notar, pela esclerotização inconspícua; seta *Z*1 presente; usualmente com *Jv*1, *Jv*2 e *Zv*2 aproximadamente alinhadas transversalmente	4
3'	Escudo esternal sem projeção posterior; seta *Z*1 ausente; *Jv*1, *Jv*2 e *Zv*2 não em linha transversal	8
4	Seta *r*5 presente ***Ricoseius* De Leon**	
4'	Seta *r*5 ausente	5
5	Quelícera relativamente pequena, com poucos dentes no dígito fixo, todos subdistais; peritrema usualmente curto, não se estendendo além de *j*3; deutosterno relativamente largo (7 a 9 μm de largura) ***Euseius* Wainstein**	
5'	Quelícera de tamanho normal, com poucos ou vários dentes, uniformemente distribuídos no dígito fixo; peritrema se estendendo ao nível de *j*1; deutosterno mais estreito (4 a 7 μm de largura, exceto em *Tenuisternum*, com peritrema mais curto e deutosterno mais largo)	6

6	Escudo ventrianal da fêmea com apenas um par de setas pré-anais; sem macrosetas nas pernas; escudo ventrianal do macho com seis pares de setas pré-anais ***Tenuisternum* Fiaboe *et al.***	
6'	Escudo ventrianal da fêmea com mais de um par de setas pré-anais; macrosetas presentes pelo menos na perna IV; escudo ventrianal do macho com três pares de setas pré-anais	7
7	Proporção *s4*:*Z1* > 3,0 (exceto em *A. akiri*, *A. amazonicus*, *A. arawak* e *A. manihoti*); escudo dorsal liso (exceto em *A. insolitus*) ***Amblydromalus* Chant & McMurtry**	
7'	Proporção *s4*:*Z1* < 3,0; escudo dorsal ornamentado ***Typhlodromalus* Muma**	
8	Escudo ventrianal reduzido, com apenas um par de setas pré-anais, adjacente à margem anterior	9
8'	Escudo ventrianal não reduzido, usualmente com três pares de setas pré-anais (se com 0–1 par, então *J2* e *S4* ausentes e *Z1* presente)	10
9	Maioria das setas do escudo dorsal mais curtas que a distância à respectiva seta mais próxima; somente *j1*, *z2*, *Z4*, *Z5*, *s4*, *S2* e *r3* serreadas ***Ingaseius* Barbosa *et al.***	
9'	Setas do escudo dorsal mais longas que a distância à respectiva seta mais próxima, exceto *J5*; todas as setas dorsais serreadas ***Serraseius* Moraes *et al.***	
10	Seta *S4* ausente e *j5* presente	11
10'	Seta *S4* presente (exceto alguns *Phytoscutus*, em que *j5* também ausente)	14
11	Setas *J2* e *S2* ausentes; escudo ventrianal reduzido, usualmente não mais longo que largo, com 0–1 par de setas pré-anais; seta *j6* várias vezes mais longa que *z2*, até 3 vezes mais longa que a distância entre suas bases; cor em vida, alaranjados a vermelhos ***Phytoseiulus* Evans**	

11’	Setas *J*2 e *S*2 presentes/ausentes; escudo ventrianal usualmente distintamente mais longo que largo, com um a três pares de setas pré-anais; se mais de um par, então frequentemente alinhadas longitudinalmente; setas *j*6 curtas, não mais longa que *z*2, menos de 2 vezes tão longa quanto a distância entre suas bases; cor em vida, esbranquiçada a bronzeada	12

12	Sem distinta incisão na margem lateral do escudo dorsal no nível de *s*4; seta *st*3 no escudo esternal ou fora deste ***Proprioseius* Chant**	
12’	Com distinta incisão na margem lateral do escudo dorsal no nível de *s*4; seta *st*3 no escudo esternal	13

13	Uma ou mais das setas *J*2, *S*2 e *S*5 ausentes ***Paraphytoseius* Swirski & Schechter**	
13’	Setas *J*2, *S*2 e *S*5 presentes ***Neoparaphytoseius* Chant & McMurtry**	

14	Proporção *s*4:Z1 > 3,1 (exceto *Paraamblyseius*, *Iphiseiodes raucuara* e *Iphiseiodes setillus*); algumas espécies com escudo esternal largo e com plaqueta ectal; setas *s*4, *Z*5 e usualmente *Z*4 bem mais longas que outras setas dorsais; seta *J*2 presente/ ausente	15
14’	Proporção *s*4:*Z*1 < 3,0 (exceto *Phyllodromus trisetatus*); nunca com escudo esternal largo ou com plaqueta ectal; setas *s*4, *Z*4 e usualmente *Z*5 nunca distintamente mais longas que outras setas dorsais; seta *J*2 sempre presente	25

15	Escudos idiossomais pouco esclerotizados e usualmente lisos; escudo esternal usualmente tão longo quanto largo (exceto *Chelaseius* e alguns *Amblyseius*), no máximo, levemente reticulado; escudo ventrianal usualmente mais longo que largo; seta *J*2 presente ou, se ausente, proporção comprimento/largura do escudo ventrianal > 1,5; escudo genital aproximadamente tão largo quanto escudo ventrianal; o último, no máximo levemente estriado; placa peritremática estreita; plaqueta ectal raramente presente; setas *z*2 e *z*4 usualmente curtas ou diminutas; setas *j*5, *S*2 e *S*4 presentes, enquanto *J*2, *S*5 e *Z*1 presentes/ausentes	16

15'	Escudos idiossomais fortemente esclerotizados, lisos ou reticulados; escudos esternal e ventrianal usualmente mais largos que longos; seta *J2* presente/ausente; escudo genital geralmente mais estreito que, mas às vezes tão largo quanto, escudo ventrianal; o último liso, estriado ou reticulado; placa peritremática variando de estreita a bastante larga; plaqueta ectal frequentemente presente; setas *z2* e/ou *z4* frequentemente não curtas ou diminutas; setas *j5*, *J2*, *S2*, *S4* e *Z1* presentes/ausentes	21
16	Átrio da espermateca bifurcado/ vacuolado; escudos esternal e genital usualmente ornamentados; digito fixo da quelícera usualmente com poucos dentes **_Graminaseius_ Chant & McMurtry**	
16'	Átrio da espermateca diferente; escudos esternal e genital usualmente lisos; digito fixo da quelícera usualmente com muitos dentes	17
17	Proporção *s4*:*S2* < 2,7	18
17'	Proporção *s4*:*S2* > 3,0	19
18	Sem seta *S5* **_Amblyseiella_ Muma**	
18'	Com seta *S5* **_Transeius_ Chant & McMurtry (= _Newelliseius_ Denmark & Evans)**	
19	Quelícera grande, com dígito fixo distintamente mais longo que dígito móvel **_Chelaseius_ Muma & Denmark**	
19'	Quelícera de tamanho normal, com dígito fixo não muito mais longo que dígito móvel	20
20	Com escudo anal, sem setas pré-anais; seta *Z4* mais longa que *Z5* **_Honduriella_ Denmark & Evans**	
20'	Escudo ventrianal com setas pré-anais, embora às vezes com placas ventral e anal separadas; seta Z5 mais longa que Z4 **_Amblyseius_ Berlese**	

21	Seta *J*2 ausente e *j*5 presente ***Proprioseiopsis* Muma**	
21'	Seta *J*2 usualmente presente; se ausente, *j*5 também ausente	22
22	Seta *j*5 ausente ***Phytoscutus* Muma**	
22'	Seta *j*5 presente	23
23	Setas *Jv*2 e *Zv*2 inseridas no terço anterior do escudo ventrianal; perna I com macroseta (em *I. setillus*, macrosetas curtas, pouco mais longas e grossas que outras setas do mesmo segmento) ***Iphiseiodes* De Leon**	
23'	Setas *Jv*2 e *Zv*2 usualmente inseridas na posição normal no escudo ventrianal (em *Paraamblyseius lunatus* e *P. multicircularis*, como em *Iphiseiodes*, mas com *Zv*3 ausente); perna I sem macroseta	24
24	Pernas sem macrossetas; setas dorsais usualmente curtas ou de comprimento médio, nenhuma muito mais longa que outras; seta *Zv*3 usualmente ausente; com um único par de plaquetas metapodais grandes ***Paraamblyseius* Muma**	
24'	Perna IV pelo menos com uma macrosseta; algumas setas dorsais muito mais longas que outras; seta *Zv*3 usualmente presente; com dois pares de plaquetas metapodais, um muito menor que outro ***Arrenoseius* Wainstein (= *Fundiseius* Muma & Denmark)**	
25	Gênu da perna II sem macroseta e gênu da perna III raramente com uma macrosseta; digito fixo da quelícera usualmente com menos de seis dentes, raramente multidentado; nunca com essas duas características	26
25'	Gênus das pernas II e III raramente sem macrossetas; dígito fixo usualmente com mais de seis dentes; a maioria das espécies com ambas as características	29
26	Com quatro pares de setas pré-anais; seta *J*5 aproximadamente tão longa quanto *Z*5 (Fig. 48) ***Macrocaudus* Moraes *et al.***	
26'	Com 0 a 3 pares de setas pré-anais; seta *J*5 sempre distintamente mais curta que Z5 .	27

27	A maioria ou todas as setas dorsolaterais distintamente lanceoladas ***Phyllodromus* De Leon**	
27'	Setas dorsolaterais não lanceoladas	28
28	Setas *J3* e *J4* presentes ***Ragusaseius* Kreiter**	
28'	Setas *J3* e *J4* ausentes ***Neoseiulus* Hughes**	
29	Escudo dorsal sem constrição distinta próxima a *R1*, liso ***Scapulaseius* Karg and Oomen-Kalsbeeck**	
29'	Escudo dorsal com constrição distinta próxima a *R1*, pelo menos parcialmente reticulado (exceto *T. theobromae*) ***Typhlodromips* De Leon**	
30	Seta *s6* ausente e *R1* presente ***Cocoseius* Denmark & Andrews**	
30'	Seta *s6* presente e *R1* presente ou ausente (em caso de dúvida, se *z5* implantada mais anteriormente que o usual, então *z6* presente e *s6* ausente)	31
31	Seta *z3* ausente (região podonotal do escudo dorsal com cinco pares de setas "laterais")	32
31'	Seta *z3* presente (região podonotal do escudo dorsal com seis pares de setas "laterais")	33
32	Seta *Z1* presente e *R1* ausente ***Galendromimus* Muma**	
32'	Seta *Z1* ausente e *R1* presente ***Silvaseius* Chant & McMurtry**	
33	Setas *S4* e *Jv4* presentes ***Typhlodromus* (*Anthoseius*) De Leon**	
33'	Setas *S4* e *Jv4* ausentes	34

34	Seta *z*4 implantada mais internamente à linha unindo *z*3 e *s*4 ou quase diretamente posterior a *z*3; macrosetas presentes no gênu, tíbia e tarso IV, e às vezes também no gênu de outras pernas ***Leonseius* Chant & McMurtry**	
34’	Seta *z*4 implantada aproximadamente em linha com as bases de *z*3 e *s*4; perna IV com 0 a 3 macrossetas; outras pernas, sem macrossetas	35
35	Seta *R*1 ausente e *S*2 presente; pernas sem macrossetas; cálice da espermateca alongado ***Galendromus* Muma**	
35’	Seta *R*1 presente e *S*2 ausente; perna IV com 0 a 3 macrossetas e outras pernas sem macrossetas; cálice da espermateca de forma variável	36
36	Setas próximas às margens do escudo dorsal relativamente longas; seta *R*1 muito mais curta que *s*6; setas *S*5 e *Z*5 de comprimentos semelhantes; inserções de *Jv*1, *Jv*3 e *Zv*2 aproximadamente em linha paralela ao eixo longitudinal do corpo; pernas sem macrossetas ***Typhlodromina* Muma**	
36’	Setas próximas às margens do escudo dorsal de comprimento mediano; seta *R*1 aproximadamente de comprimento similar a *s*6; seta *S*5 usualmente muito mais curta que *Z*5; inserções de *Jv*1, *Jv*3 e *Zv*2 formando um triângulo; perna IV com 0 a 3 macrossetas e outras pernas sem macrossetas ***Metaseiulus* Muma**	

ANEXO 3

Chave para separação dos gêneros de Eriophyoidea de importância agrícola no Brasil (Figura 5.6)

1	Escudo prodorsal com 1-2 pares de setas verticais (anteriores); quelíceras retilíneas ou apenas leve e uniformemente curvadas **Phytoptidae**	2
1´	Escudo prodorsal sem setas verticais (anteriores); gnatossoma com quelíceras variáveis	4
2	Escudo prodorsal com dois pares de setas verticais, dos quais o par interno diminuto; setas escapulares ausentes (posteriores no escudo); seta *c*1 presente ***Neoprothrix*** **Reis & Navia**	
2´	Escudo prodorsal com um par de setas verticais, não diminutas; setas escapulares presentes ou ausentes; seta *c*1 ausente	3
3	Tubérculos das setas verticais ausentes; setas escapulares e respectivos tubérculos ausentes ***Propilus*** **Keifer**	
3´	Tubérculos das setas verticais presentes; setas escapulares e respectivos tubérculos presentes ***Retracrus*** **Keifer**	
4	Gnatossoma geralmente pequeno em relação ao corpo; quando grande, quelíceras retilíneas ou apenas levemente curvadas; encontrados em todos os refúgios possíveis na parte aérea de plantas; várias espécies são sérias pragas e algumas são transmissoras de vírus **Eriophyidae**	5
4´	Gnatossoma grande em relação ao corpo; quelíceras abruptamente curvadas para baixo próximo de sua base; espécies ambulantes nas folhas; não se conhecem casos de transmissão de vírus **Diptilomiopidae**	45
5	Tíbia da perna I totalmente fundida com o respectivo tarso	6
5´	Tíbia da perna I sempre separada do respectivo tarso	8

6	Com um par de projeções espatuladas cortantes na extremidade do rostro ***Cisaberoptus* Keifer**	
6´	Sem projeções espatuladas cortantes na extremidade do rostro	7
7	Coxas I fundidas, sem linha esternal ***Cosella* Newkirk & Keifer**	
7´	Coxas I separadas por curta linha esternal ***Disella* Newkirk & Keifer**	
8	Genitália da fêmea adpressa de encontro às coxas e separando-as além do normal, em vista lateral, projetando-se do ventre do idiossoma (elevada medianamente); setas e tubérculos escapulares presentes	9
8´	Genitália feminina não adpressa e nem separando as coxas além do normal, em vista lateral, em nível com o ventre do idiossoma; setas e tubérculos escapulares presentes ou ausentes	11
9	Corpo fusiforme; escudo prodorsal com lobo frontal estendendo-se sobre a base do rostro ***Esalquia* Flechtmann**	
9´	Corpo vermiforme; escudo prodorsal sem lobo frontal	10
10	Setas escapulares projetando-se caudalmente; tíbia I sem seta ***Cosetacus* Keifer**	
10´	Setas escapulares projetando-se anteriormente; tíbia I com seta ***Colomerus* Newkirk & Keifer**	
11	Corpo vermiforme; anelação subigual dorsoventralmente, pelo menos na metade ou dois terços anteriores do opistossoma	12
11´	Corpo fusiforme; anelação do opistossoma nitidamente separada em semianéis dorsais mais largos que semianéis ventrais	15
12	Escudo prodorsal com tubérculos e setas escapulares em posição anterior à margem posterior do escudo; setas escapulares geralmente dirigidas anteriormente ***Eriophyes* von Siebold**	

12′	Tubérculos e setas escapulares na ou bem próximos da margem posterior do escudo prodorsal; setas escapulares geralmente dirigidas posteriormente	13
13	Seta da tíbia I e seta do fêmur I ausentes ***Acalitus* Keifer**	
13′	Seta da tíbia I e seta do fêmur I presentes	14
14	Com seta opistossomal *e* ***Aceria* Keifer**	
14′	Sem seta opistossomal *e* ***Gymnaceria* Oliveira, Rodrigues & Flechtmann**	
15	Empódio dividido; setas escapulares presentes	16
15′	Empódio indiviso; setas escapulares presentes ou ausentes	20
16	Setas escapulares no bordo posterior do escudo prodorsal e dirigidas para trás ***Dichopelmus* Keifer**	
16′	Setas escapulares em posição anterior à margem posterior do escudo prodorsal e dirigidas para cima ou para o centro anterior ou centralmente	17
17	Opistossoma com vários anéis dorsais próximos do escudo prodorsal fundidos medianamente em uma placa trapezoidal e separada do escudo por uma linha	18
17′	Anéis dorsais do opistossoma não fundidos	19
18	Setas femorais I e II e opistossomais *c*2 e *e* presentes ***Araucarioptes* Flechtmann**	
18′	Setas femorais I e II e opistossomais *c*2 e *e* ausentes ***Nasuchus* Navia & Flechtmann**	
19	Sulcos dorsais do opistossoma bem definidos; anéis opistossomais estreitos e não se projetando lateralmente; setas femorais ausentes ***Paracaphylla* Mohanasundaram**	

19´	Sulcos dorsais do opistossoma não bem definidos; anéis opistossomais relativamente largos e projetando-se lateralmente em ângulo agudo; setas femorais presentes ***Acaphyllisa* Keifer**	
20	Setas escapulares ausentes	21
20´	Setas escapulares presentes	22
21	Dorso do idiossoma com três quilhas; seta da tíbia I presente ***Calacarus* Keifer**	
21´	Dorso do idiossoma com cinco quilhas; seta da tíbia I ausente ***Procalacarus* Mohanasundaram**	
22	Opistossoma, em vista dorsal, com lobos laterais (arredondados ou angulares) em todos os anéis	23
22´	Opistossoma, em vista dorsal, com os anéis dorsais curvando-se uniformemente nas margens laterais do corpo	29
23	Anéis opistossomais anteriores formando placas; seta da tíbia I	24
23´	Anéis opistossomais anteriores não formando placas; seta da tíbia I presente ou ausente	25
24	Escudo prodorsal reduzido; primeiros e últimos anéis idiossomais dorsais estreitos e demais anéis largos, sendo o primeiro mais largo que o escudo prodorsal; setas idiossomais *d* e *e*, assim como setas dos fêmures I e II e do gênu II, presentes ***Eriomacrotergum* Rodrigues, Navia & Oliveira**	
24´	Primeiros anéis dorsais do opistossoma fundidos, formando uma placa larga junta à placa prodorsal; setas idiossomais *d* e *e*, assim como setas dos fêmures I e II e do gênu II, ausentes ***Glabrisceles* Navia & Flechtmann**	
25	Setas escapulares semelhantes a espinhos, na margem posterior do escudo prodorsal e dirigidas para trás ***Spinacus* Keifer**	
25´	Setas escapulares não espiniformes, na margem posterior do escudo prodorsal ou afastadas dessa	26

26	Dorso do opistossoma com depressão pronunciada no nível da seta *f*; seta escapular próxima à margem posterior da placa prodorsal e dirigida posteriormente ***Oxycenus* Keifer**	
26′	Dorso do opistossoma sem depressão pronunciada no nível da seta *f*; posição e direcionamento da seta escapular variável	27
27	Seta escapular distante da margem posterior da placa prodorsal e direcionadas centralmente; seta *d* do gênu do palpo bifurcada ***Vareeboona*** Chandrapatya, Konvipasruang & Amrine	
27′	Seta escapular próxima à margem posterior da placa prodorsal e de direcionamento variável; seta *d* simples	28
28	Seta da tíbia I e seta do gênu II ausentes ***Aciota* Keifer**	
28′	Seta da tíbia I e seta do gênu II presentes ***Shevtchenkella* Bagdasarian**	
29	Setas escapulares implantadas em tubérculos situados anteriormente à margem posterior do escudo prodorsal	30
29′	Tubérculos das setas escapulares na margem posterior do escudo prodorsal ou bem próximos dessa	35
30	Margem anterior do escudo prodorsal com aba flexível larga e curta ***Tecarus* Flechtmann**	
30′	Margem anterior do escudo prodorsal sem aba	31
31	Dorso do opistossoma com um largo sulco mediolongitudinal	32
31′	Dorso do opistosssoma com três quilhas longitudinais ou uniformemente curvado	33
32	Setas escapulares implantadas em tubérculos discretos; quilhas laterais do dorso do opistossoma não arredondadas ***Phyllocoptruta* Keifer**	
32′	Setas escapulares implantadas em tubérculos alongados; quilhas laterais do dorso do opistossoma arredondadas ***Shrekin* Britto & Navia**	

33	Opistossoma uniformemente curvado ***Rhombacus* Keifer**	
33´	Opistossoma com três quilhas longitudinais	34
34	Setas dos fêmures presentes; todas setas opistossomais presentes ***Calepitrimerus* Keifer**	
34´	Setas dos fêmures ausentes; setas opistossomais *c2* e e ausentes ***Amrineus* Flechtmann**	
35	Opistossoma dorsalmente achatado, com quilhas laterais formando um sulco mediano raso, cada uma com uma quilha paralela subdorsal ***Vittacus* Keifer**	
35´	Opistossoma diferente (ligeiramente achatado em *Aculops*, porém sem quilhas laterais)	36
36	Dorso do opistossoma uniformemente curvado (uma quilha mediodorsal discreta pode estar presente anteriormente)	37
36´	Dorso do opistossoma com quilhas ou sulcos nítidos	39
37	Primeiros 3 a 10 anéis posteriores ao escudo prodorsal estreitos; anéis dorsais seguintes, até o nível da seta *f*, uniformemente mais largos que os ventrais ***Heterotergum* Keifer**	
37´	Anéis opistossomais de padrão uniforme	38
38	Lobo frontal do escudo prodorsal largo e arredondado; algumas espécies com dois a quatro espinhos que se projetam anteriormente de seu bordo ventral ***Aculus* Keifer**	
38´	Lobo frontal acuminado, podendo terminar em ponta; nunca com espinhos na margem anterior ventral ***Aculops* Keifer***	
39	Opistossoma com um ou mais sulcos dorsomedianos	40
39´	Opistossoma com uma quilha dorsomediana, com ou sem quilhas subdorsais	42

40	Seta do gênu II ausente; ácaros alongados; sulco dorso mediano largo; ápice prodorsal afilado ***Notostrix* Keifer**	
40´	Seta do gênu II presente; características do idiossoma e placa prodorsal diferentes	41
41	Sulco dorsal mediano do opistossoma estreito e delimitado por cristas arredondadas, que se fundem antes da região da inserção das setas *f* ***Mesalox* Keifer**	
41´	Sulco dorsal mediano do opistossoma de largura igual ou superior à distância entre os tubérculos das setas escapulares e delimitado por cristas com cume agudo que não se fundem ***Tetra* Keifer**	
42	Opistossoma com cinco quilhas portadoras de cera ***Neocalacarus* Channabasavanna**	
42´	Opistossoma com uma ou três quilhas portadoras de cera ou não	43
43	Opistossoma com uma quilha ***Thamnacus* Keifer**	
43´	Opistossoma com três quilhas	44
44	Quilha mediana longitudinal mais curta do que as quilhas subdorsais e terminando em um sulco dorsal ***Abacarus* Keifer**	
44´	Quilha mediana longitudinal mais pronunciada do que as quilhas sublaterais, desaparecendo caudalmente (não terminando em um sulco) ***Tegolophus* Keifer**	
45	Empódio não dividido	46
45´	Empódio dividido	47
46	Região anterior do escudo prodorsal acuminada; seta do gênu II e seta coxal *1b* presentes ***Catarhinus* Keifer**	

46´	Região anterior do escudo prodorsal truncada; seta do gênu II e seta coxal *1b* ausentes ***Solivagus*** **Reis & Navia**	
47	Gênus de ambas as pernas e seta da tíbia I ausentes ***Diptilomiopus*** **Nalepa**	
47´	Pernas com os cinco segmentos livres usuais e com seta da tíbia I presente	48
48	Seta opistossomal *c*2 presente ***Diptilostatus*** **Flechtmann**	
48´	Seta opistossomal *c*2 ausente ***Davisella*** **Amrine, Stasny & Flechtmann**	

(*) Ver discussão no texto (em "Tomateiro", p. 308) sobre as diferenças entre *Aculops lycopersici* e as demais espécies deste gênero.

ANEXO 4

Chave para separação dos gêneros de Tarsonemoidea de importância agrícola no Brasil (Figuras 5.10, 5.11 e 5.13)

1	Perna IV da fêmea com fêmur e gênu separados, com empódio membranoso e unhas laterais; perna IV do macho com cinco segmentos	2
1´	Perna IV da fêmea com fêmur e gênu fundidos, sem empódio e unhas laterais; perna IV do macho com quatro segmentos **Tarsonemidae (Fig. 5.13)**	4
2	Trocânter da perna IV da fêmea subtriangular **Pyemotidae (Fig. 5.10)** ***Pyemotes* Amerling**	
2´	Trocânter da perna IV da fêmea quadrangular **Pygmephoridae (Fig. 5.11)**	3
3	Perna I da fêmea com quatro segmentos livres ***Pygmephorus* Kramer**	
3´	Perna I da fêmea com cinco segmentos livres ***Siteroptes* Amerling**	
4	Adultos (fêmea e macho) com quatro pares de setas na região ventral do metapodossoma, incluindo um par entre as bases das pernas IV da fêmea ou nos dois escudos coxais do macho; tarso I da fêmea sem estrutura membranosa no ambulacro e com uma unha séssil bem desenvolvida; unha terminal da perna IV do macho distalmente dilatada ***Polyphagotarsonemus* Beer & Nucifora**	
4´	Adultos (fêmea e macho) com dois pares de setas na região ventral do metapodossoma, nenhuma delas entre as bases das pernas IV da fêmea ou nos escudos coxais do macho; tarso I da fêmea com estrutura membranosa no ambulacro, com ou sem unha de tamanho moderado; unha terminal da perna IV do macho com extremidade não dilatada	5

5	Base dos estiletes quelicerais da larva e dos adultos (fêmeas e machos) bem recurvada lateralmente; idiossoma da fêmea alongado, elipsoidal; pernas relativamente curtas ***Steneotarsonemus* Beer**	
5´	Bases dos estiletes quelicerais da larva e dos adultos não acentuadamente recurvados; idiossoma da fêmea geralmente não alongado; pernas de comprimento moderado	6
6	Apódema sejugal ausente nos adultos (fêmeas e machos); macho com uma flange desenvolvida no femur-gênu IV ***Phytonemus* Lindquist**	
6´	Apódema sejugal presente nos adultos; macho com ou sem flange no femur-gênu IV ***Tarsonemus* Canestrini & Fanzago**	

ANEXO 5

Chave para separação das famílias e gêneros de Tetranychoidea de importância agrícola no Brasil (Figuras 5.14 a 5.16)

1	Com uma série de setas flageliformes ou bipectinadas na margem posterior truncada do idiossoma; sem setas-dúplices ou setas-associadas nos tarsos das pernas I e II **Tuckerellidae** ***Tuckerella* Womersley (Fig. 5.16)**	
1´	Sem setas flageliformes ou bipectinadas na margem posterior do idiossoma não truncado; com ou sem setas dúplices ou setas-associadas nos tarsos das pernas I e II	2
2	Com setas dúplices dorsodistais nos tarsos das pernas I e II ou com setas associadas no tarso da perna I; com o processo "unha-dedão" **Tetranychidae (Fig. 5.15)**	3
2´	Sem setas dúplices ou setas associadas nos tarsos das pernas I e II; sem o processo "unha-dedão" **Tenuipalpidae (Fig. 5.14)**	16
3	Empódio com "pelos conjuntos"; fêmeas com dois ou três pares de setas anais e machos com cinco pares de setas genitoanais; dois pares de setas dúplices dorsodistais no tarso da perna I **Bryobiinae**	4
3´	Empódio ausente ou, quando presente, sem "pelos conjuntos"; fêmeas com um ou dois pares de setas anais e machos com quatro pares de setas genitoanais; com dois pares de setas dúplices ou um par de setas associadas dorsodistais no tarso da perna I **Tetranychinae**	5
4	Unhas e empódio almofadados; prodorso com três lobos sobre o gnatossoma ***Monoceronychus* McGregor**	
4´	Unhas almofadadas e empódio unciforme; prodorso sem lobos sobre o gnatossoma ***Petrobia* Banks**	

5	Empódio aparentemente ausente; tarso das pernas I com um par de setas-associadas	6
5´	Empódio unciforme ou distalmente fendido; tarso da perna I com dois pares de setas-dúplices	7
6	Com um par de setas anais ***Aponychus* Rimando**	
6´	Com dois pares de setas anais ***Eutetranychus* Banks**	
7	Seta *f*1 ausente; empódio em forma de unha simples ***Tenuipalponychus* Channabasavanna & Lakkundi**	
7´	Seta *f*1 presente; empódio ausente ou em forma de unha simples ou não	8
8	Com três pares de setas *h* (dois pares de setas para-anais)	9
8´	Com dois pares de setas *h* (um par de setas para-anais)	14
9	Empódio unciforme	10
9´	Empódio fendido distalmente ou terminando em um tufo de "pelos"	12
10	Empódio dividido distalmente em duas estruturas unciformes, podendo ter delicados "pelos" proximoventrais ***Schizotetranychus* Trägårdh**	
10´	Empódio como uma simples estrutura unciforme, com "pelos" proximoventrais	11
11	Unha empodial de comprimento igual ou superior ao dos "pelos" proximoventrais, que se dispõem em ângulo reto à unha ***Panonychus* Yokoyama**	
11´	Unha empodial mais curta do que os "pelos" proximoventrais, posicionados em ângulo agudo à unha ***Allonychus* Pritchard & Baker**	
12	Opistossoma com estrias longitudinais entre as setas *e*1 ***Mononychellus* Wainstein**	
12´	Opistossoma com estrias transversais	13

13	Setas dorsais distintamente mais curtas que a distância entre suas bases e as bases das setas subsequentes ***Brevinychus Flechtmann***	
13′	Setas dorsais de comprimento semelhante ou superior à distância entre suas bases e as bases das setas subsequentes ***Eotetranychus Oudemans***	
14	Um par de setas anais ***Atrichoproctus*** **Flechtmann**	
14′	Dois pares de setas anais	15
15	Unha empodial de comprimento igual ou superior aos "pelos" proximoventrais em todas as pernas ou em sua maioria, sem esporão dorsomediano; setas dúplices no tarso I frequentemente distais e adjacentes ***Oligonychus*** **Berlese**	
15′	Unha empodial dividida distalmente, geralmente em três pares de "pelos" e com um esporão dorsomediano; setas dúplices no tarso I bem separadas, apenas uma das quais distal ***Tetranychus*** **Dufour**	
16	Opistossoma com setas *c*2 e *d*2 (isto é, com três pares de setas *c* e *d*)	17
16′	Opistossoma com apenas dois pares de setas *d* (*d*2 ausente); setas *c*2 presentes ou ausentes	18
17	Palpo com dois segmentos; setas dorsais longas, estreitas e levemente clavadas ***Raoiella*** **Hirst**	
17′	Palpo com cinco segmentos; setas dorsais curtas, achatadas (em leque) ***Pentamerismus*** **McGregor**	
18	Prodorso sem projeções anteromedianas ***Dolichotetranychus*** **Sayed**	
18′	Prodorso com um par de projeções anteromedianas	19

19	Opistossoma geralmente com o penúltimo par de setas dorsolaterais (*h*2) afiladas e distintamente alongadas; opistossoma de largura aproximadamente homogênea e distintamente mais estreito que podossoma ***Tenuipalpus* Donnadieu**	
19´	Penúltimo par de setas dorsolaterais semelhante aos demais; opistossoma afilando-se de forma gradual posteriormente ou com distinta constrição logo após o quarto par de pernas	20

20	Opistossoma afilando-se de forma gradual posteriormente e sem setas expandidas em forma de leque (embora frequentemente em forma de folha) ***Brevipalpus* Donnadieu**	
20´	Opistossoma com distinta constrição logo após o quarto par de pernas, alargando-se levemente para trás e com setas alargadas, em forma de leque ***Ultratenuipalpus* Mitrofanov**	

ANEXO 6

Chave para separação dos gêneros de Astigmatina de importância no Brasil (Figuras 5.18 a 5.21)

1	Palpo com segmento distal achatado e dobrado lateralmente; quelíceras atenuadas, com um dígito queliceral de bordo serreado; ventre do idiossoma com quatro estruturas anelares; oviporo transversal **Histiostomatoidea** **Histiostomatidae (Fig. 5.21)**	
1’	Palpos sem segmento distal achatado; quelíceras com quela normal; sem estruturas anelares ventrais; oviporo longitudinal	2

2	Setas verticais externas (lamelares) ausentes; pré-tarsos com condilóforos finos ou alongados, ou esses ausentes; setas dorsais podem ser longas, porém nunca pectinadas **Hemisarcoptoidea (Fig. 5.20)**	3
2’	Setas verticais externas presentes ou ausentes; pré-tarsos com condilóforos curtos e robustos (alguns Acaroidea) ou algumas setas dorsais longas e fortemente pectinadas (alguns Glycyphagidae)	4

3	Esclerito prodorsal ausente; setas verticais internas (rostrais) situadas na metade da distância entre o bordo anterior do propodossoma e a base das setas escapulares (interlamelares); apódemas coxais I fundidos medianamente com os apódemas coxais II, formando campos coxais fechados **Carpoglyphidae** ***Carpoglyphus* Robin**	
3’	Esclerito prodorsal bem desenvolvido; setas verticais internas situadas no bordo anterior do propodossoma ou ausentes; apódemas coxais I e II não fundidos, campos coxais abertos **Winterschmidtiidae**	

4	Sulco sejugal presente; cutícula lisa, mamilada ou tuberculada, raras vezes totalmente esclerotizada; esclerotização prodorsal tipicamente representada por um escudo, ocasionalmente ausente; pernas normalmente desenvolvidas; pré-tarsos com ou sem ambulacros membranosos, empódios geralmente presentes **Acaroidea (Fig. 5.18)**	5

4’	Sulco sejugal ausente na maioria das vezes; cutícula com microtríquias (áspera), às vezes estriada, com escamas ou protuberâncias irregulares, raramente lisas; esclerotização prodorsal formada por crista metópica ou um largo escudo; pernas alongadas, notadamente o tarso; pré-tarsos tipicamente reduzidos, com ambulacros membranosos; empódios pequenos ou ausentes **Glycyphagoidea (Fig. 5.19)**	12
5	Fêmea e, às vezes, macho, com empódio bifurcado; macho com as pernas III bem mais desenvolvidas e seu tarso terminando-se em uma unha empodial grande e retilínea e uma seta robusta, também retilínea, semelhante em comprimento e forma à unha empodial **Lardoglyphidae** ***Lardoglyphus* Oudemans**	
5’	Empódio simples ou ausentes em ambos os sexos; machos com as pernas III semelhantes às pernas IV ou, quando mais desenvolvidas, com unha empodial curta e sem seta robusta semelhante à unha empodial	6
6	Cutícula finamente enrugada ou com padrão escamoso **Suidasiidae** ***Suidasia* Oudemans**	
6’	Cutícula lisa ou quase lisa **Acaridae**	7
7	Setas verticais externas localizadas em uma linha transversal com as setas verticais internas ou deslocadas posteriormente por uma distância não superior a um quarto da distância até a seta escapular	8
7’	Setas verticais externas situadas aproximadamente à metade da distância das verticais internas às escapulares, ou ausentes	10
8	Gênu I com solenidion σ' pelo menos três vezes tão longo quanto σ''; setas prorais (*p*, *q*) e unguinais (*u*, *v*) do tarso afiladas; macho com perna I volumosa, com apófise no ventre do fêmur ***Acarus* L.**	
8’	Gênu I com solenidion σ' no máximo três vezes tão longo quanto σ''; setas prorais (*p*, *q*) e unguinais (*u*, *v*) do tarso curtas e robustas (ocasionalmente com um ou ambos os pares muito reduzidos ou ausentes); macho com perna I não modificada	9

9	Setas verticais externas lisas, geralmente curtas e localizadas na margem lateral do escudo prodorsal e posteriormente aos ângulos anterolaterais; setas escapulares internas mais curtas que escapulares externas ***Aleuroglyphus* Zachvatkin**	
9′	Setas verticais externas nitidamente barbuladas, relativamente longas e geralmente localizadas próximas dos ângulos anterolaterais do escudo prodorsal; setas escapulares internas mais longas que escapulares externas ***Tyrophagus* Oudemans**	

10	Setas verticais externas presentes e bem desenvolvidas ***Sancassania* Oudemans**	
10′	Setas verticais externas ausentes ou, quando presentes, de comprimento inferior a 10 micrômetros	11

11	Setas *c*1, *c*2 e *d*1 presentes; tarsos I e II com seta *ft*′ (*ba*) presente e em forma de espinho, adjacente ao solenídio $\omega 1$ ***Rhizoglyphus* Claparède**	
11′	Setas *c*1, *c*2 e *d*1 ausentes; tarsos I e II com seta *ft*′ (*ba*) ausente ou, se presente no tarso I, então, filiforme ***Thyreophagus* Rondani**	

12	Oóporo grande e recoberto por 2 escudos esclerotizados, situado entre as coxas III e IV; setas do dorso do idiossoma usualmente em forma de espinho, subdivididas distalmente e dirigidas para a frente; macho com ventosas para-anais **Chortoglyphidae** ***Chortoglyphus* Berlese**	
12′	Oóporo com escudos bem menos esclerotizados e alongados ou, quando esclerotizados, situado entre as coxas I e II; setas do dorso do idiossoma usualmente alongadas e com distintas espículas; macho sem ventosas para-anais	13

13	Ventre do gnatossoma com um padrão de quilhas transversais ou oblíquas; unhas empodiais e condilóforos pequenos ou ausentes **Glycyphagidae**	14
13′	Ventre do gnatossoma sem quilhas; outras características variáveis	15

14	Esclerotização dorsal em forma de crista metópica, um largo escudo ou ausente; esbranquiçado; pernas sem quilhas ***Glycyphagus*** **Hering**	
14'	Corpo inteiramente esclerosado e intensamente colorido de amarelo-castanho; gênu e tíbia I com pronunciadas quilhas longitudinais ***Gohieria*** **Oudemans**	

15	Cutícula do idiossoma pelo menos parcialmente estriada (se sem estrias, então com todas as setas do dorso do idiossoma alongadas e com espículas distintas, exceto *c*1); com uma linha de estruturas em forma de dentes (microtríquias) conectando as bases das setas mais laterais do opistossoma; unhas empodiais reduzidas ou ausentes; articulação tíbio-tarsal da perna I do macho não formando um ângulo **Aeroglyphidae** ***Glycycometus*** **Pillai**	
15'	Cutícula do idiossoma sem estrias, coberto por pequenas estruturas em forma de dentes (microtríquias); unhas empodiais ausentes; articulação tíbio-tarsal da perna I do macho formando um ângulo **Echimyopodidae** ***Blomia*** **Oudemans**	

Abo-Shnaf, R., R.C. Castilho, J.L.M. Marticorena & G.J. de Moraes. 2023. A new genus and three new species of mites, with a revised concept of the family Ameroseiidae (Acari: Mesostigmata: Ascoidea). Zootaxa, 5231: 249–272.

Abou-Awad, B.A. 1981. Ecological and biological studies on the mango bud mite, *Eriophyes mangiferae* (Sayed), with description of immature stages (Eriophyoidea: Eriophyidae). Acarologia, 22: 145–150.

Abou-Setta, M.M., M.S. Nawar & C.C. Childers. 1991. Description of post-embryonic stages of *Iphiseiodes quadripilis*, a predatory mite on Florida citrus (Acari: Phytoseiidae). International Journal of Acarology, 17: 241–249.

Abreu, J.M. & S.J. Soria. 1979. Controle de pragas do cacaueiro na América do Sul. *In*: Conférence Internacionale sur La Recherche Cacaoyère, 7, Douala, Cameroun. Actes. London, J. de Lafforest and Transla-Inter Limited., pp. 433– 441.

Adar, E., M. Inbar, S. Gal, N. Doron, Z.-Q. Zhang & E. Palevsky. 2012. Plant-feeding and non-plant feeding phytoseiids: differences in behavior and cheliceral morphology. Experimental & Applied Acarology, 58: 341–357.

Agrofit 2023. Ministério da Agricultura, Pecuária e Abastecimento. Disponível em http://agrofit.agricultura.gov.br/agrofit_cons/principal_agrofit_cons. Acesso em: 13 ago. 2023.

Aguilar, H., C.H.W. Flechtmann & R. Ochoa. 1991. Rediscovery and redescription of *Tenuipalponychus tabebuiae* (Acari: Tetranychidae). International Journal of Acarology 17: 113–115.

Alberti, G. & A.R. Crooker. 1985. Internal anatomy. *In*: Helle, W. & M.W. Sabelis (orgs.). World Crop Pests. Spider Mites. Their biology, natural enemies and control. Elsevier, Vol. 1A, pp. 29–62.

Albrigo, L.G. & C.W. McCoy. 1974. Characteristic injury by citrus rust mite to orange leaves and fruit. Proceedings of the Florida State Horticultural Society, 87: 48–55.

Albuquerque, F.A., C.A.L. de Oliveira & M. Barreto. 1995. *In*: Oliveira, C.A.L. de & L.C. Donadio (orgs.). Leprose dos citros. FUNEP, Jaboticabal, pp. 77–90.

Alencar, J.A., F.H.P. Haji & F.R.B. Moreira. 1999. Ácaro da necrose do coqueiro – *Aceria guerreronis* (Keifer): aspectos bioecológicos, sintomas, danos e medidas de controle. Petrolina: Embrapa Semiárido, 15 p.

Almaguel, L., J. Hernández, P. De la Torre, A. Santos, R.I. Cabrera, A. Garcia, L.E. Rivero, L. Báez, I. Cáceres & A. Ginarte. 2000. Evaluación del comportamiento del ácaro

Steneotarsonemus spinki (Acari: Tarsonemidae) en los estudios de regionalización desarrollados en Cuba. Fitosanidad, 4: 15–19.

Almeida, L.C., G.J. de Moraes, S.M. Chabregas & E.B. Arrigoni. 2009. Primeiro relato da ocorrência do ácaro *Oligonychus grypus* em cana-de-açúcar no Estado de São Paulo. Revista de Agricultura, Piracicaba, 84: 173–174.

Almeida, S.R., J.B. Matiello & A.E. Miguel. 1983. Efeito da densidade foliar sobre a queda de frutos e a produção do cafeeiro. *In*: Resumos do X Congresso Brasileiro de Pesquisas Cafeeiras, Poços de Caldas, pp. 389–391.

Alves, E.B., N.F.B. Casarin & C. Omoto. 2005. Mecanismos de dispersão de *Brevipalpus phoenicis* (Geijskes) (Acari: Tenuipalpidae) em pomares de citros. Neotropical Entomology, 34: 89–96.

Alves, L.F.A., D.L.Q. Santana, P.M.O.J. Neves & R.C. Oliveira. 2000. Ácaros fitófagos da erva-mate: situação atual e perspectivas de controle. *In*: Anais do II Congresso Sul-Americano da erva-mate e III Reunião Técnica da erva-mate. Encantado, pp. 39–42.

Alves, L.F.A., S. Spongoski, F.N.S. Vieira & G.J. de Moraes. 2004. Biologia e danos de *Oligonychus yothersi* (McGregor) (Acari: Tetranychidae) em *Ilex paraguariensis*. Arquivos do Instituto Biológico, São Paulo, 71: 211–214.

Alves, S.B., M.H. Calafiori & A.D. Paschoal. 1972. Eriofiídeos (Acarina: Eriophyidae) prejudiciais à batata-doce. Revista de Agricultura, Piracicaba, 47: 139–140.

Alves, V.S., L.F. Salazar-Garcés, L.F. Santiago, P.L.C. Fonseca, A.M.S. Fernandes, R.C. Silva, L.M. Souza, P.P.R.S. Cunha, M.F.C. Barbosa, E.R.G.R. Aguiar, L.G.C. Pacheco, N.M. Alcantara-Neves & C.S. Pinheiro. 2022. Identification of *Glycycometus malaysiensis* (for the first time in Brazil), *Blomia tropicalis* and *Dermatophagoides pteronyssinus* through multiplex PCR. Experimental & Applied Acarology, 86: 385–406.

Amitai, S. & T. Grinberg. 1971. Description of a new phytoseiid genus and species (Acarina: Mesostigmata) from Israel. Israel Journal of Entomology, 6: 327–335.

Amorim, H.V. de & D.M. Silva. 1968. Relationship between the polyphenol oxidase activity of coffee beans and the quality of the beverage. Nature, 219: 381–382.

Amrine, J.W. & D.C.M. Manson. 1996. Preparation, mounting and descriptive study of eriophyoid mites. *In*: Lindquist, E.E., M.W. Sabelis & J. Bruin (orgs.). Eriophyoid Mites. Their biology, natural enemies and control, Elsevier, Amsterdam, pp. 383–396.

Amrine Jr., J.A. & T.A. Stasny. 1994. Catalog of the Eriophyoidea (Acarina: Prostigmata) of the world. Indira Publishing House, West Bloomfield, Michigan, USA, 798 p.

Amrine, J.W., T.A.H. Stasny & C.H.W. Flechtmann. 2003. Revised keys to world genera of Eriophyoidea (Acari: Prostigmata). Indira Publishing House, West Bloomfield, 244 p.

Andrade, D.J., F.C. Pattaro & C.A.L. Oliveira. 2014. Principais ácaros-praga da citricultura atual. *In*: Andrade, D.J., M.C. Ferreira & N.M. Martinelli (orgs.). Aspectos da Fitossanidade em Citros. Cultura Acadêmica, São Paulo, pp. 54-74.

Andrade, D.J., C.C. Melville & M.D. Michelotto. 2016. Manual prático sobre ácaros do amendoim no Brasil. FUNEP, Jaboticabal, 22 p.

Andrade-Bertolo, F.O., R.B. Moura, A.L. Matioli & A.P. Ott. 2013. New records of mites (Acari: Prostigmata) on *Vitis* sp. (L.) in Brazil. Comunicata Scientiae, 4: 414–418.

André, H.M. 1984. Redefinition of the Iolinidae (Acari: Actinedida) with a discussion of their familial and superfamilial status. *In*: Griffiths, D.A. & C.E. Bowman (eds.) Acarology 6, Vol. 1, Ellis Hordwood Limited, Chichester, pp. 180–185.

André, H.M. 2005. In search of the true *Tydeus* (Acari, Tydeidae). Journal of Natural History, 39: 975–1001.

André, H.M. 2024. The Tydeoidea (Ereynetidae, Iolinidae, Triophtydeidae and Tydeidae) - An online database in the Wikispecies platform. Disponível em: https://species.wikimedia.org/wiki/Tydeoidea. Acesso em: 06 mar. 2024.

André, H.M. & F.L.S. Fain. 2000. Phylogeny, ontogeny and adaptive radiation in the superfamily Tydeoidea (Acari: Actinedida), with a reappraisal of morphological characters. Zoological Journal of the Linnean Society, 130: 405–448.

André, H.M. & C. Remacle. 1984. Comparative and functional morphology of the gnathosoma of *Tetranychus urticae* (Acari: Tetranychidae). Acarologia, 25: 179–190.

Andrei, E. 2017. Compêndio de defensivos agrícolas, 10. ed. Livroceres, Brasil, 1142 p.

Angeli, G., C. Rizzi, A. Dorigoni. & C. Ioriatti. 2007. Population injury levels of the apple rust mite *Aculus schlechtendali* (Nal.) on golden delicious and red delicious apple fruits. Bulletin OILB-SROP, 30: 255–260.

Anjos, J.R.N., M.J.A. Charchar, A.C.Q. Pinto & V.H.V. Ramos. 1998. Associação de *Fusarium sacchari* com a malformação vegetativa da mangueira. Fitopatologia Brasileira, 23: 75–77.

Ansaloni, T. & T.M. Perring. 2002. Biology of *Aceria guerreronis* Keifer on queen palms. *In*: Morales Malacara, J.B. & G. Rivas (eds.). In XI International Congress of Acarology. Mexico: Universidad Nacional Autónoma de Mexico. p. 145.

Ansaloni, T. & T.M. Perring. 2004. Biology of *Aceria guerreronis* (Acari: Eriophyiidae) on queen palm, *Syagrus romanzoffiana* (Arecaceae). International Journal of Acarology, 30: 63–70.

Aponte, O.A. & J.A. McMurtry. 1997. Damage on 'Hass' avocado leaves, webbing and nesting behaviour of *Oligonychus perseae* (Acari: Tetranychidae). Experimental & Applied Acarology, 21: 265–272.

Aquino, M.L.N. & G.P. Arruda. 1967. O agente causal da "necrose do olho do coqueiro" em Pernambuco. Boletim Técnico, Instituto de Pesquisas Agronômicas, Recife, 27: 33 p.

Aragão, C.A., W.R. Maluf, B.F. Dantas, M.L. Gavilanes & M.G. Cardoso. 2000. Tricomas foliares associados à resistência ao ácaro rajado (*Tetranychus urticae* Koch) em linhagens de tomateiro com alto teor de 2-tridecanona nos folíolos. Ciência e Agrotecnologia, Lavras, 24: 81–93.

Arantes, R.P., D.J. de Andrade, I. Amaral & A.B.G. Martins. 2017. Evaluation of litchi varieties seeking sources resistant to *Aceria litchi* mite. Revista Brasileira de Fruticultura, 39: e-816.

Arnemann, J. & J. Palma. 2020. Praga invasiva ao Brasil o ácaro azul da aveia, detectado em 2009, volta a ocorrer no Rio Grande do Sul. Disponível em: https://maissoja.com.br

Arruda, G.P. & M.L.N. Aquino. 1970. Dois novos ácaros (Acarina, Eriophyidae) atacando fruteiras em Pernambuco. Boletim Técnico, Instituto de Pesquisas Agronômicas, Recife, 42: 14 p.

Arthur, D.R. 1965. Ticks in Egypt in 1500 B. C.? Nature, 206: 1060–1061.

Asbani, N. 2018. The evaluation of sugarcane rust mite *Abacarus sacchari* Channabasavanna (Acari: Eriophyidae) as a potential pest of sugarcane. PhD Dissertation, University of Florida, 155 p. Disponível em: https://original-ufdc.uflib.ufl.edu/UFE0053996/00001

Ashburner, M. 1989. Mites. *In*: *Drosophila*. A laboratory handbook. Cold Spring Harbor Laboratory Press, pp. 1191–1225.

Ashmead, W.H. 1879. Injurious and beneficial insects found on the orange trees of Florida. Canadian Entomologist, 11: 159–160.

Assis, S.M.P., R.R.L. Mariano, M.G.C. Gondim Jr., M. Menezes & R.C.T. da Rosa. 2002. Doenças e Pragas das Helicônias. Universidade Federal Rural de Pernambuco, Recife, 102 p.

Ataide, L.M.S., N. Tabanca, M.A. Canon, E.Q. Schnell, T.I. Narvaez, K.R. Cloonan, P.E. Kendra, D. Carrillo & A.M. Revynthi. 2023. Volatile characterization of lychee plant tissues (*Litchi chinensis*) and the effect of key compounds on the behavior of the lychee erinose mite (*Aceria litchii*). Biomolecules, 13: 933.

Athias-Henriot, C. 1968. L´apareil d´insemination laelapoide (Acariens anactinotriches: Laelapoidea). Premières observations. Possibilité d´emploi á des fins taxonomiques. Bulletin Scientifique de Bourgogne, 25: 175–228.

Athias-Henriot, C. 1969. Les organes cuticulaires sensoriels et glandulaires des Gamasides. Poroidotaxie et adénotaxie. Bulletin de la Société Zoologique de France, 94: 485–492.

Atyeo, W.T. 1963. The Bdellidae (Acarina) of the Australian Realm, Parts I & II. Bulletin of the Unversity of Nebraska State Museum, 4: 113–210.

Auger, P., A. Migeon, E.A. Ueckerman, L. Tiedt & M. Navajas. 2013. Evidence for synonymy between *Tetranychus urticae* and *Tetranychus cinnabarinus* (Acari, Prostigmata, Tetranychidae): review and new data. Acarologia, 53: 383–415.

Aximoff, I.A., H.M. Soares & G. Bernadello. 2020. *Acnistus arborescens* (Solanaceaee): an important food resource for birds in an Atlantic Forest site, southeastern Brazil. Rodriguesia, 71: e02232018.

Azevedo, A.O., M.G.C. Gondim Jr., J.W.S. Melo, V.M. Barbosa, D.B. Lima Melo & É.C. Calvet. 2022a. Aerial dispersal of *Raoiella indica* Hirst (Acari: Tenuipalpidae): influence of biotic and abiotic factors, dispersal potential and colonization rate. Systematic & Applied Acarology, 27: 2166–2179.

Azevedo, L.H., G.J. de Moraes, P.T. Yamamoto & O.Z. Zanardi. 2013. Development of a methodology and evaluation of pesticides against *Aceria litchi* and its predator *Phytoseius intermedius* (Acari: Eriophyidae, Phytoseiidae). Journal of Economic Entomology, 106: 2183–2189.

Azevedo, L.H., E.Y. Maeda, M.M. Inomoto & G.J. de Moraes. 2014. A method to estimate the population level of *Aceria litchi* (Prostigmata: Eriophyidae) and a study of the population dynamics of this species and its predators on litchi trees in southern Brazil. Journal of Economic Entomology, 107: 361–367.

Azevedo, L.H., M.P. Ferreira, R.C. Castilho, P.H.D. Cançado & G.J. de Moraes. 2018. Potential of *Macrocheles* species (Acari: Mesostigmata: Macrochelidae) as control agents of harmful flies (Diptera) and biology of *Macrocheles embersoni* Azevedo, Castilho and Berto on *Stomoxys calcitrans* (L.) and *Musca domestica* L. (Diptera: Muscidae). Biological Control, 123: 1–8.

Azevedo, L.H., V. Borges, W. Mesquita Filho, R.C. Castilho & G.J. de Moraes. 2022b. Semi-field evaluation of the predation of *Macrocheles embersoni* and *Macrocheles muscaedomesticae* (Acari: Mesostigmata: Macrochelidae) on the house fly and the stable fly (Diptera: Muscidae). Pest Management Science, 78: 1029–1034.

Baker, E.W. 1945. Mites of the genus *Tenuipalpus* (Acarina: Trichadenidae). Proceedings of the Entomological Society of Washington, 47: 33–44.

Baker, E.W. 1949. The genus *Brevipalpus* (Acarina: Pseudoleptidae). The American Midland Naturalist, 42: 350–402.

Baker, E.W. 1979. A note on paedogenesis in *Brevipalpus* sp. (Acari: Tenuipalpidae), the first such record for a mite. International Journal of Acarology, 5: 355–356.

Baker, E.W. & W.A. Connell. 1963. The morphology of the mouthparts of *Tetranychus atlanticus* and observations on feeding by this mite on soybeans. Annals of the Entomological Society of America, 56: 733–736.

Baker, E.W. & A.E. Pritchard. 1953. A guide to the spider mites of cotton. Hilgardia, 22: 203–234.

Baker, E.W. & A.E. Pritchard. 1960. The tetranychoid mites of Africa. Hilgardia, 29: 455–574.

Baker, E.W. & A.E. Pritchard. 1962. Arañas rojas de América Central (Acarina: Tetranychidae). Revista de la Sociedad Mexicana de Historia Natural, 23: 309–340.

Baker, E.W. & D.M. Tuttle. 1975. A new species of *Tuckerella* (Acarina: Tuckerellidae) from Thailand. United States Department of Agriculture, Cooperative Economic Insect Report, 25: 337–340.

Baker E.W. & D.M. Tuttle. 1987. The false spider mites of Mexico (Tenuipalpidae: Acari). United States Department of Agriculture Research Service, Technical Bulletin, 1706: 1–236.

Baker, E.W. & G.W. Wharton. 1952. An Introduction to Acarology. The MacMillan Company, New York, 465 p.

Baker, E.W., J.H. Camin, F. Cunliffe, T.A. Wooley & C.E. Yunker. 1958. Guide to the families of mites. Contribution 3, The Institute of Acarology, College Park, 242 p.

Banks, N. 1899. *Tarsonemus* in America. Proceedings of the Entomological Society of Washington, 4: 294–296.

Banks, N. 1900. The red spider mites of the United States (*Tetranychus* and *Stigmaeus*). USDA. Division of Entomology Technical Bulletin, Series: 8, 65–77.

Banks, N. 1904. Class III, Arachnida, Order I, Acarina, four new species of injurious mites. Journal of the New York Entomological Society, 12: 53–56.

Banks, N. 1912. New American mites. Proceedings of the Entomological Society of Washington, 14: 96–99.

Barbosa, C.J., H.P. Santos Filho & F.F. Laranjeira. 2004a. Doenças causadas por vírus. *In*: Lima, A.A. & M.A.P. Cunha. (eds.). Maracujá: Produção e Qualidade na Passicultura. Cruz das Almas: Embrapa Mandioca e Fruticultura. pp. 267–280.

Barbosa, D.G.F., M.G.C. Gondim Jr., R. Barros & J.V. de Oliveira. 2003. Diversidade de ácaros em aceroleira (*Malpighia emarginata* A.DC.) na Universidade Federal Rural de Pernambuco em Recife, PE. Neotropical Entomology, 32: 577–583.

Barbosa, D.G.F., M.G.C. Gondim Jr., R. Barros, J.V. de Oliveira & F.R. da Silva. 2004b. Biologia comparada de *Eutetranychus banksi* (McGregor) (Acari: Tetranychidae) em fruteiras tropicais. Neotropical Entomology, 33: 403–406.

Barbosa, F.R., M.E.C. Gonçalves, W.A. Moreira, J.A. de Alencar, E.A. de Souza, C.S.B. da Silva, A.M. Souza & I.G. Miranda. 2005. Artrópodes-praga e predadores (Arthropoda) associados à cultura da mangueira no Vale do São Francisco, nordeste do Brasil. Neotropical Entomology, 34: 471–474.

Barbosa, M.F.C. & G.J. de Moraes. 2015. Evaluation of astigmatid mites as factitious food for rearing four predaceous phytoseiid mites (Acari: Astigmatina; Phytoseiidae). Biological Control, 91: 22–26.

Barbosa, M.F.C. & G.J. de Moraes. 2020. *Rhizoglyphus* mites (Acari: Astigmata: Acaridae) from Brazil, with complementary description of *Rhizoglyphus vicantus* Manson. Systematic & Applied Acarology, 25: 360–378.

Barbosa, M.F.C. & G.J. de Moraes. 2021. Mites of the family Winterschmidtiidae (Acari: Sarcoptiformes: Astigmatina) from agricultural habitats in Brazil, with description of a new species and a key to species reported. Systematic & Applied Acarology, 26: 1040–1054.

Barbosa, M.F.C., B.M. OConnor & G.J. de Moraes. 2016. A new species of *Thyreophagus* (Acari: Acaridae) from Brazil, with notes on species associated with stored food and human habitats and a key to species of this genus. Zootaxa, 4088(2): 279–291.

Barbosa, M.F.C., C.H.W. Flechtmann & G.J. de Moraes. 2021. Família Pyemotidae Amerling, 1861. *In*: Barros-Battesti, B.M., R.Z. Machado & M.R. André (eds.) Ectoparasitofauna Brasileira de Importância Veterinária. Vol. 1. Acarofauna de Importância Veterinária: Acariformes. Jaboticabal: CBPV, pp. 84–96.

Barbosa, M.F.C., A.S. Corrêa & G.J. de Moraes. 2022. *Acarus siro* L. (Astigmatina: Acaridae): First confirmed record for Brazil based on morphological and molecular characterization. Journal of Stored Products Research, 97: 101958.

Barcellos, D.F., A.M. de Oliveira, S. Sudo, A.B. de Oliveira & C.H.W. Flechtmann. 1979. Ocorrência do ácaro-do-arroz, nos Estados do Rio de Janeiro e Espírito Santo. Pesquisa Agropecuária Brasileira, 14: 181–184.

Barker, P.S. 1967. Bionomics of *Blattisocius keegani* (Fox) (Acarina: Ascidae), a predator on eggs of pests of stored grains. Canadian Journal of Zoology, 45: 1093–1099.

Barker, P.S. 1968. Bionomics of *Glycyphagus domesticus* (De Geer) (Acarina: Glycyphagidae), a pest of stored grain. Canadian Journal of Zoology, 46: 89–92.

Barker, P.S. 1991. Bionomics of *Cheyletus eruditus* (Schrank) (Acarina: Cheyletidae), a predator of *Lepidoglyphus destructor* (Schrank) (Acarina: Glycyphagidae), at three constant temperatures. Canadian Journal of Zoology, 69: 2321–2325.

Barreto, M. & A. Pavan. 1995. Relação verrugose x leprose. *In*: Oliveira, C.A.L. de & L.C. Donadio (orgs.). Leprose dos citros. Jaboticabal: FUNEP, pp. 69–76.

Barreto, M., A. Pavan & C.A.L. de Oliveira. 1990. Influência do controle da verrugose da laranja doce (*Elsinoe australis*) na incidência de leprose em citros (*Citrus sinensis*). Fitopatologia Brasileira, 15: 147.

Barros, M.E.N., D.B. Lima, J.A. Mendes, M.G.C. Gondim Jr. & J.W.S. Melo. 2020. The establishment of an invasive pest mite, *Raoiella indica*, affects mite abundance and diversity on coconut plants. Systematic & Applied Acarology, 25: 881–894.

Barroso, G.S.P. 2019. Bioecologia e manejo do ácaro-vermelho-das-palmeiras, *Raoiella indica* Hirst (Acari: Tenuipalpidae), no centro-sul do Brasil. Tese de Doutorado, Escola Superior de Agricultura "Luiz de Queiroz", Universidade de São Paulo, Piracicaba, 94 p.

Bazzo, A.M. & R.B. Bassanezi. 2016. Distribuição do ácaro da leprose (*Brevipalpus* spp) em plantas de citros. Citricultura Atual, Cordeirópolis, 111: 20–21.

Beard, J.J., R. Ochoa, G.R. Bauchan, W.C. Welbourn, C. Pooley & A.P.G. Dowling. 2012. External mouthpart morphology in the Tenuipalpidae (Tetranychoidea): *Raoiella* a case study. Experimental & Applied Acarology, 57: 227–255.

Beard, J.J., R. Ochoa, W.E. Braswell & G.R. Bauchan. 2015. *Brevipalpus phoenicis* (Geijskes) species complex (Acari: Tenuipalpidae)—a closer look. Zootaxa, 3944: 1–67.

Bell, J.R., D.A. Bohan, E.M. Shaw & G.S. Weyman. 2005. Ballooning dispersal using silk: world fauna, phylogenies, genetics and models. Bulletin of Entomological Research, 95: 69–114.

Bellini, M.R. 2008. Manejo de *Tetranychus urticae* Koch (Acari: Tetranychidae) em plantas ornamentais. Tese de Doutorado, Escola Superior de Agricultura "Luiz de Queiroz", Universidade de São Paulo, Piracicaba, 141 p.

Bellini, M.R., G.J. de Moraes & R.J.F. Feres. 2005. Ácaros (Acari) de dois sistemas de cultivo da seringueira no noroeste do Estado de São Paulo. Neotropical Entomology 34: 475–484.

Bellini, M.R., R.J.F. Feres & R. Buosi. 2008. Ácaros (Acari) de seringueira (*Hevea brasiliensis* Muell. Arg., Euphorbiaceae) e de euforbiáceas espontâneas no interior dos cultivos. Neotropical Entomology, 37: 463–471.

Bellotti, A.C., L. Smith & S.L. Lapointe. 1999. Recent advances in cassava pest management. Annual Review of Entomology, 44: 343–370.

Bergeron, P. & R. Schmidt-Jeffris. 2023. Herbicides harm key orchard predatory mites. Insects, 14, 480.

Bernardi, D., M. Botton, U.S. Cunha, D.E. Nava & M.S. Garcia. 2010. Bioecologia, monitoramento e controle do ácaro-rajado com o emprego da azadiractina e ácaros predadores na cultura do morangueiro. Embrapa, Bento Gonçalves, Circular Técnica, 83: 8 p.

Bernardi, D., M. Botton, D.E. Nava & M.A.C. Zawadneak. 2015. Guia para a identificação e monitoramento de pragas e seus inimigos naturais em morangueiro. Embrapa, Brasília, 46 p. Disponível: https://www.alice.cnptia.embrapa.br/alice/handle/doc/1047750?locale=pt_BR.

Bernardi, G.V. & E.W. Kitajima. 2022. Dispersão de ácaros *Brevipalpus* e dos vírus que transmitem por meio da forese com moscas *Anastrepha*. *In*: Anais do VII Simpósio Brasileiro de Acarologia, Fortaleza, 6 a 9-XII-2021, s.n.

Bertolo, F.O.A., A.P. Ott & N.J. Ferla. 2011. Ácaros em videira no Rio Grande do Sul. Boletim Fepagro, Porto Alegre, 21: 24 p.

Bianchin, V., P.R.V.S. Pereira, D. Lau & D. Navia. 2010. Técnica para amostragem, coleta e triagem de ácaros eriophyideos em poaceas. Passo Fundo: Embrapa Trigo, Comunicado Técnico online, 289: 15 p. Disponível em: http://www.cnpt.embrapa.br/biblio/co/p_co289.htm

Binotti, R.S., J.R. Muniz, I.A. Paschoal, A.P. do Prado & C.H. Oliveira. 2001. House dust mites in Brazil – An annotated bibliography. Memórias do Instituto Oswaldo Cruz, 9: 1177–1184.

Blanchard, E.E. 1940. Tres acaros dañinos para los cultivos argentinos. Revista de la Facultad de Agronomia, 24: 11–18.

Blauvelt, W.E. 1945. The internal morphology of the common red spider mite, *Tetranychus telarius* L. Memoirs of Cornell University Agricultural Experiment Station, 270: 1–11.

Bleicher, E. 1974. Ocorrência do ácaro *Panonychus ulmi* (Koch, 1836) Tuttle e Baker, 1966 no Estado de Santa Catarina. O Solo, Piracicaba, 66: 64.

Boaretto, M.A.C. & L.G. Chiavegato. 1994. Transmissão da leprose por ácaros *Brevipalpus phoenicis* (Geijskes, 1939) (Acari: Tenuipalpidae) temporariamente mantidos em hospedeiros intermediários, em condições de laboratório. Científica, São Paulo, 22: 81–93.

Bobot, T.E., E. Franklin, D. Navia, T.R.J. Gasnier, A.C. Lofego & B.M. de Oliveira. 2011. Mites (Arachnida, Acari) on *Citrus sinensis* L. Osbeck orange trees in the State of Amazonas, northern Brazil. Acta Amazonica, 41: 557–566.

Boczek, J. 1960. A new genus and three new species of eriophyid mites (Acarina). Journal of Kansas Entomological Society, 33: 9–14.

Boczek, J. 1991. Mite pests in stored food. *In*: Gorham, J.R. (org.). Ecology and Management of Food Industry Pests. FDA Technical Bulletin, 4: 57–79.

Boczek, J. & A. Chandrapatya. 1989. Studies on eriophyid mites (Acari: Eriophyoidea). I. Bulletin of the Polish Academy of Sciences. Biological Sciences, 37: 133–140.

Boczek, J. & R. Davis. 1984. New species of eriophyid mites (Acari: Eriophyoidea). Florida Entomologist, 67: 198–213.

Boese, J.L. 1981. Mites. *In*: Gorham, J.R. (org.). Principles of food analysis for filth, decomposition and foreign matter. FDA Technical Bulletin, 1: 63–81

Boisduval, A. 1867. Essai sur l'Entomologie Horticole, France. 648 p.

Bolland, H.R., J. Gutierrez & C.H.W. Flechtmann. 1998. World catalogue of the spider mite family (Acari: Tetranychidae). Brill, Leiden, 392 p.

Bonato, O., S. Mapangou-Divassa & J. Gutierrez. 1995. Influence of relative humidity on life-history parameters of *Mononychellus progresivus* and *Oligonychus gossypii* (Acari: Tetranychidae). Environmental Entomology, 24: 841–845.

Bonato, O., P.L. Santarosa, G. Ribeiro & F. Lucchini. 2000. Suitability of three legumes for development of *Tetranychus ogmophalos* (Acari: Tetranychidae). Florida Entomologist, 83: 203–205.

Bondar, G. 1938. Notas entomologicas de Bahia. III. Revista de Entomologia, Brasil, 9: 441–445.

Braga, F.M. 1957. Catálogo dos ácaros que vivem nas plantas cultivadas e nos produtos armazenados no Brasil. Boletim Fitossanitário, 7: 31–44.

Brandenburg, R.L. & G.G. Kennedy. 1982. Intercrop relationships and spidermite dispersal in a corn/peanut agro-ecosystem. Entomologia Experimentalis et Applicata, 32: 269–276.

Brasil, Ministério da Agricultura, Pecuária e Abastecimento. 2007. Instrução Normativa 52, de 20-XI-2007.

Brasil, Ministério da Agricultura, Pecuária e Abastecimento. 2008. Instrução Normativa 41, de 2-VII-2008.

Brasil, Ministério da Agricultura, Pecuária e Abastecimento. 2018a. Instrução Normativa 38, de 1-X-2018a.

Brasil, Ministério da Agricultura, Pecuária e Abastecimento. 2018b. Instrução Normativa 39, de 1-X-2018b.

Briozo, M.E.O., J.F. Silva, J.C.B. Ferraz, P.R.R. Silva, J.W.S. Melo & S.M. França. 2023. Biology and life table of *Tetranychus neocaledonicus* André (1933) (Acari: Tetranychidae) in different hosts. Systematic & Applied Acarology, 28: 497–507.

Brito, E.A.S., I.S. Castro, N.A.N. Vinhas, R.R. Santana, G.M. Pinheiro & N.J. Ferla. 2023. Damage caused by *Tuckerella ornata* (Acari: Tuckerellidae) on cocoa fruits (*Theobroma cacao*) in the Amazon region, state of Pará, Brazil. Systematic & Applied Acarology, 28: 11–19.

Britto, E.P.J., M.G.C. Gondim Jr., D. Navia & C.H.W. Flechtmann. 2007. New taxa of eriophyid mites (Acari: Eriophyidae) from fruit trees in northeastern Brazil. International Journal of Acarology, 33: 347–351.

Britto, E.P.J., M.G.C. Gondim Jr., D. Navia & C.H.W. Flechtmann. 2008. A new deuterogynous eriophyid mite (Acari: Eriophyidae) with dimorphic males from *Caesalpinia echinata* (Caesalpiniaceae) from Brazil: description and biological observations. International Journal of Acarology, 34: 307–316.

Bronswijk, J.E.M.H. Van, A.W.A.M. De Cock & S. Oshima. 1973a. The genus *Blomia* (Acari: Glycyphagidae). I. Description of *Blomia tropicalis* sp. n. from house dust in tropical and sub-tropical regions. Acarologia 15: 477–489.

Bronswijk, J.E.M.H. Van, A.W.A.M. De Cock & S. Oshima. 1973b. The genus *Blomia* Oudemans (Acari: Glycyphagidae). II. Comparison of its species. Acarologia, 15: 490–505.

Brusca, R.C., W. Moore & S.M. Shuster. 2018. Invertebrados, 3. ed. Editora Guanabara Koogan Ltda. Rio de Janeiro, 1254 p.

Buffon, G., É.A.R. Blasi, T.I. Lamb, J.M. Adamski, J. Schwambach, F.K. Ricachenevsky, A. Bertolazi, V. Silveira, M.C.B. Lopes & R.A. Sperotto. 2021. *Oryza sativa* cv. Nipponbare and *Oryza barthii* as unexpected tolerance and susceptibility sources against *Schizotetranychus oryzae* (Acari: Tetranychidae) mite infestation. Frontiers in Plant Science, 12: 613568.

Caldas, D. 1915. Um acarino parasita da batata. Chácaras e Quintaes, 12: 434.

Calza, R. & H.F.G. Sauer. 1952. A aranha vermelha dos cafezais. O Biológico, São Paulo, 18: 201–208.

Campos, M.V., P.S. Silva, A.L. Marsaro Jr. & P.R.V.S. Pereira. 2019. Primeiro registro do ácaro vermelho das palmeiras, *Raoiella indica* Hirst (Acari: Tenuipalpidae), no estado do Mato Grosso, Brasil. Intelletto, 4: 11–15.

Canestrini, G. & C. Massalongo. 1894. Nuove specie di Fitoptidi italiani. Atti della Societá Veneto-Trentina di Scienze naturali, 2: 465–466.

Canevari, G.C., F. Rezende, R.B. da Silva, L.R.D'A. Faroni, J.C. Zanuncio, S. Papadopoulou & J.E. Serrão. 2012. *Tyrophagus putrescentiae* (Schrank) (Astigmata: Acaridae) for the biological control of *Lasioderma serricorne* (F.) (Coleoptera: Anobiidae). Brazilian Archives of Biology and Technology, 55: 299–303.

Carey, J.R. & J.W. Bradley. 1982. Developmental rates, vital schedules, sex ratios, and life tables for *Tetranychus urticae*, *T. turkestani* and *T. pacificus* (Acarina: Tetranychidae) on cotton. Acarologia, 23: 333–345.

Carrillo, D., D. Amalin, F. Hosein, A. Roda, R.E. Duncan & J.E. Peña. 2012. Host plant range of *Raoiella indica* (Acari: Tenuipalpidae) in areas of invasion of the New World. Experimental & Applied Acarology, 57: 271–289.

Carrillo, D., G.J. de Moraes & J.E. Peña (eds.). 2015. Prospects for biological control of plant feeding mites and other harmful organisms, Progress in Biological Control Series, 19, Springer, Cham, 328 p.

Carvalho, A.N., D. Navia, E. De Lillo, F. Ferragut & A.R. Oliveira. 2018. The cacao bud mite, *Aceria reyesi* (Nuzzaci 1973) – supplementary description, distribution and comparison with *Gymnaceria cupuassu* Oliveira, Rodrigues & Flechtmann 2012 (Acari: Eriophyidae). Systematic & Applied Acarology, 23: 501–520.

Carvalho, R.P.L. & C.J. Rossetto. 1968. Ocorrência de *Aceria fícus* (Cotte) e *Calepitrimerus vitis* (Nal.) (Acarina, Eriophyidae) na região de Valinhos. Ciência e Cultura, 20: 256.

Castilho, R.C., G.J. de Moraes, E.S. Silva, R.A.P. Freire & F.C. Eira. 2009. The predatory mite *Stratiolaelaps scimitus* as a control agent of the fungus gnat *Bradysia matogrossensis* in commercial production of the mushroom *Agaricus bisporus*. International Journal of Pest Management, 55: 181–185.

Castilho, R.C., G.J. de Moraes & B. Halliday. 2012. Catalogue of the mite family Rhodacaridae Oudemans, with notes on the classification of the Rhodacaroidea (Acari: Mesostigmata). Zootaxa, 3471, 1–69.

Castilho, R.C., V.S. Duarte, G.J. de Moraes, K. Westrum, N. Trandem, L.C.D. Rocha, I. Delalibera Jr. & I. Klingen. 2015. Two-spotted spider mite and its natural enemies on strawberry grown as protected and unprotected crops in Norway and Brazil. Experimental & Applied Acarology, 66: 509–528.

Castilho, R.C., G.J. de Moraes, E.B. Azevedo, A.R.A. Barros, D.S. Martins, R.B. Queiroz & V. Zuffo. 2021. Alteração intrigante – Cuidados com a mudança de cor do ácaro-rajado. Revista Cultivar – Hortaliças e Frutas. Vol. Outubro-dezembro, pp. 10-12. Disponível em: https://revistacultivar.com.br/materias/cuidados-com-a-mudanca-de-cor-do-acaro-rajado

Castro, E.B., R. Ochoa, R.J.F. Feres, J.J. Beard & G.R. Bauchan. 2015. Reinstatement of the genus *Colopalpus* Pritchard and Baker (1958) and re-description of *Colopalpus matthyssei* Pritchard and Baker (1958), the type species of the genus (Acari, Tenuipalpidae). International Journal of Acarology, 41: 310–328.

Castro, E.B., F.A.M. Ramos, R.J.F. Feres, R. Ochoa & G.R. Bauchan. 2017. Redescription of *Tenuipalpus heveae* Baker (Acari: Tenuipalpidae) and description of a new species from rubber trees in Brazil. Acarologia, 57: 421–458.

Castro, E.B., A.D. Tassi, G. Barroso, R.J.F. Feres & R. Ochoa. 2019. Redescription of *Tenuipalpus coyacus* De Leon (Trombidiformes: Tenuipalpidae), with a discussion on the ontogeny of leg setae. International Journal of Acarology, 45: 1–16.

Castro, E.B., J.J. Beard, R. Ochoa, G.R. Bauchan, G. Otero-Colina, A.P.G. Dowling, A.C. Lofego & R.J.F. Feres. 2023. A new species of *Ultratenuipalpus* (Acari: Tenuipalpidae) from Brazil and re-description of *Ultratenuipalpus meekeri* (De Leon), the type species of the genus, with DNA barcodes. Animals, 13: 1838.

Castro, E.B., N.C. Mesa, R.J.F. Feres, G.J. de Moraes, R. Ochoa, J.J. Beard & P.R. Demite. 2024. Tenuipalpidae Database. Disponível em: http://www.tenuipalpidae.ibilce.unesp.br. Acesso em: 1 mar. 2024.

Castro, T.M.M.G. & G.J. de Moraes. 2010. Diversity of phytoseiid mites (Acari: Mesostigmata: Phytoseiidae) in the Atlantic Foret of São Paulo. Systematics and Biodiversity, 8: 301–307.

Castro, T.M.M.G. & M.R. Vieira. 2000. Biology of *Tetranychus desertorum* (Acari: Tetranychidae) on papaya tree and its occurrence in protected environment. *In*: Abstract Book I, XXI International Congress of Entomology, Foz do Iguassu, 20–26 de agosto de 2000, p. 6.

Cavalcante, A.C.C., M. Mandro, E.R. Paes & G.J. de Moraes. 2017a. *Amblyseius tamatavensis* Blommers (Acari: Phytoseiidae) a candidate for biological control of *Bemisia tabaci* (Gennadius) biotype B (Hemiptera: Aleyrodidae) in Brazil. International Journal of Acarology, 43: 10–15.

Cavalcante, A.C.C., N. Famah Sourassou & G.J. de Moraes. 2017b. Potential predation of the exotic *Amblyseius swirskii* on *Euseius concordis* (Acari: Phytoseiidae), a predatory mite commonly found in Brazil. Biocontrol Science and Technology, 27: 288–293.

Chaboussou, F. 1976. Cultural factors and the resistance of citrus plants to scale insects and mites. *In*: Fertilizer Use and Plant Health. Proceedings of the 12th Colloquium of the International Potash Institute, Izmir, Turkey, 1976, pp. 259–280.

Chagas, C.M. 1973. Associação do ácaro *Brevipalpus phoenicis* (Geijskes) à mancha anular do cafeeiro. O Biológico, São Paulo, 39: 229–232.

Chagas, C.M. 1988. Viroses, ou doenças semelhantes transmitidas por ácaros tenuipalpídeos: mancha anular do cafeeiro e leprose dos citros. Fitopatologia Brasileira, 13: 92.

Chakrabarti, S. & S. Mondal. 1979. Studies on the eriophyid mites (Acari: Eriophyoidea) of India— III: Description of five new species of *Calacarus* from West Bengal with key to Indian species. Acarologia, 21: 396–407.

Chandrapatya, A., D. Navia & C.H.W. Flechtmann. 2000. *Taspinus* Chandrapatya, 1991, a junior synonym of *Spinacus* Keifer, 1979 (Acari: Eriophyidae). International Journal of Acarology, 26: 81–86.

Chandrasena, G.D.S.N., J.D.K.M. Jayawardane, S.D. Umange & A.D.B.U. Gunawardana. 2016. Host range of panicle rice mite *Steneotarsonemus spinki* Smiley (Acari: Tarsonemidae) in Sri Lanka. Universal Journal of Agricultural Research, 4: 21–24.

Channabasavanna, G.P. 1966. A contribution to the knowledge of Indian eriophyid mites (Eriophyoidea: Trombidiformes: Acarina). University of Agricultural Sciences, Hebbal, Bangalore, 154 p.

Cherubin, N. 2017. Tecnologia Agrícola – Ácaros e broca peluda podem ser um perigo para a cana? Elaborada por RPANEWS. Disponível em: https://revistarpanews.com.br/tecnologia-agricola-acaros-e-broca-peluda-podem-ser-um-perigo-para-a-cana/. Acesso em: 5 abr. 2023.

Chiavegato, L.G. 1968. Contribuição para o conhecimento de alguns ácaros que ocorrem em seringueira (*Hevea brasiliensis* Muell. Arg.). *In*: Anais da I Reunião Anual da Sociedade Brasileira de Entomologia, Piracicaba, São Paulo, setembro de 1968, p. 67.

Chiavegato, L.G. 1971. Contribuição ao estudo dos ácaros da cultura algodoeira em algumas regiões do Estado de São Paulo. Tese de Doutorado, Escola Superior de Agricultura "Luiz de Queiroz", Universidade de São Paulo, Piracicaba, 135 p.

Chiavegato, L.G. 1976. *Brevipalpus russulus* (Boisduval) Oudemans, 1938 (Acari: Tenuipalpidae) severa praga de cactáceas ornamentais. Ciência e Cultura, 28: 342–343.

Chiavegato, L.G. 1986. Biologia do ácaro *Brevipalpus phoenicis* em citros. Pesquisa Agropecuária Brasileira, 21: 813–816.

Chiavegato, L.G. 1988. Biologia do ácaro *Panonychus citri* (McGregor, 1916) (Acari: Tetranychidae), praga dos citros. Científica, São Paulo, 16: 79–84.

Chiavegato, L.G. 1993. Transmissão da leprose através de fêmeas de *Brevipalpus phoenicis* (Geijskes, 1939) (Acari: Tenuipalpidae) e de seus descendentes, em condições de laboratório. Científica, São Paulo, 21: 245–253.

Chiavegato, L.G. & P.R. Kharfan. 1993. Comportamento do ácaro da leprose *Brevipalpus phoenicis* (G.) (Acari: Tenuipalpidae) em citros. Anais da Sociedade Entomológica do Brasil, 22: 355–359.

Chiavegato, L.G. & A.A. Salibe. 1984. Transmissibility of leprosis symptoms by *Brevipalpus phoenicis* to young citrus plants under laboratory conditions. *In*: Proceedings Conference of the International Organization of Citrus Virologists, 9, Riverside, 1983, pp. 218–221.

Chiavegatto, L.G., O. Rigitano & M. Ojima. 1967. Observações preliminares sobre anormalidades em macieira. O Agronômico, 19: 34–35.

Chiavegato, L.G., G.M.S. Pereira & R. Pavarini. 1997. Avaliação das diferentes fases de desenvolvimento de *Brevipalpus phoenicis* (Geijskes, 1939) (Acari: Tenuipalpidae) na transmissão da leprose em plantas cítricas. Científica, 25: 307–315.

Childers, C.C., M.M. Abou-Setta & M.S. Nawar. 1991. Biology of *Eutetranychus banksi*: life tables on "Marsh" grapefruit leaves at different temperatures (Acari: Tetranychidae). International Journal of Acarology, 17: 29–35.

Cho, M.R., D.S. Kim, D.J. Im, S.Y. Na & M.S. Yiem. 1999. A new record of tarsonemid mite, *Steneotarsonemus spinki* (Acari, Tarsonemidae) and its damage on rice in Korea. Korean Journal of Applied Entomology, 38: 157–164.

Chong, J.H. 2013. A witch's brew of troubles with the bermudagrass mite. Bermudagrass stunt mites are an increasing turfgrass problem at golf facilities with bermudagrass fairways and roughs. Green Section Record, 51(14): 4 p.

Cia, E., M.G. Fuzatto, R.R. Lüders, J.I. Kondo & R. Galbieri. 2005. Efeitos da incidência de ácaro branco em diferentes genótipos de algodoeiro. *In*: Anais do V Congresso Brasileiro de Algodão, Salvador, CD-ROM

Cocco, A. & M.A. Hoy. 2009. Feeding, reproduction, and development of the red palm mite (Acari: Tenuipalpidae) on selected palms and banana cultivars in quarantine. Florida Entomologist, 92: 276–291.

Cohen, E. 2006. Pesticide-mediated homeostatic modulation in arthropods. Pesticide Biochemestry and Physiology, 85: 21–27.

Coll, O.R. & M.S. Caceres. 1995. Determinación de la flutuación poblacional del "acaro del bronceado" de la yerba mate y sus enemigos naturales. *In*: Winge, H., A.G. Ferreira, J.E.A. Mariath & L.C. Tarasconi (orgs.). Erva-mate: biologia e cultura no Cone Sul. Editora da Universidade Federal do Rio Grande do Sul, Porto Alegre, pp. 121–128.

Coll, O.R. de & E.D. Saini. 1992. Insectos y acaros perjudiciales al cultivo de la yerba mate en la Republica Argentina. Instituto Nacional de Tecnologia Agropecuaria. Estación Experimental Agropecuaria Montecarlo, Argentina, 48 p.

Coordenadoria de Assistência Técnica Integral. 1997. Manual técnico das culturas, 8. Segunda edição, Vol. 3, Fruticultura, Campinas, 347 p.

Cook, M.T. 1909. Some insect galls of Cuba. Segundo Informe Anual de la Estación Agronomica de Cuba, 1909: 143–146.

Cooreman, J. 1958. Notes et observations sur les acariens. VII. *Photia graeca* n. sp. (Acaridiae, Canestriniidae) et *Lorryia formosa* n. sp. (Stomatostigmata, Tydeidae). Bulletin de l'Institut Royal des Sciences Naturelles de Belgique Entomologie, 34, 1–10.

Cordo, H.A. & C.J. Deloach. 1975. Ovipositional specificity and feeding habits of the waterhyacinth mite, *Orthogalumna terebrantis*, in Argentina. Environmental Entomology, 4: 561–565.

Corpuz-Raros, L.A. 2001. *Tuckerella filipina*, a new species of Tuckerellidae (Acari) from the Phillipines. International Journal of Acarology, 27: 71–74.

Costa, A.S. & A.M.B. Carvalho. 1960a. Anomalia das folhas da quaresmeira, associada a ácaros. Bragantia, Campinas, 19: 7–10.

Costa, A.S. & A.M.B. Carvalho. 1960b. Enrolamento do bordo das folhas da primavera, causado por ácaro. Bragantia, 19: 139–140.

Costa, A.S. & R.D. Gonçalves. 1950. Cinza ou penugem do tomateiro (*Lycopersicum esculentum* Mill). Bragantia, Campinas, 10: 383–384.

Costa, A.S., F.M. do Nascimento & H.E. Borges. 1955. Observações sobre o bronzeamento do algodoeiro mocó. Bragantia, 14: 27–34.

Costa, A.S., O. Rigitano, A.M.B. Carvalho & J.A. Gurgel Netto. 1962. Ocorrência de ácaro eriofiídio em pessegueiros no Estado de São Paulo. Bragantia, 21: 37–39.

Cotte, J. 1920. Deux parasites de la figue sauvage. Bulletin de la Société de Pathologie Végétale de France, 7: 26–30.

Croft, B.A. & C. Jung. 2001. Phytoseiid dispersal at plant to regional levels: a review with emphasis on management of *Neoseiulus fallacis* in diverse agroecosystems. Experimental & Applied Acarology, 25: 763–784.

Craemer, C. 1996. Eriophyoidea (Acari) associated with *Lantana camara* L., with descriptions of two new species. African Plant Protection, 2: 59–66.

Cromroy, H.L. 1983. Potential use of mites in biological control of terrestrial and aquatic weeds. *In*: Hoy, M.A., G.L. Cunningham & L. Knutson (orgs.). Biological control of pests by mites. University of California, Division of Agriculture and Natural Resources, Special Publication, 3304, Berkeley, pp. 61–66.

Cruz, J.B., M.R.S. Massaro & G.J. de Moraes. 2019. Biology of *Mononychelus planki* (Acari: Tetranychidae) on *Calopogonium mucunoides* (Plantae: Fabaceae). Acarologia, 59: 571–576.

Cruz, W.P., C. Krug, G.J.N. Vasconcelos & G.J. de Moraes. 2015. Diversity of mites associated with *Raoiella indica* (Acari: Prostigmata) on coconut palms in the central region of the Brazilian Amazonia, with emphasis on the predaceous Phytoseiidae (Acari: Mesostigmata). Systematic & Applied Acarology, 20: 875–886.

Cruz, W.P., C. Krug, G.J.N. Vasconcelos & G.J. de Moraes. 2019. Mite (Arachnida: Acari) diversity and abundance on oil palms in the central region of the Brazilian Amazonia. Systematic & Applied Acarology, 24: 1736–1750.

Cruz, W.P., M.C. Souza, J.D.A. Lacerda, Á.I.A. Fonseca e Souza, P.A. Silva & E.C. dos Santos. 2022. Occurrence of *Raoiella indica* Hirst (Acari, Tenuipalpidae) in the southeast region of the state of Pará, Brazil. Journal of Plant Diseases and Protection, 130: 199–204.

Cunha, R.J.P. & H.P. Haag. 1980. Nutrição mineral do mamoeiro [*Carica papaya* L.).·II Deficiência de boro em condições de campo e casa de vegetação. Anais da Escola Superior de Agricultura "Luiz de Queiroz", 37: 291–302.

Cunnington, A.M. 1976. The effect of physical conditions on the development and increase of some important storage mites. Annals of Applied Biology, 82: 175–178.

Cuzzuol, T.N., A.B.M. Piffer, A.M. Holtz, J.J.P. Marchiori, F.G. Holtz, J.R. Carvalho, R.L. Aguiar & P.S.F. Fontes. 2023. Alternative management of *Raoiella indica* Hirst, 1924 (Acari: Tenuipalpidae) with passion fruit seed extract. Revista de Gestão Social e Ambiental, Miami, 17: 1–13.

Damasceno, M.R.A. & D. Navia. 2009. A new eriophyid mite from Brazil. International Journal of Acarology, 35: 371–376.

D´Andréa, G. 1951. *Phyllocoptes vitis*. *In*: Anais do V Congresso Brasileiro de Viticultura e Enologia, Caxias do Sul, Rio Grande do Sul, março de 1950, p. 72.

Daud, R.D., P.R. Demite, R.J.F. Feres, E.G. Cardoso, E. Trabuco & M. Boscolo. 2004. Éster de sacarose: biopesticida promissor no controle de ácaros. *In*: XX Congresso Brasileiro de Entomologia, Programa e Resumos. Gramado-RS, 5–10 de setembro de 2004, p. 340.

Davis, R., C.H.W. Flechtmann, J.H. Boczek & H.E. Barké. 1982. Catalogue of eriophyid mites (Acari: Eriophyoidea). Warsaw Agricultural University Press, Warsaw, 254 p.

DeBach, P. 1964. Biological control of insect pests and weeds. Reinhold, N. Iorque, 844 p.

De Jesus, T.F. 2022. Avaliação da resistência de diferentes clones de cacaueiros à "enrugadeira" e correlação com *Aceria reyesi* e *Typhlodromalus aripo* (Acari: Eriophyidae, Phytoseiidae) na Bahia. Dissertação de Mestrado, Universidade Estadual de Santa Cruz, Ilhéus/Bahia, 46 p.

De Leon, D. 1956. Four new Acarina in the family Tarsonemidae. Florida Entomologist, 39:105–112.

De Leon, D. 1957. The genus *Tenuipalpus* in Mexico (Acarina: Tenuipalpidae). Florida Entomologist, 40: 81–93.

De Leon, D. 1960. The genus *Brevipalpus* in Mexico, Part I (Acarina: Tenuipalpidae). Florida Entomologist, 43: 175–187.

De Leon, D. 1962. Two new false spider mites from Mexico and a new distribution record. Proceedings of the Entomological Society of Washington, 64: 203–205.

De Leon, D. 1965a. New Tenuipalpidae (false spider mites) from British Guiana with notes on four described species. Florida Entomologist, 48: 65–75.

De Leon, D. 1965b. Four new *Tenuipalpus* from Puerto Rico with notes on some previously described species (Acarina: Tenuipalpidae). Proceedings of the Entomological Society of Washington, 67: 193–196.

Delucchi, V. 1989. Integrated pest management vs systems management. *In*: Yaninek, J.S. & H.R. Herren (orgs.). Biological control: a sustainable solution to crop pest problems in Africa. International Institute of Tropical Agriculture, Ibadan, Nigeria, pp. 51–67.

Demite, P.R. & R.J.F. Feres. 2005. Influência de vegetação vizinha na distribuição de ácaros em seringal (*Hevea brasiliensis* Muell. Arg., Euphorbiaceae) em São José do Rio Preto, SP. Neotropical Entomology, 34: 829–836.

Demite, P.R., G.J. de Moraes, J.A. McMurtry, H.A. Denmark & R.C. Castilho. 2024. Phytoseiidae Database. Disponível em: http://www.lea.esalq.usp.br/phytoseiidae. Acesso em: 1 mar. 2024.

De Negri, J.D. 1987. Citros. Outros ácaros de importância econômica. Correio Agrícola, 2(87): 14–21.

Den Heyer, J. 2011. Some statistics on the taxonomy of the family Cunaxidae (Acari: Prostigmata). *In*: Moraes, G.J. de & H. Proctor (eds.), Acarology XIII: Proceedings of the International Congress. Zoosymposia, 6, pp. 34–38.

De Vis, R. & A.J. Barrera. 1999. Use of two predators *Phytoseiulus persimilis* Athias-Henriot (Acari: Phytoseiidae) and *Neoseiulus californicus* (McGregor) (Acari: Phytoseiidae) for the biological control of *Tetranychus urticae* Koch (Acari: Tetranychidae) in roses in the Bogota plateau. *In*: Fischer, G. & A. Angarita (orgs.) Procedings of the International Symposium on Cut Flowers in the Tropics, Bogotá, Acta Horticulturae, 482: 259–268.

De Vis, R.M.J., G.J. de Moraes & M.R. Bellini. 2006. Mites (Acari) of rubber trees (*Hevea brasiliensis* Muell. Arg., Euphorbiaceae) in Piracicaba, State of São Paulo, Brazil. Neotropical Entomology, 35: 112–120.

Díaz, A., K. Okabe, C.J. Eckenrode, M.G. Villani & B.M. Oconnor. 2000. Biology, ecology, and management of the bulb mites of the genus *Rhizoglyphus* (Acari: Acaridae). Experimental & Applied Ecology, 24: 85–113.

Dittrich, V. & P. Streibert. 1969. The respiration mechanism of spider mite eggs. Zeitschrift fur Angewandte Entomologie, 63: 200–211.

Domingos, C.A. 2010. Diversidade e biologia de ácaros em *Vitis vinífera* (L.) no submédio do Vale do São Francisco, Brasil. Dissertação de Mestrado, Universidade Federal Rural de Pernambuco, Recife, 65 p.

Domingos, C.A., J.W.S. Melo, J.E.M. Oliveira & M.G.C. Gondim Jr. 2010. Diversity of mites on Vitaceae in the São Francisco River Valley, Brazil. *In*: Moraes, G.J. de, R.C. Castilho & C.H.W. Flechtmann (orgs.). XIII International Congress of Acarology, Recife, 23 a 27-VIII-2010, p. 72.

Donnadieu, A.L. 1875. Recherches pour servir a l'Histoire des Tétranyques. Thèses, Faculté des Sciences de Lyon, França, 131 p.

Doreste, S.E., L.C. Reyes, O.L. Aponte, & J. Mijares. 1975. Nueva informacion sobre la "engurruñadera" del cacao en Venezuela. Revista de la Facultad de Agronomia, 8: 119–127.

Dosse, G. 1954. *Tenuipalpus orchidarum* Parfitt nun auch in deutschen Gewaechshaeusern. Zeitschrift fur Angewandte Entomologie, 36: 304–315.

Drukker, B., A. Janssen, W. Ravensberg & M.W. Sabelis. 1997. Improved control capacity of the mite predator *Phytoseiulus persimilis* (Acari: Phytoseiidae) on tomato. Experimental & Applied Acarology, 21: 507–518.

Duarte, C. 1915. Consociação do cafeeiro com outras plantas: abrigo dos cafeeiros quando novos. Chácaras e Quintaes, 12: 420–423.

Duarte, M.E., R.S. Mendonça, A. Skoracka, E.S. Silva & D. Navia. 2019. Integrative taxonomy of *Abacarus* mites (Eriophyidae) associated with hybrid sugarcane plants, including description of a new species. Experimental & Applied Acarology, 78: 373–401.

Duarte, M.E., R.S. Mendonça & D. Navia. 2020. Eriophyoid mites (Acariformes) from wild and cultivated Solanaceae plants from Brazil—new taxa, supplementary descriptions, a first report and new host plants of the tomato russet mite. Systematic & Applied Acarology, 25: 1215–1246.

Duarte, M.E., M. Lewandowski, R.S. Mendonça, S. Simoni & D. Navia. 2023. Genetic analysis of the tomato russet mite provides evidence of oligophagy and a widespread pestiferous haplotype. Experimental & Applied Acarology, 89: 171–199.

Duarte, M.V.A., D. Vangansbeke, J. Pijnakker, R. Moerkens, A. Benavente, Y. Arijs, A.L.F. Saucedo & F. Wäckers. 2021. Evaluation of natural and factitious food sources for *Pronematus ubiquitus* on tomato plants. Insects, 12: 1111.

Duarte, V.S., R.A. Silva, V.W. Wekesa, F.B. Rizzato, C.T.S. Dias & I. Delalibera Jr. 2009. Impact of natural epizootics of the fungal pathogen *Neozygites floridana* (Zygomycetes: Entomophthorales) on population dynamics of *Tetranychus evansi* (Acari: Tetranychidae) in tomato and nightshade. Biological Control, 51: 81–90.

Dugès, A. 1834. Recherches sur l'ordre des Acariens. Annales des Sciences Naturelles. Série 2, Tome 2 – Zoologie, Paris, pp. 18–63 + 2 pranchas.

Duso, C., M. Castagnoli, S. Simoni. & G. Angeli. 2008. The impact of eriophyoids on crops: new and old case studies. *In*: Bertrand, M., S. Kreiter, K. McCoy, A. Migeon, M. Navajas, M.S. Tixter & L. Vial (eds.), Integrative Acarology. Proceedings of the 6th Congress of the European Association of Acarologists, Montpellier, pp. 317–324.

Duso, C., M. Castagnoli, S. Simon & G. Angeli. 2010. The impact of eriophyoids on crops: recent issues on *Aculus schlechtendali*, *Calepitrimerus vitis* and *Aculops lycopersici*. Experimental & Applied Acarology, 51: 151–168.

Easterbrook, M.A. 1996. Damage and control of eriophyoid mites in apple and pear. *In*: Lindquist, E.E., M.W. Sabelis & J. Bruin (orgs.). Eriophyoid mites. Their biology, natural enemies and control, Elsevier, Amsterdam, pp. 527–541.

Ehara, S. 1966. Some mites associated with plants in the State of São Paulo, Brazil, with a list of plant mites of South America. Japanese Journal of Zoology, 15, 129–150.

Eichelberger, C.R., L. Johann, F. Majolo & N.J. Ferla. 2011. Mites fluctuation population on peach tree (*Prunus persica* (L.) Batsch) and in associated plants. Revista Brasileira de Fruticultura, 33: 765–773.

Endlein, U.M. & C.H.W. Flechtmann. 1976. Ocorrência de *Carpoglyphus lactis* (L., 1758) (Acari, Astigmata) em bananas-passa. Ciência e Cultura, 28: 932–933.

Escobar-Garcia, H.A., J.J. Beard & R. Ochoa. 2022. Report of *Tuckerella pavoniformis* (Acari: Tuckerellidae) on Mamey, *Mammea americana* (Calophyllaceae), in northwestern Peru. Insects, 13(5): 473.

Esteca, F.C.N. 2021. Environmental management strategies for pest control in strawberry crop. Tese de Doutorado, Escola Superior de Agricultura "Luiz de Queiroz", Universidade de São Paulo, Piracicaba, 179 p.

Esteca, F.C.N., L.R. Rodrigues, G.J. de Moraes, I. Delalibera Jr. & I. Klingen. 2018. Mulching with coffee husk and pulp in strawberry affects edaphic predatory mite and spider mite densities. Experimental & Applied Acarology, 76: 161–183.

Esteca, F.C.N., N. Trandem, I. Klingen, J.C. Santos, I. Delalibera Jr. & G.J. de Moraes. 2020. Cereal straw mulching in strawberry? A facilitator of plant visits by edaphic predatory mites at night? Diversity, 12, 242.

Estrada-Venega, E.G., R. Ochoa & A. Equihua-Martinez. 2023. Presence of *Raoiella indica* Hirst (Acari: Tenuipalpidae) at an unexpected altitude: in Mexico city. Acarologia, 63: 591–595.

Evans, G.O. 1992. Principles of Acarology.CAB International, Wallingford, 563 p.

Evans, G.O. & W.M. Till. 1979. Mesostigmatic mites of Britain and Ireland (Chelicerata: Acari-Parasitiformes). An introduction to their external morphology and classification. Transactions of the Zoological Society of London, 35, 139–270.

Evans, G., H.L. Cromroy & R. Ochoa. 1993. The Tenuipalpidae of Honduras (Tenuipalpidae: Acari). Florida Entomologist, 76: 126–155

Ewing, H.E. 1937. A new eriophyid mite from lemon trees (Acarina: Eriophyidae). Proceedings of the Entomological Society of Washington, 39: 193–194.

Fain, A. & W. Chmielewski. 1987. The phoretic hypopi of two acarid mites described from ants' nest: *Tyrophagus formicetorum* Volgin, 1948 and *Lasioacarus nidicolus* Kadzhaja and Sevastianov, 1967. Acarologia, 28: 53–61.

Fain, A. & G.W. Krantz. 1990. Notes on the genus *Asperoseius* Chant, 1957 (Acari, Phytoseiidae), with descriptions of two new species. Journal of African Zoology, 104: 213-220.

Fain, A. & J.W.J. Lowry. 1974. A new genus and two new species of Glycyphaginae from Australia (Acarina: Glycyphagidae). Bulletin et Annales de la Société Royale d´Entomologie de Belgique, 110: 215–224.

Fain, A. & J.R. Philips. 1977. Astigmatic mites from nests of birds of prey in U.S.A. Acta Zoologica et Pathologica Antverpiensia. Editum Consilio: Walter van den Bergh, 69: 155–162.

Fain. A., K. Hyland & T. Tadkowski (1977). *Blomia gracilipes* (Banks, 1917) comb. nov. (= *Chortoglyphus gracilipes*): redescription & status (Acarina: Glycyphagidae). Entomological News, 88: 267–269.

Fan, Q.-H., C.H.W. Flechtmann & G.J. de Moraes. 2016. Annotated catalogue of Stigmaeidae (Acari: Prostigmata), with a pictorial key to genera, Zootaxa, 4176: 1–199.

Fathi, S.A.A. 2023. Eggplant-garlic intercrops reduce the density of *Tetranychus urticae* on eggplant and improve crop yield. Experimental & Applied Acarology, 91: 43 –55.

Fenilli, R. & C.H.W. Flechtmann. 1990. Ácaros do pinheiro-do-Paraná em Lages, Santa Catarina. Anais da Escola Superior de Agricultura "Luiz de Queiroz", Piracicaba, 47: 243–250.

Feres, R.J.F. 1992. A new species of *Calacarus* Keifer (Acari, Eriophyidae, Phyllocoptinae) from *Hevea brasiliensis* Muell. Arg. (Euphorbiaceae) from Brazil. International Journal of Acarology, 18: 61–65.

Feres, R.J.F. 1998. Two new Phyllocoptinae mites (Acari, Eriophyidae) from *Hevea brasiliensis* Muell. Arg. (Euphorbiaceae) from Brazil. International Journal of Acarology, 24: 69–74.

Feres, R.J.F. 2000. Levantamento e observações naturalísticas da acarofauna (Acari, Arachnida) de seringueiras cultivadas (*Hevea* spp., Euphorbiaceae) no Brasil. Revista Brasileira de Zoologia, 17: 157–173.

Feres, R.J.F. 2001. Primeiro registro de ácaros eriofiídeos (Acari, Eriophyidae) em seringueiras (*Hevea brasiliensis* Muell. Arg., Euphorbiaceae) da Floresta Amazônica, Brasil. Revista Brasileira de Zoologia, 18(supl. 1): 343–345.

Feres, R.J.F. 2002 [2001]. Ácaros eriofiídeos (Acari: Eriophyidae) em seringueira (*Hevea brasiliensis* Muell. Arg.: Euphorbiaceae) no Brasil. *In*: Sá, L.A.N. de & G.J. de Moraes (orgs.). Ácaros de importância quarentenária, Embrapa Meio Ambiente, Documento, 25: pp. 31–36.

Feres, R.J.F. & M.R. Bellini. 2002. Ocorrência de diapausa em *Tenuipalponychus tabebuiae* Aguilar, Flechtmann & Ochoa (Acari, Tetranychidae) no Estado de São Paulo, Brasil. Revista Brasileira de Zoologia, 19 (supl. 2): 219–224.

Feres, R.J.F. & C.H.W. Flechtmann. 1988. *Aponychus chiavegatoi* n. sp. collected from *Citrus* sp. (Rutaceae) in São Paulo, Brazil (Acari: Tetranychidae, Eurytetranychini). Revista Brasileira de Biologia, 48: 959–964.

Feres, R.J.F. & C.H.W. Flechtmann. 1995. Mites (Acari) associated with bamboo (*Bambusa* sp., Poaceae) in a woody area from northwestern São Paulo State, Brazil. Revista Brasileira de Zoologia, 12: 533–546.

Feres, R.J.F. & C.H.W. Flechtmann. 2000. Four new *Neoteranychus* Trägårdh (Acari: Tetranychidae) from São Paulo State, Brazil. Acarologia, 41: 215–226.

Feres, R.J.F., D.C. Rossa-Feres, R.D. Daud & R.S. Santos. 2002. Diversidade de ácaros (Acari, Arachnida) em seringueiras (*Hevea brasiliensis* Muell. Arg., Euphorbiaceae) na região noroeste do Estado de São Paulo, Brasil. Revista Brasileira de Zoologia, 19: 137–144.

Feres, R.J.F., M.R. Vieira, R.D. Daud, E.G. Pereira Jr., G.F. Oliveira & C.L. Dourado. 2009. Ácaros (Arachnida, Acari) de plantas ornamentais na região noroeste do estado de São Paulo, Brasil: inventário e descrição dos sintomas causados pelos fitófagos. Revista Brasileira de Entomologia, 53: 466–474.

Ferla, N.J. 2001. Ecologia e controle de ácaros (Acari) da seringueira (*Hevea brasiliensis* Muell. Arg.) no Estado de Mato Grosso. Tese de Doutorado, Escola Superior de Agricultura "Luiz de Queiroz", Universidade de São Paulo, Piracicaba, 141 p.

Ferla, N.J. & M. Botton. 2008. Ocorrência do ácaro vermelho europeu *Panonychus ulmi* (Koch) (Tetranychidae) associado à cultura da videira no Rio Grande do Sul. Ciência Rural, 38: 1758–1761.

Ferla, N.J. & M.M. Marchetti. 2005. Ácaros no morango (*Fragaria* sp.). Univates, Lajeado, 19 p.

Ferla, N.J. & G.J. de Moraes. 2002. Ácaros (Arachnida, Acari) da seringueira (*Hevea brasiliensis* Muell. Arg.) no Estado do Mato Grosso, Brasil. Revista Brasileira de Zoologia, 19: 867–888.

Ferla, N.J. & G.J. de Moraes. 2003a. Biologia de *Agistemus floridanus* Gonzalez (Acari, Stigmaeidae). Revista Brasileira de Zoologia, 20: 261–264.

Ferla, N.J. & G.J. de Moraes. 2003b. Ciclo biológico de *Calacarus heveae* Feres, 1992 (Acari, Eriophyidae). Revista Brasileira de Entomologia, 47: 399–402.

Ferla, N.J. & G.J. de Moraes. 2006. Seletividade de acaricidas e inseticidas a ácaros predadores (Acari: Phytoseiidae) encontrados em seringueira no centro-oeste. Ciência Rural, 36: 357–362.

Ferla, N.J., M.M. Marchetti & J.C. Siebert. 2005a. Acarofauna (Acari) de erva-mate (*Ilex paraguariensis* St. Hil.: Aquifoliaceae) no Estado do Rio Grande do Sul. Biociências, 13: 133–142.

Ferla, N.J., E.S. Hoffmann, M.J. Maciel, T.B. Horn, L.E. Steffens, D. Gonçalves, M.H. Hermann & M. Carniel. 2005b. Artrópodes na erva-mate (*Ilex paraguariensis*). Univates, Lageado-RS, 20 p.

Ferla, N.J., D.E. Silva, D. Navia, J.M. Nascimento, L. Johann & E. de Lillo. 2018. Occurrence of the quarantine mite pest *Aculus schlechtendali* (Acari: Eriophyidae) in apple orchards of Serra Gaúcha, Rio Grande do Sul state, Brazil. Systematic & Applied Acarology, 23: 1190–1198.

Ferraz, C.S., L.M.S. Ataide, M.G.C. Gondim Jr. & A. Pallini. 2022. Arthropods associated with the lychee erinose mite, *Aceria litchii* (Acari: Eriophyidae) on lychee trees in Minas Gerais, Brazil. Experimental & Applied Acarology, 88: 289–300.

Ferraz, J.C.B., P.R.R. Silva, M.P. Amaranes, J.W.S. Melo, D.B. Lima & S.M. França 2020a. Biology and fertility life table of *Oligonychus punicae* Hirst (Acari: Tetranychidae) associated with eucalyptus in a clonal minigarden. Systematic & Applied Acarology, 25: 103–112.

Ferraz, J.C.B., S.M. da Silva, S.M. França, P.R.R. Silva, J.W.S. Melo & D.B. Lima. 2020b. Host preference, population dynamics, distribution, and injuries of *Oligonychus punicae* (Acari: Tetranychidae) in an eucalyptus clonal minigarden. Systematic & Applied Acarology, 25: 1649–1660.

Ferraz, J.C.B., A.V. Gomes Neto, S.M. França, P.R.R. Silva, J.W.W. Melo & D.B. Lima. 2021. Temperature-dependent development and reproduction of *Oligonychus punicae* (Acari: Tetranychidae) on eucalyptus. Systematic & Applied Acarology, 26: 918–927.

Ferreira, C.T., C. Krug, M.V.B. Garcia & G.J. de Moraes. 2018. Leprosis mite and other mite species (Acari) associated to orange groves in Brazilian Central Amazon. Systematic & Applied Acarology, 23: 449–462.

Ferreira, D.N.M. & C.H.W. Flechtmann. 1997. Two new phytophagous mites (Acari: Tetranychidae, Eriophyidae) from *Arachis pintoi* from Brazil. Systematic & Applied Acarology, 2: 181–188.

Ferreira, D.N.M., C.H.W. Flechtmann & G.J. de Moraes. 2001. Avaliação do risco de introdução de ácaros fitófagos associados à cultura da maçã no Brasil. Embrapa Recursos Genéticos e Biotecnologia, Documentos, 57: 83 p.

Ferreira, J.M.S., D.R.N. Warwick & L.A. Siqueira. 1998. A cultura do coqueiro no Brasil. Embrapa-SPI (Brasília), Embrapa-CPATC (Aracaju), 292 p.

Ferreira, M.A. & P. Lourenço. 2004. Ocorrência de *Tyrophagus similis* Volgin (Acari: Acaridae) em espinafre. Agronomia Lusitana, 51: 135–142.

Ferreira, M.A., C. Manta & C. Valente. 2006a. Primeiro registro de um ácaro eriofídeo em eucalipto em Portugal, *Rhombacus eucalypti* Ghosh Chakrabarti (Acari: Eriophyidae) Agronomia Lusitana, 51: 227–229.

Ferreira, R.C.F., J.V. de Oliveira, F.N.P. Haji & M.G.C. Gondim Jr. 2006b. Biologia, exigências térmicas e tabela de vida de fertilidade do ácaro branco *Polyphagotarsonemus latus*

(Banks) (Acari: Tarsonemidae) em videira (*Vitis vinifera* L.) cv. Itália. Neotropical Entomology, 35: 126–132.

Ferrero M., F.J. Calvo, T. Atuahiva, M.S. Tixier & S. Kreiter. 2011. Biological control of *Tetranychus evansi* Baker & Pritchard and *Tetranychus urticae* Koch by *Phytoseiulus longipes* Evans in tomato greenhouses in Spain [Acari: Tetranychidae, Phytoseiidae]. Biological Control, 58: 30–35.

Figueiredo, E.S. 2017. Criação em larga escala de *Euseius concordis* e sua eficácia como agente de controle de *Aculops lycopersici* (Acari: Phytoseiidae, Eriophyidae) em tomateiros. Dissertação de Mestrado, Escola Superior de Agricultura "Luiz de Queiroz", Universidade de São Paulo, Piracicaba, 55 p.

Flaherty, D.L. & M. Hoy. 1971. Biological control of pacific mites and willamette mites in San Joaquin Valley vineyards: part III. Role of tydeid mites. Researches on Population Ecology, 13: 80–96.

Flechtmann, B.N.N. & C.H.W. Flechtmann. 1982. Observações sobre a reprodução do ácaro vermelho do cafeeiro. Anais do II Congresso Brasileiro de Iniciação Científica em Ciências Agrárias, 8–10 de setembro, 1982. ESALQ-USP, Piracicaba, pp. 109–111.

Flechtmann, C.AH. 1983. Dois ácaros novos para o eucalipto, com uma lista daqueles já assinalados para esta planta. Notas Técnicas, IPEF, Piracicaba, 23: 43–46.

Flechtmann, C.H.W. 1967a. Contribuição para o conhecimento dos ácaros de plantas de algumas regiões do Estado de São Paulo. Tese de Doutorado, Escola Superior de Agricultura "Luiz de Queiroz", Universidade de São Paulo, Piracicaba, 47 p.

Flechtmann, C.H.W. 1967b. Ácaros encontrados sobre maçãs de procedência argentina. Anais da Escola Superior de Agricultura "Luiz de Queiroz", Piracicaba, 24: 83–85.

Flechtmann, C.H.W. 1967c. Os ácaros do cafeeiro. Anais da Escola Superior de Agricultura "Luiz de Queiroz", Piracicaba, 24: 91–95.

Flechtmann, C.H.W. 1968a. Ácaros em batatas armazenadas. Revista de Agricultura, Piracicaba, 43: 131–132.

Flechtmann, C.H.W. 1968b. Ácaros de plantas ornamentais. Boletim de Divulgação, Escola Superior de Agricultura "Luiz de Queiroz", Piracicaba, 5, 28 p.

Flechtmann, C.H.W. 1971. Alguns Trombidiformes do Brasil e do Paraguai (Acari). Tese de Livre-Docência, Escola Superior de Agricultura "Luiz de Queiroz", Universidade de São Paulo, Piracicaba, 63 p. + 14 estampas.

Flechtmann, C.H.W. 1972a. Ácaros de Importância Agrícola. Livraria Nobel S.A., São Paulo, 150 p.

Flechtmann, C.H.W. 1972b. *Tetranychus* (*T.*) *urticae* Koch, 1836 [Acari], praga severa de orquídeas [*Catasetum* sp.] em ripados. Revista de Agricultura, Piracicaba, 47: 70.

Flechtmann, C.H.W. 1973. On an eriophyid mite (Acari) from *Lantana* from Brazil. Anais da Sociedade Entomológica do Brasil, 2: 109–110.

Flechtmann, C.H.W. 1975. Elementos de Acarologia. Livraria Nobel S.A., S. Paulo, 344 p.

Flechtmann, C.H.W. 1976a. Sobre dois ácaros (Arthropoda, Acari) frequentes em criações da broca da cana-de-açúcar (Insecta, Lepidoptera). Ecossistema, Pinhal, 1: 62–63.

Flechtmann, C.H.W. 1976b. Preliminary report on the false spider mites (Acari: Tenuipalpidae) from Brazil and Paraguay. Proceedings of the Entomological Society of Washington, 78: 58–64.

Flechtmann, C.H.W. 1977. Artrópodos associados ao água-pé (*Eichhornia crassipes*) no Brasil. I. Ácaros. *In*: Programa. IV Congresso Brasileiro de Entomologia, Goiânia, 6–11 fevereiro de 1977, p.118.

Flechtmann, C.H.W. 1979a. Ácaros de Importância Agrícola. 6. ed. Livraria Nobel S.A., São Paulo. 189 p.

Flechtmann, C.H.W. 1979b. *Tuckerella ornata* (Tucker), um ácaro novo para o Brasil e outros Tetranychoidea (Acari) do estado do Pará. Anais da Escola Superior de Agricultura "Luiz de Queiroz", 36: 615–620.

Flechtmann, C.H.W. 1985. On the morphological "variation" on the aedeagus of *Schizotetranychus oryzae* (Acari, Prostigmata, Tetranychidae). Anais da Escola Superior de Agricultura "Luiz de Queiroz", Piracicaba, 42: 29–32.

Flechtmann, C.H.W. 1986. Ácaros em produtos armazenados e na poeira domiciliar. FEALQ, Piracicaba, 97 p.

Flechtmann, C.H.W. 1987. Sobre uma pequena coleção de ácaros (Arthropoda, Acari) do Território Federal de Fernando de Noronha, Brasil. Anais da Escola Superior de Agricultura "Luiz de Queiroz", Piracicaba, 44: 1643–1647.

Flechtmann, C.H.W. 1989. *Cocos weddelliana* H. Wendl. (Palmae: Arecaceae), a new host plant for *Eriophyes guerreronis* (Keifer, 1965) (Acari: Eriophyidae) in Brazil. International Journal of Acarology, 15: 241.

Flechtmann, C.H.W. 1994. *Amrineus cocofolius* n.g., n.sp. (Acari: Eriophyidae) from Brazil. International Journal of Acarology, 20: 57–59.

Flechtmann, C.H.W. 1995a. A new eriophyid mite from *Hydrangea* sp. in Brazil, *Paracaphylla setifemorata*, n. sp. Revista Brasileira de Zoologia, 12: 747–750.

Flechtmann, C.H.W. 1995b. On the mite fauna of bamboo leaves in the Parque Nacional do Itatiaia, Rio de Janeiro, Brasil. International Journal of Acarology, 21: 243–252.

Flechtmann, C.H.W. 1996. Rediscovery of *Tetranychus abacae* Baker & Pritchard, additional description and notes on South American spider mites (Acari, Prostigmata, Tetranychidae). Revista Brasileira de Zoologia, 13: 569–587.

Flechtmann, C.H.W. 1997. Mites (Athropoda: Acari) associated of palms (Arecaceae) in Brazil. III. *Eutetranychus nomurai* n.sp. (Tetranychidae) from *Attalea phalerata* Mart. International Journal of Acarology, 23: 269–273.

Flechtmann, C.H.W. 1998a. Three Eriophyoidea (Acari: Prostigmata) new for the Brazilian fauna. International Journal of Acarology, 24: 75–80.

Flechtmann, C.H.W. 1998b. Mite (Arthropoda: Acari) associates of palms (Arecaceae) in Brazil. IV. Description of two new species in the family Eriophyidae. International Journal of Acarology, 24: 113–117.

Flechtmann, C.H.W. 1999. *Tegolophus brunneus* n.sp., a new citrus rust mite from Brazil (Acari: Eriophyidae). International Journal of Acarology, 25: 265–267.

Flechtmann, C.H.W. 2000. Two new genera and three new species of Eriophyidae (Acari) from the Brazilian pine, *Araucaria angustifolia* (Araucariaceae). International Journal of Acarology, 26: 137–144.

Flechtmann, C. H. W. 2001a. *Aberoptus cerostructor* n. sp. a deuterogynous species from Brazil (Acari: Eriophyidae). International Journal of Acarology, 27: 199–204.

Flechtmann, C.H.W. 2001b. Two new species of eriophyid mites from fruit trees in Brazil (Acari: Eriophyidae). International Journal of Acarology, 27: 205–210.

Flechtmann, C.H.W. 2002. *Esalquia centennaria*, a new genus and new species of Eriophyidae (Acari) from ferns in Brazil. International Journal of Acarology, 28: 41–44.

Flechtmann, C.H.W. 2004. Two new plant feeding mites from *Brachiaria ruziziensis* in citrus groves in São Paulo, Brazil and new distribution records of other plant mites in Brazil. Zootaxa, 708: 1–11.

Flechtmann, C.H.W. 2010. Two new *Epitrimerus* Nalepa (Eriophyidae, Prostigmata) species from Brazil and further remarks on the immature stages of a few eriophyoid species. Systematic & Applied Acarology, 15: 71–80.

Flechtmann, C.H.W. 2019. The first *Brevinychus* Meyer (Acari, Tetranychidae) from the Neotropics. Systematic & Applied Acarology, 24: 1751 -1756

Flechtmann, C.H.W. 2020. Spider mites, host plants and new records for Brazil (Acari: Tetranychidae). Entomological Communications, 2: ec02004.

Flechtmann, C.H.W. & J.M. Abreu. 1973. Ácaros fitófagos do Estado da Bahia, Brasil (Notas preliminares). Ciência e Cultura, 25: 244-251.

Flechtmann, C.H.W. & S.B. Alves. 1976.*Oligonychus megandrosoma*, a new species of Acari (Acari, Prostigmata) from avocado (*Persea americana* Mill.) from Brazil. Ecossistema, Pinhal, 1: 25–28.

Flechtmann, C.H.W. & E. Amante. 1974. "Ácaro purpúreo" *Panonychus citri* (McGregor, 1916) praga dos citros. O Biológico, São Paulo, 40: 195–200.

Flechtmann, C.H.W. & B.R.C. Aranda. 1970. New records and notes on eriophyid mites from Brazil and Paraguay, with a list of Eriophyidae from South America. Proceedings of the Entomological Society of Washington, 72: 94–98.

Flechtmann, C.H.W. & E.W. Baker. 1970. A preliminary report on the Tetranychidae (Acarina) of Brazil. Annals of the Entomological Society of America, 63: 156–163.

Flechtmann, C.H.W. & E.W. Baker. 1975. A report on the Tetranychidae (Acarina) of Brazil. Revista Brasileira de Entomologia, 19: 111–122.

Flechtmann, C.H.W. & E. Berti-Filho. 1994. Effect of feeding by two species of eriophyid mites (Acari, Eriophyidae) on the mineral content of their host plants. International Journal of Acarology, 20: 61–65.

Flechtmann, C.H.W. & F.P. Castelo. 1982. On some insects and mites associated with dried and salted fish in Brazil. Acta Amazônica, 12: 489–490.

Flechtmann, C.H.W. & J. Etienne. 2002. New records of plant mites (Acari, Acaridae, Tetranychidae) from Guadeloupe and Marie Galante with descriptions of five new eriophyid species. Zootaxa, 47: 1–16.

Flechtmann, C.H.W. & J. Etienne. 2004. The red palm mite, *Raoiella indica* Hirst, a threat to palms in the Americas (Acari: Prostigmata: Tenuipalpidae). Systematic & Applied Acarology, 9: 109–110.

Flechtmann, C.H.W. & J. Etienne. 2005. Un nouvel acarien ravageur des palmiers. En Martinique, premier signalement de *Raoiella indica* pour les Caraibes. Phytoma, La Defense des Végétaux, 584: 10–11.

Flechtmann, C.H.W. & D.N.M. Ferreira. 2013. Lichia. Defesa vulnerável. Revista Cultivar, Hortaliças e Frutas, 11(83): 8–9.

Flechtmann, C.H.W. & K.L.S. Harley. 1974. Preliminary report on mites (Acari) associated with *Lantana camara* L. in the neotropical region. Anais da Sociedade Entomológica do Brasil, 3: 69–71.

Flechtmann, C.H.W. & E. Malavolta. 1976. Studies on the mineral nutrition of grain sorghum. III. Populations of the common two spotted spider mite on grain sorghum grown on various levels of N, P and K. Communication in Soil Science and Plant Analysis, 7: 839–841.

Flechtmann, C.H.W. & J.A. McMurtry. 1992. Studies of cheliceral and deutosternal morphology of some Phytoseiidae (Acari: Mesostigmata) by scanning electron microscopy. International Journal of Acarology, 18: 163–169.

Flechtmann, C.H.W. & G.J. de Moraes. 2002. Three new species of eriophyid mites (Acari: Eriophyidae) from the state of São Paulo, Brazil. Zootaxa, 23: 1–8.

Flechtmann, C.H.W. & G.J. de Moraes. 2003. New genus and species of eriophyid mites (Acari: Eriophyidae) from Myrtaceae in Brazil, with notes on damages caused by *Aculus pitangae* Boczek & Davis. Zootaxa, 153: 1–10.

Flechtmann, C.H.W. & G.J. de Moraes. 2022. Phytophagous and predatory mites (Acari) on Cyperaceae (Plantae: Poales). Systematic & Applied Acarology, 27: 2618–2624.

Flechtmann, C.H.W. & R.C.B. Moraes. 2024. Tetranychidae Database. Disponível em: www.lea.esalq.usp.br/tetranychidae/. Acesso em: 1 mar. 2024.

Flechtmann, C.H.W. & D. Navia. 2007. *Tetranychus* (*Armenychus*) *graminae* Flechtmann, 1971 (Prostigmata: Tetranychidae) infesting the elephant grass, *Pennisetum pupureum* Schum., in central Brazil. International Journal of Acarology 33: 323–325.

Flechtmann, C.H.W. & A.C.S. Noronha. 2011. A red spider mite from the African oil palm from Brazil (Acari: Tetranychidae). Systematic & Applied Acarology 16: 67–72.

Flechtmann, C.H.W. & D.L. Queiroz 2015. *Mononychellus* Wainstein, 1971 (Acari, Prostigmata, Tetranychidae): description of a new species from Brazil and key to species. Systematic & Applied Acarology, 20: 831–838.

Flechtmann, C.H.W & D.L.Q. Santana. 1997. A preliminary note on mites on corn in Brazil with redescriptions of *Catarhinus tricholaenae* and *Oligonychus zeae* (Acari: Diptilomiopidae, Tetranychidae). Systematic & Applied Acarology, 2: 189–194.

Flechtmann, C.H.W. & D.L.Q. Santana. 2001. First record of an eriophyid mite from *Eucalyptus* in Brazil, with a complementary description of *Rhombacus eucalypti* Ghosh and Chakrabarti (Acari: Eriophyidae). International Journal of Acarology, 27: 123–127.

Flechtmann, C.H.W. & D.L.Q. Santana. 2007. A new deuterogynous eriophyid mite (Acari: Eriophyidae) from a semideciduous tree in southern Brazil. International Journal of Acarology, 33: 129–132.

Flechtmann, C.H.W. & A.D. Tassi. 2021. A new species of *Abacarus* Keifer (Acari: Eriophyidae) from Brazil. Papéis Avulsos de Zoologia, Museu de Zoologia da Universidade de São Paulo, 61: e20216180.

Flechtmann, C.H.W. & W.M. Vila. 1968. Notas sobre ácaros em essências florestais. Anais da I Reunião da Sociedade Brasileira de Entomologia, p. 72.

Flechtmann, C.H.W. & A.C. Zem. 1980. Efeitos da aplicação de permetrina sobre o ácaro rajado (*Tetranychus urticae* Koch, 1844). Ecossistema, Pinhal, 5: 29–32.

Flechtmann, C.H.W., H. Kimati, J.C. Medcalf & J. Ferre. 1970. Observações preliminares sobre a malformação de inflorescências de mangueira (*Mangifera indica* L.) e fungo, alguns insetos e ácaro nelas encontrados. Anais da Escola Superior de Agricultura "Luiz de Queiroz", Piracicaba, 27: 281–285.

Flechtmann, C.H.W., S. Kreiter, J. Etienne & G.J. de Moraes. 1999. Plant mites (Acari) of the French Antilles: 4. Eriophyidae (Prostigmata). Acarologia, 40: 321–342.

Flechtmann, C.H.W., G.J. de Moraes & F.R. Barbosa 2001. A new species of *Calacarus* Keifer (Acari: Eriophyidae) on papaya in northeastern Brazil. Zootaxa, 5: 1–5.

Flechtmann, C.H.W., G.J. de Moraes & D.M. Barros-Battesti. 2006. Histórico da Acarologia no Brasil. *In*: Anais do I Simpósio Brasileiro de Acarologia, Viçosa, pp. 27-40.

Flechtmann, C.H.W., J.L.C. Mineiro & A. Raga. 2016. Ácaro do prateamento da lichia, mais um ácaro nocivo para lichia no Sudeste da Ásia. Documento Técnico 27, Instituto Biológico, São Paulo, 6 p.

Flechtmann, C.H.W., J. Amrine & D.L. Queiroz. 2017. First record of *Tetra magnolivora* in Brazil with a new combination. Pesquisa Florestal Brasileira, 37(90): 225–227.

Flores, A.E., M.H. Badii, E. Aranda & S. Flores. 1996. Detection of hormoligosis in a field population of *Eutetranychus banksi* (McGregor) (Acari: Tetranychidae) in northeastern Mexico. *In*: Needham, G.R., R. Mitchell, D.J. Horn & C. Welbourn (eds.) Acarology IX. Vol. 1, Proceedings. Columbus, pp. 21–23.

Fournier, V., J.A.A. Rosenheim, J. Brodeur & M.W. Johnson. 2004. Population dynamics and within-plant distribution of the mite *Calacarus flagelliseta* (Acari: Eriophyidae) on papaya in Hawaii. Journal of Economic Entomology, 97: 1563–1569.

França-Beltrão, G.V., V.B. Monteiro, J.W.S. Melo, D.B. Lima, A.C. Lofego & M.G.C. Gondim Jr. 2023a. Survey and spatial distribution of tarsonemids and associated predators on coconut fruits. Systematic & Applied Acarology, 28: 131–142.

França-Beltrão, G.V., V.B. Monteiro, J.W.S. Melo, D.B. Lima, A.C. Lofego & M.G.C. Gondim Jr. 2023b. Population dynamics of *Steneotarsonemus concavuscutum*, a neglected mite pest in coconut fruits (*Cocos nucifera*). Experimental & Applied Acarology, 90: 19–31.

Freire, E.C. 2000. Distribuição, coleta, uso e preservação das espécies silvestres de algodão no Brasil. Embrapa Algodão, Campina Grande, Documentos, 78: 24 p.

Freitas, J.A.D., W.R. Maluf, M.G. Cardoso & A.C.B. de Oliveira. 2000. Seleção de plantas de tomateiro visando à resistência a artrópodes-praga mediada por zingibereno. Acta Scientiarum, Maringá, 22: 919–923.

Frost, W.E. & P.M. Ridland. 1996. Damage and control of eriophyoid mites in crops. Grasses. *In*: Lindquist, E.E., M.W. Sabelis & J. Bruin (orgs.). Eriophyoid Mites – Their biology, natural enemies and control. Elsevier, Amsterdam, pp. 619–629.

Fumouze, M.A. & C. Robin. 1868. Observations sur une nouvelle espèce d'acariens du genre *Tyroglyphus*. Journal de l'Anatomie et de la physiologie normales et pathologiques de l'homme et des animaux, pp. 287–304 + 2 pranchas.

Furtado, I.P., G.J. de Moraes, S. Kreiter & M. Knapp. 2006. Search for effective natural enemies of *Tetranychus evansi* in south and southeast Brazil. Experimental & Applied Acarology, 40: 157–174.

Furtado, I.P., G.J. de Moraes, S. Kreiter, M.S. Tixier & M. Knapp. 2007. Potential of a Brazilian population of the predatory mite *Phytoseiulus longipes* as a biological control agent of *Tetranychus evansi* (Acari: Phytoseiidae, Tetranychidae). Biological Control, 42: 139–147.

Fustaino, M.L.S. 1987. Determinação do nível de dano econômico do ácaro rajado, *Tetranychus urticae* (Koch, 1836) Boudreaux & Dosse, 1963 (Acarina, *Tetranychus*) em cultura de feijão (*Phaseolus vulgaris* L.) cultivar Carioca. Dissertação de Mestrado, Escola Superior de Agricultura "Luiz de Queiroz", Universidade de São Paulo, Piracicaba, 88 p.

Gaede, K. 1992. On the water balance of *Phytoseiulus persimilis* A.-H. and its ecological significance. Experimental & Applied Acarology, 15: 181–198.

Gais, N.L. 2000. Estudo da dinâmica populacional de ácaros fitófagos na cultura de erva-mate em Cascavel-PR. Monografia de Bacharelado em Ciências Biológicas, Universidade Estadual do Oeste do Paraná (UNIOESTE), 29 p.

Gallo, D., O. Nakano, S. Silveira Neto, R.P.L. Carvalho, G.C. de Baptista, E. Berti Filho, J.R.P. Parra, R.A. Zucchi, S.B. Alves, J.D. Vendramim, L.C. Marchini, J.R.S. Lopes & C. Omoto. 2002. Entomologia Agrícola. FEALQ, Piracicaba, 920 p.

Galvão, A.S., M.G.C. Gondim Jr., G.J. de Moraes & J.W.S. Melo. 2011. Distribution of *Aceria guerreronis* and *Neoseiulus baraki* among and within coconut bunches in northeast Brazil. Experimental and Applied Acarology, 54: 373–384.

Galvão, A.S., J.W.S. Melo, V.B. Monteiro, D.B. Lima, G.J. de Moraes & M.G.C. Gondim Jr. 2012. Dispersal strategies of *Aceria guerreronis* (Acari: Eriophyidae), a coconut pest. Experimental & Applied Acarology, 57: 1–13.

Gamliel-Atinsky, E., S. Freeman, A. Sztejnberg, M. Maymon, R. Ochoa, E. Belausov & E. Palevsky. 2009. Interaction of the mite *Aceria mangiferae* with *Fusarium mangiferae*, the causal agent of mango malformation disease. Phytopathology, 99: 152–159.

Gamliel-Atinsky, E., S. Freeman, M. Maymon, E. Belausov, R. Ochoa, G. Bauchan, A. Skoracka, J. Peña & E. Palevsky. 2010. The role of eriophyoids in fungal pathogen epidemiology, mere association or true interaction? Experimental & Applied Acarology, 51: 191–204.

Garcıa-Mari F. & J.E. Gonzalez-Zamora. 1999. Biological control of *Tetranychus urticae* (Acari: Tetranychidae) with naturally occurring predators in strawberry plantings in Valencia, Spain. Experimental & Applied Acarology, 23: 487–495.

Geijskes, D.C. 1939. Beitäge zur Kenntnis der europäischen Spinnmilben (Acari, Tetranychidae), mit bensonderer Berücksichtigung der Niederländischen Arten. Mededeelingen van de Landbouwboogeschool—Wageningen, 42: 1–68.

Gerson, U. 1985. Webbing. *In*: Helle, W. & M.W. Sabelis (orgs.). World Crop Pests. Spider mites. Their biology, natural enemies and control. Elsevier, Vol. 1A, pp. 223–232.

Gerson, U., A. Fain & R.L. Smiley. 1999. Further observations on the Cheyletidae (Acari), with a key to the genera of the Cheyletinae and a list of all known species in the family. Bulletin de L´Institut Royal des Sciences Naturelles de Belgique, Entomologie, 69: 35–86.

Gerson, U., R.L. Smiley & R. Ochoa. 2003. Mites (Acari) for pest control. Blackwell Publishing, UK, 539 p.

Ghosh, N.K. & S. Chakrabarti. 1987. A new genus and three new species of eriophyid mites (Acarina: Eriophyoidea) from West Bengal, India. Entomon, 12, 49–54.

Gioria, R. (org.). 2002. Doenças e Pragas que atacam as Orquídeas. Brasil Orquídeas, Taubaté, 64 p.

Gomes-Neto, A.V., P.R.R. Silva, J.W.S. Melo, L.C. Melo-Júnior & S.M. França. 2017. Biology and life table of *Tetranychus neocaledonicus* on lima bean. International Journal of Acarology, 43, 622–626.

Gomes-Neto, A.V., P.R.R. Silva, J.D.C. Silva, M.F. Santos, J.W.S. Melo & S.M. França. 2019. First record of mites associated with lima bean (*Phaseolus lunatus* L.). Journal of Plant Protection Research, 59: 418–422.

Gomez-Moya, C.A., T.P.S. Lima, E.G.F. Morais, M.G.C. Gondim Jr. & G.J. de Moraes. 2017. Hosts of *Raoiella indica* Hirst (Acari: Tenuipalpidae) native to the Brazilian Amazon. Journal of Agricultural Science, 9: 86–94.

Gonçalves, G.C.P.C., A.C. Botelho, V.C. Pires, D.N.M. Ferreira, C.S.S. Pires, E.M.G. Fontes & E.R. Sujii. 2008. Ocorrência do ácaro da erinose do algodoeiro, *Acalitus gossypii* (Banks) (Acari: Eriophyidae), em *Gossypium barbadense* L. no Distrito Federal. *In*: XXII Congresso Brasileiro de Entomologia, 24 a 29-VIII-2008, Uberlândia, Resumo 1599-2.

Gonçalves, M.I.F, W.R. Maluf, L.A.A. Gomes & L.V. Barbosa. 1998. Variation in 2-tridecanone level in tomato plant leaflets and resistance to two mite species (*Tetranychus* sp.). Euphytica, 104: 33–38.

Gonçalves, M.E.C., J.V. Oliveira, R. Barros & J.B. Torres. 2001. Efeito de extratos vegetais sobre estágios imaturos e fêmeas adultas de *Mononychellus tanajoa* (Bondar) (Acari: Tetranychidae). Neotropical Entomology, 30: 305–309.

Gondim Jr., M.G.C. & G.J. de Moraes. 2003. Life cycle of *Retracrus johnstoni* Keifer (Acari: Phytoptidae). Neotropical Entomology, 32: 197–201.

Gondim Jr., M.G.C. & J.V. de Oliveira. 2001a. Aspectos biológicos do ácaro plano, *Tenuipalpus pacificus* Baker (Acari: Tenuipalpidae). Caderno Omega, Série Agronomia, Recife, 12: 88–89.

Gondim Jr., M.G.C. & J.V. de Oliveira. 2001b. Ácaros de fruteiras tropicais: importância econômica, identificação e controle. *In*: Michereff, S.J. & R. Barros (orgs.). Proteção de Plantas na Agricultura Sustentável. UFRPE, Recife, pp. 311–349.

Gondim Jr., M.G.C., C.H.W. Flechtmann & G.J. de Moraes. 2000. Mite (Arthropoda: Acari) associates of palms (Arecaceae) in Brazil. IV. Descriptions of four new species in the Eriophyoidea. Systematic & Applied Acarology, 5: 99–110.

González, R.H. 1975. Revision of the *Brevipalpus phoenicis* "complex" with descriptions of new species from Chile and Thailand (Acarina: Tenuipalpidae). Acarologia, 17: 81–91.

Gonzales-Bustamante, L.E. 1995. *Phytonemus pallidus* (Banks) y *Frankliniella* sp. Dañando fresa cultivada en Huaral, Lima. Revista Peruana de Entomologia, 38: 35–38.

Gorirossi-Bourdeau, F. 1995. A documentation in stone of Acarina at the Roman Temple of Bacchus in Baalbek, Lebanon about 150 AD. Bulletin & Annales de la Société Royale Belge d´Entomologie, 131: 3–15.

Gould F. 1979. Rapid host range evolution in a population of the phytophagous mite *Tetranychus urticae* Koch. Evolution, 33: 791–802.

Gouvea, A., C.F. Zanella & L.F.A. Alves. 2004. Dinâmica populacional do ácaro *Oligonychus yothersi* (McGregor), 1914, (Acari: Tetranychidae) em plantas de erva-mate *Ilex paraguariensis* St. Hil. (Aqüifoliácea), em Dois Vizinhos-PR. Scientia Agraria Paranaensis, 3: 35–48.

Gouvea, A., L.C. Boaretto, C.F. Zanella & L.F.A. Alves. 2006. Dinâmica populacional de ácaros (Acari) em erva-mate (*Ilex paraguariensis* St. Hil.: Aquifoliaceae). Neotropical Entomology, 35: 101–111.

Grandjean, F. 1935. Observations sur les acariens. (1ère sér.). Bulletin du Museum Nationale d´Histoire Naturelle, Paris, 7:119–126.

Grandjean, F. 1938. *Retetydeus* et les stigmates mandibulaires des Acariens Prostigmatiques. Bulletin du Muséum d´Histoire Naturelle, Paris, 10: 279–286.

Gravena, S. 2002. Manual prático de inspeção de pragas dos citros. Gravena - Manejo Ecológico de Pragas, Jaboticabal, 54 p.

Gravena, S. 2004. Manejo integrado de pragas é vital na produção de citros. Visão Agrícola, Piracicaba, 1: 54–59.

Gravena, S., J.L. da Silva, P.T. Yamamoto & P.E.B. Paiva. 1995. Manual do pragueiro para manejo ecológico de pragas dos citros. 2. ed. Gravena Manejo Ecológico de Pragas Agrícolas, Jaboticabal-SP, 40 p.

Gravena, S., S.R. Benvenga, L.C.S. Amorim, J.L. da Silva & N. Araújo Jr. 2005. Manejo prático da resistência do ácaro-da-leprose dos citros. Laranja, Cordeirópolis, 26: 1–10.

Griffiths, D.A. 1964. A revision of the genus *Acarus* L, 1758 (Acaridae, Acarina). Bulletin of the British Museum (Natural History) of Zoology, 11: 413–464.

Griffiths, D.A. 1970. A further systematic study of the genus *Acarus* L., 1758 (Acaridae, Acarina), with a key to species. Bulletin of the British Museum (Natural History) of Zoology, 19, 83–118.

Guedes, J.V.C., D. Navia, C.H.W. Flechtmann & A.C. Lofego. 2004. Ácaros fitófagos e predadores associados à soja no Rio Grande do Sul. *In*: Programa e Resumos do XX Congresso Brasileiro de Entomologia, Gramado-RS, 5-10 de setembro de 2004, p. 170.

Guedes, R.N.C., L.C. Magalhães & L.V. Cosme. 2009. Stimulatory sublethal response of a generalist predator to permethrin: Hormesis, Hormoligosis, or Homeostatic Regulation? Journal of Economic Entomology, 102: 170–176.

Guerere, P. & M. Quirós de Gonzalez. 2000. Escalas cualitativas del daño hecho por el ácaro plano, *Brevipalpus phoenicis* (Geijskes) (Tenuipalpidae), a frutos del guayabo (*Psidium guajava* L.). Revista de la Facultad de Agronomia (LUZ), 17: 471–481.

Guimarães, J.M. 1970. Bases fitossanitárias para a solução do problema dos ácaros do figo seco no Algarve. Laboratório da Defesa Fitossanitária dos Produtos Armazenados, Lisboa, 174 p.

Gutierrez, J. 1969.Tetranychidae nouveaux de Madagascar (Cinquième note). Acarologia, 11: 43–64.

Hambleton, E.J. 1938. A ocorrência do ácaro tropical "*Tarsonemus latus* Banks", (Acar. Tarsonemidae) causador da rasgadura das folhas nos algodoais de S. Paulo. Arquivos do Instituto Biológico, São Paulo, 9: 201–219 + ilustrações.

Hambleton, E.J & H.F.G. Sauer. 1938. Observações sobre as pragas da cultura algodoeira no nordeste e norte do Brasil. Arquivos do Instituto Biológico, São Paulo, 9: 319–330.

Hassan, E.O. & H.H. Keifer. 1978. The mango leaf-coating mite, *Cisaberoptus kenyae* K. (Eriophyidae, Aberoptinae). Pan-Pacific Entomologist, 54: 183–193.

Hassan, S.A., F. Bigler, H. Bogenschütz, E. Boller, J. Brun, J.N.M. Calis, J. Coremans-Pelseneer, C. Duso, A. Grove, U.J. Heimbach, N. Helyer, H. Hokkanen, G.B. Lewis, F. Mansour , L. Moreth, L. Polgar, L. Samsoe-Petersen, B. Sauphanor, A. Stäubli, G. Sterk, A. Vainio, M. van de Veire, G. Viggiani & H. Voght. 1994. Results of the sixth joint pesticide testing programme of the IOBC/WPRS Working Group "Pesticides and Beneficial Organisms". Entomophaga, 39: 107–119.

Hata, F.T., J.E.P. Silva, M.U. Ventura, A. Pasini & S. Roggia. 2017. First report of *Raoiella indica* (Hirst) (Acari: Tenuipalpidae) in southern Brazil. Neotropical Entomology, 46: 356–359.

Heethoff, M. & G. Raspotnig. 2012. Expanding the 'enemy-free space' for oribatid mites: evidence for chemical defense of juvenile *Archegozetes longisetosus* against the rove beetle *Stenus juno*. Experimental & Applied Acarology, 56: 96–97.

Heinrich, W.O. 1972a. Contribuição ao estudo da biologia de *Oligonychus* (*O.*) *ilicis* (Acarina: Tetranychidae). Tese de Doutorado, Escola Superior de Agricultura "Luiz de Queiroz", Universidade de São Paulo, Piracicaba, 116 p.

Heinrich, W.O. 1972b. Verificação de telitoquia na sub-família Tetranychinae Berlese, 1913. O Biológico, 38: 370.

Helle, W. & M. Wysoki. 1996. Arrhenotokous parthenogenesis. *In*: Lindquist, E.E., M.W. Sabelis & J. Bruin (orgs.). Eriophyoid mites. Their Biology, Natural Enemies and Control, Elsevier, Amsterdam, pp. 169–172.

Helle, W., H.R. Bolland, R. Van Arendonk, R. de Boer, G.G.M. Schulten & V.M. Russell. 1978. Genetic evidence for bilateral males in haplo-diploid predator mites (Acarina: Phytoseiidae). Genetica, 49: 165–171.

Hernandes, F.A. & R.J.F. Feres. 2006. Revisão sobre ácaros (Acari) de seringueiras (*Hevea* spp., Euphorbiaceae) no Brasil. Biota Neotropica, 6(1). Disponível em: http://www.biotaneotropica.org.br/v6n1/pt/abstract?article+bn00406012006.

Hernandes, F.A., R.J.F. Feres & F. Nomura. 2006. Biological cycle of *Lorryia formosa* (Acari, Tydeidae) on rubber tree leaves: a case of thelytoky. Experimental & Applied Acarology, 38: 237–242.

Hernandes, F.A., M.J. Skvarla, J.R. Fisher, A.P.G. Dowling, R. Ochoa, E.A. Ueckermann & G.R. Bauchan. 2016. Catalogue of Snout Mites (Acariformes: Bdellidae) of the World. Zootaxa, 4152: 1–83.

Hickmann, Jr., C.P., L.S. Roberts, S.L. Keen, D.J. Eisenhour, A. Larson & H. l'Anson. 2016. Princípios Integrados de Zoologia. 16. ed. Editora Guanabara Koogan Ltda., Rio de Janeiro, 1404 p.

Hirst, S. 1924. On some new species of red spiders. Annals and Magazine of Natural History (series 9), 14: 522–527.

Hirst, S. 1925. Descriptions of new Acari, mainly parasitic on rodents. Proceedings of the Zoological Society of London, 95: 49–69.

Hirst, S. 1926. Descriptions of new mites including four new species of "red spider". Proceedings of the Zoological Society of London, 96: 825–841.

Hogetop, K. 1932. A traça da pereira (*Eriophyes piri* Pagst.) e o seu combate. Egatea, 17: 96–100.

Hoy, M.A. 2013. Eriophyid mite vector of rose rosette disease (RRD) *Phyllocoptes fructiphilus* Keifer (Arachnida: Acari: Eriophyidae). University of Florida, IFAS Extention EENY 558, 5 p.

Hoy, M.A., J. Peña & R. Nguyen. 2012. Red Palm Mite, *Raoiella indica* Hirst (Arachnida: Acari: Tenuipalpidae). IFAS Extensions. Disponível em: http://entomology.ifas.ufl.edu/creatures. Acesso em: 12 jun. 2023.

Huang, K. 2008. *Aceria* (Acarina: Eriophyoidea) in Taiwan: five new species and plant abnormalities caused by sixteen species. Zootaxa 1829: 1–30.

Huffaker, C.B., M. van de Vrie & J.A. McMurtry. 1970. Ecology of tetranychid mites and their natural enemies: a review. II. Tetranychid populations and their possible control by predators: an evaluation. Hilgardia, 40: 391–458.

Hughes, A.M. 1976. The mites of stored food and houses. 2. ed. Technical Bulletin, 9, Ministry of Agriculture, Fisheries and Food, Londres, 400 p.

Humber, R.A., G.J. de Moraes & J.M. dos Santos. 1981. Natural infection of *Tetranychus evansi* (Acarina: Tetranychidae) by *Triplosporium* sp. (Zygomycetes: Entomophthorales) in northeastern Brazil. Entomophaga, 26: 421–425.

Husseini, M., K. Schumann & H. Sermann. 1993. Rearing immature feeding stage of *Orius majesculus* Reut. (Het., Anthocoridae) on the acarid mite *Tyrophagus putriscentiae* [sic] Schr. as new alternative prey. Journal of Applied Entomology, 116: 113–117.

International Commission on Zoological Nomenclature. 1999. International Code of Zoological Nomenclature. Fourth edition. Tipografia La Garangola, Padova, Itália, 236 p.

IRAC. 2023. Comitê de Ação à Resistência a Inseticidas. Brasil. Disponível em: https://www.irac-br.org. Acesso em: 26 set. 2023.

Jacobi, A. 1905. Eine Spinnmilbe (*Tetranychus ununguis* n. sp.) als Koniferenschädling. Naturwissenschaftliche Tageszeitung für Land- und Forstwirtschaft, 3: 239–247.

James, D.G. 1997. Imidacloprid increases egg production in *Amblyseius vitoriensis* (Acari: Phytoseiidae). Experimental & Applied Acarology, 21: 75–82.

Jeppson, L.R., H.H. Keifer & E.W. Baker. 1975. Mites Injurious to Economic Plants. University of California Press, Berkeley, 614 p. + 74 pranchas.

Johann, L., C.L. Klock, N.J. Ferla & M. Botton. 2009. Acarofauna (Acari) associada à videira (*Vitis vinífera* L.) no estado do Rio Grande do Sul. Biociências, 17: 1–9.

Joharchi, O., A. Nazari, B. Halliday & H. Ostovan. 2015. Observations on predation of *Rhizoglyphus robini* (Acari: Acaridae) on the alfalfa stem nematode, *Ditylenchus dipsaci* (Nematoda). Persian Journal of Acarology, 4: 329–335.

Jones, F.G.W. 1976. Pests, resistance and fertilizers. *In*: Fertilizer use and plant health. Proceedings of the 12th Colloquium of the International Potash Institute, Izmir, Turkey, pp. 233–258.

Jones, V.P. & R.D. Brown. 1983. Reproductive response of the broad mite *Polyphagotarsonemus latus* (Acari: Tarsonemidae), to constant temperature-humidity regimes. Annals of the Entomological Society of America, 76: 466–469.

Jones, V.P. & M.P. Parrella. 1984. The sublethal effects of selected insecticides on life table parameters of *Panonychus citri* (Acari: Tetranychidae). The Canadian Entomologist, 116: 1033–1040.

Jung, C. & B.A. Croft. 2001. Ambulatory and aerial dispersal among specialist and generalist predatory mites. Environmental Entomology, 30: 1112–1118.

Kadzhaya, G.S. 1989. Description of *Aleuroglyphus beklemishevi* (Acariformes, Acaridae). Zoologichesky Zhurnal, 68: 137–139.

Karagoz, M., B. Gulcu, I. Cakmak, H.K. Kaya & S. Hzir. 2007. Predation of entomopathogenic nematodes by *Sancassania* sp. (Acari: Acaridae). Experimental & Applied Acarology, 43: 85–95.

Kassar, A. & J.W. Amrine Jr. 1990. Rearing and development of *Phyllocoptes fructiphilus*. Entomological News, 101: 276–282.

Kayal, S., K. Karmakar & G.J. de Moraes. 2021. Sources of infestation of the rice sheath mite, *Steneotarsonemus spinki* Smiley (Acari: Tarsonemidae), in West Bengal, India. International Journal of Pest Management. Disponível em: https:/doi.org/10.1080/09670874.2021.1973691

Kazemi, S. 2020. A new species of *Gaeolaelaps* Evans and Till (Mesostigmata: Laelapidae) from mangrove forests in the Persian Gulf, and notes on gnathosomal structures of the genus and other laelapid genera. International Journal of Acarology, 46: 130–139.

Keifer, H.H. 1938. Eriophyid Studies. Bulletin of the California Department of Agriculture, 27: 181–206

Keifer, H.H. 1939. Eriophyid studies III. Bulletin of the California Department of Agriculture, 28: 144–163.

Keifer, H.H. 1940. Eriophyid studies VIII. Bulletin of the California Department of Agriculture, 29(1): 21–46.

Keifer, H.H. 1943. Eriophyid Studies XIII. Bulletin of the California Department of Agriculture, 32: 212–222.

Keifer H.H. 1944. Eriophyid Studies XIV. Bulletin of the California Department of Agriculture, 33: 18–38.

Keifer H.H. 1945. Eriophyid Studies XV. Bulletin of the California Department of Agriculture, 34: 137–140.

Keifer, H.H. 1946. Eriophyid Studies XVI. Bulletin of the California Department of Agriculture, 35: 39–48.

Keifer, H.H. 1952. The eriophyid mites of California. Bulletin of the California Insect Survey, 2: 1–123.

Keifer, H.H. 1953. Eriophyid studies XXI. Bulletin of the California Department of Agriculture, 62: 65–79.

Keifer, H.H. 1955. Eriophyid Studies XXIII. Bulletin of the California Department of Agriculture, 44, 126–130.

Keifer, H.H. 1959a. Eriophyid Studies XXVII. Occasional Papers. Bureau of Entomology, 1–20.

Keifer, H.H. 1959b. Eriophyid Studies XXVIII. Occasional Papers No. 2. California Department of Agriculture, 1–20.

Keifer, H.H. 1963. Eriophyid Studies, B-9. Bureau of Entomology. California Department of Agriculture, 1–20.

Keifer, H.H. 1965a. Eriophyid Studies, B-14. Bureau of Entomology. California Department of Agriculture, 1–20

Keifer, H.H. 1965b. Eriophyid Studies, B-16. Agricultural Research Service, United States Department of Agriculture, 1–20.

Keifer, H.H. 1966a. Eriophyid Studies, B-18. Bureau of Entomology. California Department of Agriculture, 1–20.

Keifer, H.H. 1966b. Eriophyid Studies, B-20. Bureau of Entomology. California Department of Agriculture, 1–20.

Keifer, H.H. 1966c. Eriophyid Studies, B-21. Bureau of Entomology. California Department of Agriculture, 1–20.

Keifer, H.H. 1969a. Eriophyid Studies C-1. Agricultural Research Service, United States Department of Agriculture, 1–20

Keifer, H.H. 1969b. Eriophyid Studies, C-2. Agricultural Research Service, United States Department of Agriculture, 1–20.

Keifer, H.H. 1969c. Eriophyid Studies C-3. Agricultural Research Service, United States Department of Agriculture, 1–24.

Keifer, H.H. 1970. Eriophyid Studies, C-4. Agricultural Research Service, United States Department of Agriculture, 1–24.

Keifer, H.H. 1972. Eriophyid studies, C-6. Agricultural Research Service, United States Department of Agriculture, 24 p.

Keifer, H.H. 1975. Eriophyid Studies, C-11. Agricultural Research Service, United States Department of Agriculture, 24 p.

Keifer, H.H. 1977. Eriophyid studies, C-13. Agricultural Research Service, United States Department of Agriculture, 24 p.

Keifer, H.H. 1978. Eriophyid studies, C-15. Agricultural Research Service, United States Department of Agriculture, 24 p.

Keifer, H.H. 1979. Eriophyid Studies, C-16. Department of Agriculture, Agricultural Research Service, 24 p.

Keifer, H.H., E.W. Baker, T. Kono, M. Delfinado & W.E. Styer. 1982. An illustrated guide to plant abnormalities caused by eriophyoid mites in North America. Agricultural Research Service, United States Department of Agriculture, Agriculture Handbook, 573: 178 p.

Kitajima, E.W., C.M. Chagas & J.C.V. Rodrigues. 2003a. *Brevipalpus*-transmitted plant virus and virus-like diseases: cytopathology and some recent cases. Experimental & Applied Acarology, 30: 135–160.

Kitajima, E.W., J.A.M. Rezende & J.C.V. Rodríguez. 2003b. Passion fruit green spot virus vectored by *Brevipalpus phoenicis* (Acari: Tenuipalpidae) on passion fruit in Brazil. Experimental & Applied Acarology, 30: 225–231.

Klimov, P.B. & B.M. OConnor. 2009. Conservation of the name *Tyrophagus putrescentiae*, a medically and economically important mite species (Acari: Acaridae). International Journal of Acarology, 35: 95–114.

Klimov, P.B., E.P. Demard, C.S.A. Stinson, M.V.A. Duarte, F.L. Wäckers & D. Vangansbeke. 2022. *Thyreophagus calusorum* sp. n. (Acari, Acaridae), a new parthenogenetic species from the USA, with a checklist of *Thyreophagus* species of the world. Systematic & Applied Acarology, 27: 1920–1956.

Knapp, M., Y. van Houten, E. van Baal & T. Groot. 2018. Use of predatory mites in commercial biocontrol: current status and future prospects. Acarologia, 58 (supl.): 72–82.

Knop, N.F. & M.A. Hoy. 1983. Biology of a tydeid mite, *Homeopronematus anconai* (n. comb.) (Acari: Tydeidae), important in San Joaquin vineyards. Hilgardia, 51: 1–30.

Knorr, L.C., H.C. Phatak & H.H. Keifer. 1976. Web-spinning eriophyid mites. Journal of the Washington Academy of Science, 66: 228–234.

Koch, C.L. & G.A.W. Herrich-Schäffer. 1835. Deutschlands Crustaceen, Myriapoden und Arachniden: ein Beitrag zur deutschen Fauna. Fasc 1. Pustet F. (ed.)

Koehler, C.S., W.W. Allen & R.L. Costello. 1987. Fuchsia gall mite management. Ornamentals Northwest Archives, 10: 7–8.

Komatsu, S.S. & O. Nakano. 1988. Estudos visando o manejo do ácaro da leprose em citros através do ácaro predador *Euseius concordis* (Acari: Phytoseiidae). Laranja, Cordeirópolis, 9: 125–146.

Kostiainen, T.S. & M.A. Hoy. 1996. The Phytoseiidae as Biological Control Agents of Pest Mites and Insects. A Bibliography. University of Florida, Agricultural Experiment Station, Institute of Food and Agricultural Sciences, Gainesville, Florida. Monograph 17, 353 p.

Kovaleski, A. & J.D. Vendramim. 1993. Biologia de *Panonychus ulmi* (Koch, 1836). Revista de Agricultura, Piracicaba, 68: 27–41.

Krantz, G.W. 1961. The biology and ecology of granary mites of the Pacific Northwest. I. Ecological considerations. Annals of the Entomological Society of America, 54: 169–174.

Krantz, G.W. 1970. A Manual of Acarology. First edition. Oregon State University Book Stores, Inc. Corvallis, 335 p.

Krantz, G.W. 1973. Dissemination of *Kampimodromus aberrans* by the filbert mite. Journal of Economic Entomology, 66: 575–576.

Krantz, G.W. 1978. A Manual of Acarology. Second edition. Oregon State University Book Stores, Inc. Corvallis, 509 p.

Krantz, G.W. 2009. Form and function. *In*: Krantz, G.W. & D.E. Walter (eds.). A Manual of Acarology. Third edition. Texas Tech University Press, Lubbock, pp. 5–53.

Krantz, G.W. & E.E. Lindquist. 1979. Evolution of phytophagous mites (Acari). Annual Review of Entomology, 24: 121–158.

Krantz, G.W. & B.I. Redmond. 1987. Identification of glandular and poroidal idionotal systems in *Macrocheles perglaber* F. & P. (Acari: Macrochelidae). Experimental & Applied Acarology, 3: 243–253.

Krantz, G.W. & D.E. Walter (eds.). 2009. A Manual of Acarology. Third edition. Texas Tech University Press, Lubbock, 807 p.

Labandeira, C.C., T.L. Phillips & R.A. Norton. 1997. Oribatid mites and the decomposition of plant tissues in Paleozoic coal-swamp forests. Palaios, 12: 319–353.

Labruna, M.B. 2013. Epidemiologia da febre maculosa no estado de São Paulo. *In*: Meira, A.M. de, M. Cooper, K.M.P.M.B. Ferraz, J.A. Monti, R.B. Caramez & W.B.C. Delitti (eds.). Febre Maculosa: Dinâmica da Doença, Hospedeiros e Vetores, ESALQ, Piracicaba, pp. 55–62.

Landau, C.C., G.A. da Silva & T. Torres. 2020. Evolução da Produção de Erva-mate (*Ilex paraguariensis*, Aquifoliaceae). *In*: Landau, E.C, G.A. da Silva, L. Moura, A. Hirsch & D.P. Guimarães (eds.). Dinâmica da Produção Agropecuária e da Paisagem Natural no Brasil nas Últimas Décadas: Cenário Histórico, Divisão Política, Características Demográficas, Socioeconômicas e Ambientais. Vol. 1, EMBRAPA, Brasília, pp. 709–736.

Lange, W.H. & O.G. Bacon. 1958. Crown mite damage on spinach: investigations demonstrate value of early chemical treatment for control of relatively new mite affecting spinach leaves. California Agriculture, 12: 9–16.

Latimer Jr., G.W. (ed.). 2023. Official Methods of Analysis of AOAC International. 22nd Edition, Oxford University Press, Nova Iorque, três volumes. Edição online, AOAC Publications, 4 jan. 2023. Disponível em: https://doi.org/10.1093/9780197610145.001.0001. Acesso em: 22 mar. 2023.

Lawson-Balagbo, L.M., M.G.C. Gondim Jr, G.J. de Moraes, R. Hanna & P. Schausberger. 2008. Exploration of the acarine fauna on coconut palm in Brazil with emphasis on *Aceria guerreronis* (Acari: Eriophyidae) and its natural enemies. Bulletin of Entomological Research, 98: 83–96.

Lehtinen, P. 1981. New Holothyrina (Arachnida, Anactinotrichida) from New Guinea and South America. Acarologia, 22: 3–13.

Liang, W. & M. Huang. 1994. Influence of citrus orchard ground cover plants on arthropod communities in China: a review. Agriculture, Ecosystems and Environment, 50 (1, special issue): 29–37.

Liguori, M., S. Simoni & M. Castagnoli. 2002. Aspects of life history of *Tydeus californicus* (Banks) (Acari Tydeidae). Redia 85: 143–153.

Lima, M.R., H. Rodríguez, A.I. González & M. González. 2011. Management strategy of *Raoiella indica* Hirst (Acari: Tenuipalpidae) in Cuba. *In*: Moraes, G.J. & H. Proctor (eds.). Acarology XIII: Proceedings of the International Congress. Zoosymposia, 6: pp. 152–159.

Lima, R.P. 2013. Biologia de *Tetranychus bastosi* Tuttle, Baker e Sales (Acari: Tetranychidae). Dissertação de Mestrado, Universidade Regional do Cariri, Crato, 53 p.

Lin, J. & Z.-Q. Zhang. 2002. Tarsonemidae of the World (Acari: Prostigmata). Systematic & Applied Acarology Society, London, 440 p.

Lindquist, E.E. 1985. Anatomy, phylogeny and systematics. External Anatomy. *In*: Helle, W. & M.W. Sabelis (orgs.). World Crop Pests. Spider Mites. Their Biology, Natural Enemies and Control. Elsevier, Vol. 1B, pp. 3–28.

Lindquist, E.E. 1986. The world genera of Tarsonemidae (Acari: Heterostigmata): a morphological, phylogenetic, and systematic revision, with a reclassification of family-group taxa in the Heterostigmata. Memoirs of the Entomological Society of Canada, 136: 517 p.

Lindquist, E.E. & J.W. Amrine Jr. 1996. Systematics, diagnoses for major taxa, and keys to families and genera with species on plants of economic importance. *In*: Lindquist, E.E., M.W. Sabelis & J. Bruin (orgs.). Eriophyoid mites – Their Biology, Natural Enemies and Control. Elsevier, Amsterdam, pp. 33–88.

Lindquist, E.E., G.W. Krantz & D.E. Walter. 2009. Order Mesostigmata. *In*: Krantz, G.W. & D.E. Walter (eds.). A Manual of Acarology. Third edition. Texas Tech University Press, Lubbock, pp. 124–232.

Ling, S.J., S.F. Wong, J.W. Mak & T.M. Ho. 2019. Morphology of *Glycycometus malaysiensis*, a domestic mite in Malaysia. Tropical Biomedicine, 36: 263–273.

Lisbão, R.S., J.B. Bernardi, R.R.A. Lordello & C.H.W. Flechtmann. 1976. Observações sobre o comportamento de cultivares de pimentão (*Capsicum annuum* L.) e paprika (*Capsicum* sp.) com relação ao ataque de ácaro rajado (*Tetranychus urticae* Koch). Ecossistema, Pinhal, 1: 3–5.

Liu, S., J. Li, K. Guo, H. Qiao, R. Xu, J. Chen, C. Xu & J. Chen. 2016. Seasonal phoresy as an overwintering strategy of a phytophagous mite. Scientific Reports, 6: 25481.

Lofego, A.C. & M.G.C. Gondim Jr. 2006. A new species of *Steneotarsonemus* (Acari: Tarsonemidae) from Brazil. Systematic & Applied Acarology, 11: 195–203.

Lofego, A.C., M.F.C. Barbosa, P.R. Demite & G.J. de Moraes. 2024. Phytoseiidae (Acari: Mesostigmata) of the subfamily Amblyseiinae from Brazil. Zootaxa, 5439(1): 1–306.

Lopes, J.F., C.A.S. Oliveira, F.H. França, J.M. Charchar, N. Makishima & R.R. Fontes. 1994. A cultura do chuchu. Embrapa Hortaliças, Brasília, Coleção Plantar, 14: 55 p.

Lopes, P.C., R.H. Kanno, N.F. Sourassou & G.J. de Moraes. 2018. Effect of temperature and diet on the morphology of *Euseius concordis* (Acari: Phytoseiidae). Systematic & Applied Acarology, 23: 1322–1332.

Lorenzato, D., E.O. Grellmann, E.C. Chouene & L.M. Meyer-Cachapuz. 1986. Flutuação populacional de ácaros fitófagos e seus predadores associados à cultura da macieira (*Malus domestica* Bork) e efeitos dos controles químico e biológico. Agronomia Sulriograndense, 22: 215–242.

Lotfollahi, P., H. Mehri-Heyran, S. Azimi & E. de Lillo. 2023. Field and laboratory observations on the biology of *Aceria angustifoliae* with emphasis on emergence of overwintering mites. Insects, 14, 633.

Lourenção, A.L., A. Savy Filho, N.V. Banzato & E.M. Paulo. 1996. Insetos e ácaros associados à mamoneira no Brasil. Boletim Técnico 157, Instituto Agronômico, Campinas, 10 p.

Lourenção, A.L., F.S. Kasai, D. Návia, I.J. Godoy & C.H.W. Flechtmann. 2001. Ocorrência de *Tetranychus ogmophallos* Ferreira & Flechtmann (Acari: Tetranychidae) em amendoim no Estado de São Paulo. Neotropical Entomology, 30: 495–496.

Lourenção, A.L., G.J. de Moraes, F.A. Passos, G.M.B. Ambrosano & L.V.F. Silva. 2000. Resistência de morangueiros a *Tetranychus urticae* Koch (Acari: Tetranychidae). Anais da Sociedade Entomológica do Brasil, 29: 339–346.

Lyon, W.F. 1973. A plant feeding mite *Mononychellus tanajoa* (Bondar) (Acarina: Tetranychidae) new to the African continent threatens cassava (*Manihot esculenta* Crantz) in Uganda, East Africa. Pest Articles and News Summaries, 19: 36–37.

Macena, A.B. 2019. Manejo do ácaro rajado (*Tetranychus urticae* koch) em cultivos de gérbera: controle biológico com ácaros predadores (Phytoseiidae), influência de cultivares e agroquímicos. Tese de Doutorado, Instituto Biológico de São Paulo, São Paulo, 88 p.

Maia, O.M.A. & Z.J. Buzzi. 2006. Ocorrência de *Brevipalpus phoenicis* (Geijskes) (Acari, Tenuipalpidae), *Tetranychus urticae* (Koch) (Acari, Tetranychidae) e *Polyphagotarsonemus latus* (Banks) (Acari, Tarsonemidae) sobre folhas de *Ipomoea cairica* (Linnaeus) Sweet (Solanales, Convolvulaceae). Revista Brasileira de Zoologia, 23: 886–887.

Maluf, W.R., G.A. Campos & M.G. Cardoso. 2001. Relationships between trichome types and spider mite (*Tetranychus evansi*) repellence in tomatoes with respect to foliar zingiberene contents. Euphytica, 121: 73–80.

Manson, D.C.M. 1963. Seven new species of false spider mites (Tenuipalpidae: Acarina). Acarologia, 5: 213–224.

Manson, D.C.M. & U. Gerson. 1996. Web spinning, wax secretion and liquid secretion by eriophyoid mites. *In*: Lindquist, E.E., M.W. Sabelis & J. Bruin (eds.) Eriophyoid mites – Their biology, natural enemies and control. Elsevier Science B.V., 6, pp. 251–258.

Mansour, F., E. Bernstein & F. Abo-Moch. 1995. The potential of spiders of different taxa and a predacious mite to feed on the carmine spider mite – a laboratory study. Phytoparasitica, 23: 217–221.

Marchetti, M.M. & N.J. Ferla. 2011. Diversidade e flutuação populacional de ácaros (Acari) em amora-preta (*Rubus fruticosus*, Rosaceae) no estado do Rio Grande do Sul, Brasil. Iheringia, Série Zoologia, 101: 43–48.

Marchetti, M.M., F.A.R. Cruz, J. Carbonari, P. Télo, V. Duarte & U. da Cunha. 2016. Gênero *Brevipalpus* em variedades de uva importadas ao Brasil. *In*: Proceedings II Congreso Latinoamericano de Acarologia, Quindio, Colombia, Vol. 1, p. 103.

Mariau, D. 1986. Comportement de *Eriophyes guerreronis* Keifer à l´egard de différentes variétés de cocotiers. Oléagineux, 41: 499–505.

Mariconi, F.A.M. 1963. Inseticidas e seu emprego no combate às pragas. Ceres, São Paulo, 607 p.

Marsaro Jr., A.L., D. Navia, M. Fornazier, D.S. Martins, J.S. Zanuncio Jr. & J.M.A. Chipolesch. 2018. First report of the red palm mite, *Raoiella indica* Hirst (Acari: Tenuipalpidae) in Espírito Santo state, Brazil. Revista Científica Intelletto, 3: 21–25.

Massaro, M., M. Montrazi, J.W.S. Melo & G.J. de Moraes. 2021. Small-scale production of *Amblyseius tamatavensis* with *Thyreophagus cracentiseta* (Acari: Phytoseiidae, Acaridae). Insects, 12, 848.

Mašán, P. 2017. A revision of the family Ameroseiidae (Acari, Mesostigmata), with some data on Slovak fauna. ZooKeys, 704, 1–228.

Matioli, A.L., E.A. Ueckermann & C.A.L. de Oliveira. 2002. Some stigmaeid and eupalopsellid mites from citrus orchards in Brazil (Acari: Stigmaeidae and Eupalopsellidae). International Journal of Acarology, 28: 99–120.

Matioli, A.L., J.A.V. Gomes, A. Raga & M.E. Sato. 2008. Primeiro relato de *Tetranychus roseus* Gutierrez (1969) (Acari: Tetranychidae) no Brasil. *In*: II Simpósio Brasileiro de Acarologia & Programa Oficial, Livro de Resumos, Viçosa, p. 172.

Matioli, A.L., M.E. Sato & J.L.C. Mineiro. 2010. New occurrence of *Tetranychus roseus* Gutierrez (Acari: Tetranychidae) in Brazil. *In*: Abstract Book of International Congress of Acarology, Recife-PE, p. 148.

Matos, A.P., D.C. Costa, J.R. da Silva, L.F.S. Souza, N.F. Sanches & Z.J.M. Cordeiro. 2000. Abacaxi. Fitossanidade. Frutas do Brasil, 9. Embrapa Mandioca e Fruticultura/ Embrapa Comunicação para Transferência de Tecnologia, Cruz das Almas/ Brasília, 77 p.

Matos, S.T.S., P.J. Savi, C.C. Melville, T.M.S. Cividanes, F.J. Cividanes & D.J. Andrade. 2022. Suitability of spider mites and green peach aphids as prey for *Eriopis connexa* (Germar) (Coleoptera: Coccinellidae). Scientific Reports, 12: 8029.

Matsumoto, K. 1963. Studies on the environmental factors for the breeding of grain mites. Part IV. Comparison of the effects of humidity and temperature on the breeding of the grain mites, *Tyrophagus dimidiatus, Aleuroglyphus ovatus* and *Glycyphagus destructor*. Japanese Journal of Sanitary Zoology, 14: 82–88.

Mattos, V.M. & R.J.F. Feres. 2009. Padrão morfológico e ciclo de vida de *Eutetranychus banksi* (Acari: Tetranychidae) de diferentes locais e hospedeiros. Zoologia, 26: 427–442.

McCafferty, H.R.K., P.H. Moore & Y.J. Zhu. 2008. Papaya transformed with the *Galanthus nivalis* GNA gene produces a biologically active lectin with spider mite control activity. Plant Science, 175: 385–393.

McCoy, C.W. 1996. Damage and control of eriophyoid mites in crops. Stylar feeding injury and control of eriophyoid mites in citrus. *In*: Lindquist, E.E., M.W. Sabelis & J. Bruin (orgs.). Eriophyoid mites – Their Biology, natural enemies and control. Elsevier, Amsterdam, pp. 513–526.

McGregor, E.A. 1914. Four new tetranychids. Annals of the Entomological Society of America, 7: 354–364.

McGregor, E.A. 1916. The citrus mite named and described for the first time. Annals of the Entomological Society of America, 9: 284–290.

McGregor, E.A. 1917. Description of seven new species of red spiders. Proceedings of the United States National Museum, 51: 581–590.

McGregor, E.A. 1931. A new spinning mite attacking raspberry in Michigan. Proceedings of the Entomological Society of Washington, 33: 193–195.

McGregor, E.A. 1949. Nearctic mites of the family Pseudoleptidae. Memoir of the Southern California Academy of Sciences, 3: 1–45.

McGregor, E.A. 1950. Mites of the family Tetranychidae. American Midland Naturalist, 44: 257–420.

McGregor, E.A. 1955. Notes on the spider mites of Equador. Revista Ecuatoriana de Entomologia y Parasitologi, 2: 365–377.

McMurtry J.A. & B.A. Croft. 1997. Life-styles of phytoseiid mites and their roles in biological control. Annual Review of Entomology, 42: 291–321.

McMurtry, J.A., C.B. Huffaker & M. van de Vrie. 1970. Ecology of tetranychid mites and their natural enemies: a review. I. Tetranychid enemies: their biological characters and the impact of spray practices. Hilgardia, 40: 331–390.

McMurtry, J.A., G.J. de Moraes & N. Famah Sourassou. 2013. Revision of the lifestyles of phytoseiid mites (Acari: Phytoseiidae) and implications for biological control strategies. Systematics & Applied Acarology, 18: 2973–20.

McMurtry, J.A., N. Famah Sourassou & P.R. Demite. 2015. The Phytoseiidae (Acari: Mesostigmata) as biological control agents. *In*: Carrillo, D., G.J. de Moraes & J.E. Peña (eds.) Prospects for biological control of plant feeding mites and other harmful organisms, Progress in Biological Control Series, 19, Springer, Cham, pp. 133–150.

Mello, E.J.R. 1968. Resistência do "ácaro rajado" do algodoeiro à ação de produtos fosforados. *In*: Anais da I Reunião Anual da Sociedade Brasileira de Entomologia, Piracicaba, 1968, pp. 65–66.

Melo, A.S., J.W.S. Melo, A.A. Paz-Neto & M.G.C. Gondim Jr. 2023. Mite diversity and intraplant distribution in mango crop. Systematic & Applied Acarology, 28: 864–875.

Melo, J.W.S., D. Navia, J.A. Mendes, R.M.C. Filgueiras, A.V. Teodoro, J.M.S. Ferreira, E.C. Guzo, I.V. de Souza, R.S. Mendonça, E.C. Calvet, A.A. Paz Neto, M.G.C. Gondim Jr., E.G.F. de Morais, M.S. Godoy, J.R. dos Santos, R.I.R. Silva, V.B. da Silva, R.F. Norte, A.B. Oliva, R.B.P. dos Santos & C.A. Domingos. 2018. The invasive red palm mite, *Roiella indica* Hirst (Acari: Tenuipalpidae), in Brazil: range extension and arrival into the most threatened area, the northeast region. International Journal of Acarology, 44: 146–149.

Melville, C.C., S.C. Andrade, N.T. Oliveira & D.J. Andrade. 2018. Impact of *Tetranychus ogmophallos* (Acari: Tetranychidae) on different phenological stages of peanuts. Bragantia, 77: 116–123.

Mendonça, R.S., D. Navia & R.I. Cabrera. 2004. *Steneotarsonemus spinki* Smiley (Acari: Prostigmata: Tarsonemidae) – uma ameaça para a cultura do arroz no Brasil. Embrapa Recursos Genéticos e Biotecnologia, Documentos, 117: 54 p.

Mendonça, R.S., D. Navia & C.H.W. Flechtmann. 2010. Two new spider mites (Acari: Tetranychidae) from Brazil: a *Monoceronychus* McGregor (Bryobiinae) from fingergrass and an *Oligonychus* Berlese (Tetranychinae) from grape. International Journal of Acarology, 36: 487–502.

Mendonça, R.S., D. Navia, I.R. Diniz & C.H.W. Flechtmann. 2011. South American spider mites: New hosts and localities. Journal of Insect Science, 11(121): 1–18.

Menzel, C. 2002. The lychee crop in Asia and the Pacific. Bangkok: FAO, 108 p.

Mesa, N.C. (2005) Ácaros Tenuipalpidade (Acari: Prostigmata) no Brasil, novos relatos para América do Sul e o Caribe e variabilidade morfológica e morfométrica de *Brevipalpus phoenicis* (Geijkes). Tese de Doutorado, Escola Superior de Agricultura "Luiz de Queiroz", Universidade de São Paulo, Piracicaba, 393 p.

Mesa, N.C., R. Ochoa, W.C. Welbourn, G.A. Evans & G.J. de Moraes. 2009. A catalog of the Tenuipalpidae (Acari) of the world with a key to genera. Zootaxa, 2098(1), 1–185.

Meyer, M.K.P. 1979. The Tenuipalpidae (Acari) of Africa with keys to the world fauna. Entomology Memoir, Department of Agriculture Republic South Africa, Pretoria, 50, 1–133.

Meyer, M.K.P.S. & E.A. Ueckermann. 1997. A review of some species of the families Allochaetophoridae, Linotetranidae and Tuckerellidae (Acari: Tetranychoidea). International Journal of Acarology, 23: 67–92.

Michael, A.D. 1890. Mites on sugar-cane. Bulletin of Miscellaneous Information, Royal Botanical Gardens, Kew, 40: 85–86.

Migeon, A. & F. Dorkeld. 2024. Spider mites web: a comprehensive database for the Tetranychidae. Disponível em: https://www1.montpellier.inra.fr/CBGP/spmweb. Acesso em: 04 mar. 2024.

Mineiro, J.L.C., A. Raga & A.C. Lofego. 2004. Ocorrência de ácaros (Arachnida: Acari) em aceroleira (*Malpighia emarginata* A.DC.) no estado de São Paulo. Arquivos do Instituto Biológico, 71: 271–274.

Mineiro, J.L.C., M.E. Sato, A. Raga, V. Arthur, K.G. Gangani & F.V. Barbosa. 2006. Diversidade de ácaros (Arachnida: Acari) em cinco cultivares de duas espécies de cafeeiros (*Coffea* spp.) em Garça, estado de São Paulo. Arquivos do Instituto Biológico, São Paulo, 73: 333–341.

Mineiro, J.L.C., S.M.N.M. Montes & A. Raga. 2007. Primeiro registro de *Tetranychus desertorum* (Banks) (Acari: Tetranychidae) em batata-doce (*Ipomoea batatas* L.) em Presidente Prudente, SP. O Biológico, 69: 113–198.

Mineiro, J.L.C., W.R. da Silva & R.A. da Silva. 2009a. Ácaros em fruteiras e outras plantas no Estado de Amapá. Biota Neotropica, 9: 103–106.

Mineiro, J.L.C., A. Raga, M.E. Sato & A.C. Lofego. 2009b. Ácaros associados ao cafeeiro (*Coffea* spp.) no estado de São Paulo, Brasil. Parte I. Mesostigmata. Biota Neotropica, 9: 37–46.

Mineiro, J.L.C., R. Ochoa, M.S.M. de Sousa, M.G.C. Gondim Jr., E.G. de Deus & R. Adaime. 2014. First record of *Tenuipalpus uvae* De Leon, 1962 (Acari: Tenuipalpidae) in Brazil. Check List, 10: 151–152.

Mineiro, J.L.C., M.E. Sato, M.T. Braghini & O. Guerreiro Filho. 2023. Phytophagous mites associated with different coffee clones resistant to coffee leaf miner in the State of São Paulo. 2023a. *In*: IV Congreso Latinoamericano de Acarología, Cidade do Panamá, 24–28 de julho de 2023, s/n.

Moecke, E.H.S., L.G. Funck, R.M. Mazzuco & E.F. Morato. 2001. Ácaros de armazenagem causadores de anafilaxia. *In*: XII Encontro Nacional de Analistas de Alimentos. O Analista e a Gestão de Qualidade, 4–8 de novembro de 2001, Maceió, s/p.

Mohanasundaram, M. & P. Singh. 1988. A new genus and species of eriophyid mite from West Bengal (Eriophydae: Acari). Entomon,13: 259–261.

Momen, F.M., G.M. Abou-el Ella & H. Hussein. 2006. Relationships between phytoseiid eggs, developmental success and reproduction in *Agistemus exsertus* (Acari: Stigmaeidae). Acta Phytopathologica et Entomologica Hungarica, 41: 361–366.

Mondal, P., M. Ganguly, K. Karmakar & G.J. de Moraes. 2021. Two new species of *Tarsonemus* (Acari: Tarsonemidae) from the Indo-Gangetic plains of West Bengal, India, with brief notes on their bioecology. Journal of Natural History, 55: 2569–2588.

Monteiro, L.B. 1994. Ocorrência de *Polyphagotarsonemus latus* (Banks) (Acari: Tarsonemidae) em videiras em Bento Gonçalves, RS, Brasil. Anais da Sociedade Entomológica do Brasil, 23: 349–350.

Monteiro, L.B. 2002. Criação de ácaros fitófagos e predadores: um caso de produção de *Neoseiulus californicus* por produtores de maçã. *In*: Parra, J.R.P., P.S.M. Botelho, B.S. Corrêa-Ferreira & J.M.S. Bento (orgs.). Controle Biológico no Brasil, Manole, Barueri, pp. 351–365.

Monteiro, V.B., V.F. Silva, D.B. Lima, R.N.C. Guedes & M.G.C. Gondim Jr. 2018. Pesticides and passive dispersal: acaricide- and starvation-induced take-off of the predatory mite *Neoseiulus baraki*. Pest Management Science, 74, 1272–1278.

Monteiro, V.B., G.V. França, M.G.C. Gondim Jr., D.B. Lima & J.W.S. Melo. 2019. Walking dispersal by *Neoseiulus baraki* (Acari: Phytoseiidae) on coconut plants. Systematic & Applied Acarology, 24: 1337–1342.

Montes, S.M.N.M., J.L.C. Mineiro & A. Raga. 2011. Acarofauna registrada na região de Presidente Prudente, SP. Agência Paulista de Tecnologia dos Agronegócios, São Paulo, Documento Técnico, 11: 11 p.

Montes, S.M.N.M., A. Raga, A.C. Boliani, J.L.C. Mineiro & P.C. Santos. 2010. Composição acarina em diferentes cultivares de pessegueiros (*Prunus persica* (L.)), em Presidente Prudente, Estado de São Paulo. Revista Brasileira de Fruticultura, 32: 414–422.

Moraes, G.J. de. 1981. Ácaros e insetos associados a algumas culturas irrigadas do Submédio São Francisco. Embrapa, Centro de Pesquisa Agropecuária do Trópico Semiárido, Petrolina, Circular Técnica 4: 32 pp.

Moraes, G.J. de. 1991. Controle biológico de ácaros fitófagos. Informe Agropecuário, 15(167): 55–62.

Moraes, G.J. de. 2002. Controle biológico de ácaros fitófagos com ácaros predadores. *In*: Parra, J.R.P., P.S.M. Botelho, B.S. Corrêa-Ferreira & J.M.S. Bento (orgs.). Controle Biológico no Brasil, Manole, Barueri, pp. 225–237.

Moraes, G.J. de & C.H.W. Flechtmann. 1980. Paralelo entre dois complexos Euphorbiaceae-Tetranychidae (Acarina) no nordeste e sudeste do Brasil. Anais da Escola Superior de Agricultura "Luiz de Queiroz", Piracicaba, 37: 743–745.

Moraes, G.J. de & C.H.W. Flechtmann. 1981. Ácaros fitófagos do nordeste do Brasil. Pesquisa Agropecuária Brasileira, 16: 177–186.

Moraes, G.J. de & R.A.P. Freire. 2001. A new species of Tenuipalpidae (Acari: Prostigmata) on orchid from Brazil. Zootaxa, 1: 1–10.

Moraes, G.J. de & A.S. Leite Filho. 1981. Aspectos biológicos do ácaro vermelho do tomateiro. Pesquisa Agropecuária Brasileira, 16: 309–311.

Moraes, G.J. de & J.A. McMurtry. 1985. Comparison of *Tetranychus evansi* and *T. urticae* (Acari: Tetranychidae) as prey for eight species of phytoseiid mites. Entomophaga, 30: 393–397.

Moraes, G.J. de & J.A. McMurtry. 1987. Effect of temperature and sperm supply on the reproductive potential of *Tetranychus evansi* (Acari: Tetranychidae). Experimental & Applied Acarology, 3: 95–107.

Moraes, G.J. de & M.A. Tamai. 1999. Biological control of *Tetranychus* spp. on ornamental plantas. *In*: Fischer, G. & A. Angarita (orgs.) Proceedings of the International Symposium on Cut Flowers in the Tropics, Bogota, Acta Horticulturae, 482: 247–252.

Moraes, G.J. de & M.S. Zacarias. 2002. Use of predatory mites for the control of eriophyid mites. *In*: Fernando, L.C.P., G.J. de Moraes & I.R. Wickramanda (orgs.). Proceedings of the International Workshop on Coconut Mite (*Aceria guerreronis*), 6–8 de janeiro de 2000, Coconut Research Institute, Sri Lanka, pp. 78–88.

Moraes, G.J. de, F.S. Ramalho, L.C. Freire & C.A.V. Oliveira. 1986. Artrópodos associados ao tomateiro industrial em Petrolina-PE e racionalização do uso de defensivos. Embrapa Semiárido, Boletim de Pesquisa, 28: 29 p.

Moraes, G.J. de, J.A. McMurtry & E.W. Baker. 1987. Redescription and distribution of the spider mites *Tetranychus evansi* and *T. marianae*. Acarologia, 28: 333–343

Moraes, G.J. de, R.S. Neto & H.C.S. Pinto. 1989. Morphology, biology and pesticide tolerance of *Chelotogenes* [sic] *ornatus* (Acari: Cheyletidae). Entomophaga, 34: 477–484.

Moraes, G.J. de, A.N. Moreira & I. Delalibera Jr. 1995. Growth of the mite *Mononychellus tanajoa* (Acari: Tetranychidae) on alternative plant hosts in northeastern Brazil. Florida Entomologist, 78: 350–354.

Moraes, G.J. de, M.S. Zacarias, M.G.C. Gondim Jr. & R.J.F. Feres. 2001. Papel da vegetação natural como reservatório de ácaros predadores. *In*: VII Simpósio de Controle Biológico (SICONBIOL), Poços de Caldas-MG; Microservice – Tecnologia Digital S.A., São Paulo-SP, v. 1, pp. 492–497 (em CD).

Moraes, G.J. de, J.A. McMurtry, H.A. Denmark & C.B. Campos. 2004. A revised catalog of the mite family Phytoseiidae. Zootaxa, 434: 1–494.

Moraes, G.J. de, R. Venancio, V.L.V. dos Santos & A.D. Paschoal. 2015. Potential of Ascidae, Blattisociidae and Melicharidae (Acari: Mesostigmata) as biological control agents of pest organisms. *In*: Carrillo, D., G.J. de Moraes & J.E. Peña (eds.). Prospects for biological control of plant feeding mites and other harmful organisms, Progress in Biological Control Series, 19, Springer, Cham, pp. 33–75.

Moraes, G.J. de, E.P.J. Britto, J.L.C. Mineiro & B. Halliday. 2016. Catalogue of the mite families Ascidae Voigts & Oudemans, Blattisociidae Garman and Melicharidae Hirschmann (Acari: Mesostigmata). Zootaxa, 4112: 1–299.

Moraes, G.J. de, G.F. Moreira, R.A.P. Freire, F. Beaulieu, H. Klompen & B. Halliday. 2022. Catalogue of the free-living and arthropod-associated Laelapidae Canestrini (Acari: Mesostigmata), with revised generic concepts and a key to genera. Zootaxa, 5184: 1–509.

Moraes R.F., C.A.B. Pereira, C.L.P.S. Corrêa & A.C.S. Noronha. 2017. Ácaro-vermelho-das-palmeiras no Estado do Pará. Belém/PA: Anais do 21 Seminário de Iniciação Científca da Embrapa Amazônia Oriental.

Morais, M.R. 2019. Distribution, bioecology and management of the citrus brow mite *Tegolophus bruneus* Flechtmann (Acari: Eriophyidae). Tese de Doutorado, Universidade Estadual Paulista, Jaboticabal, 80 p.

Moreira, N.S. 1978. Redescrição de *Chortoglyphus arcuatus* (Troupeau, 1878) (Sarcoptiformes, Chortoglyphidae). Revista Brasileira de Biologia, 38: 245–249.

Moreira, G.F. & G.J. de Moraes. 2015. The potential of free-living laelapid mites (Mesostigmata: Laelapidae) as biological control agents. *In*: Carrillo, D., G.J. de Moraes & J.E. Peña (eds.) Prospects for biological control of plant feeding mites and other harmful organisms, Progress in Biological Control Series, 19, Springer, Cham, pp. 77–102.

Moreira, G.F., M. Poletti & G.J. de Moraes. 2021. Uso de ácaros predadores no Brasil. *In*: Parra, J.R.P., A.S. Pinto, D.E. Nava, R.C. de Oliveira & A.J.F. Diniz. (org.). Controle biológico com parasitoides e predadores na agricultura brasileira. 1ª.ed. Fealq, Piracicaba, pp. 283-304.

Moreira, J.A.N., E.C. Freire, R.F. Santos & M. Barreiro Neto. 1989. Algodoeiro mocó: uma lavoura ameaçada de extinção. Embrapa Algodão, Campina Grande, Documentos, 36: 20 p.

Moreira, P.H.R., P.T. Yamamoto & S. Gravena. 1993. Toxicidade a *Iphiseiodes zuluagai* Denmark & Muma (Acari: Phytoseiidae) em citros. *In*: Resumos do XIV Congresso Brasileiro de Entomologia, Piracicaba, p. 727.

Moro, L.B., R.A. Polanczyk, J.R. Carvalho, D. Pratissoli & C.R. Franco. 2012. Parâmetros biológicos e tabela de vida de *Tetranychus urticae* (Acari: Tetranychidae) em cultivares de mamão. Ciência Rural, 42, 487–493.

Moterani, D.G., M. Girotto, A.L.S. Felipe, C.E.I. Junior, C.E.M.S. Bueno, H.A. Ricardo, B.M.C. Barros, T.F. Silva & G.G. Bosquê. 2011. Identificação de possíveis agentes de controle biológico de *Aceria litchii* em lichia. Revista Científica Eletrônica de Agronomia, 10: s.n.p. Disponível em: www.revista.inf.br. Acesso em: 1 abr. 2023.

Moura, R.B., F.O.A. Bertolo & A.P. Ott. 2013. Acarofauna associada à vegetação espontânea de vinhedos. Ciência Rural, 43: 1610–1617.

Mourão, S.A., J.C. Zanuncio, A. Pallini Filho, R.N.C. Guedes & A.B. de Camargos. 2004. Toxicidade de extratos de nim (*Azadirachta indica*) ao ácaro-vermelho-do-cafeeiro *Oligonychus ilicis*. Pesquisa Agropecuária Brasileira, 39: 827–830.

Nakaiama, K. 2019. Bioecologia e controle do *Aceria reyesi* (Nuzzaci, 1973), ácaro-da-gema-vegetativa-do-cacaueiro. Ministério da Agricultura, Pecuária e Abastecimento, Centro de Pesquisa do Cacau, Ilheus, Boletim Técnico 211: 25 p.

Nalepa, A. 1890. Über neue Gallmilben. Anzeiger Akademie der Wissenschaften, Mathematisch-naturwissenschaftliche Klasse, Wien, 27, 2.

Nalepa, A. 1905. Neue Gallmilben. Fortsetzung. Anzeiger Akademie der Wissenschaften in Wien, Philosophisch-Historische Klasse, Austria, 42(16), 268.

Nalepa, A. 1906. Über zwei neue Eriophyiden von den Fidschiinseln. Journal of Economic Biology, 1, 147–151.

Nalepa, A. & E. Trouessart. 1891. Diagnoses d'acariens nouveaux. Le Naturaliste. Revue Illustrée des Sciences Naturelles, 13 (93): 25–26.

Nascimento, A.S., R.C. Caldas & L.M.S. Silva. 1984. Infestação e dano causado pelo ácaro da ferrugem *Phyllocoptruta oleivora* (Ashmead, 1879) (Acari: Eriophyidae). Anais da Sociedade Entomológica do Brasil, 13: 237–247.

Nascimento, R.S., E.B. Castro, A.D. Tassi, R. Ochoa & A.R. Oliveira. 2022. First record of *Tenuipalpus panici* De Leon (Acari: Tenuipalpidae) in South America, with new morphological data and a discussion on the ontogeny of setae. Systematic & Applied Acarology, 27: 2195–2211.

Nascimento, R.S., K.S. Souza, E.A.S.F. Melo, A.D. Tassi, E.B. Castro, D. Navia, R.S. de Mendonça, R. Ochoa & A.R. Oliveira. 2023. Flat mites (Tenuipalpidae) from Bahia state, north-eastern Brazil – a checklist including new records and an illustrated key to species. Acarologia, 63: 619–636.

Naskrecki, P. & R.K. Colwell. 1998. Systematics and host plant affiliations of hummingbird flower mites of the genera *Tropicoseius* Baker & Yunker and *Rhinoseius* Baker & Yunker (Acari: Mesostigmata: Ascidae). Monographs Thomas Say Publications in Entomology, Entomological Society of America, Lanham, Maryland, 185 p.

Navajas, M., G.J. de Moraes, P. Auger & A. Migeon. 2013. Review of the invasion of *Tetranychus evansi*: biology, colonization pathways, potential expansion and prospects for biological control. Experimental & Applied Acarology, 59: 43–65.

Navia, D. & C.H.W. Flechtmann. 2000. Eriophyid mites (Acari: Prostigmata) from mango, *Mangifera indica* L., in Brazil. International Journal of Acarology, 26: 73–80.

Navia, D. & C.H.W. Flechtmann. 2002. Mite (Arthropoda: Acari) associates of palms (Arecaceae) in Brazil: VI. New genera and new species of Eriophyidae and Phytoptidae (Prostigmata: Eriophyoidea). International Journal of Acarology, 28: 121–146.

Navia, D. & C.H.W. Flechtmann. 2003. Mites (Acari) of the genus *Notostrix* Keifer (Eriophyidae): new records, description of six new species and key to the world species. Acarologia, 43: 271–289.

Návia, D. & C.H.W. Flechtmann. 2004. Rediscovery and redescription of *Tetranychus gigas* (Acari, Prostigmata, Tetranychidae). Zootaxa, 547: 1–8.

Návia, D. & C.H.W. Flechtmann. 2005a. A new eriophyoid mite in the genus *Disella* from *Ilex paraguariensis* in Brazil. Zootaxa, 1037: 23–28.

Navia, D. & C.H.W. Flechtmann. 2005b. A new genus and five new species of Eriophyoidea (Prostigmata) associated with palm trees from Brazilian Amazon. Zootaxa, 1078: 41–58.

Navia, D. & A.L. Marsaro Jr. 2010. First report of the citrus hindu mite, *Schizotetranychus hindustanicus* (Hirst) (Prostigmata: Tetranychidae) in Brazil. Neotropical Entomology, 39: 140–143.

Návia, D., C.H.W. Flechtmann & G.J. de Moraes. 1998. Avaliação do risco de introdução de ácaros fitófagos associados à cultura da uva no Brasil. Embrapa Recursos Genéticos e Biotecnologia, Brasília, Documentos, 32: 51 p.

Navia, D., C.H.W. Flechtmann & J.W. Amrine Jr. 2005a. Supposed ovoviviparity and viviparity in the coconut mite, *Aceria guerreronis* Keifer (Prostigmata: Eriophyidae), as a result of female senility. International Journal of Acarology, 31: 63–65.

Návia, D., G.J. de Moraes, A.C. Lofego & C.H.W. Flechtmann. 2005b. Acarofauna associada a frutos de coqueiro (*Cocos nucifera* L.) de algumas localidades das Américas. Neotropical Entomology, 34: 349–354.

Návia, D., M.A.S. Mendes & R. Ochoa. 2006. *Steneotarsonemus furcatus* DeLeon (Prostigmata: Tarsonemidae) infesting rice crops in Brazil. International Journal of Acarology, 32: 219–222.

Navia, D., M.G.C. Gondim Jr. & G.J. de Moraes. 2007. Eriophyoid mites (Acari: Eriophyoidea) associated with palm trees. Zootaxa, 1389, 1–30.

Navia, D., A.L. Marsaro Jr., F.R. da Silva, M.G.C. Gondim Jr. & G.J. de Moraes. 2011. First report of the red palm mite, *Raoiella indica* Hirst (Acari: Tenuipalpidae), in Brazil. Neotropical Entomology, 40: 409–411.

Navia, D., Gondim Jr., M.G.C., Aratchige, N.S. & Moraes, G.J. 2013a. A review of the status of the coconut mite, *Aceria guerreronis* (Acari: Eriophyidae), a major tropical mite pest. Experimental and Applied Acarology, 59, 67–94.

Navia D., A.L. Marsaro Jr., M.G.C. Gondim Jr., R.S. de Mendonça & P.R.V.S. Pereira. 2013b. Recent mite invasions in South America. *In*: Peña, J.E. (edit.) Potential Invasive Pests of Agricultural Crops, CAB International, pp. 251–287.

Navia, D., E.G.F. Morais, R.S. Mendonça, & M.G.C. Gondim Jr. 2015. Ácaro-vermelho-das-palmeiras, *Raoiella indica* (Acari: Tenuipalpidae). *In*: Vilela, E. & R. Zucchi (eds.). Pragas Introduzidas no Brasil: Insetos e Ácaros. FEALQ, Piracicaba, pp. 418–452.

Navia, D., R.C. Castilho & G.J. de Moraes. 2020. Controle de artrópodes-praga com ácaros predadores. *In*: Fontes, E.M.G. & M.C. Valadares-Inglis, M.C. (orgs.). Controle biológico de pragas da agricultura. 1ed. Embrapa, Brasília, pp. 141-166.

Navia, D., M.E. Duarte & C.H.W. Flechtmann. 2021. Eriophyoid mites (Acari: Prostigmata) from Brazil: an annotated checklist. Zootaxa, 4997: 1–152.

Nelson-Rees, W.A., M.A. Hoy & R.T. Roush. 1980. Heterochromatization, chromatin elimination and haploidization in the parahaploid mite *Metaseiulus occidentalis* (Nesbitt) (Acarina: Phytoseiidae). Chromosoma, 77: 263–276.

Neves, E.M. & L. Rodrigues. 2004. Defensivos agrícolas na citricultura. Informativo Agropecuário Coopercitrus, 17(214): 16–17.

Nietner, J. 1861. Observations on the enemies of the coffee tree in Ceylon. Colombo, Ceylon: 31 p. (Artigo não examinado).

Nisha, L.V. & M.K. Leena. 2022. Pests of coconut and their management. *In*: Vanaja, T., P.C. Balakrishnan & K.N. Satheesan (eds.). Compendium on Coconut. Regional Agricultural Research Station, Pilicode, Kerala Agricultural University, pp. 175–228.

Nobre, D.A.C. & D.S. Brandão Jr. 2015. Feijão-fava (*Phaseolus lunatus* L.). Revista Cultivar. Disponível em: https://revistacultivar.com.br/artigos/feijao-fava-phaseolus-lunatus-l-

Nomikou, M., A. Janssen, R. Schraag & M.W. Sabelis. 2001. Phytoseiid predators as potential biological control agents for *Bemisia tabaci*. Experimental & Applied Acarology, 25: 271–291.

Nora, I., E.R. Hickel & F.M. Zambonim. 2019. Primeiro registro do ácaro-vermelho-das palmeiras, *Raoiella indica*, em Santa Catarina, Brasil. Agropecuária Catarinense, 32: 43–45.

Noronha, A.C.S. & A.C.C. Cavalcante. 2011. Aspectos biológicos de *Brevipalpus obovatus* Donnadieu (Acari: Tenuipalpidae) em maracujazeiro. Arquivos do Instituto Biológico, São Paulo, 78: 453–457.

Noronha, A.C.S., P.S. Argolo, V.J. Boaventura & R. Ritzinger. 2010. Ácaros (Acari) em mudas de aceroleira. Boletin de Sanidad Vegetal: Plagas, 36: 189–195.

Noronha, A.C.S., C.L.P.S. Corrêa & C.A.B. Pereira. 2018. Distribuição de *Raoiella indica* (Acari, Tenuipalpidae) na região do Baixo Amazonas, Pará. *In*: Anais do Congresso Latinoamericano de Acarologia, 3; Simpósio Brasileiro de Acarologia, 6, Pirenopólis. Anais. [Brasília, DF]: Goiania, Embrapa: UNB.

Norris, R.F., E.P. Caswell-Chen & M. Kogan, 2003. Concepts in integrated pest management. Prentice Hall, New Jersey, 586 p.

Norton, R.A., W.C. Welbourn & R.D. Cave. 1988. First record of Erythraeidae parasitic on oribatid mites (Acari, Prostigmata: Acari, Oribatida). Proceedings of the Entomological Society of Washington, 90: 407–410.

Norton, R.A., J.B. Kethley, D.E. Johnston & B.M. Oconnor, 1993. Phylogenetic perspectives on genetic systems and reproductive modes of mites. *In*: D.L. Wrensch & M.A. Ebbert (orgs.). Evolution and diversity of sex ratio in insects and mites. Chapman & Hall Publications, Nova Iorque, pp. 8–99.

Nuvoloni, F.M., L.M.S. Andrade, E.B. Castro, J.M. Rezende & M.S. Araújo. 2021. First report of damage and population dynamics of *Raoiella indica* Hirst (Acari: Tenuipalpidae) on *Euterpe oleracea* (Arecaceae) in the State of Bahia, Brazil. Systematic & Applied Acarology, 26: 1769–1775.

Nuzzaci, G. 1973. Contributi alla conoscenza degli acari eriofidi. I *Eriophyes reyesi* n. sp. su *Theobroma cacao* L. Entomologica. Annali di Entomologia Generale ed Applicata, 9: 9–12.

Nuzzaci, G. & G. Alberti. 1996. Internal anatomy and physiology. *In*: Lindquist, E.E., M.W. Sabelis & J. Bruin (orgs.). Eriophyoid mites. Their biology, natural enemies and control, Elsevier, Amsterdam, pp. 101–149.

Nuzzaci, G. & E. De Lillo. 1991. Linee evolutive dello gnatosoma in alcuni Acari Prostigmata. Atti del XVI Congresso Nazionale Italiano di Entomologia. Bari-Martina Franca (Ta), 23–28 de setembro, 1991, pp. 279–290.

Ochoa, R. (1988) Homonymy in Tenuipalpidae (Acarina). International Journal of Acarology, 14: 225.

Ochoa, R. 1989a. A note on paedogenesis in Tetranychoidea. International Journal of Acarology, 15: 117–118.

Ochoa, R. 1989b. The genus *Tuckerella* in Costa Rica (Acari: Tuckerellidae). International Journal of Acarology, 15: 205–207.

Ochoa, R., H. Aguilar & C. Vargas. 1994. Phytophagous Mites of Central America: an Illustrated Guide. CATIE, Turrialba, 234 p.

Ochoa, R., R.L. Smiley & J.L. Saunders. 1991. The family Tarsonemidae in Costa Rica (Acari: Heterostigmata). International Journal of Acarology, 17: 41–86.

Ochoa, R., G. Otero-Colina, J.J. Beard, J. Mineiro, E.W. Kitajima, M. Regonat, D. Navia, J.C. Rodrigues & G.R. Bauchan. 2016. Avances sobre ácaros *Brevipalpus* asociados a los cítricos en las Américas. *In*: Proceedings II Congreso Latinoamericano de Acarologia, Quindio, Colombia, Vol. 1: 97–98.

O'Connor, B.M. 1982. Acari: Astigmata. *In*: Parker, S. (ed.). Synopsis and Classification of Living Organisms, Vol. 2, New York: McGraw-Hill, pp. 146–169

O'Connor, B.M. 2009. Cohort Astigmatina. *In*: Krantz, G.W. & D.E. Walter (eds.). A Manual of Acarology. Third edition. Texas Tech University Press, Lubbock, pp. 565-657.

Oldfield, G.N. 1984. Evidence for conspecificity of *Aculus cornutus* and *A. fockeui* (Acari: Eriophyidae), rust mites of *Prunus* fruit trees. Annals of the Entomological Society of America, 77: 564–567.

Oldfield, G.N. & G. Proeseler. 1996. Eriophyoid mites as vectors of plant pathogens. *In*: Lindquist, E.E., M.W. Sabelis & J. Bruin (orgs.). Eriophyoid mites. Their biology, natural enemies and control, Elsevier, Amsterdam, pp. 259–275.

Oliveira, A.R. & D. Navia. 2013. O ácaro-das-gemas-do-cacaueiro, *Aceria reyesi* Nuzzaci (Eriophyidae), praga emergente nos estados de Rondônia e da Bahia. *In*: Anais do IV Simpósio Brasileiro de Acarologia. Bento Gonçalves, RS, p. 238.

Oliveira, A.R., G.J. de Moraes & L.C.C.B. Ferraz. 2007a. Consumption rate of phytonematodes by *Pergalumna* sp. (Acari: Oribatida: Galumnidae) under laboratory conditions determined by a new method. Experimental & Applied Acarology, 41: 183–189.

Oliveira, A.R., D.F.S. Rodrigues & C.H.W. Flechtmann. 2012a. A new eriophyoid mite genus and species, *Gymnaceria cupuassu* (Acari: Eriophyidae), described from the cupuaçu tree in Brazil. Zootaxa, 3559: 53–57.

Oliveira, C.A.L. de. 1972. Ação dos ácaros *Polyphagotarsonemus latus* (Banks, 1904) e *Tetranychus* (*T.*) *urticae* Koch, 1836 na depreciação quantitativa e qualitativa da produção algodoeira. Tese de Doutorado, Escola Superior de Agricultura "Luiz de Queiroz", Universidade de São Paulo, Piracicaba, 150 p.

Oliveira, C.A.L. de. 1984. Efeito da aplicação de piretroides em cafeeiro sobre o ácaro *Oligonychus* (*O.*) *ilicis* (McGregor, 1917) (Acari: Tetranychidae). Tese de Livre-Docência,

Faculdade de Ciências Agrárias e Veterinárias. Universidade Estadual Paulista, Jaboticabal, 181 p.

Oliveira, C.A.L. de. 1993. Ácaros dos citros. Basf Brasileira S.A., São Paulo-SP, 18 p.

Oliveira, C.A.L. de. 1995. Aspectos ecológicos do *Brevipalpus phoenicis*. *In*: Oliveira, C.A.L. de & L.C. Donadio (orgs.). Leprose dos citros. UNESP, Jaboticabal, pp. 37–48.

Oliveira, C.A.L. de & G. Calcanholo. 1975. Ação do ácaro "rajado" *Tetranychus urticae* (Koch, 1836) na depreciação quantitativa da produção algodoeira. O Biológico, São Paulo, 41: 307–327.

Oliveira, C.A.L. de. & L.C. Donadio. 1995. Leprose dos citros. UNESP, Jaboticabal, 219 p.

Oliveira, C.M., D. Návia & M.R. Frizzas. 2007b. First record of *Tyrophagus putrescentiae* (Schrank) (Acari: Acaridae) in soybean plants under no tillage in Minas Gerais, Brazil. Ciência Rural, 37: 876–877.

Oliveira, C.P. de. 2000. Biologia do ácaro da falsa ferrugem *Phyllocoptruta oleivora* (Ashmead, 1879) (Acari: Eriophyidae) em citros. Tese de Mestrado, Universidade Estadual Paulista, Botucatu, 41 p.

Oliveira, D.C., G.J. de Moraes & C.T.S. Dias. 2012b. Status of *Aceria guerreronis* Keifer (Acari: Eriophyidae) as a pest of coconut in the State of Sao Paulo, southeastern Brazil. Neotropical Entomology, 41: 315–323.

Oliveira, D.C., E.P. Prado, G.J. de Moraes, E.G.F. Morais, E.A. Chagas, M.G.C. Gondim Jr. & D. Navia. 2016. First report of *Raoiella indica* (Acari: Tenuipalpidae) in southeastern Brazil. Florida Entomologist, 99: 123–125.

Oliveira, J.E.M., V.B. Monteiro, M.G.C. Gondim Jr. & H.A.A. Siqueira. 2016. Manejo da resistência do ácaro-rajado (*Tetranychus urticae* Koch) em videira no Submédio do Vale do São Francisco. Petrolina, Embrapa, Comunicado Técnico 169: 4 p.

Oliveira, M.G., A.D. Grützmacher, U.S. da Cunha & S. Roggia. 2011. Dinâmica populacional de ácaros fitófagos e predadores associados à soja em cultivos de várzea e coxilha. Revista Brasileira de Agrociência, 17: 211–220.

Oliver Jr., J.H. 1962. A mite parasitic in the cocoons of earthworms. The Journal of Parasitology, 48: 120–123.

Omoto, C. 1987. Avaliação de danos e controle do ácaro branco *Polyphagotarsonemus latus* (Banks, 1904) (Acari, Tarsonemidae) na cultura do feijão *Phaseolus vulgaris* L. cv Carioca 80. Dissertação de Mestrado, Escola Superior de Agricultura "Luiz de Queiroz", Universidade de São Paulo, Piracicaba, 117 p.

Onzo, A., R. Hanna, I. Zannou, N.W. Sabelis & J.S. Yaninek. 2003. Dynamics of refuge use: diurnal, vertical migration by predatory and herbivorous mites within cassava plants. Oikos, 101: 59–69.

Orlando, A., O. Rigitano, A.S. Sampaio & M. Ojima. 1968. Ensaios de contrôle do "ácaro adunco" – *Tetranychus aduncus* Flechtm. E Baker, 1967 (Acarina: Tetranychidae) nova praga do pessegueiro. O Biológico, São Paulo, 34: 129–134.

Orlando, A., O. Rigitano & M. Ojima. 1969. Ácaro do prateado – *Aculus cornutus* (Banks) – (Acarina: Eriophyidae), como praga do pessegueiro e seu combate. O Biológico, São Paulo, 35: 196–199.

Osborne, L.S., J.E. Peña & D.H. Oi. 1995. Predation by *Tapinoma melanocephalum* (Hymenoptera: Formicidae) on twospotted spider mites (Acari: Tetranychidae) in Florida greenhouses. Florida Entomologist, 78: 565–570.

Oudemans, A.C. 1905. The Verslag. Tijdschrift voor Entomologie, 48: 79.

Overmeer, W.P.J. 1985. Diapause. *In*: Helle, W. & M.W. Sabelis (orgs.). World Crop Pests. Spider mites. Their biology, natural enemies and control. Elsevier, Vol. 1B, pp. 95–102.

Ozman-Sullivan, S.K. & G.T. Sullivan. 2024. Global patterns of the species richness and distribution of eriophyoid mites: a response to Li *et al.*, 2023. Journal of Biogeography, 51: 57–60.

Pagenstecher H.A. 1857. Über Milben besonders die Gattung *Phytoptus*. Verhandlungen des Naturhistorisch-medizinischen Vereins zu Heidelberg, 1: 46–53.

Pallini Filho, A., G.J. de Moraes & V.H.P. Bueno. 1992. Ácaros associados ao cafeeiro (*Coffea arabica* L.) no sul de Minas Gerais. Ciência e Prática, Lavras, 16: 303–307.

Parra, J.R.P., H.N. de Oliveira & A.S. Pinto. 2003. Guia Ilustrado de Pragas e Insetos Benéficos dos Citros. Piracicaba, 140 p.

Parseval, M. von. 1939. Eriofidas no Brasil. Revista Agronômica, Porto Alegre, 3(30): 511–517.

Paschoal, A.D. 1970a. Contribuição ao conhecimento da família Tetranychidae (Arachnida, Acarina). Tese de Doutorado, Escola Superior de Agricultura "Luiz de Queiroz", Universidade de São Paulo, Piracicaba, 116 p.

Pascoal, A.D. 1970b. Revisão da família Tetranychidae no Brasil (Arachnida: Acarina). Anais da Escola Superior de Agricultura "Luiz de Queiroz", 27: 457–483.

Paschoal, A.D. 1971a. Ácaros de algumas plantas frutíferas no Brasil. *In*: Anais do I Congresso Brasileiro de Fruticultura, Campinas. 1970, pp. 777–791.

Paschoal, A.D. 1971b. *Mononychellus vilaricensis* n. sp. (Acarina, Tetranychidae): new for science. Revista Peruana de Entomologia, 14: 170–171.

Paschoal, A.D. 1971c. A new *Schizotetranychus* from the Brazilian fauna (Acarina: Tetranychidae). Revista Peruana de Entomologia, 14: 172–173.

Paschoal, A.D. & P.R. Reis. 1968. Relação de ácaros encontrados em plantas. Revista de Agricultura, Piracicaba, 43: 137–139.

Pedro-Neto, M., R.A. Sarmento, W.P. Oliveira, M.C. Picanço & E.A.L. Erasmo. 2013. Biologia e tabela de vida do ácaro-vermelho *Tetranychus bastosi* em pinhão-manso. Pesquisa Agropecuária Brasileira, 48, 353–357.

Pereira, F.F., N. dos Anjos, R.P. Almado & L.A.L. Rodrigues. 2005. Primeiro registro de *Oligonychus yothersi* (McGregor) (Acari: Tetranychidae) em *Eucalyptus grandis* Hill ex Maiden no Brasil. Revista Árvore, Viçosa, 29: 657–659.

Pereira, P.R.V.S., D. Navia, J.R. Salvadori & D. Lau. 2009. Occurrence of *Aceria tosichella* in Brazil. Pesquisa Agropecuária Brasileira, 44: 539–542.

Pereira, P.R.V.S., J.R. Salvadori, D. Navia, S. Lampert & M. Savaris. 2017. First record of *Penthaleus major* (Acari: Penthaleidae) in Brazil. Proceedings of the Entomological Society of Washington, 119: 157–161.

Pereira, R.B., J.B. Pinheiro, J.A. Guimarães & A. Reis. 2012. Doenças e pragas do jiloeiro. Embrapa, Brasília, Circular Técnica, 106, 13 p.

Pérez-Iñigo, C. & C. Pérez-Iñigo Jr. 1993. Oribates (Acari, Oribatei) trouvés sur branches d'*Araucaria angustifolia* au Brésil. Acarologia, 34: 167–176.

Perring, T.M. 1996. Damage and control of eriophyoid mites in crops. Vegetables. *In*: Lindquist, E.E., M.W. Sabelis & J. Bruin (orgs.). Eriophyoid Mites – Their biology, natural enemies and control. Elsevier, Amsterdam, pp. 593–610.

Picoli, P.R.F., M.R. Vieira, E.A. Silva, & M.S.O. Mota. 2010. Ácaros predadores associados ao ácaro-da-erinose da lichia. Pesquisa Agropecuária Brasileira, 45: 1246–1252.

Pijnacker, L.P., M.A. Fewerda, H.R. Bolland & W. Helle. 1980. Haploid female parthenogenesis in the false spider mite *Brevipalpus obovatus* (Acari: Tenuipalpidae). Genetica, 51: 211–214.

Pijnakker, J., R. Moerkens, D. Vangansbeke, M. Duarte, S. Bellinkx, A. Benavente, J. Merckx, I. Stevens & F. Wäckers. 2021. Dual protection: A tydeoid mite effectively controls both a problem pest and a key pathogen in tomato. Pest Management Science, 78: 355–361.

Pillai, P.R.P. 1957. Pests of stored fish and prawns. Bulletin of the Central Research Institute, University of Kerala, Trivandrum, 5: 1–75.

Pontier K.J.B. & C.H.W. Flechtmann. 1999. Description of male *Tenuipalpus heveae* Baker, 1945 (Acari: Prostigmata: Tenuipalpidae). International Journal of Acarology, 25: 293–296.

Pontier K.J.B. & C.H.W. Flechtmann. 2000. Description of the immature life stages of *Tenuipalpus heveae* Baker, 1945 (Acari: Prostigmata: Tenuipalpidae). Systematic & Applied Acarolology, 5: 77–81.

Pontier, K.J.B., G.J. de Moraes & S. Kreiter. 2000. Biology of *Tenuipalpus heveae* (Acari: Tenuipalpide) on rubber tree leaves. Acarologia, 41: 423–427.

Prado, T.J. 2023. Potencial do ácaro predador *Protogamasellopsis zaheri* (Rhodacaridae) no controle do fitonematoide *Meloidogyne incognita* (Meloidogynidae). Tese de Doutorado, Universidade Estadual Paulista, Jaboticabal, 77 p.

Prasad, V. 1982. The History of Acarology. Indira Publishing House, Oak Park, 472 p.

Prezotti, L., D.S. Parreira, A.P. Moura, M.B. Silva, J.C.M. Rufini & H.C.B. Ribeiro. 2007. Ocorrência de *Aceria guerreronis* Keifer e *Steneotarsonemus furcatus* De Leon (Acari: Eriophyidae; Tarsonemidae) em coqueiro na região do Vale do Rio Doce. Arquivos do Instituto Biológico, São Paulo, 74: 43–45.

Pritchard, A.E. & E.W. Baker. 1951. The false spider mites of California (Acarina: Phytoptipalpidae. University of California Publications in Entomology, 9: 1–93.

Pritchard, A.E. & E.W. Baker. 1955. A revision of the spider mite family Tetranychidae. Memoirs Series, Vol. 2, Pacific Coast Entomological Society, San Francisco, 472 p.

Pritchard, A.E. & E.W. Baker. 1958. The false spider mites (Acarina: Tenuipalpidae). University of California Publications in Entomology, 14: 175–274.

Pulz, F.S., F.A.S. de Sá, F. Ajudarte Neto, F.C. Cunha & F. Graziano Neto. 1971. Estudo sobre vermes em ovinos: hospedeiro intermediário de *Moniezia expansa* em São Paulo, Brasil. O Solo, Piracicaba, 63: 39.

Putman, W.L. 1939. The plum nursery mite (*Phyllocoptes fockeui* Nal. And Trt.). Seventh Annual Report of the Entomological Society of Ontario, 70: 33–40.

Puzzi, D. & T. Veinert. 1968. Estudos sobre a época de combate do "ácaro da ferrugem" dos citros *Phyllocoptruta oleivora* (Ashm.) no Estado de São Paulo. O Biológico, São Paulo, 34: 3–7.

Qin, T.K. & R.B. Halliday. 1996. The Australian species of *Chromotydaeus* Berlese and *Penthaleus* C.L. Koch. Journal of Natural History, 30: 1833–1848.

Queiroz, D.L. & C.H.W. Flechtmann. 2011. Ácaros associados ao eucalipto. EMBRAPA, Colombo, Documentos, 230: 26 p.

Queiroz, D.L. & C.H.W. Flechtmann. 2016. *Mononychellus cedrelae* Flechtmann & Queiroz, 2015 (Acari, Prostigmata, Tetranychidae): uma nova espécie causando danos em cedro. Embrapa Colombo, Comunicado Técnico, 387: 5 p.

Queiroz, D.L. & C.H.W. Flechtmann. 2021. Ácaros em eucaliptos. *In*: Lemes, P.G. & J.C. Zanuncio (eds.). Novo Manual de Pragas Florestais Brasileiras. Instituto de Ciências Agrárias da Universidade Federal de Minas Gerais, Montes Claros, pp. 700–716.

Quirós-Gonzalez, M. & J. Bravo. 1998. Colonization of guava flower and fruit by *Brevipalpus phoenicis* (Geijskes), in Mara Co., Venezuela. Program and Abstract of the 10th International Congress of Acarology, Australia, 5–10 de julho de 1998. s/p.

Quirós de Gonzalez, M. & F. Geraud-Pouey. 2002. *Schizotetranychus industanicus* [sic] (Hirst) (Acari: Tetranychidae), new spider mite pest damaging citrus in Venezuela, South America. *In*: Program and Abstract Book, XI International Congress of Acarology, Merida, México, 2002, p. 255.

Raga, A., M.E. Sato, L.C. Cerávolo & A.C. Rossi. 1997. Efeito de Halfenprox sobre *Brevipalpus phoenicis* (Geijskes) e ácaros predadores em citros. Revista de Agricultura, Piracicaba, 72: 363–373.

Raga, A., J.L.C. Mineiro, M.E. Sato, G.J. de Moraes & C.H.W. Flechtmann. 2008. Primeiro relato de *Eriophyes litchii* Keifer (Prostigmata: Eriophyidae) em plantas de lichia no Brasil. XXII Congresso Brasileiro de Entomologia, Uberlândia, 24–29-VIII-2008, Resumo 1554-1.

Raga, A., J.L.C. Mineiro, M.E. Sato, G.J. de Moraes & C.H.W. Flechtmann. 2010. Primeiro relato de *Aceria litchii* (Keifer) (Prostigmata: Eriophyidae) em plantas de lichia no Brasil. Revista Brasileira de Fruticultura, 32: 628–629.

Raga, A., J.L.C. Mineiro & R.C. Siloto. 2011. Ácaro *Aceria litchii* (Keifer) (Prostigmata: Eriophyidae) nova praga da lichieira no Brasil. Agência Paulista de Tecnologia dos Agronegócios, Instituto Biológico, São Paulo, Documento Técnico, 12: 9 p.

Rahman, K.A. & A.N. Sapra. 1940. Mites of the family Tetranychidae from Lyallpur with descriptions of four new species. Proceedings of the Indian Academy of Science, Ser. B, 11: 17–196.

Ramakers, P.M.J. & M.J. van Lieburg. 1982. Start of commercial production and introduction of *Amblyseius mckenziei* Sch. & Pr. (Acarina: Phytoseiidae) for the control of *Thrips tabaci* (Thysanoptera: Thripidae) in glasshouse. Mededeelingen van Faculteit voor Landbouwhooge Rijkuniversiteit te Gent, 47: 541–545.

Ramalho, F.S. 1978. Níveis de infestação de *Aculops lycopersici* (Massee, 1937) em diferentes fases de desenvolvimento do tomateiro. Anais da Sociedade Entomológica do Brasil, 7: 26–29.

Ramalho, F.S. & C.H.W. Flechtmann. 1978. Níveis de infestação de *Tetranychus* (*T.*) *evansi* em diferentes fases de desenvolvimento do tomateiro. *In*: Resumos da XXX Reunião Anual da Sociedade Brasileira para o Progresso da Ciência, São Paulo, 1978, p. 16.

Ramaraju, K. & R.J. Rabindra. 2002. Palmyra, *Borassus flabellifer* L. (Palmae) a host of the coconut eriophyid mite *Aceria guerreronis* Keifer. Pest Management in Horticultural Ecosystems, 7: 149–151.

Ramos, J.T. 2019. Manejo de *Aceria litchii* (Keifer) (Acari: Eriophyidae) em cultivo de lichieira no Estado de São Paulo. Dissertação de Mestrado, Instituto Biológico, São Paulo, 46 p.

Reis, A.C., M.G.C. Gondim Jr., D. Navia & C.H.W. Flechtmann. 2010. Eriophyoid mites (Acari: Prostigmata: Eriophyoidea) from fruit trees in northeastern Brazil – a new genus, three new species and a redescription. Zootaxa, 2694: 43–56.

Reis, A.C., M.G.C. Gondim Jr., D. Navia & C.H.W. Flechtmann. 2012. Eriophyoid mites (Acari: Prostigmata: Eriophyoidea) on palms (Arecaceae) from the Brazilian Amazon: a new genus and four new species. Zootaxa, 3446: 49–59.

Reis, A.C., M.G.C. Gondim Jr., C.H.W. Flechtmann & D. Navia. 2014. New eriophyoid mites (Acari: Prostigmata: Eriophyoidea) from cultivated plants from northeastern Brazil, including the second taxon in the Prothricinae. Journal of Natural History, 48: 1135–1152.

Reis, P.R. 1971. Dinâmica de população de *Aceria mangiferae* Sayed, 1946 (Acarina: Eriophyidae) em *Mangifera indica* Linn. *In*: Anais do I Congresso Brasileiro de Fruticultura e III Encontro Nacional de Citricultura, Campinas, 1971, pp. 617–625.

Reis, P.R. 1972. Efeito do ácaro *Tetranychus* (*T.*) *urticae* Koch, 1836 (Acarina – Tetranychidae) na produção e qualidade da fibra do algodoeiro, variedade IAC-RM3. Dissertação de Mestrado, Escola Superior de Agricultura "Luiz de Queiroz", Universidade de São Paulo, Piracicaba, 76 p.

Reis, P.R. 2000. Onde está o ácaro? Cultivar, Pelotas, 2(17): 8–10.

Reis, P.R. & S.J.R. Chagas. 2001. Relação entre o ataque do ácaro-plano e da mancha-anular com indicadores da qualidade do café. Ciência e Agrotecnologia, Lavras, 25: 72–76.

Reis, P.R. & L.A.S. Melo. 1984. Pragas da videira. Informe Agropecuário, Belo Horizonte, 10(117): 68–72.

Reis, P.R. & E.O. Sousa. 2000. Efeito de oxicloreto de cobre sobre duas espécies de ácaros predadores. Ciência e Agrotecnologia, Lavras, 24: 924–930.

Reis, P.R. & E.O. Sousa. 2001. Seletividade de chlorfenapyr e fenbutatin-oxide sobre duas espécies de ácaros predadores (Acari: Phytoseiidae) em citros. Revista Brasileira de Fruticultura, 23: 584–588.

Reis, P.R. & A.V. Teodoro. 2000. Efeito de oxicloreto de cobre sobre a reprodução do ácaro-vermelho-do-cafeeiro, *Oligonychus ilicis* (McGregor). Ciência e Agrotecnologia, Lavras, 24: 347–352.

Reis, P.R. & M.S. Zacarias. 2007. Ácaros em cafeeiro. Belo Horizonte, EPAMIG, Boletim Técnico, 81: 76 p.

Reis, P.R., A.H. de Camargo, T. Igue & C.J. Rossetto. 1970. Comportamento de variedades de mangueira (*Mangifera indica* L.) em relação a *Aceria mangiferae* (Sayed) (Acarina: Eriophyidae). Revista de Agricultura, Piracicaba, 45: 145–150.

Reis, P.R., A.R. Pereira & J.R.P. Parra. 1974. Efeitos da precipitação pluvial e da temperatura sobre o desenvolvimento de *Aceria mangiferae* Sayed, 1946 (Acarina: Eriophyidae) como praga da mangueira (*Mangifera indica* L.) no Estado de São Paulo. Bragantia, 33: 139–145.

Reis, P.R., E.B. Alves & E.O. Sousa. 1997. Biologia do ácaro-vermelho do cafeeiro *Oligonychus ilicis* (McGregor, 1917). Ciência e Agrotecnologia, Lavras, 21: 260–266.

Reis, P.R., L.G. Chiavegato, G.J. de Moraes, E.B. Alves & E.O. Sousa. 1998. Seletividade de agroquímicos ao ácaro predador *Iphiseiodes zuluagai* Denmark & Muma (Acari: Phytoseiidae). Anais da Sociedade Entomológica do Brasil, 27: 265–274.

Reis, P.R., E.O. Sousa & E.B. Alves. 1999. Seletividade de produtos fitossanitários ao ácaro predador *Euseius alatus* DeLeon (Acari: Phytoseiidae). Revista Brasileira de Fruticultura, 21: 350–355.

Reis, P.R., J.C. de Souza, E.O. Sousa & A.V. Teodoro. 2000. Distribuição espacial do ácaro *Brevipalpus phoenicis* (Geijskes) (Acari: Tenuipalpidae) em cafeeiro. Anais da Sociedade Entomológica do Brasil, 29: 177–183.

Reis, P.R., M. Pedro Neto, R.A. Franco & A.V. Teodoro. 2004. Controle de *Brevipalpus phoenicis* (Geijskes, 1939) e *Oligonychus ilicis* (McGregor, 1917) (Acari: Tenuipalpidae, Tetranychidae) em cafeeiro e o impacto sobre ácaros benéficos. I. Abamectin e emamectin. Ciência e Agrotecnologia, Lavras, 28(2): 271–283.

Reis, P.R., M. Pedro Neto & R.A. Franco. 2005. Controle de *Brevipalpus phoenicis* (Geijskes, 1939) e *Oligonychus ilicis* (McGregor, 1917) (Acari: Tenuipalpidae, Tetranychidae) em cafeeiro e o impacto sobre ácaros benéficos. II – Spirodiclofen e azocyclotin. Ciência e Agrotecnologia, Lavras, 29: 528–537.

Reis, P.R., A.F. de Oliveira & D. Navia. 2011. First record of the olive bud mite *Oxycenus maxwelli* (Keifer) (Acari: Eriophyidae) from Brazil. Neotropical Entomology, 40: 622–624.

Resende, J.T.V., W.R. Maluf, M.G. Cardoso, D.L. Nelson & M.V. Faria. 2002. Inheritance of acylsugar contents in tomatoes derived from an interspecific cross with the wild tomato *Lycopersicon pennellii* and their effect on spider mite repellence. Genetics and Molecular Research, 1: 106–116.

Revynthi, A.M., G. Vargas, J.H. Crane, J. Wasielewski, P.E. Kendra & D. Carrillo. 2023. El ácaro de la erinosis del lichi, *Aceria litchii* (Keifer) (Acari: Eriophyidae). IFAS Extension, University of Florida, ENY2077S. Disponível: https://doi.org/10.32473/edis-IN1401-2023

Reyes, H. & L.D. Reyes. 1972. La engurruñadera – una malformación del cacao. *In*: 4th International Cocoa Conference, Trinidad & Tobago, January, 1972. pp. 1–3.

Rice, R.E. & F.E. Strong. 1962. Bionomics of the tomato russet mite *Vasates lycopersici* (Massee). Annals of the Entomological Society of America, 55: 431–435.

Rivard, I. 1960. A technique for individual rearing of the predacious mite *Melichares dentriticus* (Berlese) (Acarina: Aceosejidae) with notes on its life history and behaviour. Canadian Entomologist, 92: 834–839.

Rivero, E. & C. Vásquez. 2009. Biologia e tabela de vida de *Tetranychus desertorum* (Acari: Tetranychidae) sobre folhas de feijão (*Phaseolus vulgaris*). Zoologia, 26: 38–42.

Robbs, C.F. 1953. Principais pragas e doenças das plantas cultivadas no Distrito Federal. Agronomia, 12, 57–85.

Robbs, C.F. 1968. Recomendações para o controle das pragas e enfermidades das culturas econômicas do Estado da Guanabara. Departamento de Agricultura do Estado da Guanabara, Rio de Janeiro. Boletim Técnico, 2: 79 p.

Robbs, C.F. & A.L. Peracchi. 1965. Sobre a ocorrência de um ácaro prejudicial ao coqueiro (*Cocos nucifera* L.). *In*: Anais da IX Reunião Fitossanitária, Rio de Janeiro, pp. 65–70.

Rockett, C.L. & J.P. Woodring. 1966. Oribatid mites as predators of soil nematodes. Annals of the Entomological Society of America, 59: 669–671.

Rode, P.A., W.B. Wurlitzer & N.J. Ferla. 2023. *Tetranychus ludeni* Zacher, 1913 (Tetranychidae) and *Phytoseiulus macropilis* (Banks, 1904) (Phytoseiidae) in apple trees grown in a greenhouse in southern Brazil: injuries and control. Entomological Communications, 5: ec05006.

Rodrigues, J.C.V. & L.M.K. Antony. 2011. First report of *Raoiella indica* (Acari: Tenuipalpidae) in Amazonas state, Brazil. Florida Entomologist, 94: 1073–1074.

Rodrigues, J.C.V. & C.A.L. de Oliveira. 2005. Ácaros fitófagos dos citros. *In*: Mattos Jr., D., J.D. De Negri, R.M. Pio, J. Pompeu Jr. (orgs.). Citros. Centro APTA Sylvio Moreira, FAPESP, Cordeirópolis, pp. 690–727.

Rodrigues, D.F.S., D. Navia, A.R. Oliveira & F. Ferragut. 2016. *Eriomacrotergum flechtmanni* n. gen. n. sp. (Trombidiformes: Eriophyidae), a new eriophyoid mite from the cupuaçu tree, *Theobroma grandiflorum*, from northern Brazil. Zootaxa, 4072: 465–476.

Rodrigues, D.F.S., D. Navia, A.R. Oliveira, F. Ferragut & C.H.W. Flechtmann. 2017. Two new eriophyoid mite species (Trombidiformes: Eriophyoidea) from the cocoa tree, and a note on *Shevtchenkella biseta* (Nalepa). Zootaxa, 4237: 112–130.

Rodriguez, J.G. 1963. Nutritional studies in the Acarina. Acarologia, 6: 324–337.

Roggia, S., J.V.C. Guedes, R.C.R. Kuss, J.A. Arnemann & D. Navia. 2008. Spider mites associated to soybean in Rio Grande do Sul, Brazil. Pesquisa Agropecuária Brasileira, 43: 295–301.

Rosa, A.E. 1978. Estudo sobre a fauna acarina em poeira doméstica no Brasil. Dissertação de Mestrado, Escola Superior de Agricultura "Luiz de Queiroz", Universidade de São Paulo, Piracicaba, 49 p.

Rossetto, C.J. 1972. Ácaros eriofiídeos pragas de fruteiras e outras plantas no Brasil. Ciência e Cultura, 24: 817–829.

Rossetto, C.J. & L.S. Camargo. 1966. *Rhizoglyphus* sp. (Acarina – Acaridae) prejudicando raízes de cenoura em Campinas. Bragantia, 25: 11–17.

Rossetto, C.J. & E.J. Giacomelli. 1966. Investigações sobre a gomose do abacaxi. O Agronômico, Campinas, 18: 5–12.

Rossetto, C.J. & E.J. Giacomelli. 1967. Complexo ácaro-*Fusarium* provável problema mundial do abacaxizeiro. O Agronômico, Campinas, 19: 1–5.

Rossetto, C.J., I. Ribeiro & R. Santos. 1967. *Aceria mangiferae* Sayed (Acarina, Eriophyidae) praga da mangueira em São Paulo. O Agronômico, Campinas, 19: 33–34.

Rossetto, C.J., M. Ojima, O. Rigitano & T. Igue. 1971. Queda dos frutos do caquizeiro associada à infestação de *Aceria diospyri* K. (Acarina, Eriophyidae). Bragantia, 30(1): 1–10.

Rossi de Simons, N.H. 1966. Descripción de *Schizotetranychus oryzae* sp. n. (Acari – Tetranychidae). Revista de Investigaciones Agropecuarias, INTA, Patologia Vegetal, Série 5, Vol. 3(1): 1–10.

Rossini, L.A.C.J., T.J. Prado, R.J. Ferreira, P.L.M. Soares, G.J. de Moraes & R.C. Castilho. 2022. Suitability of the soybean cyst nematode as prey to *Protogamasellopsis zaheri* (Acari: Mesostigmata: Rhodacaridae). Biological Control, 170: 104905

Sabelis, M.W. & M. Dicke. 1985. Long-range dispersal and searching behaviour. *In*: Helle, W. & M.W. Sabelis (orgs.). World Crop Pests. Spider mites. Their biology, natural enemies and control. Elsevier, Vol. 1B, pp. 141–160.

Saito, Y. 1983. The concept of 'life types' in Tetranychinae – An attempt to classify the spinning behaviour of Tetranychinae. Acarologia, 24: 377–391.

Saito, Y. 1985. Internal anatomy. *In*: Helle, W. & M.W. Sabelis (orgs.). World Crop Pests. Spider mites. Their biology, natural enemies and control. Elsevier, Vol. 1A, pp. 253–264.

Saito, T., K. Tabata & S. Kohno. 1983. Mechanisms of acaricide resistance with emphasis on dicofol. *In*: Georghiou, G.P. & T. Saito (orgs.). Pest resistance to pesticides. Plenum Press, Nova Iorque, pp. 429–444.

Salas, L.A. & R. Ochoa. 1986. El género *Tenuipalpus* Donn. en Costa Rica (Acari: Tenuipalpidae). Agronomía Costarricense, 10: 207–210.

Sanderson, J.P. & J.A. McMurtry. 1984. Life history studies of the predaceous mite *Phytoseius hawaiiensis*. Entomologia Experimentalis et Applicata, 35: 227–234.

Sandoval, M.F., L. Almaguel, F. Fréitez & C. Vasquez. 2009. Situación actual del ácaro del arroz, *Steneotarsonemus spinki* Smiley (Acari: Tarsonemidae) en Venezuela. Entomotropica, 24: 135–139.

Santana, D.L.Q. & C.H.W. Flechtmann. 1998. Mite (Arthropoda: Acari) associates of palms (Arecaceae) in Brazil. I. Present status and new records. Revista Brasileira de Zoologia, 15: 959–963.

Santana, D.L.Q., C.H.W. Flechtmann, J.M. Milanez, M.J.S. Medrado & S.H. Mosele. 1997. Principias características de três espécies de ácaros em erva-mate, no sul do Brasil. Embrapa, Comunicado Técnico, 17: 2 p.

Santos, A., V.A. Teixeira, O. Peres Filho, M.E. Serafin, M. Pedro Neto & C.A.C. Oliveira. 2014. Primeiro registro de *Tetranychus urticae* (Acari: Tetranychidae) em mudas de teca no Brasil. Pesquisa Florestal Brasileira, 34(78): 165–167.

Santos, F.A., C.C. Melville & D.J. de Andrade. 2017. Fenpyroximate for the control of *Tetranychus ogmophallos* and *Mononychellus planki* (Acari: Tetranychidae) in the peanut crop. Científica, Jaboticabal, 45: 355–360.

Santos, J.H.R. dos, F.C.G. Almeida, R.D. Cavalcante & J.L.N. de Pinho. 1977. Resposta de cultivares de mandioca, *Manihot esculenta* Crantz ao ataque do ácaro *Mononychellus tanajoa* (Bondar), no Estado do Ceará – Brasil. Fitossanidade, Fortaleza, 2: 34–37.

Santos, M.A. 2012. O ácaro-das-gemas-do-cacaueiro, *Aceria reyesi* (Acari: Eriophyidae), como agente causal da enrugadeira e vírus associados no sul da Bahia. Tese de Doutorado, Universidade Estadual de Santa Cruz, Ilhéus, 118 p.

Santos, M.S., J. Stracieri, G.A. Sodré & A.R. Oliveira. 2023. Evaluating response variables to the reversion of the 'engurruñadera del cacao' through the control of *Aceria reyesi*

(Nuzzaci) (Acari: Eriophyidae) with abamectin and pruning. Systematic & Applied Acarology, 28: 289–297.

Santos, R.M.V., A.C.S. Noronha, F.M. Correa & M.A.L. Bittencourt. 2012. Avaliação de defensivos naturais para o controle de *Tetranychus abacae* Baker & Pritchard (Acari: Tetranychidae) em flores tropicais. Revista de Agricultura, Piracicaba, 87: 59–65.

Sato, M.E. & A. Raga. 1998. Ácaro da leprose. O Biológico, São Paulo, 60: 61–69.

Sato, M.E., A. Raga, L.C. Cerávolo, A.C. Rossi & A.C. Cezário. 1995. Efeito da utilização de acaricidas em citros, sobre a população de *Brevipalpus phoenicis* (Geijskes, 1939) (Acari: Tenuipalpidae) e ácaros predadores (família Phytoseiidae). Scientia Agrícola, 52: 282–286.

Sato, M.E., A. Raga, L.C. Cerávolo, A.C. Rossi. & G.J. de Moraes. 2001. Effect of insecticides and fungicides on the interaction between members of the mite families Phytoseiidae and Stigmaeidae on citrus. Experimental & Applied Acarology, 25: 809–818.

Sato, M.M., G.J. de Moraes, M.L. Haddad & V.W. Wekesa. 2011 Effect of trichomes on the predation of *Tetranychus urticae* (Acari: Tetranychidae) by *Phytoseiulus macropilis* (Acari: Phytoseiidae) on tomato, and the interference of webbing. Experimental and Applied Acarology, 54: 21–32.

Savi, P.J., G.J. de Moraes, A.L. Boiça Junior, R.F. Carvalho, A.L. Lourenção & D.J. Andrade. 2019. Impact of leaflet trichomes on settlement and oviposition of *Tetranychus evansi* (Acari: Tetranychidae) in African and South American tomatoes. Systematic & Applied Acarology, 24: 2559–2576.

Savi, P.J., M.B. Martins, G.J. de Moraes, F.C.C. Hountondji & D.J. Andrade. 2021. Bioactivity of oxymatrine and azadirachtin against *Tetranychus evansi* (Acari: Tetranychidae) and their compatibility with the predator *Phytoseiulus longipes* (Acari: Phytoseiidae) on tomato. Systematic & Applied Acarology, 26: 1264–1279.

Savi, P.J., G.J. de Moraes, R.F. Carvalho & D.J. Andrade. 2022. Bottom-up effects of breeding tomato genotypes on behavioural responses and performance of *Tetranychus evansi* population. Journal of Pest Science, 95: 1287–1301.

Sayed, M.T. 1946. *Aceria mangiferae* nov. spec. (*Eriophyes mangiferae* Hassan MS) (Acarina-Eriophyidae). Bulletin de la Société Fouad 1er d'Entomologie, 30: 7–10.

Scalopi, E.J., E.F.C. Vasconcellos & O. Nakano. 1971. Sintomatología do ataque de ácaros a variedades de alho. O Solo, Piracicaba, 63: 37–38.

Schatz, H. 2002. Die Oribatidenliteratur und die beschriebenen Oribatidenarten (1758 – 2001). Eine Analyse. Abhandlungen und Berichte des Naturkundemuseums Goerlitz, 74: 37–45.

Schatz, H., V.M. Behan-Pelletier, B.M. Oconnor & R.A. Norton. 2011. Suborder Oribatida van der Hammen, 1968. *In*: Zhang, Z.-Q. (Ed.) Animal Biodiversity: An Outline of Higher-Level Classification and Survey of Taxonomic Richness, Zootaxa, 3148: 141–148.

Schoairy, S.A. 1978. Abacaxi na Paraíba: uma rentável cultura. Correio Agrícola, 3: 170–172.

Schoonhoven, A.V., J. Piedrahita, R. Valderrama & G. Galvez. 1978. Biologia, daño y control del ácaro tropical *Polyphagotarsonemus latus* (Banks) (Acarina; Tarsonemidae) en frijol. Turrialba, 28: 77–80.

Schruft, G.A. 1985. Control of Tetranychidae in crops. Grape. *In*: Helle, W. & M.W. Sabelis (orgs.). World Crop Pests. Spider Mites. Their biology, natural enemies and control. Elsevier, Vol. 1B, pp. 359–366.

Schwertner, C.A. 2012. Controle do ácaro rajado, (*Tetranychus urticae* Koch) na cultura de gérberas (*Gebera jamesonii* Adlam) em estufa. Dissertação de Mestrado, Univates, Lajeado, 76 p.

Seeman, O.D., D.S. Loch, D.K. Knihinicki & P.E. Mcmaugh. 2016. A new species of *Steneotarsonemus* (Acari: Tarsonemidae) from kikuyu grass, *Pennisetum clandestinum* (Poaceae), in Australia. Systematic & Applied Acarology, 21: 889 –906.

Sena Filho, J.G., A.S. Almeida, D. Pinto-Zevallos, I.C. Barreto, S.C.H. Cavalcanti, R. Nunes, A.V. Teodoro, H.S. Xavier, J.M. Barbosa Filho, L. Guan, L., A.L.A. Neves & J.M. Duringer. 2023. From plant scent defense to biopesticide discovery: Evaluation of toxicity and acetylcholinesterase docking properties for Lamiaceae monoterpenes. Crop Protection, 164: 106126

Setten, M.L., L.A. Silveira Melo, O. Nakano & C.H.W. Flechtmann. 1982. Observações sobre o controle do ácaro *Tetranychus desertorum* Banks, 1900 com diversos defensivos em bananeira da variedade nanicão. Revista de Agricultura, Piracicaba, 57: 59–65.

Shevchenko, V.G. & A.P. De-Millo. 1968. Life-cycle of *Trisetacus kirghisorum* (Acarina: Tetrapodili) – pest of *Juniper semiglobosa* Rgl. Vestnik Leningradkogo Universiteta, 3: 60–67 [em russo]

Sidorchuck, E.A. 2018. Mites as fossils: forever small? International Journal of Acarology, 44: 349–359.

Silva, A.C.S., C.A.L. Carvalho, C.S. Machado, E.S. Silva, L.R.A. Silva, R.M.O. Alves & G.S. Sodré. 2022. *Tenuipalpus* Donnadieu, 1875 and *Brevipalpus* Donnadieu, 1775 in cultivation of orchid *Dendrobium phalaenopsis* Fitzg. Ciência Rural, 52: e20210368

Silva, C.A.D. 2002. Biologia e exigências térmicas do ácaro-vermelho (*Tetranychus ludeni* Zacher) em folhas de algodoeiro. Pesquisa Agropecuária Brasileira, 37: 573–580.

Silva, C.A.D. & L.G. Chiavegato. 1993. Comportamento do ácaro *Brevipalpus phoenicis* (Geijskes, 1939) (Acari: Tenuipalpidae) sob condições adversas de ambiente. Anais do XIV Congresso Brasileiro de Entomologia, Piracicaba, p. 714.

Silva, C.A.D., A.L. Lourenção & G.J. de Moraes. 1992. Resistência de tomateiros ao ácaro vermelho, *Tetranychus evansi* Baker & Pritchard (Acari: Tetranychidae). Anais da Sociedade Entomológica do Brasil, 21: 147–156.

Silva, D.P.N. & D.J. Andrade. 2022. Detection of *Schizotetranychus sacharum* (Acari: Tetranychidae) in a commercial nursery of pre-sprouted seedlings sugarcane. Systematic & Applied Acarology, 27: 619–624.

Silva, E.A., P.R. Reis, T.M.B. Carvalho & B.F. Altoé. 2009. *Tetranychus urticae* (Acari: Tetranychidae) on *Gerbera jamesonii* Bolus and Hook (Asteraceae). Brazilian Journal of Biology, 69: 631–637.

Silva, E.N., R.S. Santos, J.F.A. Oliveira & R.M. Clemêncio. 2016b. Dinâmica populacional de *Tetranychus ogmophallos* (Acari: Tetranychidae) em genótipos de amendoim forrageiro (*Arachis* spp.) no estado do Acre. In: Congresso Online de Agronomia (IV Convibra), Embrapa, Rio Branco, 5 p.

Silva, F.R., G.J. de Moraes, M.G.C. Gondim Jr., M. Knapp, S.L. Rouam, J.L.A. Paes & G.M. Oliveira. 2010. Efficiency of *Phytoseiulus longipes* Evans as a control agent of *Tetranychus evansi* Baker & Pritchard (Acari: Phytoseiidae: Tetranychidae) on screenhouse tomatoes. Neotropical Entomology, 39: 991–995.

Silva, F.R., G.J. de Moraes, I. Lesna, Y. Sato, C. Vasquez, R. Hanna, M.W. Sabelis & A. Janssen. 2016c. Size of predatory mites and refuge entrance determine success of biological control of the coconut mite. Biocontrol, 61: 681–689.

Silva, G.L., U.S. da Cunha & N.J. Ferla. 2014. Life cycle of *Tydeus californicus* (Acari: Tydeidae) on leaves of *Inga marginata* with and without pollen of *Typha angustifolia* under laboratory conditions. International Journal of Acarology, 40: 509–512.

Silva, G.L., M.H. Metzelthin, O.S. da Silva & N.J. Ferla 2016a. Catalogue of the mite family Tydeidae (Acari: Prostigmata) with the world key to the species. Zootaxa, 4135: 1–68.

Silva, R.R., A.V. Teodoro, J.F. Vasconcelos, C.R. Martins, W.S. Soares Filho, H.W.L. de Carvalho & E.C. Guzzo. 2015. Citrus rootstocks influence the population densities of pest mites. Ciência Rural, 46: 1–6.

Silva, R.T.L., A.L.W. Berté, G.L. Bizarro, M. Schussler, D.E. Silva, J. Granich & N.J. Ferla. 2023. Mites associated with *Vitis labrusca* (Vitaceae) in southern Brazil: Population dynamics and ecology. Systematic & Applied Acarology, 28: 985–994.

Silveira, C.A. da. 1987. Citros. Os principais ácaros causadores de danos. Correio Agrícola, 2(87): 11–13.

Silveira, F.F. (coord.). 2020. Flora Campestre. Laboratório de Estudos em Vegetação Campestre. Universidade Federal do Rio Grande do Sul. Disponível em: https://www.ufrgs.br/floracampestre. Acesso em: 1 abr. 2023.

Silveira, L.F.V., R.A. Polanczyk, D. Pratissoli & C.R. Franco. 2011. Seleção de isolados de *Bacillus thuringiensis* Berliner para *Tetranychus urticae* Koch. Arquivos do Instituto Biológico, São Paulo, 78: 273–278.

Sinha, R.N. & H.A.H. Wallace. 1966. Association of granary mites and seed-borne fungi in stored grain and in outdoor and indoor habitats. Annals of the Entomological Society of America, 59: 1170–1181.

Siqueira F. 2011. Biologia e flutuação populacional de *Mononychellus planki* (McGregor) (Acari: Tetranychidae) em cultivares de soja *Glycine max* (L.) Merr. e impacto de imidacloprido em aspectos biológicos do adulto. Tese de Doutorado, Universidade Federal do Paraná, Curitiba, 79 p.

Smiley, R.L. 1967. Further studies on the Tarsonemidae. Proceedings of the Entomological Society of Washington, 69: 127–146.

Smiley, R.L. 1992. The predatory mite family Cunaxidae (Acari) of the world with a new classification. Indira Publishing House, West Bloomfield, 356 p.

Smiley, R.L., C.H.W. Flechtmann & R. Ochoa. 1993. A new species of *Steneotarsonemus* (Acari: Tarsonemidae) and an illustrated key to grass-infecting species in the Western Hemisphere. International Journal of Acarology, 19: 87–93.

Smith, L.M. & E.V. Goldsmith. 1936. The cyclamen mite, *Tarsonemus pallidus*, and its control on field strawberries. Hilgardia, 10: 53–94.

Smrž, J. & V. Čatská. 1987. Food selection of the field population of *Tyrophagus putrescentiae* (Schrank) (Acari: Acarida). Zeitschrift für Angewandte Entomologie, 104: 329–335.

Smrž, J. & R.A. Norton. 2004. Food selection and internal processing in *Archegozetes longisetosus* (Acari: Oribatida). Pedobiologia, 48: 111–120.

Solomon, M.E. 1962. Ecology of the flour mite, *Acarus siro* L. (= *Tyrophagus farina* DeG.). Annals of Applied Biology, 50: 178–184.

Sonenshine, D.E. 1991. Biology of ticks, Vol. 1. Oxford University Press, Nova Iorque, 447 p.

Soria, S.J. & P. Silva. 1983. Insetos e ácaros de importância quarentenária para o cacaueiro no Brasil. Revista Theobroma, 13: 343–347.

Soria, S.J., P.F.N. da Cruz & J.M. Milanez. 1991. Controle do ácaro da gema do cacaueiro, *Eriophyes reyesi* Nuzzaci (Acari: Eriophyidae), na Bahia. Agrotrópica, 3: 111–114.

Soria, S.J., C.H.W. Flechtmann & L.B. Monteiro. 1993. Ocorrência de ácaro branco ou tropical e outros de importância agrícola em vinhedos do Rio Grande do Sul, Brasil. *In*: Anais do VII Congresso Brasileiro de Viticultura e Enologia, Bento Gonçalves e Garibaldi, 14–16 de julho de 1993, pp. 69–71.

Sosa-Gómez, D.R., B.S. Corrêa-Ferreira, C.B. Hoffmann-Campo, I.V. Corso, L.J. Oliveira, F. Moscardi, A.R. Panizzi, A.F. Bueno, E. Hirose & S. Roggia. 2023. Manual de Identificação de Insetos e Outros Invertebrados da Cultura da Soja. 4. ed. Embrapa Soja, Londrina. Documentos, 269: 104 p.

Sousa, J.M., M.G.C. Gondim Jr., R. Barros & J.V. de Oliveira. 2005. Ácaros em produtos armazenados comercializados em supermercados e feiras livres da cidade do Recife. Neotropical Entomology, 34: 303–309.

Sousa, J.M., M.G.C. Gondim Jr. & A.C. Lofego. 2010. Biologia de *Tetranychus mexicanus* (McGregor) (Acari: Tetranychidae) em três espécies de Annonaceae. Neotropical Entomology, 39: 319–323.

Sousa, J.M., A.C. Lofego & M.G.C. Gondim Jr. 2014. Two new species of tarsonemid mites (Acari: Tarsonemidae) from northeastern Brazil. Zootaxa, 3889: 429–441.

Sousa, J.M., M.G.C. Gondim Jr., A.C. Lofego & G.J. de Moraes. 2015. Mites on Annonaceae species in northeast Brazil and in the state of Para. Acarologia, 55: 5–18.

Sousa, M.S.M., E.G. de Deus, J.L.C. Mineiro & R. Adaime. 2013. Mites (Arachnida: Acari) associated with hog plum trees (*Spondias mombin* L.) in the Brazilian Amazon. Biota Amazonia, 3(3): 177–180.

Souza, K.S., E.B. Castro, A.D. Tassi, D. Navia & A.R. Oliveira. 2019. A new species of *Tenuipalpus* Donnadieu (Acari: Tenuipalpidae) from *Cedrela odorata* L. (Meliaceae), from Bahia, Brazil, with ontogeny of chaetotaxy. Systematic & Applied Acarology, 24: 544–559.

Souza, S.N.S., C.H.F. Nogueira, P.H.A.T. Bento, N.L. Cesar, N.S. Cassimiro, S.C.E. Reis, T.B.P. Santos & G.A. Santos Neto. 2022. Ação acaricida do Pekacid® sobre o ácaro-vermelho *Tetranychus desertorum* (Acari: Tetranychidae) na cultura da videira. *In*: XXVIII Congresso Brasileiro de Entomologia, Fortaleza, 29-VIII a 3-IX-2022, Resumo 577.

Spongoski, S., P.R. Reis & M.S. Zacarias. 2005. Acarofauna da cafeicultura de Cerrado em Patrocínio, Minas Gerais. Ciência e Agrotecnologia, Lavras, 29: 9–17.

Sternlicht, M. 1970. Contribution to the biology of the citrus bud mite, *Aceria sheldoni* (Ewing) (Acarina: Eriophyidae). Annals of Applied Biology, 65: 221–230.

Streito, J.C., M.H. Coroller, S. Kreiter & C.H.W. Flechtmann. 2004. Un nouvel acarien ravageur des fuchsias. Découverte en France d´*Aculops fuchsiae*, dont c´est le premier signalement en Europe. Phytoma, 572: 32–34.

Styer, W.B. & L.R. Nault. 1996. Corn and grain plants. *In*: Lindquist, E.E., M.W. Sabelis & J. Bruin (orgs.). Eriophyoid mites. Their biology, natural enemies and control, Elsevier, Amsterdam, pp. 611–618.

Subías, L.S. 2024. Listado sistemático, sinonímico y biogeográfico de los ácaros oribátidos (Acariformes: Oribatida) del mundo. (19ª actualización). Disponível em: http://bba.bioucm.es/cont/docs/RO_1.pdf. Acesso em: 06 mar. 2024.

Sulzbach, M., R. Ott, G. Schafer & A.P. Ott. 2015. Abundância e sazonalidade do ácaro-rajado em cultivares de gérbera. Ciência Rural, 45: 578–584.

Suplicy Filho, N., A.P. Takematsu & C.H.W. Flechtmann. 1976. Ocorrência e controle do ácaro *Steneotarsonemus pallidus* (Banks) em violeta dos Alpes – *Cyclamen ersicum* (Mill) [sic]. *In*: Resumos da 28ª. Reunião Anual da Sociedade Brasileira para o Progresso da Ciência, Brasília, D.F., 7 a 14 de julho de 1976, p. 764.

Tamai, M.A., G.J. de Moraes, C.A.D. da Silva & A.M. Nunes. 1997. Suitability of *Brevipalpus obovatus* as prey to *Neoseiulus idaeus* (Acari: Tenuipalpidae, Phytoseiidae) on cassava. Systematic & Applied Acarology, 2: 101–106.

Tamai, M.A., S.B. Alves, J.E.M. Almeida & M. Faion. 2002. Avaliação de fungos entomopatogênicos para o controle de *Tetranychus urticae* Koch. (Acari: Tetranychidae). Arquivos do Instituto Biológico, São Paulo, 69: 77–84.

Tanzini, M.R., S.B. Alves, M.A. Tamai, G.J. de Moraes & N.J. Ferla. 2000. An epizootic of *Calacarus heveae* (Acari: Eriophyidae) caused by *Hirsutella thompsonii* on rubber trees. Experimental & Applied Acarology, 24: 141–144.

Teodoro, A.V., J.C.V. Rodrigues, J.F. da Silva, D. Navia & S.S. Silva. 2017. Ácaro-vermelho--das-palmeiras *Raoiella indica*: nova praga de coqueiro no Brasil. Embrapa Tabuleiros Costeiros, Aracaju, Documentos, 210: 19 p.

Tixier, M.-S. 2012. Statistical approaches to assess intraspecific variations of morphological continuous characters: the case study of the family Phytoseiidae (Acari: Mesostigmata). Cladistics, 28: 489–502.

Tran, H., H.N. Van, R. Muniappan, J. Amrine, R. Naidu, R. Gilbertson & J. Sidhu. 2019. Integrated pest management of longan (Sapindales: Sapindaceae) in Vietnam. Journal of Integrated Pest Management, 10: 18; 1–10.

Travé, J. 1983. Observations rnorphologiques sur les Holothyrides. 1re partie. Le corps de *Thonius braueri* (Thon, 1906). Acarologia, 24: 333–341.

Treat, A.E. 1975. Mites of moths and butterflies. Cornell University Press, Estados Unidos da América, 362 p.

Trevisan, O., J.I.L. Moura, F.F. Pereira & D.N.M. Ferreira. 2008. Ocorrência do ácaro *Aceria reyesi* Nalepa, 1973 (Acari: Eriophyidae) em cacaueiros de Rondônia. *In*: XXII Congresso Brasileiro de Entomologia, 2008. Resumos... Uberlândia.

Trevisan, O., F.F. Pereira & D. Navia. 2010. Ocorrência de ácaro *Aceria reyesi* Nuzzaci, 1973 (Acari: Eriophyidae) em cacaueiros de Rondônia. *In*: Anais XXIII Congresso Brasileiro de Entomologia. RN, Natal, p. 1180.

Trindade, M.L.B. & L.G. Chiavegato. 1994. Caracterização biológica dos ácaros *Brevipalpus obovatus* D., *B. californicus* B. e *B. phoenicis* G. (Acari: Tenuipalpidae). Anais da Sociedade Entomológica do Brasil, 23: 189–195.

Trindade, M.L.B. & L.G. Chiavegato. 1999. Efeitos de diferentes níveis de nitrogênio, fósforo e potássio sobre a atividade biológica de *Tetranychus* (*T.*) *urticae* (Koch, 1836) (Acari: Tetranychidae) mantido em algodoeiro cultivado em solução nutritiva. Científica, São Paulo, 27: 47–56.

Tryon, H. 1898. Fruitlet core-rot of pineapple. Queensland Agricultural Journal, 3: 458–467.

Tryon, H. 1917. Report of the entomologist and vegetable pathologist. Queensland Annual Report of the Department of Agriculture & Slock for the Year 1916–1917, 45: 49–63.

Tsuduki, M., T. Takano, F. Nakatsubo, K. Yoshida, A. Shinmyo & H. Asao. 2006. Resistance to insects in transgenic *Solanum* plants expressing a peroxidase gene from horseradish. Plant Biotechnology, 23: 71–74.

Tucker, R.W.E. 1926. Some South African mites. Tetranychidae and Eriophyidae. University of South Africa, Agriculture, Division of Entomology, Memoir V, 15 p.

Tuttle, D.M., E.W. Baker & M. Abbatiello. 1976. Spider mites of Mexico (Acarina: Tetranychidae). International Journal of Acarology, 2: 1–102.

Ugarov, A.A. & V.V. Nikolskii. 1937. Systematic study of spider mites from Central Asia. Trudy Uzbekistanskoi Opytnoi Stantsii Zashchity Rastenii (Tashkent), 2: 26-64.

Umina, P.A., A.A. Hoffmann & A.R. Weeks. 2004. Biology, ecology and control of the *Penthaleus* species complex (Acari: Penthaleidae). Experimental & Applied Acarology, 34: 211–237.

Vacante, V. 2016. The Handbook of Mites of Economic Plants. Identification, Bio-ecology and Control. CABI International, Boston, 872 p.

van der Geest, L.P.S., S.L. Elliot, J.A.J. Breeuwer & E.A.M. Beerling. 2000. Diseases of mites. Experimental and Appied Acarology, 24: 497–560.

van der Geest, L.P.S., G.J. de Moraes, D. Návia & M.R. Tanzini. 2002. New records of pathogenic fungi in mites (Arachnida: Acari) from Brazil. Neotropical Entomology, 31: 493–495.

van der Hammen, L. 1980. Glossary of Acarological Terminology. Vol. I. W. Junk, The Hague, 244 p.

van de Vrie, M. 1985. Control of Tetranychidae in crops. Apple. *In*: Helle, W. & M.W. Sabelis (orgs.). World Crop Pests. Spider Mites. Their biology, natural enemies and control. Elsevier, Vol. 1B, pp. 311–325.

van de Vrie, M. & J.F. Price. 1994. Manual for Biological Control of Two Spotted Spider Mites on Strawberry in Florida. Gainesville, University of Florida, 9 p. (Dover Research Report DOV 1994-I).

Van Dijk, P., M. Verbeek & L. Bos. 1991. Mite-borne virus isolates from cultivated *Allium* [sic] species, and their classification into two new rymoviruses in the family Potyviridae. Netherlands Journal of Plant Pathology, 97: 381–399.

Van Lenteren, J.C. 2012. The state of commercial augmentative biological control: plenty of natural enemies, but a frustrating lack of uptake. BioControl, 57: 1–20.

Van Lenteren, J.C., K. Bolckmans, J. Kohl, W.J. Ravensberg, W.J. & A. Urbaneja. 2018. Biological control using invertebrates and microorganisms: plenty of new opportunities. BioControl, 63: 39–59.

Van Wijk, M., W.J. Wadman & M.W. Sabelis. 2006. Morphology of the olfactory system in the predatory mite *Phytoseiulus persimilis*. Experimental & Applied Acarology, 40: 217–229.

Vasconcelos, G.J.N. 2011. Diversidade de ácaros em agroecossistemas e testes para o controle alternativo do ácaro branco, *Polyphagotarsonemus latus* (Acari, Tarsonemidae) na região de Manaus. Tese de Doutorado, Escola Superior de Agricultura "Luiz de Queiroz", Universidade de São Paulo,189 p.

Vasconcelos, G.J.N., F.D. da Silva, D.G.F. Barbosa, M.G.C. Gondim Jr. & G.J. de Moraes. 2005. Ocorrência de Eriophyoidea, Tenuipalpidae, Tarsonemidae e Tukerellidae (Acari) em fruteiras no Estado de Pernambuco, Brasil. Caatinga, Mossoró, 18: 98–104.

Vásquez, C., Y. Colmenárez & G.J. de Moraes. 2015. Life cycle of *Raoiella indica* (Acari: Tenuipalpidae) on ornamental plants, mostly Arecaceae. Experimental & Applied Acarology, 65: 227–235.

Veiga, A.F.S.L. 1980. O controle do ácaro "vermelho" do abacaxi. Correio Agrícola, 2: 266–267.

Veiga, A.F.S.L. 1985. Aspectos bioecológicos e alternativas de controle do ácaro verde da mandioca *Mononychellus tanajoa* (Bondar, 1938) (Acarina: Tetranychidae) no estado de Pernambuco. Tese de Doutorado, Escola Superior de Agricultura "Luiz de Queiroz", Universidade de São Paulo, Piracicaba, 137 p.

Veiga, A.F.S.L. & C.H.W. Flechtmann. 1980. O ácaro plano *Tenuipalpus pacificus* Baker, 1945 (Acari, Prostigmata: Tenuipalpidae) em avencas e samambaias (Pteridophyta) em Pernambuco e Pará, Brasil. Anais da Sociedade Entomológica do Brasil, 9: 155–158.

Ventura, J.A., H.M.C. Rocha, M.P. Culik, C.H.W. Flechtmann, G.J.de Moraes, D.S. Martins & D. Navia. 2022. Primeiro registro de *Acalitus simplex* (Eriophyidae) associado à petúnia mexicana, *Ruellia simplex* (Acanthaceae), no Brasil. *In*: Anais II Congresso Latinoamericano de Acarologia VI Simpósio Brasileiro de Acarologia, 2018, Pirenópolis-GO, Brasil.

Vidal Neto, F.C. & E.C. Freire. 2013. Melhoramento genético do algodoeiro. *In*: Vidal Neto, F.C. & J.J.V. Cavalcanti (eds.). Melhoramento Genético de Plantas no Nordeste. Embrapa, Brasília, pp. 49–83.

Vieira, M.R. & L.G. Chiavegato. 1998. Biologia de *Polyphagotarsonemus latus* (Banks, 1904) (Acari: Tarsonemidae) em algodoeiro. Pesquisa Agropecuária Brasileira, 33: 1437–1442.

Vieira, M.R., E.G. Fabri & E.A. Oliveira. 2000. Sintomatologia do ataque de *Calacarus heveae* em seringueira (*Hevea brasiliensis*). Revista de Agricultura, Piracicaba, 75: 405–414.

Vieira, M.R., L.S. Correa, T.M.M.G. de Castro, L.F.S. da Silva & M.S. Monteverde. 2004. Efeito do cultivo do mamoeiro (*Carica papaya* L.) em ambiente protegido sobre a ocorrência de ácaros fitófagos e moscas-brancas. Revista Brasileira de Fruticultura, 26: 441–445.

Vieira, M.R, M.L.T. Moraes, G.L.M. Martins, J. Marques, R.G. Silva, A.C. Silva, C.T. Oikawa, C.S. Kuriyama, E.N.C. Nazareno, M.R. Ennes, R.T. Barros, P.C. Barros, R.A.P. Brasiliano, D.C. Pruch, M.R. Pontes, A.C. Carvalho, L.H. Bertoni, A.L.A. Vital & M.M. Bezerra. 2013. Manual Ilustrado de Pragas e Doenças em Seringueira. UNESP, Ilha Solteira, 132 p. Disponível em: http://www.feisunesp.br/#!/departamentos/fitossanidade-engenharia-rural-e-soloslaboratorios/acarologia.

Vieira, M.R., E. Mosca, J.L.C. Mineiro & M.E. Sato. 2021. Manual Ilustrado de Ácaros em Cafeeiro. UNESP, Ilha Solteira, 79 p.

Vieira Neto, J., A. Dal'Col Lúcio, L. Storck, L.A. Chiaradia & S.J. Lopes. 2007. Dinâmica populacional do ácaro-do-bronzeado na cultura da erva-mate em Chapecó, Santa Catarina. Ciência Rural, 37: 612–617.

Vila, W.M. & C.H.W. Flechtmann. 1970. Ácaros em essências florestais. Silvicultura em São Paulo, 7: 99–102.

Virgens, I.O., R.D. Castro, M.B. Loureiro & L.G. Fernandez. 2017. Revisão: *Jatropha curcas* L.: aspectos morfofisiológicos e químicos. Brazilian Journal of Food Technology, 20: e2016030.

Wallace, M.M.H. & J.A. Mahon. 1972. The taxonomy and biology of Australian Bdellidae (Acari). I. Subfamilies Bdellinae, Spinibdellinae and Cytinae. Acarologia, 14: 544–580.

Wallwork, J.A. 1965. A leaf-boring galumnoid mite (Acari: Cryptostigmata) from Uruguay. Acarologia, 7: 758–764.

Walter, D.E. 2005. Glossary of Acarine Terms. Disponível em: https://idtools.org/id/invasive_mite/invasive_mite_identification/key/0_glossary/mite_glossary.htm

Walter, D.E. & D.T. Kaplan. 1990. A guild of thelytokous mites (Acari: Mesostigmata) associated with citrus roots in Florida. Environmental Entomology, 39: 1338–1343.

Walter, D.E & H.C. Proctor, H.C. 2013. Mites: Ecology, Evolution and Behaviour - Life at a Microscale: Springer, Netherlands, Segunda edição, 494 p.

Walter, D.E., E.E. Lindquist, I.M. Smith, D.R. Cook & G.W. Krantz. 2009. Order Trombidiformes. *In*: Krantz, G.W. & D.E. Wlater (eds.). A Manual of Acarology. Third edition. Texas Tech University Press, Lubbock, pp. 233–419.

Watanabe, M.A., G.J. de Moraes, I. Gastaldo Jr. & G. Nicolella. 1994. Controle biológico do ácaro rajado com ácaros predadores fitoseídeos (Acari: Tetranychidae, Phytoseiidae) em culturas de pepino e morango. Scientia Agrícola, 51: 75–81.

Weeks, A.R., F. Marek & J.A.J. Breeuwer. 2001. A mite species that consists entirely of haploid females. Science, 292: 2479–2482.

Wekesa, V.W., G.J. de Moraes, M. Knapp & I. Delalibera Jr. 2007. Interactions of two natural enemies of *Tetranychus evansi*, the fungal pathogen *Neozygites floridana* (Zygomycetes: Entomophthorales) and the predatory mite, *Phytoseiulus longipes* (Acari: Phytoseiidae). Biological Control, 41: 408–414.

Welbourn, W.C., R. Ochoa, E.C. Kane & E.F. Erbe. 2003. Morphological observations on *Brevipalpus phoenicis* (Acari: Tenuipalpidae) including comparisons with *B. californicus* and *B. obovatus*. Experimental & Applied Acarology, 30: 107–133.

Welbourn, W.C., J.C. Rodrigues & J.E. Peña. 2008. The Hibiscus Erineum Mite, *Aceria hibisci* (Acari: Eriophyidae) a New Introduction in the Caribbean and a Potential Threat to Florida's Hibiscus. The University of Florida IFAS Extension, NY-852, 5 p.

Whitmoyer, R.E., L.R. Nault & O.E. Bradfute. 1972. Fine structure of *Aceria tulipae* (Acarina: Eriophyidae). Annals of the Entomological Society of America, 65: 201–215.

Wicht Jr., M.C. 1970. Three new species of pyemotid mites associated with commercial mushrooms. Acarologia, 12: 262–268.

Wolffenstein, O. 1879. *Phytoptus lycopersici* W. Monatsschrif des Vereins zur Befoerderung des Gartenbaues in den koeniglichen Preussischen Staaten, 22: 424–426.

Wysoki, M. & H.R. Bolland. 1983. Chromosome studies of phytoseiid mites (Acari: Gamasida). International Journal of Acarology, 9: 91–94.

Yamamoto, P.T., A.S. Pinto, P.E.B. Paiva & S. Gravena. 1992. Seletividade de agrotóxicos aos inimigos naturais de pragas dos citros. Laranja, Cordeirópolis, 13: 709–755.

Yaninek, J.S. 1988. Continental dispersal of the cassava green mite, an exotic pest in Africa, and implications for biological control. Experimental & Applied Acarology, 4: 211–224.

Yaninek, J.S. & R. Hanna. 2003. Cassava green mite in Africa - a unique example of successful classical biological control of a mite pest on a continental scale. *In*: Neuenschwander, P., C. Borgemeister & L. Langewald (orgs.), Biological Control in IPM Systems in Africa. CABI Publishing, Wallingford, pp. 61–75.

Yaninek, J.S. & H.R. Herren. 1988. Introduction and spread of the cassava green mite, *Mononychellus tanajoa* (Bondar) (Acari: Tetranychidae), an exotic pest in Africa and the search for appropriate control methods: a review. Bulletin of Entomological Research, 78: 1–13.

Yaninek, J.S. & G.J. de Moraes. 1991. A synopsis of classical biological control of mite pests in agriculture. *In*: Dusbabek, F. & Bukva, V. (orgs.). Modern Acarology. SPB Academic Publishing, The Hague and Academia, Praga, Vol. 1, pp. 133–149.

Yaninek, J.S., G.J. de Moraes & R.H. Markham. 1989. Handbook on the Cassava Green Mite (*Mononychellus tanajoa*) in Africa. International Institute of Tropical Agriculture, Ibadan, Nigeria, 140 p.

Zaborowski, R. & P. Daszkiewicz. 2016. About the Greek origin of acarology: a short note on *Argas* and the Acari. Biological Letters, 53: 3–7.

Zaksevskas, M.L. 1971. Viroses da figueira. *In*: Postila da disciplina de virulogia, Curso de Pós-Graduação de Fitopatologia, Escola Superior de Agricultura "Luiz de Queiroz", Universidade de São Paulo, Piracicaba, Vol. 2, pp. 362–366.

Zanardi, O.Z., D.E. Nava, U.S. da Cunha, J.F.M. Pereira & X. Reisser Jr. 2013. Flutuação populacional dos principais ácaros em pessegueiro nos sistemas de cultivos protegido e convencional. Embrapa Clima Temperado, Pelotas, Comunicado Técnico, 312: 6 p.

Zhang, Y.-X., X. Chen, J.-P. Wang, Z.-Q. Zhang, H. Wei, H.-Y. Yu, H.-K. Zheng, Y. Chen, L.-S. Zhang, J.-Z. Lin, L. Sun, D.-Y. Liu, J. Tang, Y. Lei, X.-M. Li & M. Liu. 2019. Genomic insights into mite phylogeny, fitness, development, and reproduction. B.M.C. Genomics, 20: 954.

Zhang, Z.-Q. 2003. Mites of Greenhouses: Identification, Biology and Control. CABI Publishing, United Kingdom, 244 p.

Zhang, Z.-Q., Q.-H. Fan, V. Pesic, H. Smit, A.V. Bochkov, A.A. Khaustov, A. Baker, A. Wohltmann, T. Wen, J.W. Amrine, P. Beron, J. Lin, G. Gabrys & R. Husband. 2011. Order Trombidiformes Reuter, 1909. *In*: Zhang, Z.-Q (Ed.) Animal Biodiversity: An Outline of Higher-Level Classification and Survey of Taxonomic Richness, Zootaxa, 3148: 129–138.

Zdárková, E. 1991. Application of the bio-preparation 'Cheyletin' in empty stores. *In*: Dusbábek, F. & V. Bukva (orgs.). Modern Acarology, SPB, The Hague, Vol. 1, pp. 607–610.

Zuluaga, C.I. & P. Sanches. 1971. La roña o escoriación de los frutos del cocotero (*Cocos nucifera* L.) en Colombia. Acta Agronómica, Colombia, 21: 133–139.

Aponte a câmera do seu celular

para o código abaixo e acesse

o índice geral da obra